为读者出好书
与作者共成长

软件调试

（第2版）

卷2：Windows平台调试

（上册）

张银奎 著

人 民 邮 电 出 版 社

北 京

图书在版编目（CIP）数据

软件调试 ：第2版. 卷2, Windows平台调试 ：上、下册 / 张银奎著. -- 北京 ：人民邮电出版社, 2020.9
ISBN 978-7-115-53838-3

Ⅰ. ①软… Ⅱ. ①张… Ⅲ. ①Windows操作系统一调试 Ⅳ. ①TP31

中国版本图书馆CIP数据核字(2020)第065571号

内容提要

本书是国内当前集中介绍软件调试主题的权威著作。本书第2卷分为5篇，共30章，主要围绕Windows系统展开介绍。第一篇（第1~4章）介绍Windows系统简史、进程和线程、架构和系统部件，以及Windows系统的启动过程，既从空间角度讲述Windows的软件世界，也从时间角度描述Windows世界的搭建过程。第二篇（第5~8章）描述特殊的过程调用、垫片、托管世界和Linux子系统。第三篇（第9~19章）深入探讨用户态调试模型、用户态调试过程、中断和异常管理、未处理异常和JIT调试、硬错误和蓝屏、错误报告、日志、事件追踪、WHEA、内核调试引擎和验证机制。第四篇（第20~25章）从编译和编译期检查、运行时库和运行期检查、栈和函数调用、堆和堆检查、异常处理代码的编译、调试符号等方面概括编译器的调试支持。第五篇（第26~30章）首先纵览调试器的发展历史、工作模型和经典架构，然后分别讨论集成在Visual Studio和Visual Studio（VS）Code中的调试器，最后深度解析WinDBG调试器的历史、结构和用法。

本书理论与实践结合，不仅涵盖了相关的技术背景知识，还深入研讨了大量具有代表性的技术细节，是学习软件调试技术的珍贵资料。

本书适合所有从事软件开发工作的读者阅读，特别适合从事软件开发、测试和支持的技术人员阅读。

◆ 著　　　张银奎
　责任编辑　吴晋瑜
　责任印制　王　郁　焦志炜

◆ 人民邮电出版社出版发行　　北京市丰台区成寿寺路11号
　邮编　100164　　电子邮件　315@ptpress.com.cn
　网址　https://www.ptpress.com.cn
　北京天宇星印刷厂印刷

◆ 开本：787×1092　1/16
　印张：55.5　　　　2020年9月第1版
　字数：1345千字　　2025年1月北京第13次印刷

定价：199.00元（上、下册）

读者服务热线：(010)81055410　印装质量热线：(010)81055316
反盗版热线：(010)81055315
广告经营许可证：京东市监广登字20170147号

序　言

2007年，我和Raymond（张银奎）第一次在上海见面。他对Windows操作系统的浓厚兴趣给我留下了深刻的印象，他的兴趣遍及有关Windows操作系统的所有细节，包括这个产品背后的人及其演变过程。

Raymond已经在软件开发岗位工作了十几年。现在他把多年的经验和对Windows操作系统的深刻理解结合起来，创作了这本关于调试的著作。调试是计算机领域中最耗费时间和充满挑战的任务之一，也是许多软件工程师需要提高的一个领域。

这本书所覆盖的主题之广度是惊人的。从最底层硬件对调试的支持落笔，Raymond带你遍历了系统中支持调试的所有层面——从用户态到内核态。此外，他还全面深入地介绍了编译器的调试支持、调试工具和各种基础设施。

据我多年在VMS操作系统开发团队工作的经验，我发现有些工程师掌握了调试技术，而有些工程师并不具备这样的能力。利用可用工具插入合适的断点和分析追踪信息都需要特殊的技巧。

细细品味这本书，你将获得这些重要的软件开发技巧，提升控制软件和编写代码的能力。

我多么希望这本书是用英文写的！

——大卫·所罗门（David Solomon）

Windows Internals（Microsoft Press）一书的合著者

David Solomon Expert Seminars公司总裁

Preface

Raymond's intense interest in the details of the Windows operating system—including the people behind the product and its evolution—impressed me from our first meeting in Shanghai in 2007.

Raymond has been working as a software developer for more than 10 years. Now he has taken his years of software development experience and intimate knowledge of the Windows operating system and created this incredible book on debugging. Debugging is one of the most time-consuming and challenging tasks in computer world. It's an area to improve for a lot of software engineers.

The breadth of topics in this book is impressive. Starting from the lowest machine level hardware support for debuggers, Raymond takes you through the entire stack of debugging support—from user to kernel mode—as well as a comprehensive look at compiler's debug support, the debugging tools and infrastructure.

In my years working in the VMS operating system development group, there were those who could debug and those that couldn't. It takes a special skill to be able to leverage the available tools to insert the appropriate breakpoints and debug trace messages.

Digesting this book will help you gain these important software development skills, strengthen your capability to control software and write code.

I only wish it was in English!

—David Solomon

co-author, *Windows Internals* (Microsoft Press)

President, David Solomon Expert Seminars, Inc.

第2版前言

《软件调试（第 2 版）：卷 2》就要出版了，虽然在正文中已经写了近百万言，但我还是想在前言中再写一些话送给读者。

首先，软件是信息时代里的主角，它已经对人类社会产生了巨大的影响，而且正在产生更大的影响。如果你在做软件方面的工作，那么你应该感觉很幸运；如果你在学习软件，那么你选择了前景无限广阔的方向，一定要坚持。

如何把软件学好呢？这是一个比较大的话题，我愿把亲身经历分享给读者。

虽然我在读高中时就编写过基本的 BASIC 程序，但是那时根本没有对程序和软件建立起什么概念。1992 年，我进入大学后，开始比较系统地学习计算机的硬件和软件。还记得我学习的第一门计算机课是 Fortran 语言，学得也是云里雾里。而后我陆续学习了 C 语言、数据结构和微机原理。

微机原理有两门课：一门讲 8051 单片机，比较偏硬件；另一门讲 8086 汇编语言编程，比较偏软件。教 8086 汇编语言的老师 30 多岁，个头很高，说话不多。如今，我已经记不起他在课堂上讲过的任何技术内容，但是清晰地记得他使用了一种很独特的教学方法。与其他老师详细地讲解每个知识点不同，他只是给大家留了一个大作业，让大家自己用汇编语言写一个程序，自己决定程序的功能和界面。留了这个作业后，同学们几乎再没见到过这位老师。一到他的课，同学们就到机房里上机，闷头写程序，各写各的。

课堂上的那点时间不够用，所以同学们经常在课外时间做这个作业。当时的计算机资源还比较宝贵，系里的机房常常人满为患。于是同学们有时要到计算机中心去上机，上机不是免费的，需要花钱购买机时，当时流行用饭票来支付。

就在那个学期，一个同班同学提议合伙买一台个人计算机（Personal Computer，PC），我很感兴趣，一边给家人写信申请，一边用开学时带的钱“入股”。于是我和另外 3 位同学合伙，一起买了一台 PC，硬件配置是 386DX/40、1.2MB + 1.44MB 软驱、4MB 内存、210MB 硬盘、TVGA 显卡、0.28mm 点距的彩色显示器，安装的操作系统是 DOS 和 Windows 3.1。我们在上海华山路上一家经营办公用品的店里购买了一台组装机，一共花了 6505 元，又花了 100 多元的出租车费，把主机和 CRT 显示器运回上海交通大学闵行校区。我翻开了久未打开过的大学日记，才发现购买那台 PC 的时间是 1994 年 11 月 11 日，星期五。日记中还夹着父亲当年为我汇款时用的专用信封，附言部分写着 8 个字“学习正用，买也值得”。

现在回想起来，我真正的编程经历是从有了那台 PC 开始的。每次轮到我上机的时候，我都写代码和调试，从来不打游戏，也不做其他事情。为了更好地利用上机时间，我常常先把代码写到本子上，上机时快速录入计算机，然后编译、运行、看结果，再调试。当时我就喜欢用调试器，单步跟踪程序的每一行代码。现在清楚记得的一个细节是，为了能在 DOS 下显示出更好看的界面，我在 DOS 程序里用汇编语言中的软中断指令调用 Video BIOS 的服务，把系统的显示模式从文本模式改为图形模式。当我单步执行切换图形模式的指令时，CRT显示器上会出现五颜六色的光斑和各种诡异的画面……

因为投入的时间很多，所以我的“8086汇编语言”程序越写越大，功能越来越多，不仅有图形化的下拉菜单，炫耀技术的内存驻留（Terminate and Stay Resident，TSR）功能，还可以驱动PC喇叭播放《两只老虎》的音乐。有了比较扎实的汇编语言基础后，我又继续用C语言编写Windows程序。

回顾我学习软件的亲身经历，如果要分享经验，那么第一条经验就是多写代码，多调试。我一直觉得自己不是一个聪明的人，如果说我的软件技术学得还可以，那么靠的就是这条经验：几乎每一天都写代码，几乎每一天都调试，坚持了二十多年，已经成了习惯。

既然你选择了这本书，那么你多半是同意我的“调试方法论”的，剩下的问题就是如何能比较快地学会调试技术。接下来，我简要介绍一下《软件调试》的写作历程和阅读方法。

2002年，在泰为科技公司工作时，我有一天晚上加班赶进度，在紧急时刻却出现了一个诡异的Bug，当时的程序是为Nokia手机编写的，不太好调试，同事们一遇到Bug，主要用print。但我还是喜欢在模拟器中用调试器来调试。对于那天晚上的问题，print方法很不奏效，我用调试方法抽丝剥茧，一步步排查，终于找到了问题的根源。问题解决了后，大家都笑逐颜开，一起加班的好朋友刘伟力很感慨地说：“断点真神奇！”他的这句话让我萌生了写一本调试之书的念头，目的是把我喜欢的调试方法分享给更多人。

2003年5月，我加入英特尔，办公地点在上海浦东外高桥保税区，离市区比较远，每天乘坐班车上下班，几乎从不加班，这给了我比较充足的时间来研究调试，并把研究的结果写成书稿。

用了大约5年时间，推翻重来几次，书稿终于完工了，因为篇幅过大，删除了近200页后提交给了博文视点公司，书名就定为《软件调试》。2008年5月，100多万字的《软件调试》问世了，一共1006页。一位欧洲同行发现了后，发帖说：“中国出了一本1000页的调试之书。”

2018年11月，《软件调试（第2版）：卷1》由人民邮电出版社出版，与第1版刚好间隔了10年。

第2版的卷1交稿后，我便开始规划卷2。卷2的主题是Windows平台调试。加入英特尔后，虽然我也时常做一些Linux平台方面的工作，但是Windows平台是“主场”，是我最熟悉的平台，我的编程之路从Windows平台开始，毕业之后的最初十年里也主要在Windows平台上工作。因此，当我规划卷2时，想写的内容很多。但考虑到篇幅限制，我不得不反复筛选。筛选的最重要原则是“实用性”，特别是如下两个指标。

- 对读者理论知识的帮助有多大？
- 对读者实战能力的帮助有多大？

经过多次调整，最后确定的卷2由五篇组成，共30章。

第一篇（第1~4章）介绍Windows平台的发展历史，进程和线程，架构和系统部件，以及启动过程。目的是把我对Windows平台的总体认识分享给读者，让读者对Windows平台建立起一个总的认识，也就是大局观。

第二篇（第 5 ~ 8 章）选择 Windows 系统中非常有特色的几个方面进行深入剖析，分别是特殊的调用过程，包括异步过程调用、延迟过程调用、本地过程调用和远程过程调用，用于解决应用程序兼容问题的垫片机制，曾被给予厚望但实际让人失望的.NET 技术，以及具有时代特征的 Linux 子系统。

第三篇（第 9 ~ 19 章）介绍操作系统的调试支持。我一直喜爱 Windows 系统的一个主要原因就是它的调试设施特别丰富。该篇的目标就是从不同角度呈现 Windows 平台上的各种调试设施。先从用户空间讲起，介绍支持应用程序调试的调试模型和调试 API 以及用户态调试过程，异常处理机制以及处置未处理异常的方法和过程；然后过渡到内核空间，介绍硬错误和蓝屏。接着介绍全局性的错误报告、日志、事件追踪和旨在记录硬件错误的 Windows 硬件错误架构；最后介绍非常强大而且有特色的内核调试引擎和验证机制。

第四篇（第 20 ~ 25 章）介绍 Windows 平台上的开发工具的调试支持，先介绍编译器的编译期检查和运行期检查，然后深度解析栈的结构和函数调用的细节，最后解析堆的结构和调试支持、异常处理代码的编译过程以及调试符号。

第五篇（第 26 ~ 30 章）介绍调试器。调试器无疑是征服软件世界最有力的武器。该篇首先概览调试器的发展历史和工作模型，然后分别介绍 Windows 平台上的常用调试器，包括老牌的集成在 Visual Studio 环境中的 VsDebug、新兴的 Visual Studio（VS）Code 调试扩展，以及著名的 WinDBG。

相对于读者熟悉的第 1 版，第 2 版的变化主要如下。

- 新增了第一篇和第二篇，目的是让读者不仅要熟悉调试设施，还要对“战斗”的环境和调试目标有比较深的认识。
- 在第五篇中新增了开发阶段常用的 VsDebug 调试器，详细介绍了有一定难度的功能，比如硬件断点、追踪点、多线程调试等。
- 在第五篇中新增了一章介绍近几年流行的 Visual Studio Code 开发环境，特别介绍了“调试扩展”的结构和工作原理。
- 新增了“老雷评点”版块，有的是评论技术背景，有的是介绍写作过程，有的是分享感悟。
- 为了便于携带和阅读，装订为上、下两册，上册包含前三篇（即前 19 章），下册包含后两篇（即后 11 章）。

阅读本书的最好方法是根据书中的提示，调试各种代码，多动手，多实践。本书的配套网站（http://advdbg.org）上有本书示例程序的源代码和编译好的二进制文件。

在过去的 20 多年中，计算机硬件和软件的变化可谓翻天覆地。从硬件的角度看，变化最大的有两个指标——空间和速度。以我 1994 年的第一台 PC 和写本序言使用的笔记本电脑为例，内存空间从 4MB 变为 8GB，外存空间从 210MB 变为 1.24TB（1TB 机械硬盘加 240GB 固态硬盘），CPU 的个数从 1 变为 8（4 核加超线程），主频从 40MHz 变为 1.8GHz。

软件方面变化也很大。首先，体量变大，1994 年用 1 张 1.44MB 的软盘就可以做一张 DOS

操作系统的工作盘，里面还可以放上很多常用的工具。2020年，随随便便的一个软件就有几十兆字节甚至上百兆字节的安装程序。

软件体量的迅猛增长带来的结果是软件的复杂度飞升。复杂度飞升导致的结果是软件的瑕疵增多，测试团队难以发现所有的Bug，于是越来越多的软件带着Bug发布。产品期瑕疵的增多催生了一个新的角色，那就是调试工程师，他们的主要工作便是调试客户报告的问题。今天，很多公司都有专门的调试团队，虽然名字不尽相同，但是大同小异。相对于开发阶段的调试，产品期调试的难度显然更大，对调试者的技术水平要求也更高。

随着专业调试工程师的出现和增多，软件调试技术正在受到越来越多的重视，正在由隐学转变为显学。我相信，很快会有大学开设专门的"软件调试"课程。

展望软件的未来，旧的技术将进一步融合，新的技术继续涌现，软件的规模和复杂度持续增大，对软件调试技术的需求也越来越多。

衷心祝愿本书的读者能使用调试之剑在软件世界中自由驰骋，游刃有余。

张银奎
于上海格蠹轩
2020年6月21日

资源与支持

本书由异步社区出品。异步社区（https://www.epubit.com/）为您提供相关资源和后续服务。

提交勘误

作者和编辑尽最大努力来确保书中内容的准确性，但难免会存在疏漏。欢迎您将发现的问题反馈给我们，帮助我们提升图书的质量。

当您发现错误时，请登录异步社区，按书名搜索，进入本书页面，单击“提交勘误”，输入勘误信息，单击“提交”按钮即可，如下图所示。本书的作者和编辑会对您提交的勘误进行审核，确认并接受后，您将获赠异步社区的 100 积分（积分可用于在异步社区兑换优惠券、样书或奖品）。

扫码关注本书

扫描下方二维码，您将会在异步社区微信服务号中看到本书信息及相关的服务提示。

与我们联系

我们的联系邮箱是 contact@epubit.com.cn。

如果您对本书有任何疑问或建议，请您发邮件给我们，并请在邮件标题中注明本书书名，以便我们更高效地做出反馈。

如果您有兴趣出版图书、录制教学视频，或者参与图书翻译、技术审校等工作，可以发邮件给我们；有意出版图书的作者也可以到异步社区在线投稿（直接访问 www.epubit.com/selfpublish/submission 即可）。

如果您所在学校、培训机构或企业想批量购买本书或异步社区出版的其他图书，也可以发邮件给我们。

如果您在网上发现有针对异步社区出品图书的各种形式的盗版行为，包括对图书全部或部分内容的非授权传播，请您将怀疑有侵权行为的链接发邮件给我们。您的这一举动是对作者权益的保护，也是我们持续为您提供有价值的内容的动力之源。

关于异步社区和异步图书

“异步社区”是人民邮电出版社旗下 IT 专业图书社区，致力于出版精品 IT 图书和相关学习产品，为作译者提供优质出版服务。异步社区创办于 2015 年 8 月，提供大量精品 IT 图书和电子书，以及高品质技术文章和视频课程。更多详情请访问异步社区官网 https://www.epubit.com。

“异步图书”是由异步社区编辑团队策划出版的精品 IT 专业图书的品牌，依托于人民邮电出版社近 30 年的计算机图书出版积累和专业编辑团队，相关图书在封面上印有异步图书的 LOGO。异步图书的出版领域包括软件开发、大数据、AI、测试、前端、网络技术等。

异步社区

微信服务号

目　录

第一篇　大局观

第 1 章　Windows 系统简史……2

1.1　源于 DOS……2

1.2　功在 NT……4

1.3　Windows 2000 彰显实力……6

1.4　巅峰之作：Windows XP 和 Windows Server 2003……8

1.5　Windows Vista 折戟沙场……9

1.6　Windows 7 享利中兴……11

1.7　Windows 8 革新受挫……13

1.8　Windows 10 何去何从……15

1.9　本章总结……17

参考资料……18

第 2 章　进程和线程……19

2.1　任务……19

2.2　进程资源……19

2.3　进程空间……22

2.3.1　32 位进程空间……22

2.3.2　64 位进程空间……24

2.4　EPROCESS 结构……25

2.5　PEB……28

2.6　内核模式和用户模式……30

2.6.1　访问模式……30

2.6.2　使用 INT 2E 切换到内核模式……31

2.6.3　快速系统调用……32

2.6.4　逆向调用……37

2.6.5　实例分析……37

2.7　线程……38

2.7.1　ETHREAD……38

2.7.2　TEB……43

2.8　WoW 进程……44

2.8.1　架构……44

2.8.2　工作过程……45

2.8.3　注册表重定向……47

2.8.4　注册表反射……47

2.8.5　文件系统重定向……47

2.9　创建进程……48

2.10　最小进程和 Pico 进程……48

2.10.1　最小进程……49

2.10.2　Pico 进程……50

2.11　任务管理器……52

2.12　本章总结……53

参考资料……54

第 3 章　架构和系统部件……55

3.1　系统概览……55

3.1.1　内核空间……55

3.1.2　用户空间……56

3.2　内核和 HAL 模块……57

3.2.1　内核文件……57

3.2.2　HAL 文件……59

3.3　空闲进程……61

3.4　系统进程……63

3.5　内核空间的其他模块……65

3.6　NTDLL.DLL……66

3.6.1　角色……66

3.6.2　调用系统服务的桩函数……66

3.6.3　映像文件加载器……67

3.6.4　运行时库……67

3.6.5　其他功能……67

3.7　环境子系统……68

3.8 原生进程……69
3.8.1 特点……69
3.8.2 SMSS……70
3.8.3 CSRSS……71
3.9 本章总结……72
参考资料……72
第4章 启动过程……73
4.1 BootMgr……73
4.1.1 工作过程……73
4.1.2 调试方法……74
4.2 WinLoad……75
4.3 内核初始化……76
4.3.1 NT的入口函数……76
4.3.2 内核初始化……78
4.4 执行体的阶段0初始化……80
4.4.1 总体过程……80
4.4.2 创建特殊进程……81
4.5 执行体的阶段1初始化……84
4.5.1 Phase1Initialization……84
4.5.2 唤醒其他CPU……85
4.5.3 非启动CPU的起步路线……86
4.5.4 漫长的I/O初始化……86
4.5.5 更新进度……87
4.6 创建用户空间……87
4.6.1 创建会话管理器进程……88
4.6.2 建立环境子系统……89
4.6.3 创建窗口站和桌面……91
4.6.4 用户登录……92
4.7 本章总结……93
参考资料……93

第二篇 探 微

第5章 特殊的过程调用……97
5.1 异步过程调用……97
5.2 中断请求级别……101
5.2.1 设计初衷……101
5.2.2 基本原理……102
5.2.3 析疑……103
5.3 延迟过程调用……104
5.3.1 使用模式……104
5.3.2 黏滞在DPC……106
5.4 本地过程调用……106
5.5 远程过程调用……109
5.5.1 工作模型……110
5.5.2 RPC子系统服务……110
5.5.3 端点和协议串……111
5.5.4 蜂巢……112
5.5.5 案例和调试方法……113
5.6 本章总结……117
参考资料……118
第6章 垫片……119
6.1 垫片数据库……119
6.1.1 认识SDB文件……119
6.1.2 定制的SDB文件……121
6.1.3 修补模式……122
6.2 AppHelp……123
6.2.1 SDB功能……123
6.2.2 垫片引擎……124
6.2.3 AD挂钩……125
6.2.4 穿山甲挂钩……126
6.3 垫片动态库……126
6.3.1 AcLayers.DLL……126
6.3.2 AcGenral.DLL和AcSpecfc.DLL……127
6.3.3 其他垫片模块……127
6.4 应用程序垫片的工作过程……127
6.4.1 在父进程中准备垫片数据……128
6.4.2 在新进程中加载和初始化垫片引擎……128
6.4.3 加载垫片模块……129
6.4.4 落实挂钩……129
6.4.5 执行垫片……131
6.5 内核垫片引擎……132

6.5.1 数据和配置 ……132
6.5.2 初始化 ……133
6.5.3 KSE 垫片结构 ……133
6.5.4 注册垫片 ……135
6.5.5 部署垫片 ……136
6.5.6 执行垫片 ……136
6.6 本章总结 ……137
参考资料 ……138
第 7 章 托管世界 ……139
7.1 简要历史 ……139
7.2 宏伟蓝图 ……140
7.3 类和方法表 ……141
7.4 辅助调试线程 ……145
7.4.1 托管调试模型 ……145
7.4.2 RCThread ……147
7.4.3 刺探线程 ……149
7.5 CLR4 的调试模型重构 ……149
7.6 SOS 扩展 ……151
7.6.1 加载 SOS ……151
7.6.2 设置断点 ……152
7.6.3 简要原理 ……153
7.7 本章总结 ……154
参考资料 ……154
第 8 章 Linux 子系统 ……155
8.1 源于 Drawbridge ……155
8.2 融入 NT ……156
8.3 总体架构 ……157
8.4 子系统内核模块 ……157
8.5 微软版 Linux 内核 ……158
8.6 Linux 子系统服务器 ……159
8.7 WSL 启动器 ……160
8.8 交叉开发 ……161
8.9 WSL2 ……163
8.10 本章总结 ……164
参考资料 ……164

第三篇 操作系统的调试支持

第 9 章 用户态调试模型 ……167
9.1 概览 ……167
9.1.1 参与者 ……168
9.1.2 调试子系统 ……168
9.1.3 调试事件驱动 ……169
9.2 采集调试消息 ……169
9.2.1 消息常量 ……169
9.2.2 进程和线程创建消息 ……170
9.2.3 进程和线程退出消息 ……170
9.2.4 模块映射和反映射消息 ……171
9.2.5 异常消息 ……172
9.3 发送调试消息 ……173
9.3.1 调试消息结构 ……173
9.3.2 DbgkpSendApiMessage 函数 ……174
9.3.3 控制被调试进程 ……174
9.4 调试子系统服务器（Windows XP 之后）……175
9.4.1 DebugObject ……176
9.4.2 创建调试对象 ……176
9.4.3 设置调试对象 ……176
9.4.4 传递调试消息 ……177
9.4.5 杜撰的调试消息 ……178
9.4.6 清除调试对象 ……179
9.4.7 内核服务 ……179
9.4.8 全景 ……180
9.5 调试子系统服务器（Windows XP 之前）……182
9.5.1 概览 ……182
9.5.2 Windows 会话管理器 ……183
9.5.3 Windows 环境子系统服务器进程 ……184
9.5.4 调用 CSRSS 的服务 ……185

9.5.5 CsrCreateProcess 服务 ………… 186
9.5.6 CsrDebugProcess 服务 ………… 187
9.6 比较两种模型 ………… 188
9.6.1 Windows 2000 调试子系统的优点 ………… 189
9.6.2 Windows 2000 调试子系统的安全问题 ………… 189
9.6.3 Windows XP 的调试模型的优点 ………… 190
9.6.4 Windows XP 引入的新调试功能 ………… 190
9.7 NTDLL.DLL 中的调试支持例程 ………… 191
9.7.1 DbgUi 函数 ………… 191
9.7.2 DbgSs 函数 ………… 192
9.7.3 Dbg 函数 ………… 192
9.8 调试 API ………… 193
9.9 本章总结 ………… 194
参考资料 ………… 194

第 10 章 用户态调试过程 ………… 195

10.1 调试器进程 ………… 195
10.1.1 线程模型 ………… 195
10.1.2 调试器的工作线程 ………… 196
10.1.3 DbgSsReserved 字段 ………… 197
10.2 被调试进程 ………… 198
10.2.1 特征 ………… 198
10.2.2 DebugPort 字段 ………… 199
10.2.3 BeingDebugged 字段 ………… 199
10.2.4 观察 DebugPort 字段和 BeingDebugged 字段 ………… 199
10.2.5 调试会话 ………… 201
10.3 从调试器中启动被调试程序 ………… 201
10.3.1 CreateProcess API ………… 201
10.3.2 第一批调试事件 ………… 203
10.3.3 初始断点 ………… 204
10.3.4 自动启动调试器 ………… 205
10.4 附加到已经启动的进程中 ………… 206
10.4.1 DebugActiveProcess API ………… 206
10.4.2 示例：TinyDbgr 程序 ………… 207
10.5 处理调试事件 ………… 209
10.5.1 DEBUG_EVENT 结构 ………… 209
10.5.2 WaitForDebugEvent API ………… 210
10.5.3 调试事件循环 ………… 211
10.5.4 回复调试事件 ………… 213
10.5.5 定制调试器的事件处理方式 ………… 214
10.6 中断到调试器 ………… 216
10.6.1 初始断点 ………… 216
10.6.2 编程时加入断点 ………… 216
10.6.3 通过调试器设置断点 ………… 216
10.6.4 通过远程线程触发断点异常 ………… 217
10.6.5 在线程当前执行位置设置断点 ………… 218
10.6.6 动态调用远程函数 ………… 219
10.6.7 挂起中断 ………… 220
10.6.8 调试快捷键（F12 键）………… 221
10.6.9 窗口更新 ………… 221
10.7 输出调试字符串 ………… 222
10.7.1 发送调试信息 ………… 223
10.7.2 使用调试器接收调试信息 ………… 223
10.7.3 使用工具接收调试信息 ………… 224
10.8 终止调试会话 ………… 228
10.8.1 被调试进程退出 ………… 228
10.8.2 调试器进程退出 ………… 229
10.8.3 分离被调试进程 ………… 231
10.8.4 退出时分离 ………… 232
10.9 本章总结 ………… 233
参考资料 ………… 233

第 11 章 中断和异常管理 ………… 234

11.1 中断描述符表 ………… 234
11.1.1 概况 ………… 234
11.1.2 门描述符 ………… 235
11.1.3 执行中断和异常处理函数 ………… 236
11.1.4 IDT 一览 ………… 239
11.2 异常的描述和登记 ………… 240
11.2.1 EXCEPTION_RECORD 结构 ………… 241

11.2.2 登记 CPU 异常 ······ 242
11.2.3 登记软件异常 ······ 243
11.3 异常分发过程 ······ 244
11.3.1 KiDispatchException 函数 ······ 244
11.3.2 内核态异常的分发过程 ······ 244
11.3.3 用户态异常的分发过程 ······ 246
11.3.4 归纳 ······ 248
11.4 结构化异常处理 ······ 249
11.4.1 SEH 简介 ······ 249
11.4.2 SHE 机制的终结处理 ······ 249
11.4.3 SEH 机制的异常处理 ······ 252
11.4.4 过滤表达式 ······ 253
11.4.5 异常处理块 ······ 256
11.4.6 嵌套使用终结处理和异常处理 ······ 258
11.5 向量化异常处理 ······ 259
11.5.1 登记和注销 ······ 259
11.5.2 调用结构化异常处理器 ······ 260
11.5.3 示例 ······ 261
11.6 本章总结 ······ 264
参考资料 ······ 264

第 12 章 未处理异常和 JIT 调试 ······ 265

12.1 简介 ······ 265
12.2 默认的异常处理器 ······ 266
12.2.1 BaseProcessStart 函数中的结构化异常处理器 ······ 266
12.2.2 编译器插入的 SEH 处理器 ······ 267
12.2.3 基于信号的异常处理 ······ 269
12.2.4 实验：观察默认的异常处理器 ······ 270
12.2.5 BaseThreadStart 函数中的结构化异常处理器 ······ 272
12.3 未处理异常过滤函数 ······ 273
12.3.1 Windows XP 之前的异常处理机制 ······ 273
12.3.2 Windows XP 中的异常处理机制 ······ 276
12.4 “应用程序错误”对话框 ······ 282
12.4.1 用 HardError 机制提示应用程序错误 ······ 282
12.4.2 使用 ReportFault API 提示应用程序错误 ······ 284
12.5 JIT 调试和 Dr. Watson ······ 286
12.5.1 配置 JIT 调试器 ······ 286
12.5.2 启动 JIT 调试器 ······ 288
12.5.3 自己编写 JIT 调试器 ······ 290
12.6 顶层异常过滤函数 ······ 291
12.6.1 注册 ······ 291
12.6.2 C 运行时库的顶层过滤函数 ······ 292
12.6.3 执行 ······ 293
12.6.4 调试 ······ 294
12.7 Dr. Watson ······ 294
12.7.1 配置和查看模式 ······ 295
12.7.2 设置为默认的 JIT 调试器 ······ 296
12.7.3 JIT 调试模式 ······ 296
12.8 DRWTSN32 的日志文件 ······ 297
12.8.1 异常信息 ······ 297
12.8.2 系统信息 ······ 298
12.8.3 任务列表 ······ 298
12.8.4 模块列表 ······ 298
12.8.5 线程状态 ······ 298
12.8.6 函数调用序列 ······ 299
12.8.7 原始栈数据 ······ 300
12.9 用户态转储文件 ······ 300
12.9.1 文件格式概览 ······ 300
12.9.2 数据流 ······ 301
12.9.3 产生转储文件 ······ 302
12.9.4 读取转储文件 ······ 303
12.9.5 利用转储文件分析问题 ······ 304
12.10 本章总结 ······ 306
参考资料 ······ 306

第 13 章 硬错误和蓝屏 ······ 307

13.1 硬错误提示 ······ 307
13.1.1 缺盘错误 ······ 308
13.1.2 NtRaiseHardError ······ 308
13.1.3 ExpRaiseHardError ······ 309

13.1.4 CSRSS 中的分发过程 ……… 310
13.2 蓝屏终止 ……… 313
13.2.1 简介 ……… 314
13.2.2 发起和产生过程 ……… 315
13.2.3 诊断蓝屏错误 ……… 317
13.2.4 手工触发蓝屏 ……… 317
13.3 系统转储文件 ……… 317
13.3.1 分类 ……… 318
13.3.2 文件格式 ……… 318
13.3.3 产生方法 ……… 320
13.4 分析系统转储文件 ……… 320
13.4.1 初步分析 ……… 320
13.4.2 线程和栈回溯 ……… 321
13.4.3 陷阱帧 ……… 323
13.4.4 自动分析 ……… 323
13.5 辅助的错误提示方法 ……… 326
13.5.1 MessageBeep ……… 326
13.5.2 Beep 函数 ……… 328
13.5.3 闪动窗口 ……… 329
13.6 配置错误提示机制 ……… 329
13.6.1 SetErrorMode API ……… 330
13.6.2 IoSetThreadHardErrorMode ……… 331
13.6.3 蓝屏后自动重启 ……… 332
13.7 防止滥用错误提示机制 ……… 333
13.8 本章总结 ……… 334
参考资料 ……… 334

第 14 章 错误报告 ……… 335

14.1 WER 1.0 ……… 335
14.1.1 客户端 ……… 335
14.1.2 报告模式 ……… 337
14.1.3 传输方式 ……… 337
14.2 系统错误报告 ……… 338
14.3 WER 服务器端 ……… 340
14.3.1 WER 服务 ……… 340
14.3.2 错误报告分类方法 ……… 341
14.3.3 报告回应 ……… 341
14.4 WER 2.0 ……… 341
14.4.1 模块变化 ……… 342
14.4.2 创建报告 ……… 342
14.4.3 提交报告 ……… 343
14.4.4 典型应用 ……… 344
14.5 CER ……… 345
14.6 本章总结 ……… 346
参考资料 ……… 346

第 15 章 日志 ……… 347

15.1 日志简介 ……… 347
15.2 ELF 的架构 ……… 348
15.2.1 ELF 的日志文件 ……… 348
15.2.2 事件源 ……… 349
15.2.3 ELF 服务 ……… 350
15.3 ELF 的数据组织 ……… 350
15.3.1 日志记录 ……… 350
15.3.2 添加日志记录 ……… 351
15.3.3 API 一览 ……… 353
15.4 查看和使用 ELF 日志 ……… 353
15.5 CLFS 的组成和原理 ……… 354
15.5.1 组成 ……… 354
15.5.2 存储结构 ……… 355
15.5.3 LSN ……… 356
15.6 CLFS 的使用方法 ……… 356
15.6.1 创建日志文件 ……… 356
15.6.2 添加 CLFS 容器 ……… 357
15.6.3 创建编组区 ……… 357
15.6.4 添加日志记录 ……… 357
15.6.5 读日志记录 ……… 358
15.6.6 查询信息 ……… 358
15.6.7 管理和备份 ……… 359
15.7 本章总结 ……… 359
参考资料 ……… 359

第 16 章 事件追踪 ……… 360

16.1 简介 ……… 360
16.2 ETW 的架构 ……… 361
16.3 提供 ETW 消息 ……… 362
16.4 控制 ETW 会话 ……… 364
16.5 消耗 ETW 消息 ……… 365
16.6 格式描述 ……… 366
16.6.1 MOF 文件 ……… 367

16.6.2 WPP……368
16.7 NT内核记录器……369
16.7.1 观察NKL的追踪事件……369
16.7.2 编写代码控制NKL……370
16.7.3 NKL的实现……372
16.8 Global Logger Session……373
16.8.1 启动GLS会话……373
16.8.2 配置GLS……373
16.8.3 在驱动程序中使用GLS……374
16.8.4 自动记录器……375
16.8.5 BootVis工具……375
16.9 Crimson API……376
16.9.1 发布事件……376
16.9.2 消耗事件……377
16.9.3 格式描述……377
16.9.4 收集和观察事件……378
16.9.5 Crimson API的实现……378
16.10 本章总结……379
参考资料……379

第17章 WHEA……380

17.1 目标、架构和PSHED.DLL……380
17.1.1 目标……380
17.1.2 架构……381
17.1.3 PSHED.DLL……383
17.2 错误源……384
17.2.1 标准的错误源……384
17.2.2 通过ACPI表来定义错误源……384
17.2.3 通过PSHED插件来报告错误源……385
17.3 错误处理过程……386
17.3.1 WHEA_ERROR_PACKET结构……386
17.3.2 处理过程……387
17.3.3 WHEA_ERROR_RECORD结构……388
17.3.4 固件优先模式……389
17.4 错误持久化……390
17.4.1 ERST……390
17.4.2 工作过程……391
17.5 注入错误……392
17.6 本章总结……392
参考资料……392

第18章 内核调试引擎……393

18.1 概览……393
18.1.1 KD……394
18.1.2 角色……394
18.1.3 组成……394
18.1.4 模块文件……396
18.1.5 版本差异……396
18.2 连接……396
18.2.1 串行端口……397
18.2.2 1394……398
18.2.3 USB 2.0……400
18.2.4 管道……401
18.2.5 选择连接方式……403
18.2.6 解决连接问题……403
18.3 启用……404
18.3.1 BOOT.INI……404
18.3.2 BCD……405
18.3.3 高级启动选项……406
18.4 初始化……407
18.4.1 Windows系统启动过程概述……407
18.4.2 第一次调用KdInitSystem……409
18.4.3 第二次调用KdInitSystem……410
18.4.4 通信扩展模块的阶段1初始化……410
18.5 内核调试协议……411
18.5.1 数据包……411
18.5.2 报告状态变化……412
18.5.3 访问目标系统……414
18.5.4 恢复目标系统执行……416
18.5.5 版本……416
18.5.6 典型对话过程……417
18.5.7 KdTalker……419

18.6 与内核交互 ……419
18.6.1 中断到调试器 ……420
18.6.2 KdpSendWaitContinue ……420
18.6.3 退出调试器 ……421
18.6.4 轮询中断包 ……422
18.6.5 接收和报告异常事件 ……423
18.6.6 调试服务 ……423
18.6.7 打印调试信息 ……425
18.6.8 加载调试符号 ……426
18.6.9 更新系统文件 ……426
18.7 建立和维持连接 ……427
18.7.1 最早的调试机会 ……428
18.7.2 初始断点 ……431
18.7.3 断开和重新建立连接 ……433
18.8 本地内核调试 ……434
18.8.1 LiveKD ……434
18.8.2 Windows 系统自己的本地内核调试支持 ……434
18.8.3 安全问题 ……436
18.9 本章总结 ……436
参考资料 ……436
第 19 章 验证机制 ……437
19.1 简介 ……437
19.1.1 驱动程序验证器 ……438
19.1.2 应用程序验证器 ……438
19.1.3 WHQL 测试 ……438
19.2 驱动验证器的工作原理 ……438
19.2.1 设计原理 ……438
19.2.2 初始化 ……439
19.2.3 挂接验证函数 ……441
19.2.4 验证函数的执行过程 ……442
19.2.5 报告验证失败 ……443
19.3 使用驱动验证器 ……443
19.3.1 验证项目 ……443
19.3.2 启用驱动验证器 ……444
19.3.3 开始验证 ……446
19.3.4 观察验证情况 ……446
19.3.5 WinDBG 的扩展命令 ……447
19.4 应用程序验证器的工作原理 ……448
19.4.1 原理和组成 ……448
19.4.2 初始化 ……448
19.4.3 挂接 API ……450
19.4.4 验证函数的执行过程 ……452
19.4.5 报告验证失败 ……453
19.4.6 验证停顿 ……454
19.5 使用应用程序验证器 ……454
19.5.1 应用验证管理器 ……454
19.5.2 验证项目 ……455
19.5.3 配置验证属性 ……456
19.5.4 配置验证停顿 ……456
19.5.5 编程调用 ……457
19.5.6 调试扩展 ……457
19.6 本章总结 ……457
参考资料 ……458

第一篇
大局观

要想成为一名软件调试高手，至少要从两个方面下工夫。一方面是调试工具，另一方面是被调试对象。这与医生做手术很类似，不仅要能熟练使用医疗工具，还要对人体结构了如指掌。

本书第 1 版侧重于调试工具，大部分篇幅用于介绍不同类别的调试设施。但只熟悉调试设施是不够的，为此，本书第 2 版特意新增章节来介绍被调试对象。进一步说，当我们调试应用程序时，被调试对象一般就是某个进程；当我们调试内核空间和系统级别的问题时，被调试对象扩大为整个软件世界，其核心便是操作系统。

为了避免与已有的介绍 Windows 系统的书籍重复，本书力求从不同的视角以不同的方法来让大家快速地理解 Windows 操作系统的宏观架构和关键基因。为此我们分两篇来介绍，本篇侧重介绍 Windows 系统的总体结构和具有普遍性的全局特征，目的是建立理解 Windows 系统的大局观。

本篇内容分为 4 章。第 1 章简要介绍 Windows 操作系统的发展历史，以帮助读者认识它的演变过程。第 2 章介绍 Windows 世界里组织空间和“生命”的方法。现实世界中，城市、山林、公园、住房等为人类活动提供了空间，有了空间，“生命”才有活动的场所，软件世界里如何组织空间也是一个非常关键的问题。了解了 Windows 系统组织空间的基本方法后，第 3 章介绍生活在这个空间里的不同角色，包括 Windows 系统的内核、执行体、关键进程和关键模块。在第 2 章和第 3 章分别介绍空间和生活在空间中的角色后，第 4 章让各个角色活动起来，看它们如何在用户按下电源按钮后，从黑暗中崛起，粉墨登场，以电的速度奔跑，在纵横交错的复杂逻辑中，闪转腾挪，忙而不乱，在几秒内给用户呈现出一个多姿多彩的软件世界。

第 1 章　Windows 系统简史

1975 年 4 月 4 日，一对小学时就是同学的好朋友合伙创建了一家公司，他们一个 20 岁，名叫比尔·盖茨，另一个 22 岁，名叫保罗·艾伦，他们创建的公司名叫微软（Microsoft，最初写为 Micro-Soft）。1986 年，微软公司上市，市值 5.2 亿美元，比尔·盖茨持有其中 45%的股份，即 2.34 亿美元。从此，伴随着 PC 产业的蓬勃发展，微软公司不断壮大，成为 PC 时代的翘楚，至今仍是软件领域的顶尖企业。

1.1　源于 DOS

1978 年在英特尔公司的历史中是很不平凡的一年。这一年，它满 10 岁了，员工数首次超过 10000。这一年，它卖掉了竞争激烈的电子表（digital watch）业务，推出了具有跨时代意义的 8086 芯片。在宣传 8086 的海报上，画着一轮初升的太阳，标题写着“8086 的时代到了”。

与其说 8086 的时代到了，不如说是 PC（个人计算机）的时代到了。小巧的 8086 芯片给计算机系统提供了新的大脑，为计算机个人化奠定了关键的硬件基础。很多公司开始研发基于 8086 的计算机产品。聪明的比尔·盖茨也看到了这个机会，但与其他公司主要研发硬件不同，盖茨的思路是为个人计算机硬件提供操作系统软件。从头开发操作系统太花时间了，1981 年 7 月，微软从一家名为西雅图计算机产品（Seattle Computer Products）的公司购买了一款名为 86-DOS 的系统软件，将其改名为 MS-DOS，然后授权给急需系统软件的 IBM 公司。同年 8 月 12 日，IBM 公司推出了它的第一代个人电脑产品，型号为 IBM 5150。5150 的 CPU 是 8086 的裁剪版本（数据总线从 16 位减少到 8 位），名为 8088。5150 的系统软件有 3 种，即 DOS、CP/M-86 和 UCSD p-System，后两种主要是为了兼容当时的应用软件，方便把旧的软件移植到 DOS。长话短说，年轻的微软公司利用收购的 DOS 系统软件成功地傍上了 IBM PC 这条“大腿”，从此便顺着 PC 产业的大潮扬帆万里了。

DOS 是字符界面的，人机交互的主要形式是命令行，这对于普通用户来说是很不友好的。因此，微软一方面与 IBM 联合开发代号为 CP/DOS 的图形界面操作系统，另一方面自己也在开发名为 Windows 的图形界面操作系统。

1985 年 11 月，微软发布了第一个版本的 Windows 软件，此时这款软件还不是完整的操作系统，是基于 DOS 的，用户需要先启动 DOS，然后在 DOS 上启动 Windows 系统。准确地说，当时的 Windows 系统只是 DOS 系统上的一个图形接口外壳（GUI Shell）。

Windows 1.0 的功能很有限，其核心功能是图形界面的文件管理器和程序管理器，加上一些附件程序，包括画笔和时钟等。根据史蒂夫·鲍尔默（Steve Ballmer）当年为 Windows 1.0 做广告的视频，Windows 1.0 的售价为 99 美元。

1987 年，微软发布改进了的 Windows 2.0 版本，但因为内存方面的局限，窗口操作很不灵活，当年比尔·盖茨做演示时，移动窗口如同搬重物一样。

1990 年，进一步改进的 Windows 3.0 版本面世，最大的变化是引入了对 CPU 保护模式的支持，应用程序可以运行在保护模式下，每个程序有自己的虚拟内存空间，可用的内存数量大大增加。摆脱了内存方面的束缚后，窗口操作变得非常流畅；同时也让更多的应用程序可以同时运行，从此 Windows 系统走上了成功之路。

1992 年 4 月 6 日，微软发布 Windows 3.1 版本。该版本抛弃了实模式支持，要求硬件必须支持保护模式，也就是不再支持 8086 或者 8088 等老的 CPU，要求至少是 286 或者 386。除了丢掉实模式的包袱，Windows 3.1 还引入了一些新的功能，包括 TrueType 字体、文件拖曳、自带屏幕保护程序、多媒体支持和注册表等。销售量方面，Windows 3.1 大卖，仅在最初的 6 个月内就销售了 1600 万份复制件[1]。经过约十年的努力，Windows 系统终于赢得了用户的肯定，得到了市场的认可。

老雷评点

老雷读大学时，刚好是 Windows 3.1 大行其道的时候。当年使用 3 英寸软盘来安装 Windows 3.1，但先要安装 DOS 系统。笔者的很多编程实践也是在 Windows 3.1 上开始的。

1995 年 8 月 15 日，微软宣布新一代的 Windows 产品——Windows 95。Windows 95 把 DOS 和 Windows 融合在一起，让用户可以直接在硬件上安装系统，不再像以前那样要先购买和安装 DOS，再安装 Windows。技术方面，Windows 95 从原来的 16 位协作式多任务调度过渡到 32 位抢先式调度，系统更加稳定。

Windows 95 推出后，Windows 系统变得更加流行，在此后的十几年中，Windows 系统不断发展，推出了很多个版本，如 Windows 98、Windows Me、Windows 2000、Windows XP、Windows Server 2003、Windows Vista、Windows 7、Windows 8 等。

Windows 系统流行后，独立的 DOS 产品逐渐退出了市场。不过，直到今天，在每个 Windows 系统里，还都保存着 DOS 的痕迹。例如，在所有 Windows 系统的可执行文件（称为 PE 格式）的开头，一般都有一个 DOS 头（图 1-1）。DOS 头总是以 MZ（十六进制 4D 5A）开头，代表一位 DOS 开发者的名字 Mark Zbikowski。DOS 头后面一般还有一小段 16 位的 DOS 程序，当用户在 DOS 下执行这个文件时，这一小段程序会提醒用户该程序不可以运行在 DOS 模式下。

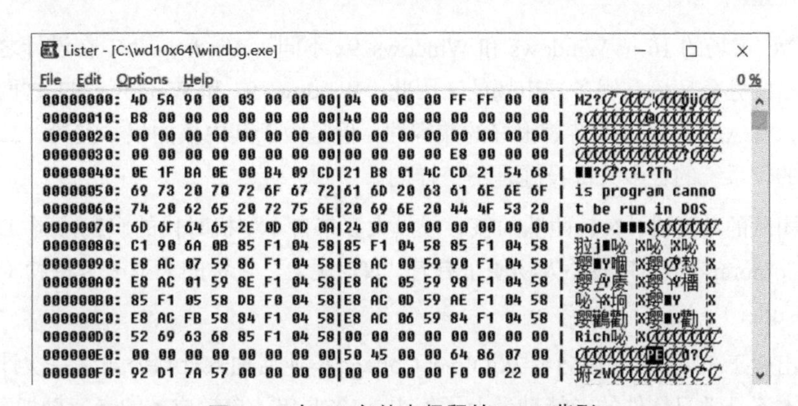

图 1-1 在 PE 文件中保留的 DOS 背影

根据各个 Windows 系统版本所基于的内核，可以把它们分为三大类。

第一类，16 位的 Windows，包括 Windows 1.0（1985 年发布），Windows 2.0（1987 年发布，能够访问 1MB 内存），Windows 3.0（1990 年 5 月 22 日发布，支持 16 位的保护模式，可以访问

16MB 内存)，Windows 3.1（1992 年 4 月发布，要求 CPU 必须支持保护模式)，以及 Windows 3.2（中文版本）等。16 位的 Windows 系统源于 DOS 操作系统，目前该版本已经很少有人使用。

第二类，Windows 9x，包括 Windows 95（1995 年 8 月发布)、Windows 98（1998 年 6 月发布）和 Windows ME（2000 年 9 月发布)。Windows 9x 是从 16 位的 Windows 系统发展而来的，这条产品线在推出 Windows Me 后便不再开发了。

第三类，Windows NT（New Technology）系列，包括 Windows NT 3.1（1993 年 7 月发布)、Windows NT 4.0（1996 年 7 月发布)、Windows 2000（1999 年 12 月发布)、Windows XP（2001 年 10 月发布)、Windows Server 2003、Windows Vista、Windows Server 2008、Windows 7、Windows Server 2012、Windows 8、Windows 10 等，这些版本都源于 Windows NT 内核。

在 Windows 9x 的几个版本中，Windows 95 是开山之作，Windows 98 是巅峰，Windows Me 是一个败笔。1996 年到 2000 年，正是个人电脑走向巅峰的时候，很多城市出现了电脑城。以上海为例，1997 年，上海最大的 PC 集散地是福州路上的科技图书馆，简称“科图”。随着 PC 的火热，“科图”里的 PC 店铺越来越多，挤满了三四层楼的每个角落。人流密集，每到周末，更是摩肩接踵，熙来攘往。一两年后，“科图”实在不堪重负，在 2000 年左右，位于徐家汇的百脑汇和太平洋电脑商城接过了重任，一直红火到 2010 年左右，随着 PC 产业的衰退逐渐萧条。笔者记得非常清楚，在 1996 年到 2000 年期间，电脑城里的大多数 PC 安装的是 Windows 95/98。

回顾 PC 的历史，16 位 Windows 和 Windows 9x 都当过主角。讲到这里，笔者不禁想到一个对 Windows 9x 做过重要贡献的人——保罗·马瑞兹（Paul Maritz)。他出生在津巴布韦共和国，于 1981 年加入英特尔公司，为 x86 CPU 编写软件，后于 1986 年加入微软。在研发 Windows 98 期间，马瑞兹是领导 Windows 团队的副总裁。1997 年 7 月 23 日，他以平台战略与开发部门副总裁的身份宣布开发代号为 MEMPHIS 的下一代 Windows，正式名称是 Windows 98[2]。

前面简略介绍了 16 位 Windows 和 Windows 9x，下面我们把目光转移到 Windows NT 上。

1.2 功在 NT

与针对 PC 市场的 16 位 Windows 和 Windows 9x 不同，Windows NT 在设计之初就是针对硬件配置较高的办公环境和服务器市场的。因此，Windows 9x 和 Windows NT 这两条产品线虽然相互借鉴，在 API 一级也保持着很好的兼容性，但是由于其内核的根本差异，二者在很多方面还是不同的，系统的很多关键设施是不一样的。

从开发团队的角度讲，NT 团队的核心成员大多来自小型机时代的旗舰公司 DEC（Digital Equipment Corporation)，其核心人物便是有着“NT 之父”之称的大卫·卡特勒（Dave Cutler 或者 David Cutler)。

卡特勒出生于 1942 年，1965 年从 Olivet College 毕业后加入杜邦公司。一次计算机方面的培训，让原本不是学习软件的卡特勒爱上了编程。1971 年，自学成才的卡特勒加入了 DEC 公司。加入 DEC 后，卡特勒先为著名的 PDP-11 小型机开发了实时操作系统软件 RSX-11M，表现出了其在软件方面的天赋。4 年后，已经有一定声望的卡特勒被任命为项目带头人，为 DEC 的 32 位处理器 VAX（Virtual Address Extension）开发操作系统。VAX 是计算机历史上最早使用虚拟内存技术的计算机系统，它的操作系统名字就叫作虚拟内存系统（Virtual Memory System，

VMS）。VAX 与 VMS 一同推向市场后，非常畅销。VMS 的成功让卡特勒成了操作系统领域的著名专家。1988 年 10 月，卡特勒在 DEC 领导的 Prism 项目被取消，他非常气愤，想辞职离开。这时急需操作系统人才的微软公司听到了这个消息，邀请卡特勒加入。双方一拍即合，当月的某个周五谈好，下个周一卡特勒便到微软上班了。卡特勒是在 DEC 公司工作了 16 年后加入微软的，这时他 46 岁，在某些程序员看来，这似乎应该是转向管理岗位或者退居二线的年龄，但是对于卡特勒来说，这恰恰是他人生最辉煌篇章的开始。

卡特勒加入微软后，他在 DEC 时的多位下属和同事也都跳槽到微软，与他一起开发 NT。

NT 的最初计划是 18 个月，实际上用了将近 5 年。直到 1993 年 7 月，第一个版本的 Windows NT 对外发布，版本号为 3.1，目的是与当时流行的 16 位版本 Windows 3.1 保持一致，兼容相同的 Windows API，让原本运行在 16 位 Windows 系统上的应用程序也可以运行在 Windows NT 上。

回望历史，NT 内核绝对称得上是计算机历史上的一座丰碑，一座难以重新登顶的高峰。1988 年 11 月，NT 团队初建时只有几个人，其中 6 名来自 DEC，1 名是微软的老员工。NT 3.1 发布时，团队的规模介于 150~200 人[1-2]。

在伟大的 NT 内核背后，有一个伟大的团队，其中最重要的核心人物无疑是卡特勒。他是一位代码圣斗士（Code Warrier），亲手编写了 NT 内核中的大量核心代码，包括任务管理、调度、中断异常处理、内核调试引擎等。他执着地坚守在技术第一线，从精神如虎一直到满头白发。他也是一位杰出的技术领袖，与团队成员一起编写代码，修正瑕疵，身先士卒，绝不指手画脚，光说不做。在成功地领导了前 3 个版本（3.1、3.5 和 4.0）的 NT 开发后，他卸去管理职务，甘心做一个个人贡献者（Individual Contributor）。2008 年，卡特勒获得美国的“国家技术创新奖”[3]。2016 年 2 月，美国计算机历史博物馆授予卡特勒院士荣誉，表彰他在操作系统领域锲而不舍耕耘 50 年。

除了卡特勒，还有很多人为 NT 内核做出了重大贡献。微软内部有一种“12 核心”（Core 12）的说法[4]，指的就是 NT 内核开发早期的 12 位核心成员（表 1-1）。

表 1-1 NT 内核开发早期的 12 位核心成员

人　名	部　件	在微软工作的时间	备　注
David Cutler	KE（内核）	从 1988 年至今	DEC
Lou Perazzoli	MM（内存管理）	1988—2000 年	DEC
Mark Lucovsky	Win32	1988 年 11 月—2004 年 11 月	DEC
Steve Wood	Win32, OB（对象管理）	1983—?	—
Darryl Havens	I/O（输入/输出）	1988 年 11 月—2015 年 3 月	DEC
Gary Kimura	FS（文件系统）	1988 年 11 月—?	DEC
Tom Miller	FS（文件系统）	—	DEC
Jim Kelly	SE（安全）	1988—?	DEC
Chuck Lenzmeier	Net（网络）	—	—
John Balciunas	Bizdev	—	—
Rob Short	Hardware（硬件）	—	DEC
Ted Kummert	Hardware（硬件）	—	—

除了表 1-1 中列出的核心成员，还有几位值得特别介绍。一位是约翰妮·卡伦（Johanne Caron），她是 NT 团队里为数较少的女程序员，她负责把 16 位 Windows 系统的程序管理器和注册表功能移植到 NT 中。移植旧的代码是很费心费力的工作，卡伦扛起重担，努力修正各种瑕疵。为了排解压力，她爱上了空手道[5]。

另一位值得提及的是海伦·卡斯特（Helen Custers），她是 NT 团队的技术编辑，是著名的《NT 工作手册》（*NT Workbook*）的编辑者。NT 发布后，她出版了一本关于 NT 内核技术的书，名为《Windows NT 技术内幕》（*Inside Windows NT*），这本书便是后来畅销不衰的 *Windows Internals* 的第 1 版。

1.3 Windows 2000 彰显实力

根据使用模式和针对的用户，可以把 Windows 系统分为主要面向个人用户的终端版本以及面向企业用户的工作站和服务器版本（忽略市场份额一直很小的手机版本），前者用于笔记本电脑或台式机，满足办公室职员和家庭用户的需要，后者用于工作站和服务器系统。图 1-2 显示了 1992 年到 2008 年 Windows 系统的终端和服务器版本的发展历程。

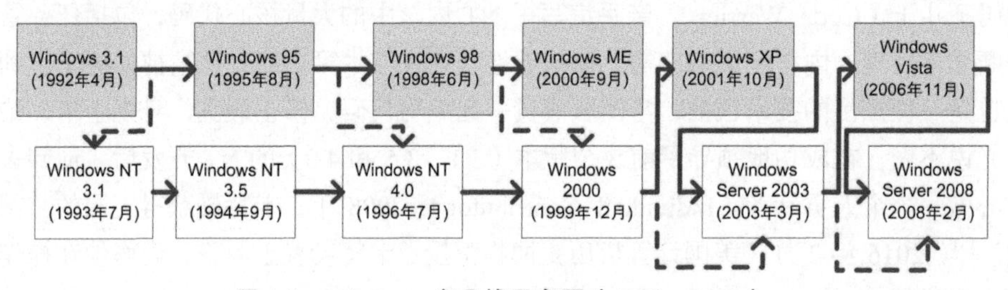

图 1-2 Windows 产品线示意图（1992—2008）

图 1-2 中上面的一条线代表客户端版本，下面的一条线代表工作站和服务器版本。其中实线箭头代表直接的版本演进，箭头指向的版本是基于前一版本的代码库（Code Base）而开发的。虚线箭头代表借鉴和影响关系。从图中可以看出，在 Windows 2000 之前，源于 DOS 的 Windows 3.1 和 Windows 9x 针对终端市场，Windows NT 针对工作站和服务器市场。

Windows 2000 第一次将桌面版本和服务器版本统一起来，尽管 Windows 2000 也有服务器版本和个人用户版本之分，但是二者的操作系统内核是相同的。不过，像 Windows 2000 那样用一个产品线来覆盖台式机和服务器这两大市场的模式很快就遇到了困难，因为服务器版本强调安全性，台式机版本强调易用性，而安全和易用很多时候是难以两全的。因此在 Windows 2000 之后，又分成了 Windows XP 和 Windows Server 两条产品线，Windows XP 针对台式机，而 Windows Server（如 Windows Server 2003）针对服务器市场。Windows XP 除了有家庭版、专业版这些针对普通台式机和笔记本电脑的版本，还有用于 Tablet PC 的版本和针对嵌入式系统的版本（称为 Windows XP Embedded）。

从 NT 内核的传播角度来看，Windows 2000 是让 NT 内核走向普通用户的开始。在此之前，NT 的主要使用场景是专业的工作站系统，面向的是企业用户。从 Windows 2000 开始，更多的软件开发人员和普通用户开始使用 NT。笔者也是从 Windows 2000 开始接触 NT 内核的，从使用多年的 16 位 Windows 和 Windows 9x 系统转向 NT 系统。

1996 年 7 月 31 日，Windows NT 4.0 发布，此时 NT 团队的规模已经很大了，开发工程师有 400 人（此处根据卡特勒的回忆和表 1-2，总人数为 800）。为了可以专心做自己喜爱的技术工作，卡特勒卸去了管理职务，把管理角色交给了陆・佩拉佐利（Lou Perazzoli）。佩拉佐利和卡特勒是在 DEC 的老同事。与卡特勒的倔强不同，佩拉佐利的性格很温和，如果把卡特勒比作咸涩的盐，那么佩拉佐利便是可以缓解咸味的糖，更适合管理职务。在开发最初版本的 NT 时，佩拉佐利负责设计和实现内存管理器（Memory Manager，MM）。承担起 NT 团队的管理角色后，佩拉佐利领导团队开发 NT 5.0，也就是后来的 Windows 2000。

在 1997 年，《Windows NT 技术内幕》第 2 版出版时，佩拉佐利正在担任 NT 团队的领导角色，他为这本书写了序言。在序言中，他回忆了 NT 的发展历程，特别提到了 1988 年 11 月，团队组建时只有 6 个人，也就是我们在表 1-1 中列出的前 6 位——David Cutler、Lou Perazzoli、Mark Lucovsky、Steve Wood、Darryl Havens 和 Gary Kimura。在序言的末尾，佩拉佐利签名上面所署的职务是“Windows NT 核心操作系统主任”（Director, Windows NT Core OS）。

佩拉佐利领导团队顺利地完成了 Windows 2000 的开发，造就了 NT 历史上一个“前无古人后无来者”的独特版本。Windows 2000 是成功的，它不仅继续保持了 NT 内核在服务器和工作站领域的领导地位，还让 NT 内核进入 PC 领域，证明了这个强大的内核具有足够的灵活性来满足不同类型用户的需要。

Windows 2000 的成功，也加速了 Windows 9x 系列的终结，让积蓄已久的 NT 团队和微软老牌 Windows 团队之间的矛盾到了收场的时候。1999 年，微软内部调整组织结构，把负责 Windows 9x 系列的消费者部门（Consumer Division）和负责 NT 的企业商务部门（Business & Enterprise Division）合并，成立了核心操作系统部门（Core OS Division，COSD）。可能与这次重组有关，佩拉佐利和原本领导 Windows 9x 部门的布拉德・西尔弗伯格（Brad Silverberg）都离开了微软。吉米・奥尔钦（Jim Allchin）接管合并后的新部门，担任主帅，一直到 Windows Vista 发布（参见下文关于 Vista 的介绍）。

在 2000 年 8 月举行的“第 4 届 UNIX 用户群 Windows 系统研讨会”（4th Usenix Windows Systems Symposium）上，马克・拉科夫斯基（Mark Lucovsky）做了一个题为“Windows——软件工程领域的一次长征”的报告[2]。在这个报告中，马克从软件工程的角度比较详细地介绍了 Windows NT 项目，特别是，他把最初的 Windows NT 版本和当时最新的 Windows 2000 版本做了详细比较，表 1-2 是其中的一个部分。

表 1-2 最初的 Windows NT 版本与 Windows 2000 版本的比较[2]

版本	开发团队人数	测试团队人数	平均每人每年瑕疵数	修正每个瑕疵的时间/min	每天的瑕疵数量	修正每个瑕疵的总时间/min
Windows NT 3.1	200	140	2	20	1	20
Windows NT 3.5	300	230	2	25	1.6	41
Windows NT 3.51	450	325	2	30	2.5	72
Windows NT 4.0	800	700	3	35	6.6	228
Windows 2000	1400	1700	4	40	15.3	612

在为《Windows NT 技术内幕》第 5 版所撰写的“历史回眸”中，卡特勒特别提到了 Windows

2000，称这个版本用时3年半，是“测试和优化最好的版本”。

在整个Windows操作系统的历史上，Windows 2000具有很独特的地位，它展示了NT内核的强大实力，证明了这个内核不仅可以用在工作站和服务器等专业领域，还可以用在个人电脑上，让微软彻底抛弃了陈旧的Windows 9x产品线，从此把精力集中在NT内核上。

1.4 巅峰之作：Windows XP和Windows Server 2003

2001年8月，微软发布同时面向消费者市场和商务市场的Windows XP操作系统。Windows XP发布后，彻底取代了Windows 9x，横扫整个PC市场，从此开始的大约十年里，全世界难以计数的PC上大多运行的是这个操作系统。

Windows XP流行后，很少有人使用独立的Windows 9x系统了，但在所有Windows系统中，都还保持着Windows 9x的一些代码，最主要的就是Windows子系统，即用户态的USER32、GDI32和内核空间的Win32K。NT团队的人是瞧不起老的Windows代码的，在给Windows 2000取名时，把NT从名字中拿掉，NT团队的一些人都有顾虑，怕单纯地叫Windows会影响到产品的名声。

今天，如果你想看一下老的Windows系统的代码到底怎么样，其实很容易，只要看一下系统中的Win32K函数就会有感受了，清单1-1列出了经典的挖地雷小游戏调用ShowWindow API时的执行过程。栈帧#5～#0就是进入内核空间后执行Win32K中函数的过程。Win32K的很多函数以x开头，而且x的个数不同，图中显示的几个函数都是以3个x开头，让人看着有些别扭。

清单1-1 NT系统保留的传统Windows函数

```
# ChildEBP RetAddr
00 8eaf1b40 904ddfb3 win32k!ParentNeedsPaint+0x1f
01 8eaf1b4c 904efeca win32k!xxxDoSyncPaint+0xd
02 8eaf1ba8 904f016c win32k!xxxEndDeferWindowPosEx+0x28d
03 8eaf1bc8 904f4109 win32k!xxxSetWindowPos+0xf6
04 8eaf1c04 904f427f win32k!xxxShowWindow+0x25a
05 8eaf1c24 8286b87a win32k!NtUserShowWindow+0x8b
06 8eaf1c24 773b7094 nt!KiFastCallEntry+0x12a
07 0006fe78 75baf2b5 ntdll!KiFastSystemCallRet
08 0006fe7c 0100235f USER32!NtUserShowWindow+0xc
09 0006fee4 01003f95 winmine!WinMain+0x16f
0a 0006ff88 770fed6c winmine!WinMainCRTStartup+0x174
0b 0006ff94 773d377b kernel32!BaseThreadInitThunk+0xe
0c 0006ffd4 773d374e ntdll!__RtlUserThreadStart+0x70
0d 0006ffec 00000000 ntdll!_RtlUserThreadStart+0x1b
```

2003年4月24日，面向服务器市场的Windows Server 2003发布。以Windows 2000的服务版本为基础，Server 2003吸收并整合了Windows XP的先进功能，是Windows服务器产品线中的一个经典版本。

2002年1月，比尔·盖茨致信微软所有员工，倡导“可信计算”（trustworthy computing），要求在整个公司推行新的安全开发流程（Security Development Lifecycle，SDL）。Server 2003是微软全面重视安全和使用SDL流程后的第一个NT版本。

Windows Server 2003的团队规模也是空前的，在2003年4月23日微软官方发布的关于发布 Server 2003 的新闻稿中，列出了如下一连串数据：超过 5000 名开发者工作了 3 年多，超过 2500 名测试者运行各种评估和测试，总计将近 1 万人参与了这个项目。这篇新闻稿的标题叫“从数字看 Windows Server 2003：微软历史上最大的产品之一发布”[6]。

从功能角度看，Windows Server 2003 包含了 IIS 6.0，改进了 Windows 2000 服务版本引入的活动目录（Active Directory）功能，引入了基于硬件的“看门狗”（watchdog）功能。

从开发工具角度看，Windows Server 2003 版本的 SDK（面向应用开发者）和 DDK（面向驱动程序开发者）也达到了非常完美的状态，笔者至今仍经常使用这两个软件包中的工具和资源。

Windows XP 和 Windows Server 2003 是合并后的 COSD 团队的第一代产品，一个面向桌面用户，一个面向服务器用户，一个是终端，一个是服务器，让 Windows 徽标遍及全世界，某种程度上实现了十多年前所制定的“Windows 无处不在”（Windows Everywhere）的愿景。

Windows XP 和 Windows Server 2003 也开创了交替开发桌面版本和服务器版本的模式，从此，COSD 团队基本上按这种模式运作：发布一个桌面版本后，再基于它开发一个服务器版本，然后再开发下一个桌面版本，如图 1-2 所示。这与英特尔的 Tick-Tock 有些类似，好像两条腿，左脚前进一步，右脚前进一步，交替动作。

在开发 Windows XP 和 Windows Server 2003 期间，马克 · 拉科夫斯基在团队中担任架构师角色，把握关键的技术方向，对完善和优化 NT 内核做出了很多贡献，举例来说，他重构了用户态调试子系统，弥补了原来的重大不足，后文会详细讨论。

2004 年 11 月，马克告别了工作了 16 年的微软，投奔谷歌。时任微软 CEO 的鲍尔默得知这个消息后，非常愤怒。

1.5 Windows Vista 折戟沙场

2001 年 5 月，Windows XP 将要发布的时候，微软公布了代号为 Blackcomb 的新一代 Windows 系统，并且定义了一个过渡性的版本，代号为 Longhorn，因为 XP 的代号为 Whistler。这几个代号都是哥伦比亚著名滑雪胜地的地名，Whistler 和 Blackcomb 是两座山峰的名字，Longhorn 是二者之间的山谷的名字，代表着从一个山峰到另一个山峰必须经过的过渡地带。

处于巅峰状态的 Windows 团队，准确说是一些领导者，为新一代 Windows 系统绘制了非常宏伟的蓝图，准备打造理想中的软件平台，这些宏伟的蓝图包括：

（1）基于.NET 的新一代开发接口 WinFX，为了支持这个目标，据说曾经尝试在内核空间中增加.NET 支持；

（2）名为 WinFS 的新一代文件系统；

（3）代号为 Avalon 的新一代 GUI 编程技术。

为了实现这些宏伟计划，微软投入了大量的人员，使 Windows 开发团队的规模超过前所未有的 6000 人。但是开发进程并不顺利，进展缓慢，问题很多。按照微软最初的计划，应该在 2003 年左右发布 Longhorn，但是实际进展远远慢于预期。2004 年 8 月，团队做了一个重大的决定，重启开发过程（development reset），更换基础代码，所有新功能都要基于新的 Sever 2003 SP1 源代码重新整合。

领导这个庞大团队的主要是上文提到过的吉米·奥尔钦，他 1990 年加入微软，曾在 1991～1996 年期间领导过代号为“Cairo”的操作系统项目，但是用了 5 年时间都没能发布这个项目。于是，有些人不由得把 Longhorn 项目与 Cairo 项目联系起来，把 Longhorn 称为新的 Cairo，或者叫 Cairo.NET。奥尔钦也有程序员和工程师背景，但是从 Cairo 和 Longhorn 项目都可以看出，他对技术和软件的理解深度显然与卡特勒和佩拉佐利不可同日而语。

2005 年年中，微软正式把 Longhorn 定名为 Windows Vista，随后开始发布 Beta 版本，供微软外部的志愿者们进行测试。

2006 年 11 月，Windows Vista 终于发布，历时 5 年半，比最初版本的 NT 还长，成为 Windows 历史上开发时间最久的一个版本。

尽管用时最久，也没能完全实现最初的目标，比如抛弃了 WinFS 功能，其他一些功能也做了裁剪。从 Vista 实际发布的功能来看，比较显著的有以下几项。

（1）重新规划和设计的 GPU 软件栈和 Windows 显示驱动程序模型（Windows Display Driver Model，WDDM）。WDDM 实现了针对 GPU 的很多高级功能，比如显存虚拟化、GPU 任务的并行和抢先式调度、多 GPU 支持等。直到今天，这些功能仍是 Windows 系统领先于 Linux 系统的地方。笔者认为，WDDM 可以算是 Vista 对 NT 系统所做的最大贡献。

（2）重构的 Windows 驱动程序模型——Windows Driver Foundation（WDF）支持使用 C++ 编写用户态的驱动程序，使用面向对象技术对原来的 WDM 驱动模型做了一些封装，本意是简化驱动程序开发，但是增加了一层封装后，也增加了模糊性和开发者要学习的内容。另一个副作用是，原来 DDK 中的一些经典例子被删除了，可能是因为难以转换为 WDF 风格。

（3）安全方面，引入了用户账号控制（User Account Control，UAC），限定普通应用程序只有标准用户权限，提升特权时需要用户同意。因为牵涉用户交互和程序界面，所以 UAC 对 Windows 系统的影响是广泛和深远的。

很多用户对 Windows Vista 的反馈并不好，觉得它庞大而且缓慢，最典型的例子就是开始菜单反应迟钝，很多操作会导致卡顿和等待，屏幕上出现 Vista 引入的圆形光标，反复旋转，不知转到何时，让用户看得心烦。用卡特勒的话来说，“它可能是我们已经发布的所有 Windows 系统中接受度最差的一个版本[1]”。

Windows Vista 的庞大也直接体现在它的安装盘大小和安装后所占的磁盘空间上，都比 Windows XP 增大了数倍。

Windows Vista 发布后，奥尔钦即宣布退休，退休后，他投身到他喜爱的音乐领域。他擅长弹奏吉他，并且能创作和演唱，录制了很多蓝调（布鲁斯）风格的音乐，有一些单曲一度占据流行排行榜的头名。

领导 Vista 开发的还有一位著名的人物，名叫布莱恩·瓦伦丁（Brian Valentine）。1987 年，28 岁的瓦伦丁从英特尔辞职，到微软工作，投奔在那里工作的前英特尔同事保罗·马瑞兹。瓦伦丁具有管理天赋，擅长鼓舞士气，曾经在 Windows 2000、Windows XP 和 Windows Server 2003 开发期间起过重要的领导作用。Server 2003 发布后，奥尔钦邀请他作为自己的副手领导 Vista 的开发，在 2005 年左右，他又被提拔，与奥尔钦一起作为“共同总裁”（co-president）领导 Windows 团队。在 Vista 正式发布前，瓦伦丁离开微软，到亚马逊工作。

在开发 Vista 期间，卡特勒仍然以个人贡献者身份工作，与其他几个人一起负责 64 位 Windows 操作系统的相关的工作。2016 年，当他接受计算机博物馆的采访时，回忆到 Vista 他说 Vista 是一个巨大的烫手山芋（dilemma），让人感觉两面为难，“它看起来不太好，与 Windows XP 不同，与我们之前发布的任何版本都不同，它是不同的。”对于这样一个奇葩，人们很纠结“是该把它发布出去，还是应该回炉重来？”

大约在 2006 年 8 月，Vista 发布前夕，卡特勒也离开了 Windows 团队，到微软的其他部门工作。

从 1988 年 11 月 NT 团队组建，到 2006 年 11 月 Vista 发布，整整 18 年。Vista 发布后，NT 初始团队的很多成员要么离开了微软，要么离开了 Windows 部门。NT 从无到有，从出生到鼎盛，从鼎盛转向衰落，Vista 一战，算得上一个分水岭。从此，原本满身肌肉的 NT 身上出现了很多赘肉，变得臃肿，老态尽显。任何事物都会从年轻转向衰老，趋势不可逆转，NT 也是如此。我们以 Vista 的发布为界，把 NT 的历史分为两个部分——前 NT 时代和后 NT 时代，Vista 的发布是分界线，前 NT 时代结束，后 NT 时代开始。

1.6 Windows 7 享利中兴

Vista 之战落幕后，奥尔钦退休，瓦伦丁离开，卡特勒换了部门，Windows 团队大换血，两位来自 Office 团队的微软老将接替重任，共同掌管 Windows 团队，他们是史蒂文·辛诺夫斯基（Steven Sinofsky）和乔恩·德瓦恩（Jon DeVaan）。他们分别于 1989 年和 1982 年加入微软，都因为领导 Office 产品开发而建立功勋，并树立了非常良好的“准时发布”口碑。乔恩还曾与比尔·盖茨亲密合作，领导全公司范围内的“杰出工程（Engineering Excellence）”运动。

大约在 2007 年 7 月，微软宣布 Windows 7 作为下一代 Windows 产品的开发代号，计划 3 年内完成，重点是改进性能。

2008 年 8 月，MSDN 官网上出现名为 E7 的博客（blog），文章内容都是关于 Windows 7 项目的，E7 是 Engineering Windows 7 的简称，E7 博客的文章都来自 Windows 7 开发团队，很多文章就出自史蒂文之手。最初几篇文章末尾的署名都是“Steven and Jon”，代表 Windows 7 项目的两位共同领导者。在团队内部，乔恩负责内核部分，即调整后的 COSD，史蒂文领导 IE 等用户态部件，称为 UEX（代表用户体验）。

2008 年 10 月，微软宣布 Windows 7 不仅是开发代号，也将是下一代 Windows 系统的正式名字。2009 年 7 月 22 日，微软宣布 Windows 7 发布，7 月 13 日编译的版本通过所有测试，成为 RTM（Release To Manufacturing）版本，构建号码为 7600.16385.090713-1255。

从 2006 年下半年开始，到 2009 年 7 月发布，Windows 7 用时不到 3 年，不仅没有延期，还比事先公开宣布的 2009 年 10 月 22 日整整提前了 3 个月。这是整个 Windows 历史上从来没有过的，这样的“准时发布”为 Windows 7 团队在微软公司内外都树立了非常好的威望。

从架构角度看，Windows 7 引入了所谓的 MinWin 结构，梳理模块之间的接口，减少耦合，努力减小整个系统的体量（footprint）。MinWin 是从 2003 年开始的一个微软内部项目，简单说，就是裁剪得非常精悍的 Windows 系统，只有 150 个二进制文件，只需要 25MB 的磁盘空间，工作时，占用的物理内存（工作集）也只有 40MB。

使用 MinWin 一方面是为了降低耦合，让不同模块（特别是内核和用户空间的模块）可以独立开发，提高团队效率；另一方面，MinWin 也代表着要把 Windows 做小的理念，让每个团队成员都知道把系统做小的重要性，“如果不能做小，就要回家”（Go small or go home）。

Windows 7 还引入了与 MinWin 有关的一项变化，即对 Kernel32.DLL 做了重构，引入 Kernelbase.DLL，把原本实现在 Kernel32.DLL 中的逻辑移到 Kernelbase 中，Kernel32 只保留接口，这样修改后，负责用户空间开发的团队只需要使用稳定版本的 Kernel32.DLL，不需要频繁更新，负责内核空间的团队如果对底层做修改，一般只需要修改 Kernelbase.DLL，不需要更新 Kernel32.DLL，两个团队之间的相互牵制大大减少。

因为这一改动，在 Windows 7 或者更高版本的 Windows 系统中，Kernel32.DLL 中的 API 入口大多只剩一条无条件跳转指令（jmp），比如 ReadFile API：

```
0:011> u kernel32!readfile
KERNEL32!ReadFile:
00007ffb`f64d0cc0 ff25e26d0500    jmp     qword ptr [KERNEL32!_imp_ReadFile
(00007ffb`f6527aa8)]
```

上面的_imp_ReadFile 是导入表项，相当于函数指针，jmp 指令跳转的目标是指针的内容，使用 ln 命令观察这个指针。

```
0:011> ln poi(KERNEL32!_imp_ReadFile)
(00007ffb`f5282ac0)   KERNELBASE!ReadFile   Exact matches:
    KERNELBASE!ReadFile (void)
```

可以看到，_imp_ReadFile 指向的目标就是 kernelbase 中的 ReadFile 函数。

从功能角度来看，Windows 7 引入的全新功能不多，比较显著的要数虚拟磁盘支持，其核心设施是一个新的系统服务，名为 vds，专门用来支持虚拟磁盘。

Windows 7 所做的更多是对 Vista 引入的新功能进行改进和优化，把慢的加快，把不方便的改得方便，把瑕疵去掉，把棱角打平。举例来说，安装 Windows 7 时，Windows 7 的安装程序就会在硬盘上建立一个特殊的分区，安装一个用于修复故障的简易 Windows 系统，称为 Windows 恢复环境（Windows Recovery Environment，WRE）。在系统盘上，可以看到一个名为 Recovery 的隐藏目录，里面放着包括 WRE 磁盘映像在内的一些文件（图 1-3）。当正常的 Windows 系统无法启动时，Windows 7 可以让用户从高级启动选项（按 F8 键）中选择“Repair Your Computer”，进入 WRE。

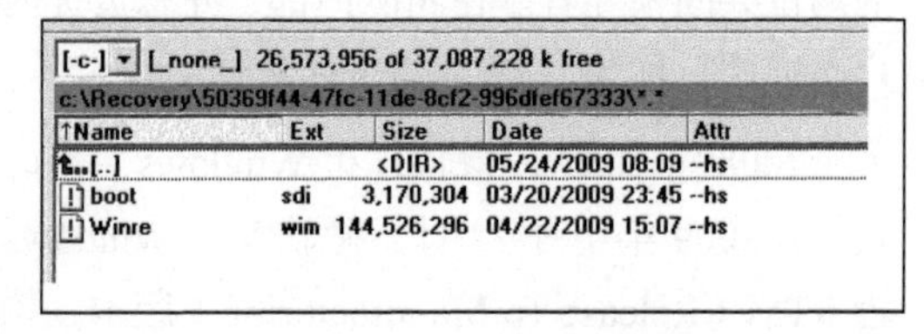

图 1-3 Windows 7 把 WRE 预装在硬盘上

WRE 功能强大，使用方便，笔者曾多次使用它拯救被 IT 部门的同事宣判“死刑”（需要重装）的 Windows 系统。其实，Windows Vista 也有类似的功能，但需要用户使用安装光盘来启动，不但不方便，而且很多时候变得不可用，因为很多系统已经没有光盘驱动器。通过这个例子来看，Windows 7 从用户角度出发，改进功能，虽然费力不多，但是产生的效果是非常显著的。因此，有人说，Windows 7 其实没做什么事情，事情都是 Vista 做的，用一句俗话来说就是“牛打江山马享功”。某种程度来说，这句话也有一定道理，但是 Windows 7 的改进之功也是不可轻视的。一方面因为它实实在在地改进了用户体验，另一方面因为 Windows XP 确实有些老了，因此，Windows 7 的市场接受度很好，发布后，大量用户将系统升级到了 Windows 7。

1.7 Windows 8 革新受挫

Windows 7 的成功，让后 NT 时代的第一代 NT 团队精神振奋，备受鼓舞。2009 年 7 月，史蒂文被提拔为 Windows 部门的总裁，独立领导名为 Windows 8 的下一代 Windows 开发，不再是和乔恩一起担任共同总裁。

与开发 Windows 7 时的 E7 博客类似，在开发 Windows 8 期间，史蒂文创建了一个名为 b8（Building Windows 8）的博客，作为 Windows 团队的窗口与外部沟通。与以前一样，史蒂文亲自写了很多文章发表在 b8 博客上。看起来，Windows 8 团队很喜欢“构建”（build）这个词，可能是因为这个词代表着构建理想中的 Windows 系统，也代表着构建心中的梦想。除了博客的名字中包含 Build 之外，从 2011 年起，针对 Windows 系统开发者的年度技术大会的名字也改名为 Build。

2009 年 11 月，史蒂文和哈佛商业学院教授 Marco Lansiti 合著的书出版，书名为《单一策略：组织、计划和决策》（*One Strategy: Organization, Planning, and Decision Making*）。在这本书中，史蒂文阐述了他的管理理念，明确强调了单一策略和强控制力在庞大组织中的重要性。

史蒂文的管理理论绝不只是写在书本上的，在现实工作中他也是知行合一的。举个例子来说，2010 年，史蒂文和微软的另一位高管雷·奥兹（Ray Ozzie） 发生了争执。奥兹是 Groove Network 的创始人，2005 年微软收购这家公司，奥兹随之加入微软，2006 年，他接替比尔·盖茨的首席架构师一职。可以说，奥兹是比尔·盖茨亲手选定的人才，盖茨希望他能够掌握公司的远景规划。奥兹不负期望，在 2008 年宣布了著名的微软云平台——微软 Azure。2009 年左右，卡特勒就在奥兹的部门工作，领导代号为“红狗”（Red Dog）的颠覆性创新项目。2010 年，奥兹的团队开发了一种文件同步技术，名叫“Live Mesh”，该技术可以把本地文件和云端的文件无缝融合。当时，奥兹召集了一个大约 50 人的团队，准备实施这个项目。但是，这和史蒂文团队的 SkyDrive （空中网盘）项目发生了冲突，遭到史蒂文的坚决反对。史蒂文认为让 Windows 依赖其他团队的部件违背了他的“单一策略和强控制力”原则，降低了他的控制力，可能影响 Windows 8 的发布时间，并将这件事情闹到了当时的 CEO 鲍尔默那里。鲍尔默最终决定把 Live Mesh 项目合并到史蒂文的部门，这引起了奥兹的激烈反对。2010 年 10 月，奥兹宣布离开微软，盖茨选定的人才就这样离开了。

坚信单一策略原则的史蒂文以强大的控制力大刀阔斧地革新 Windows 系统。全面改造 Windows 系统这架有些陈旧的马车，让它改头换面，以适应移动互联网时代。

Windows 8 所做的最大改动要算用于支持移动应用的 Metro 功能了。Metro 起初是微软设计团队创建的一种 UI 设计风格，灵感来源于地铁站中的方向指示牌。在 Windows 8 中，Metro 被赋予新的含义，代表具有 Metro UI 风格的新型 Windows 应用，简称 Metro 应用（App）。有了 Metro 应用后，它成为 Windows 系统中的“新型公民”，以前的 Windows 应用变成了“旧派”。Windows 8 为新的 Metro 应用设计了新的 API、新的运行时（Windows Runtime），也配备了新的桌面（图 1-4（a）），系统启动后，首先看到的是新桌面，用户可以切换到旧的桌面。如图 1-4（a）与图 1-4（b）所示，一个系统上有新旧两套桌面，好像是一个双面人。

从架构角度（图 1-5）来看，Metro 应用和旧的 Win32 应用（也称为桌面应用）都运行在 NT 内核之上，共享系统服务和基础的软件库。

因为 Metro 这个名字与著名的麦德龙超市同名，为了避免商标争议，Metro 应用后来改名为“商店”应用（Store App）。

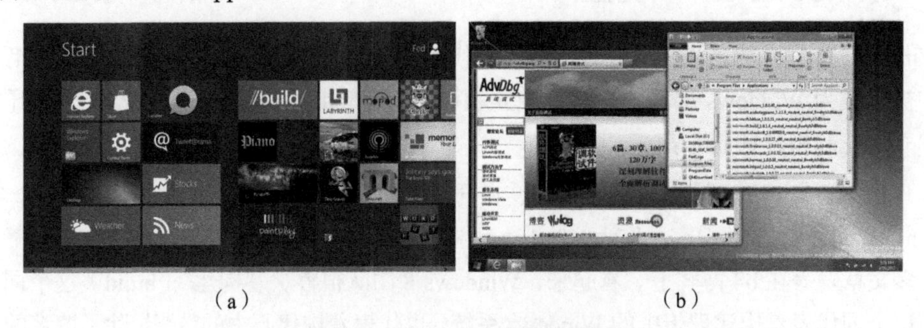

（a）　　　　（b）

图 1-4　Windows 8 的两套桌面

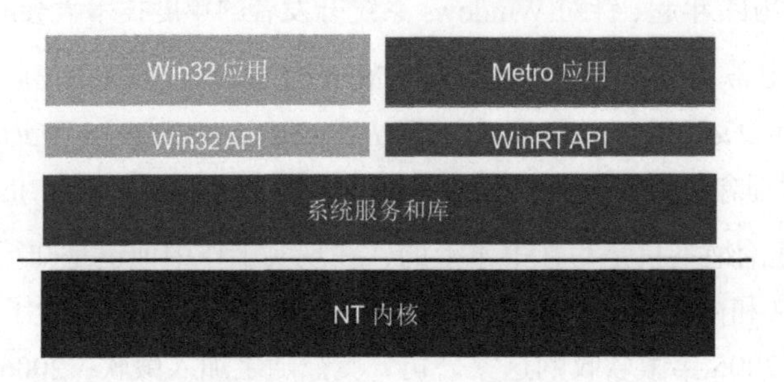

图 1-5　Windows 8 的架构

开发 Windows 8 期间，苹果公司的 iPad 产品大行其道。漂亮的外观、触摸式操作和丰富的应用，让这款产品风靡全球，也让全世界的无数 IT 团队都想模仿它的功能，Windows 8 也不例外。为了让古老的 Windows 能像 iPad 那样适合触摸式操作，Windows 8 团队做了很多努力，改造传统的界面，把一切不适合触摸的都纳入改造范围，包括控制面板和开机启动菜单。为了让控制面板里的设置功能适合触摸，Windows 8 团队把很多设置都重写了。

控制面板的功能重写起来还好，不是那么困难，但启动菜单的改造就没那么简单了。在启动菜单阶段，只有简单的软件环境，读写文件都依靠裁剪过的文件系统函数，要支持图形和触摸需要较大的工作量。于是不知道是哪位同行想出了一个糟糕的方法，启动内核后，再运行一个应用来显示启动菜单。这样实现起来是简单了，但是逻辑上乱套了，启动菜单本来的作用是配置内核启动选项，现在需要内核启动起来才能显示菜单，当内核启动不起来时，启动菜单也弹不出来了。

这个负责显示启动菜单的程序名叫 BOOTIM。在 Windows 8 或者更高版本的 Windows 系统中，在“开始”菜单处输入 bootim 并执行它，就会出现启动菜单画面，一般只包含一个“关闭电脑”选项（图 1-6），看到这个画面，你可能被吓一跳，以为系统突然重启了，其实不必害怕，它只是一个全屏显示的普通应用，按 Alt + Tab 组合键就可以把它切换到后台了。

图 1-6　启动菜单画面中的“关闭电脑”选项

另外，可能是受 iPad “无须关机”特征的影响，Windows 8 的“开始”菜单中也删除了关机功能。这让很多老用户很不习惯，因为已经习惯了不用计算机就要关机，现在找不到“关机”菜单，怎不让用户着急？于是很多网站发表文章教用户如何寻找 Windows 8 的“关机”菜单。

其实，即使用户找到并选择了关机，Windows 8 实际执行的也不再是传统的关机过程，而是改进了的休眠过程，把系统内核的执行状态保存在磁盘上。当用户下一次开机时，Windows 8 会从磁盘上恢复上次的执行状态，迅速地显示出桌面，让用户感觉启动速度非常快，这个功能称为“混合启动”（hybrid boot）。

安全方面，Windows 8 引入了名为 ELAM（Early Launch Anti-malware）的机制，允许安全软件在启动早期便得到执行机会。

Windows 8 树立的一个宏伟目标是彻底改变人们对 Windows 的印象（Windows Reimagined）。为了实现这个目标，Windows 8 还修改了经典的蓝屏死机（Blue Screen of Death，BSOD）画面。经典的蓝屏死机画面使用的是文本模式，显示的字符串较多，Windows 8 将其修改为图形模式，显示一个具有时代感的悲伤符号（图 1-7），只显示较少的文字，背景颜色也从原来的蔚蓝色改为 Windows 8 风格的蓝色。

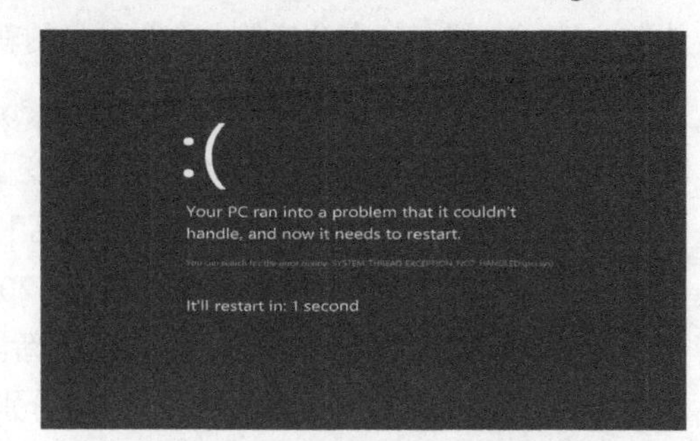

图 1-7 Windows 改造后的蓝屏死机画面

2012 年 8 月 1 日，Windows 8 的 RTM 版本发布，构建号码为 6.2.9200.16384。

随着 Windows 8 开发工作接近尾声和如期发布，无论是微软公司内部还是外部，关于史蒂文替代鲍尔默成为下一任 CEO 的传言越来越多。这不仅因为史蒂文领导着微软最重要的旗舰产品，还因为能与他竞争此职位的高管多已离去。但是，2012 年 12 月 31 日，一条爆炸性的新闻流传开来，史蒂文离开微软。10 月 9 日，他还在 b8 博客上发表文章，对 Windows 8 的全面发布做规划[7]。没想到，这篇文章成为 b8 博客的最后一篇文章，史蒂文离开了。Windows 8 发布后，用户反应平平，花费大量精力打造的应用商店根本没有流行起来。2013 年 10 月，Windows 8.1 发布，纠正了 Windows 8 的一些过激行为，比如改进“开始”菜单，恢复电源按钮等。2014 年年初，乔恩也离开微软，后 NT 时代的第一代主帅谢幕离场。

1.8 Windows 10 何去何从

2013 年 7 月，微软调整组织架构，成立了一个新的操作系统工程部门，并提拔泰瑞·迈尔森（Terry Myerson）作为这个部门的执行副总裁。这个新的部门把微软所有的操作系统团队整合在一起，除了传统的 Windows 系统，还包括 Windows 手机版本和面向游戏市场的 Xbox 系统。

统一了的 Windows 团队为下一代 Windows 系统所制定的主题就是“统一”。进一步说，就是要为不同大小和形式的硬件打造一个统一的 Windows 平台（Universal Windows Platform，UWP）。UWP 可以在台式机、笔记本电脑、平板电脑、智能手机、一体化设备等上运行，以统一的接口支持上面的应用软件。2014 年 9 月，迈尔森在与媒体见面时，宣布下一代 Windows 系统的名字叫 Windows 10。

为了实现统一平台的目标，Windows 10 做了很多努力，从底层的驱动程序模型到顶层的应用程序接口。从应用程序的角度讲，Windows 10 使 Windows 8 引入的商店应用演进为“统一应用”（Universal App），也称 UWP 应用。UWP 应用具有非常好的兼容性，可以运行在 UWP 支持的不同类型的设备上，包括 PC、平板电脑、智能手机、嵌入式设备、Xbox One、Surface Hub 以及混合现实设备等。

驱动程序方面，Windows 10 引入了“通用驱动程序”（Universal Driver）的概念，驱动开发者可以创建单一的驱动程序包，来为不同类型的系统安装硬设备。

在推动和实现 UWP 平台的 Windows 10 设计者中，有一个很熟悉的名字，叫丹·鲍克斯（Don Box），他写过包括《COM 本质论》（*Essential COM*）在内的多本技术畅销书。

2015 年 3 月，微软恢复中断了 6 年之久的 WinHEC（Windows Hardware Engineering Conference），并把会议地点定在中国深圳。迈尔森和丹·鲍克斯等 Windows 10 团队的很多重要人物出席了会议。这个会议的一个重要目的就是为 Windows 10 的正式发布做准备。

2015 年 7 月 29 日，第一个版本的 Windows 10 正式发布。之所以叫“第一个版本的 Windows 10”，是因为从 Windows 10 开始，微软改变了传统的每隔几年发布一个新版 Windows 系统的做法。新的方式是始终保持 Windows 10 之名和 10 这个主版本号，每年做年度更新，更新小版本号。迄今为止，微软一直坚持着这种做法，2015 年 11 月发布了代号为 Threshold 2 的更新，2016 年 8 月发布了代号为 Redstone 1 的周年更新。从 2017 年开始，微软每年春秋两季各发布一个更新版本，已经发布了 4 个更新版本，代号分别为 Redstone 2、Redstone 3、Redstone 4 和 Redstone 5。在写作本章内容时，笔者使用的 Windows 10 便是 2018 年 4 月发布的 Redstone 4，其构建号码为 17134。在命令行中执行 ver 命令得到的版本信息如下：

```
Microsoft Windows [版本 10.0.17134.523]
```

在 Windows 10 的预览版本中，曾用过 6.4 的版本号，正式发布后，便一直使用 10.0 的版本号了。这种保持固定版本号的做法遭到了很多人的批评，主要原因是不再可以用简单的方法识别系统版本，让版本机制失去了本来应该有的作用。Windows 开发社区中一位非常著名的开发者 Tim Roberts 先生也认为，这是微软做的一个非常差劲的决定[8]。

从功能角度来看，Windows 10 引入的最大新功能莫过于适用于 Linux 的 Windows 子系统（Windows Subsystem for Linux，WSL）。启用了 WSL 功能后，用户可以在 Windows 系统中运行原生的 Linux 程序，但这些程序依赖的不是 Linux 内核，而是经典的 NT 内核，某种程度上说，这称得上是 NT 内核的一次重生。

另外一个非常大的新功能便是 VBS，全称是基于虚拟化的安全（Virtualization-Based Security）。启用 VBS 功能后，Windows 10 会启动集成的 Hyper-V 的虚拟机监视器（VMM），然后启动两个虚拟机，一个运行 NT 内核，另一个运行专门用于安全目的的安全内核（SecureKernel.EXE），其架构如图 1-8 所示。

在安全内核上面，运行着一些特殊的应用程序，这些程序是使用特殊工具开发的，运行在隔离的用户空间（Isolated User Mode，IUM）中，普通内核上面即使有恶意软件，也很难攻击到 IUM 中的程序。从安全的角度来看，安全内核提供了一个隔离的环境，执行证书验证等安全有关的功能操作，这是有价值的。但是，从用户的角度来看，把普通的程序和 NT 内核运行在虚拟机里，是会损失性能和降低用户体验的。

Windows 10 引入的另一个功能是名为小娜（Cortana）的语音助理，与 iPhone 上的 Siri 类似，难免有仿效之嫌。

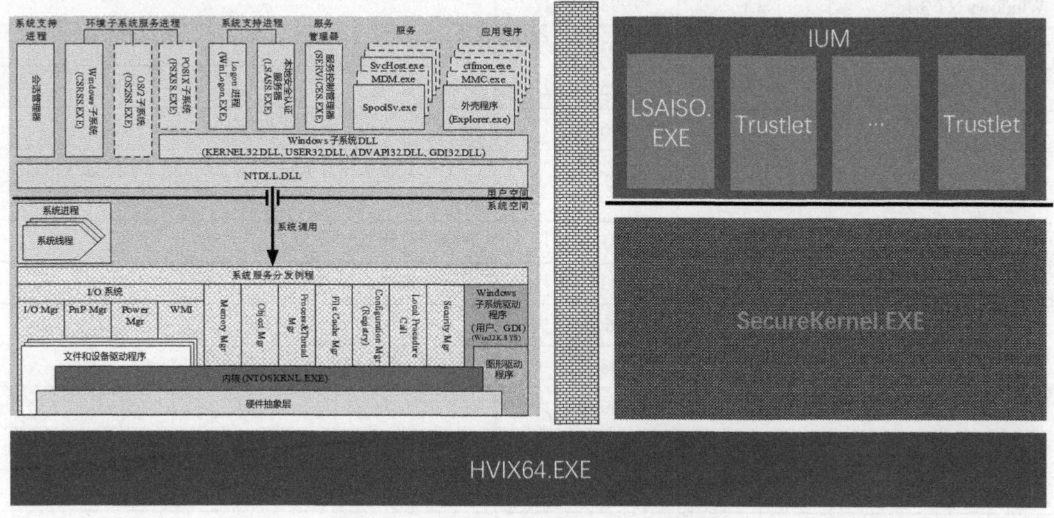

图 1-8 Windows 引入的 VBS 功能架构

在 Windows 10 的第一个版本发布前，微软把设备集团（Devices Group）与操作系统集团（Operating Systems Group）合并组成新的 Windows 和设备集团（Windows and Device Group），仍由迈尔森领导，这让迈尔森在微软的职业生涯达到了巅峰。但好景不长，2018 年 3 月，微软进行大规模的组织架构调整，拆散 Windows 和设备集团，迈尔森离开微软。在告别微软的公开邮件中，迈尔森深情地回顾了他在微软的 21 年工作经历[9]。1997 年，因为创建的公司被微软收购，迈尔森加入了微软，从一家小公司的 CEO 变成微软的一个产品单元经理（Product Unit Manager）。2001 年，迈尔森加入 Exchange 团队，工作 8 年而成名，而后领导 Windows Phone 团队达 5 年之久，最后 5 年在 Windows 10 团队，是顶峰也是终点。

在第一个版本的 Windows 10 发布前的 WinHEC 会议中，笔者以 MVP 身份受邀参加，有机会与 Windows 10 团队的部分成员近距离交流，包括迈尔森（图 1-9）和丹 · 鲍克斯。

图 1-9 为迎接 Windows 10 发布的 WinHEC 会议晚宴（中间背包站立者为迈尔森）

迈尔森离开后，Windows 团队被分散到多个产品部门，微软主攻以 Azure 为核心的云服务，不再像以往那样重视 Windows 了，Windows 在微软的旗舰地位不复存在。这可能是微软的错误，但无论如何，一个时代结束了。

1.9 本章总结

Windows 是个庞大的系统，流行了两个时代，至今仍有广泛的用户群体。表 1-3 列出了源于 NT 内核的各个 Windows 版本的推出时间和内部版本号。

表 1-3 源于 NT 内核的 Windows 操作系统

产品名称	内部版本号	发布日期	备 注
Windows NT 3.1	3.1	1993 年 7 月	—
Windows NT 3.5	3.5	1994 年 9 月	—
Windows NT 3.51	3.51	1995 年 5 月	—
Windows NT 4.0	4.0	1996 年 7 月	—
Windows 2000	5.0	1999 年 12 月	分为台式机版本（Windows 2000 Professional）和服务器版本
Windows XP	5.1	2001 年 8 月	巅峰的桌面版本
Windows Server 2003	5.2	2003 年 3 月	巅峰的服务端版本
Windows Vista	6.0	2006 年 11 月	—
Windows Server 2008	6.0	2008 年 2 月	—
Windows 7	6.1	2009 年 7 月	—
Windows Server 2012	6.3	2012 年 8 月	—
Windows 8	6.2	2012 年 10 月	—
Windows Server 2012 R2	6.2	2013 年 10 月	—
Windows 10	10.0	2015 年 7 月	—
Windows Server 2016	10.0	2016 年 9 月	—
Windows Server 2019	10.0	2018 年 10 月	—

考虑到 16 位的 Windows 和 Windows 9x 都已经过时，所以本书主要讨论的是表 1-3 列出的源于 NT 内核的各个 Windows 版本。如无特别说明，我们介绍的内容都是针对这些版本的。为了行文方便，我们大多时候就使用 Windows 来指代这些版本。

参考资料

[1] Oral History of David Cutler. Computer History Museum. 2016.

[2] Windows, A Software Engineering Odyssey. Mark Lucovsky. 2000.

[3] The engineer's engineer: Computer industry luminaries salute Dave Cutler's five-decade-long quest for quality.

[4] It was 20 years ago today…

[5] Showstopper!: The Breakneck Race to Create Windows NT and the Next Generation at Microsoft. G. Pascal Zachary.

[6] Windows Server 2003 by the Numbers: One of the Biggest Product Launches in Microsoft History.

[7] Updating Windows 8 for General Availability.

[8] Windows 10 GetVersionEx.

[9] Thank you for 21 years, and onto the next chapter...

第 2 章　进程和线程

Windows 是个典型的多任务操作系统，它允许多个程序同时在系统中运行，只要打开任务管理器（Task Manager），就可以看到当前正在运行的程序，这些处于运行状态的程序（program）通常又称为进程（process）。每个进程运行在自己的空间中，这个空间相对独立，是受操作系统保护的。在每个进程空间中，通常会有一个或多个线程在运行。本章从进程的基本概念和属性开始，比较详细地介绍 Windows 操作系统管理进程和线程的核心数据结构与方法。

2.1　任务

程序和进程的关系好比类和实例的关系，当我们运行一个程序时，操作系统便会为这个程序创建一个实例。一个类可以有多个实例，一个程序也可以有多个实例在运行。比如，我们可以启动记事本程序多次，使用不同的实例操作不同的文件。有些程序在启动时会检测是否已经有自己的实例在运行，如果有，新的实例就立刻退出，以保证只有一个实例在工作。

从操作系统的角度来讲，每个进程又称为一个任务（task），Windows 任务管理器的名称即由此而来。但值得说明的是，“任务”这个词是不精确的，在不同上下文中的含义可能是不同的，可能是指进程，也可能是指线程。举例来说，在操作系统层面，“任务”一词常常是代表进程的，比如 Windows 是典型的多任务操作系统，是指系统中可以同时运行多个进程。在 CPU 手册中，很多时候是使用“任务”来指代线程的，比如著名的任务状态段（Task State Segment，TSS）就是用来记录每个线程的状态的。从这个角度来说，CPU 一级的任务很多时候相当于进程中的一个线程，操作系统中的任务是指系统中运行着的各个进程，操作系统的每个任务对应于 CPU 的一个或多个任务。

2.2　进程资源

操作系统是软件世界的管理机构，负责以合理的方式分配软件世界中的资源。从某种程度上说，定义“进程”这个概念的一个基本动机就是更方便地组织和分配系统资源。在操作系统的管理规则中，很多资源是针对进程来分配的，必须先要有一个进程，才能为其分配资源。这有点像在现实社会中，常常使用家庭作为管理社会和分配社会资源的单位。

在 Windows 操作系统中，每个进程都拥有如下资源。

（1）一个虚拟的地址空间，一般称为进程空间，稍后将详细介绍。

（2）全局唯一的进程 ID（又称客户 ID，Client ID），简称 PID。

（3）一个可执行映像（image），也就是该进程的程序文件（可执行文件）在内存中的表示。

（4）一个或多个线程。

（5）一个位于内核空间中的名为EPROCESS（executive process block，进程执行块）的数据结构，用以记录该进程的关键信息，包括进程的创建时间、映像文件名称等，详见下文。

（6）一个位于内核空间中的对象句柄表，用以记录和索引该进程所创建/打开的内核对象。操作系统根据该表格将用户模式下的句柄翻译为指向内核对象的指针。

（7）一个用于描述内存目录表起始位置的基地址，简称页目录基地址（DirBase），当CPU切换到该进程/任务时，会将该地址加载到页表基地址寄存器（x86之CR3，ARM之TTBR），这样当前进程的虚拟地址才会被翻译为正确的物理地址（卷1之2.7节和2.9节）。

（8）一个位于用户空间中的进程环境块（Process Environment Block，PEB），详见下文。

（9）一个访问令牌（access token），用于表示该进程的用户、安全组以及优先级。

上面列出的只是所有进程资源中比较常用的部分，本节后面会详细介绍与调试密切相关的资源。为了更好地理解每个项目，我们将结合WinDBG的进程观察命令（!process）来介绍，这样既易于理解，又可以帮助大家熟悉调试器的用法。也建议大家按下面的步骤亲自动手做一下。

格物

首先启动WinDBG程序，选择File → Open Crash Dump，然后选择本书实验文件中的dumps\w10x64k.dmp文件。在调试会话建立后，先执行.symfix c:\symbols，设置符号服务器，在有互联网的情况下执行.reload，加载模块和符号。

成功加载符号后，执行!process 0 0命令，列出系统内的所有进程。

```
6: kd> !process 0 0
**** NT ACTIVE PROCESS DUMP ****
PROCESS ffff84898203c440
    SessionId: none  Cid: 0004    Peb: 00000000  ParentCid: 0000
    DirBase: 001ad002  ObjectTable: ffffe18f2b814040  HandleCount: 2564.
    Image: System

PROCESS ffff8489820c6040
    SessionId: none  Cid: 0078    Peb: 00000000  ParentCid: 0004
    DirBase: 99d00002  ObjectTable: ffffe18f2b825b80  HandleCount:   0.
    Image: Registry
【省略很多行】
```

!process 0 0命令的第一个参数用来指定要显示的进程ID，0代表所有进程。第二个参数用来指定要显示的进程属性，0代表只显示最基本的进程属性。

可以在上面的命令后面加上程序文件名作为过滤条件，比如，下面的命令只显示wermgr进程的属性。

```
6: kd> !process 0  0 wermgr.exe
PROCESS ffff84899855d580
    SessionId: 0  Cid: 1840    Peb: cd79837000  ParentCid: 0644
    DirBase: 173e00002  ObjectTable: ffffe18f347c0d80  HandleCount:  16.
    Image: wermgr.exe
```

在以上命令结果中，第一行显示的是进程的EPROCESS结构的地址，接下来的三行显示的是进程的关键属性，下面将分别介绍。

进程的 SessionId 是指该进程所在的 Windows 会话（session）的 ID 号。当有多个用户同时登录时，Windows 会为每个登录用户建立一个会话，每个会话有自己的 WorkStation 和 Desktop。这样大家便可以工作在不同的“会话”中共用同一个 Windows 系统。对于典型的 XP 系统，当只有一个用户登录时，用户启动的程序和系统服务都运行在 Session 0。当切换到另一个用户账号（Switch User，不是 Log off）时，系统会建立 Session 1，以此类推。为了提高系统服务的安全性，从 Windows Vista 开始，只允许系统服务运行在 Session 0，系统启动后便会自动创建。当用户登录后，会创建另一个会话，一般为 Session 1。因此，当用户登录到系统中后，总是会看到至少有两个会话，有两个 Windows 子系统进程（CSRSS）在运行。系统启动早期创建的几个特殊进程不属于任何会话，因此它们的 SessionId 为空（none），例如系统（System）进程便是如此。

Cid 即进程 ID，又叫 Client ID（客户 ID）。进程 ID 是标识进程的一个整数，很多用户态的函数用它作为标识进程的参数。在内核空间的代码里，主要使用 EPROCESS 指针来标识一个进程。

Parent Cid 是父进程的进程 ID，即创建该进程的那个进程的进程 ID。

DirBase 描述的是该进程顶级页表的位置，即当 CPU 切换到该进程执行时，CR3 寄存器（对于 x86 CPU）的内容。页目录基地址是将虚拟地址转换为物理地址的必需参数。我们在本书卷 1 中介绍如何将虚拟地址转换为物理地址时曾经提到过页目录基地址。在 x86 CPU 经典的 32 位分页模式中，顶级的页表叫页目录表，所以这个字段的名字就叫页目录基地址。对于 64 位分页模式，顶级页表有新的名字（页映射表，参阅卷 1 第 2 章），但这个字段的名字未变。

DirBase 字段的位定义与当前使用的分页模式有关。在经典的 32 位分页模式中，DirBase 的低 12 位总是 0，高 20 位是该进程的页目录的页帧编号（Page Frame Number，PFN）。例如，如果 DirBase 的值是 0x1f350000，那么它的 PFN 便是 0x1f350。

在 IA32e 分页模式中，CR3 的低 12 位的含义因 CR4 的 PCIDE 位（第 17 位）而不同。PCIDE 是 Process-Context Identifiers Enable 的缩写，其为 1 时，CPU 会缓存多个进程的页表信息，CR3 的低 12 位是进程上下文 ID 号。在 2018 年后的 Windows 10 版本中，为了应对 CPU 的熔断（Meltdown）和幽灵（Spectry）漏洞，NT 内核引入了名为 KVA 影子（Kernel Virtual Address Shadowing）的安全补丁，在这个补丁中会使用 CPU 的 PCID 功能。

在前面“格物”实验中使用的转储文件，已经启用了这个安全功能。

```
6: kd> dd nt!KiKvaShadow L1
fffff800`06465840  00000001
```

KVA 影子有两种工作模式，在该转储文件中，使用的是模式 1。

```
6: kd> dd nt!KiKvaShadowMode L1
fffff800`0644e4f8  00000001
```

模式 1 要求 CPU 具有 PCID 功能支持，从以下内核变量和 cr4 寄存器的位 17 都可以看出。

```
6: kd> dd nt!KiFlushPcid L1
```

```
fffff800`0644e249  00000001
6: kd> .formats cr4
Evaluate expression:
  Hex:      00000000`00170778
  Binary:  【省略全为0的高32位】00000000 00010111 00000111 01111000
```

PFN代表着物理内存页的编号，加上低12位便是物理地址。WinDBG的一些内存命令是使用PFN作为参数的，例如使用!ptov扩展命令加上PFN，便可以列出对应进程中所有物理地址到虚拟地址间的映射，如!ptov 1f350（输出结果非常长，从略）。

ObjectTable的含义是该进程的内核对象和句柄表格。Windows系统使用这个表格将句柄翻译为指向内核对象的指针。使用!handle命令可以查看句柄和对象信息。

在内核调试对话中，该命令的格式如下。

```
!handle [要显示的句柄索引 [显示标志 [进程ID或EPROCESS指针 [类型]]]]
```

比如 !handle 0 0 86a7d030会显示出86a7d030进程的所有句柄概况。

在用户调试对话中，命令格式如下。

```
!handle [要显示的句柄索引 [显示标志 [类型]]]
```

使用!object命令可以进一步查看内核对象的信息。

HandleCount即该进程所使用的句柄个数，也就是ObjectTable所包含的表项数。

2.3 进程空间

为了保证系统中每个任务或进程的安全，Windows为不同的进程分配了独立的进程地址空间（process address space），常常简称为进程空间。进程空间是操作系统分配给每个进程的虚拟地址空间（virtual address space），每个进程运行在这个受操作系统保护的虚拟空间之中，它的地址指针指向的都是这个空间中的虚拟地址，根本无法指到另一个进程空间中，这样便保证了一个进程的数据和代码不会轻易受到其他进程的侵害，一个进程内的错误也不会波及同一系统内运行着的其他进程。或者说每个进程都在操作系统分配给它的虚拟空间中运行，它无法直接访问其他进程的空间，也不必担心自己的空间会被其他进程所侵占。

2.3.1 32位进程空间

在不同系统中，进程空间的大小可能不同。对于32位的Windows系统，每个进程的进程空间是4GB，即地址0x00000000到地址0xFFFFFFFF。为了高效地调用和执行操作系统的各种服务，Windows会把操作系统的内核数据和代码映射到所有进程的进程空间中。因此，4GB的进程空间总是被划分为两个区域：用户空间和内核空间，内核空间有时也被称作系统空间。

在32位系统中，用户空间和内核空间的默认大小各为2GB，低2GB为用户空间，高2GB为内核空间。Windows 2000 Advanced Server、Windows 2000 Datacenter Server、Windows XP和Windows Server 2003支持“3GB”启动选项使用户空间为3GB，以便满足数据库系统等某些特殊应用程序的需要。要使用该功能，除了要在启动配置文件（boot.ini）中设置“/3GB”启动选项，还需要在可执行映像的头信息中设置大用户空间标志（IMAGE_FILE_LARGE_ADDRESS_AWARE flag）。Windows XP 和 Windows Server 2003 还支持/USERVA 选项，该选项可以设定一个介于 2GB～3GB（以 MB 为单位）的值用于定义用户空间的大小。由于对于大多数 32 位系统和大多数进程，用户空间大小是 2GB，因此如不特别指出，本书讨论的都是用户空间为 2GB 的情况，也就是地址 0x00000000 到地址 0x7FFFFFFF 为用户空间，地址 0x80000000 到地址 0xFFFFFFFF 为内核空间，如图 2-1 所示。

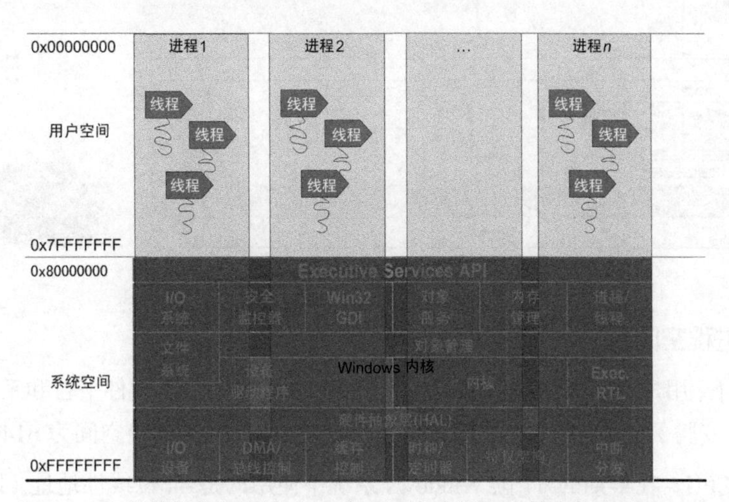

图 2-1 虚拟地址空间布局（32 位，用户空间和内核空间各为 2GB）

简单来说，用户空间是给应用程序的模块使用的，内核空间是给操作系统内核使用的。考虑到所有的应用程序都需要使用内核提供的服务，所以内核空间是统一的，只有一个，会映射到所有应用程序的进程空间中。从这个角度来讲，用户空间是独立的，每个进程都有自己的一个空间，而内核空间是共享的，所有进程共享一个空间。这种设计与现实社会有着惊人的相似。在现实社会中，每个家庭的住宅是私有空间，各自独立，而街道、公园、绿地等则是大家共享的空间。

因为内核空间是共享的，要为系统中的所有进程服务，所以不允许被某个进程任意访问和破坏。为了保护内核空间，操作系统会利用 CPU 的硬件保护机制。从特权级别的角度看，内核空间和用户空间具有不同的特权级别，内核空间的特权级别高于用户空间。

用户空间和内核空间的另一个差别是，在用户空间中运行的应用程序代码可以很容易地显示出界面，与用户交互。而内核空间中的代码，出于多种原因，一般是不能直接显示信息的（崩溃和启动时可以显示有限的信息）。因此，简单地说，用户空间是有界面和可见的，而内核空间是没有界面和不可见的。

在中国古老的哲学著作《周易》中，定义了阴阳两个基本符号，并认为世上万物都包含着阴和阳，有阴必有阳。我们在仔细审视软件世界的空间布局时，可以发现它与祖先们归纳的这个神奇规律非常吻合。用户空间是可见的，很多程序在上面生生不息，属阳。内核空间不可见，但是承载着上面的应用，为应用提供服务，本身不发光，但是能反射应用的光辉，像月亮，属阴。笔者把这种相似性归纳在图 2-2 中，希望可以帮助大家记忆和理解软件世界的基本格局。

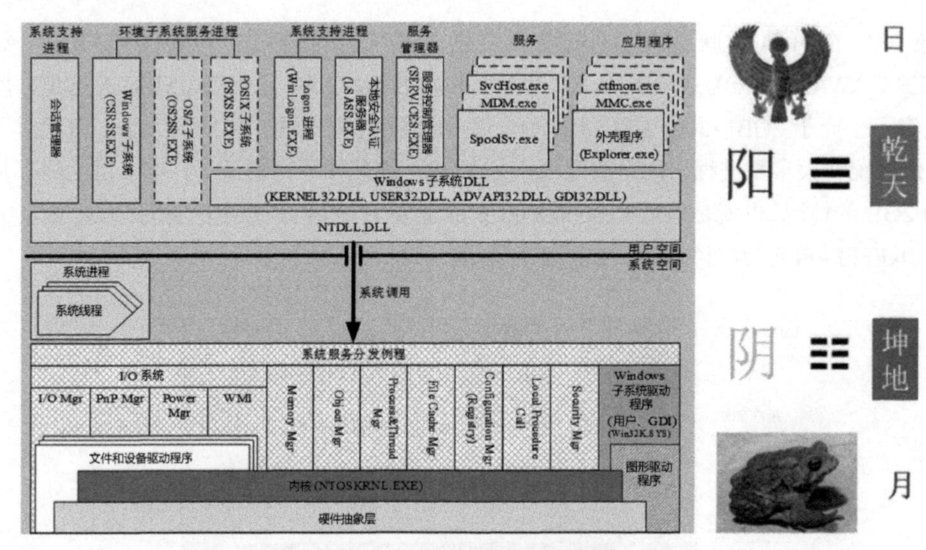

图 2-2 用户空间和内核空间

2.3.2 64 位进程空间

64 位系统下，用户空间和内核空间都增大了很多，具体数值因硬件平台和系统版本而不同。比如在 IA-64（安腾）平台上，用户空间为 7152GB（约 7TB），内核空间为 6144GB。

对于 x64 CPU，在早期的 64 位 Windows 系统中使用的是 44 位线性地址（图 2-3（a）），进程地址空间的总大小为 16TB，用户空间的范围是 0x0～0x7FF`FFFFFFFF，大小为 8192GB（8TB），内核空间的范围是 0xFFFFF800`00000000～0xFFFFFFFF`FFFFFFFF，大小也是 8TB。大约从 Windows 7 的 x64 版本开始，进程空间的总大小扩大为 256TB（48 位线性地址）（图 2-3（b）），用户空间和内核空间各为 128TB，用户空间的范围为 0x0～0x7FFF`FFFFFFFF。

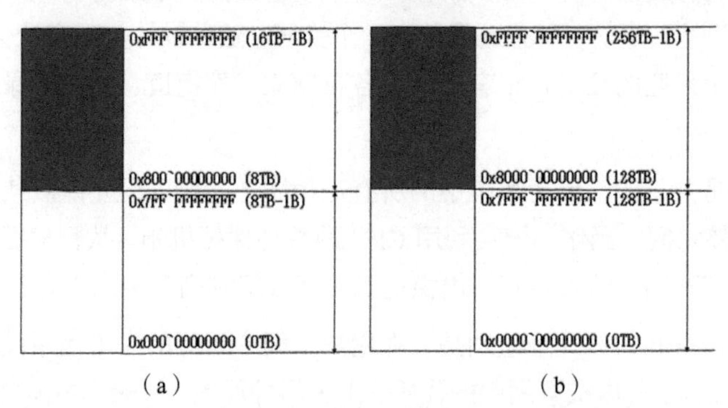

图 2-3 针对 x64 CPU 的两种地址空间布局

对于人来说，住房是古往今来的一个永恒问题，因为每个人都需要生活的空间。对于软件来说，进程便是它们生活的空间，也是非常重要的。Windows 系统从最早的 16 位，发展到后来的 32 位，再发展到今天比较普遍使用的 64 位，发展的一个主要动机就是增大地址空间，也就是增加软件的活动空间，增大软件世界的容量。

老雷评点

软件世界的内存空间问题就是现实世界的住房问题。

2.4 EPROCESS 结构

从数据结构的角度来看，NT 内核使用一个名为 EPROCESS 的庞大结构来描述进程。如同现实世界中每个人都有档案一样，在 Windows 系统中，每个进程都会有一个 EPROCESS 结构。

在前面的!process 0 0 命令的执行结果中，每个进程有 3 行信息，第一行信息中，PROCESS 后面的地址指向的便是进程的 EPROCESS 结构，使用 dt 命令（显示类型结构命令）可以观察该结构的各个字段和取值。清单 2-1 列出了在 32 位 Windows XP 内核中 EPROCESS 结构的定义（//后是注释）。

清单 2-1 EPROCESS 结构的定义

```
lkd> dt _EPROCESS 86a7d030
   +0x000 Pcb              : _KPROCESS  // 内核进程块，用来记录与任务调度有关的信息
   +0x06c ProcessLock      : _EX_PUSH_LOCK
   +0x070 CreateTime       : _LARGE_INTEGER 0x1c6aec5`7d9a68a0  // 创建时间
   +0x078 ExitTime         : _LARGE_INTEGER 0x0 // 退出时间
   +0x080 RundownProtect   : _EX_RUNDOWN_REF
   +0x084 UniqueProcessId  : 0x00000f20 // 进程 ID
   +0x088 ActiveProcessLinks : _LIST_ENTRY [ 0x87a5f0b8 - 0x878b80b8 ]
   +0x090 QuotaUsage       : [3] 0xa50
   +0x09c QuotaPeak        : [3] 0xa50
   +0x0a8 CommitCharge     : 0x15a
   +0x0ac PeakVirtualSize  : 0x1e61000
   +0x0b0 VirtualSize      : 0x1cc5000  //
   +0x0b4 SessionProcessLinks : _LIST_ENTRY [ 0x87a5f0e4 - 0x861080e4 ]
   +0x0bc DebugPort        : (null)     // 用户态调试端口，参见下文
   +0x0c0 ExceptionPort    : 0xe27767a0 // 异常端口
   +0x0c4 ObjectTable      : 0xe1771668 _HANDLE_TABLE  // 对象句柄表
   +0x0c8 Token            : _EX_FAST_REF    // 访问令牌
   +0x0cc WorkingSetLock   : _FAST_MUTEX
   +0x0ec WorkingSetPage   : 0x653
   +0x0f0 AddressCreationLock : _FAST_MUTEX
   +0x110 HyperSpaceLock   : 0
   +0x114 ForkInProgress   : (null)
   +0x118 HardwareTrigger  : 0
   +0x11c VadRoot          : 0x871126d0 // 虚拟地址描述符二叉树的根节点
   +0x120 VadHint          : 0x86dc1f78
   +0x124 CloneRoot        : (null)
   +0x128 NumberOfPrivatePages : 0x110
   +0x12c NumberOfLockedPages : 0
   +0x130 Win32Process     : 0xe13b8de8
   +0x134 Job              : (null)
   +0x138 SectionObject    : 0xe1d16900
   +0x13c SectionBaseAddress : 0x01000000
   +0x140 QuotaBlock       : 0x8768c480 _EPROCESS_QUOTA_BLOCK
   +0x144 WorkingSetWatch  : (null)
   +0x148 Win32WindowStation : 0x00000030
   +0x14c InheritedFromUniqueProcessId: 0x00000d98
   +0x150 LdtInformation   : (null)
   +0x154 VadFreeHint      : (null)
   +0x158 VdmObjects       : (null)
   +0x15c DeviceMap        : 0xe27058d0
   +0x160 PhysicalVadList  : _LIST_ENTRY [ 0x86a7d190 - 0x86a7d190 ]
```

```
+0x168 PageDirectoryPte     : _HARDWARE_PTE_X86
+0x168 Filler               : 0
+0x170 Session              : 0xf7c9b000 // 所属会话对象
+0x174 ImageFileName        : [16]  "notepad.exe"
+0x184 JobLinks             : _LIST_ENTRY [ 0x0 - 0x0 ]
+0x18c LockedPagesList      : (null)
+0x190 ThreadListHead  : _LIST_ENTRY [ 0x861fe25c - 0x861fe25c ] // 线程列表
+0x198 SecurityPort         : (null)
+0x19c PaeTop               : (null)
+0x1a0 ActiveThreads        : 1
+0x1a4 GrantedAccess        : 0x1f0fff
+0x1a8 DefaultHardErrorProcessing: 1// 参见13.1节
+0x1ac LastThreadExitStatus : 0
+0x1b0 Peb                  : 0x7ffdf000 _PEB// 进程环境块
+0x1b4 PrefetchTrace        : _EX_FAST_REF
+0x1b8 ReadOperationCount   : _LARGE_INTEGER 0x1
+0x1c0 WriteOperationCount  : _LARGE_INTEGER 0x0
+0x1c8 OtherOperationCount  : _LARGE_INTEGER 0x9a
+0x1d0 ReadTransferCount    : _LARGE_INTEGER 0x46da
+0x1d8 WriteTransferCount   : _LARGE_INTEGER 0x0
+0x1e0 OtherTransferCount   : _LARGE_INTEGER 0x1e6
+0x1e8 CommitChargeLimit    : 0
+0x1ec CommitChargePeak     : 0x23a
+0x1f0 AweInfo              : (null)
+0x1f4 SeAuditProcessCreationInfo: _SE_AUDIT_PROCESS_CREATION_INFO
+0x1f8 Vm                   : _MMSUPPORT
+0x238 LastFaultCount       : 0
+0x23c ModifiedPageCount    : 0
+0x240 NumberOfVads         : 0x42
+0x244 JobStatus            : 0
+0x248 Flags                : 0xd0840
+0x248 CreateReported       : 0y0
+0x248 NoDebugInherit       : 0y0
+0x248 ProcessExiting       : 0y0     // 正在退出标志
+0x248 ProcessDelete        : 0y0     // 删除标志
+0x248 Wow64SplitPages      : 0y0
+0x248 VmDeleted            : 0y0
+0x248 OutswapEnabled       : 0y1
+0x248 Outswapped           : 0y0
+0x248 ForkFailed               : 0y0
+0x248 HasPhysicalVad           : 0y0
+0x248 AddressSpaceInitialized  : 0y10
+0x248 SetTimerResolution       : 0y0
+0x248 BreakOnTermination       : 0y0
+0x248 SessionCreationUnderway  : 0y0
+0x248 WriteWatch               : 0y0
+0x248 ProcessInSession         : 0y1
+0x248 OverrideAddressSpace     : 0y0
+0x248 HasAddressSpace          : 0y1
+0x248 LaunchPrefetched         : 0y1
+0x248 InjectInpageErrors       : 0y0
+0x248 Unused                   : 0y0000000000 (0)
+0x24c ExitStatus               : 0x103
+0x250 NextPageColor            : 0x5504
+0x252 SubSystemMinorVersion    : 0 ''
+0x253 SubSystemMajorVersion    : 0x4 ''
+0x252 SubSystemVersion         : 0x400 // 环境子系统版本号
```

```
   +0x254 PriorityClass            : 0x2 ''
   +0x255 WorkingSetAcquiredUnsafe : 0 ''
```

从清单 2-1 中可以看到，EPROCESS 结构几乎包括了进程的所有关键信息和重要“资产”，比如与调试密切相关的 DebugPort 和 ExceptionPort（见第 9 章），指向进程的虚拟地址描述符（VAD）二叉树根节点的 VadRoot（使用!vad 命令可以列出这些描述符），以及指向进程内所有线程列表表头的 ThreadListHead，进程环境块地址等。我们将在下文和以后的章节中逐步介绍其中的重要字段。

在 WinDBG 中，可以用!process 命令加上 EPROCESS 结构的地址来显示该进程的关键信息，比如：

```
lkd> !process 86a7d030
PROCESS 86a7d030  SessionId: 0  Cid: 0f20    Peb: 7ffdf000  ParentCid: 0d98
    DirBase: 1f350000  ObjectTable: e1771668  HandleCount:  33.
    Image: notepad.exe
    VadRoot 871126d0 Vads 66 Clone 0 Private 272. Modified 0. Locked 0.
    DeviceMap e27058d0
    Token                             e24d8510
    ElapsedTime                       00:10:35.754
    UserTime                          00:00:00.010
    KernelTime                        00:00:00.060
    QuotaPoolUsage[PagedPool]         30276
    QuotaPoolUsage[NonPagedPool]      2640
    Working Set Sizes (now,min,max)  (966, 50, 345) (3864KB, 200KB, 1380KB)
    PeakWorkingSetSize                966
    VirtualSize                       28 Mb
    PeakVirtualSize                   30 Mb
    PageFaultCount                    996
    MemoryPriority                    BACKGROUND
    BasePriority                      8
    CommitCharge                      346

    THREAD 861fe030  Cid 0f20.0f90  Teb: 7ffde000 Win32Thread: e1d1d650 WAIT:
    (WrUserRequest) UserMode Non-Alertable
            86f45030  SynchronizationEvent
        Not impersonating
        DeviceMap                 e27058d0
        Owning Process            86a7d030       Image: notepad.exe
        Wait Start TickCount      26300875       Ticks: 62664 (0:00:10:27.542)
        Context Switch Count      424            LargeStack
        UserTime                  00:00:00.0000
        KernelTime                00:00:00.0060
        Start Address kernel32!BaseProcessStartThunk (0x77e813f2)
        Win32 Start Address WinDBG!`string' (0x01006ae0)
        Stack Init f7921000 Current f7920c20 Base f7921000 Limit f791b000 Call 0
        Priority 10 BasePriority 8 PriorityDecrement 0 DecrementCount 16
        Kernel stack not resident.
```

随着 NT 内核的不断发展，EPROCESS 结构的大小也不断增大。在上面的 Windows 10 转储文件和笔者写作时使用的 Windows 10 中，这个结构的大小都是 2120（0x848）字节，在 WinDBG 中，可以使用?? sizeof(_EPROCESS)命令来观察。为了节约篇幅，我们省去了当前版本 EPROCESS 结构的详细定义，但在以后的内容中还会经常谈到其中的字段，希望大家在阅读到那些内容时，可以使用 WinDBG 的 dt 命令来观察。

EPROCESS 结构中的 Token 字段记录这个进程的 TOKEN 结构的地址，进程的很多与安全有关的信息都是记录在 Token 结构中的。在清单 2-1 所示的显示结果中找到 Token 字段的值，然后使用!Token 命令便可以观察 Token 的详细信息（清单 2-2）。

清单 2-2 Token 的详细信息

```
lkd> !Token e24d8510
_TOKEN e24d8510
TS Session ID: 0
User: S-1-5-21-1757981266-725345543-1404487317-19316
Groups:
 00 S-1-5-21-1757981266-725345543-1404487317-513
    Attributes - Mandatory Default Enabled
 01 S-1-1-0
    Attributes - Mandatory Default Enabled
 …
Primary Group: S-1-5-21-1757981266-725345543-1404487317-513
Privs:
 00 0x000000017 SeChangeNotifyPrivilege          Attributes - Enabled Default
 01 0x000000008 SeSecurityPrivilege              Attributes -
 02 0x000000011 SeBackupPrivilege                Attributes -
 03 0x000000012 SeRestorePrivilege               Attributes -
 04 0x00000000c SeSystemtimePrivilege            Attributes -
 05 0x000000013 SeShutdownPrivilege              Attributes -
 06 0x000000018 SeRemoteShutdownPrivilege        Attributes -
 07 0x000000009 SeTakeOwnershipPrivilege         Attributes -
 08 0x000000014 SeDebugPrivilege                 Attributes -
 09 0x000000016 SeSystemEnvironmentPrivilege     Attributes -
 10 0x00000000b SeSystemProfilePrivilege         Attributes -
 11 0x00000000d SeProfileSingleProcessPrivilege  Attributes -
 12 0x00000000e SeIncreaseBasePriorityPrivilege  Attributes -
 13 0x00000000a SeLoadDriverPrivilege            Attributes - Enabled
 14 0x00000000f SeCreatePagefilePrivilege        Attributes -
 15 0x000000005 SeIncreaseQuotaPrivilege         Attributes -
 16 0x000000019 SeUndockPrivilege                Attributes - Enabled
 17 0x00000001c SeManageVolumePrivilege          Attributes -
Authentication ID:    (0,1b496)
Impersonation Level:  Anonymous
TokenType:            Primary
Source: User32        TokenFlags: 0x9 ( Token in use )
Token ID: 14cb4cc     ParentToken ID: 0
Modified ID:          (0, 14cb4ce)
RestrictedSidCount: 0 RestrictedSids: 00000000
```

也可以使用 dt nt!_TOKEN 加上令牌对象的地址（如 e24d8510）来观察令牌对象。详细解释令牌有关的内容超出了本书的范围，感兴趣的读者可以阅读参考资料[1]的第 8 章。

2.5 PEB

PEB（Process Environment Block）的全称是进程环境块，它包含了进程的大多数用户模式信息。与 EPROCESS 结构位于内核空间中不同，PEB 是在内核模式建立后映射到用户空间的。

因此，在一个系统中，多个进程的PEB地址可能是同一个值。

使用dt_PEB命令可以显示出PEB结构的字段及其当前值。因为PEB的地址位于用户空间，所以既可以在内核调试会话也可以在用户调试会话中观察PEB。在内核调试会话中观察PEB时，应该先用.process命令设置当前进程（清单2-3）。

清单 2-3 PEB 结构

```
lkd> .process 86a7d030
Implicit process is now 86a7d030
lkd> dt _PEB 7ffdf000
   +0x000 InheritedAddressSpace : 0 ''
   +0x001 ReadImageFileExecOptions : 0 ''
   +0x002 BeingDebugged        : 0 ''              // 是否在被调试
   +0x003 SpareBool            : 0 ''
   +0x004 Mutant               : 0xffffffff
   +0x008 ImageBaseAddress     : 0x01000000        // 执行映像（EXE）的基地址
   +0x00c Ldr                  : 0x00191e90 _PEB_LDR_DATA
   +0x010 ProcessParameters    : 0x00020000 _RTL_USER_PROCESS_PARAMETERS
   +0x014 SubSystemData        : (null)
   +0x018 ProcessHeap          : 0x00090000        // 进程堆，参见23.1节
   +0x01c FastPebLock          : 0x77fc49e0 _RTL_CRITICAL_SECTION
   +0x020 FastPebLockRoutine   : 0x77f5b2a0
   +0x024 FastPebUnlockRoutine : 0x77f5b380
   +0x028 EnvironmentUpdateCount : 1
   +0x02c KernelCallbackTable  : 0x77d429b8
   +0x030 SystemReserved       : [1] 0
   +0x034 ExecuteOptions       : 0y00
   +0x034 SpareBits            : 0y000000000000000000000000000000 (0)
   +0x038 FreeList             : (null)
   +0x03c TlsExpansionCounter  : 0
   +0x040 TlsBitmap            : 0x77fc4680
   +0x044 TlsBitmapBits        : [2] 0x7ffff
   +0x04c ReadOnlySharedMemoryBase : 0x7f6f0000
   +0x050 ReadOnlySharedMemoryHeap : 0x7f6f0000
   +0x054 ReadOnlyStaticServerData : 0x7f6f0688  -> (null)
   +0x058 AnsiCodePageData     : 0x7ffa0000
   +0x05c OemCodePageData      : 0x7ffa0000
   +0x060 UnicodeCaseTableData : 0x7ffd1000
   +0x064 NumberOfProcessors   : 1             // CPU个数
   +0x068 NtGlobalFlag         : 0x24400       // 全局标志
   +0x070 CriticalSectionTimeout : _LARGE_INTEGER 0xffffe86d`079b8000
   +0x078 HeapSegmentReserve   : 0x100000      // 默认进程堆的总保留空间，1MB
   +0x07c HeapSegmentCommit    : 0x2000        // 默认进程堆的已提交空间
   +0x080 HeapDeCommitTotalFreeThreshold : 0x10000
   +0x084 HeapDeCommitFreeBlockThreshold : 0x1000
   +0x088 NumberOfHeaps        : 0xc           //堆的个数
   +0x08c MaximumNumberOfHeaps : 0x10          //堆的最多个数
   +0x090 ProcessHeaps         : 0x77fc5a80 -> 0x00090000  //保存堆句柄的数组地址
   +0x094 GdiSharedHandleTable : 0x003b0000 //GDI共享句柄表
   +0x098 ProcessStarterHelper : (null)
   +0x09c GdiDCAttributeList   : 0x14
   +0x0a0 LoaderLock           : 0x77fc1774
```

```
+0x0a4 OSMajorVersion        : 5      //操作系统主版本号
+0x0a8 OSMinorVersion        : 1      //操作系统子版本号
+0x0ac OSBuildNumber         : 0xa28  //操作系统构建号，即2600
+0x0ae OSCSDVersion          : 0x100  //Service Pack 版本号
+0x0b0 OSPlatformId          : 2      //系统类别,2代表NT,1代表9x,3代表Windows CE
+0x0b4 ImageSubsystem        : 2      //环境子系统 ID
+0x0b8 ImageSubsystemMajorVersion: 4      //环境子系统主版本号
+0x0bc ImageSubsystemMinorVersion: 0xa    //环境子系统子版本号
+0x0c0 ImageProcessAffinityMask: 0
+0x0c4 GdiHandleBuffer       : [34] 0
+0x14c PostProcessInitRoutine : (null)
+0x150 TlsExpansionBitmap    : 0x77fc4660
+0x154 TlsExpansionBitmapBits : [32] 0
+0x1d4 SessionId             : 0      //所属会话的 ID
+0x1d8 AppCompatFlags        : _ULARGE_INTEGER 0x0
+0x1e0 AppCompatFlagsUser    : _ULARGE_INTEGER 0x0
+0x1e8 pShimData             : (null)
+0x1ec AppCompatInfo         : (null)
+0x1f0 CSDVersion            : _UNICODE_STRING "Service Pack 1"
+0x1f8 ActivationContextData : 0x00080000
+0x1fc ProcessAssemblyStorageMap              : 0x000930f8
+0x200 SystemDefaultActivationContextData     : 0x00070000
+0x204 SystemAssemblyStorageMap : (null)
+0x208 MinimumStackCommit        : 0
```

也可以使用!peb 扩展命令来观察进程环境块，比如使用!peb 7ffdf000 命令便可以显示位于0x7ffdf000 处的 PEB 结构。

在调试应用程序时，常常通过观察 PEB 来了解进程的很多全局信息，比如进程是否在被调试、进程的默认堆、进程中的模块列表、进程的命令行等。

2.6 内核模式和用户模式

根据前面的介绍，NT 内核会把操作系统的代码和数据映射到系统中所有进程的内核空间中。这样，每个进程内的应用程序代码便可以很方便地调用内核空间中的系统服务。这里的“很方便”有多层含义，一方面是内核代码和用户代码在一个地址空间中，应用程序调用系统服务时不需要切换地址空间，另一方面是整个系统中内核空间的地址是统一的，编写内核空间的代码时会简单很多。但是，如此设计也带来一个很大的问题，那就是用户空间中的程序指针可以指向内核空间中的数据和代码，因此必须防止用户代码破坏内核空间中的操作系统。怎么做呢？答案是利用权限控制来实现对内核空间的保护。

2.6.1 访问模式

Windows 定义了两种访问模式（access mode）——用户模式（user mode，也称为用户态）和内核模式（kernel mode，也称为内核态）。应用程序（代码）运行在用户模式下，操作系统代码运行在内核模式下。内核模式对应于处理器的最高权限级别（不考虑虚拟机情况），在内核模式下执行的代码可以访问所有系统资源并具有使用所有特权指令的权利。相对而言，用户模式对应于较低的处理器优先级，在用户模式下执行的代码只可以访问系统允许其访问的内存空间，并且没有使用特权指令的权利。

本书卷 1 介绍过，IA-32 处理器定义了 4 种特权级别（privilege level），或者称为环（ring），分别为 0、1、2、3，优先级 0（环 0）的特权级别最高。处理器在硬件一级保证高优先级的数据和代码不会被低优先级的代码破坏。Windows 系统使用了 IA-32 处理器所定义的 4 种优先级中的两种，优先级 3（环 3）用于用户模式，优先级 0 用于内核模式。之所以只使用了其中的两种，主要是因为有些处理器只支持两种优先级，比如 Compaq Alpha 处理器。值得说明的是，对于 x86 处理器来说，并没有任何寄存器表明处理器当前处于何种模式（或优先级）下，优先级只是代码或数据所在的内存段或页的一个属性，参见卷 1 的 2.6 节和 2.7 节。

因为内核模式下的数据和代码具有较高的优先级，所以用户模式下的代码不可以直接访问内核空间中的数据，也不可以直接调用内核空间中的任何函数或例程。任何这样的尝试都会导致保护性错误。也就是说，即使用户空间中的代码指针正确指向了要访问的数据或代码，但一旦访问发生，那么处理器会检测到该访问是违法的，会停止该访问并产生保护性异常（#GP）。

虽然不可以直接访问，但是用户程序可以通过调用系统服务来间接访问内核空间中的数据或间接调用、执行内核空间中的代码。当调用系统服务时，主调线程会从用户模式切换到内核模式，调用结束后再返回到用户模式，也就是所谓的模式切换。在线程的 KTHREAD 结构中，定义了 UserTime 和 KernelTime 两个字段，分别用来记录这个线程在用户模式和内核模式的运行时间（以时钟中断次数为单位）。模式切换是通过软中断或专门的快速系统调用（fast system call）指令来实现的。下面通过一个例子来分别介绍这两种切换机制。

2.6.2 使用 INT 2E 切换到内核模式

图 2-4 展示了在 Windows 2000 中通过 INT 2E 从应用程序调用 ReadFile() API 的过程。因为 ReadFile() API 是从 Kernel32.dll 导出的，所以我们看到该调用首先转到 Kernel32.dll 中的 ReadFile()函数，ReadFile()函数在对参数进行简单检查后便调用 NtDll.dll 中的 NtReadFile()函数。

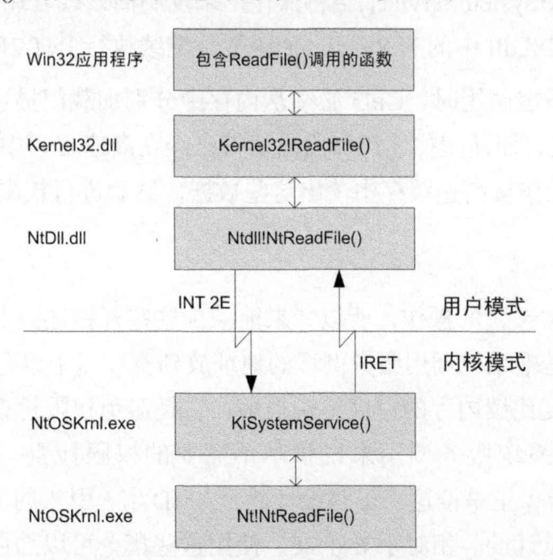

图 2-4 通过 INT 2E 从应用程序调用 ReadFile() API 的过程

通过反汇编可以看到，NtDll.dll 中的 NtReadFile()函数非常简短，首先将 ReadFile()对应的系统服务号（0xa1，与版本有关）放入 EAX 寄存器中，将参数指针放入 EDX 寄存器中，然后便通过 INT *n* 指令发出调用。这里要说明的一点是，虽然每个系统服务都具有唯一的号码，但微软公司没有公开这些服务号，也不保证这些号码在不同的 Windows 版本中会保持一致。

```
ntdll!NtReadFile: // Windows 2000
77f8fb5d b8a1000000   mov     eax,0xa1
77f8fb62 8d542404     lea     edx,[esp+0x4]
77f8fb66 cd2e         int     2e
77f8fb68 c22400       ret     0x24
```

在 WinDBG 下通过!idt 2e 命令可以看到 2e 号向量对应的服务例程是 KiSystemService()。KiSystemService()是内核态中专门用来分发系统调用的例程。

```
lkd> !idt 2e
Dumping IDT:
2e:    804db1ed nt!KiSystemService
```

Windows 将 2e 号向量专门用于系统调用，在启动早期初始化中断描述符表（Interrupt Descriptor Table，IDT）时（见第 11 章）便注册好了合适的服务例程。因此当 NTDll.DLL 中的 NtReadFile()发出 INT 2E 指令后，CPU 便会通过 IDT 找到 KiSystemService()函数。因为 KiSystemService()函数是位于内核空间的，所以 CPU 在把执行权交给 KiSystemService()函数前，会做好从用户模式切换到内核模式的各种工作，包括：

（1）权限检查，即检查源位置和目标位置所在的代码段权限，核实是否可以转移；

（2）准备内核模式使用的栈，为了保证内核安全，所有线程在内核态执行时都必须使用位于内核空间的内核栈（kernel stack），内核栈的大小一般为 8KB 或 12KB。

KiSystemService()会根据服务 ID 从系统服务分发表（System Service Dispatch Table）中查找到要调用的服务函数地址和参数描述，然后将参数从用户态栈复制到该线程的内核栈中，最后 KiSystemService()调用内核中真正的 NtReadFile()函数，执行读文件的操作，操作结束后会返回到 KiSystemService()，KiSystemService()会将操作结果复制回该线程用户态栈，最后通过 IRET 指令将执行权交回给 NtDll.dll 中的 NtReadFile()函数（继续执行 INT 2E 后面的那条指令）。

通过 INT 2E 进行系统调用时，CPU 必须从内存中分别加载门描述符和段描述符才能得到 KiSystemService()的地址，即使门描述符和段描述符已经在高速缓存中，CPU 也需要通过“内存读（memory read）”操作从高速缓存中读出这些数据，然后进行权限检查。

2.6.3 快速系统调用

因为系统调用是非常频繁的操作，所以如果能减少这些开销还是非常有意义的。可以从两个方面来降低开销：一是把系统调用服务例程的地址放到寄存器中以避免读 IDT 这样的内存操作，因为读寄存器的速度比读内存的速度要快很多；二是避免权限检查，也就是使用特殊的指令让 CPU 省去那些对系统服务调用来说根本不需要的权限检查。奔腾 II 处理器引入的 SYSENTER/SYSEXIT 指令正是按这一思路设计的。AMD K7 引入的 SYSCALL/SYSRETURN 指令也是为这一目的而设计的。相对于 INT 2E，使用这些指令可以加快系统调用的速度，因此利用这些指令进行的系统调用称为快速系统调用。

下面我们介绍 Windows 系统是如何利用 IA-32 处理器的 SYSENTER/SYSEXIT 指令（从奔腾 II 开始）实现快速系统调用的[2]。首先，Windows 2000 或之前的 Windows 系统不支持快速系统调用，它们只能使用前面介绍的 INT 2E 方式进行系统调用。Windows XP 和 Windows Server 2003 或更新的版本在启动过程中会通过 CPUID 指令检测 CPU 是否支持快速系统调用指令（EDX 寄存器的 SEP 标志位）。如果 CPU 不支持这些指令，那么仍使用 INT 2E 方式。如果 CPU 支持这些指令，那么 Windows 系统便会决定使用新的方式进行系统调用，并做好如下准备工作。

（1）在全局描述符表（GDT）中建立 4 个段描述符，分别用来描述供 SYSENTER 指令进入内核模式时使用的代码段（CS）和栈段（SS），以及 SYSEXIT 指令从内核模式返回用户模式时使用的代码段和栈段。这 4 个段描述符在 GDT 中的排列应该严格按照以上顺序，只要指定一个段描述符的位置便能计算出其他的。

（2）设置表 2-1 中专门用于系统调用的 MSR（关于 MSR 的详细介绍见卷 1 的 2.4.3 节），SYSENTER_EIP_MSR 用于指定新的程序指针，也就是 SYSENTER 指令要跳转到的目标例程地址。Windows 系统会将其设置为 KiFastCallEntry 的地址，因为 KiFastCallEntry 例程是 Windows 内核中专门用来受理快速系统调用的。SYSENTER_CS_MSR 用来指定新的代码段，也就是 KiFastCallEntry 所在的代码段。SYSENTER_ESP_MSR 用于指定新的栈指针（ESP）。新的栈段是由 SYSENTER_CS_MSR 的值加 8 得来的。

（3）将一小段名为 SystemCallStub 的代码复制到 SharedUserData 内存区，该内存区会被映射到每个 Win32 进程的进程空间中。这样当应用程序每次进行系统调用时，NTDll.DLL 中的残根（stub）函数便调用这段 SystemCallStub 代码。SystemCallStub 的内容因系统硬件的不同而不同，对于 IA-32 处理器，该代码使用 SYSENTER 指令，对于 AMD 处理器，该代码使用 SYSCALL 指令。

表 2-1 供 SYSENTER 指令使用的 MSR

MSR 名称	MSR 地址	用 途
SYSENTER_CS_MSR	174h	目标代码段的 CS 选择子
SYSENTER_ESP_MSR	175h	目标 ESP
SYSENTER_EIP_MSR	176h	目标 EIP

例如在配有 Pentium M CPU 的 Windows XP 系统上，以上 3 个寄存器的值分别为：

```
lkd> rdmsr 174
msr[174] = 00000000`00000008
lkd> rdmsr 175
msr[175] = 00000000`bacd8000
lkd> rdmsr 176
msr[176] = 00000000`8053cad0
```

其中 SYSENTER_CS_MSR 的值为 8，这是 Windows 系统的内核代码段的选择子，即常量 KGDT_R0_CODE 的值。WinDBG 帮助文件中关于 dg 命令的说明中列出了这个常量。SYSENTER_EIP_MSR 的值是 8053cad0，检查 nt 内核中 KiFastCallEntry 函数的地址。

```
lkd> x nt!KiFastCallEntry
8053cad0 nt!KiFastCallEntry = <no type information>
```

可见，Windows 把快速系统调用的目标指向内核代码段中的 KiFastCallEntry 函数。

通过反汇编 Windows XP 下 NTDll.DLL 中的 NtReadFile()函数，可以看到 SystemCallStub 被映射到进程的 0x7ffe0300 位置。与前面 Windows 2000 下的版本相比，容易看到该服务的系统服务号码在这两个版本间是不同的。

```
kd> u ntdll...
ntdll!NtReadFile: // Windows XP
77f5bfa8 b8b7000000        mov     eax,0xb7
77f5bfad ba0003fe7f        mov     edx,0x7ffe0300
77f5bfb2 ffd2              call edx {SharedUserData!SystemCallStub (7ffe0300)}
77f5bfb4 c22400            ret     0x24
77f5bfb7 90                nop
```

观察本段下面反汇编 SystemCallStub 的结果，它只包含 3 条指令，分别用于将栈指针（ESP 寄存器）放入 EDX 寄存器中、执行 sysenter 指令和返回。第一条指令有两个用途：一是向内核空间传递参数；二是指定从内核模式返回时的栈地址。因为笔者使用的是英特尔奔腾 M 处理器，所以此处是 sysenter 指令，对于 AMD 处理器，此处应该是 syscall 指令。

```
kd> u...
SharedUserData!SystemCallStub:
7ffe0300 8bd4              mov     edx,esp
7ffe0302 0f34              sysenter
7ffe0304 c3                ret
```

下面让我们看一下 KiFastCallEntry 例程，其清单如下所示。

```
kd> u nt!KiFastCallEntry L20
nt!KiFastCallEntry:
804db1bb 368b0d40f0dfff    mov      ecx,ss:[ffdff040]
804db1c2 368b6104          mov      esp,ss:[ecx+0x4]
804db1c6 b90403fe7f        mov      ecx,0x7ffe0304
804db1cb 3b2504f0dfff      cmp      esp,[ffdff004]
804db1d1 0f84cc030000      je       nt!KiServiceExit2+0x13f (804db5a3)
804db1d7 6a23              push     0x23
804db1d9 52                push     edx
804db1da 83c208            add      edx,0x8
804db1dd 6802020000        push     0x202
804db1e2 6a02              push     0x2
804db1e4 9d                popfd
804db1e5 6a1b              push 0x1b
804db1e7 51                push ecx // Fall Through，自然进入 KiSystemService 函数
nt!KiSystemService:
804db1e8 90                nop
804db1e9 90                nop
804db1ea 90                nop
804db1eb 90                nop
804db1ec 90                nop
nt!KiSystemService:
804db1ed 6a00              push     0x0
804db1ef 55                push     ebp
```

显而易见，KiFastCallEntry 在做了些简单操作后，便下落（fall through）到 KiSystemService 函数了，也就是说，快速系统调用和使用 INT 2E 进行的系统调用在内核中的处理绝大部分是一样的。另外，请注意 ecx 寄存器，mov ecx,0x7ffe0304 将其值设为 0x7ffe0304，也就是 SharedUserData 内存区里 SystemCallStub 例程中 ret 指令的地址（参见上文的 SystemCallStub 代码）。在进入 nt!KiSystemService 之前，ecx 连同其他一些参数被压入栈中。事实上，ecx 用来指定 SYSEXIT 返回用户模式时的目标地址。当使用 INT 2E 进行系统调用时，由于 INT *n* 指令会自动将中断发生时的 CS 和 EIP 寄存器压入栈中，当中断处理例程通过执行 iretd 返回时，iretd 指令会使用栈中保存的 CS

和 EIP 值返回合适的位置。因为 sysenter 指令不会向栈中压入要返回的位置，所以 sysexit 指令必须通过其他机制知道要返回的位置。这便是压入 ECX 寄存器的原因。通过反汇编 KiSystemCallExit2 例程，我们可以看到在执行 sysexit 指令之前，ecx 寄存器的值又从栈中恢复出来了。

```
kd> u nt!KiSystemCallExit l20
nt!KiSystemCallExit:
804db3b4 cf          iretd
nt!KiSystemCallExit2:
804db3b5 5a          pop     edx
804db3b6 83c408      add     esp,0x8
804db3b9 59          pop     ecx
804db3ba fb          sti
804db3bb 0f35        sysexit
nt!KiSystemCallExit3:
804db3bd 59          pop     ecx
804db3be 83c408      add     esp,0x8
804db3c1 5c          pop     esp
804db3c2 0f07        sysret
```

以上代码中包含了 3 个从系统调用返回的例程，即 KiSystemCallExit、KiSystemCallExit2 和 KiSystemCallExit3，它们分别对应于使用 INT 2E、sysenter 和 syscall 发起的系统调用，如表 2-2 所示。

表 2-2 系统调用

发起系统调用的方法	入口内核例程	返回时的指令	返回时使用的内核例程
INT 2E	KiSystemService	iret	KiSystemCallExit
sysenter	KiFastCallEntry	sysexit	KiSystemCallExit2
syscall	KiFastCallEntry	sysret	KiSystemCallExit3

图 2-5 展示了使用 sysenter/sysexit 指令对进行系统调用的完整过程（以调用 ReadFile 服务为例）。

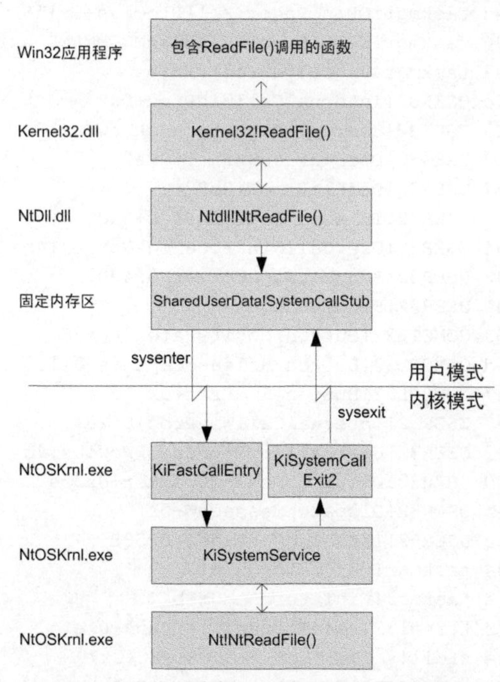

图 2-5 快速系统调用（针对 IA-32 处理器）

格物

下面通过一个小的实验来加深大家对系统调用的理解。首先启动 WinDBG 程序，选择 File → Open Crash Dump，然后选择本书实验文件中的 dumps\w732cf4.dmp 文件。在调试会话建立后，先执行.symfix c:\symbols 和.reload 加载模块与符号，再执行 k 命令，便得到清单 2-4 所示的完美栈回溯。

第 22 章将详细讲解栈回溯的原理，现在大家只要知道栈上记录着函数相互调用时的参数和返回地址等信息。栈回溯是从栈上找到这些信息，然后显示出来的过程，是追溯线程执行轨迹的一种便捷方法。

清单 2-4 还显示了任务管理器程序（taskmgr）调用 NtTerminateProcess 系统服务时的执行过程。栈回溯的结果包含 4 列，第一列是序号，第二列是每个函数的栈帧基地址，第三列是返回地址，第四列是使用“函数名+字节偏移量”形式表达的执行位置。以 00 栈帧为例，它对应的函数是著名的蓝屏函数 KeBugCheckEx，它的栈帧基地址是 9796fb9c，它的返回地址是 82b1ab51，把返回地址翻译成符号便是下一行的 PspCatchCriticalBreak+0x71。

清单 2-4　完美栈回溯

```
# ChildEBP RetAddr
00 9796fb9c 82b1ab51 nt!KeBugCheckEx+0x1e
01 9796fbc0 82a6daa8 nt!PspCatchCriticalBreak+0x71
02 9796fbf0 82a605b6 nt!PspTerminateAllThreads+0x2d
03 9796fc24 8287c87a nt!NtTerminateProcess+0x1a2
04 9796fc24 77da7094 nt!KiFastCallEntry+0x12a
05 001df4dc 77da68d4 ntdll!KiFastSystemCallRet
06 001df4e0 76193c82 ntdll!NtTerminateProcess+0xc
07 001df4f0 00bf57b9 KERNELBASE!TerminateProcess+0x2c
08 001df524 00bf67ec taskmgr!CProcPage::KillProcess+0x116
09 001df564 00bebc96 taskmgr!CProcPage::HandleWMCOMMAND+0x10f
0a 001df5d8 76abc4e7 taskmgr!ProcPageProc+0x275
0b 001df604 76ad5b7c USER32!InternalCallWinProc+0x23
0c 001df680 76ad59f3 USER32!UserCallDlgProcCheckWow+0x132
0d 001df6c8 76ad5be3 USER32!DefDlgProcWorker+0xa8
0e 001df6e4 76abc4e7 USER32!DefDlgProcW+0x22
0f 001df710 76abc5e7 USER32!InternalCallWinProc+0x23
10 001df788 76ab5294 USER32!UserCallWinProcCheckWow+0x14b
11 001df7c8 76ab5582 USER32!SendMessageWorker+0x4d0
12 001df7e8 74e94601 USER32!SendMessageW+0x7c
13 001df808 74e94663 COMCTL32!Button_NotifyParent+0x3d
14 001df824 74e944ed COMCTL32!Button_ReleaseCapture+0x113
15 001df884 76abc4e7 COMCTL32!Button_WndProc+0xa18
16 001df8b0 76abc5e7 USER32!InternalCallWinProc+0x23
17 001df928 76abcc19 USER32!UserCallWinProcCheckWow+0x14b
18 001df988 76abcc70 USER32!DispatchMessageWorker+0x35e
19 001df998 76ab41eb USER32!DispatchMessageW+0xf
1a 001df9bc 00be16fc USER32!IsDialogMessageW+0x588
1b 001dfdac 00be5384 taskmgr!wWinMain+0x5d1
1c 001dfe40 76bbed6c taskmgr!_initterm_e+0x1b1
1d 001dfe4c 77dc377b kernel32!BaseThreadInitThunk+0xe
1e 001dfe8c 77dc374e ntdll!__RtlUserThreadStart+0x70
1f 001dfea4 00000000 ntdll!_RtlUserThreadStart+0x1b
```

仔细观察清单 2-4 中的地址部分，很容易看出用户空间和内核空间的分界，也就是在栈帧 04 和栈帧 05 之间。栈帧 05 中的 KiFastSystemCallRet 函数属于 ntdll 模块，位于用户空间。栈帧 04 中的 KiFastCallEntry 函数属于 nt 模块，位于内核空间。栈帧 04 的基地址是 9796fc24，属于内核空间；栈帧 05 的基地址是 001df4dc，属于用户空间。它们分别来自这个线程的内核态栈和用户态栈。WinDBG 的 k 命令穿越两个空间，遍历两个栈，显示出线程在用户空间和内核空间执行的完整过程，能产生如此完美的栈回溯显示了 WinDBG 的强大。

2.6.4 逆向调用

前文介绍了从用户模式进入内核模式的两种方法，通过这两种方法，用户模式的代码可以"调用"位于内核模式的系统服务。那么内核模式的代码是否可以主动调用用户模式的代码呢？答案是肯定的，这种调用通常称为逆向调用（reverse call）。

简单来说，逆向调用的过程是这样的。首先内核代码使用内核函数 KiCallUserMode 发起调用。接下来的执行过程与从系统调用返回（KiServiceExit）类似，不过进入用户模式时执行的是 NTDll.DLL 中的 KiUserCallbackDispatcher。而后 KiUserCallbackDispatcher 会调用内核希望调用的用户态函数。当用户模式的工作完成后，执行返回动作的函数会执行 INT 2B 指令，也就是触发一个 0x2B 异常。这个异常的处理函数是内核模式的 KiCallbackReturn 函数。于是，通过 INT 2B 异常，CPU 又跳回内核模式继续执行了。

```
lkd> !idt 2b
Dumping IDT:
2b:   8053d070 nt!KiCallbackReturn
```

以上是使用 WinDBG 的!idt 命令观察到的 0x2B 异常的处理函数。

2.6.5 实例分析

下面通过一个实际例子来进一步展示系统调用和逆向调用的执行过程。清单 2-5 显示了使用 WinDBG 的内核调试会话捕捉到的记事本进程发起系统调用进入内核和内核函数执行逆向调用的全过程（栈回溯）。

清单 2-5 记事本进程从发起系统调用进入内核和内核函数逆向调用的全过程

```
kd> kn
 # ChildEBP RetAddr
00 0006fe94 77fb4da6 USER32!XyCallbackReturn
01 0006fe94 8050f8ae ntdll!KiUserCallbackDispatcher+0x13
02 f4fc19b4 80595d2c nt!KiCallUserMode+0x4
03 f4fc1a10 bf871e98 nt!KeUserModeCallback+0x87
04 f4fc1a90 bf8748d4 win32k!SfnDWORD+0xa0
05 f4fc1ad8 bf87148d win32k!xxxSendMessageToClient+0x174
06 f4fc1b24 bf8714d3 win32k!xxxSendMessageTimeout+0x1a6
07 f4fc1b44 bf8635f6 win32k!xxxSendMessage+0x1a
08 f4fc1b74 bf84a620 win32k!xxxMouseActivate+0x22d
09 f4fc1c98 bf87a0c1 win32k!xxxScanSysQueue+0x828
0a f4fc1cec bf87a8ad win32k!xxxRealInternalGetMessage+0x32c
0b f4fc1d4c 804da140 win32k!NtUserGetMessage+0x27
0c f4fc1d4c 7ffe0304 nt!KiSystemService+0xc4
```

```
0d 0006feb8 77d43a21 SharedUserData!SystemCallStub+0x2
0e 0006febc 77d43c95 USER32!NtUserGetMessage+0xc
0f 0006fed8 010028e4 USER32!GetMessageW+0x31
10 0006ff1c 01006c54 notepad!WinMain+0xe3
11 0006ffc0 77e814c7 notepad!WinMainCRTStartup+0x174
12 0006fff0 00000000 kernel32!BaseProcessStart+0x23
```

根据执行的先后顺序，最下面一行（帧#12）对应的是进程的启动函数 BaseProcessStart，而后是编译器生成的进程启动函数 WinMainCRTStartup，以及记事本程序自己的入口函数 WinMain。帧#0f 表示记事本程序在调用 GetMessage API 进入消息循环。接下来 GetMessage API 调用 Windows 子系统服务的残根函数 NtUserGetMessage。从第 2 列的栈帧基地址都小于 0x800000000 可以看出，帧#12～#0d 都是在用户模式执行的。帧#0d 执行我们前面分析过的 SystemCallStub，而后（帧#0c）便进入了内核模式的 KiSystemService。KiSystemService 根据系统服务号码，将调用分发给 Windows 子系统内核模块 win32k 中的 NtUserGetMessage 函数。

帧#0a～#05 表示内核模式的窗口消息函数在工作。帧#07～#05 表示要把一个窗口消息发送到用户态。帧#04 的 SfnDWORD 表示在将消息组织好后调用 KeUserModeCallback 函数，发起逆向调用。帧#02 表明在执行 KiCallUserMode 函数，帧#01 表明已经在用户模式下执行，这两行之间的部分过程没有显示出来。同样，帧#01 和帧#00 之间执行用户模式函数的过程没有完全体现出来。XyCallbackReturn 函数是用于返回内核模式的，它的代码很简单，只有如下几条指令。

```
USER32!XyCallbackReturn:
001b:77d44168 8b442404     mov   eax,dword ptr [esp+4] ss:0023:0006fe84=00000000
001b:77d4416c cd2b         int   2Bh
001b:77d4416e c20400       ret   4
```

第 1 行把用户模式函数的执行结果赋给 EAX 寄存器，第 2 行执行 INT 2B 指令。执行过 INT 2B 后，CPU 便转去执行异常处理程序 KiCallbackReturn，回到了内核模式。

2.7 线程

如果把进程比作一栋大楼，那么线程便是这栋楼里的生命。可以说，进程是线程生活的空间，线程是进程中的生命。通常，一个进程内有一个或者多个线程。但是在某些特殊情况下，比如进程创建初期或者进程退出和销毁的过程中，进程内也可能没有任何线程。

2.7.1 ETHREAD

与使用 EPROCESS 结构来描述进程类似，NT 内核使用 ETHREAD 结构来描述线程。在内核代码中，大多时候使用 ETHREAD 结构的地址来索引线程。在调试时，也常常这样使用。比如在内核调试会话中，执行.thread 命令，便会显示出当前线程的 ETHREAD 结构地址。

```
kd> .thread
Implicit thread is now 873e9500
```

然后执行如下命令便可以观察 ETHREAD 结构的内容。

```
kd> dt _ETHREAD 873e9500
ntdll!_ETHREAD
   +0x000 Tcb                  : _KTHREAD
   +0x200 CreateTime           : _LARGE_INTEGER 0x01d4dbe4`94abfe4e
```

```
   +0x208 ExitTime             : _LARGE_INTEGER 0x873e9708`873e9708
   +0x208 KeyedWaitChain       : _LIST_ENTRY [ 0x873e9708 - 0x873e9708 ]
   +0x210 ExitStatus           : 0n0
   +0x214 PostBlockList        : _LIST_ENTRY [ 0x0 - 0x77da7078 ]
   +0x214 ForwardLinkShadow    : (null)
   +0x218 StartAddress         : 0x77da7078 Void
【省略多行】
   +0x290 AlpcMessageId        : 0
   +0x294 AlpcMessage          : (null)
   +0x294 AlpcReceiveAttributeSet : 0
   +0x298 AlpcWaitListEntry    : _LIST_ENTRY [ 0x0 - 0x8b9d7764 ]
   +0x2a0 CacheManagerCount    : 0
   +0x2a4 IoBoostCount         : 0
   +0x2a8 IrpListLock          : 0
   +0x2ac ReservedForSynchTracking : (null)
   +0x2b0 CmCallbackListHead   : _SINGLE_LIST_ENTRY
```

ETHREAD 结构也很庞大，包含着线程的各种属性。特别值得说明的是，ETHREAD 开头的 512 字节是一个 KTHREAD 结构，也称为线程控制块（TCB），里面的字段主要是供内核调度线程时使用的。

只要把上面命令中的第一个 E 字符改为 K 便可以观察 KTHREAD 结构了。

```
kd> dt _KTHREAD 873e9500
ntdll!_KTHREAD
   +0x000 Header               : _DISPATCHER_HEADER
   +0x010 CycleTime            : 0x5a2bcb8f
   +0x018 HighCycleTime        : 0
   +0x020 QuantumTarget        : 0x60941ef2
   +0x028 InitialStack         : 0x9796fed0 Void
   +0x02c StackLimit           : 0x9796d000 Void
   +0x030 KernelStack          : 0x9796fac8 Void
   +0x034 ThreadLock           : 0
   +0x038 WaitRegister         : _KWAIT_STATUS_REGISTER
   +0x039 Running              : 0x1 ''
   +0x03a Alerted              : [2]  ""
   +0x03c KernelStackResident  : 0y1
   +0x03c ReadyTransition      : 0y0
【省略多行】
   +0x1f0 SListFaultAddress    : (null)
   +0x1f4 ThreadCounters       : (null)
   +0x1f8 XStateSave           : (null)
```

其中的 Header 字段是 DISPATCHER_HEADER 类型，DISPATCHER 是 NT 内核的线程调度器的别名，代表分发 CPU 时间片的意思。

因为 ETHREAD 结构字段众多，而且缺少详细的文档描述，所以在调试时，一般不直接观察结构，而使用 WinDBG 的扩展命令!thread，让这个扩展命令以比较友好的方式显示线程属性，如图 2-6 所示。

图 2-6 中，右上角的 RUNNING on processor 0 代表这个线程正运行在 0 号 CPU 上。这个信息来源于 KTHREAD 结构的 State 字段，是枚举类型（KTHREAD_STATE），共有 9 个值（0 ~ 8）。线程的状态如表 2-3 所示。

```
kd> !thread 873e9500
THREAD 873e9500  Cid 03c0.01b0  Teb: 7ffdf000 Win32Thread: fe205ab0 RUNNING on processor 0
Impersonation token:  a1da5030 (Level Impersonation)
DeviceMap                 9abf8d00
Owning Process            8721c4f8       Image:         taskmgr.exe
Attached Process          N/A            Image:         N/A
Wait Start TickCount      195842         Ticks: 0
Context Switch Count      976            IdealProcessor: 0
UserTime                  00:00:00.260
KernelTime                00:00:00.440
Win32 Start Address taskmgr!wWinMainCRTStartup (0x00be8387)
Stack Init 9796fed0 Current 9796fac8 Base 97970000 Limit 9796d000 Call 00000000
Priority 15 BasePriority 13 PriorityDecrement 0 IoPriority 2 PagePriority 5
ChildEBP RetAddr  Args to Child
9796fb9c 82b1ab51 000000f4 00000003 8b746c78 nt!KeBugCheckEx+0x1e
9796fbc0 82a6daa8 82a38fc0 8b746de4 8b746ee8 nt!PspCatchCriticalBreak+0x71
9796fbf0 82a605b6 8b746c78 873e9500 00000001 nt!PspTerminateAllThreads+0x2d
9796fc24 8287c87a 000001b8 00000001 001df4f0 nt!NtTerminateProcess+0x1a2
9796fc24 77da7094 000001b8 00000001 001df4f0 nt!KiFastCallEntry+0x12a (FPO: [0,3] TrapFrame @ 9796fc34)
001df4dc 77da68d4 76193c82 000001b8 00000001 ntdll!KiFastSystemCallRet (FPO: [0,0,0])
001df4e0 76193c82 000001b8 00000001 001df524 ntdll!NtTerminateProcess+0xc (FPO: [2,0,0])
```

图 2-6 使用!thread 命令观察线程属性

表 2-3 线程的状态

状 态	值	含 义
Initialized	0	正在创建和初始化
Ready	1	就绪，可以被分发器调度运行
Running	2	正在某个 CPU 上运行
Standby	3	待命，每个 CPU 只有一个线程处于此状态，代表下一个要执行的线程
Terminated	4	结束执行
Waiting	5	等待，通常意味着线程调用了睡眠（Sleep）函数、取消息函数或者等待同步对象的各种函数，主动放弃执行机会
Transition	6	过渡状态，一般是因为线程已经可以运行，但是它的内核态栈被交换出了内存，一旦栈被交换回内存，便进入就绪状态
DeferredReady	7	延迟就绪，为了缩短扫描调度数据库时的加锁时间，内核把就绪的线程先设置为此状态
GateWait	8	门等待，在等待门分发器对象时，进入此状态

在内核调试会话中，可以直接观察 State 字段的值，比如对于前面观察过的崩溃线程，可以看到它的状态为 2，代表它正处于运行状态，与图 2-6 所示的信息一致。

```
kd> dt _KTHREAD 873e9500 -y state
ntdll!_KTHREAD
   +0x068 State : 0x2 ''
```

执行!ready 命令可以显示所有处于就绪状态的线程。

```
kd> !ready
Processor 0: Ready Threads at priority 14
    THREAD 8ba7d238  Cid 01b4.01f0  Teb: 7ffd9000 Win32Thread: ffb13008 READY on
    processor 0
    THREAD 87007a90  Cid 01b4.01e4  Teb: 7ffde000 Win32Thread: ffa99dd8 READY on
    processor 0
Processor 0: Ready Threads at priority 13
    THREAD 872bcd48  Cid 0314.0624  Teb: 7ffde000 Win32Thread: fe4eb438 READY on
    processor 0
Processor 0: Ready Threads at priority 11
    THREAD 87288758  Cid 0314.0460  Teb: 7ffd9000 Win32Thread: ffa97408 READY on
    processor 0
Processor 0: Ready Threads at priority 10
    THREAD 87271490  Cid 0438.06b8  Teb: 7ffd8000 Win32Thread: ffb746b8 READY on
    processor 0
Processor 0: Ready Threads at priority 8
```

```
THREAD 87328088  Cid 039c.085c  Teb: 7ffd7000 Win32Thread: 00000000 READY on
processor 0
```

观察上面各个线程的 State 字段，值为 1，代表就绪。

```
kd> dt _KTHREAD 8ba7d238 -y state
ntdll!_KTHREAD
   +0x068 State : 0x1 ''
```

NT 内核为每个 CPU 定义了一个名为处理器控制块（Processor Control Block，PRCB）的庞大结构，在这个结构中有一个名为 DispatcherReadyListHead 的数组，包含 32 个元素，代表线程的 32 个优先级，每个元素是个 LIST_ENTRY 结构，起链表头的作用，用来挂接对应优先级的就绪线程。

```
kd> dt _KPRCB 82969d20 -y Dispatcher
ntdll!_KPRCB
   +0x3220 DispatcherReadyListHead : [32] _LIST_ENTRY [ 0x8296cf40 - 0x8296cf40 ]
```

上面的!ready 命令便是从这个链表数组中读取信息，然后显示出各个优先级的就绪线程的。

图 2-7 显示了各个线程状态之间的切换关系，以及部分切换条件。

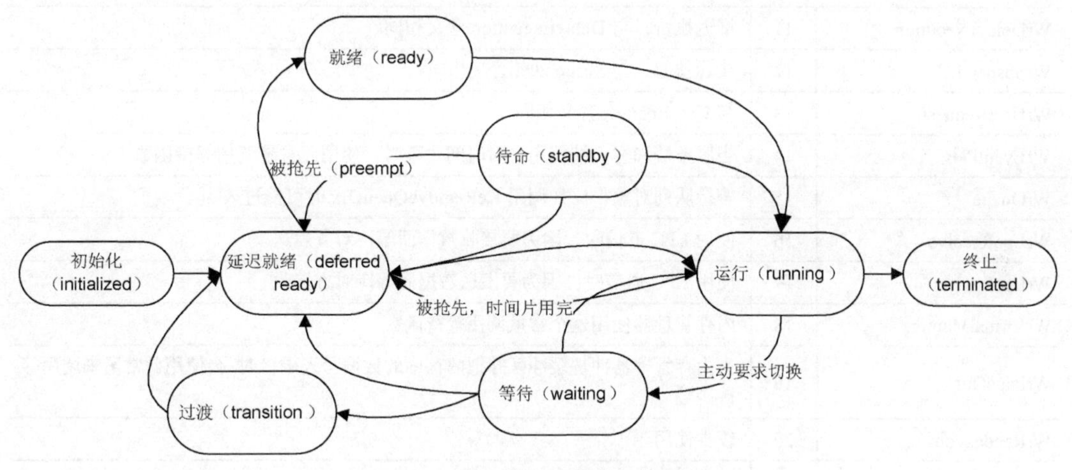

图 2-7 线程状态之间的切换关系

如果线程处于等待状态，那么!thread 命令会显示出等待原因，这对于调试线程死锁问题是非常有价值的。KTHREAD 结构中有一个名为 WaitReason 的字段，用来记录线程的等待原因，它的长度只有 1 字节，是枚举类型，名为 KWAIT_REASON，在公开的 PDB 符号文件中，包含了这个枚举类型的定义，因此，很容易在 WinDBG 中观察它，比如：

```
kd> dt _KTHREAD 8b658c88 -y WaitReason
ntdll!_KTHREAD
   +0x187 WaitReason : 0x6 ''
```

WaitReason 字段的值为 6，代表用户代码主动请求等待（UserRequest）。

因为一些公开的内核函数的参数中也使用了 KWAIT_REASON，比如 KeWaitForSingleObject 等，所以在驱动开发包（DDK/WDK）的头文件（wdm.h）中也包含这个枚举的定义，但是没有描述每个值的含义。表 2-4 列出了 KWAIT_REASON 的所有可能值，并且对每种原因做了说明。

表 2-4 KWAIT_REASON 的所有可能值

原 因	值	含 义
Executive	0	公开的文档[3]建议驱动程序调用等待函数时应该指定此原因
FreePage	1	等待空闲页
PageIn	2	等待把交换出去的内存页换回内存
PoolAllocation	3	—
DelayExecution	4	延迟执行，一般是因为调用了 Sleep 或者 NtDelayExecution 等函数
Suspended	5	线程被挂起，调用 KiSuspendThread 时，这个函数内部会使用 Suspended 常量来调用等待函数，放弃执行权
UserRequest	6	公开的文档建议如果驱动程序代表应用代码调用等待函数,那么应该指定此原因
WrExecutive	7	某些 LPC 函数会使用这个常量调用等待函数
WrFreePage	8	等待空闲页，例如 CcQueueLazyWriteScanThread 和 MiModifiedPageWriter 会使用此常量
WrPageIn	9	等待把交换出去的内存页换回内存
WrPoolAllocation	10	从名字看与内核池有关，未找到使用实例
WrDelayExecution	11	推迟执行，与 DelayExecution 含义相同
WrSuspended	12	线程挂起，与 Suspended 含义相同
WrUserRequest	13	与 UserRequest 含义相同
WrEventPair	14	当服务端和客户端使用一对时间对象时，使用此常量调用等待函数
WrQueue	15	等待队列对象，比如调用 KeRemoveQueueEx 时可能进入
WrLpcReceive	16	使用 LPC 通信时，因为要接收数据而等待对方发送
WrLpcReply	17	使用 LPC 通信时，因为要发送数据而等待对方接收
WrVirtualMemory	18	内存管理器使用这个常量调用等待函数
WrPageOut	19	当内存管理器冲洗缓冲区并把内存中的数据写入磁盘时,会使用此常量来调用等待函数
WrRendezvous	20	较少使用
WrKeyedEvent	21	—
WrTerminated	22	—
WrProcessInSwap	23	—
WrCpuRateControl	24	—
WrCalloutStack	25	—
WrKernel	26	—
WrResource	27	—
WrPushLock	28	—
WrMutex	19	等待互斥量
WrQuantumEnd	30	时间片用完
WrDispatchInt	31	—
WrPreempted	32	被剥夺执行权
WrYieldExecution	33	主动放弃执行权
WrFastMutex	34	等待 Windows 2000 引入的高速互斥量

续表

原　因	值	含　义
WrGuardedMutex	35	等待 Windows Server 2003 引入的被保护互斥量（Guarded Mutex）
WrRundown	36	—
WrAlertByThreadId	37	—
WrDeferredPreempt	38	—
WrPhysicalFault	39	—
MaximumWaitReason	40	最大的有效值，Windows 10 中的值，Windows 7 中该值为 37

值得说明一下，表 2-4 列出的枚举常量主要是为软件调试服务的。当线程因为进入等待状态而不执行时，可以通过这些常量查找进入等待状态的原因，搜索发起等待的代码，对于 NT 内核中的等待函数来说，并不关心 KWAIT_REASON 参数的内容。

2.7.2 TEB

与描述进程用户空间信息的 PEB 类似，NT 内核定义了线程环境块（Thread Environment Block，TEB）来描述线程的用户空间信息，包括用户态栈、异常处理、错误码、线程局部存储等。

在通过 WinDBG 调试应用程序时，可以使用!teb 显示当前线程的 TEB 结构位置，比如：

```
0:000> !teb
TEB at 000000f0023f4000
    ExceptionList:        0000000000000000
    StackBase:            000000f002130000
    StackLimit:           000000f00211f000
    SubSystemTib:         0000000000000000
    FiberData:            0000000000001e00
    ArbitraryUserPointer: 0000000000000000
    Self:                 000000f0023f4000
    EnvironmentPointer:   0000000000000000
    ClientId:             000000000000415c . 0000000000004e1c
    RpcHandle:            0000000000000000
    Tls Storage:          0000026cd1deb020
    PEB Address:          000000f0023f3000
    LastErrorValue:       0
    LastStatusValue:      c0000034
    Count Owned Locks:    0
    HardErrorMode:        0
```

本书卷 1 在介绍段机制时，曾经提到过 TEB，介绍了 NT 内核会使用 CPU 的硬件机制来快速定位当前线程的 TEB。也因为此，内核在创建线程时，就会分配专门的内存页用作 TEB，将其地址记录在 KTHREAD 中，所以 TEB 的地址总是按页对齐的（低 12 位为 0）。

也可以使用 dt 命令直接观察 TEB 结构。

```
0:000> dt _TEB 000000f0023f4000
ntdll!_TEB
   +0x000 NtTib              : _NT_TIB
   +0x038 EnvironmentPointer  : (null)
   +0x040 ClientId            : _CLIENT_ID
   +0x050 ActiveRpcHandle     : (null)
```

```
   +0x058 ThreadLocalStoragePointer : 0x0000026c`d1deb020 Void
   +0x060 ProcessEnvironmentBlock : 0x000000f0`023f3000 _PEB
   +0x068 LastErrorValue       : 0
【省略很多行】
   +0x1230 glSection           : (null)
   +0x1238 glTable             : (null)
   +0x1240 glCurrentRC         : (null)
   +0x1248 glContext           : (null)
【省略很多行】
   +0x1778 ThreadPoolData      : (null)
   +0x1780 TlsExpansionSlots   : (null)
   +0x17ee SafeThunkCall       : 0y0
   +0x17ee InDebugPrint        : 0y0
   +0x17ee HasFiberData        : 0y0
   +0x17ee SkipThreadAttach    : 0y0
   +0x1818 ReservedForWdf      : (null)
   +0x1820 ReservedForCrt      : 0
   +0x1828 EffectiveContainerId : _GUID {00000000-0000-0000-0000-000000000000}
```

可以看到，TEB 包含着各种各样的信息，是一个庞大的结构，而且还在随着 NT 内核的发展而增长。最后一个字段 EffectiveContainerId（有效容器 ID）显然是在容器技术流行后新增的，可谓与时俱进。

2.8 WoW 进程

今天的大多数 Windows 系统是 64 位的，运行在支持 64 位的 CPU 上，比如笔者现在写作使用的便是 64 位的 Windows 10。在 64 位的 Windows 系统中，内核空间的代码都是 64 位的，而用户空间的代码却不一定如此。为了兼容老的 32 位应用程序，64 位的 Windows 系统上可以运行 32 位的应用程序，这样运行在 64 位内核上的 32 位进程有一个专门的名字，叫作 WoW64（Windows 32 on Windows 64）进程，常常简称为 WoW 进程。

2.8.1 架构

图 2-8 展示了 WoW 进程的架构和工作原理图。图中上面是 32 位的可执行文件和 32 位的动态链接库（DLL），下面是 64 位的内核。32 位的代码是不能直接与 64 位的内核交互的，中间的转接层就是为了解决这个问题而设计的。转接层本身是 64 位的模块，它给 32 位的应用程序营造一个 32 位的环境。这个环境有点像虚拟机，但没有虚拟机技术那么复杂，它的工作简单很多，主要负责指针长度的转换和解决 API 兼容等问题。

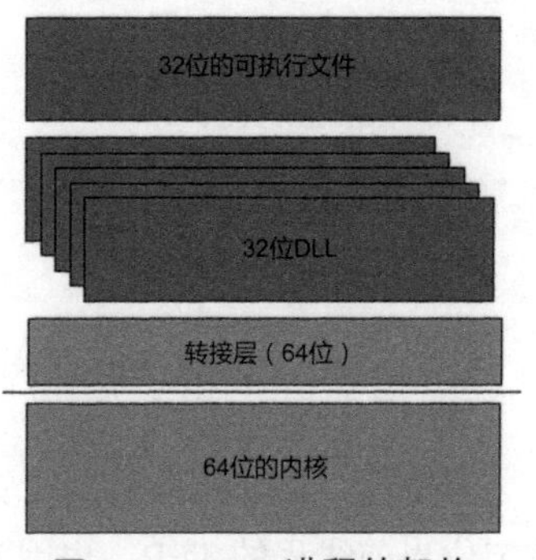

图 2-8 WoW 进程的架构

因为 32 位的程序需要使用老的 32 位 Win 32API 和一些库函数，所以在 64 位 Windows 系统的目录里，总是有一个名为 SysWoW64 的子目录，里面放着 32 位版本的程序文件和动态库。与 SysWoW64 并列的还有一个 System32 目录，里面放着内核和 64 位的各种程序文件。简而言之，SysWoW64 中放的是 32 位的内容，System32 中放的是 64 位的内容，目录名字是有些误导的，大家不要上当。为什么这样呢？一种说法是为了兼容应用程序，保持系统程序主目录的 System32 之名不变，而 SysWOW64 中的 64 来自 Windows 32 on Windows 64。

2.8.2 工作过程

既可以使用 32 位版本的 WinDBG 调试 WoW 进程，也可以使用 64 位版本的 WinDBG 来调试。前者的好处是比较简单，仿佛调试普通 32 位程序一样；后者的好处是既可以调试 32 位代码，也可以调试 64 位的转接层。可以使用.effmach 命令在两种代码间切换。

格物

在 64 位的 Windows 系统中，使用资源管理器浏览 Windows\SysWoW64 文件夹，找到 notepad.exe（32 位版本），通过双击执行它。

启动 64 位的 WinDBG，选择 File → Attach to a process，附加到刚刚启动的 notepad 进程中。执行如下命令先切换到 0 号线程，再切换到 64 位模式，然后观察栈回溯。

```
~0s
.effmach amd64
0:000> k
 # Child-SP          RetAddr           Call Site
00 00000000`002ae4b8 00000000`776152c0 wow64win!NtUserGetMessage+0x14
01 00000000`002ae4c0 00000000`77697913 wow64win!whNtUserGetMessage+0x30
02 00000000`002ae520 00000000`776f1913 wow64!Wow64SystemServiceEx+0x153
03 00000000`002aede0 00000000`776f1389 wow64cpu!ServiceNoTurbo+0xb
04 00000000`002aee90 00000000`7769cec6 wow64cpu!BTCpuSimulate+0x9
05 00000000`002aeed0 00000000`7769cdb0 wow64!RunCpuSimulation+0xa
06 00000000`002aef00 00007ffd`6e2af637 wow64!Wow64LdrpInitialize+0x120
07 00000000`002af1b0 00007ffd`6e29fa45 ntdll!LdrpInitializeProcess+0x1887
08 00000000`002af5d0 00007ffd`6e254feb ntdll!_LdrpInitialize+0x4aa45
09 00000000`002af670 00007ffd`6e254f9e ntdll!LdrpInitialize+0x3b
0a 00000000`002af6a0 00000000`00000000 ntdll!LdrInitializeThunk+0xe
```

阅读上面的栈回溯，可以看到 64 位转接层的执行过程，其中的 wow64 和 wow64win 都是转接层的核心模块。

执行如下命令切换到 32 位模式并观察 32 位代码的执行情况：

```
0:000> .effmach x86
Effective machine: x86 compatible (x86)
0:000:x86> k
 # ChildEBP RetAddr
00 002efa4c 770ba850 win32u!NtUserGetMessage+0xc
01 002efa88 012e72d8 USER32!GetMessageW+0x30
02 002efb0c 012fb400 notepad!WinMain+0x18e
03 002efba0 75f08494 notepad!__mainCRTStartup+0x146
04 002efbb4 777641c8 KERNEL32!BaseThreadInitThunk+0x24
05 002efbfc 77764198 ntdll_77700000!__RtlUserThreadStart+0x2f
06 002efc0c 00000000 ntdll_77700000!_RtlUserThreadStart+0x1b
```

值得说明的是，在 WoW 进程中，总是有两个 ntdll 模块，一个是 64 位的，另一个是 32 位的。因为二者的名字相同，为了区别它们，WinDBG 会给后加载进进程的 32 位版本的模块名加上基地址，即像 ntdll_77700000 这样。

仔细观察上面 k 命令的结果，容易看出两个结果中的栈地址相差悬殊，其实它们来自两个栈。进一步说，WoW 进程中，很多东西是双份的，每个进程有两个 PEB，每个线程有两个TEB，有两个栈。WinDBG的wow64exts扩展模块专门是为调试WoW进程而设计的，它的info命令可以显示WoW进程的双份资产。

```
0:000:x86> !wow64exts.info
Guest (WoW) PEB: 0x5cb000
Native      PEB: 0x5ca000

Wow64 information for current thread:
Guest (WoW) TEB: 0x5ce000
Native      TEB: 0x5cc000

Guest (WoW), StackBase    : 0x2f0000
        StackLimit   : 0x2df000
        Deallocation: 0x2b0000
Native, StackBase    : 0x2afd20
        StackLimit   : 0x2a8000
        Deallocation: 0x270000
```

上面的结果中，使用了虚拟机的术语，Guest指的是32位代码，Native指的是64位代码。

下面再做一个小实验来演示WoW线程中系统调用的执行过程。执行如下命令为32位版本的NTDLL.DLL中的NtReadFile函数设置一个断点。

```
bp ntdll_77700000!NtReadFile
```

执行g命令恢复目标执行，切换到记事本程序的窗口，选择File→Open，触发文件操作，断点会命中，切换回WinDBG，执行u命令反汇编断点附近的代码。

```
0:000:x86> u
ntdll_77700000!NtReadFile:
7776a910 b806001a00    mov     eax,1A0006h
7776a915 ba60f17777 mov edx,offset ntdll_77700000!Wow64SystemServiceCall (7777f160)
7776a91a ffd2          call    edx
7776a91c c22400        ret     24h
```

按F11键单步跟踪执行，跟踪进入下面call指令调用的函数：

```
7776a91a ffd2       call   edx {ntdll_77700000!Wow64SystemServiceCall (7777f160)}
```

进入这个函数后，可以看到，它只有一条无条件跳转指令，即：

```
ntdll_77700000!Wow64SystemServiceCall:
7777f160 ff2528b28177     jmp     dword ptr [ntdll_77700000!Wow64Transition
(7781b228)] ds:002b:7781b228={wow64cpu!KiFastSystemCall (776f7000)}
```

继续单步跟踪，进入wow64cpu模块：

```
wow64cpu!KiFastSystemCall:
776f7000 ea09706f773300  jmp     0033:776F7009
```

这又是一条无条件跳转。注意，这条指令的跳转目标中特别指定了段选择子33，它指向的是64位的段。这正是CPU手册中所描述的从32位兼容模式过渡到64位模式的方法。再单步跟踪一次，便进入64位代码。

```
0:014:x86> t
wow64cpu!KiFastSystemCall+0x9:
00000000`776f7009 41ffa7f8000000  jmp     qword ptr [r15+0F8h] ds:00000000`
776f4718={wow64cpu!CpupReturnFromSimulatedCode (00000000`776f18d2)}
```

通过上面的实验可以看出，WoW进程中的32位版本NTDLL.DLL在执行系统调用时，会调用特殊的 Wow64SystemServiceCall 函数，切换到 64 位的 WoW 转接层。

2.8.3 注册表重定向

在调试与 WoW 进程有关的问题时，如果需要查看或者修改注册表，那么需要特别注意。出于多种原因，64 位 Windows 系统会对 WoW 进程的注册表访问实施重定向。比如，如果程序中访问的路径为 HKEY_LOCAL_MACHINE\Software，那么会被重定向到 HKEY_LOCAL_MACHINE\Software\Wow6432Node。

使用注册表编辑器时，如果要查看 WoW 进程的设置，那么也应该查看 Wow6432Node 表键下的。

有了这个重定向机制，可以认为，很多注册表表键有两份，一份供 WoW 进程使用，另一份供 64 位程序使用。不过，一部分表键是两类程序共享的，HKEY_LOCAL_MACHINE-\SOFTWARE\Policies 表键便是如此。而且有些表键的情况是因 Windows 版本不同而不同的，比如 HKEY_LOCAL_MACHINE\SOFTWARE\Classes 表键，在 Windows 7 或者更高版本中是共享的，在老的版本中是重定向的。概而言之，注册表早因为臃肿杂乱而成为 Windows 系统的一个负担，有了 WoW 后，问题变得更加复杂，遇到问题时，建议仔细查阅官方文档[4]，因地制宜。

2.8.4 注册表反射

考虑到有些 COM 组件既有 32 位版本也有 64 位版本，为了让用户在一个版本中所做的设置在另一个版本中也有效，Windows 实现了一种名为注册表反射（registry reflection）的机制，对于某些与 COM 组件有关的表键，来自一边的修改会自动更新到另一边。这样的表键主要有以下几个：

（1）HKLM\Software\Classes；

（2）HKLM\Software\Ole；

（3）HKLM\Software\Rpc；

（4）HKLM\Software\Com3；

（5）HKLM\Software\EventSystem；

（6）HKLM\Software\CLSID（只用于进程外组件）。

2.8.5 文件系统重定向

如上文所讲，在 WoW 进程中，有两个 NTDLL.dll，一个是 64 位的，另一个是 32 位的。64 位版本的 NTDLL.DLL 位于%windir%\System32 目录中，32 位版本的 NTDLL.DLL 位于%windir%\SysWOW64 目录中。

在 Windows on ARM 系统中，还有一个%windir%\SysArm32 目录，里面放的是 32 位的 ARM 版本系统文件。

为了让不同类型的程序可以取到自己需要的系统文件，64 位的 Windows 系统设计了名为文件系统重定向的机制，当 32 位的 WoW 进程访问系统文件目录时，会被自动重定向到 SysWOW64 或 SysArm32 目录[5]。

2.9 创建进程

无论我们使用哪种方式打开一个新的程序，大多数时候，Windows 操作系统使用一套标准的流程来创建一个新进程。创建新进程的过程比较复杂，一般分为如下 6 个阶段。

- 阶段 1：在父进程的用户空间中打开要执行的映像文件，确定其名称、类型和系统对它的设置选项。这一步有点像现实社会中成立一家新公司前要准备各种资料。
- 阶段 2：进入父进程的内核空间，为新进程创建 EPROCESS 结构、进程地址空间、KPROCESS 结构和 PEB。
- 阶段 3：创建初始线程，但是创建时指定了挂起（suspend）标志，它并不会立刻开始运行。
- 阶段 4：通知子系统服务程序。对于 Windows 程序，通知 Windows 子系统服务进程，即 CSRSS。这一阶段有点像新生的婴儿向户籍部门申报户口。
- 阶段 5：初始线程开始在内核空间执行。
- 阶段 6：通过 APC 机制（第 5 章），在新进程自己的用户空间中执行初始化动作。这一步最重要的工作就是通过 NTDLL.DLL 中的加载器，加载进程所依赖的 DLL 文件。

在上面 6 个阶段中，前 4 个都是在父进程或者子系统服务进程中完成的。这样做的原因是新进程创建之初，进程内的设施还不完善，执行某些任务可能有困难或者不可行。

Windows Internals 一书很详细地描述了上面每个阶段所做的工作，为了避免重复，本书只介绍其梗概。

2.10 最小进程和 Pico 进程

为了满足虚拟化、容器和适用于 Linux 系统的 Windows 子系统（Windows Subsystem for Linux，WSL）等需求，除了用以运行 Windows 程序的普通进程（称为 NT 进程），今天的 NT 内核还支持两种特殊类型的进程——最小进程（minimal process）和 Pico 进程。3 类进程如图 2-9 所示。

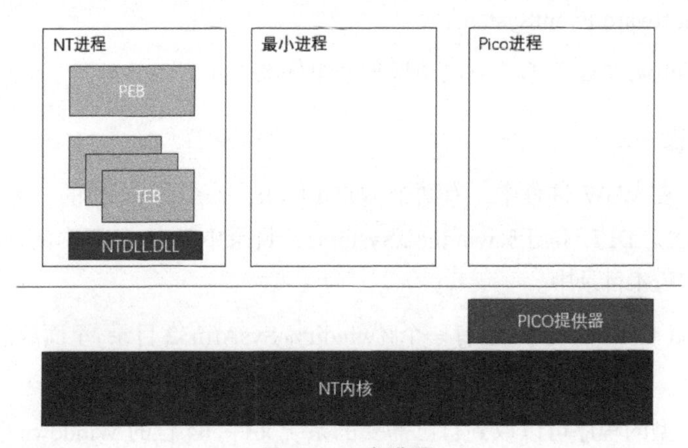

图 2-9 3 类进程

如前面各节所讲，对于普通的 NT 进程，NT 内核会自动创建一些设施，并将这些设施映射到进程的用户空间中，比如描述进程属性的进程环境块（PEB），描述线程属性的线程环境块（TEB）等。另外，考虑到 NTDLL.DLL 的特殊性，NT 内核也会自动将 NTDLL.DLL 映射到普通进程的用户模式空间中。但对于某些特殊情况，这些动作不但是不必要的，而且是多余和有副作用的，最小进程和 Pico 进程就是为了解决这个问题而设计的。

2.10.1 最小进程

所谓最小进程，就是在创建进程时，指定一个特殊的标志，告诉 NT 内核，只创建进程的空间，不要自动向进程空间中添加内容。

目前，微软没有对外公开用于创建最小进程的接口，只供内部使用。根据有限的资料[6]，Windows 10 的内存压缩技术和基于虚拟化的安全（VBS）功能都使用了最小进程。

下面以内存压缩进程为例来加深一下大家对最小进程的理解。在 Windows 10 系统中，以管理员身份启动一个 PowerShell 窗口，执行 Enable-MMAgent–mc，启用内存压缩功能，重启后，在内核调试会话中执行!process 0 0，列出所有进程，然后找到 MemCompression 进程。

```
PROCESS ffffbd039cacd040
    SessionId: none  Cid: 0a00    Peb: 00000000  ParentCid: 0004
    DirBase: 20fd1e000  ObjectTable: ffffac8e2f236740  HandleCount:   0.
    Image: MemCompression
```

可以看到，这个进程的 Peb 值为 0，这是区别于普通 NT 进程的一个显著标志。

继续执行如下的 dt 命令观察进程结构中的 Flags 字段：

```
1: kd> dt _EPROCESS ffffbd039cacd040 -y Flags
ntdll!_EPROCESS
   +0x300 Flags2 : 0xd000
   +0x304 Flags : 0x14440c01
   +0x6cc Flags3 : 1
```

其中，Flags3 为 1，意味着代表最小进程的 Minimal 标志位（Bit 0）为 1。

如果执行!process ffffbd039cacd040 继续观察这个进程的详细信息，可以看到它有很多个线程，但都是系统线程。简单理解，这个进程的进程空间就是一个内存仓库（Store），用于存放原本应该交换到磁盘上的内存。为了减少这个内存仓库所占用的物理内存，这个进程的系统线程会压缩仓库里的内存页。

从 2017 年年底发布的 17063 版本开始，Windows 10 引入了一个新的最小进程，名叫 Registry，我们将其称为注册表进程。与内存压缩进程用于缓存内存数据类似，注册表进程的主要作用是缓存注册表数据，以便提高访问注册表数据的效率，降低与注册表有关的内存开销。

在 WinDBG 的内核调试会话中，可以使用!process 0 0 Registry 命令找到注册表进程：

```
0: kd> !process 0 0 Registry
PROCESS ffff8682decc5040
    SessionId: none  Cid: 0078    Peb: 00000000  ParentCid: 0004
    DirBase: 03e00002  ObjectTable: ffff9a8e06c25b40  HandleCount:   0.
    Image: Registry
```

然后，可以使用 EPROCESS 结构的地址作为参数观察它的详细信息。

```
0: kd> !PROCESS ffff8682decc5040
PROCESS ffff8682decc5040
```

```
SessionId: none  Cid: 0078    Peb: 00000000  ParentCid: 0004
DirBase: 03e00002  ObjectTable: ffff9a8e06c25b40  HandleCount:   0.
Image: Registry
VadRoot ffff8682df0bb6c0 Vads 182 Clone 0 Private 361. Modified 99491. Locked 0.
DeviceMap ffff9a8e06c04bb0
Token                             ffff9a8e06c23700
ElapsedTime                       00:51:06.419
UserTime                          00:00:00.000
KernelTime                        00:00:02.140
QuotaPoolUsage[PagedPool]         318904
QuotaPoolUsage[NonPagedPool]      24752
Working Set Sizes (now,min,max)  (3502, 50, 345) (14008KB, 200KB, 1380KB)
PeakWorkingSetSize                55844
VirtualSize                       153 Mb
PeakVirtualSize                   220 Mb
PageFaultCount                    126591
MemoryPriority                    BACKGROUND
BasePriority                      8
CommitCharge                      365
```

一般 Registry 进程有 3 个线程，其中两个线程的入口函数都是 CmpLazyWriteWorker，该函数应该是用于把修改过的注册表数据成批写回磁盘的工作线程。另一个线程名叫 CmpDummyThreadRoutine。这个线程的代码看起来有些古怪，线程启动后就一直在等待一个名为 CmpDummyThreadEvent 的事件，如果等待成功，便调用 KeBugCheckEx 函数触发蓝屏崩溃。其真实用途是“占位”，始终等待一个内核空间的事件对象，让内存管理器不要把它的内存页交换出去。

关于在任务管理器中是否显示最小进程，目前的 Windows 10 版本似乎有些混乱。根据笔者的观察，内存压缩进程总是不显示，而注册表进程则有时显示有时不显示。后文介绍任务管理器使用的图 2-11 中包含了注册表进程（其进程 ID 似乎总为 120）。

2.10.2 Pico 进程

Pico 进程是“最小进程”的一个子类。在英文中，Pico 一般用作前缀，代表 10^{-12}，有“微小”之意。

与普通的“最小进程”相比，Pico 进程的特点是它通过所谓的 Pico 提供器与 NT 内核协作。简单理解，“最小进程”是一个不希望内核干预太多的容器，而 Pico 进程则可以通过一组接口与 NT 内核交互。

NT 内核为 Pico 提供器新增了一个名为 PsRegisterPicoProvider 的接口，供注册使用。例如，在启用了 WSL 的 Windows 10 内核启动早期，WSL 的子系统核心驱动 LXCORE 就会调用 PsRegisterPicoProvider 函数注册 Pico 提供器，其过程如下：

```
# Call Site
00 nt!PsRegisterPicoProvider
01 LXCORE!LxInitialize
02 lxss!DriverEntry
03 lxss!GsDriverEntry
04 nt!IopInitializeBuiltinDriver
05 nt!PnpInitializeBootStartDriver
06 nt!PipInitializeCoreDriversByGroup
```

```
07 nt!PipInitializeCoreDriversAndElam
08 nt!IopInitializeBootDrivers
09 nt!IoInitSystemPreDrivers
0a nt!IoInitSystem
0b nt!Phase1Initialization
0c nt!PspSystemThreadStartup
0d nt!KiStartSystemThread
```

PsRegisterPicoProvider 函数有两个参数，都是结构指针，结构的第一个字段表示大小，后面是函数指针。例如，下面是 LXCORE 注册时第一个参数的内容。

```
7: kd> dqs rcx
ffffa82`8f607440  00000000`00000058
ffffa82`8f607448  fffff806`1b14aaa0 LXCORE!PicoSystemCallDispatch
ffffa82`8f607450  fffff806`1b14aad0 LXCORE!PicoThreadExit
ffffa82`8f607458  fffff806`1b14a970 LXCORE!PicoProcessExit
ffffa82`8f607460  fffff806`1b14a700 LXCORE!PicoDispatchException
ffffa82`8f607468  fffff806`1b14aa40 LXCORE!PicoProcessTerminate
ffffa82`8f607470  fffff806`1b14ac80 LXCORE!PicoWalkUserStack
ffffa82`8f607478  fffff806`1b0e3fa0 LXCORE!LxpProtectedRanges
ffffa82`8f607480  fffff806`1b14aca0 LXCORE!PicoGetAllocatedProcessImageName
ffffa82`8f607488  00100801`00101081
ffffa82`8f607490  00000000`00000001
```

中间部分便是 LXCORE 提供给内核的回调函数，例如，当 Pico 进程执行系统调用时，NT 内核便会调用 PicoSystemCallDispatch，转交给 LXCORE 继续分发和处理。

```
00 LXCORE!PicoSystemCallDispatch
01 nt!PsPicoSystemCallDispatch
02 nt!KiSystemServiceUser
```

当 Pico 进程内发生异常时,NT 内核的异常分发函数 KiDispatchException 会调用 PicoDispatch-Exception，例如：

```
00 LXCORE!PicoDispatchException
01 nt!KiDispatchException
02 nt!KiExceptionDispatch
03 nt!KiPageFault
```

注册成功后，NT 内核也会返回一个类似的结构，包含一组函数供 Pico 提供器调用。

```
7: kd> dqs fffff806`1b10b0a0
fffff806`1b10b0a0  00000000`00000060
fffff806`1b10b0a8  fffff802`5af1a8c0 nt!PspCreatePicoProcess
fffff806`1b10b0b0  fffff802`5af1ab40 nt!PspCreatePicoThread
fffff806`1b10b0b8  fffff802`5ad96c50 nt!PspGetPicoProcessContext
fffff806`1b10b0c0  fffff802`5ad96c60 nt!PspGetPicoThreadContext
fffff806`1b10b0c8  fffff802`5acf3e20 nt!PspGetContextThreadInternal
fffff806`1b10b0d0  fffff802`5acf3c20 nt!PspSetContextThreadInternal
fffff806`1b10b0d8  fffff802`5acc1390 nt!PspTerminateThreadByPointer
fffff806`1b10b0e0  fffff802`5acc1930 nt!PsResumeThread
fffff806`1b10b0e8  fffff802`5aa506c0 nt!PspSetPicoThreadDescriptorBase
fffff806`1b10b0f0  fffff802`5acc1f10 nt!PsSuspendThread
fffff806`1b10b0f8  fffff802`5af1afb0 nt!PspTerminatePicoProcess
```

在启用了 WSL 后，LINUX 子系统中的每个 Linux 进程都是一个 Pico 进程，比如下面是 top 进程的 EPROCESS 结构的地址和概要信息。

```
PROCESS ffffc202da46b080
    SessionId: 1  Cid: 2a80    Peb: 00000000  ParentCid: 2ec0
    DirBase: 1988db000  ObjectTable: ffffda8331c03540  HandleCount:   0.
    Image: System Process
```

注意，其中 Peb 值为 00000000，可执行文件名显示为“System Process”。

Pico 进程的 EPROCESS 结构还有两个特征：首先，Flags2 的 PicoCreated 标志位（第 10 位）为 1；其次，PicoContext 字段是一个指针，指向的是 Pico 提供器使用的 Pico 上下文结构。

2.11 任务管理器

观察进程的一个更简单的方法就是使用 Windows 操作系统自带的任务管理器（图 2-10）。有 3 种方法可以启动任务管理器：按 Ctrl+Shift+Esc 组合键；在任务栏上右击，然后选择任务管理器；按 Ctrl+Alt+Del 组合键，然后选择任务管理器。

图 2-10 中的任务管理器是本书第 1 版中的截图，基于 Windows XP 版本。在 Windows 8 版本中，微软对任务管理器做了一次较大的重构。图 2-11 是 Windows 10 版本的任务管理器。

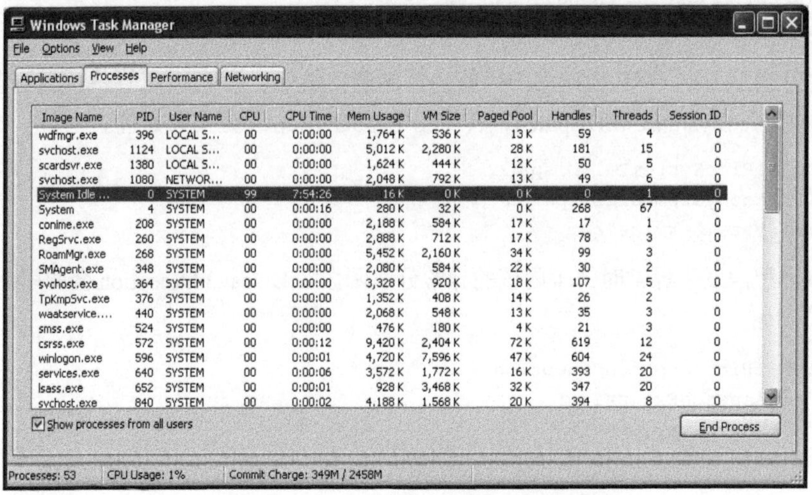

图 2-10 Windows XP 版本的任务管理器

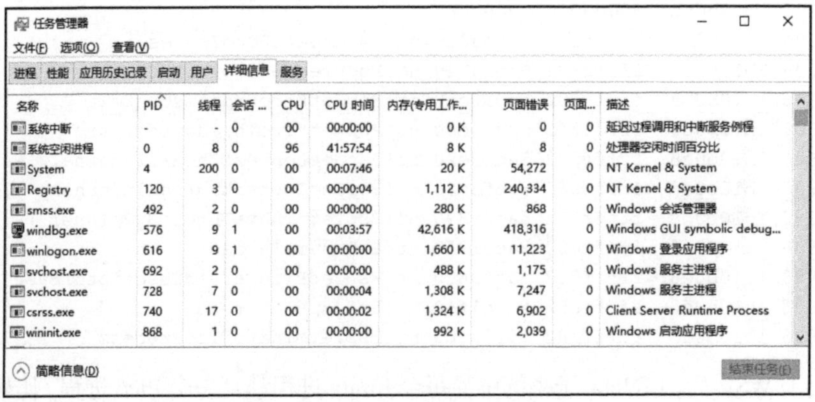

图 2-11 Windows 10 版本的任务管理器

“任务管理器”窗口中有多个选项卡，我们重点介绍调试时常用的“详细信息”（老版本为“进程”）选项卡。这个选项卡的核心内容是进程列表，列表的每一行描述一个进程（系统中断行除外），每一列描述进程的一个属性。列的内容是可定制的，默认显示的是常用的进程属性。定制列的方法都是通过图 2-12 所示的“选择列”对话框实现的。在老版本中，弹出这个对话框的方法与在新版本中不同，老版本中是通过View菜单中的Select Columns弹出的，新版本中是通过右击表格的列标题，激活右键菜单弹出的。

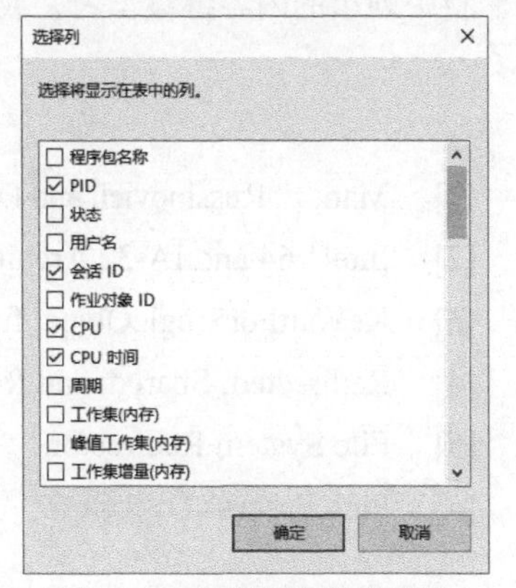

图 2-12 定制任务管理器的显示内容

无论对于调试高手还是初学者，任务管理器都是一个非常好的帮手。下面分享笔者使用任务管理器的一些经验和技巧。

系统空闲（IDLE）进程的进程 ID 总是为 0，它的线程数就等于系统中的总 CPU 个数。例如，在笔者现在使用的系统中，一共有 8 个逻辑 CPU（四核，启用了超线程），与图 2-11 中第 2 行第 3 列中的“8”刚好一致。

“CPU 时间”列显示的是 CPU 的净时间，也就是 CPU 在该进程上运行的总时间。观察该列，可以知道 CPU 的时间都花在哪里了。一般来说，一个进程的累计 CPU 时间达到分钟级别就算比较多了，如果达到小时级别，就代表比较重的进程了。当没有任务执行时，CPU 就会执行空闲进程，所以空闲进程的总时间大约等于系统的总开机时间乘以 CPU 个数。或者说空闲进程的总时间除以 CPU 个数约等于系统的总开机时间。

当分析高 CPU 占用率的问题时，“CPU”列显示的是上 1s 的 CPU 占用率，是针对系统中所有 CPU 计算的百分比。这意味着，对于笔者使用的 8 个 CPU 的系统，如果“CPU”列的数值始终在 12（单位是秒）左右，就代表对应进程中可能有一个线程陷入死循环了。

当分析磁盘有关的问题时，可以选择以 I/O 开头的多个列，比如“I/O 读取”“I/O 写入”代表的是 I/O 次数，如果希望知道访问的字节数，则可以选择“I/O 读取字节”列、“I/O 写入字节”列。

如果分析内存有关的问题，可以通过“工作集（内存）”“峰值工作集（内存）”和“工作集增量（内存）”来了解物理内存的使用情况，通过“提交大小”了解虚拟内存的使用情况，通过“页面错误”和“页面错误增量”来了解触发页面错误的情况。

任务管理器的默认更新间隔是 1s，所以凡是增量性质的数据都是上 1s 内的变化情况。

除了任务管理器之外，其他一些工具也可用于观察进程的内部信息，比如 Process and Thread Status（PStat.exe）、Process Tree（PTree.exe）、Process Explorer（ProcExp.exe）、Process Viewer（PView.exe）和 Task List（TList.exe）等。

2.12 本章总结

进程和线程分别代表着软件的空间与生命，是极其重要的两个概念。本章从进程和线程的概念开始，先详细介绍进程（2.2～2.6 节），再过渡到线程（2.7 节），然后按照从一般到特殊的规律，介绍了用于兼容 32 位程序的 WoW 进程以及满足特殊用途的最小进程和 Pico 进程，最后介绍了观察进程和线程属性的最常用工具——任务管理器。值得说明的是，虽然我们已经花了比较大的篇幅来介绍这两个重要概念，但是仍有很多内容没能介绍，希望读者可以阅读参考资料中列出的内容继续学习，或者使用调试的方法在实践中不断探索和提高。

参考资料

[1] Mark E. Russinovich and David A. Solomon. Windows Internals 4th Edition. Microsoft Press, 2005.

[2] Intel® 64 and IA-32 Architectures Software Developer's Manual Volume 3B. Intel Corporation.

[3] KeWaitForSingleObject function.

[4] Redirected, Shared, and Reflected Keys Under WOW64.

[5] File System Redirector.

[6] Pico Process Overview.

第 3 章　架构和系统部件

本章将介绍 Windows 系统的总体架构和重要的系统部件，包括关键的进程和系统文件，以及环境子系统。

3.1　系统概览

图 3-1 简要地勾画出了 Windows 操作系统的基本架构，展示了内核模式下的关键组件及用户态下的重要进程和动态链接库。该图参考了《深入解析 Windows 操作系统》（第 4 版）（电子工业出版社，2007 年）的图 2-3[1]，在本书第 1 版中，笔者增加了 Vista 系统新引入的部件，并对原图其他地方做了部分修改。在第 2 版中，笔者又针对 Windows 10 做了更新。

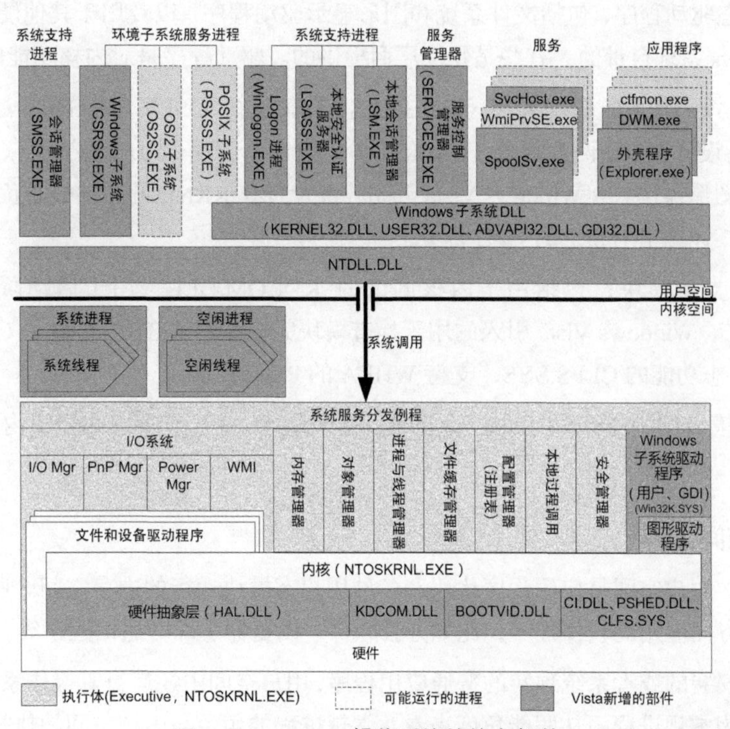

图 3-1　Windows 操作系统的核心部件

以中间的黑线为界，图 3-1 中上半部分描述的是用户空间，下半部分描述的是内核空间。在第 2 章中，我们介绍进程空间时已经比较详细地描述了内核空间与用户空间的关系，本章将引领读者进一步加深对这两大空间的理解。

3.1.1　内核空间

简单来说，内核空间就是供操作系统内核使用的内存空间。内核的核心任务是管理硬件资源，为上层应用提供服务。对下要面对五花八门的硬件，对上要面对千变万化的应用程序，内核的复杂度可想而知。为了降低复杂度和便于开发维护，内核代码也是模块化的，按照职能分成若干个部分，相互协作。从这个角度来说，内核空间中，除了狭义的内核模块（操作系统核心之核心），还有一些其他模块，概述如下。

（1）硬件抽象层（Hardware Abstraction Layer，HAL），主要作用是隔离硬件差异性，使内核和顶层模块可以通过统一的方式来访问硬件。值得说明的是，HAL 负责的硬件类型只限于 CPU 架构层面的核心硬件，比如中断控制器、固件接口等，HAL 并不负责外设类型的硬件，外设硬件的差异性问题是通过 I/O 管理器加载不同的设备驱动程序来解决的。

（2）操作系统内核，负责线程调度、中断处理、异常分发、多处理器同步等关键任务，是操作系统最核心的部分，我们将其称为微观意义的内核。

（3）执行体（executive），帮助内核行使（执行）某一方面的职能，比如内存管理器负责管理和分配内存资源，进程管理器负责管理系统中的所有进程，输入/输出（I/O）管理器负责协调系统的硬件资源，等等。如果把操作系统内核比喻成系统的最高权力机构，那么执行体便是它的一个个职能部门，负责各方面的事务。

（4）内核态驱动程序，包括文件系统和图形显示驱动程序，以及用于其他硬件的驱动程序，有些是 Windows 系统自带的，有些是硬件厂商提供的。驱动程序是对内核功能的补充。

（5）Windows 子系统驱动程序（Win32K.SYS），包括 USER 和 GDI（Graphics Device Interface，图形设备接口）两大部分，USER 部分负责窗口管理、用户输入等，GDI 部分负责显示输出和各种图形操作。从 Windows Vista 开始，名为 DXGKRNL 的图形核心负责管理 GPU 有关的核心任务，详见本书卷 1 的 GPU 部分。

（6）内核支持模块，包括用于内核调试的 KDCOM.DLL，用于启动阶段的显示驱动 BOOTVID.DLL，Windows Vista 引入的用于检查模块完好性的 CI.DLL（CI 是 Code Integrity 的缩写），支持日志功能的 CLFS.SYS，支持 WHEA 的 PSHED.DLL。

内核支持模块中的 PSHED.DLL 将在第 17 章介绍。3.2 节将详细介绍内核文件和 HAL 文件。

3.1.2 用户空间

简单来说，用户空间是应用程序代码和各种用户态模块运行的内存空间。所谓应用程序，就是实现某一方面应用的软件程序，比如办公软件、浏览器、即时通信程序等。

除了用户安装的或者系统预装的普通应用程序，用户空间中还运行着操作系统的一些进程，一般将它们称为常规进程。从职能角度来看，常规进程的角色与内核空间的执行体有些类似，它们分别负责某一方面的职能，帮助内核一起维护系统的秩序。在一个典型的 Windows 系统中，一般都运行着下面这些常规进程。

（1）会话管理器进程（SMSS.EXE），它是系统中第一个根据映像文件创建的进程，是在系统启动后期由执行体的初始化函数创建的。它运行后，会加载和初始化 Win32 子系统的内核模块 Win32K.SYS，创建 Win32 子系统服务器进程（CSRSS.EXE），以及登录进程（WinLogon.EXE）。

（2）Windows 子系统服务器进程（CSRSS.EXE），负责维护 Windows 子系统的“日常事务”，为子系统中的各个进程提供服务。例如登记进程和线程，管理控制台窗口，管理 DOS 程序虚拟机（VDM）进程等。CSRSS 是 Client/Server Runtime Server Subsystem 的缩写，即客户端/服务器运行时子系统。

（3）登录进程（WinLogon.EXE），负责用户登录和安全有关的事务。它启动后，会创建 LSASS 进程和系统服务管理进程（Services.EXE）。Windows XP 的文件保护（Windows File Protection，WFP）功能也是在这个进程中实现的（sfc.dll 和 sfc_os.dll）。

（4）本地安全和认证进程（LSASS.EXE），负责用户身份验证，LSASS 是 Local Security Authority Subsystem Service 的缩写。

（5）服务管理进程（SERVICES.EXE），负责启动和管理系统服务程序。系统服务程序是按照 NT 系统服务规范编写的 EXE 程序，通常没有用户界面，只在后台运行。图 3-1 中列出了几个常见的系统服务，SpoolSv.exe 是打印机脱机服务，WmiPrvSE.exe 是 WMI 提供器管理服务，SvcHost.exe 是一个通用的服务宿主程序。

（6）OS/2 子系统和 POSIX 子系统服务进程，用于在 Windows 系统中运行 OS/2 和符合 POSIX 标准的程序。它们只有在需要时才启动，在环境子系统部分将做进一步讨论。

（7）外壳（Shell）程序，默认为 Explorer.exe，负责显示“开始”菜单、任务栏和桌面图标等。

与单一的内核空间不同，在一个正常的 Windows 系统中，用户空间总是有很多个，每个普通的进程都有一个用户空间，它们相互独立，是隔离开的。每个应用程序运行在自己的用户空间中，可以访问连续的地址空间，使用各种硬件资源，“仿佛”拥有整个系统。这里的“仿佛”二字非常关键，对于应用程序而言，它似乎拥有单独的系统，所以从单任务时代发展过来的旧软件，很容易移植到新的系统中；对于应用程序开发者来说，每个程序都有自己的连续内存空间，“似乎”自己有一套完整的内存，写代码和调试都很方便；对于操作系统来说，不仅要把这个“仿佛”实现得比较“真”，或者尽可能接近，还要保证整个系统的安全和稳定。

3.2 内核和 HAL 模块

管理纷繁复杂的软件世界不是一件简单的事。开发操作系统是一项庞大的系统工程。在这项工程中，难度最大的要数开发内核模块和 HAL 模块了。在整个软件世界中，内核空间是管理中枢，是规则的制定者和秩序的维护者。在内核空间中，最重要的两个模块便是内核和 HAL，本节将分别描述。

3.2.1 内核文件

从文件角度来看，内核与执行体都位于一个文件中，即通常所说的 NT 内核文件。NT 内核文件有几种版本，它们是使用同一套源代码通过不同编译选项而编译出来的。

（1）针对单处理器系统优化的单处理器版本，在 64 位的 Windows 系统中，它的原始文件名为 NTOSKRNL.EXE；在 32 位的 Windows 系统中，根据是否支持物理地址扩展（Physical Address Extension，PAE），它的原始文件名是 NTKRNLPA.EXE（支持 PAE）或 NTOSKRNL.EXE（不支持 PAE）。

（2）可用于多处理器系统的多处理器版本，在64位的Windows系统中，它的原始文件名为NTKRNLMP.EXE；在32位的Windows系统中，支持PAE的版本的原始文件名是NTKRPAMP.EXE，不支持PAE的版本是NTKRNLMP.EXE。

那么，系统是如何决定使用以上版本中的哪一个呢？首先安装程序在安装时会根据系统中的处理器个数，选择单处理器版本或多处理器版本中的一个并复制到用户系统（system32目录）中。如果复制的是多处理器版本，那么会将其改为与单处理器版本相同的名字。这也是我们上面强调“原始文件名”的原因，它是相对于安装在用户系统中的文件名而言的。

在Windows XP时代，因为PAE可以在启动选项中开启或关闭，所以安装程序会将支持PAE的版本和不支持PAE的版本都复制到用户系统（system32目录）中，但是会根据上面的原则选择多处理器版本和单处理器版本中的一种，并将其改为单处理器版本的名字。因此，在安装好的Windows系统中，我们通常可以看到两个NT内核文件——NTOSKRNL.EXE和NTKRNLPA.EXE。在Windows系统启动过程中，系统的加载程序（NTLDR或WinLoad）会根据启动选项中是否启用了PAE加载其中的一个。

上面描述的PAE版本主要用在64位内核流行前的32位Windows系统中，今天，大多数PC或者服务器安装的是64位内核，CPU大多数基于AMD64或者INTEL64的x64架构，x64可以看作对PAE的进一步扩展（页表由3级扩展到4级，支持更长的线性地址和物理地址）。这意味着，运行在x64硬件上的64位内核都是“PAE”版本的，不再有非PAE版本，因此在这样的系统中，system32目录中只有一个内核文件，而且没有必要提是否是PAE版本了。

需要说明的是，无论是32位内核还是64位内核，它所在的目录都叫system32。上一章介绍WoW时讨论过这个问题，在此不再赘述。

另一方面，多处理器版本也是可以运行在单处理器系统中的，只不过在多处理器系统中必须有的同步措施在单处理器系统中是没有必要的，会牺牲一些性能。随着超线程（Hyper Threading）和多核技术的迅速发展，多处理器系统逐渐成为主流，因此从Windows Vista开始不再安装单处理器版本，无论系统是否有多个处理器，安装程序都会为其安装多处理器版本（NTKRNLMP.EXE或NTKRPAMP.EXE），然后将其改为与单处理器版本一样的名字。

右击文件，选择“属性”，在弹出的对话框中单击“详细信息”选项卡中的“原始文件名”，可以观察到内核文件的原始名称。例如，在笔者写作本书第1版时使用的单处理器的Windows Vista系统中，磁盘上的NTOSKRNL.EXE的原始文件名是NTKRNLMP.EXE，代表多处理器版本，证明了从Vista开始即使系统中只有一个CPU，也会使用多处理器版本。在笔者写作本书第2版时使用的4核8线程Windows 10系统中，内核文件的原始文件名也是NTKRNLMP.EXE。考虑NT内核文件的重要性，特别附带截图（图3-2）留作纪念。

老雷评点

做此截图时，距离NT项目正式启动刚好30个年头，写本书时上海春光明媚，格蠹园中葡萄藤新芽猛力抽条，叶片大如手掌，腋下小葡萄一串连着一串；黄瓜苗已有三五个叶片，吐出藤须，准备攀爬上架。2020年5月31日再次检阅书稿，一年已过。

在图3-2中，还显示了内核文件的版本信息、产生时间以及文件大小。内核文件的大小从侧面反映了NT内核的发展变化。在Windows XP时代，内核文件的大小只有1MB多，到了Vista时代增大到4MB左右；在开发Windows 7时，进行了旨在减小内核大小的MinWin重构，内核文件的大小回退到 4MB 以内（32 位版本）；进入 Windows 10 时代后，内核文件的大小又迅猛增长，图 3-2 所示的 Windows 10 内核大小为 8.66MB。

Dependency Walker（depends.exe，简称 Depends）是了解系统文件用途和相互关系的一个简单而有效的工具，它可以显示 EXE 和 DLL 文件的输入/导出（import/export）情况，比如 DLL 的输出函数列表、文件的依赖关系等。SDK、VC6 和 VS2003/2005 中都包含了该工具。以管理员身份使用 Depends 一次，它便会自动注册，以后右击 DLL 或 EXE 文件时，快捷菜单（shortcut menu）中便会包含 View Dependencies 项。选择此项，系统便会启动 Depends。

图 3-3 显示了 Windows Vista 的 NT 内核文件（NTOSKRNL.EXE）的依赖情况。

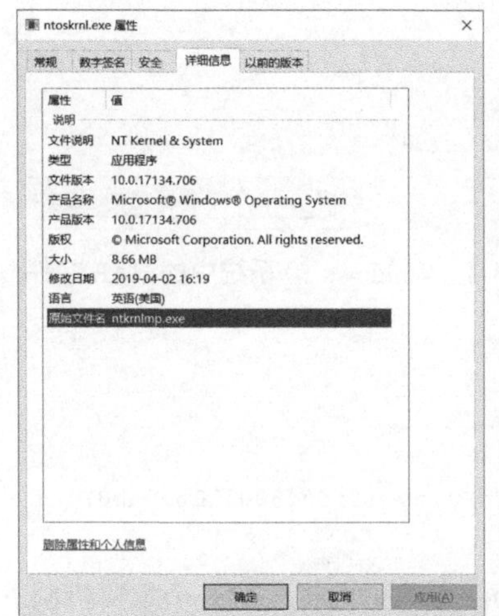

图 3-2 NT 内核文件

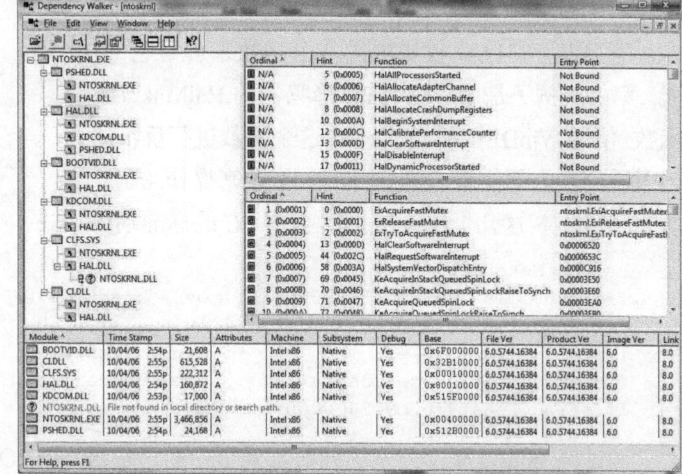

图 3-3 Windows Vista 的 NT 内核文件的依赖情况

图中左边的树控件显示了 NTOSKRNL.EXE 直接依赖 6 个模块——PSHED.DLL、HAL.DLL、BOOTVID.DLL、KDCOM.DLL、CLFS.SYS 和 CI.DLL。

Dependency Walker 窗口右侧的两个列表分别是，左侧选中模块（HAL.DLL）包含的被 NTOSKRNL.EXE 使用的函数列表和选中模块输出的所有函数。

窗口最下部的列表显示的是每个文件的大小、属性、版本等信息。

3.2.2 HAL 文件

与内核文件类似，硬件抽象层模块也有多种版本，以适用于不同的硬件平台。

（1）hal.dll：支持标准平台。

（2）halacpi.dll：支持符合 ACPI 标准的硬件平台。

（3）halapic.dll：支持 APIC（高级可编程中断控制器）的硬件平台。

（4）halaacpi.dll：同时支持 ACPI 和 APIC 的硬件平台。

（5）halmps.dll：系统中有一个多处理器。

（6）halmacpi.dll：支持 ACPI 的多处理器系统。

当安装 Windows 系统时，安装程序会根据检测到的情况选择一个合适的 hal 文件，复制到系统目录中，并改名为 hal.dll。同样，使用文件属性对话框可以观察它的原始文件名。在写作本书第 1 版使用的 Windows XP 系统中，HAL.DLL 的原始文件名是 halaacpi.dll，即同时支持 ACPI 和 APIC 的版本。在写作本书第 2 版时使用的 Windows 10 系统中，通过文件属性看到的原始文件名虽然是 hal.dll（图 3-4），但是通过调试符号中的信息，可以知道它的原始名字也是 halaacpi.dll。

```
Mapped memory image file: c:\symbols\halaacpi.
dll\578997A375000\halaacpi.dll
```

下面基于 HAL 模块内的几个函数来理解它的功能。第一个例子是用于驱动 PC 蜂鸣器的 HalMakeBeep 函数。使用 WinDBG 的 uf 命令对这个函数进行反汇编，可以看到其内部使用了很多 in/out 指令来操作 0x42、43 和 61 端口，这几个端口是 IBM 兼容 PC 的标准端口。

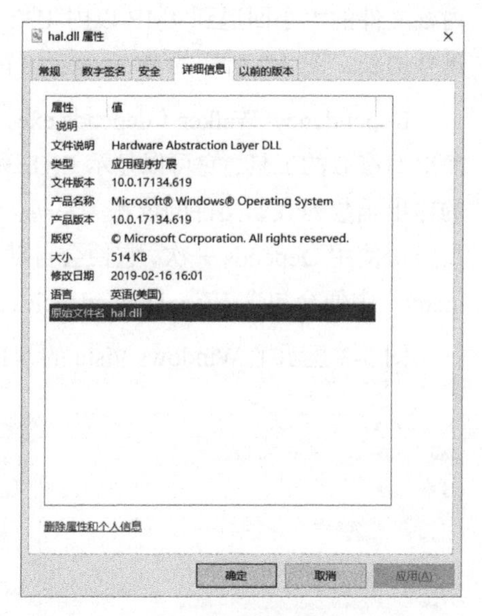

图 3-4 Windows 10 系统中的 HAL 文件

```
hal!HalMakeBeep+0x5e:
fffff800`1164f4ee ba43000000      mov     edx, 43h
fffff800`1164f4f3 b0b6            mov     al,0B6h
fffff800`1164f4f5 ee              out     dx,al
fffff800`1164f4f6 e8b5a5feff      call    hal!HalpIoDelay (fffff800`11639ab0)
fffff800`1164f4fb b942000000      mov     ecx,42h
```

做过 Windows 驱动开发的同行都知道中断请求级别（IRQL）是 NT 内核中的一个重要机制。简单来说，IRQL 代表着任务的优先级，如果 IRQL 操作不当，那么很容易导致系统挂死或者蓝屏。在 Windows XP 时代的 HAL 中，有一个名为 KfLowerIrql 的函数，是驱动开发接口（DDI）KeLowerIrql 的实现，用于降低 IRQL，其汇编代码如下。

```
kd> uf hal!KfLowerIrql
hal!KfLowerIrql:
806d02d0 33c0            xor     eax,eax
806d02d2 8ac1            mov     al,cl
806d02d4 33c9            xor     ecx,ecx
806d02d6 8a8858026d80    mov     cl,byte ptr hal!HalRequestIpi+0x4e8 (806d0258)[eax]
806d02dc 890d8000feff    mov     dword ptr ds:[0FFFE0080h],ecx
806d02e2 a18000feff      mov     eax,dword ptr ds:[FFFE0080h]
806d02e7 c3              ret
```

上面代码中的 FFFE0080h 是特殊约定的线性地址，对应的是 APIC 的任务优先级寄存器（Task Priority Register，TPR）。

在 Windows 10 中，NT 内核中有一个类似功能的函数，直接操作 TPR 的别名寄存器 CR8。

```
0: kd> uf nt!KzLowerIrql
nt!KzLowerIrql:
fffff800`116b2200 0fb6c1          movzx   eax,cl
fffff800`116b2203 440f22c0        mov     cr8,rax
fffff800`116b2207 c3              ret
```

使用特殊编码的控制寄存器访问指令操作 CR8 要比访问内存速度快，这是因为定义 x64 架构时，故意对这个常用的重要操作做了优化。在 Windows 10 版本的 hal.dll 中，还使用老的方法设置 IRQL，其函数名为 hal!HalpApicSetPriority[2]。

3.3 空闲进程

在图 3-1 中靠近中部黑线的左下方，我们画出了两个特殊的进程——系统进程（system process）和空闲进程（idle process）。之所以说它们特殊，是因为这两个进程都具有如下特征。

（1）普通的 Windows 进程都是通过使用 CreateProcess 或类似的 API 并指定一个可执行映像文件而创建的，但这两个进程不是，它们没有对应的磁盘映像文件，是在系统启动时“捏造”出来的。

（2）普通的 Windows 进程都有用户空间和内核空间两个部分，但是这两个进程都只有内核空间，没有用户空间。或者说，这两个进程只在高特权的内核空间中运行。

（3）具有固定的进程 ID，空闲进程的 ID 总是 0，系统进程的 ID 总是 8（Windows 2000）或 4（Windows XP 及之后）。

考虑到系统进程和空闲进程的特殊重要性，本节和 3.4 节将分别介绍它们。按照系统启动时创建这两个进程的先后顺序，本节先介绍空闲进程。

简单来说，空闲进程是空闲线程的载体。什么是空闲线程呢？用通俗的话来讲，CPU 是一种古怪的“动物”，它一上电工作，就要取指令并执行，没有事情做时，也要给它几条指令，组成一个循环，让它在那里空转。因此，在今天的操作系统中，都会设计空闲线程，当 CPU 没有其他线程需要执行（空闲）时，让它执行空闲线程。

因为系统中每个工作的 CPU 都需要空闲线程，所以空闲线程的个数与系统中启用的处理器个数是一致的。根据这一原理，我们只要在任务管理器中查看空闲进程的线程个数，就知道系统中的逻辑 CPU 个数。比如，笔者现在使用的笔记本电脑有 8 个 CPU，空闲进程的线程个数是 8（图 3-5）。

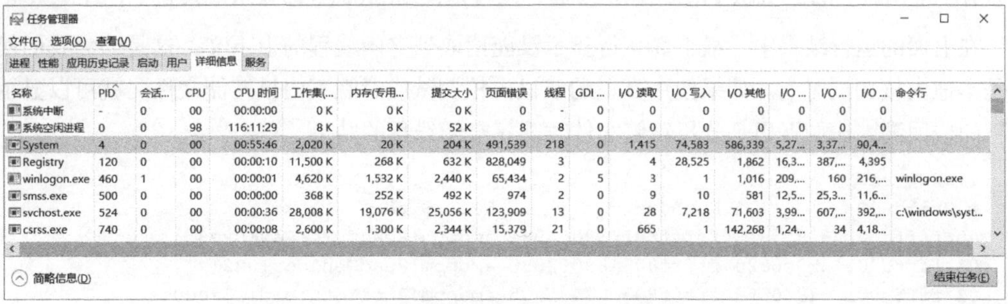

任务管理器

文件(F) 选项(O) 查看(V)

进程 性能 应用历史记录 启动 用户 详细信息 服务

名称	PID	会话...	CPU	CPU 时间	工作集(...	内存(专用...	提交大小	页面错误	线程	GDI ...	I/O 读取	I/O 写入	I/O 其他	I/O ...	I/O ...	I/O ...	命令行
系统中断	-	0	00	00:00:00	0 K	0 K	0 K	0	-	0	0	0	0	0	0	0	
系统空闲进程	0	0	98	116:11:29	8 K	8 K	52 K	8	8	0	0	0	0	0	0	0	
System	4	0	00	00:55:46	2,020 K	20 K	204 K	491,539	218	0	1,415	74,583	586,339	5,27...	3,37...	90,4...	
Registry	120	0	00	00:00:10	11,500 K	268 K	632 K	828,049	3	0	4	28,525	1,862	16,3...	387,...	4,395	
winlogon.exe	460	1	00	00:00:01	4,620 K	1,532 K	2,440 K	65,434	2	5	3	1	1,016	209,...	160	216,...	winlogon.exe
smss.exe	500	0	00	00:00:00	368 K	252 K	492 K	974	2	0	9	10	581	12,5...	25,3...	11,6...	
svchost.exe	524	0	00	00:00:36	28,008 K	19,076 K	25,056 K	123,909	13	0	28	7,218	71,603	3,99...	607,...	392,...	c:\windows\syst...
csrss.exe	740	0	00	00:00:08	2,600 K	1,300 K	2,344 K	15,379	21	0	665	1	142,268	1,24...	34	4,18...	

简略信息(D) 结束任务(E)

图 3-5 在任务管理器里观察空闲进程的线程个数

在 NT 内核启动时，就会创建空闲进程。更准确地说，是在执行体的阶段 0 初始化时，进程管理器的初始化函数便会创建空闲进程和第一个空闲线程。可以说，第一个空闲线程是从系统的初始启动线程“蜕化”而来的，是系统中的第一个线程，也是“年龄最大”的线程。

因为空闲进程是系统启动时创建的第一个进程，而且它一直存续，所以可以通过观察它的运行时间来间接推测系统的运行时间，方法是把空闲进程的 CPU 时间除以 CPU 个数。比如图 3-5 中，空闲进程的 CPU 净时间是 116 小时，除以 CPU 个数 8，大约为 15 小时，一般向上取整，因为CPU还用一定的时间执行其他进程。

WinDBG的进程观察命令（!process）一般不显示空闲进程，但可以使用如下方法来观察空闲进程。在内核调试会话中执行!prcb命令显示处理器控制块（processor control block）。

```
lkd> !prcb
PRCB for Processor 0 at ffdff120:
Threads--  Current 88368470 Next 00000000 Idle 80551d20
Number 0 SetMember 00000001
Interrupt Count -- 04080105
Times -- Dpc      000037a7 Interrupt     00001784
         Kernel   00725fff User          0005d1be
```

观察Threads一行，Current字段是当前CPU正在执行的线程的ETHRAD结构（作用相当于进程的EPROCESS结构）的地址，Next是等待执行的线程，Idle字段的值就是当前CPU的空闲线程的ETHRAD结构地址。使用!thread命令可以显示线程的详细信息。

```
lkd> !thread 80551d20
THREAD 80551d20  Cid 0000.0000  Teb: 00000000 Win32Thread: 00000000 RUNNING on
processor 0
Not impersonating
Owning Process          80551f80      Image:          Idle
Wait Start TickCount    6399946       Ticks: 9878376 (1:18:52:29.625)
Context Switch Count    23038498
UserTime                00:00:00.000
KernelTime              1 Day 04:18:18.593
Stack Init 80549500 Current 8054924c Base 80549500 Limit 80546500 Call 0
Priority 16 BasePriority 0 PriorityDecrement 0 DecrementCount 0
Unable to get context for thread running on processor 0, HRESULT 0x80004001
```

进程ID（Cid）字段为0000.0000，即这个线程属于空闲进程，Owning Process后便是空闲进程的EPROCESS结构地址，Image后的映像文件名Idle是杜撰的。UserTime为00:00:00.000，表示空闲线程只是在内核模式执行的。KernelTime是在内核模式的执行时间。

有了空闲进程的EPROCESS结构地址后，便可以使用!process命令来观察它了，在此从略。

在上面的运行结果中，最下面一行显示没能读取到空闲线程的上下文，这是因为我们使用的是本地内核调试对话。如果使用真正的双机内核调试或者观察内核转储文件，就可以显示出线程的栈回溯，比如下面是分析转储文件时观察空闲线程的结果。

```
1: kd> knc
# Child-SP          RetAddr           Call Site
00 ffffd001`629c6818 fffff801`890649a1 amdppm!ReadIoMemRaw+0xe8
01 ffffd001`629c6820 fffff801`89062580 amdppm!ReadGenAddr+0x21
02 ffffd001`629c6850 fffff803`07485a05 amdppm!AcpiCStateIdleExecute+0x20
03 ffffd001`629c6880 fffff803`0748526d nt!PpmIdleExecuteTransition+0x5e5
04 ffffd001`629c6b00 fffff803`075c8f4c nt!PoIdle+0x33d
05 ffffd001`629c6c60 00000000`00000000 nt!KiIdleLoop+0x2c
```

从下往上观察上面的栈回溯，最下面的KiIdleLoop便是空闲线程的入口和主函数，它上面的PoIdle是电源执行体（Power）中专门为空闲线程设计的工作函数，它的职能是让CPU执行空闲线程时可以进入合适的电能状态。对于PC系统，这个函数一般会调用CPU的处理器电源管理（Processor Power Management，PPM）模块，进入省电状态。上面调用的是为AMD CPU设计的PPM模块，这个模块导出一系列函数，供内核中的PpmIdleExecuteTransition调用。

CPU 在空闲线程中执行时，除了调用 PoIdle 打盹休息之外，也会做些“零活”。比如调用 KiRetireDpcList 函数来执行挂在延迟过程调用（Delay Process Call，DPC）队列里的任务。

举例来说，2009 年夏季，笔者用于写作本书第 1 版的笔记本电脑系统有时会僵死，界面没有反应，触发蓝屏崩溃后用调试器分析转储文件，看到如下栈回溯。

```
# ChildEBP RetAddr
00 80548f8c ba9ca7fa nt!KeBugCheckEx+0x1b
01 80548fa8 ba9ca032 i8042prt!I8xProcessCrashDump+0x237
02 80548ff0 80540add i8042prt!I8042KeyboardInterruptService+0x21c
03 80548ff0 806d6da5 nt!KiInterruptDispatch+0x3d
04 805490a4 bac7d183 hal!KeStallExecutionProcessor+0x1651
05 805490c4 b9123b50 usbehci!EHCI_RH_PortResetComplete+0x61
06 805490e4 804ff550 USBPORT!USBPORT_AsyncTimerDpc+0x7a
07 80549200 804ff667 nt!KiTimerListExpire+0x122
08 8054922c 8054111d nt!KiTimerExpiration+0xaf
09 80549250 80541096 nt!KiRetireDpcList+0x46
0a 80549254 00000000 nt!KiIdleLoop+0x26
```

简言之，上面的栈回溯说明 CPU 在执行空闲线程时，发现 DPC 队列里有任务要做，于是去执行，但在执行 USB 驱动的 DPC 任务时，因为 usbehci 驱动中的设计缺欠和硬件老化而陷入死循环，反复调用 HAL 模块中的 KeStallExecutionProcessor 函数完成忙等待。栈帧#0 ~ 3 表示在等待时，发生了键盘中断，因为笔者按下了触发蓝屏的 Ctrl + PrintScreen 快捷键。

3.4 系统进程

简单来说，系统进程是操作系统内核和所有系统线程的宿主，其作用是为操作系统提供独立的进程空间和进程对象。

在内核调试会话中，可以使用!process 4 命令来观察系统进程的概要信息，例如清单 3-1 是笔者写作本书第 1 版时所用 Windows XP 系统上系统进程的概要信息。

清单 3-1 在 WinDBG 中观察系统进程的概要信息

```
lkd> !process 4 1
Searching for Process with Cid == 4
PROCESS 8a6f2660  SessionId: none  Cid: 0004    Peb: 00000000  ParentCid: 0000
    DirBase: 0072c000  ObjectTable: e1001c38  HandleCount: 705.
    Image: System
    VadRoot 8a6eb870 Vads 4 Clone 0 Private 3. Modified 504318. Locked 0.
    DeviceMap e10087c0
    Token                             e1000728
    ElapsedTime                       2 Days 22:24:34.216 // 约等于系统总运行时间
    UserTime                          00:00:00.000
    KernelTime                        00:03:00.203
    QuotaPoolUsage[PagedPool]         0
    QuotaPoolUsage[NonPagedPool]      0
    Working Set Sizes (now,min,max)  (75, 0, 345) (300KB, 0KB, 1380KB)
    PeakWorkingSetSize                654
    VirtualSize                       1 Mb
    PeakVirtualSize                   3 Mb
    PageFaultCount                    12850
    MemoryPriority                    BACKGROUND
    BasePriority                      8
    CommitCharge                      7
```

注意，系统进程的 Peb 是 0，在用户空间的运行时间（UserTime）也是 0，这是因为它没有用户空间。它的父进程 ID 是 0，即空闲进程。系统进程的映像文件名是 System，这个名称是杜撰的，磁盘上并不存在 System.exe。

在系统启动阶段，进程管理器在创建空闲进程后，便创建系统进程，因此，系统进程是系统创建的第二个进程。

在一个典型的 Windows 系统中，系统进程中有几十个乃至数百个系统线程在工作。随着 Windows 系统的发展，系统线程的个数也在增加。比如当笔者写作本书第 1 版的本节内容时，系统进程中有 102 个系统线程。在写作第 2 版时，系统线程的个数为 218（图 3-5）。如果把操作系统内核比作软件世界中的“政府”，那么系统线程便是政府中的“公务员”。10 年时间里，系统线程数翻了一番，如此多的系统线程一方面表明 Windows 操作系统的机构和功能在增多，另一方面表示这个系统的固定开销和负担重了很多。

衡量操作系统效率的另一种方法是看系统进程的 CPU 时间。在图 3-6 所示的“任务管理器”窗口中，System 进程的“CPU 时间”接近 17 小时。虽然从“系统空闲进程”的时间来看，系统运行的总时间比较长，大约为 832/4 = 208 小时，但二者的比例仍然比较大，大约为 (17/208) × 100% = 8.17%。参考清单 3-1 中的数据，系统总运行时间（70 小时）里，System 进程的 CPU 时间仅为 3 分钟，相应的比例为 3/(70 × 60) × 100% = 0.07%，二者相差非常悬殊。

任务管理器

文件(F) 选项(O) 查看(V)

进程 性能 应用历史记录 启动 用户 详细信息 服务

名称	PID	线程	会话 ...	提交...	用...	CPU	CPU 时间	工作集(内存)	峰值工作...	工作...	内存(...	页面错误	页面错误增...	I/O 读取字节	I/O 写入字节	命令行
系统空闲进程	0	4	0	52 K	SY...	80	832:18:15	8 K	8 K	K	8 K	8	0	0	0	
System	4	190	0	152 K	SY...	01	16:53:34	16 K	21,844 K	K	12 K	7,489,366	0	1,714,746,649	7,725,141,0...	
dwm.exe	1412	11	1	128,...	D...	01	11:10:47	62,388 K	275,088 K	-4 K	40,6...	59,322,686	22	22,108,440	0	"dwm.exe"
ism2.exe	7912	21	1	43,2...	ge	00	3:26:50	27,836 K	60,908 K	K	6,32...	276,760	0	1,689,867	5,025,992	"C:\Users\ge\AppData\Local\Int
MsMpEng.exe	4200	31	0	513,...	SY...	00	3:06:15	247,828 K	785,376 K	K	186,...	41,251,140	0	41,641,370,934	7,925,475,4...	
svchost.exe	1976	6	0	103,...	SY...	01	2:48:31	98,336 K	178,948 K	24 K	93,8...	21,791,821	6	692,650,283	2,651,860,4...	c:\windows\system32\svchost.e
baidunetdisk.exe	25000	64	1	128,...	ge	00	2:17:30	53,496 K	113,120 K	K	26,9...	1,021,919	0	20,162,296,194	400,258,804	"C:\Users\ge\AppData\Roaming
explorer.exe	30228	154	1	129,...	ge	09	1:57:03	151,260 K	409,700 K	132 K	75,3...	167,767,611	5,790	151,764,318,868	151,860,83...	"C:\WINDOWS\explorer.exe"
POWERPNT.EXE	15800	46	1	559,...	ge	00	1:24:10	88,512 K	991,932 K	K	21,6...	77,519,435	0	6,017,494,769	2,241,269,4...	"C:\Program Files (x86)\Microsc
csrss.exe	836	18	1	3,04...	SY...	00	0:37:15	2,584 K	26,020 K	K	952 K	19,667,455	0	191,309,988	0	
svchost.exe	8448	5	0	6,15...	SY...	00	0:23:33	10,384 K	187,336 K	K	1,44...	2,327,421	0	12,478,933	1,830,957	c:\windows\system32\svchost.e
svchost.exe	4012	17	0	35,3...	LO...	00	0:22:50	29,720 K	131,064 K	K	22,8...	20,778,599	0	981,877,944	1,439,678,1...	c:\windows\system32\svchost.e
NVInstEnabler.exe	10120	1	1	4,38...	ge	00	0:21:43	1,704 K	10,816 K	K	532 K	31,909	0	60	0	"C:\Program Files\NVIDIA Corpc
svchost.exe	664	21	0	28,1...	SY...	00	0:19:46	32,924 K	42,692 K	K	23,0...	20,052,243	0	924,014,356	35,070,720	C:\WINDOWS\system32\svchos
ctfmon.exe	3716	10	1	27,6...	ge	00	0:16:41	30,332 K	79,088 K	K	4,34...	706,428	0	1,558,300	1,558,240	"ctfmon.exe"
ChsIME.exe	7808	167	1	109,...	ge	00	0:16:20	35,184 K	77,520 K	K	6,06...	875,206	0	6,558,481	9,950,682	C:\Windows\System32\InputMe
svchost.exe	2460	17	0	6,40...	NE...	00	0:14:33	8,828 K	12,596 K	K	4,06...	3,168,392	0	508,544	701,440	c:\windows\system32\svchost.e
svchost.exe	2764	23	0	17,7...	LO...	00	0:11:22	19,920 K	40,988 K	-108 K	14,1...	4,361,544	0	232	33,088	c:\windows\system32\svchost.e
svchost.exe	1160	16	0	10,1...	NE...	00	0:11:20	11,272 K	15,432 K	4 K	7,59...	4,318,722	19	10,174,464	0	c:\windows\system32\svchost.e
ZoomIt64.exe	14436	2	1	2,33...	ge	00	0:09:41	968 K	26,712 K	K	116 K	972,904	0	7,224	0	"C:\toolbox\viewer\ZoomIt\Zoc
VBoxSVC.exe	2456	16	1	11,6...	ge	00	0:09:24	18,316 K	25,232 K	K	3,76...	23,179	0	16,972,176,823	55,269,060,...	"C:\Program Files\Oracle\Virtual
SearchIndexer.exe	23380	70	0	97,0...	SY...	00	0:08:43	82,540 K	574,668 K	-20 K	59,2...	3,491,441	0	356,838,864	181,779,204	C:\WINDOWS\system32\Search
svchost.exe	3296	12	0	8,30...	SY...	00	0:08:14	11,544 K	16,864 K	4 K	4,07...	921,988	1	2,755,221	7,717	C:\WINDOWS\system32\svchos
xvpnd.exe	4440	19	0	65,3...	SY...	00	0:06:39	39,192 K	53,116 K	K	33,3...	2,352,704	0	3,447,466	1,683,209,2...	"C:\Program Files (x86)\Express\
services.exe	912	17	0	8,49...	SY...	00	0:05:29	7,264 K	12,548 K	K	4,35...	1,449,738	0	671,860	53,408	
svchost.exe	3032	6	0	6,90...	SY...	00	0:05:29	10,976 K	29,984 K	K	4,97...	3,644,917	0	2,018,714,812	15,532,336	c:\windows\system32\svchost.e
windbg.exe	21296	12	1	71,0...	ge	00	0:05:28	54,084 K	86,512 K	K	6,07...	44,312	0	26,007,181	40,521	"C:\wd10x64\windbg.exe"
lsass.exe	952	10	0	10,5...	SY...	00	0:05:14	11,940 K	16,136 K	K	5,21...	496,115	0	8,765,193	5,079,583	C:\WINDOWS\system32\lsass.e
RuntimeBroker.exe	7268	10	1	22,7...	ge	00	0:04:59	31,024 K	49,680 K	K	7,38...	814,975	0	1,427,792,786	825,856	C:\W[illegible]\Sys[illegible]32\Runtime

简略信息(D)　　结束任务(E)

图 3-6 “任务管理器”窗口

System 进程的 CPU 时间是所有系统线程 CPU 时间的总和。根据图 3-6，System 进程中有 190 个系统线程，使用 WinDBG 可以列出这些线程，然后看每个线程所用时间，如此排查[3]，可以找到排在前面的 4 个系统线程，如下所示。

（1）用于管理 GPU 内存的 VidMM 线程，工作函数为 dxgmms2!VidMmWorkerThreadProc。

（2）负责调度 GPU 任务的 VidSch 线程，工作函数为 dxgmms2!VidSchiWorkerThread，其内部会调用名为 dxgmms2!VidSchiRun_PriorityTable 的函数。

（3）内存管理器的工作集平衡线程，工作函数为 KeBalanceSetManager，这个线程会扫描每个进程的页表，必要时把暂时不用的内存页交换到虚拟内存。

（4）内存管理器清零线程，工作函数为 ZeroPageThread，是用来准备清零内存页的。在内核启动时，这个线程发起关键的执行体初始化动作；内核启动后，它退居二线，专门负责把内存页清零，当驱动程序需要已经清零的内存页时，满足需要。

3.5 内核空间的其他模块

在内核空间中，除了前面已经提到的 NT 内核文件、HAL 模块以及内核文件直接依赖的 KDCOM、CI、CLFS 和 BOOTVID 模块，还有一些其他模块，本节将略作介绍，目的是让大家在调试时可以知道这些模块的大致用途。

Win32k.sys 是 Windows 子系统的内核空间模块，与用户空间的 CSRSS 进程相互配合一起管理窗口世界，包括窗口对象、用户输入、消息分发、显示输出等。

DxgKrnl.sys 是管理 GPU 的核心模块，其名字是 DirectX Kernel 的缩写，本书卷 1 的 GPU 篇对其有较详细的介绍。

KS.sys 是管理流媒体的核心模块，使用图（graph）的模式管理音视频的编解码和处理节点，各个节点之间可以以引脚（pin）方式动态建立连接。

AFD.sys 是网络套接字（WinSock）的内核空间接口驱动，是衔接内核空间的网络模块和用户空间网络模块的桥梁。

NDIS.sys 是负责管理网卡驱动的核心驱动，与硬件厂商的网卡驱动配合一起管理网卡设备。

Wfplwf.sys 是用于管理网络过滤驱动的核心模块，全称为 Windows 过滤平台（Windows Filtering Platform）轻量过滤器驱动程序（Lightweight Filter Driver）。

ACPI.sys 是负责与平台固件接口的内核模块，是用于支持高级配置和电源接口（Advanced Configuration and Power Interface，ACPI）标准的核心驱动程序，其内部除了包含用于解释执行 ACPI 源语言（ACPI Source Language，ASL）脚本的解释器，还包含了一些 ACPI 标准设备的驱动程序，比如电源开关、笔记本电脑盖板检测器、风扇等。目前的 Windows 系统要求硬件平台必须支持 ACPI 标准。系统启动后，内核中的 I/O 管理器会根据注册表枚举设备树的一级节点，在一级节点中总是有 ACPI 节点，触发 I/O 管理器初始化 ACPI 驱动程序。ACPI 驱动程序会在内存中搜索固件放在内存中的硬件信息表，其中一般都会包含 PCI 总线，触发 I/O 管理器初始化 PCI 总线的驱动程序，进一步枚举系统里的 PCI 设备。

PCI.sys 是 PCI 总线的核心驱动程序，用于支持 PCI 总线标准、枚举和管理 PCI 总线上的设备。每当发现新的设备后，便尝试让即插即用（Plug and Play，PnP）管理器为其加载驱动程序，加载的驱动程序可能是 Windows 系统自带的（称为 inbox），也可能是从硬件厂商那里获得和后来安装的。

NTFS.sys 是 NTFS 文件系统的实现，用于访问 NTFS 格式的磁盘卷。

从操作系统架构的角度来看，上面介绍的这些模块都是以内核空间驱动程序的形式加载和管理的，广义上都可以称为驱动程序，虽然有些与硬件设备的关系不大。它们的角色都可以看作对内核的扩展，是内核的帮手，帮助内核一起管理软件世界。

3.6 NTDLL.DLL

前面几节带我们在内核空间中游历了一番，希望大家能对 NT 平台的大本营有一个较深的印象。从本节开始，我们将把目光转移到用户空间，介绍 NT 系统驻扎在用户空间中的“管理团队”。根据图 3-1 所示的架构，我们仍按横纵两个方向旅行，先横向介绍所有用户空间中都有的 NTDLL.DLL，再纵向介绍子系统的关键进程。

3.6.1 角色

从操作系统架构设计的角度来看，NTDLL.DLL 是 NT 内核派驻到用户空间的“使领馆”。总体来说，用户空间中运行着不同来源的各种代码，是不可信赖的，让内核直接与五花八门的用户代码交互的风险很大，设计也会复杂。另外，内核存在的意义就是要为用户代码服务，所以又必须与用户空间交互。NTDLL.DLL 就是为了解决这个问题而设计的。NTDLL.DLL 是沟通用户空间和内核空间的桥梁，用户空间的代码通过这个 DLL 来调用内核空间的系统服务。同时，NTDLL.DLL 也是操作系统内核在用户空间中的“代理”，系统会在启动阶段便把它加载到内存中，并把它映射到所有用户进程的进程空间中，而且映射在相同的位置（虚拟地址）。当内核需要与用户空间配合时，它会使用这个 DLL 中的函数，因为只有这个 DLL 才存在于每个用户进程的用户空间的固定位置上。例如，上一节介绍的内核空间调用用户空间的逆向调用机制的用户态着陆点就是位于 NTDLL.DLL 中的。当内核分发异常时，如果需要在用户空间中寻找异常处理器，那么也会使用特殊的修改程序指针，飞回到 NTDLL.DLL 中，然后再继续分发，这将在第三篇中详细介绍。

因为 NTDLL.DLL 的特殊角色，当我们观察 Windows 系统中的进程时，会发现每个进程中都有这个 DLL，而且它的线性地址是相同的。只有 NTDLL.DLL 具有这个特征，这种特性是 NT 内核的基因。

3.6.2 调用系统服务的桩函数

在 NTDLL.DLL 中有数百个名为 NtXXX 的函数，对于笔者使用的 Windows 10，有 500 多个。这些函数有几个共同点——长度都很短，包含的指令也很相似，都是像清单 3-2 所列指令那样准备和执行系统调用指令，通常我们把这些函数叫作桩（stub）函数。

清单 3-2 准备和执行系统调用指令

```
0:022> u ntdll!NtCreateEvent
ntdll!NtCreateEvent:
00007ffc`d442b290 4c8bd1          mov     r10,rcx
00007ffc`d442b293 b848000000      mov     eax,48h
00007ffc`d442b298 f604250803fe7f01 test     byte ptr [SharedUserData+0x308
(00000000`7ffe0308)],1
00007ffc`d442b2a0 7503            jne   ntdll!NtCreateEvent+0x15 (00007ffc`d442b2a5)
00007ffc`d442b2a2 0f05            syscall
00007ffc`d442b2a4 c3              ret
00007ffc`d442b2a5 cd2e            int     2Eh
00007ffc`d442b2a7 c3              ret
```

第 2 章已经比较详细地介绍过系统调用，在这里复习一下。清单 3-2 的指令来自 Windows 10 版本的 NTDLL.DLL，不同版本可能略有差异，但是大同小异，都执行 SYSCALL 这样的快速系统调用指令，或者传统的 INT 2E 指令。

在调试时，如果希望拦截系统调用，那么在 NTDLL.DLL 中设置断点是再合适不过的了。

3.6.3 映像文件加载器

在今天的计算机架构中，编译好的程序是存放在磁盘等外部存储器上的，运行时需要先加载到内存中，负责执行这个加载任务的操作系统部件一般称为映像加载器，或者就叫加载器（loader）。在 Linux 系统中，担任这个角色的是 ld.so；在 Windows 系统中，它是 NTDLL.DLL 中的一部分，一般简称为 LDR。

启动 WinDBG，选择 File → Open Executables，然后随便打开一个可执行文件，开始调试会话，便会看到 LDR 触发的初始断点。

```
(4f5c.3d78): Break instruction exception - code 80000003 (first chance)
ntdll!LdrpDoDebuggerBreak+0x30:
00007ffc`d445c93c cc              int     3
```

执行 k 命令观察栈回溯，便可以看到 LDR 准备为新进程服务的场景（清单 3-3）。

清单 3-3 LDR 为准备新进程服务的场景

```
# Call Site
00 ntdll!LdrpDoDebuggerBreak
01 ntdll!LdrpInitializeProcess
02 ntdll!_LdrpInitialize
03 ntdll!LdrpInitialize
04 ntdll!LdrInitializeThunk
```

创建一个新的进程需要很多步骤，简单来说，早期的进程空间创建等准备工作是在父进程和内核空间中执行的。有了初始线程后，内核使用异步过程调用（Asynchronous Procedure Call，APC）机制让新的线程开始在用户空间运行，目的是在新进程自己的上下文中执行进程初始化工作，而负责这项工作的便是 LDR。清单 3-3 显示的便是 LDR 准备大干一番的情景。最下面的 LdrInitializeThunk 是 CPU 从内核空间切换到用户空间的着陆点，名字中的 Thunk 代表“转接”之意。#01 栈帧中的 LdrpInitializeProcess 是执行进程初始化的核心函数，它的代码较长，面对崭新的用户空间，有很多工作要做，比如分析程序所依赖的 DLL，依次加载等。在大干一番之前，LDR 先触发断点，目的是给开发人员一个较早的调试机会。

清单 3-3 中的函数都是以 Ldr 或_Ldr 开头的，它们都属于 LDR，又可分为两类，第 4 个字符为小写 p 的代表内部函数，第 4 个字符为大写形式的代表接口函数。这是 NT 内核团队经常使用的一种约定，在很多模块中都适用。

3.6.4 运行时库

NTDLL.DLL 中数量最大的一类函数是运行时库（runtime library），它们都以 Rtl 开头，一般简称为 RTL。在 Windows 10 版本的 NTDLL.DLL 中，RTL 的函数有 2000 多个。

RTL 的职责是提供基础的函数，包括字符串操作、时间、内存分配等。其中内存分配部分是一项很繁重的任务，一般称为堆管理器，我们将在第四篇中介绍 NTDLL.DLL 中的堆设施。

3.6.5 其他功能

除了上面提到的功能，NTDLL.DLL 中还包含了一些其他支持功能，比如异常分发和调试支持等，我们将在本卷第三篇中介绍 NTDLL.DLL 的异常分发设施和调试支持。

3.7 环境子系统

对于大多数计算机用户来说，购买或者安装操作系统的目的是运行应用程序。这意味着，能够支持的应用程序类型越多，市场机会便越多。为了能够在 Windows 操作系统上运行多种类型的应用软件，Windows 设计者在定义 Windows 架构时便设计了环境子系统（environment subsystem）的概念。不同类型的应用程序运行在不同的环境子系统中。这样，一个 Windows 系统中可以同时有多个不同的环境子系统，因此可以同时运行不同类型的应用程序。

Windows 2000 支持如下 3 个环境子系统。

（1）POSIX 子系统，POSIX 是 Portable Operating System Interface based on UNIX 的缩写，用于运行符合 POSIX 标准的程序。系统目录（例如 c:\winnt\system32）下的 PSXSS.EXE（POSIX SubSystem）和 PSXDLL.DLL 是 POSIX 子系统的核心文件。

（2）OS/2 子系统，支持 16 位的 OS/2（1.2）程序，系统目录下的 OS2.EXE、OS2SRV.EXE 和 OS2SS.EXE 是 OS/2 子系统的核心文件。

（3）Windows 子系统，即支持 Windows 程序运行的子系统，包括 Windows 子系统服务器进程（CSRSS.EXE）、子系统驱动程序（Win32K.SYS），子系统 DLL（KERNEL32.DLL、USER32.DLL、ADVAPI32.DLL、GDI32.DLL），以及和设备相关的显示和打印驱动程序等。

尽管 Windows 系统的基本设计思想是支持多个独立的环境子系统，但是为了避免多个子系统都重复实现类似的功能，Windows 子系统有着与其他子系统不同的地位，Windows 子系统可以独立存在而且是系统中不可缺少的部分，其他子系统以 Windows 子系统为基础，必须依赖于 Windows 子系统，而且是按需要运行的（当第一次运行相应类型的应用程序时，才启动所需要的子系统）。

表 3-1 列出了 Windows 子系统的重要文件，大多数 Windows API（Win32 API）是由 Windows 子系统的 DLL 输出的。

表 3-1 Windows 子系统的重要文件

名　称	模式	描　述
CSRSS.EXE	用户模式	Windows 子系统服务进程的主程序
ADVAPI32.DLL	用户模式	Windows 子系统的 DLL 之一，包含如下 API 的入口： ● 数据加密（以 Crpt 开头） ● 用户和账号管理（以 Lsa 开头） ● 注册表操作（以 Reg 开头） ● WMI（以 Wmi 开头） ● 终端服务（以 Wts 开头）
GDI32.DLL	用户模式	Windows 子系统的 DLL 之一，包含各种图形文字绘制 API（GDI）的入口，如 TextOut()、BitBlt()等。其中大多数 API 是被转换为系统服务并发给内核模式的 Windows 子系统驱动程序（Win32K.SYS）
KERNEL32.DLL	用户模式	Windows 子系统的 DLL 之一，包含如下 API 的入口： ● 进程/线程管理，如 CreateThread() ● 调试（以 Debug 开头） ● 文件操作，包括创建、打开、读写、搜索等 ● 内存分配（以 Local 开头和 Global 开头） 其中大多数 API 是被转换为系统服务并发给内核态的执行体
USER32.DLL	用户模式	Windows 子系统的 DLL 之一，包含窗口管理、消息处理和用户输入 API，如 EndDialog()、BeginPaint()、SetWindowPos()、MessageBox()等。其中大多数 API 是被转换为系统服务并发给内核模式的 Windows 子系统驱动程序（Win32K.SYS）

Windows XP 去除了 OS/2 子系统，安装包中也不再包含 POSIX 子系统，但是可以免费下载。以下注册表表项包含了系统中各个子系统的情况。

```
HKEY_LOCAL_MACHINE\SYSTEM\CurrentControlSet\Control\Session Manager\SubSystems
```

Windows Vista 企业（Enterprise）版带有用于运行 UNIX 类应用程序的子系统，并提供了免费的 SDK 供用户开发这样的程序。

Windows 10 引入了 Linux 环境子系统，支持 Ubuntu、Fedora、Kali Linux 等多种发行版本，可以运行原生的 Linux 应用程序，这将在第 8 章做详细介绍。

3.8 原生进程

在 NT 系统中，普通的应用程序都是属于某个环境子系统的，比如，记事本、画笔、WORD 这些程序都属于 Windows 子系统，它们通过所谓的 Windows API（Win32 API）与子系统交互。类似地，运行在 NT 系统中的 Linux 应用程序通过 Linux API 与 Linux 子系统交互。

那么有没有不依赖子系统的进程呢？比如，子系统服务进程是如何工作的呢？答案是肯定的。在 NT 系统中，有一类特殊的进程，它们不依赖任何子系统，通过特殊的私有接口直接与内核交互，通常把这类进程叫作原生（native）进程[4]。

3.8.1 特点

因为依赖很少，所以原生程序在没有创建子系统的时候就能运行，比如著名的磁盘检查程序（autochk.exe）就是这样。但也正因为要能够运行在“简陋”的环境中，与普通的应用程序相比，原生程序有很多独特之处。首先，原生程序的入口是特殊的，不是 main 或者 WinMain 这样的入口函数，而是叫作 NtProcessStartup 的入口函数。其次，原生进程结束时，不能像 main 函数那样返回运行时，而是要调用 NtTerminateProcess 把自己结束掉。最后，原生程序如果要输出信息，那么一般只能使用 NtDisplayString，其信息会像 autochk 那样直接打印到屏幕上。下面的简单代码代表了原生程序的框架。

```
void NTAPI NTProcessStartup ( PSTARTUP_ARGUMENT pArgument )
{
  long nResult = 0;
  // 执行具体操作
  NtDisplayString("Hello Native Process\n");
  NtTerminateProcess ( NtCurrentProcess (), nResult );
}
```

另外，不能像开发普通程序那样开发原生程序，而需要使用开发驱动程序的 DDK 或者 WDK 环境来构建原生程序。编译好的原生程序也是标准的 PE（Portable Execuable）格式，但是头信息中的 Subsystem 字段是特别的，值为 0001（图 3-7），代表 IMAGE_SUBSYSTEM_NATIVE。普通 Windows GUI 程序的类型为 2（IMAGE_SUBSYSTEM_WINDOWS_GUI），控制台程序的类型为 3（IMAGE_SUBSYSTEM_WINDOWS_CUI）。

下面分别介绍 NT 系统中几个重要的原生进程，首先介绍会话管理器。

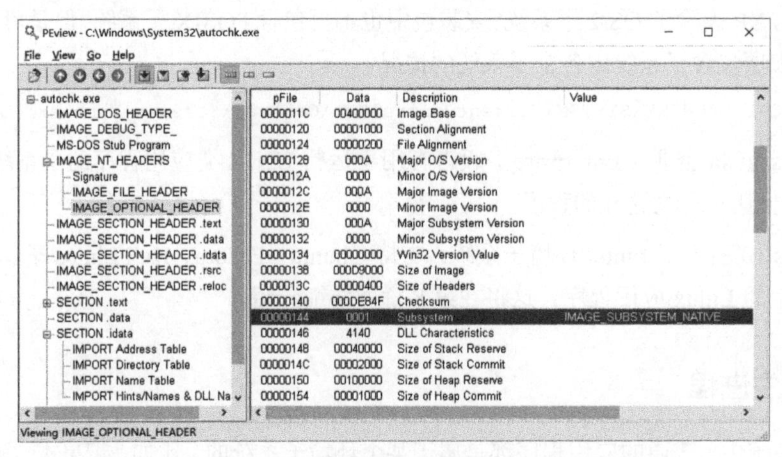

图 3-7 使用 PEView 观察原生程序中 Subsystem 字段的值

3.8.2 SMSS

会话管理器的全称为会话管理器子系统（Session Manager Sub-System），一般简称为 SMSS，其可执行文件为 SMSS.exe。

NT 系统启动时，当内核空间准备就绪后，内核会着手创建 SMSS，让其带领用户空间的建设。清单 3-4 展示了在内核调试会话中观察到的创建 SMSS 进程的过程。

清单 3-4 创建 SMSS 进程的过程

```
00 nt!MmCreateProcessAddressSpace
01 nt!PspAllocateProcess
02 nt!NtCreateUserProcess
03 nt!KiFastCallEntry
04 nt!ZwCreateUserProcess
05 nt!RtlpCreateUserProcess
06 nt!RtlCreateUserProcess
07 nt!StartFirstUserProcess
08 nt!Phase1InitializationDiscard
09 nt!Phase1Initialization
0a nt!PspSystemThreadStartup
0b nt!KiThreadStartup
```

观察清单 3-4，下面的 Phase1Initialization 代表内核启动过程中的执行体阶段 1 初始化（第 4 章）。StartFirstUserProcess 代表启动第一个用户进程。诚然，SMSS 是 NT 启动过程中第一个以 EXE 方式创建的进程，此前的空闲进程和系统进程都是捏造出来的。最上面的 MmCreateProcessAddressSpace 代表创建进程的地址空间。

SMSS 启动后，要执行一系列任务来开创用户世界。我们无法逐一描述，只选择几个比较重要的略作介绍。

（1）执行注册表中登记的程序。

（2）执行登记在 PendingFileRenameOperations 表键下的延迟文件操作（deferred file operation），比如删除杀毒软件发现但又无法立即删除的病毒程序。

（3）初始化虚拟内存文件（paging file）。

（4）加载 Windows 子系统的内核模块 Win32K.SYS。

（5）创建 Windows 子系统服务进程 CSRSS。

（6）创建显示登录桌面和执行登录过程的 WinLogon 进程。

其中，BootExecute 表键的完整路径如下。

```
HKLM\System\CurrentControlSet\Control\Session Manager\BootExecute
```

其中的内容一般如下。

```
autocheck autochk *
```

这个注册表表键的类型是 MULT_SZ，可以包含多行，每一行的第一部分为名字，后面是可执行程序的名称，再后面是命令行参数。SMSS 得到这个信息后，便会创建 autochk 进程，检查磁盘，其过程如清单 3-5 所示。

清单 3-5 SMSS 创建磁盘检查进程

```
00 nt!MmCreateProcessAddressSpace
01 nt!PspAllocateProcess
02 nt!NtCreateUserProcess
03 nt!KiFastCallEntry
04 ntdll!KiFastSystemCallRet
05 ntdll!NtCreateUserProcess
06 ntdll!RtlpCreateUserProcess
07 ntdll!RtlCreateUserProcess
08 smss!SmpExecuteImage
09 smss!SmpInvokeAutoChk
0a smss!SmpExecuteCommand
0b smss!SmpLoadDataFromRegistry
0c smss!SmpInit
0d smss!wmain
0e smss!NtProcessStartupW_AfterSecurityCookieInitialized
0f ntdll!__RtlUserThreadStart
10 ntdll!_RtlUserThreadStart
```

上面的清单中，NtProcessStartupW 是 SMSS 的入口。SmpLoadDataFromRegistry 函数读取注册表，调用 SmpExecuteCommand 执行 BootExecute 表键指定的程序。

系统启动后，SMSS 内部一般仍运行着两个线程：一个是主线程，它调用 NtWaitForMultipleObjects 永久等待 CSRSS 进程 WinLogon 进程，监视其是否意外退出，一旦退出，即触发蓝屏崩溃；另一个线程是 SMSS 的工作线程，它调用 NtWaitForWorkViaWorkerFactory 等待登录会话有关的任务。

3.8.3 CSRSS

CSRSS 是 Windows 子系统的服务进程，是 Windows 子系统的“大内总管”。它的名字有点晦涩，字面意思是客户端/服务器子系统（Client-Server Sub-system）。这个名字代表了 CSRSS 内部的工作模式——经典的 C/S（客户端/程序发起请求，服务器程序响应请求）模式。

CSRSS 进程内会加载多个 DLL 形式的服务模块，向 Windows 子系统的程序提供服务。服务模块的数量和名字是可以通过注册表配置的，因此，某些病毒程序会冒充服务模块，目的是能混进可以长时间栖身的 CSRSS 进程空间。

CSRSS 进程的服务除了登记 Windows 子系统进程的“生老病死”，还要管理窗口和 GDI 对象，分发窗口消息，打印消息和调试服务等。与清闲的 SMSS 相比，CSRSS 的任务还是挺重的，我们将在第三篇介绍用户态调试模型时继续介绍 CSRSS 的调试服务。

3.9 本章总结

本章介绍了 Windows 操作系统的架构，带领大家分别在内核空间和用户空间中游历了一番。与第 2 章内容相呼应，本章前半部分介绍了内核空间，包括内核和 HAL 模块、空闲进程，系统进程，以及内核空间中的重要驱动程序和子系统，后半部分介绍了用户空间，包括衔接用户空间和内核空间的 NTDLL，以及环境子系统和原生进程。

参考资料

[1] Mark E. Russinovich and David A. Solomon. Windows Internals 4th Edition. Microsoft Press, 2005.

[2] Intel® 64 and IA-32 Architectures Software Developer's Manual Volume 3B. Intel Corporation.

[3] 那些吃 CPU 的大户. 格蠹老雷“格友”公众号, 2018.9.14.

[4] Mark Russinovich. Inside Native Applications.

第 4 章 启动过程

前面两章从空间角度浏览了 Windows 系统的软件世界，或者说我们给 Windows 系统拍了一张照片，并介绍了照片里的空间布局和人物角色。本章将介绍 Windows 系统的启动过程，目的是从时间角度描述 Windows 世界的搭建过程。如果把 Windows 系统的每个部件比作一个演员，那么本章将介绍这些演员如何快速适应演出环境，在尽可能短的时间里，披挂整齐，各就各位，开始表演。

我们将按时间顺序，分别介绍正常启动时的每个阶段，从 BootMgr 接管执行权到创建用户空间，每个阶段对应一节（4.1 ~ 4.6 节）。

4.1 BootMgr

系统上电后，CPU 首先执行固化在系统主板上的固件（firmware）代码，目的是检测和初始化基本的硬件，包括 CPU、内存这样的核心硬件，以及键盘、显卡和磁盘等基本的输入/输出设备。

固件程序完成基本的初始化工作后，会加载操作系统的启动程序，然后把执行权移交给后者。在 Windows Vista 之前，承担这个任务的是 NTLDR，其名字是 NT Loader 的缩写，意思是 NT 操作系统的加载程序。从 Windows Vista 开始，NTLDR 的职责被拆分为 3 个模块——BootMgr、WinLoad 和 WinResume。简单来说，BootMgr 负责从固件接管执行权和管理协调系统中的多个启动项，WinLoad 负责加载指定启动项定义的操作系统实例，WinResume 负责从上次休眠时产生的休眠文件恢复运行。

4.1.1 工作过程

BootMgr（即 Windows Boot Manager）会从系统的引导配置数据（Boot Configuration Data，BCD）中读取启动设置信息，如果有多个启动选项，那么它会根据规则做选择，或者显示出启动菜单让用户来选择（图 4-1）。

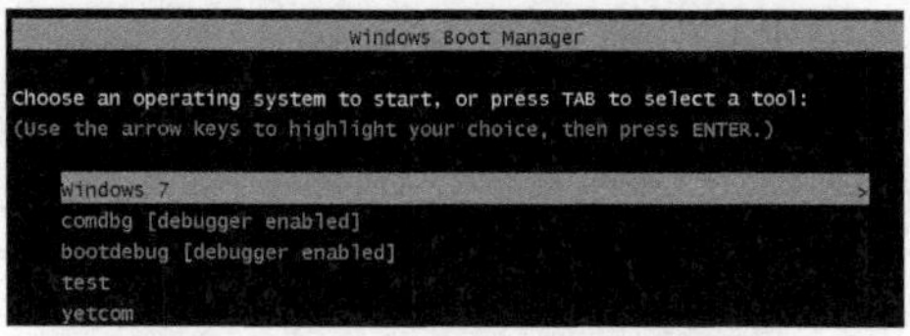

图 4-1 BootMgr 显示的启动菜单

对于 Windows 8 或者更高版本的 Windows 系统，因为引入了蹩脚的图形界面启动程序（BootIM.exe），默认可能禁止了图 4-1 所示的经典启动菜单，但是可以通过在具有管理员权限的命令行窗口中执行如下命令来启用：

```
bcdedit /set bootmenupolicy          Legacy
```

清单 4-1 中的栈回溯是 BootMgr 显示启动菜单后等待用户输入的情景。

清单 4-1 栈回溯

```
kd> kn
 # ChildEBP RetAddr
00 00061e34 00432655 bootmgr!DbgBreakPoint
01 00061e44 00431c24 bootmgr!BlXmlConsole::getInput+0xe
02 00061e90 00402e8f bootmgr!OsxmlBrowser::browse+0xe0
```

```
03 00061e98 00402b5e bootmgr!BmDisplayGetBootMenuStatus+0x13
04 00061f10 004017ce bootmgr!BmDisplayBootMenu+0x174
05 00061f6c 00401278 bootmgr!BmpGetSelectedBootEntry+0xf8
06 00061ff0 00020a9a bootmgr!BmMain+0x278
WARNING: Frame IP not in any known module. Following frames may be wrong.
07 00000000 f000ff53 0x20a9a
08 00000000 00000000 0xf000ff53
```

栈帧#06中的BmMain便是BootMgr的32位代码的入口函数，栈帧04中的BmDisplayBootMenu是显示启动菜单的函数，栈帧#07和#08是在实模式中执行时的痕迹。

当用户选择一个启动选项后，BootMgr会开始准备引导对应的操作系统。如果计算机上有Windows XP或者更老的Windows系统，而且用户选择了这些项，那么BootMgr会加载NTLDR来启动它们。如果用户选择的是Windows Vista或者更高版本的Windows系统，那么BootMgr会寻找和加载WinLoad.exe。如果没有找到或者在检查文件的完整性时发现问题，那么BootMgr会显示出图4-2所示的错误界面。

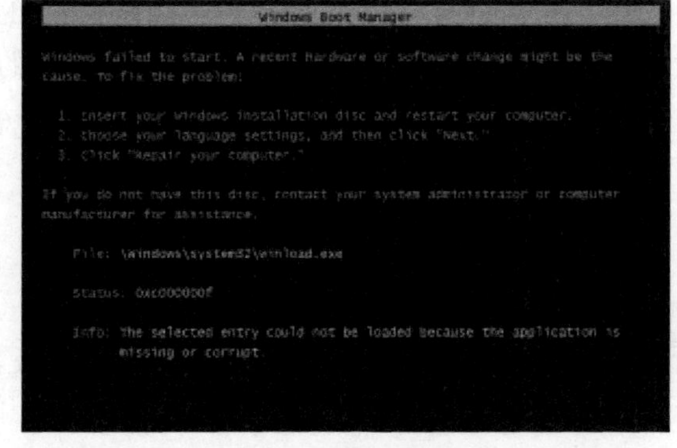

图4-2 错误界面

在成功加载WinLoad.exe后，BootMgr会为其做一系列准备工作，包括启用新的GDT和IDT，然后调用平台的相关控制权移交函数把执行权移交给WinLoad。在x86平台中，完成这一任务的是Archx86TransferTo32BitApplicationAsm函数。移交执行权后，BootMgr完成使命，WinLoad开始工作。

4.1.2 调试方法

不管是Checked版本还是Free版本，Windows Vista的BootMgr和WinLoad程序内部都集成了调试引擎。对于Free版本，默认是禁止的，使用时需要开启，具体做法如下。

如果要启用BootMgr中的调试引擎，那么应该在一个具有管理员权限的控制台窗口中执行如下命令。

```
bcdedit /set {bootmgr} bootdebug on
bcdedit /set {bootmgr} debugtype serial
bcdedit /set {bootmgr} debugport 1
bcdedit /set {bootmgr} baudrate 115200
```

以上命令使用1号串口作为主机和目标机之间的通信方式，如果使用其他方式，那么应该设置对应的参数。

如果要启用WinLoad程序中的调试引擎，那么应该先找到它所对应的引导项的GUID值，然后执行如下命令。

```
bcdedit /set {GUID} bootdebug on
```

启用调试引擎并连接通信电缆后，在主机端运行WinDBG工具，便可以进行调试了，可以像调试NT内核那样使用栈回溯、内存访问、寄存器访问等调试命令。

在Windows Vista之前，NTLDR是Windows操作系统的加载程序。因为只有Checked版本的 NTLDR 才支持调试，所以如果要调试加载阶段的问题，应该先将 NTLDR 替换为 Checked 版本。DDK 中通常包含 Checked 版本的 NTLDR 程序。记住，在替换前，应该先去除 NTLDR 文件的系统、隐藏和只读属性，在替换后，要加上这些属性，否则引导扇区中的代码会报告 NTLDR is missing 错误，无法继续启动。

除了加载内核和引导类型的驱动程序，NTLDR 会调用 NTDETECT.COM 来做基本的硬件检查并收集硬件信息。NTDETECT 会把收集到的信息存放到注册表中。如果找不到 NTDETECT.COM，那么通常会直接重启。如果 NTDETECT 发现系统缺少必须的硬件或固件支持，比如 ACPI 支持，那么会显示因为硬件配置问题而无法启动。对于这样的问题，可以尝试更改 BIOS 选项来解决，或者通过调试 NTLDR 来进一步定位错误原因。

4.2 WinLoad

WinLoad 的主要任务是把操作系统内核加载到内存中，并为它做好“登基”准备。WinLoad 首先要做的一件事就是启用 CPU 的分页机制，进一步改善运行环境。然后初始化自己的支持库，如果启用了引导调试支持（4.2 节），那么它会初始化调试引擎。

接下来 WinLoad 会读取启动参数，决定是否显示“高级启动”菜单，高级菜单中含有“以安全模式启动”等选项。如果用户按了 F8 键或者上次没有正常关机，那么 WinLoad 便会显示“高级启动”菜单。

接下来要做的一个重要工作是读取和加载注册表的 System Hive，因为其中包含了更多的系统运行参数，负责这项工作的是 OslpLoadSystemHive 函数。

做好以上工作后，WinLoad 开始完成它的核心任务，那就是加载操作系统的内核文件和引导类型的设备驱动程序。它首先加载的是 NTOSKRNL.EXE，这个文件包含了 Windows 操作系统的内核和执行体。此时真正的磁盘和文件系统驱动程序还没有加载进来，所以 WinLoad 是使用它自己的文件访问函数来读取文件的。例如，FileIoOpen 函数是用来打开文件的，如果 FileIoOpen 打开文件失败，那么调用它的 BlpFileOpen 函数会返回错误码 0C000000Dh；否则，返回 0，代表成功。

接下来加载的是硬件抽象层模块 HAL.DLL、支持调试的 KDCOM.DLL，以及它们所依赖的模块。如上一章所介绍的，内核直接依赖的模块一般包括 PSHED.DLL（第 17 章）、BOOTVID.DLL（用于引导期间和发生蓝屏时的显示）、CLFS.SYS（支持日志的内核模块）和 CI.DLL（用于检查模块的完整性）。

加载系统模块后，WinLoad 还需要加载引导类型（Boot Type）的设备驱动程序。在安装驱动程序时，每个驱动程序都会指定启动类型（Start Type），这个设置决定了驱动程序的加载时机，引导类型的驱动程序是由 WinLoad 加载到内存中的。

如果在加载以上程序模块或者注册表的过程中找不到需要的文件或者在检查文件的完整性时发现异常，那么 WinLoad 便会提示错误，停止继续加载。

完成模块加载后，WinLoad 开始准备把执行权移交给内核，包括为内核准备新的 GDT 和 IDT（OslArchpKernelSetupPhase0），以及建立内存映射（OslBuildKernelMemoryMap）等。所有准备工作做完后，WinLoad 调用 OslArchTransferToKernel 函数把供内核使用的 GDT 和 IDT 地址加载到 CPU 中，然后调用内核的入口函数，正式把控制权移交给内核。

老雷评点

Linux 系统常用的 BootLoader 是 Grub，只能靠打印消息调试，NTLDR 虽然支持调试器，但很难使用，BootMgr 和 WinLoad 将强大的 KD 集成进来，让调试 BootLoader 变得非常轻松惬意。

4.3 内核初始化

前面两节分别介绍了 Windows 系统的启动管理程序 BootMgr 和操作系统加载程序（OS Loader）WinLoad。简单说，BootMgr 会根据规则或者用户选择加载合适的 WinLoad，WinLoad 会把内核初始化早期所需的 NT 内核模块、内核模块的依赖模块以及引导类型的驱动程序等模块加载到内存中，并为内核开始执行做好准备。一切准备就绪后，WinLoad 会把执行权移交给内核模块的入口函数，于是 NT 内核模块就开始执行了。内核模块开始执行，标志着计算机系统的统帅走马上任，“漫长的”启动过程进入了一个新的阶段。虽然前面已经做了很多准备工作，但是对于一个典型的多任务操作系统来说，要搭建一个可以运行各种应用程序的多任务环境，还有很多事情要做。接下来我们将分别介绍。

4.3.1 NT 的入口函数

NT 内核模块的入口函数名叫 KiSystemStartup，意思是系统将从这里起步，从无到有，逐渐成长。

老雷评点

英文中，Startup 亦指创业公司，含有从单枪匹马起步，提三尺剑而取天下之意。

当调用 KiSystemStartup 时，WinLoad 会将启动选项以一个名为 LOADER_PARAMETER_BLOCK 的结构传递给 KiSystemStartup 函数。微软在某些内核版本公开的符号文件中包含了这个结构的符号，在内核调试时可以观察到这个结构的详细定义，如清单 4-2 所示。

清单 4-2 _LOADER_PARAMETER_BLOCK 结构的定义

```
0: kd> dt nt!_LOADER_PARAMETER_BLOCK
   +0x000 OsMajorVersion                   : Uint4B
   +0x004 OsMinorVersion                   : Uint4B
   +0x008 Size                             : Uint4B
   +0x00c OsLoaderSecurityVersion          : Uint4B
   +0x010 LoadOrderListHead                : _LIST_ENTRY
   +0x020 MemoryDescriptorListHead         : _LIST_ENTRY
   +0x030 BootDriverListHead               : _LIST_ENTRY
   +0x040 EarlyLaunchListHead              : _LIST_ENTRY
   +0x050 CoreDriverListHead               : _LIST_ENTRY
   +0x060 CoreExtensionsDriverListHead : _LIST_ENTRY
   +0x070 TpmCoreDriverListHead            : _LIST_ENTRY
   +0x080 KernelStack                      : Uint8B
   +0x088 Prcb                             : Uint8B
   +0x090 Process                          : Uint8B
   +0x098 Thread                           : Uint8B
   +0x0a0 KernelStackSize                  : Uint4B
   +0x0a4 RegistryLength                   : Uint4B
   +0x0a8 RegistryBase                     : Ptr64 Void
```

```
+0x0b0 ConfigurationRoot         : Ptr64 _CONFIGURATION_COMPONENT_DATA
+0x0b8 ArcBootDeviceName         : Ptr64 Char
+0x0c0 ArcHalDeviceName          : Ptr64 Char
+0x0c8 NtBootPathName            : Ptr64 Char
+0x0d0 NtHalPathName             : Ptr64 Char
+0x0d8 LoadOptions               : Ptr64 Char
+0x0e0 NlsData                   : Ptr64 _NLS_DATA_BLOCK
+0x0e8 ArcDiskInformation        : Ptr64 _ARC_DISK_INFORMATION
+0x0f0 Extension                 : Ptr64 _LOADER_PARAMETER_EXTENSION
+0x0f8 u                         : <unnamed-tag>
+0x108 FirmwareInformation       : _FIRMWARE_INFORMATION_LOADER_BLOCK
+0x148 OsBootstatPathName        : Ptr64 Char
+0x150 ArcOSDataDeviceName       : Ptr64 Char
+0x158 ArcWindowsSysPartName     : Ptr64 Char
```

KiSystemStartup 开始执行后，首先会将参数结构的地址保存到全局变量 KeLoaderBlock 中，但值得说明的是，当内核启动结束后，内核会释放参数结构，并将 KeLoaderBlock 的值设置为 0。因此，当系统启动后，再观察这个全局变量时，会看到这个变量的值为 0。

```
0: kd> dq nt!KeLoaderBlock L1
fffff801`a705d2a8  00000000`00000000
```

接下来，KiSystemStartup 需要进一步完善基本的执行环境，比如检测 CPU 特征和初始化 CPU，设置中断描述符表，建立和初始化处理器控制区（PCR），建立任务状态段（TSS），设置用户调用内核服务的 MSR 等。在 Windows 2000 时代，上述这些初始化操作中，一部分是直接在 KiSystemStartup 函数体内做的，另一部分是调用 HalInitializeProcessor 函数完成的。在后来的版本中，这些初始化操作都被封装到一个名为 KiInitializeBootStructures 的函数中，这样调整后，KiSystemStartup 的代码变得更加简洁，如清单 4-3 所示。

清单 4-3 KiSystemStartup 的代码（伪代码）

```
void KiSystemStartup(LOADER_PARAMETER_BLOCK* pLoaderParaBlock)
{
    KeLoaderBlock = pLoaderParaBlock;

    KiInitializeBootStructures(KeLoaderBlock);

    KdInitSystem();

    KiInitializeKernel();

    ExpSecurityCookieRandomData = <RDTSC>;

    KiIdleLoop();
}
```

在 KiInitializeBootStructures 中，会第一次调用内存管理器的初始化函数 MmInitSystem，以-1 为参数，代表只做最基本的初始化以满足启动阶段的内存分配需求。当 KiInitializeBootStructures 返回后，内核的执行环境已经改善了很多，不但可以动态分配内存，而且已经初始化了 PCR、GDT、IDT、TSS 等数据结构。有了这些基础后，接下来会调用 KdInitSystem 来初始化内核调试引擎。如果在内核调试时按 Ctrl+Alt+K 快捷键启用了初始断点，那么内核调试引擎初始化时便会中断到调试器，如清单 4-4 所示，这也意味着从此便可以使用内核调试器来调试后面的启动过程了。

清单 4-4 内核调试引擎初始化时主动中断到调试器

```
kd> kc
# Call Site
00 nt!DebugService2
01 nt!DbgLoadImageSymbols
02 nt!KdInitSystem
03 nt!KiSystemStartup
```

4.3.2 内核初始化

做好以上基础工作后，接下来出场的是一个重量级的函数，名叫 KiInitializeKernel，意思是初始化内核。这个名字虽然看起来有些夸大，但是事实上不算过分，因为后续的启动过程确实是由它发起和“导演”的。

因为内核调试引擎已经准备好了，所以在初始断点命中时，便可以执行 bp nt!KiInitializeKernel 以设置断点，然后执行 g 命令以恢复执行，断点很快会命中，而后便可以单步跟踪这个“导演”的行动了。

值得强调的是，在多 CPU 系统中，每个 CPU 唤醒后，都会执行 KiInitializeKernel，但是最先执行的 0 号 CPU（启动启动处理器）执行的动作会多一些。以笔者近期开发，使用的 Windows 10 16299 版本为例，KiInitializeKernel 第一次执行时所做的主要工作如下。

（1）调用 HvlPhase0Initialize 检查是否运行在虚拟机中。如果运行在虚拟机中，那么会进一步检查虚拟机监视器（VMM）是否是微软公司的 HyperV。如果是，会检查版本号，以便可以得到 VMM 的优待（HvlEnlightenments），以提高性能。

（2）调用 KiDetectFpuLeakage 检查与浮点指令有关的安全漏洞。

（3）调用 KiSetPageAttributesTable 初始化页机制使用的页属性表。

（4）调用 KiConfigureInitialNodes 和 KiConfigureProcessorBlock 检查系统的拓扑结构，配置初始节点和处理器块。

（5）调用 KeAddProcessorAffinityEx。

（6）调用 KeCompactServiceTable 初始化系统服务表。

（7）调用 KiSetCacheInformation 初始化 CPU 的高速缓存信息。

（8）调用 KiInitSystem 初始化内核部件（微观意义的内核）的一些全局数据结构，包括蓝屏回调函数链表（KeBugCheckCallbackListHead）、性能勘查器列表（KiProfileListHead），以及各种同步对象。

（9）调用 HviGetHypervisorFeatures 获取 VMM 的特征。

（10）调用 KeInitializeProcess 初始化全局结构 KiInitialProcess 所描述的初始进程。

（11）调用 KiEnableXSave，通过设置 IA32_XSS（索引为 0xDA0）寄存器，设置 CPU 的浮点协处理器状态保存选项。

（12）调用 KiInitializeIdleThread 创建空闲线程。

（13）调用 HalInitSystem 为当前 CPU 做硬件抽象层的初始化。

（14）调用 InitBootProcessor 执行只需要启动处理器（0 号）执行的动作。这个函数内部会做很多重要的准备工作，并且会依次调用每个执行体的初始化函数，让每个执行体都做基本的初始化，称为阶段 0 初始化，这将在 4.4 节中详细描述。

（15）调用 KiCompleteKernelInit，内部执行多个动作，包括把一个初始化线程附加到系统进程（nt!PsInitialSystemProcess）中，以便等当前线程跳入空闲循环后，CPU 会转去执行新的系统线程，开始新一轮的执行体初始化工作。此外，这个函数还通过 KeInitializeTimer2 注册 KiForegroundTimerCallback 定时器回调，通过 KeInitializeDpc 初始化两个延迟过程调用（Deferred Procedure Call，DPC）对象——KiProcessPendingForegroundBoosts 和 KiTriggerForegroundBoostDpc。

（16）调用 KiIdleLoop 进入空闲循环，永远不再返回。

上面的介绍包含了较多细节。为了帮助大家理解关键脉络，我们再简单归纳一下内核启动的关键过程。CPU 进入内核的入口函数 KiSystemStartup 后，先做基本的初始化，然后调用 KdInitSystem 初始化内核调试引擎，而后调用 KiInitializeKernel 开始内核启动之旅。当 0 号 CPU 执行 KiInitializeKernel 时，KiInitializeKernel 会调用 KiInitSystem 来初始化系统的全局数据结构，调用 InitBootProcessor 做只需要执行一遍的动作，包括创建和初始化空闲进程与系统进程。InitBootProcessor 函数返回后，KiInitializeKernel 的工作基本结束，调用 KiCompleteKernelInit 做收场工作，附加系统线程到系统进程中让其准备接班，自己便调用 KiIdleLoop 进入空闲循环休息了。图 4-3 归纳了 NT 内核的启动过程，分为左右两个部分。图 4-3（a）为发生在初始进程中的过程，这个初始进程就是后来的空闲进程。图 4-3（b）为发生在系统（System）进程中的过程，即所谓的执行体阶段 1 初始化，这将在后面单独介绍。

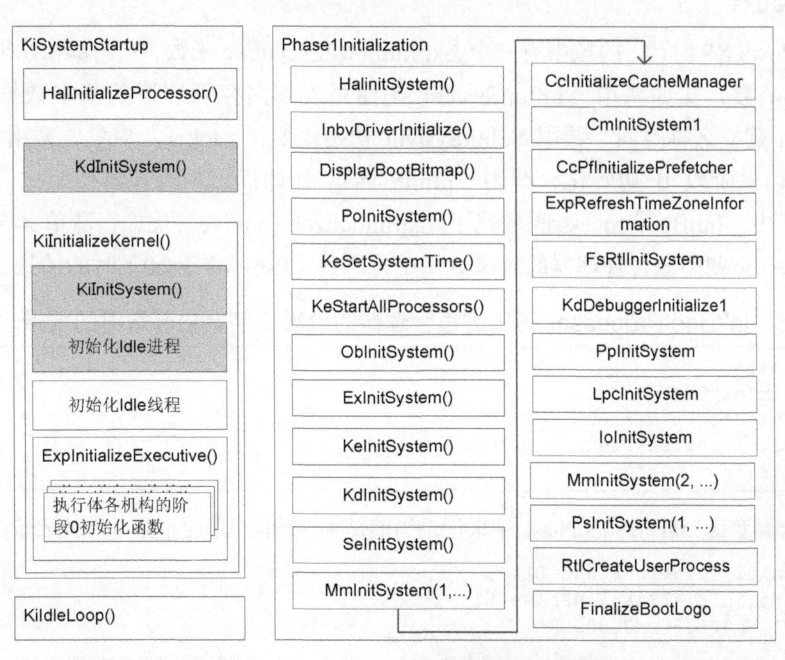

（a）空闲进程中的过程　　（b）系统进程中的过程

图 4-3　NT 内核启动过程概览

从线程的角度来看，启动早期还不具备多线程执行条件，很多初始化工作必须在设施很不完善的情况下来做，因此放在初始进程中，只让 0 号 CPU 以单线程方式来执行。内核中的执行体有很多个，分别承担某一方面的任务，做好自己的工作。所谓的执行体初始化，就是依次调用每个执行体的初始化函数，让它们做好准备。考虑到执行体之间可能是有依赖的，所以 NT 内核设计了分阶段初始化的策略，让执行体逐步初始化。所谓阶段 0 初始化，就是做基本的初始化，执行的动作尽可能不要依赖其他执行体。

阶段 0 初始化完成后，已经有了系统进程，并且具备了多线程执行能力，之后复杂的阶段 1 初始化动作便在系统进程中以系统线程的方式并行执行，这也是为了加快启动速度。

4.4 执行体的阶段 0 初始化

4.3 节对整个内核初始化过程进行了宏观介绍，本节回过头来进一步介绍执行体的阶段 0 初始化。

首先，这个工作只需要执行一次，用于为后面的阶段 1 初始化做必需的准备动作，所以它是而且只是由启动 CPU 执行的。

根据第 3 章，如果把操作系统看作一个国家，那么执行体便是这个国家的各个行政机构。典型的执行体部件有进程管理器、对象管理器、内存管理器、I/O 管理器等。

考虑到各个执行体之间可能有相互依赖关系，所以每个执行体会有多次初始化机会，一般是两次。第一次通常是做不依赖其他执行体的基本初始化，第二次做可能依赖其他执行体的动作。通常把前者叫阶段 0 初始化，后者叫阶段 1 初始化。

4.4.1 总体过程

在 Windows XP 时代，内核中有一个 ExpInitializeExecutive 函数，它内部依次调用各个执行体的初始化函数，比如调用 MmInitSystem 构建页表和内存管理器的基本数据结构，调用 ObInitSystem 建立名称空间，调用 SeInitSystem 初始化令牌（token）对象，调用 PsInitSystem 对进程管理器做阶段 0 初始化，调用 PpInitSystem 让即插即用管理器初始化设备链表。在 Windows 10 中，InitBootProcessor 取代了 ExpInitializeExecutive，比如，清单 4-5 显示的便是 InitBootProcessor 调用进程管理器的阶段 0 初始化函数（PspInitPhase0）时的情景。

清单 4-5 InitBootProcessor 调用进程管理器的阶段 0 初始化函数时的情景

```
# Call Site
00 nt!PspInitPhase0
01 nt!InitBootProcessor
02 nt!KiInitializeKernel
03 nt!KiSystemStartup
```

内核的全局变量 InitializationPhase 用来记录当前是哪一阶段的初始化，0 即代表阶段 0 初始化。

```
dd nt!InitializationPhase L1
kd> dd nt!InitializationPhase L1
fffff801`ab006468  00000000
```

接下来，为了避免歧义，仍以上一节使用的 Windows 10 16299 版本为例来介绍。在调试器中可以观察到 InitBootProcessor 所做的主要动作如下。

（1）解析内核启动参数字符串，寻找是否包含用于测试和验证使用的选项，比如“PERFMEM”“BURNMEMORY”“FORCEGROUPAWARE”等。

（2）调用 RtlInitNlsTable 和 RtlResetRtlTranslations 初始化支持多语言的设施。

（3）调用 WheaInitializeServices 初始化 WHEA 服务，第三篇将详细介绍 WHRA。

（4）以参数 0 调用 HalInitSystem。

（5）调用 KeInitializeClock，设置 CPU 时钟中断，判断是否启用动态时钟。如果不启用，会把原因写在 KiDynamicTickDisableReason 变量中。时钟中断是系统的脉搏，是内核执行很多常规操作所依赖的，比如检查是否有内核调试中断请求、是否需要切换线程等。动态时钟的目的是让系统空闲时减少时钟中断的次数，以便降低系统的功耗，与 Linux 系统中的 Zero Tick 或者 Tickless 技术类似。

（6）调用 PsInitializeQuotaSystem 初始化配额管理设施。

（7）调用 CmGetSystemControlValues 读取注册表的系统控制数据。

（8）调用 KeInitializeTimerTable 初始化定时器表。

（9）调用 ExComputeTickCountMultiplier 计算时钟计数器的换算因子。

（10）调用 ExInitSystem 对执行体的运行时库做初始化。

（11）调用 KeNumaInitialize 初始化 NUMA（非对称内存架构）有关的设施。

（12）调用 VerifierInitSystem 初始化内核验证器（详细介绍在第三篇）。

（13）再次调用 MmInitSystem，让内存管理器进行初始化。在这次初始化过程中，内存管理器会调用 MiReloadBootLoadedDrivers 来“重新”加载 WinLoad 加载到内存中的引导类型驱动程序。

（14）调用 HalInitializeBios 初始化与固件有关的信息。

（15）调用 InbvDriverInitialize 初始化系统自带（inbox）的显示驱动程序。

（16）如果启用了内核调试，则反复调用 DbgLoadImageSymbols 向内核调试器发送关于 WinLoad 所加载模块的加载通知。

（17）调用 HeadlessInit。

（18）调用 BootApplicationPersistentDataInitialize 处理早期启动程序（比如固件）希望持久化的数据。因为某些启动程序没有磁盘这样的持久存储设施，所以在 ACPI 标准中定义了接口让操作系统来帮助固件保存某些信息。

（19）调用 HalQueryMaximumProcessorCount 查询当前处理器组所支持的逻辑处理器总数。

（20）调用 ObInitSystem 初始化对象管理器。

（21）调用 SeInitSystem，让负责管理系统安全的安全管理器初始化。

（22）调用 PspInitPhase0，让进程管理器做阶段 0 初始化，考虑到这个函数对学习操作系统和调试的重要性，我们将在下文单独介绍它。

（23）调用 DbgkInitialize 初始化用于支持用户态调试的内核设施。

4.4.2 创建特殊进程

上面按执行时间顺序介绍了 InitBootProcessor 所导演的执行体阶段 0 初始化过程，下面再进一步介绍一下其中的进程管理器的阶段 0 初始化，也就是 PspInitPhase0 的工作过程。首先，PspInitPhase0 会注册一系列回调函数，目的是在对象管理器创建进程和线程等内核对象时得到执行机会。然后，会调用 PsChangeQuantumTable 调整线程调度器使用的时间片信息。

接下来，PspInitPhase0 会初始化用于记录系统中所有进程的链表结构，并将这个链表的头结构地址记录到全局变量 PsActiveProcessHead 中。这一步完成后，我们才能在调试器中通过!process 命令观察进程列表。

接着，PspInitPhase0 会创建进程和线程对象类型。注意，这里创建的是内核对象类型。在 NT 内核中，每个内核对象都属于某一种类型。创建类型有点像是注册一个对象工厂，有了对象类型这个工厂后，后面才能创建指定类型的对象。

需要说明一下，在今天的 Windows 10 内核中，以全局变量的形式定义了一个进程“对象”，名叫 KiInitialProcess。之所以给对象二字加上引号，是因为这个对象不是使用标准的对象创建方法创建的，而是直接使用定义静态变量的方法定义的。在 4.3 节介绍的内核初始化过程中，KiInitializeKernel 会调用 KeInitializeProcess 函数初始化这个结构。清单 4-6 显示了在创建进程对象类型前观察 KiInitialProcess 时的情景。

清单 4-6 创建进程对象类型前观察 KiInitialProcess 时的情景

```
kd> !process nt!KiInitialProcess
PROCESS fffff80022c23b40
    SessionId: none  Cid: 0000    Peb: 00000000  ParentCid: 0000
    DirBase: 001aa000  ObjectTable: ffffb481c2814040  HandleCount:    0.
    Image: System Process
    VadRoot ffffca0f66843df0 Vads 2 Clone 0 Private 8. Modified 0. Locked 0.
    DeviceMap 0000000000000000
    Token                                 ffffb481c2817040
    ElapsedTime                           00:00:00.000
    UserTime                              00:00:00.000
    KernelTime                            00:00:00.000
    QuotaPoolUsage[PagedPool]             0
    QuotaPoolUsage[NonPagedPool]          136
    Working Set Sizes (now,min,max)  (8, 50, 450) (32KB, 200KB, 1800KB)
    PeakWorkingSetSize                    2
    VirtualSize                           0 Mb
    PeakVirtualSize                       0 Mb
    PageFaultCount                        8
    MemoryPriority                        BACKGROUND
    BasePriority                          0
    CommitCharge                          13

        THREAD fffff80022c25380  Cid 0000.0000  Teb: 0000000000000000
        Win32Thread: 0000000000000000 RUNNING on processor 0
        Not impersonating
        Owning Process            fffff80022c23b40  Image:        System Process
        Attached Process          N/A              Image:         N/A
        Wait Start TickCount      0                Ticks: 35 (0:00:00:00.546)
        Context Switch Count      0                IdealProcessor: 0
        UserTime                  00:00:00.000
        KernelTime                00:00:00.000
        Win32 Start Address nt!KiIdleLoop (0xfffff80022977a60)
        Stack Init fffff80024a6cb90 Current fffff80024a6cb20
        Base fffff80024a6d000 Limit fffff80024a66000 Call 0000000000000000
```

```
Priority 127 BasePriority 0 PriorityDecrement 0 IoPriority 0 PagePriority 5
Child-SP          RetAddr           Call Site
fffff800`24a6c320 fffff800`23032a45 nt!PspInitPhase0+0x258
fffff800`24a6c490 fffff800`22c2c803 nt!InitBootProcessor+0x6a5
fffff800`24a6c6d0 fffff800`22c2b1cf nt!KiInitializeKernel+0x433
fffff800`24a6c9d0 00000000`00000000 nt!KiSystemStartup+0x1bf
```

在真正创建进程之前，PspInitPhase0 会继续做一些初始化工作，包括 PspInitializeJobStructures、PspInitializeSiloStructures、ExCreateHandleTable 和 PspInitializeSystem PartitionPhase0。

以上工作都准备就绪后，PspInitPhase0 才调用 PspCreateProcess 创建第一个真正的进程对象，创建的进程 ID 总是 4，代表系统进程。过程如下。

```
# Call Site
00 nt!PspCreateProcess
01 nt!PspInitPhase0
02 nt!InitBootProcessor
03 nt!KiInitializeKernel
04 nt!KiSystemStartup
```

清单 4-7 显示在调试器中观察到的刚刚创建的系统进程。

清单 4-7 刚刚创建的系统进程

```
kd> !process ffffca0f668c3040
PROCESS ffffca0f668c3040
    SessionId: none  Cid: 0004    Peb: 00000000  ParentCid: 0000
    DirBase: 001aa000  ObjectTable: ffffb481c2814040  HandleCount:    1.
    Image: System Process
    VadRoot ffffca0f668562d0 Vads 2 Clone 0 Private 8. Modified 0. Locked 0.
    DeviceMap 0000000000000000
    Token                             ffffb481c2817040
    ElapsedTime                       00:00:00.000
    UserTime                          00:00:00.000
    KernelTime                        00:00:00.000
    QuotaPoolUsage[PagedPool]         0
    QuotaPoolUsage[NonPagedPool]      136
    Working Set Sizes (now,min,max)  (8, 50, 450) (32KB, 200KB, 1800KB)
    PeakWorkingSetSize                0
    VirtualSize                       0 Mb
    PeakVirtualSize                   0 Mb
    PageFaultCount                    0
    MemoryPriority                    BACKGROUND
    BasePriority                      8
    CommitCharge                      1

No active threads
```

接下来，PspInitPhase0 会给这个新的进程赋予一个特殊的名字，叫 System，并把这个进程对象的地址赋值给全局变量 PsInitialSystemProcess，然后把 KiInitialProcess 的地址赋给 PsIdleProcess。

```
fffff801`b744eb53 48890d8685bcff  mov     qword ptr [nt!PsInitialSystemProcess
(fffff801`b70170e0)],rcx
fffff801`b744eb66 488b0dbb85bcff  mov     rcx,qword ptr [nt!PsIdleProcess (fffff801
`b7017128)] ds:002b:fffff801`b7017128={nt!KiInitialProcess (fffff801`b7030b40)}
```

刚刚创建的系统进程中没有任何线程（注意上面信息中的 No active threads）。接下来，PspInitPhase0 会为该进程创建第一个线程，并将 Phase1Initialization 函数作为线程的起始地址。

```
fffff800`23041bed 488d051c78d6ff  lea     rax,[nt!Phase1Initialization (fffff800
`22da9410)]
fffff800`23041bf4 baffff1f00     mov    edx,1FFFFFh
fffff800`23041bf9 4889442428     mov    qword ptr [rsp+28h],rax
fffff800`23041bfe 488d4de8       lea    rcx,[rbp-18h]
fffff800`23041c02 4c89742420     mov    qword ptr [rsp+20h],r14
fffff800`23041c07 e884c5d0ff     call   nt!PsCreateSystemThread (fffff800`22d4e190)
```

注意理解这一步，因为它衔接着系统启动的下一个阶段，即执行体的阶段 1 初始化，但是这里并没有直接调用阶段 1 的初始化函数，而是将它作为新创建的系统线程的入口函数。此时由于当前的中断请求级别（IRQL）比较高，因此这个线程还得不到机会执行。在 KiInitializeKernel 函数返回后，KiSystemStartup 函数将当前 CPU 的 IRQL 降低到 DISPATCH_LEVEL，然后跳转到 KiIdleLoop()，退化为空闲进程中的第一个空闲线程。这样，当下次时钟中断发生、内核调度线程时，便会执行刚刚创建的系统线程，于是阶段 1 初始化便开始运行了，我们将在下一节继续介绍。

最后说明一下，虽然 NT 内核已经进入老年，但是像启动过程这样的逻辑始终还在不断调整。举例来说，在 Windows XP 时代，会在进程管理器的阶段 0 初始化（PsInitSystem）中为空闲进程创建一个真正的进程对象并把地址保存在 PsIdleProcess 变量中。但是在今天的 Windows 10 中，不再为空闲进程创建真正的进程对象，而是让其复用启动阶段使用的 KiInitialProcess 结构。出于这个原因，在调试器中，先使用!pcr 命令从当前 CPU 的处理器控制区中得到空闲线程的 ETHREAD 结构地址，再使用!thread 观察空闲线程的信息，可以看到它是附加在系统进程中的。

```
7: kd> !pcr
IdleThread: ffffb700cd64ccc0
7: kd> !thread ffffb700cd64ccc0
THREAD ffffb700cd64ccc0  Cid 0000.0000  Teb: 0000000000000000 Win32Thread: 00000
00000000000 RUNNING on processor 7
Not impersonating
DeviceMap                 ffffa70dc4018b60
Owning Process            fffff8015622fb40       Image:         Idle
Attached Process          ffffdf08234cf480       Image:         System
```

这意味着，虽然空闲线程属于空闲进程，但是它是生活在系统进程的进程空间中的。从多个方面考虑，这个改动都是合理的，代表着 NT 内核还在持续的改进之中。

4.5 执行体的阶段 1 初始化

宏观来看，执行体的阶段 1 初始化是启动过程中花时间最多的部分。为了加快启动速度，这个部分是以多线程并行的方式运行的。初始的线程便是系统进程中的第一个线程，它的工作函数名为 Phase1Initialization。

4.5.1 Phase1Initialization

可以说，Phase1Initialization 是执行体阶段 1 初始化的总导演。在 Windows XP 时代，这个函数非常冗长，内部要依次调用很多函数。在较新的 NT 内核中，把很多冗长的代码都转移到了一个新增的 nt!Phase1InitializationDiscard 中，目的是启动后这个函数所占的内存可以释放和回收。

重构后，在 Phase1Initialization 函数中，会依次调用如下几个函数。

```
nt!Phase1InitializationDiscard
nt!IoInitSystem
```

```
nt!Phase1InitializationIoReady
nt!MmFreeBootDriverInitializationCode
```

从 CPU 角度来看，最初执行 Phase1Initialization 函数的仍是 0 号 CPU，而且目前只有一个 CPU，调用过程如下。

```
00 nt!Phase1Initialization
01 nt!PspSystemThreadStartup
02 nt!KiStartSystemThread
```

栈帧 01 ~ 02 表示在系统线程中执行。Phase1InitializationDiscard 被调用后，它会先做一些初始化工作，比如调用 HalInitSystem 又一次给 HAL 初始化的机会，调用 KeInitializeClock 初始化时钟，以及初始化系统时间等。而后，一个大的动作开始了，那便是唤醒其他沉睡的 CPU。

4.5.2 唤醒其他 CPU

在前面两节介绍的各个过程中，不管系统中实际安装了多少个 CPU，只有其中的 0 号 CPU 在工作。简单来说，在启动早期，只有 0 号 CPU 一个处理器在执行启动任务，其他处理器处于睡眠状态，因此，0 号 CPU 也常称为启动处理器（boot processor）。

为什么如此设计呢？一个简单的原因就是在内核启动早期，负责管理多任务的任务管理器还没准备好，不具备并行运行多个线程的基本条件，有多个 CPU，也没办法同时工作。

当系统已经完成了内核初始化和执行体的阶段 0 初始化后，系统中已经有了空闲进程和系统进程，也有了系统线程。多任务并行执行的条件成熟，到了唤醒其他 CPU 的时刻。在 NT 内核中，执行这个唤醒同伴任务的函数叫作 KeStartAllProcessors（KSAP），调用过程如下。

```
# Call Site
00 nt!KeStartAllProcessors
01 nt!Phase1InitializationDiscard
02 nt!Phase1Initialization
03 nt!PspSystemThreadStartup
04 nt!KiStartSystemThread
```

KSAP 调用 HAL 的 HalEnumerateProcessors 来枚举系统里的所有处理器。对于枚举到的其他每个处理器，启动处理器作为老大哥会为即将走上工作岗位的小弟准备好几样必备的家当，如下所示。

（1）用于处理异常和中断的 IDT[1]。

（2）用于记录每个 CPU 状态和重要属性的处理器控制区，一般称为 PCR（Processor Control Region），或者 PRCB（Processor Resource Control Block）。这个内存区好比 CPU 随身携带的背包，里面放着自己最常用的各种信息。在调试内核时，我们可以使用!pcr 命令观察当前 CPU 的这个特殊区域。

（3）负责处理 NMI、双误、机器检查异常等特殊中断或者异常的专用栈。因为当发生这些事件时，CPU 要切换到一个全新的线程上下文（使用新的栈）来执行[1]。这个栈称为中断服务例程（Interrupt Service Routine，ISR）栈。

做好上述准备后，KSAP 调用 HalStartNextProcessor 来唤醒一个新的 CPU。然后重复上述过程，直到把所有应该唤醒的 CPU 都唤醒。可唤醒的 CPU 总数受当前系统的版本、许可协议等因素限制，在此不去深究。

4.5.3 非启动 CPU 的起步路线

值得说明的是，每个 CPU 都会从内核的入口处开始执行，也都会执行 KiInitializeKernel 这样的内核初始化函数，但只有第一个 CPU 会执行其中的所有初始化逻辑，包括全局性的初始化，其他 CPU 只执行与单个 CPU 相关的部分。比如只有 0 号 CPU 会调用和执行 KiInitSystem。另外，初始化空闲进程的工作也只由 0 号 CPU 执行，因为只需要一个空闲进程，但因为每个 CPU 都需要一个空闲线程，所以每个 CPU 都会执行初始化空闲线程的代码。KiInitializeKernel 函数通过参数来知道当前的 CPU 号。举例来说，在下面的过程中，1 号 CPU（1: kd 中的 1 代表 CPU 编号，从 0 开始）被唤醒后，从 KiSystemStartup 开始执行，然后执行 KiInitializeKernel，再调用 KiInitializeIdleThread 为自己创建空闲线程。

```
1: kd> kc
# Call Site
00 nt!KiInitializeIdleThread
01 nt!KiInitializeKernel
02 nt!KiSystemStartup
```

全局变量 KeNumberProcessors 用来维护系统中的 CPU 个数，其初始值为 0。当 0 号 CPU 执行 KiSystemStartup 函数时，KeNumberProcessors 的值刚好是当前的 CPU 号。初始化一个 CPU 后，这个全局变量会递增 1。于是，当第二个 CPU 开始运行时，KiSystemStartup 函数仍然可以从这个全局变量了解到 CPU 号，以此类推，直到所有 CPU 都开始运行。ExpInitializeExecutive 函数的第一个参数也是 CPU 号，这个函数中的大多数代码块只需为 0 号 CPU 执行，或者说大多数执行体的阶段 0 初始化逻辑只要 0 号 CPU 执行一次就可以了，不需要其他 CPU 重复执行。

宏观来看，0 号 CPU 先跑，跑到阶段 1 的初始化阶段，开始唤醒其他 CPU，其他 CPU 醒来后，也从内核的入口开始跑，也会经过 KiInitializeKernel 这样的"关键路标"，但只是走马观花，不会像 0 号 CPU 那样面面俱到。比如，只有 0 号 CPU 会创建入口为 Phase1Initialization 的系统线程，其他 CPU 不会操心这件事，很快就返回 KiInitializeKernel，然后又返回 KiSystemStartup，之后就通过一个长跳转指令跳到 KiIdleLoop，去执行它自己的空闲线程了。这时，0 号 CPU 执行的 Phase1Initialization 通常已经创建了很多等待执行的线程，所以其他 CPU 并不会在空闲线程中停留多久，当它收到时钟中断并执行线程调度逻辑时，就会"奔赴前线"去执行其他线程了。此后，多个 CPU 便并肩战斗，一起"打理"这个系统了。

4.5.4 漫长的 I/O 初始化

虽然阶段 1 初始化要做很多事情，但是最花费时间的是 I/O 初始化，从某种程度上说，也就是建立设备树的过程，包括枚举系统中的各种设备——真实的硬件设备和虚拟的软件设备，并且为找到的设备加载和初始化驱动程序。对于总线驱动程序，I/O 初始化会进一步枚举自己的子设备，然后加载和初始化驱动程序。

在调试内核时，可以使用!devnode 命令来观察设备树，起初它只有根节点。

```
7: kd> !devnode
Dumping IopRootDeviceNode (= 0xffffcd8cd5df0d20)
DevNode 0xffffcd8cd5df0d20 for PDO 0xffffcd8cd5df1e40
  Parent 0000000000   Sibling 0000000000   Child 0xffffcd8cd5debd20
  InstancePath is "HTREE\ROOT\0"
```

设备树的一级子节点是根据注册表中的配置创建的，注册表的路径如下。

HKEY_LOCAL_MACHINE\SYSTEM\CurrentControlSet\Enum\Root

今天的 Windows 系统要求固件支持 ACPI（Advanced Configuration and Power Interface）标准，因此一级子节点中总是有 ACPI_HAL（图 4-4）。

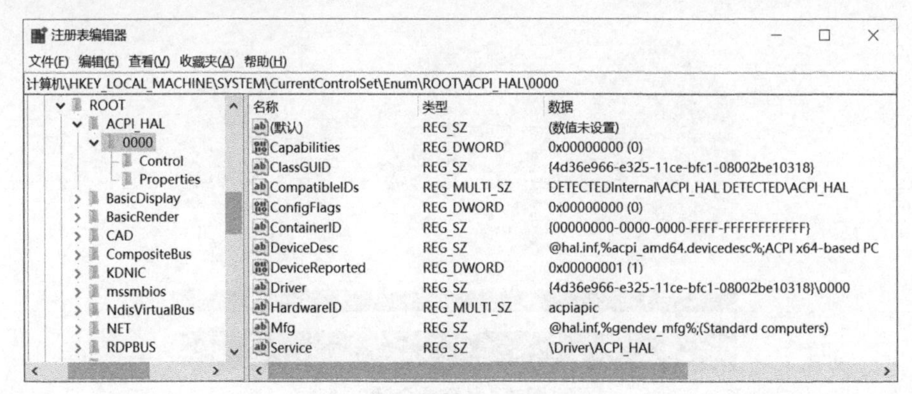

图 4-4 设备树的一级子节点

观察图 4-4，ACPI_HAL 的 Service（服务）是\Driver\ACPI_HAL，这告诉了 I/O 管理器为这个“设备”安装 ACPI 驱动程序（ACPI.sys）。ACPI.sys 上岗后，会读取系统固件中的设备表，枚举其中的所有设备，分别安装驱动程序，其中最重要的就是 PCI 总线设备，会触发加载 PCI 总线的驱动程序（PCI.sys）。PCI 驱动程序加载后，便会按照 PCI 协议枚举所有 PCI 设备，包括下面的子总线控制器，比如 USB 总线控制器。随着新设备的不断加入，设备树不断添枝加叶，长高长大。限于篇幅，本书不再详细讨论。

导演 I/O 阶段 1 初始化的函数名叫 IoInitSystem，它内部又把任务分派给两个子函数——IoInitSystemPreDrivers 和 IopInitializeSystemDrivers，前者负责初始化内建的和启动类型的驱动程序，后者负责初始化系统类型的驱动程序。

4.5.5 更新进度

在 Windows 2000 时代，内核启动时，屏幕下方有一个进度条，表示启动的总进程。到了 Windows XP 时代，进度条不见了，但是内部仍会调用名为 nt!InbvIndicateProgress 的函数。这个函数的第一个参数便是完成的百分比，每次递增 5%。

Windows 10（或者 8）对上述逻辑做了重构。重构后，InbvIndicateProgress 内部会判断一个函数指针，如果指针为空，则直接返回。这个函数的参数也改变了，不再传递进度的百分比。

在执行体的阶段 1 初始化结束前，Phase1Initialization 会创建第一个使用映像文件创建的进程，即会话管理器进程（SMSS.EXE）。该进程肩负着建设一个繁荣美丽的用户空间的伟大使命。

4.6 创建用户空间

前面介绍了内核和执行体的初始化过程，讨论了执行体的阶段 0 初始化和阶段 1 初始化。至此，内核和执行体已经初始化了，驱动程序也已经加载了很多，“内核空间”可以说是准备好了。但是准备好这些对于最终用户来说还不够，因为光秃秃的内核是没办法直接用的，还需要用户接口，需要用户可以操作的界面。或者说，内核设施建立好后，还需要构建“用户环境”，这个环境可以接受用户输入和向用户输出运行结果，也就是要提供人机接口。在 Windows 系统中，通常把这样的一套人机交互环境称为一个登录会话（Logon Session），有时干脆简称为会话。Windows 支持多个会话，每个会话（图 4-5）有自己的输入/输出设备和"桌面"。本节将继续介绍 NT 系统建立会话的过程。

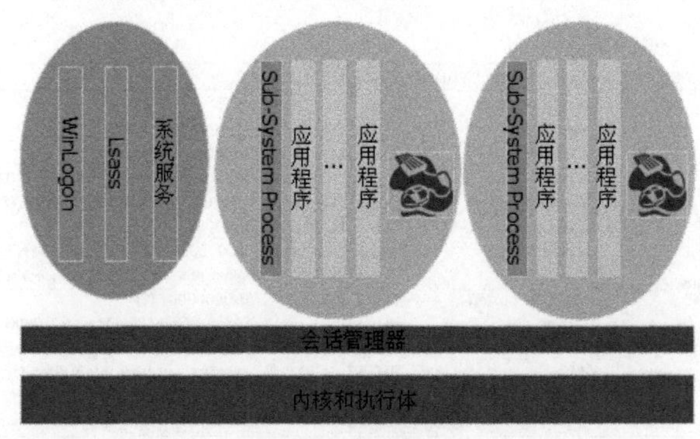

图 4-5 登录会话

4.6.1 创建会话管理器进程

在执行体的阶段 1 初始化末期，负责这一工作的 Phase1Initialization 函数会着手创建会话管理器进程。这将是系统根据可执行文件创建的第一个进程，因为此前的空闲进程和系统进程都是根据进程的模样"捏造"出来的，而且它们只在内核模式运行，没有用户态部分，不是完整的进程。

Phase1Initialization 首先要做的是为要创建的进程准备命令行参数，包括系统的路径、系统盘的盘符等。在 Windows XP 时代，Phase1Initialization 会根据全局变量 NtInitialUserProcessBuffer 得到会话管理器进程的路径和文件名。在内核调试会话中，可以通过 WinDBG 的 du 命令来观察这个全局变量的内容：

```
lkd> du nt!NtInitialUserProcessBuffer
80544ef0  "\SystemRoot\System32\smss.exe"
```

准备工作做好后，Phase1Initialization 会调用 RtlCreateUserProcess 发起创建进程的过程。当设置在 RtlCreateUserProcess 函数处的断点命中时，使用 kn 命令可以观察到 Phase1Initialization 调用这个函数创建会话管理器进程的过程（清单 4-8）。

清单 4-8 创建会话管理器进程的过程（Windows XP 版本）

```
kd> kn
# ChildEBP RetAddr
00 fc8d3818 806a3d9a nt!RtlCreateUserProcess
01 fc8d3dac 80582fed nt!Phase1Initialization+0x1059
02 fc8d3ddc 804ff477 nt!PspSystemThreadStartup+0x34
03 00000000 00000000 nt!KiThreadStartup+0x16
```

在 Windows 10 中，内核新增了一个名为 StartFirstUserProcess 的函数，它会创建会话管理器进程，过程如清单 4-9 所示。

清单 4-9 创建会话管理器进程的过程（Windows 10）

```
00 nt!RtlpCreateUserProcess
01 nt!RtlCreateUserProcessEx
02 nt!StartFirstUserProcess
```

```
03 nt!Phase1InitializationIoReady
04 nt!Phase1Initialization
05 nt!PspSystemThreadStartup
06 nt!KiStartSystemThread
```

如果创建会话管理器进程失败，那么会引发 0x6F 号蓝屏（SESSION3_INITIALIZATION_FAILED）。

接下来，内核通过等待 SMSS 进程句柄的方式来确保它在持续运行，如果等待超时，那么表明 SMSS 进程还在运行；否则，可能 SMSS 进程意外退出了，Phase1Initialization 会通过引发 0x71 号蓝屏（SESSION5_INITIALIZATION_FAILED）进行报告。在等待 SMSS 几秒并且没有发现它退出后，Phase1Initialization 便确信 SMSS 进程正常启动了。

至此，Phase1Initialization 完成阶段 1 初始化的导演工作，可以功成身退了。在 Windows XP 时代，Phase1Initialization 完成使命后并不会返回，因为一旦返回，便退出这个线程了。系统线程会调用 MmZeroPageThread 开始另一个事业，专门负责把已经释放的空闲内存页清零。这有点像一个从战场上退役的军人，改变角色后继续发光发热。出于这个原因，在启动的系统中，我们始终可以观察到当初导演阶段 1 初始化的系统线程，它一直是系统进程的第一个线程，清单 4-10 显示了这个线程的执行过程。

清单 4-10 第一个系统线程的执行过程

```
80d86c00 8309fc6d nt!KiSwapContext+0x26 (FPO: [Uses EBP] [0,0,4])
80d86c38 8309ead3 nt!KiSwapThread+0x266
80d86c60 8309e7b1 nt!KiCommitThreadWait+0x1df
80d86cbc 830d3c99 nt!KeDelayExecutionThread+0x2aa
80d86d44 831c7452 nt!MmZeroPageThread+0x1e5
80d86d50 8322bd6e nt!Phase1Initialization+0x14
80d86d90 830cd159 nt!PspSystemThreadStartup+0x9e
00000000 00000000 nt!KiThreadStartup+0x19
```

Windows 10 改变了上述行为，Phase1Initialization 完成任务后便返回，导致这个线程退出，在系统中消失。

老雷评点

史记《淮阴侯列传》，“果若人言，‘狡兔死，走狗烹；高鸟尽，良弓藏；敌国破，谋臣亡。’天下已定，我固当烹！”太史公真妙笔也。

会话管理器程序的名字叫 SMSS，全称是 Session Manager SubSystem（会话管理器子系统）。

老雷评点

设计 NT 之前辈，喜用子系统之名。一沙一世界，一个功能区，一个子系统。

4.6.2 建立环境子系统

SMSS 进程的启动代表着一个新的阶段开始了，它肩负着内核的委托，要营造出一个繁荣的“用户”世界。SMSS 在完成了自身的初始化工作后，会创建一个\SmApiPort 的 LPC 端口对象，用于对外提供服务。切换会话和建立新会话的请求都是通过这个端口发送给 SMSS 的。

接下来 SMSS 要做的是完成注册表中为其安排的任务，主要有两类。第一类是完成悬而未决的文件删除和改名任务。图 4-6 显示了注册表中用于配置会话管理器的表键，即 My Computer\HKEY_LOCAL_MACHINE\SYSTEM\CurrentControlSet\Control\Session Manager。

图 4-6 中，左侧的 PendingFileRenameOperations 子键就是用来存放需要删除的文件清单的。杀毒软件和反安装程序经常使用这个表键来删除难以直接删除的病毒程序或者当时在使用的模块，因为 SMSS 启动时，其他用户态进程还没有运行，所以不会因为其他程序使用某个模块而无法删除它。

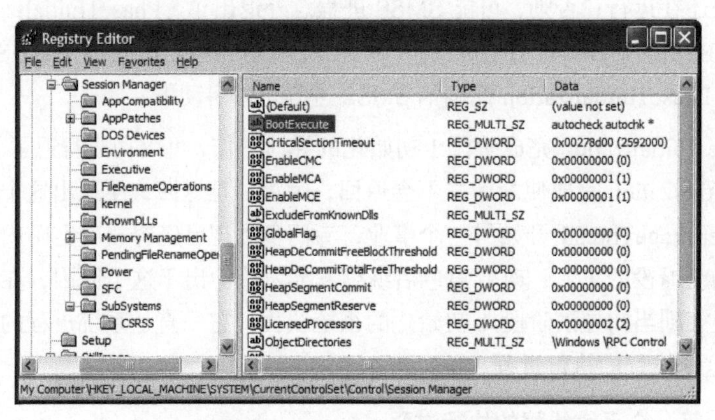

图 4-6 注册表中用于配置会话管理器的表键

第二类是执行 BootExecute 表键（图 4-6）下定义的命令，通常这里定义的是磁盘检查程序，即 autochk.exe。清单 4-11 所示的栈回溯记录了 SMSS 创建 AUTOCHK 进程的过程。

清单 4-11 栈回溯

```
# ChildEBP RetAddr
00 fc13dd3c 804e406b nt!NtCreateProcess
01 fc13dd3c 7c90eb94 nt!KiFastCallEntry+0xf8
02 0015f788 7c90d760 ntdll!KiFastSystemCallRet
03 0015f78c 7c93134b ntdll!NtCreateProcess+0xc
04 0015f830 4858690c ntdll!RtlCreateUserProcess+0x125
05 0015f8b0 48586b79 smss!SmpExecuteImage+0x97
06 0015fe0c 48588588 smss!SmpInvokeAutoChk+0x12c
07 0015fe48 48588c4e smss!SmpExecuteCommand+0x53
08 0015fecc 48588f27 smss!SmpLoadDataFromRegistry+0x2f1
09 0015ff18 48589bfc smss!SmpInit+0x1bd
0a 0015ffa8 4858ad97 smss!main+0x68
0b 0015fff4 00000000 smss!NtProcessStartup+0x1d2
```

接下来 SMSS 要做的一项重要任务是建立虚拟内存机制所需的页面交换文件（paging file）。

之后，SMSS 会开始建立环境子系统（enviroment subsystem）。子系统的信息定义在图 4-6 中的 SubSystems 表键下，通常包含 Posix 和 Windows 等子系统，其中 Windows 子系统是必须启动的。于是，SMSS 会先加载 Windows 子系统的内核部分，即 Win32K.sys，然后根据 SubSystems 表键下 Windows 键值的内容来创建 Windows 子系统的服务器进程，即 CSRSS.exe。这个键值的典型格式如下。

```
C:\WINDOWS\system32\csrss.exe ObjectDirectory=\Windows SharedSection=1024,3072,512
Windows=On SubSystemType=Windows ServerDll=basesrv,1 ServerDll=winsrv:UserServer
DllInitialization,3 ServerDll=winsrv:ConServerDllInitialization,2 ProfileControl=
```

```
Off MaxRequestThreads=16
```

ObjectDirectory 开始的部分是传递给 CSRSS 进程的命令行参数，其中 ServerDll 是 CSRSS 进程要加载的服务模块。某些病毒和恶意软件可能利用这个特征把自己的模块加进来，以便加载到 CSRSS 进程中。

4.6.3 创建窗口站和桌面

建立 Windows 子系统后，SMSS 会创建另一个关键的进程——WinLogon，它是系统中负责安全登录工作的核心部件，掌控着登录、重启和关机等重要的系统行为，屏幕保护程序也是由它来启动的。

WinLogon 首先要做的一个重要工作就是创建 0 号窗口站（WinStat0）和默认的桌面（default desktop）对象。窗口站是会话的下一层组织结构。一个会话中可以有多个窗口站，但同一时刻每个会话中只能有一个窗口站可以与用户交互。每个窗口站有自己的剪切板，可以有多个桌面。图 4-7 显示了一个典型的 Windows XP 系统中的窗口站和桌面信息，图中的信息是使用 Desktop Heap Monitor 工具产生的，可以从微软网站下载这个工具。

```
c:\toolbox\monitor\DskHeap\x86>dheapmon
Desktop Heap Information Monitor Tool (Version 8.1.2925.0)
Copyright (c) Microsoft Corporation.  All rights reserved.
-------------------------------------------------------------
  Session ID:    0 Total Desktop: (  5824 KB -    8 desktops)

  WinStation\Desktop              Heap Size(KB)    Used Rate(%)
-------------------------------------------------------------
  WinSta0\Default                     3072             43.3
  WinSta0\Disconnect                    64              4.5
  WinSta0\Winlogon                     128             10.7
  Service-0x0-3e7$\Default             512             46.7
  Service-0x0-3e4$\Default             512              4.3
  Service-0x0-3e5$\Default             512              5.2
  SAWinSta\SADesktop                   512              0.5
  __X78B95_89_IW\__A8D9S1_42_ID        512              0.5
-------------------------------------------------------------
```

图 4-7 Windows XP 系统中的窗口站和桌面信息

WinLogon 需要调用 Windows 子系统内核模块（Win32K）的服务来创建窗口站。清单 4-12 中的栈回溯就是 WinLogon 进程调用 Win32K 的 NtUserCreateWindowStation 函数创建窗口站的过程。

清单 4-12 栈回溯

```
# ChildEBP RetAddr
00 fc68bd40 804e406b win32k!NtUserCreateWindowStation
01 fc68bd40 7c90eb94 nt!KiFastCallEntry+0xf8
02 0006f618 77d6a7d7 ntdll!KiFastSystemCallRet
03 0006f96c 77d6a5b8 USER32!NtUserCreateWindowStation+0xc
04 0006f98c 01030abc USER32!CreateWindowStationW+0x26
05 0006fcfc 0103112e winlogon!CreatePrimaryTerminal+0x130
```

创建窗口站后，WinLogon 会调用 NtUserCreateDesktop 来创建桌面。它首先会创建一个名为 WinLogon 的桌面供自己使用，然后创建一个名为 Default 的桌面供应用程序使用。其执行过程如下。

```
# ChildEBP RetAddr
00 fc68bd48 804e406b win32k!NtUserCreateDesktop
01 fc68bd48 7c90eb94 nt!KiFastCallEntry+0xf8
02 0006f914 77d6a898 ntdll!KiFastSystemCallRet
03 0006f94c 77d6a821 USER32!NtUserCreateDesktop+0xc
04 0006f984 01030ae9 USER32!CreateDesktopW+0x42
```

```
05 0006fcfc 0103112e winlogon!CreatePrimaryTerminal+0x15d
```

在创建桌面后，WinLogon 会调用 SetActiveDesktop 函数将供自己使用的桌面设置为当前的活动桌面，于是登录桌面便呈现在用户面前（图 4-8（a）与图 4-8（b））。

（a）Windows XP 的登录桌面

（b）Windows 10 的登录桌面

图 4-8 登录桌面

当用户退出或者锁定屏幕（按 Ctrl+Alt+Del 组合键）时，WinLogon 也会将自己的桌面切换到前台（设置为活动的），以防有人侵犯应用程序使用的桌面。因此，WinLogon 自己使用的桌面又称为安全桌面。

创建桌面后，WinLogon 会创建用于管理系统服务的服务管理器（Services.exe）和本地安全认证子系统（LSASS.exe）。服务管理器会启动系统中登记的各种服务程序。当所有需要启动的服务都启动后，系统中已经有很多个进程在运行了。

4.6.4 用户登录

如何接收用户的登录信息（比如用户名、密码或者指纹等）呢？简单来说，Windows Vista 之前使用的是图形识别与验证（Graphical Identification and Authentication，GINA）模块，Vista 引入了称为 Credential Provider 的模型，取代了 GINA 模块。不论是哪种方式，都需要与前面提到的 LSASS 进程进行交互，本书跳过其细节。当验证用户的登录信息后，WinLogon 会将应用程序桌面激活。在 Windows XP 时代，应用程序桌面上默认会显示当前的壁纸图片，而在 Windows 10 中，什么都不显示（图 4-9）。

（a）Windows XP 的应用程序桌面

（b）Windows 10 的应用程序桌面

图 4-9 应用程序桌面

接下来 WinLogon 会引发所谓的用户初始化动作，也就是执行注册表中以下键值中定义的命令：

```
HKLM\SOFTWARE\Microsoft\Windows NT\CurrentVersion\Winlogon\UserInit
```

通常这个键值的内容是 c:\windows\system32\userinit.exe，也就是 UserInit 程序。

UserInit 启动后，会运行 HKCU\SOFTWARE\Policies\Microsoft\Windows\System\Scripts 和 HKLM\SOFTWARE\Policies\Microsoft\Windows\System\Scripts 表键下定义的登录脚本。接下来

UserInit 会启动操作系统的外壳（Shell）程序。它首先会在 HKCU\SOFTWARE\Microsoft\Windows NT\CurrentVersion\Winlogon 表键中寻找 Shell 键值，如果没有找到，那么它会在 HKEY_LOCAL_MACHINE 下寻找。默认情况下，Shell 键值的内容是 Explorer.exe，也就是资源管理器程序。"开始"菜单和任务栏的界面对象都是资源管理器程序创建与维护的。Explorer 运行后，一个图形化的操作界面便展现在用户面前了。

4.7 本章总结

本章介绍了 Windows 操作系统的启动过程，让前面几章介绍的系统部件一个个走上场，活动起来。图 4-10 归纳了从 CPU 复位上电到操作系统外壳就绪的全过程。

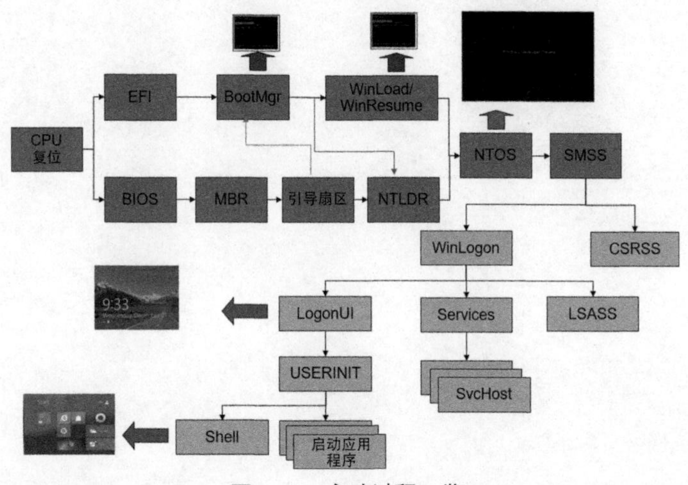

图 4-10 启动过程一览

多年前，微软公司组织了一个关于 Windows 操作系统的网络广播（Web Cast）活动，笔者受邀介绍 Windows 的启动过程。播出后，受到很多同行的欢迎，有一些同行做了非常详细的笔记。后来，在《程序员》杂志的"调试之剑"专栏里，笔者也曾写过系统开机、启动和睡眠系列的文章。最近，在写本章时，再次重温了系统启动的过程。几次钻研，最大的差异是 Windows 系统版本不同，最初针对 Windows XP，后来针对 Windows 7，这次针对 Windows 10。相同的是，每一次都有新的收获，每一次都使用相同的工具，那就是调试器。在调试器中，探索软件系统的内部设计，既可以领略宏观架构，也可以穷究关键细节。调试之美，不可胜言。

参考资料

[1] Intel® 64 and IA-32 Architectures Software Developer's Manual Volume 3B. Intel Corporation.

第二篇
探　　微

在古老的儒家经典《礼记》中，有一句话叫“致广大而尽精微”。告诉我们学习时既要有广博的视野，又要了解关键细节。本书前两篇的目标是帮助读者快速认识 Windows 系统。如果说上一篇的目标是尝试“致广大”，那么本篇的目标便是“尽精微”了。

Windows 是一个庞大的系统。如果要讨论它的细微处，那么可以选的内容太多了。经过很多次筛选和变更，最终本篇选择了 4 个方面的内容。

第 5 章探索 Windows 系统里几个独特的函数调用机制——APC、DPC、LPC 和 RPC。选择这个内容的原因是多方面的，一方面，它们是 Windows 系统里常用的机制，调试时经常遇到，而且常常成为拦路虎，追踪到这里就难以推进了。另一方面，理解它们有较大的难度，已有的资料大多比较抽象晦涩。我们使用不同的方法，通过具体实例，上调试器，让抽象的概念具体化。

第 6 章探索的是 Windows 系统中神秘的垫片（shim）机制。自从 Windows XP 引入这个机制后，它便成为 Windows 系统中解决各种软件兼容问题的核心机制。今天，随着向 64 位 Windows 系统过渡和 Windows on ARM（WoA）的发展，垫片机制的应用范围更加广泛。很多时候，会看到垫片模块的身影。垫片模块会改变软件的原本执行路径，让本来已经充满不确定性的软件世界变得更加飘忽不定。

不管你是否喜欢.NET，它都已经成为 Windows 系统的一部分。既然无法回避，就面对它。因此，本书第 7 章让你快速了解托管世界的核心技术和关键细节。

Windows 10 引入的 WSL（Windows Subsystem for Linux）技术让 Linux 应用程序可以运行在 NT 内核之上。这代表着 Windows 和 Linux 两大软件平台从对立走向合作，从各行其道到交叉和融合。WSL 给经典的 NT 内核添丁增户，让它在新时代焕发活力。第 8 章探索 WSL 的架构、组件和关键细节。

说到探微，自然想到《庄子》里的经典篇章《庖丁解牛》。

庖丁为文惠君解牛。手之所触，肩之所倚，足之所履，膝之所踦，砉然向然，奏刀騞然，莫不中音：合于《桑林》之舞，乃中《经首》之会。

文惠君曰：“嘻，善哉！技盖至此乎？”

庖丁释刀对曰：“臣之所好者，道也；进乎技矣。始臣之解牛之时，所见无非牛者；三年之后，未尝见全牛也。方今之时，臣以神遇而不以目视，官知目而神欲行。依乎天理，批大郤，导大窾，因其固然，技经肯綮之未尝，而况大軱乎！良庖岁更刀，割也；族庖月更刀，折也。今臣之刀十九年矣，所解数千牛矣，而刀刃若新发于硎。彼节者有间，而刀刃者无厚；以无厚入有间，恢恢乎其于游刃必有余地矣！是以十九年而刀刃若新发于硎。虽然，每至于族，吾见其难为，怵然为戒，视为止，行为迟。动刀甚微，謋然已解，如土委地。提刀而立，为之四顾，为之踌躇满志；善刀而藏之。"

文惠君曰："善哉！吾闻庖丁之言，得养生焉。"

——《庄子·养生主》

庄子写这个精彩的故事本来是借庖丁之言来说明养生道理的，但对于软件调试也很适用。

第 5 章 特殊的过程调用

在软件世界里，函数、子函数、过程和子过程是很常用的几个术语。在某些语境中，它们有细微的区别，但是大多数情况下，它们的意思是相同的，代表相对独立、可以完成某个功能的代码。本章等同对待它们，不作区分。在 x86 这样的现代 CPU 中，CPU 内部就设计了用于调用函数的 CALL 指令，这将在第 22 章详细介绍。简单来说，CALL 指令所执行的操作就是先把下一条指令的地址压入当前线程的栈，为函数返回做好准备，然后便跳转到操作数所指向的子函数。子函数的末尾一般是一条 RET 指令，它要执行的主要动作便是从栈中弹出返回地址，然后转移到这个地址继续执行。

从线程的角度来看，CPU 所提供的 CALL 和 RET 指令可以完成同一线程在同一特权级内的普通函数调用。因为 CALL 和 RET 指令必须使用相同的栈，所以对于不同线程之间或者同一线程里跨越特权级别的调用（比如用户空间和内核空间之间代码的调用），直接使用 CALL 和 RET 指令就不行了。

我们把跨越空间、跨越特权级别、跨越线程、跨越进程或者跨越机器的过程调用称为特殊的过程调用（Procedure Call）。为了支持特殊的过程调用，Windows 操作系统设计了丰富的系统设施，这些设施中，有些是供操作系统自己使用的，有些是供 Windows 平台的开发者使用的。这些设施的名字很类似，分别叫异步过程调用（APC）、延迟过程调用（DPC）、本地过程调用（LPC）和远程过程调用（RPC），看起来就像同门兄弟。这些设施有很多共同点，比如，都用于支持跨越某种边界的特殊调用；都在 Windows 系统中享有重要的地位，离开任意一个过程调用，系统都无法运行；都有些难度，不太好理解。

5.1 异步过程调用

普通的函数（过程）调用是阻塞的，直到子函数执行完毕和返回后，父函数才能继续执行。如果子函数所用的时间很久（比如调用 ReadFile 函数读串口，但是对方暂时没有发送数据），那么这次函数调用便会导致线程阻塞在这个函数内部。对于典型的 Windows GUI 程序，如果这样的阻塞发生在 UI 线程中，那么便会导致界面无法更新，失去响应。为了避免类似这样的问题，Windows 系统的很多 API 支持以异步方式工作，它们所依赖的便是 NT 内核的异步过程调用（Asynchronous Procedure Call，APC）机制。

以 ReadFile API 为例，最后一个参数就是用于支持异步方式的。

```
BOOL ReadFile(
  HANDLE       hFile,
  LPVOID       lpBuffer,
  DWORD        nNumberOfBytesToRead,
  LPDWORD      lpNumberOfBytesRead,
  LPOVERLAPPED lpOverlapped
);
```

简单来说，如果打开文件时指定了 FILE_FLAG_OVERLAPPED 标志，而且在调用 ReadFile 时传递了一个 OVERLAPPED 结构，那么当要读的数据还没有就绪时（比如串口或者管道通信时，发送方还没有发送），ReadFile 便会立刻返回，等数据就绪时，系统会设置 OVERLAPPED 结构中指定的事件对象（hEvent）。

为了让编程更方便，Windows XP 引入了增强版本的 ReadFile 函数，名为 ReadFileEx，增加了一个参数，可以指定一个完成函数（complete routine），供系统回调。

```
BOOL ReadFileEx(
  HANDLE                          hFile,
  LPVOID                          lpBuffer,
  DWORD                           nNumberOfBytesToRead,
  LPOVERLAPPED                    lpOverlapped,
  LPOVERLAPPED_COMPLETION_ROUTINE lpCompletionRoutine
);
```

最后一个参数 lpCompletionRoutine 便是用于指定回调函数的。

图 5-1 所示的 GeAPC 小程序是笔者专门为了调试异步文件 I/O 工作过程而开发的靶子程序。

老雷评点

有调试目标时上调试器，没有调试目标时制造调试目标，这便是老雷惯用的格蠹之法。

当单击 Write Long 按钮时，清单 5-1 中的 WriteLong 方法会执行，其内部会以异步方式调用 WriteFileEx。因为指定了异步方式，WriteFileEx 会立刻返回 TRUE，代表操作成功。

当单击界面上的 Alertable 按钮时，GeAPC 会执行如下语句，调用 SleepEx 函数，让当前线程进入所谓的可接警状态。

```
SleepEx(1, TRUE);
```

此时，清单 5-1 中的回调函数会被调用，向列表框中打印出图 5-1 所示的信息。

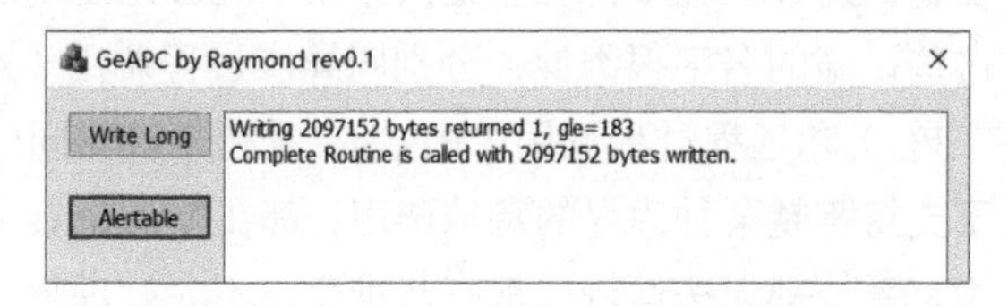

图 5-1 用于调试异步文件 I/O 工作的靶子程序

清单 5-1 GeAPC 程序的核心代码

```
VOID WINAPI GeCompletedWriteRoutine(DWORD dwErr, DWORD cbWritten,
    LPOVERLAPPED lpOverLap)
{
    CGeAPCDlg * pDlg = (CGeAPCDlg *)((LPGEOVERLAP)lpOverLap)->pUserData;
    BOOL fRead = FALSE;

    pDlg->D4D(_T("Complete Routine is called with %d bytes written."), cbWritten);
}

HRESULT CGeAPCDlg::WriteLong(LPCTSTR szFileName, int nBytes)
{
    if(m_hFile == INVALID_HANDLE_VALUE)
    {
        m_hFile = CreateFile(szFileName, GENERIC_WRITE, 0, NULL, CREATE_ALWAYS,
            FILE_ATTRIBUTE_NORMAL, NULL);
        if (m_hFile == INVALID_HANDLE_VALUE)
```

```
        {
            D4D(_T("Failed to create file %s, gle %d"), szFileName, GetLastError());
            return E_FAIL;
        }
        m_lpBuffer = (LPBYTE)malloc(nBytes);
        memset(&m_Overlapped, 0, sizeof(m_Overlapped));
        m_Overlapped.pUserData = this;
    }
    else
        m_Overlapped.oOverlap.Offset += nBytes;

    BOOL bWrite = WriteFileEx(
        m_hFile,
        m_lpBuffer,
        nBytes,
        (LPOVERLAPPED)&m_Overlapped,
        (LPOVERLAPPED_COMPLETION_ROUTINE)GeCompletedWriteRoutine);
    D4D(_T("Writing %d bytes returned %d, gle=%d"), nBytes, bWrite, GetLastError());

    return bWrite ? S_OK : E_FAIL;
    }
```

那么系统到底是如何调用这个回调函数的呢?

首先，当 I/O 管理器完成 I/O 请求时，如果发现这个请求是异步的，那么便会创建一个 APC 对象，并调用内核函数 KeInsertQueueApc 将其放入内核队列中。

回到例子，当 NTFS 完成 GeAPC 小程序提交的写操作时，会调用 I/O 管理器的 IofComplete Request 函数报告完成 I/O 请求包（IRP）。当 I/O 管理器的内部函数 IopCompleteRequest 检查到与对应的 IRP 操作有关联的用户态完成函数时，便会创建 APC，其过程如清单 5-2 所示。

清单 5-2　I/O 管理器完成 I/O 动作后向队列中插入 APC 对象的过程

```
# Call Site
00 nt!KiInsertQueueApc
01 nt!KeInsertQueueApc
02 nt!IopCompleteRequest
03 nt!IopfCompleteRequest
04 nt!IofCompleteRequest
05 NTFS!NtfsExtendedCompleteRequestInternal
06 NTFS!NtfsCommonWrite
07 NTFS!NtfsFsdWrite
```

创建的 APC 被放入 APC 队列中。在内核调试会话中，可以使用!apc 命令来观察 APC 队列。!apc 默认会显示系统中所有进程的所有 APC，可以使用!apc proc <进程的 EPROCESS 地址>的方式来只显示指定进程的 APC 队列。比如，下面是观察 GeAPC 进程的结果。

```
4: kd> !apc proc ffffc10f`8fe5a080
Process ffffc10f8fe5a080 GeAPC.exe
    Thread ffffc10f82020080 ApcStateIndex 0 ApcListHead ffffc10f82020128 [USER]
        KAPC @ ffffc10f8fa82b38
          Type           12
          KernelRoutine  fffff80278596840 nt!IopUserCompletion+0
          RundownRoutine fffff80278596840 nt!IopUserCompletion+0
```

可以看到，GeAPC 进程的 ffffc10f82020080 线程（即 0 号线程，唯一的线程）有一个 APC 等待执行。使用!thread ffffc10f82020080 观察这个线程的详情，可以看到线程的状态如下。

```
WAIT: (WrUserRequest) UserMode Non-Alertable
```

这意味着，虽然此时线程进入内核空间且处于等待状态，但是它处于不可接警（NonAlertable）状态，因为 GeAPC 的 0 号线程执行 Write Long 动作后又进入消息循环，调用 NtUserGetMessage 等待窗口消息。

按照 NT 系统的规则，只有线程处于可接警状态时才可以向其投递（deliver）APC。目前 0 号线程处于不可接警状态，所以虽然它有 APC，但是也不能向其投递 APC。

那么如何让线程进入可接警状态呢？微软的文档提供了多种方法。一种简单的方法是调用 SleepEx，调用时把第二个参数指定为 TRUE。出于这个原因，我们特意为 GeAPC 小程序设计了一个 Alertable 按钮，单击这个按钮后，GeAPC 会调用 SleepEx 让线程进入可接警状态。进一步来说，SleepEx 会调用内核服务 NtDelayExecution，当这个服务返回时，内核中的系统服务返回函数 KiSystemServiceExit 会检查是否需要投递 APC。如果需要而且当前线程处于可接警状态，那么便会调用 KiDeliverApc 来投递 APC，其过程如清单 5-3 所示。

清单 5-3 投递 APC

```
# Call Site
00 nt!KiDeliverApc
01 nt!KiInitiateUserApc
02 nt!KiSystemServiceExit
03 ntdll!NtDelayExecution
04 KERNELBASE!SleepEx
05 mfc140u
```

投递 APC 的技术细节过于冗长，简单来说，内核空间会保存线程的当前状态，然后修改内存中的寄存器上下文，让程序指针指向事先准备好的 APC 分发函数。做好这些准备工作后，当系统服务返回时，CPU 便开始执行 APC 分发函数了，其调用过程如清单 5-4 所示。[1]

清单 5-4 APC 的调用过程

```
# Call Site
00 GeAPC!GeCompletedWriteRoutine
01 ntdll!KiUserApcDispatch
02 ntdll!NtDelayExecution
03 KERNELBASE!SleepEx
04 mfc140u
```

位于 NTDLL.DLL 中的 KiUserApcDispatch 负责在用户空间中分发 APC，它会调用我们在 OVERLAPPED 结构中指定的回调函数。

归纳一下，APC 机制所要解决的核心问题是跨越线程调用函数。因为调用发起者和被调用者可以不属于同一个线程，所以需要 APC 这样的系统机制让内核来帮助做这件事。如果不管被调用线程做什么而都中断它，强制其执行 APC，那么可能会导致死锁等问题。因此，要把 APC 先放到队列中，等待被调用线程进入可接警状态后才能向其投递 APC。形象地理解，APC 机制提供了一种很优雅的跨线程协作方式，一个线程可以让另一个线程在它方便的时候做某件事。[2]

除了上面介绍的因为异步文件操作引发的 APC，微软还公开了一个名为 QueueUserAPC 的 API。[3]

```
DWORD QueueUserAPC( PAPCFUNC  pfnAPC,
  HANDLE    hThread, ULONG_PTR dwData );
```

通过这个 APC，应用程序开发者可以让指定的目标线程执行指定的函数。目标线程可以是当前进程中的，也可以是其他进程中的。更有趣的是，目标线程也可以是发起线程。例如，在 GeAPC 小程序中，单击 Queue APC 按钮后，按钮消息的处理函数便会像下面这样调用 QueueUserAPC。

```
void CGeAPCDlg::OnBnClickedQueueapc()
{
    DWORD dwRet = QueueUserAPC(Papcfunc, GetCurrentThread(), (ULONG_PTR)this);
    D4D(_T("QueueUserAPC returned 0x%x, gle = %d"), dwRet, GetLastError());
}
```

和前面的情况类似，单击 Alertable 按钮后，系统便会投递 APC，Papcfunc 函数会被调用。如果连续单击两次 Queue APC 按钮，那么系统便会把两个 APC 插入队列中，单击 Alertable 按钮后，一个 APC 投递后，会投递第二个。

5.2 中断请求级别

在微软的很多技术文档中经常会出现一个叫作中断请求级别（Interrupt ReQuest Level，IRQL）的术语。比如，在提供给驱动程序开发者的 DDK/WDK 文档中，每个内核 API 的描述里都有一栏叫作 IRQL，描述使用这个 API 时一定要遵守的 IRQL 规则。如果违反这些规则，后果会非常严重，可能导致整个系统挂死或者蓝屏崩溃。翻阅描述蓝屏崩溃原因的文档，可以看到有十几种蓝屏崩溃都与 IRQL 有关，例如 RQL_NOT_LESS_OR_EQUAL、IRQL_GT_ZERO_AT_SYSTEM_SERVICE、IRQL_NOT_DISPATCH_LEVEL 等。

毫不夸张地说，IRQL 是 Windows 系统中最重要的系统机制之一。同时，它也是 NT 内核中非常有特色的一个设计，在 UNIX 和 Linux 等系统中没有同类的概念，因此，可以说 IRQL 是 NT 内核的一个独特基因。

IRQL 的字面意思是中断请求级别[5]，不过这个名字并不十分准确。虽然它确实与硬件中断有着密切的关系，但其实它的影响范围不仅仅是中断处理。下面我们先介绍 IRQL 的设计初衷，然后再介绍它的工作原理，最后再讨论几个有关的问题。

5.2.1 设计初衷

在生活中，当需要专心处理一件重要的任务时，我们可能把自己关在一个房间里，门口挂上“请勿打扰”的标志。在软件世界里，也有这样的情况，比如操作系统内核执行某些原子操作时是不希望被打断的。解决这个问题的一种方法是屏蔽 CPU 的中断，拒绝打扰。但是这样做会带来下面所示的一些问题。

（1）问题 A。如果关闭中断后执行的代码中存在瑕疵，执行很慢或者发生了死循环，那么 CPU 便可能长时间处于关闭中断的状态，对于单 CPU 的系统，这会导致整个系统出现卡顿甚至挂死的症状。对于多 CPU 的系统，如果其他 CPU 需要与这个 CPU 通信（一般通过 IPI 中断），那么可能也会受牵连，导致连锁反应，最后也可能导致系统瘫痪。

（2）问题 B。如果系统中发生更重要的事情，比如电源故障或者硬件错误，那么内核就不能及时跳过去处理更重要的事务。

如何解决上述问题呢？一种思路是能够通过一种机制标识出 CPU 当前所执行代码的重要程度。当它做这件事时，如果有比这件事优先级更高的事件发生，可以让 CPU 跳过去执行更高优先级的；如果有比这件事优先级低的事件发生，那么就不要打扰 CPU，让它先把高优先级的事情做完。这便是 IRQL 的设计初衷。

5.2.2 基本原理

简单说，IRQL 机制就是为 CPU 要做的所有事情分类并定义每一类事情的优先级。每个优先级用一个数字来表示，从 0 开始，0 代表最低优先级，数字越大，优先级越高。这个用数字表示的优先级便是 IRQL。把所有 IRQL 列出来，便形成一张 IRQL 表（表 5-1）。[6]

表 5-1 IRQL 表

IRQL	x86	AMD64	IA64	描 述
PASSIVE_LEVEL	0	0	0	被动级别，用于所有用户线程和内核空间的普通操作
APC_LEVEL	1	1	1	异步过程调用[4]和处理页错误
DISPATCH_LEVEL	2	2	2	线程调度器和延迟过程调用
CMC_LEVEL	N/A	N/A	3	可纠正的机器检查（correctable machine-check）异常
DIRQL	3~26	3~11	4~11	用于处理硬件设备的中断
PC_LEVEL	N/A	N/A	12	性能计数器
PROFILE_LEVEL	27	15	15	性能分析使用的定时器（profiling timer，Windows 2000 之前）
SYNCH_LEVEL	27	13	13	跨处理器的代码和指令流同步
CLOCK_LEVEL	N/A	13	13	时钟定时器
CLOCK2_LEVEL	28	N/A	N/A	x86 硬件的时钟定时器
IPI_LEVEL	29	14	14	处理器间的中断
POWER_LEVEL	30	14	15	电源故障（power failure）
HIGH_LEVEL	31	15	15	机器检查异常、蓝屏和转储，以及其他不可打断的重要操作

因为 CPU 要做的具体事情是和硬件平台相关的，所以 IRQL 的定义也是和平台相关的，表 5-1 中列出了常用的 32 位 x86 架构、64 位 x86（AMD64）以及安腾 64 位架构的 IRQL。表中第一列是 IRQL 的名字（宏），接下来的三列是 IRQL 在对应平台上的取值，最后一列是描述。

在表 5-1 中，优先级最低的是 PASSIVE_LEVEL，也叫 LOW_LEVEL，优先级最高的叫 HIGH_LEVEL，前者代表被动级别，意思是它级别最低，永远没机会打断其他级别的操作，只能**被动地**等待 CPU 把高优先级的事情全部做完后再来执行它。当 CPU 在执行用户空间的普通线程时，它的 IRQL 是 LOW_LEVEL，这意味着，一旦有任何中断发生，CPU 便会跳过去处理中断和其他高优先级的事情。当 CPU 的 IRQL 是 HIGH_LEVEL 时，代表这个 CPU 不再响应任何硬件中断请求，不可屏蔽中断（NMI）除外。

根据表 5-1，某些操作必须在某个 IRQL 进行，否则就违反了 IRQL 规则，后果便是蓝屏崩溃，比如本节开头提到的蓝屏停止码 IRQL_NOT_DISPATCH_LEVEL 就用于“抱怨”当前的 IRQL 不对，不是要求的 DISPATCH_LEVEL。再比如，停止码 IRQL_GT_ZERO_AT_SYSTEM_SERVICE 的意思是 CPU 执行系统服务后即将返回用户空间时，IRQL 还大于 0。而停止码 IRQL_NOT_LESS_OR_EQUAL 的意思是 IRQL 没有小于或者等于要求的值，也就是太大了。

5.2.3 析疑

首先值得强调的是，理解 IRQL 的一个关键是要清楚 IRQL 是内核赋予 CPU 的一个属性，用于描述CPU目前所做事情的重要程度。或者说，在多CPU系统中，每个CPU都有自己的IRQL。进一步说，NT 内核会为系统中的每个处理器建立一个名为 KPCR 的结构，在这个结构中有一个名为 IRQL 的字段，它便是用于记录 CPU 的 IRQL。

在内核调试会话中，可以使用!pcr 命令获取当前 CPU 的 KPCR 结构地址，然后使用类似下面这样的命令读取 IRQL。

```
0: kd> dt nt!_KPCR fffff803077dc000 -y IRQL
   +0x050 Irql : 0 ''
```

因此，上文故意避免使用任务这样的词汇，以避免大家把 IRQL 与线程的优先级混淆。区分二者的关键就是线程优先级是线程的属性，IRQL 是 CPU 的属性。CPU 在执行同一个线程的过程中，它的 IRQL 是可能变化的。举例来说，当 CPU 在用户空间执行一个普通线程时，IRQL 为 0，如果来了一个键盘中断，那么 CPU 跳过去处理中断，它的 IRQL 便会升高到 DIRQL（D 代表设备，具体值因中断而异），处理中断后，如果继续执行用户线程，那么 IRQL 又降低到 0。

理解 IRQL 的另一个难点在于有些同行缺少底层硬件的知识，不知道内核是如何做到优先级控制的。简单说，这是依赖系统硬件内的中断控制器来实现的，即所谓的可编程中断控制器（Programmable Interrupt Controller，PIC）。以常见的英特尔架构为例，每个 CPU 内部都集成了一个高级可编程中断空间器（APIC）[7]，一般简称本地 APIC（Local APIC），在系统的芯片组内也集成了中断控制器，一般称为 I/O APIC。系统中的多个 APIC 相互协作，一起管理系统中的各种中断请求。APIC 中实现了一系列寄存器，与系统软件接口，比如任务优先级寄存器（Task Priority Register，TPR）便是用来标识任务优先级的，可读可写。在 NT 内核和 HAL 模块中，实现了一系列函数，把 NT 世界的 IRQL 逻辑“贯彻”到 APIC 硬件中。实现细节从略，感兴趣的读者可以参考英特尔的 APIC 文档和 Linux 内核的开源代码。

最后再举一个例子来帮助大家深化对 IRQL 的理解。在驱动程序中，可以很方便地获取和改变 IRQL。比如在笔者开发的 RealBug 驱动程序中，有下面这样一个函数，它把 IRQL 提升到指定的较高级别后，故意进入死循环，在高 IRQL 上“游荡”。

```
VOID RoamAtIRQL(ULONG ulIRQL)
{
    KIRQL OldIrql;
    KeRaiseIrql((KIRQL)ulIRQL, &OldIrql);
    while(1)
        _asm{hlt};

    KeLowerIrql(OldIrql);
}
```

如果在配套的 ImBuggy 应用程序中以 26 为参数（x86 系统）调用上面这个函数，那么会导致单 CPU 系统立刻挂死。对于多 CPU 系统，也会导致系统缓慢，或者出现其他怪异症状。原因就是 CPU 被黏滞在了高 IRQL，如果 IRQL 不降下来，那么 CPU 就不会执行普通线程。有趣的是，如果此时使用内核调试器附加到挂死的系统，中断下来，在调试器中修改程序指针（r 命令），让程序指针指向死循环下面的指令，然后恢复执行，让 CPU 执行循环下面的 KeLowerIrql 函数，把 IRQL 降下来，那么系统便恢复正常了。

既然CPU已经黏滞在IRQL 26上，它怎么还会响应内核调试器的中断（break）请求呢？因为内核调试器的中断请求依赖的是时钟定时器中断。仔细观察表5-1，在x86系统中，时钟定时器的中断优先级更高。也就是说，当CPU黏滞在IRQL 26上时，每当有时钟定时器中断时，CPU仍会跳过去处理，在处理这个时钟定时器中断时，NT内核会检查有没有内核调试器的中断请求。通过这个例子，也可以看出NT内核设计的IRQL机制很合理，是非常先进的。

5.3 延迟过程调用

5.2节介绍的IRQL机制为Windows系统中的软件行为做了分类，并定义了严格的优先级。以IRQL为核心的优先级规则是NT内核中的根本法规，其影响是深远而且广泛的。如此森严的“等级制度”是一把双刃剑，它在带来好处的同时，也带来了一些问题。

IRQL机制的一条核心规则是如果CPU有高IRQL的事情没有做完，那么就不去做低IRQL的事情。换句话来说，如果CPU的IRQL为*N*，那么这个CPU就不回去执行IRQL小于*N*的操作。5.2节末尾举的例子中，有不好的代码把IRQL升上去，不降回来，那么系统便会出现严重的故障。

这意味着，如果CPU在高IRQL上运行，出问题时产生的影响更大，系统的风险更高。这有点像现实世界中站在平地上摔个跟头和在摩天大楼的楼顶滑一跤是完全不一样的。换句话来说，在高IRQL与低IRQL时所执行的操作有很大不同，这也是为什么WDK文档为每个DDI（设备驱动程序接口）函数严格指定IRQL要求。举例来说，当IRQL高于DISPATCH_LEVEL时，是不可以调用KeWaitForSingleObject这样的等待函数的。一个简单的原因就是在高IRQL上等待可能导致严重的系统级别死锁。出于种种原因，大多数内核函数只可以在PASSIVE_LEVEL调用，可以在APC_LEVEL (1)级别调用的内核函数也不多，能够在DISPATCH_LEVEL (2)和更高级别调用的就更少了。

概而言之，等级森严的IRQL规则决定了在高IRQL时的操作要快速完成，对应的代码要简单短小。那如果确实需要执行比较长的操作怎么办呢？为了解决这个问题，NT内核设计了一个专门的机制，叫延迟过程调用（Deffered Procedure Call，DPC）。

5.3.1 使用模式

使用DPC的一个典型场景是设备驱动程序的中断处理函数（ISR）。ISR一般在DIRQL级别运行，不适宜做复杂的操作，如果需要复杂的操作，那么便应该使用DPC。一般把事先已经初始化的一个DPC对象插入某个CPU的DPC队列中。可以使用DDI中的KeInsertQueueDpc函数来向DPC队列插入DPC。在WDF中，封装了一个名为WdfInterruptQueueDpcForIsr的函数来简化操作。希望了解代码细节的读者可以阅读WDK中的示例程序，路径如下。

```
Windows-driver-samples/general/PLX9x5x/sys/IsrDpc.c
```

DPC队列也是与CPU相关的，NT内核为系统中的每个CPU维护一个DPC队列，在内核调试会话中，可以使用!pcr或者!dpcs命令来观察DPC队列。比如：

```
0: kd> !dpcs
CPU Type      KDPC           Function
 0: Normal  : 0xfffff80307799420 0xfffff80307482cf0 nt!PpmCheckPeriodicStart
 0: Normal  : 0xffffe0009aa42738 0xfffff80186ea9480 dxgkrnl!DpiFdoDpcForIsr
```

每个 DPC 对象是一个 KDPC 结构，可以使用 dt 命令来观察，比如，第二个 DPC 的详细属性如下。

```
0: kd> dt _KDPC 0xffffe0009aa42738
ntdll!_KDPC
   +0x000 TargetInfoAsUlong : 0x113
   +0x000 Type             : 0x13 ''
   +0x001 Importance       : 0x1 ''
   +0x002 Number           : 0
   +0x008 DpcListEntry     : _SINGLE_LIST_ENTRY
   +0x010 ProcessorHistory : 1
   +0x018 DeferredRoutine  : 0xfffff801`86ea9480  void  dxgkrnl!DpiFdoDpcForIsr+0
   +0x020 DeferredContext  : 0xffffe000`9aa42160 Void
   +0x028 SystemArgument1  : (null)
   +0x030 SystemArgument2  : (null)
   +0x038 DpcData          : 0xffffd001`62f871f0 Void
```

其中的 DeferredRoutine 是函数指针，指向这个 DPC 关联的回调函数。

那么，系统什么时候会清理 DPC 队列呢？文档上的描述是 IRQL 降低到 DISPATCH_LEVEL 或者以下。清理 DPC 队列的实际情况有多种，清单 5-5 显示了比较多见的一种。

清单 5-5 清理 DPC 队列

```
# Call Site
00 nt!KeInsertQueueApc
01 afd!AfdTLConnectComplete2
02 afd!AfdTLConnectComplete
03 tcpip!TcpCreateAndConnectTcbComplete
04 tcpip!TcpShutdownTcb
05 tcpip!TcpAbortTcbDelivery
06 tcpip!TcpRetransmitTimeout
07 tcpip!TcpProcessExpiredTcbTimers
08 tcpip!TcpPeriodicTimeoutHandler
09 nt!KiExecuteAllDpcs
0a nt!KiRetireDpcList
0b nt!KiIdleLoop
```

从清单 5-5 最下面的 KiIdleLoop 函数可以看出，这次清理 DPC 队列发生在 CPU 的空闲线程中。从栈帧 08 可以看出，正在清理的 DPC 是属于 tcpip 内核驱动程序的，它在执行了一系列操作后，调用 AFD（NT 网络栈的内核空间接口模块）驱动程序的 AfdTLConnectComplete 完成函数，这个函数插入了一个 APC 对象，应该用于回调用户空间回调函数，如 5.1 节所讲。

内核在调用 DPC 的回调函数时，把 CPU 的 IRQL 设置为 DISPATCH_LEVEL。这样做的好处是，可以让 DPC 的回调函数拥有较高的优先级，优先执行。使用 DPC 和 APC 典型过程如表 5-2 所示。

表 5-2 使用 DPC 和 APC 的典型过程

步　骤	操　　作	IRQL
1	应用程序发起异步 I/O 请求，比如读数据	0
2	设备驱动程序收到请求后向硬件下发操作指令	0
3	硬件准备好数据后，通过中断通知驱动程序	N/A
4	驱动程序的 ISR 简单处理后，向 DPC 队列插入一个 DPC	DIRQL
5	DPC 的回调函数被执行，对数据做处理后，插入 APC 通知应用程序	2
6	系统投递 APC，应用程序的回调函数被调用，得到通知和数据	1/0

观察表 5-2 的 IRQL 列，可以看到 IRQL 的数值先由小到大，再由大到小。驱动程序和应用程序分工协作，IRQL 有序起伏，先后关系很合理。

5.3.2 黏滞在 DPC

在 DISPATCH_LEVEL 执行 DPC 函数也意味着风险。如果在 DPC 函数中操作不当，发生意外，那么也可能导致严重的系统故障。比如清单 5-6 所示的便是笔者亲历的因为 CPU 黏滞在 DPC 上而导致的系统挂死。

清单 5-6 CPU 黏滞在 DPC 上而导致的系统挂死

```
00 nt!KeBugCheckEx
01 i8042prt!I8xProcessCrashDump
02 i8042prt!I8042KeyboardInterruptService
03 nt!KiInterruptDispatch
04 hal!KeStallExecutionProcessor
05 usbehci!EHCI_RH_PortResetComplete
06 USBPORT!USBPORT_AsyncTimerDpc
07 nt!KiTimerListExpire
08 nt!KiTimerExpiration
09 nt!KiRetireDpcList
0a nt!KiIdleLoop
```

从栈帧 05 可以看出，有问题的是 USB 2.0 主机控制器（EHCI）驱动的 EHCI_RH_PortResetComplete 函数，它是用于完成 USB 端口复位操作的。在这个函数中，它进入一个循环，反复写 USB 控制器的端口状态和控制寄存器，写了后等待一会儿再读，读了很多次后，如果没有看到希望的值，再重复写，如此循环，把 CPU 黏滞在 DISPATCH_LEVEL 了，这导致系统中唯一的 CPU 没有机会执行普通任务，所有界面没有响应。栈帧#00 ~ #03 表示笔者按下了触发蓝屏的快捷键，键盘驱动的 ISR 被执行，调用 KeBugCheckEx 产生蓝屏和转储。《格蠹汇编》一书详细地介绍了这个案例，在此不再赘述。

清单 5-6 所示的问题发生在 Windows XP 系统中，在 Windows 10 系统中，如果发生类似的黏滞在 DPC 上的情况，那么系统中的 DPC 看门狗（Watch dog）会触发系统蓝屏崩溃，停止码为 DPC_WATCHDOG_VIOLATION（0x133）。搜索网络，可以看到很多用户遇到过这个蓝屏。这侧面反映了 DPC 机制在 NT 内核中的重要地位。

本节收尾之际，略作归纳。如果说 APC 机制是为了提供一种优雅的机制来跨越线程调用一个函数，那么 DPC 便提供了一种系统机制来跨越森严的 IRQL 等级界限来调用一个函数。如果说 APC 机制是很礼貌地请另一个线程在它方便的时候做件事，那么 DPC 机制就是请 CPU 在从高空走下来后，在不十分危险的时候从容地完成刚才不方便做的事。

5.4 本地过程调用

在 Windows 系统中，广泛使用着一种基于端口和消息的通信机制，它有个不是很恰当的名字，叫作本地过程调用（Local Procedure Call）或者轻量级过程调用（Light-weight Procedure Call，LPC）。事实上，它是一种使用“客户端 / 服务器”模型的跨进程通信进制。因此对 LPC 全称的更恰当说法是本地跨进程通信（Local Inter-Process Communication）。

使用LPC通信的一般过程如图5-2所示。

Windows Vista对LPC的实现做了增强，并且使用了一个新的名字，叫作ALPC，关于缩写A的全称有两种说法，一种是Advanced[8]，另一种是Asynchronous[9]。本书仍使用LPC一词泛指传统的LPC和改进后的ALPC。

与DPC和APC机制类似，LPC机制在NT内核中也是根深蒂固的，影响广泛，很多地方可以看到它的身影。

在内核调试会话中，可以非常方便地观察LPC有关的信息，下面分别举一些例子。

首先使用列进程命令找到希望观察的进程，比如，我们选择会话管理器进程。

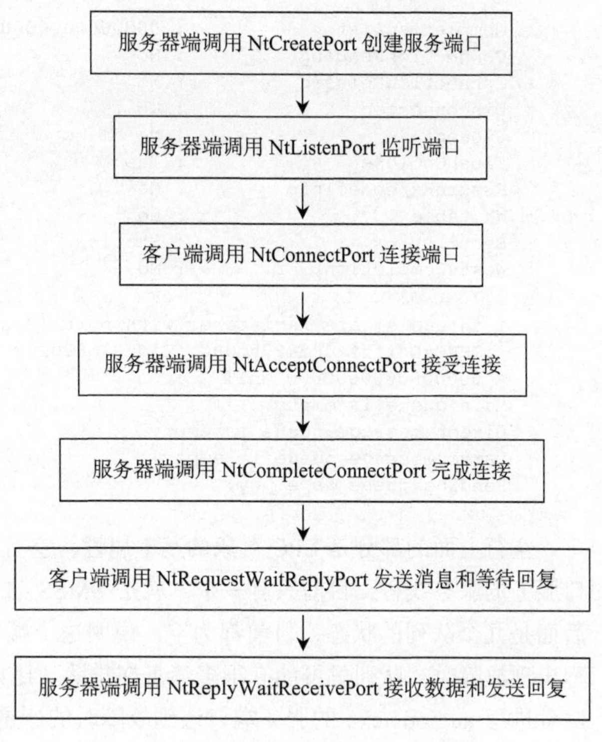

图5-2 使用LPC通信的一般过程

```
0: kd> !process 0 0 smss.exe
PROCESS ffffc48d86b00640
```

然后便可以使用!alpc /lpp命令加进程的EPROCESS地址列出指定进程的所有LPC端口了。

```
0: kd> !alpc /lpp ffffc48d86b00640
Ports created by the process ffffc48d86b00640:
    ffffc48d8895de20('SmApiPort') 0, 3 connections
        ffffc48d8b63bbd0 0 -> ffffc48d8b63be20 0 ffffc48d869fd640('csrss.exe')
        ffffc48d8b6f9e20 0 -> ffffc48d8b6fabb0 0 ffffc48d8b679640('csrss.exe')
        ffffc48d8b83bad0 0 -> ffffc48d8b83bd20 0 ffffc48d8b7fb080('svchost.exe')
Ports the process ffffc48d86b00640 is connected to:
    ffffc48d8b63ae20 0 -> ffffc48d8b63cb70('SbApiPort') 0 ffffc48d869fd640('csrss.exe')
    ffffc48d8b6f9bd0 0 -> ffffc48d8b6fae20('SbApiPort') 0 ffffc48d8b679640('csrss.exe')
```

上面的结果包含两个部分，上半部分是SMSS进程创建的端口，属于服务器端，名为'SmApiPort'，它有3个连接。下半部分是SMSS进程作为客户端连接的服务器端口。注意，虽然名字都是'SbApiPort'，但是其实是不同的两个服务器端口，属于两个Windows子系统服务器（CSRSS）进程。

端口名前面的地址就是LPC端口对象，可以使用!alpc/p加这个地址来观察其详情。

```
0: kd> !alpc /p ffffc48d8895de20
Port  ffffc48d8895de20
  Type                         : ALPC_CONNECTION_PORT
  CommunicationInfo            : ffffa4805c1ca610
    ConnectionPort             : ffffc48d8895de20 (SmApiPort)
    ClientCommunicationPort    : 0000000000000000
    ServerCommunicationPort    : 0000000000000000
  OwnerProcess                 : ffffc48d86b00640 (smss.exe)
  SequenceNo                   : 0x00000005 (5)
  CompletionPort               : ffffc48d888ee1c0
```

```
CompletionList              : 0000000000000000
ConnectionPending           : No
ConnectionRefused           : No
Disconnected                : No
Closed                      : No
FlushOnClose                : Yes
ReturnExtendedInfo          : No
Waitable                    : No
Security                    : Static
Wow64CompletionList         : No

1 thread(s) are registered with port IO completion object:
  THREAD ffffc48d8895b080  Cid 01d8.0208  Teb: 00000063218f8000 Win32Thread:
  0000000000000000 WAIT
Main queue is empty.
Direct message queue is empty.
Large message queue is empty.
Pending queue is empty.
```

空行上面的部分是 LPC 对象的基本属性。空行下面是列表部分，第一个列表是为这个端口服务的服务线程，目前只有一个，就是 SMSS 进程中提供会话服务的工作线程。线程列表后面是几个队列的状态，目前都为空，说明这个端口很空闲。对于繁忙的端口或者当服务线程出现故障时，队列里可能有很多消息在排队。比如图 5-3 显示的便是 Windows 语音设备图服务进程 audiodg.exe 的服务端口遇到故障时的严重拥堵状态，主队列中有 61 个消息在排队（后面部分省略）。

```
0: kd> !alpc -p ffffc48da9178090
Port  ffffc48da9178090
  Type                       : ALPC_CONNECTION_PORT
  CommunicationInfo          : ffffa48072e3cfb0
    ConnectionPort           : ffffc48da9178090 (OLE953C8397CBAE2C5283EF7CC87437)
    ClientCommunicationPort  : 0000000000000000
    ServerCommunicationPort  : 0000000000000000
  OwnerProcess               : ffffc48d958a1080 (audiodg.exe)
  SequenceNo                 : 0x00000002 (2)
  CompletionPort             : ffffc48d9a181f80
  CompletionList             : 0000000000000000
  ConnectionPending          : No
  ConnectionRefused          : No
  Disconnected               : No
  Closed                     : No
  FlushOnClose               : Yes
  ReturnExtendedInfo         : No
  Waitable                   : No
  Security                   : Static
  Wow64CompletionList        : No

  3 thread(s) are registered with port IO completion object:

    THREAD ffffc48d817b0700  Cid 323c.2c1c  Teb: 000000e327be4000 Win32Thread: 0000000000000000 WAIT
    THREAD ffffc48d9aee1080  Cid 323c.441c  Teb: 000000e327be6000 Win32Thread: ffffc48d9a5845f0 WAIT
    THREAD ffffc48d895c2080  Cid 323c.493c  Teb: 000000e327bf8000 Win32Thread: ffffc48d99bd02d0 WAIT

  Main queue has 61 message(s)

    ffffa480730b6890 000059c8 0000000000000994:0000000000004fcc ffffc48da6de0700 0000000000000000 LPC_REQUEST
    ffffa4807c225830 00002818 0000000000000418:000000000000044c 0000000000000000 0000000000000000 LPC_REQUEST
    ffffa48080237ce0 00007074 0000000000000418:000000000000044c 0000000000000000 0000000000000000 LPC_REQUEST
    ffffa4807be6c720 00006d88 0000000000000418:000000000000044c 0000000000000000 0000000000000000 LPC_REQUEST
    ffffa48088afa790 000059dc 0000000000000418:000000000000044c 0000000000000000 0000000000000000 LPC_REQUEST
    ffffa4807c849290 00006cf4 0000000000000418:000000000000044c 0000000000000000 0000000000000000 LPC_REQUEST
    ffffa4807f6f6240 00006b5c 0000000000000418:000000000000044c 0000000000000000 0000000000000000 LPC_REQUEST
```

图 5-3 严重拥堵状态

进一步分析拥堵原因的一般方法就是看服务线程的状态，看它们为什么没有处理消息。在图 5-2 对应的案例中，因为服务进程内发生了堆错误，导致进程被中断到系统中注册的即时调试器中，所以几个服务线程都停止工作了。

对于图 5-2 中处于排队状态的消息，可以使用!alpc /m 命令来观察每个消息的详情，比如：

```
0: kd> !alpc /m ffffa480730b6890
```

```
Message ffffa480730b6890
  MessageID               : 0x59C8 (22984)
  CallbackID              : 0x24AE18E (38461838)
  SequenceNumber          : 0x00000207 (519)
  Type                    : LPC_REQUEST
  DataLength              : 0x00A4 (164)
  TotalLength             : 0x00CC (204)
  Canceled                : No
  Release                 : No
  ReplyWaitReply          : No
  Continuation            : Yes
  OwnerPort               : ffffc48da7067070 [ALPC_CLIENT_COMMUNICATION_PORT]
  WaitingThread           : ffffc48da6de0700
  QueueType               : ALPC_MSGQUEUE_MAIN
  QueuePort               : ffffc48da9178090 [ALPC_CONNECTION_PORT]
  QueuePortOwnerProcess : ffffc48d958a1080 (audiodg.exe)
【省略一些行】
```

其中的 WaitingThread 描述的是正在等待这个消息的客户线程。值得说明的是，WinDBG 在显示线程的状态时，如果这个线程在等待 ALPC 消息，那么在!thread 命令的结果中也会明确显示这个信息，比如，使用!thread 观察上面显示的等待线程。

```
0: kd> !thread ffffc48da6de0700
THREAD ffffc48da6de0700  Cid 0994.4fcc  Teb: 0000005902f10000 Win32Thread:
0000000000000000 WAIT: (Suspended) KernelMode Non-Alertable
SuspendCount 1
FreezeCount 1
    ffffc48da6de09e0  NotificationEvent
Waiting for reply to ALPC Message ffffa480730b6890 : queued at port
ffffc48da9178090 : owned by process ffffc48d958a1080
```

可以看到 WinDBG 非常清晰地显示了这个线程在等待 ALPC 消息，这个消息在端口 xxx 排队，拥有这个端口的进程是 xxx，真可谓无微不至。

概而言之，LPC 为 Windows 系统提供了一种高效的跨进程通信方式，可以使两个进程的用户空间代码相互通信，也可以使内核空间的代码和用户空间通信。严格来说，LPC 不是像 APC、DPC 和 5.5 节将介绍的 RPC 那样的函数调用机制，只是一种消息通信机制，但因为其名字与 APC、DPC 和 RPC 类似而且也在调试时经常遇到，所以一并在本章中介绍。

『5.5 远程过程调用』

5.5 节介绍的 LPC 机制是供 Windows 系统内部使用的，没有公开给开发者。一种间接的方式是通过微软公开的 RPC 编程接口来使用 LPC。

RPC 的全称是远程过程调用（Remote Procedure Call），其定位是为 Windows 平台提供一套强大的跨进程通信机制，让构建分布式计算软件更容易。RPC 的基本思想是既能提供强大的远程调用能力，又不损失本地调用的语义简洁性。或者说，RPC 技术的目标是让开发者像调用本地函数一样调用远程函数，开发者不必关心底层的通信细节，只要按设计好的函数原型发起调用，就既可以调用本地的函数实现，也可以调用远程的函数实现。为了实现这个目标，RPC 技术提供了一种透明调用机制让使用者不必显式地区分本地调用和远程调用。

举例来说，如果服务器端实现了如下函数：

```
void HelloProc(unsigned char * pszString)
```

那么客户端只要像下面这样调用：

```
HelloProc(pszString);  // make call with user message
```

5.5.1 工作模型

图 5-4 显示了 RPC 的工作模型。图中左侧是客户端进程，右侧是服务器进程。当客户进程调用某个函数时，它首先执行的是这个函数的桩（stub），而不是真正的函数实现。当编译和链接客户端程序时，编译器链接的便是桩函数。

图 5-4 RPC 的工作模型

桩函数接到调用后，负责收集参数，并把参数翻译为可以在网络上传输的标准数据包，称为网络数据表示（Network Data Representation，NDR）。在封装好参数后，桩函数会调用 RPC 的客户端运行时函数，后者通过传输层把数据发给服务器端。

举例来说，对于上面提到的 HelloProc，编译工具会为其产生下面这样的桩函数：

```
void HelloProc(
    /* [string][in] */ unsigned char *pszString)
{
    NdrClientCall2(
        ( PMIDL_STUB_DESC  )&hello_StubDesc,
        (PFORMAT_STRING) &__MIDL_ProcFormatString.Format[0],
        pszString);
}
```

其中的 NdrClientCall2 就是 RPC 运行时中的重要函数，供客户端发起调用。

服务器端的运行时函数收到数据包后，调用服务端的桩函数，服务器桩函数把 NDR 数据解开，转换为普通形式的参数，然后调用函数的真正实现。如果函数有返回值或者返回类型的参数，那么服务器桩函数会把返回数据打包，然后调用服务器端的 RPC 运行时函数将其发回给客户端。

5.5.2 RPC 子系统服务

在今天的 Windows 系统中，有几个后台服务是必须启动而且不允许禁止的，其中之一便是所谓的 RPC 子系统（Remote Process Control Subsystem）服务，简称 RpcSs，如图 5-5 所示。

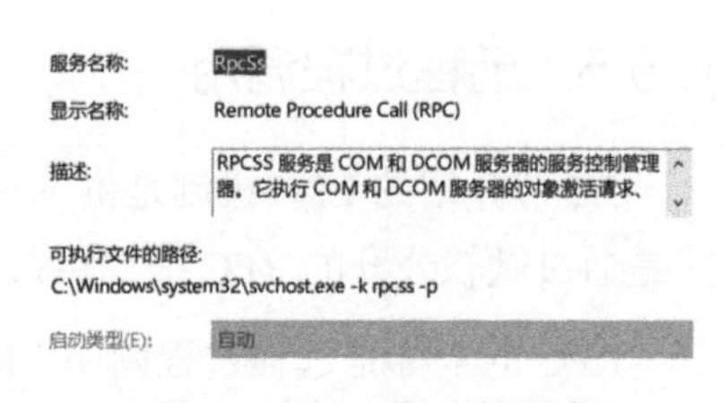

图 5-5 RPC 子系统服务

从历史角度看，微软在实现 RPC 技术的时候，同时也在开发 COM（组件对象模型）和 DCOM 技术。因此，从实现的角度来看，RPC 与 COM 和 DCOM 技术有很多交叉和复用，很多开发工具和基础设施也是共享的。比如，在 RPC 中，也使用 COM 和 DCOM 中使用的 IDL 语言来描述接口。又如，在 RpcSs 中，既有对 RPC 的全局支持，也有对 COM 和 DCOM 的关键支持。因为 Windows 操作系统的很多内部机制是离不开 COM/DCOM 和 RPC 的，所以 RpcSs 是不允许禁止的。

试图使用 WinDBG 等调试器附加到 RpcSs 所在的进程也是非常危险的，当你感觉似乎附加成功了的时候，WinDBG 可能很快就挂死了，因为 WinDBG 加载符号时可能要访问网络，访问网络时可能就要触发 RPC 调用，于是很多东西便锁在一起了。当你忍无可忍、想强制关闭 WinDBG 时，你很可能难以做到，也可能做到了，但是立刻得到一个蓝屏崩溃，停止码为 0xF4，代表 CRITICAL_OBJECT_TERMINATION。

如果你很想用调试方法了解 RpcSs，那么一种比较温和而且安全的方式是在任务管理器里找到 RpcSs 所对应的进程，然后产生转储文件，再使用 WinDBG 打开转储文件。另一种方法是使用内核调试会话。

下面是 rpcss 模块中的部分重要函数。

```
rpcss!GetEndpoint
rpcss!ActivateRemote
rpcss!CRemoteMachine::Activate
rpcss!CProcess::ActivateProcess
rpcss!BreakOnDebuggedClsid
rpcss!CWinRTActivationStoreCatalog::CServerInfo::GetDebuggerCommandLine
```

其中，最后两个是用于支持调试的。

5.5.3 端点和协议串

端点是 RPC 中的一个关键概念。简单来说，端点是 RPC 的服务器端与客户端建立联系和通信的纽带。RPC 服务器端启动后，它便会监听一个或者多个端点，客户端启动后，也是通过端点与服务器端建立联系的。

每个端点具有固定的传输层。RPC 的传输层有很多种选择，比如命名管道、TCP、UDP、IPX（Internet Packet Exchange）、SPX（Sequenced Packet Exchange）、LPC 等。

在传输层上面，RPC 层存在多种协议，目前，微软支持以下 3 类 RPC 协议。

（1）面向连接的（connection-oriented）协议，全称为面向连接的网络计算架构（Network Computing Architecture Connection Oriented，NCACN）。

（2）数据报文协议，全称为数据报文网络计算架构（Network Computing Architecture Datagram，NCADG）。

（3）本地的远程过程调用，全称为本地远程过程调用网络计算架构（Network Computing Architecture Local Remote Procedure Call，NCALRPC）。

这意味着，在使用 RPC 时，RPC 双方必须明确 RPC 协议和传输层协议。在 RPC 中，专门使用一个固定的字符串来标识不同的协议组合，并给这样的字符串取了个专门的名字，叫作协议串（protocol sequence），有时简写为 ProtoSeq。

老雷评点

不少同行将 ProtoSeq 翻译为“协议序列”，既生硬，读起来也不顺口，本书中“协议串”之翻译简单易懂，直达本意，胜过“协议序列”百倍。

举例来说，ncacn_nb_tcp 代表的 RPC 协议为 ncacn，即面向连接的 RPC 协议，传输层使用的是 NetBIOS TCP。微软的文档中有完整的协议串列表[10]，在此从略。

在 Windows 系统中，有一个系统服务，用于匹配 RPC 端点，名叫 EP Mapper，如图 5-6 所示。

从图 5-6 中的文件路径可以看到，端点匹配服务使用的服务模块与 RPC 子系统服务是一样的，都是 RPCSS.dll。

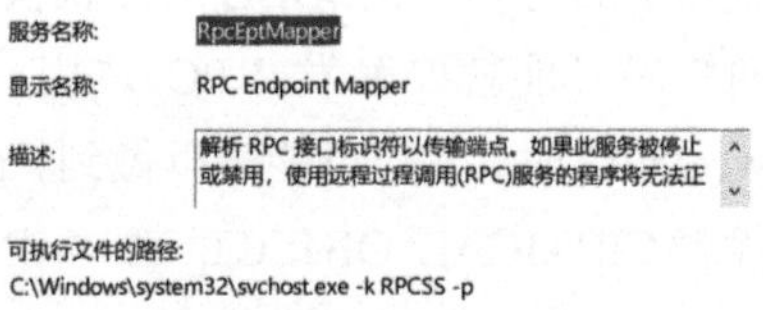

图 5-6 用于匹配 RPC 端点的系统服务

5.5.4 蜂巢

当 RPC 设施工作时，有一种特别的方式来存储各种类型的 RPC 对象，称为蜂巢（cell）。每个蜂巢都有自己的 ID，一般表示为 x.y 的形式。RPC 运行时专门维护一个单独的堆来分配和释放蜂巢，这个堆便叫蜂巢堆（cell heap）。在 RPC 运行时里，有专门的函数来从蜂巢堆上分配蜂巢，比如 RPCRT4!CellHeap::AllocateCell。

蜂巢堆上存储的 RPC 对象有如下几种。

（1）端点（endpoint）。

（2）线程（thread），比如 RPC 服务器端的工作线程。

（3）连接，即客户端和服务器端的连接实例。

（4）服务器端调用（Server Call），简称 SCALL。

（5）客户端调用（Client Call），简称 CCALL。

蜂巢里保存着每个 RPC 对象的属性，在调试 RPC 时，这些属性的价值是非常高的。为此，我们特意把这些属性的详细信息整理在表 5-3 中[11]。

表 5-3 保存在蜂巢中的 RPC 对象的属性

对　象	属　性	说　明
端点	ProtseqType	该端点的协议串类型
	Status	端点的状态，有 3 种值——allocated（已分配）、active（活跃）和 inactive（不活跃）
	EndpointName	端点名称的前 28 个字符
线程	Status	线程状态，有 4 种值——processing、dispatched、allocated、idle
	LastUpdateTime	上次更新时间（系统启动后的毫秒数）
	TID	线程 ID
连接	Flags	标志，用来指示是否为互斥模式（exclusive/non-exclusive）、认证级别和认证服务状态
	LastTransmitFragmentSize	通过这个连接传输的上一个数据片的大小
	Endpoint	所属端点的蜂巢 ID
	LastSendTime	上次发送时间
	LastReceiveTime	上次接收时间
服务器端调用（SCALL）	Status	调用状态，有 3 种值——已分配（allocated）、活跃（active，RPC 运行时正在处理）和已分发（dispatched，服务函数已经调用但还没有返回）
	ProcNum	过程序号（procedure number），要调用函数在接口中的序号，从 0 开始
	InterfaceUUIDStart	接口的第一个 DWORD
	ServicingTID	服务线程的蜂巢 ID，如果调用状态不是活跃或者已分配，那么此信息可能有误
	CallFlags	调用标志，指示是否为被缓存的调用（cached call）、异步调用、管道调用、LRPC 或者 OSF 调用

续表

对　象	属　性	说　明
服务器端调用（SCALL）	LastUpdateTime	上次更新时间
	PID	调用者的进程 ID，仅当 LRPC 时有效
	TID	调用者的线程 ID，仅当 LRPC 时有效
客户端调用（CCALL）	ProcNum	被调用方法的过程序号，与服务器端调用的 ProcNum 属性含义相同
	ServicingThread	发起调用的工作线程的蜂巢 ID
	IfStart	接口 UUID 的第一个 DWORD
	Endpoint	这个调用的服务器端端点名字的前 12 个字符
	ProtocolSequence	协议串
	LastUpdateTime	上次更新时间
	TargetServer	服务器名称的前 24 个字符

使用后面介绍的 RPC 调试工具可以读取上表中的属性，稍后会继续介绍。

老雷评点

RPC 调试的一大难点便是调试工具的输出信息常常包含各种简写和晦涩术语，特汇集于一表备查。整理此表，用去老雷半天工夫。

5.5.5 案例和调试方法

举例来说，笔者曾经遇到 Windows 版本的微信程序在接听语音呼叫时挂死[12]，上调试器，发现 UI 线程因为调用 waveInOpen API 而陷入等待。

老雷评点

本书第 1 版出版后，便有读者来信希望介绍 RPC 调试，本节以案说法，略酬读者之望。

```
00 ntdll!NtWaitForSingleObject
…
07 wdmaud!widMessage
08 winmmbase!waveInOpen
```

继续追查进程中的其他线程，发现语音 API 的工作线程通过 RPC 调用系统中的语音服务（清单 5-7）。

清单 5-7　API 的工作线程通过 RPC 调用系统中的语音服务

```
0:031> kc
 #
00 ntdll!NtAlpcSendWaitReceivePort
01 rpcrt4!LRPC_BASE_CCALL::DoSendReceive
02 rpcrt4!NdrClientCall2
03 rpcrt4!NdrClientCall4
04 AudioSes!CAudioClient::InitializeAudioServer
05 AudioSes!CAudioClient::InitializeInternal
06 AudioSes!CAudioClient::Initialize
07 wdmaud!CWaveHandle::_Open
08 wdmaud!CWaveOutHandle::_Open
09 wdmaud!`CWaveHandle::Open'::`2'::COpenJob::Work
0a wdmaud!CWorker::_ThreadProc
0b wdmaud!CWorker::_StaticThreadProc
```

```
0c kernel32!BaseThreadInitThunk
0d ntdll!__RtlUserThreadStart
0e ntdll!_RtlUserThreadStart
```

注意观察上面的栈回溯，其中栈帧 03 中的 rpcrt4 便是 RPC 的运行时模块，NdrClientCall4 是客户端发起调用的函数。栈帧 01 中的 LRPC_BASE_CCALL 表示使用 LPC 作为传输层。栈帧 00 表示调用 NtAlpcSendWaitReceivePort 系统服务进入内核空间。

对于使用 LPC 作为传输层的 RPC 阻塞，继续追查的最好方法便是使用内核调试会话，比如借助 LiveKD 工具（第 18 章）到内核空间观察这个线程的详情，一般就会看到这个线程所等待的 LPC 消息和服务进程，像 5.4 节（图 5-2）所描述的那样，本节不再重复[12]。下面继续介绍使用其他传输层的情况。

如果 RPC 的传输层使用的不是 LPC，而是网络或者命名管道等方式，那么一般使用如下调试方法：先启用 RPC 服务的调试支持，让其保存状态信息，再使用 RPC 调试工具来获取状态信息。

首先要启用 RPC 的调试支持。执行 gpedit.msc 启动本地组策略编辑器，然后依次选择“计算机配置”→“管理模板”→“系统”→“远程过程调用”找到关于 RPC 的配置页面（图 5-7）。

然后双击图 5-6 右侧的“维护 RPC 疑难解答状态信息”（这个中文翻译很别扭）。在接下来打开的配置页面中先选择“已启用”启用 RPC 状态保存，再在下面关于保存信息多少的选项中选择“完全”。做了这个改动后要重启系统才能生效。

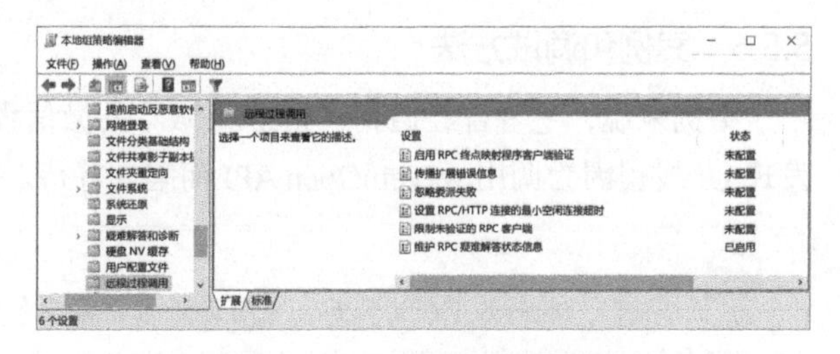

图 5-7 关于 RPC 的配置页面

做好上面的准备后，有两个工具可供选择，一个是 WinDBG 的扩展命令模块 rpcexts.dll，另一个是 WinDBG 工具集附带的工具 DbgRPC.exe。二者用法大同小异，我们以前者为例介绍基本过程。

下面通过一个实例来介绍。在微软的平台 SDK 示例程序中，有一个名为 Hello 的示例，其路径为 Samples\NetDS\Hello。笔者对其做了一些改进，在 HelloProc 函数中加入代码，让其可以模拟服务器端挂死。

```
void HelloProc(unsigned char * pszString)
{
    printf("GeRPC HelloProc got called. I will sleep %d seconds \n",
    nMimicHang);
    Sleep(nMimicHang*1000);

    printf("%s\n", pszString);
}
```

编译好修改后的代码，以如下命令启动服务器端。

```
C:\sdbg2e\ch205\GeRPC>hellos -h 10000
```

服务器端会打印消息，显示进入监听状态（图 5-8 下面部分）。接下来，执行 helloc 启动客户

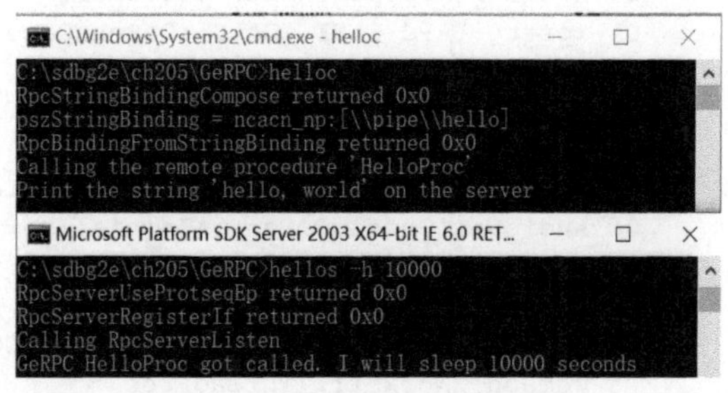

图 5-8 客户端因等待回复而挂死

端。收到客户端的连接后，服务器端故意睡觉不回复，于是导致双方都僵持在那里，如图 5-5 所示。

如何调试这样的问题呢？我们假定不知道服务器端是哪个进程，在哪里。

以管理员身份启动 WinDBG，附加到挂死的客户端进程。注意，一定要以管理员身份执行 WinDBG，不然稍后执行 rpcexts 的命令时会因为权限不足而失败。

执行～0s 切换到挂死的 0 号线程，执行 k 命令可以看到客户端调用 RPC 函数的执行经过（清单 5-8）。

清单 5-8　客户端调用 RPC 函数的经过

```
# Call Site
00 ntdll!NtWaitForSingleObject
01 KERNELBASE!WaitForSingleObjectEx
02 RPCRT4!UTIL_WaitForSyncIO
03 RPCRT4!UTIL_GetOverlappedResultEx
04 RPCRT4!NMP_SyncSendRecv
05 RPCRT4!OSF_CCONNECTION::TransSendReceive
06 RPCRT4!OSF_CCONNECTION::SendFragment
07 RPCRT4!OSF_CCALL::SendNextFragment
08 RPCRT4!OSF_CCALL::FastSendReceive
09 RPCRT4!OSF_CCALL::SendReceiveHelper
0a RPCRT4!OSF_CLIENT_MESSAGE_SENDER::SendReceive
0b RPCRT4!NdrpClientCall2
0c RPCRT4!NdrClientCall2
0d helloc!main
0e helloc!mainCRTStartup
0f KERNEL32!BaseThreadInitThunk
10 ntdll!RtlUserThreadStart
```

因为被调试的 helloc 程序是发布版本，所以栈回溯中，没有显示出桩函数的名字 HelloProc，这给调试增加了难度。那么，该如何找到出现问题的调用，以及这次调用没有返回的原因呢？接近目标的一个快捷方法是使用!rpcexts.getclientcallinfo 命令，让其打印出客户端调用列表，结果如图 5-9 所示。

```
0:000> !rpcexts.getclientcallinfo
Searching for call info ...
PID  CELL ID   PNO  IFSTART  TIDNUMBER CALLID   LASTTIME PS CLTNUMBER ENDPOINT
------------------------------------------------------------------------------
4fcc 0000.0002 0000 906b0ce0 0000.0000 00000002 0240a287 0f 0000.0003 \pipe\hello
```

图 5-9　获取 RPC 的客户端调用列表

图 5-9 显示了一个客户端调用，以表格形式显示了它的详细信息。表格中的各个部分的含义可以参考上文中的表 5-3。PID 代表进程 ID，即当前客户端进程的进程 ID。接下来是这个客户端调用对象的蜂巢 ID。再接下来的 PNO 是 ProcNo 的简写，代表被调用过程的序号。查看接口的 IDL 文件，可以看到所有方法的列表，其序号从 0 开始，比如下面是我们的 Hello 例子使用的接口，来自 hello.idl 文件。

```
interface hello
{
void HelloProc([in, string] unsigned char * pszString);
void Shutdown(void);
}
```

随后的 IFSTART 代表接口 UUID 的起始部分。接下来的 TIDNUMBER 代表调用线程的 ID（calling thread ID）。后面的 CALLID 是这次调用的 ID。接下来的 LASTTIME 是上次更新时间，可以使用后面介绍的 getdbgcell 命令将其翻译为秒数，最后一个部分是这个调用的端点名称，即\pipe\hello。

上面的信息中，最有价值的是端点名称，因为有了这个名称，使用 getendpointinfo 命令就可以获取到服务端的信息。

```
0:001> !getendpointinfo \pipe\hello
Searching for endpoint info ...
PID  CELL ID   ST PROTSEQ        ENDPOINT
-------------------------------------------------------------
06cc 0000.0002 01            NMP \pipe\hello
```

上面结果的第一列便是服务进程的 ID，而后是蜂巢 ID，ST 列用来描述端点的状态，1 代表活跃状态（active），0 表示已分配（allocated）。随后一列是协议串，NMP 代表命名管道，最后一列仍是端点名称。顺便说一下，如果不指定端点名，那么这条命令会列出系统中的所有端点。

有了服务端的进程 ID 后，便可以使用 WinDBG 附加到服务进程，追查进一步的原因了。仍以管理员身份运行 WinDBG，附加到 ID 为 6cc 的进程，其实就是 Hellos 进程。观察 0 号线程，可以看到它在监听 RPC 连接（清单 5-9）。

清单 5-9 监听 RPC 连接

```
00 ntdll!NtWaitForSingleObject
01 KERNELBASE!WaitForSingleObjectEx
02 RPCRT4!EVENT::Wait
03 RPCRT4!RPC_SERVER::WaitForStopServerListening
04 RPCRT4!RPC_SERVER::ServerListen
05 RPCRT4!RpcServerListen
06 hellos!main
07 hellos!mainCRTStartup
08 KERNEL32!BaseThreadInitThunk
09 ntdll!RtlUserThreadStart
```

继续观察 1 号线程，可以看到它正在处理 RPC（清单 5-10）。

清单 5-10 处理 RPC

```
# Call Site
00 ntdll!NtDelayExecution
01 KERNELBASE!SleepEx
02 hellos!HelloProc
03 RPCRT4!Invoke
04 RPCRT4!NdrStubCall2
05 RPCRT4!NdrServerCall2
06 RPCRT4!DispatchToStubInCNoAvrf
07 RPCRT4!RPC_INTERFACE::DispatchToStubWorker
08 RPCRT4!OSF_SCALL::DispatchHelper
09 RPCRT4!OSF_SCALL::ProcessReceivedPDU
0a RPCRT4!OSF_SCONNECTION::ProcessReceiveComplete
0b RPCRT4!CO_ConnectionThreadPoolCallback
0c RPCRT4!CO_NmpThreadPoolCallback
0d KERNELBASE!BasepTpIoCallback
0e ntdll!TppIopExecuteCallback
0f ntdll!TppWorkerThread
10 KERNEL32!BaseThreadInitThunk
11 ntdll!RtlUserThreadStart
```

在清单 5-10 中，可以看到 RPC 运行时模块（RPCRT4）在调用 RPC 的目标函数 HelloProc，

HelloProc 在调用 Sleep，导致这个 RPC 调用黏滞在这里，无法返回。

最后再介绍几条有用的命令。图 5-8 中的 getclientcallinfo 用来显示客户端调用信息，也就是清单 5-8 中桩函数调用 NdrClientCall2 的信息。类似地，getcallinfo 用来显示服务器端调用的情况，也就是服务线程调用 NdrServerCall2 的信息（清单 5-10）。不带任何参数会显示很多内容，通常要加过滤条件，比如下面的命令会显示 6cc 这个服务进程的调用，结果如图 5-10 所示。

```
0:001> !rpcexts.getcallinfo 0 0 0 6cc
Searching for call info ...
PID  CELL ID   ST PNO IFSTART  THRDCELL  CALLFLAG CALLID   LASTTIME CONN/CLN
----------------------------------------------------------------------------
06cc 0000.0004 01 000 00000000 0000.0000 00000001 00000000 0240a287 0000.0003
06cc 0000.0006 00 000 00000000 0000.0000 00000001 00000000 032f0ac1 0000.0005
```

图 5-10 观察服务端调用信息

对于每次调用，可以使用 getdbgcell 命令获取其详细信息，例如：

```
0:004> !rpcexts.getdbgcell 6cc 0.4
Getting cell info ...
Call
Status: Active
Procedure Number: 0
Interface UUID start (first DWORD only): 0
Call ID: 0x0 (0)
Servicing thread identifier: 0x0.0
Call Flags: cached
Last update time (in seconds since boot):37790.343 (0x939E.157)
Owning connection identifier: 0x0.3
```

可以看到这个调用处于活跃状态。倒数第二行是它的上次更新时间。使用 rpctime 命令可以获取当前时间。

```
0:004> !rpcexts.rpctime
Current time is: 054706.609 (0x00d5b2.261)
```

二者相减，可以看到已经过去几小时（(54706—37790)/3600≈4.7），这个调用一定是出问题了。

5.6 本章总结

本章介绍了 Windows 操作系统中的 APC、DPC 和 RPC。概而言之，它们都是为了实现特殊的函数调用，为了跨越某种边界做调用。简单来说，APC 跨越的是线程边界，DPC 跨越的是 IRQL 边界，RPC 跨越的是进程边界。

LPC 不仅名字与 APC、DPC 和 RPC 相近，而且它在 Windows 系统中的重要性与其他三者相比也是不相上下的，特别是与 RPC 经常相伴使用。因此我们也在本章对其做了介绍。

本章的目的有多个。一方面是因为这些特殊的过程调用和 IRQL 是 NT 的基因，了解它们对理解 NT 的价值很大。另一方面，因为理解这些概念有较大的难度，调试时又经常遇到，所以我们特别拿出来讲解，帮助大家攻克难关，增强信心。还有，我们在介绍时，故意使用了调试的方法来帮助学习，这也是在传达我们“以调试之剑征服软件世界”的思想，提高大家学习调试技术的兴趣。

参考资料

[1] Inside NT's Asynchronous Procedure Call. Dr.Dobb's By Albert Almeida, November 01, 2002.

[2] Doing Things "Whenever" - Asynchronous Procedure Calls in NT. The NT Insider,Vol 5, Issue 1, Jan-Feb 1998.

[3] QueueUserAPC function. 微软官方文档.

[4] Asynchronous Procedure Calls. 微软官方文档.

[5] Inside NT's Interrupt Handling Mark Russinovich. ITPro. Oct 31, 1997.

[6] What is IRQL? MSDN 官方博客.

[7] Intel® 64 Architecture x2APIC Specification.

[8] Adavanced Local Procedure Calls (ALPCs). Windows Internals, 5th edition 202 页 微软出版社.

[9] LPC (Local procedure calls) Part 1 architecture. MSDN 博客.

[10] Protocol Sequence Constants. 微软官方文档.

[11] RPC State Information Internals. 微软官方文档.

[12] 微信挂死为哪般？格蠹老雷. 格友公众号文章.

第6章 垫片

在生活中，如果你有修车的经验，那么一定见过不同形状和大小的垫片。垫片的用途有多种，有时是为了调整距离，让本来接触不密切的，可以接触得密切，有时是为了隔离两个部件，防止二者直接接触，有时是为了增大受力面积。概而言之，在机械世界中，垫片的价值是让两个零件更好地对接到一起。

在 Windows 操作系统里，也有一种著名的系统机制，叫垫片（shim）。概而言之，它的作用是用来解决软件兼容问题的。

老雷评点

shim 技术颇为神秘，偶有国内同行讨论，大多用英文原词，直译为垫片，乃此书之首创。

在软件兼容方面，Windows 平台一直表现卓越，有着非常好的口碑。举例来说，笔者很喜欢的 Visual C++ 6.0（简称 VC6）是在 1998 年发布的，当时主流的 Windows 桌面版本还是基于 16 位代码的 Windows 9x。20 多年过去了，Windows 系统演进了很多代，而 VC6 依然可以在今天的 Windows 10 中较好地运行。

与 Linux 平台上流行的源代码兼容方式不同，Windows 系统上一直奉行的是二进制兼容。二进制兼容的一个关键问题是应用程序编程接口（API）兼容。20 多年里，Windows 系统做了无数次重构和升级，Windows 系统的开发团队换了一批又一批，但是始终保持着二进制兼容的传统。

为了保持这个传统，微软做了非常多的工作，垫片机制就是其中之一。与机械世界中的垫片的功能类似，Windows 的垫片机制也是为了让两个软件模块可以对接在一起。如果没有垫片，它们之间可能是有冲突的。有了垫片后，它们就可以一起工作了。

Windows XP 引进了垫片机制，当时，这个机制只是针对用户空间的，旨在解决用户空间的第三方代码兼容问题，更正式的名字叫应用程序兼容引擎（Application Compatibility Engine，ACE）。Windows 8.1 把这个机制扩展到内核空间，用来解决设备驱动程序有关的兼容问题，称为内核垫片引擎（Kernel Shim Engine，KSE）。本章先介绍 ACE 和 KSE 都依赖的垫片数据库（SDB），然后再分别介绍 ACE 和 KSE。

6.1 垫片数据库

垫片机制是 Windows 系统的一个神秘机制，公开的资料很少。我们的“探索垫片机制之旅”从认识神秘的垫片数据库开始。

6.1.1 认识 SDB 文件

从 Windows XP 开始，Windows 系统的主文件夹下便有一个名为 apppatch 的子文件夹，里面放着若干个以.sdb为后缀的二进制文件（图6-1），它们便是神秘的垫片数据库文件，有时也叫应用程序兼容数据库（compatibility database）。

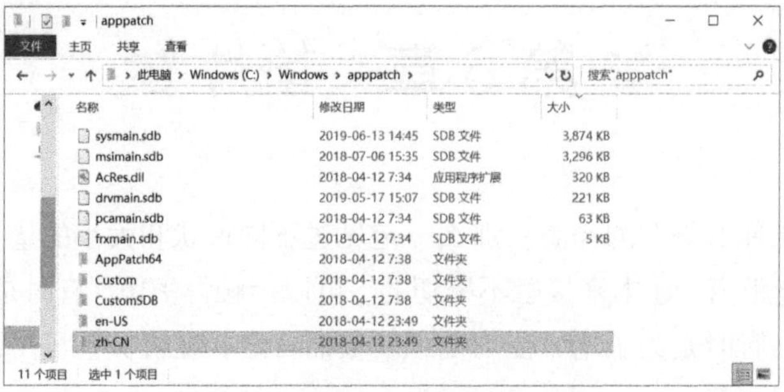

图6-1 神秘的垫片数据库文件

微软没有公开SDB文件的格式定义，使用一个名为sdb2xml的免费工具可以把SDB的内容输出为XML格式[1]。清单6-1包含了从sysmain.sdb产生的sysmain.xml文件的一部分（完整文件在本书配套电子资源的ch206文件夹中）。

清单6-1 转化为XML的SDB信息（局部）

```
<EXE>
<NAME type="xs:string">Womcc.exe</NAME>
<APP_NAME type="xs:string">Windows 优化大师</APP_NAME>
<VENDOR type="xs:string">鲁锦</VENDOR>
<EXE_ID type="xs:string" baseType="xs:base64Binary">{bfbb948e-2d4e-4b43-
b9d5-6af14ecd2be8}</EXE_ID>
<APP_ID type="xs:base64Binary"/>
<RUNTIME_PLATFORM type="xs:int">37</RUNTIME_PLATFORM>
<MATCHING_FILE>
<NAME type="xs:string">*</NAME>
<COMPANY_NAME type="xs:string">鲁锦</COMPANY_NAME>
<PRODUCT_NAME type="xs:string">Windows 优化大师</PRODUCT_NAME>
<UPTO_BIN_PRODUCT_VERSION type="xs:long">1970324836974591</UPTO_BIN_PRODUCT_VERSION>
</MATCHING_FILE>
<SHIM_REF>
<NAME type="xs:string">WinXPSP2VersionLie</NAME>
<SHIM_TAGID type="xs:int">191322</SHIM_TAGID>
</SHIM_REF>
</EXE>
```

清单6-1中的信息来自SDB中的可执行（EXE）文件表，大半部分描述的是可执行文件的属性，比如文件名为Womcc.exe，所属的应用软件名为“Windows优化大师”，开发商名为“鲁锦”等。随后的MATCHING_FILE部分定义了匹配这个文件的规则，或者说过滤条件，其中的UPTO_ BIN_PRODUCT_VERSION定义的是截至目前的最高版本号。

清单6-1的SHIM_REF部分描述的是应该为这个EXE应用的垫片，垫片的名称为WinXPSP2 VersionLie，垫片的ID为191322，使用这个ID可以在专门描述垫片的表里找到这个垫片的详细信息。

从微软网站可以免费下载一个名为应用兼容工具包（Application Compatibility Toolkit，ACT）的软件包，使用其中的兼容管理器也可以浏览SDB数据库的内容。找到与清单6-1相对应的内容后，可以看到垫片WinXPSP2VersionLie的详细描述（图6-2）。

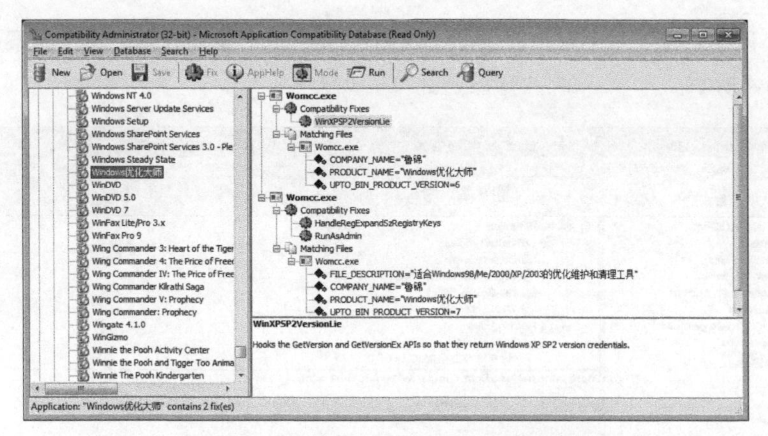

图 6-2　WinXPSP2VersionLie 的详细描述

根据图 6-2 中的描述，可以知道 WinXPSP2VersionLie 垫片的作用是挂接 GetVersion 和 GetVersionEx 两个 API，让它们总是返回 Windows XP SP2 的版本信息。

通过上面一个例子，我们对 SDB 文件的作用有了一些了解。概括来说，SDB 文件中描述了数以千计的应用程序，有微软的，也有第三方的。这些程序出现在 SDB 中意味着它们在新版本的 Windows 系统中有这样那样的问题。由于这些软件已经发布出去，可能已经在用户手中，因此很难把它们全部升级和替换成新版本。因此，只能用垫片机制来缓解问题，当用户使用这些有问题的软件时，修补加载到内存中的程序。为此，垫片机制还有一个名字，叫“微软内存修正补丁”（Microsoft Fix-It In-memory Patch），与更换磁盘文件的一般补丁相区别。

因为这样的兼容性问题可能随时都会新增，所以使用 SDB 这样的数据库文件来存储，可以很方便地增添新的记录。仔细观察图 6-1，可以看到 sysmain.sdb 的更新时间为 2019 年 6 月，距离笔者写作时间相距只有一个多月，这意味着这个文件最近被更新过。

在图 6-1 中，有多个 SDB 文件，还有子目录。简单说，根目录下的 xxxmain.sdb 是微软官方维护的，sysmain.sdb 用于解决用户空间的应用程序问题，drvmain.sdb 用于内核空间，msimain.sdb 用于 MSI 安装包，pcamain.sdb 供程序兼容助理（program compatibility assistant）使用。

6.1.2　定制的 SDB 文件

使用 ACT 工具集中的兼容管理员（compatibility administrator）程序可以创建新的 SDB 文件，这样的 SDB 文件一般称为用户定制的 SDB 文件。

创建了一个定制的 SDB 文件后，便可以向其中添加修补（fix）信息，也就是指定要修补的程序，为它确定匹配条件，选择修补方案。举例来说，在图 6-2 所示的界面中，从菜单栏选择 Database → Create New → Application Fix，便可以调出图 6-3 所示的 Create new Application Fix 向导。

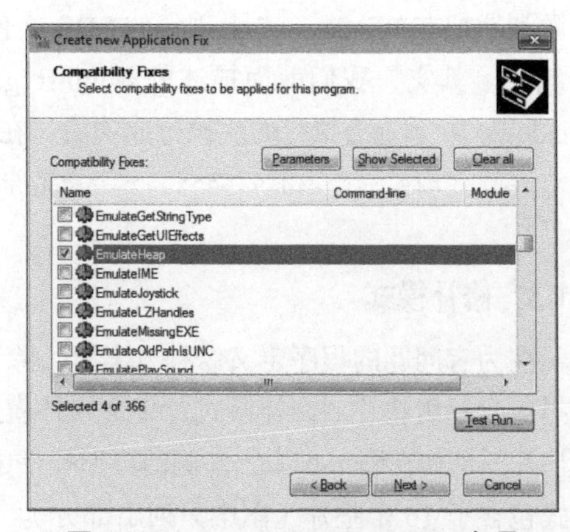

图 6-3　Create new Application Fix 向导

使用图 6-3 所示的向导很快便为本书配套

的 BadBoy 小程序创建了一个定制数据库，我们选择了 4 个修补方案，每个方案可以看作一个垫片，如图 6-4 所示。

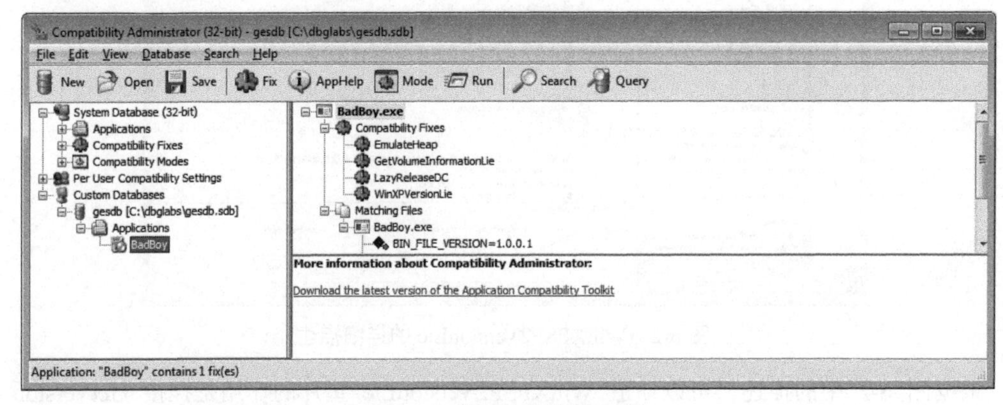

图 6-4 选择 4 个修补方案

定制的 SDB 文件需要安装、注册才能生效，注册表的位置如下。

```
HKLM\SOFTWARE\Microsoft\Windows NT\CurrentVersion\AppCompatFlags\Custom
HKLM\SOFTWARE\Microsoft\Windows NT\CurrentVersion\AppCompatFlags\InstalledSDB
```

定制 SDB 文件的默认安装位置为 C:\Windows\AppPatch\Custom\SDB 和 C:\Windows\AppPatch\Custom\Custom64\。

在微软的 ACT 工具集中，有一个名为 sdbinst 的命令行工具，用于安装 SDB 数据库，例如使用如下命令便将我们刚刚建立的 gesdb 数据库安装到系统中了。

```
C:\Windows\system32>sdbinst c:\dbglabs\gesdb.sdb
Installation of gesdb complete.
```

安装后，在上面的提到的 AppPatch\CustomSDB 目录下会新增一个以 GUID 命名的文件。

值得说明的是，因为垫片机制可能被黑客所利用，产生严重的安全问题，所以在 Windows 10 上运行上面的“兼容管理员”程序时，系统会显示图 6-5 所示的提示信息并阻止运行。

图 6-5 提示信息

不过，在具有管理员权限的命令行中，使用 sdbinst 命令可以很顺利地把在 Windows 7 上创建的 SDB 文件安装到 Windows 10 系统中。其实，我们前面描述的 sdbinst gesdb.sdb 命令就是在 Windows 10 系统上执行的。执行成功后，在 CustomSDB 目录下新增了下面这样一个新文件。

```
{c403b64f-e663-4de7-9823-32aa50943d34}.sdb
```

6.1.3 修补模式

在为有问题的程序定义修补方案时，除了可以像上面描述的一个个选择修补垫片，还可以选择包含一组垫片的修补模式。每个修补模式针对某个常见的应用场景而设计，包含若干个修补垫片。例如在图 6-6 中，左侧的树形控件中列出了 4 个修补模式。其中，展开的 Win2000Sp3 模式包含了 16 个垫片（图中只列出部分）。为应用程序启用这个修补模式后，它就仿佛回到了老的 Windows 2000 SP3 环境中运行。

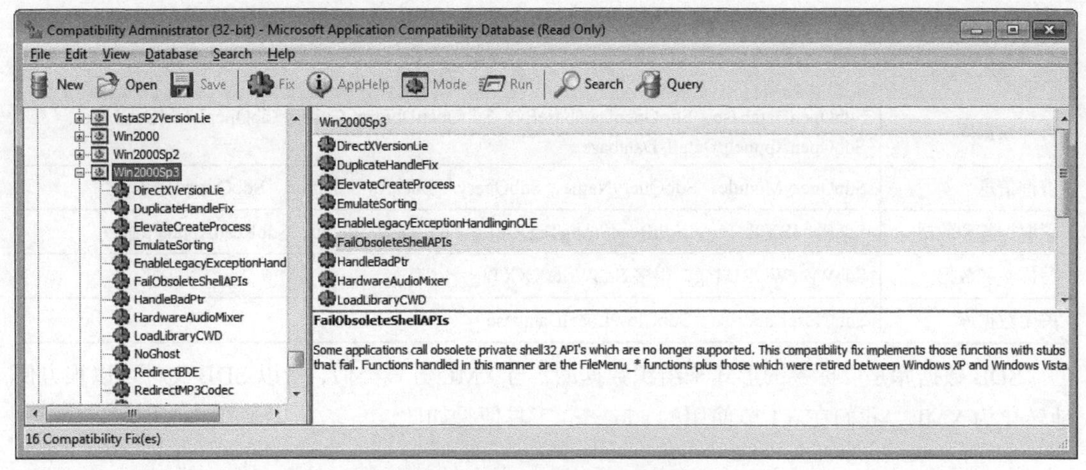

图 6-6 包含一组垫片的修补模式

有多种方式可以启用修补模式。除了可以在 ACT 工具中启用，还可以不用任何特殊工具，在资源管理器的文件属性对话框中启用，只要勾选“以兼容模式运行这个程序”复选框即可，如图 6-7 所示。

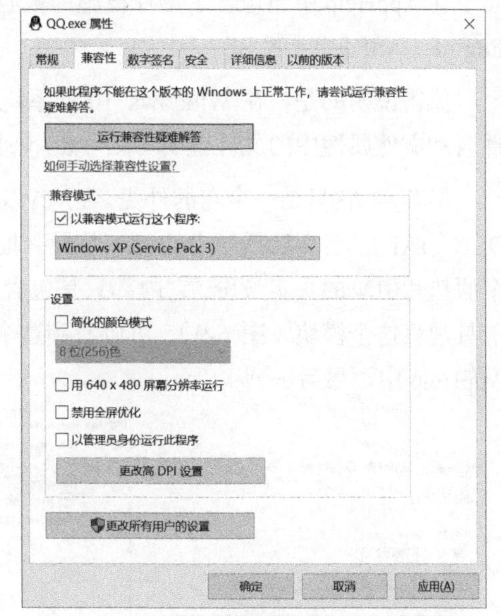

图 6-7 勾选“以兼容模式运行这个程序”复选框

归纳一下，本节从保存垫片信息的 SDB 文件开始，介绍了垫片机制的数据部分。概而言之，垫片信息是存储在专门的 SDB 文件中的。SDB 文件中包含了很多个具有各类修补功能的垫片，还包含了被修补程序的信息，以及二者的关联信息。后续几节将继续介绍垫片机制的程序模块，也就是垫片机制的代码部分，旨在理解系统是如何从 SDB 文件中读取垫片信息并让其发挥作用的。

6.2 AppHelp

在今天的 Windows 程序进程中，经常可以看到一个名叫 AppHelp 的 DLL。这个模块的命名模式与 DbgHelp 类似。从字面理解，DbgHelp 是帮助调试的，AppHelp 是帮助应用程序的。帮助有大有小，可能是举手之劳，也可能是救人于水火。相对而言，AppHelp 针对的麻烦比较大，要帮助应用程序解决兼容性的问题，没有这个帮助，程序可能就崩溃或者无法运行。简单说，AppHelp 的名字取得有些低调，它的作用很大，要为应用程序提供“救命”服务。从软件架构的角度来讲，它是垫片机制的核心模块，内部包含了很多必需的功能，本节将分别加以介绍。

6.2.1 SDB 功能

在 AppHelp 模块中，包含了 300 多个以 Sdb 开头的函数，它们就是操作垫片数据库（SDB）的数据库引擎。表 6-1 按照操作数据库的一般过程，列出了部分主要函数。

表 6-1 AppHelp 中的 SDB 访问函数

操 作	函 数 名
打开数据库	SdbOpenDatabase，SdbOpenDatabaseEx，SdbOpenDbFromGuid，SdbOpenLocalDatabase，SdbOpenApphelpDetailsDatabase
查询信息	SdbQueryModule，SdbQueryName，SdbQueryApphelpInformation，SdbQueryContext
读取标签和数据	SdbReadBYTETag，SdbReadStringTag，很多 SdbReadXXXTag，SdbReadApphelpData
写标签和数据	SdbWriteWORDTag，很多 SdbWriteXXXTag
关闭数据库	SdbCloseDatabase，SdbCloseLocalDatabase

SDB 数据库是以标签的形式来组织数据的，与 XML 方式类似，所以 SDB 文件可以很方便地转化为 XML，我们在 6.1 节使用的 sdb2xml 工具便是如此。

6.2.2 垫片引擎

在 AppHelp 中还包含了垫片设施的核心引擎，一般称为应用程序垫片引擎（Application Shim Engine，ASE），或者 SE。

值得说明的是，在 Windows 10 的系统目录中，有一个名为 SHIMENG.DLL 的文件，从文件名和文件属性中的文件说明（图 6-8）来看，它更像是真正的垫片引擎模块。

但其实，它只是一个空的外壳。在这个文件属性中，可以看到它的原始文件名为 Shim Engine DLL（IAT）。名字后括号中的 IAT 是导入地址表（Import Address Table）的缩写，它道出了这个假垫片引擎的真实身份，它内部只是包含了一个导入表，没有实际实现，使用经典的 Depends 工具观察这个模块（图 6-9），可以看到这个模块的所有导出函数（Function 列）的入口都位于 AppHelp 中（最后一列）。

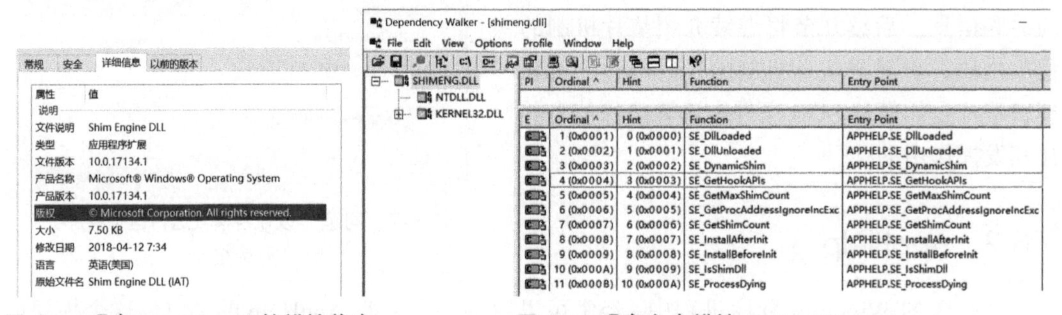

图 6-8 观察 ShimEng.dll 的模块信息　　图 6-9 观察空壳模块 SHIMENG.DLL

垫片引擎的对外导出函数以 SE_ 开头，比如图 6-9 列出的那些，其他函数都模仿 NT 内核的命名习惯，垫片引擎自己的内部函数以 Sep 开头，小写的 p 代表内部过程，公开给其他子功能使用的变量或者函数都以 Se 开头。表 6-2 按照功能列出了垫片引擎的重要函数。

从表 6-2 中可以看出垫片引擎定义了不同角色的“经理（Manager）”，帮助它管理某一个方面，比如挂钩管理、垫片管理、文件重定向管理、模块追踪、标志管理等。

名为 g_Engine 的全局变量记录着初始化后的垫片引擎结构。全局变量 g_ShimDebugLog 是与调试信息输出有关的，另一个全局变量 g_ShimDebugLogLevel 用于记录信息输出的级别。可以通过设置如下环境变量来开启垫片引擎的调试信息。

```
SHIMENG_DEBUG_LEVEL=9
```

成功启用调试信息输出后，使用 DbgView 或者 WinDBG 便可以接收到垫片工作函数打印的调试信息，如图 6-10 所示。

表 6-2 垫片引擎的重要函数

操　作	函 数 名
初始化	SE_InitializeEngine
查询信息	SE_GetShimId，SE_GetHookAPIs，SE_GetMaxShimCount，SE_GetShimCount
重定向器（Redirector）	SeFindRedirector，SeInitializeRedirectors
挂钩管理器	SeHookManagerCreate，SeHookManagerAddHooks，SeHookManagerResolveHooks
垫片管理器	SeShimManagerCreate，SeShimManagerAddShim，SeShimManagerGetShimDllList
标志管理器	SeFlagManagerCreate，SeFlagManagerExecute，SeFlagManagerAddFlag，SeFlagManagerDelete
怪癖（Quirk）管理器	SeQuirkManagerCreate，SeQuirkManagerExecute，SeQuirkManagerDumpState
模块追踪器	SeModuleTrackerCreate，SeModuleTrackerLookup，SeModuleTrackerDelete
常用操作	SepIatPatch（修补 IAT）

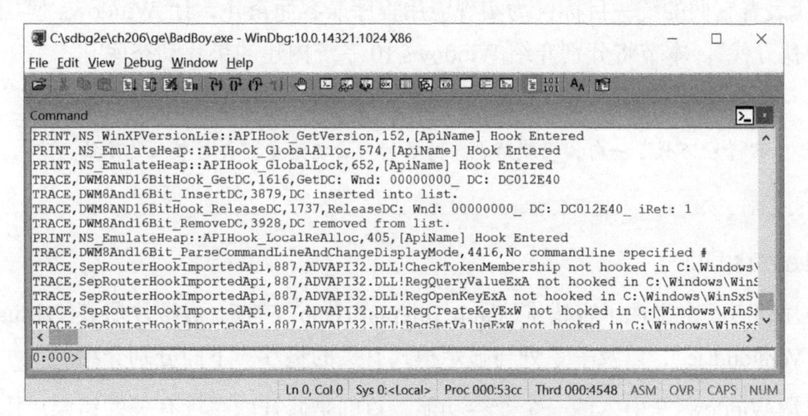

图 6-10 垫片工作函数打印的调试信息

图 6-10 中的第一行便是“版本谎报”垫片输出的，表示针对 GetVersionEx 的挂钩被调用了（Hook Entered）。

6.2.3 AD 挂钩

随着安全形势的日益严峻，Windows 系统的安全防范也越来越多。粗略地说，系统管得越来越严，在老版本中可以访问的，在新版本中可能就不能访问了，这可能导致老的应用程序访问某些资源时被拒绝，收到 STATUS_ACCESS_DENIED 错误，无法工作。自从 Windows Vista 引入 UAC（用户访问控制）机制后，这样的问题就更多了。

为了修补有这样问题的程序，AppHelp 中专门设计了一个子模块，名叫 AD，是 ACCESS DENIED 的缩写。

这个子模块里有一系列以 AdHook_开头的函数，比如 apphelp!AdHook_RegOpenKeyA，应该对 RegOpenKey 函数做修补，当应用程序调用这个 API 而收到 AD 错误时，它会采取补救措施。

如果补救措施被使用而且启用了调试信息输出，那么可以看到类似下面这样的调试信息。

```
"Access denied detector fires,%s"
```

全局变量 g_AdState 记录着 AD 挂钩的状态，另一个全局变量 g_AdFireState 用于记录挂钩被触发的情况，目的是评估挂钩的效果。

6.2.4 穿山甲挂钩

在 AppHelp 还可以看到一种名字很新颖的挂钩技术，名叫穿山甲挂钩（Armadillo Hook）。从名字来看，该技术可能用来处理普通挂钩难以应付的情况。全局数组 g_ArmadilloHooks 记录着这种挂钩。目前要挂接的函数有 GetModuleFileName 和 GetModuleHandle。

概而言之，AppHelp 是应用程序垫片设施的核心模块，它内部不但包括承担核心管理角色的应用程序垫片引擎，以及承担各种管理角色的管理器，而且包含了操作垫片数据库的数据库引擎。

6.3 垫片动态库

虽然在 AppHelp 中包含了一部分垫片的实现，但只是一少部分。更多的垫片是以动态库的形式实现的，根据需要动态加载。我们把专门实现垫片的 DLL 称为垫片动态库，它们大多以 Ac 开头，代表着它们的统一目标：为实现应用程序兼容而奋斗，让 Windows 应用程序可以持续运行“千秋万代”。本节将分别介绍 Windows 10 系统内建的垫片动态库[2]。

老雷评点

“千秋万代”一句，乃戏语也，为解读书者之倦意，去写书人之孤独。

6.3.1 AcLayers.DLL

这个垫片动态库中实现了容错堆（Fault Tolerant Heap，FTH）、虚拟注册表（Virtual Registry）、谎报版本（Version Lie），以及一系列与显示模式有关的垫片。下面分别介绍。

容错堆是 Windows 7 引入的一个兼容功能，目的是修补内存堆有关的错误。比如，有些程序可能多次释放内存，导致崩溃。当启用这个垫片后，应用程序调用 HeapFree API 释放内存时会被重定向到垫片的钩子函数 NS_FaultTolerantHeap::APIHook_RtlFreeHeap。

垫片的钩子函数得到调用后，会检查 HeapFree 的参数。如果发现释放的内存块地址有问题，则会报告如下格式的错误。

```
"bogus address: %p, %p."
```

如果发现这个内存块已经释放过，则会报告如下格式的错误。

```
"double free: %p, %p."
```

无论哪种错误，FTH 都可以根据当前设置的策略来灵活应对，比如可以忽略错误，让程序继续运行。

值得说明的是，实现在 AcLayers.DLL 模块中的只是 FTH 的客户端，即 NS_FaultTolerantHeap::FthClient。在系统的 WDI 服务中，运行着 FTH 的服务端。服务端运行着两个工作线程，分别如下。

```
FthServerMainThreadFunction
FthServerTrackingThreadFunction
```

FTH 的客户端会通过下面名字的命名管道与服务端进行通信。

```
\Device\NamedPipe\ProtectedPrefix\LocalService\FTHPIPE
```

基于这样的“客户端/服务器”模型，FTH 客户端工作在应用程序现场，在一线作战，服务器端工作在后台，二者配合，可以对应用程序实施很复杂的拯救行为。

除了容错堆，AcLayers.DLL 中还实现了虚拟注册表，用于模拟“老的”注册表行为。比如，下面这些函数是用来建立不同版本的“假”注册表的：

```
AcLayers!NS_VirtualRegistry::BuildWin98SE
AcLayers!NS_VirtualRegistry::BuildArm64WOW
AcLayers!NS_VirtualRegistry::BuildIE60
AcLayers!NS_VirtualRegistry::BuildNT50
【省略很多】
```

AcLayers.DLL 中还有很多垫片都属于同一类别，它们的目的就是对版本有关的 API 挂钩，谎报版本号，让应用程序取得老的版本号。比如下面是用于谎报 Windows XP SP2 版本的两个钩子函数。

```
AcLayers!NS_WinXPSP2VersionLie::APIHook_GetVersion
AcLayers!NS_WinXPSP2VersionLie::APIHook_GetVersionExA
```

类似的函数有很多，比如：

```
AcLayers!NS_WinXPSP3VersionLie::APIHook_GetVersion
AcLayers!NS_VistaRTMVersionLie::APIHook_GetVersionExA
```

此外，AcLayers.DLL 还有与图形模式有关的一些垫片，比如 NS_Force640x480，不再赘述。

6.3.2 AcGenral.DLL 和 AcSpecfc.DLL

从名字来看，AcGenral.DLL 里面的垫片是比较通用的，与另一个垫片模块 AcSpecfc.DLL 是相对关系。以笔者写作本部分内容时使用的 Windows 10 为例，系统中有两个版本的 AcSpecfc.DLL，一个是 64 位的，另一个是 WoW 版本的。前者较小，有 339KB；后者较大，有 2MB 多（00253000）。

AcGenral.DLL 内部包含了很多种垫片，比如针对堆错误的模拟堆 AcGenral!NS_EmulateHeap，针对字体问题的 AcGenral!NS_FontMigration，也有很多个用于谎报版本的 VersionLie，比如 AcGenral!NS_Win2000SP1VersionLie。

与针对比较普遍问题的 AcGenral.DLL 不同，AcSpecfc.DLL 用来实现针对特殊问题的垫片，细节从略。

6.3.3 其他垫片模块

除了上面提到的垫片模块，Windows 系统中内建的垫片模块还有几个，比如针对外部问题的 AcXtrnal.dll，针对 Windows 8 引入的 Windows Runtime API 的 AcWinRT.dll，以及针对 UAC 问题的 AcLua.dll。所有垫片 DLL 都至少实现了两个导出函数，分别是 GetHookAPIs 和 NotifyShims。下一节我们将介绍这些垫片模块的工作过程。

6.4 应用程序垫片的工作过程

前面 3 节分别介绍了垫片机制的数据库文件、核心引擎以及实现垫片的各个代码模块，前者是数据部分，后二者是代码部分，本节将继续介绍代码与数据如何结合到一起，发挥作用。

6.4.1 在父进程中准备垫片数据

一个新进程的生命是从父进程开始的，在父进程着手创建子进程的第一阶段（见2.9节）中，会为新进程准备各种材料。这其中就包括为新进程准备垫片数据。清单6-2所示的栈回溯记录了创建子进程的CreateProcessInternalW函数调用BasepGetAppCompatData获取垫片数据的过程。

清单6-2 栈回溯记录

```
00 apphelp!SdbInitDatabaseEx
01 apphelp!ApphelpCreateAppcompatData
02 KERNEL32!BaseGenerateAppCompatData
03 KERNEL32!BasepGetAppCompatData
04 KERNELBASE!CreateProcessInternalW
05 KERNELBASE!CreateProcessW
```

在清单6-2中，CreateProcessW是著名的CreateProcess API的Unicode版本，它调用创建进程的内部函数CreateProcessInternalW。后者在为子进程准备创建材料时，调用BasepGetAppCompatData获取应用程序兼容数据，也就是垫片数据。栈帧#01中的ApphelpCreateAppcompatData是我们介绍过的垫片引擎的接口函数，它再调用内部的SdbInitDatabaseEx来打开垫片数据库文件。

准备好的垫片数据会与新进程的其他数据一起提交给内核，内核会将这个数据映射到新进程的用户空间中，并将这个数据的起始地址通过PEB结构的pShimData字段传递给新进程。举例来说，下面是在WinDBG调试器里观察到的Badboy进程的结果，上面3行用于观察PEB结构中的pShimData字段，得到其内容为0x001b0000。后面3行是观察垫片数据块的结果。

```
0:000> dt _PEB 00304000 -y pShimData
ntdll!_PEB
   +0x1e8 pShimData : 0x001b0000 Void
0:000> dd 0x001b0000
001b0000  00000fb8 ac0dedab 00000001 0000014c
001b0010  3000012e 00000000 00000000 00000000
```

6.4.2 在新进程中加载和初始化垫片引擎

在创建新进程的最后一个阶段，也就是新进程开始在自己的用户空间执行初始化工作时，NTDLL.DLL中的模块加载器（loader）会初始化垫片引擎，如清单6-3所示。

清单6-3 模块加载器初始化垫片引擎

```
00 ntdll!LdrpInitShimEngine
01 ntdll!LdrpInitializeProcess
02 ntdll!_LdrpInitialize
03 ntdll!LdrInitializeThunk
```

清单6-3中的LdrpInitializeProcess是个很长的函数，内部包含了很多逻辑，包括整理进程的参数，初始化异常信息，初始化用于记录关键操作过程的栈回溯数据库（RtlpInitializeStackTraceDatabase）（第23章），初始化堆管理器（RtlInitializeHeapManager），创建进程的默认堆，发起初始断点（LdrpDoDebuggerBreak）等。当然，还有我们现在正介绍的初始化垫片设施。

清单6-3中的LdrpInitShimEngine函数是NTDLL.DLL中发起初始化垫片引擎的重要函数，为了行文方便，我们给它取个简短的名字，叫LISE。

LISE 内部会加载我们在 6.2 节介绍的 AppHelp.DLL，加载成功后，会把这个模块的句柄（起始地址）记录在全局变量 ntdll!g_pShimEngineModule 中。

加载了垫片引擎模块后，LISE 会调用 LdrpGetShimEngineInterface 动态获取垫片引擎的接口函数。后者会反复调用 LdrGetProcedureAddressEx 来获取垫片引擎模块内部的接口函数地址，主要是下面这些函数——SE_InstallBeforeInit、SE_InstallAfterInit、SE_DllLoaded、SE_DllUnloaded、SE_LdrEntryRemoved、SE_ProcessDying、SE_LdrResolveDllName、SE_GetProcAddressForCaller 和 ApphelpCheckModule。

从名字来看，这些接口函数中的大部分具有事件触发性质，也就是让 NTDLL.DLL 在某些事件发生前后来调用垫片引擎，给它机会施加“垫片”。

这些接口函数的地址保存到 NTDLL.DLL 中以 g_pfn 开头的一系列全局变量（即 ntdll!g_pfnApphelpCheckModuleProc、ntdll!g_pfnSE_LdrResolveDllName、ntdll!g_pfnSE_LdrEntryRemoved、ntdll!g_pfnSE_GetProcAddressForCaller、ntdll!g_pfnSE_DllUnloaded、ntdll!g_pfnSE_InstallBeforeInit、ntdll!g_pfnSE_InitializeEngine、ntdll!g_pfnSE_ShimDllLoaded、ntdll!g_pfnSE_InstallAfterInit、ntdll!g_pfnSE_ProcessDying 和 ntdll!g_pfnSE_DllLoaded）中。

接下来，LISE 会调用 SE_InitializeEngine 来给垫片引擎初始化的机会。后者会执行一系列初始化工作，包括调用 SeProcessAttach 准备具有全局性的层（layer）特征垫片，比如修改环境变量、模拟注册表等，如清单 6-4 所示。

清单 6-4 垫片引擎初始化

```
00 apphelp!SeProcessAttach
01 apphelp!SE_InitializeEngine
02 ntdll!LdrpInitShimEngine
03 ntdll!LdrpInitializeProcess
04 ntdll!_LdrpInitialize
05 ntdll!LdrInitializeThunk
```

如果启用了垫片引擎的信息输出，那么可能看到类似下面这样的输出。

```
TRACE,SeSdbProcessLayers,481,Resetting layer env variable
```

6.4.3 加载垫片模块

在初始化垫片引擎后，LISE 的下一个重大动作是加载具体的垫片模块。LISE 会调用 LdrpLoadShimEngine 函数来做这个工作。LdrpLoadShimEngine 也是垫片机制的重要函数，为了行文方便，我们将其简称为 LLSE。需要说明的是，LLSE 这个函数的名字有些误导，表面上看它加载垫片引擎，其实此时垫片引擎已经加载好了，它要加载的是我们在 6.3 节中介绍的垫片工作模块（AcGenral.DLL 等）并发起部署垫片。

6.4.4 落实挂钩

如前几节所介绍，垫片的种类很多，但大多数垫片的基本原理是通过某种方式拦截 API 调用，改变程序的执行轨迹，实施修补策略。如何拦截到 API 呢？最主要的方法就是修补模块的导入地址表（IAT）。每个使用了 API 的模块（EXE 或者 DLL）都会有导入表，链接时建立好这张表，每个表项描述一个函数，地址部分虚在那里，留待运行期落实（resolve）。NTDLL.DLL

中的加载器（LDR）部件负责在运行期落实 IAT 中的地址部分。在普通情况下，IAT 的地址部分指向实际的 API 入口，在有垫片机制时，NTDLL.DLL 会调用垫片引擎的 SE_DllLoaded 接口，让垫片模块“篡改”IAT，把表项中的地址指向垫片模块中的“假 API”入口。

考虑到 IAT 操作的复杂度，让每个垫片模块分别修改 IAT 会导致代码重复，可靠性差。为此，垫片引擎会先收集各个垫片模块的挂接信息，然后统一实施挂接。收集动作是在 LLSE 函数调用垫片引擎的 SE_InstallBeforeInit 接口的时候完成的，如清单 6-5 所示。

清单 6-5 收集垫片模块的挂钩信息

```
00 AcGenral!ShimLib::GetHookAPIs
01 apphelp!SeEngineInstallHooks
02 apphelp!SE_InstallBeforeInit
03 ntdll!LdrpLoadShimEngine
04 ntdll!LdrpInitShimEngine
05 ntdll!LdrpInitializeProcess
06 ntdll!_LdrpInitialize
07 ntdll!LdrInitializeThunk
```

值得说明一下，SE_InstallBeforeInit 中的 Init 不是指垫片引擎的初始化，而是指 NTDLL.DLL 加载每个 DLL 后，会调用 DLL 的入口函数，让它执行自己的初始化动作，也就是所谓的 DLL Init。清单 6-5 显示的是在系统调用每个 DLL 的初始化代码前，先通知垫片引擎，让它执行前期动作，此时，DLL 自己的代码还没有执行过。稍后，NTDLL.DLL 会调用 SE_InstallAfterInit 做后期动作。

调用了垫片引擎的 SE_InstallBeforeInit 接口后，LLSE 会发送模块加载通知，反复调用垫片引擎的 SE_DllLoaded 接口，通知每个加载的 DLL。在这个时机，垫片引擎会使用收集好的挂钩信息，实施挂钩。清单 6-6 记录的便是 LDR 中的 LLSE 函数调用垫片引擎（AppHelp）的模块加载接口、落实挂钩的过程。

清单 6-6 加载接口、落实挂钩的过程

```
00 apphelp!SepIatPatch
01 apphelp!SepRouterHookImportedApi
02 apphelp!SepRouterHookIAT
03 apphelp!SE_DllLoaded
04 ntdll!LdrpSendShimEngineInitialNotifications
05 ntdll!LdrpSendShimEngineInitialNotifications
06 ntdll!LdrpLoadShimEngine
07 ntdll!LdrpInitShimEngine
08 ntdll!LdrpInitializeProcess
09 ntdll!_LdrpInitialize
0a ntdll!LdrInitializeThunk
```

落实挂钩后，如果再观察模块的导入表，便会看到其中的很多函数入口已经指向了垫片函数，清单 6-7 显示的是观察 msvcrt.dll 的导入表的部分结果。

清单 6-7 落实挂钩后的导入表（部分）

```
0:000> dds msvcrt!_imp__HeapAlloc
73e5813c  78719c00 AcGenral!NS_EmulateHeap::APIHook_RtlAllocateHeap
73e58140  78719450 AcGenral!NS_EmulateHeap::APIHook_HeapValidate
73e58144  787190b0 AcGenral!NS_EmulateHeap::APIHook_HeapCompact
73e58148  78719530 AcGenral!NS_EmulateHeap::APIHook_HeapWalk
73e5814c  78718a00 AcGenral!NS_EmulateHeap::APIHook_GetProcessHeap
```

```
73e58150  78719e60 AcGenral!NS_EmulateHeap::APIHook_RtlSizeHeap
73e58154  78719cc0 AcGenral!NS_EmulateHeap::APIHook_RtlFreeHeap
```

在落实挂钩时，有个有趣的细节，垫片模块自己的 DLL 是不该安装挂钩的，否则便可能导致递归调用等故障，因此，垫片引擎会处理这种情况，排除自己的模块，不做挂钩，如果启用信息输出，那么可以看到下面这样的信息。

```
TRACE,SeRouterCanHookModule,1001,Module AcLayers.DLL is a shim module
TRACE,SepRouterHookIAT,1103,Excluding AcLayers.DLL from hooking
```

落实挂钩后，NTDLL.DLL 中名为 g_ShimsEnabled 的全局变量会被设置为真（1），初始值为 0。

接下来，LDR 会调用 DLL 的初始化函数，这是 Windows 系统写在 DLL 协议里的标准动作，例如，清单 6-8 显示的是调用 msvcrt.dll 的初始化函数的过程。

清单 6-8　调用 msvcrt.dll 的初始化函数的过程

```
00 msvcrt!__CRTDLL_INIT
01 ntdll!LdrxCallInitRoutine
02 ntdll!LdrpCallInitRoutine
03 ntdll!LdrpInitializeNode
04 ntdll!LdrpInitializeGraphRecurse
05 ntdll!LdrpInitializeShimDllDependencies
06 ntdll!LdrpLoadShimEngine
07 ntdll!LdrpInitShimEngine
08 ntdll!LdrpInitializeProcess
09 ntdll!_LdrpInitialize
0a ntdll!LdrInitializeThunk
```

执行了每个 DLL 的初始化过程后，LDR 还会调用垫片引擎的 SE_InstallAfterInit 接口，再次给垫片引擎执行机会，做初始化后期的工作（清单 6-9）。

清单 6-9　调用垫片引擎的 SE_InstallAfterInit 接口

```
00 apphelp!SE_InstallAfterInit
01 ntdll!LdrpInitializeProcess
02 ntdll!_LdrpInitialize
03 ntdll!LdrInitializeThunk
```

6.4.5　执行垫片

有了前面描述的准备工作后，一个个垫片就都部署在它的岗位上了，好像渔夫下好了网，猎户挖好了坑（陷阱），就等着“猎物”进来了。

举例来说，当 SHELL32 模块调用 GetVersionEx API 时，它将要执行下面这条 call 指令。

```
call    dword ptr [SHELL32!_imp__GetVersionExW (75130d80)]
```

其中的 SHELL32!_imp__GetVersionExW 是编译器产生的导入符号，相当于函数指针，它本来指向的是 KERNELBASE!GetVersionExW。

```
0:015> ln poi(75130d80)
(765ebc90)   KERNELBASE!GetVersionExW
```

现在因为启用了版本谎报垫片，它已经指向了 AcLayers 模块中的 NS_WinXPVersionLie::APIHook_GetVersionExW。

```
0:000> ln poi(75130d80)
(009752b0)   AcLayers!NS_WinXPVersionLie::APIHook_GetVersionExW
```

于是，执行 call 指令后，CPU 便开始执行垫片函数了，即：

```
00 AcLayers!NS_WinXPVersionLie::APIHook_GetVersionExW
01 SHELL32!AutoProviderRegistrar::AutoProviderRegistrar
```

6.5 内核垫片引擎

自从 Windows XP 引入垫片机制后，它便成为 Windows 操作系统中解决应用程序兼容问题的一个关键设施，取得了非常好的效果。Windows 8.1 把垫片机制扩展到内核空间，用来解决设备驱动程序有关的兼容问题，称为内核垫片引擎（Kernel Shim Engine，KSE）。

6.5.1 数据和配置

从数据角度来说，KSE 也使用 SDB，主要的 SDB 文件叫 drvmain.sdb，其默认路径如下。

```
C:\Windows\apppatch\drvmain.sdb
```

与用于应用程序的垫片数据库类似，我们仍然可以使用 sdb2xml 工具将二进制的 SDB 文件转化为 xml 格式，清单 6-10 截取了其中的一小部分。

清单 6-10 驱动程序垫片数据举例

```
<KDRIVER>
    <NAME type="xs:string">qcmbb8960.sys</NAME>
    <APP_NAME type="xs:string">Qualcomm Wireless Network Device</APP_NAME>
    <VENDOR type="xs:string">Qualcomm</VENDOR>
    <EXE_ID type="xs:string" baseType="xs:base64Binary">{0d6e8f4f-11d1-4746-
    b724- 5122b14f2d7a}</EXE_ID>
    <MATCHING_FILE>
        <NAME type="xs:string">*</NAME>
        <UPTO_BIN_PRODUCT_VERSION type="xs:long">281479271677951</UPTO_BIN_PRODUCT_
        VERSION>
    </MATCHING_FILE>
    <KSHIM_REF>
        <NAME type="xs:string">SkipDriverUnload</NAME>
        <FIX_ID type="xs:base64Binary"/>
        <FLAGS type="xs:int">0</FLAGS>
        <MODULE type="xs:string">NT kernel component</MODULE>
    </KSHIM_REF>
</KDRIVER>
```

清单 6-10 中描述的是高通（Qualcomm）公司的无线网卡驱动——qcmbb8960.sys，MATCHING_FILE 节点描述了匹配条件，KSHIM_REF 节点描述了为这个驱动配置的垫片——SkipDriverUnload。从名字可以看出，这个垫片是要跳过驱动的卸载函数，也就是在卸载这个驱动程序时，不要执行驱动程序的卸载回调函数，可能一调用就有蓝屏之类的严重问题。

在系统启动时，Windows 系统的加载程序 WinLoad 会通过 OslpLoadMiscModules 函数来加载 SDB 文件，并把加载到内存中的数据通过 LOADER_PARAMETER_BLOCK_EXTENSION 结构的 DrvDBImage 和 DrvDBSize 字段传递给内核。

除了 SDB 文件，KSE 还支持从注册表中获取垫片数据[3]，注册表的路径为 \Registry\Machine\System\CurrentControlSet\Control\Compatibility\Device 以及 \Registry\Machine

\System\CurrentControlSet\Control\Compatibility\Driver。

简单来说，Device 表键用来针对设备来启用垫片，每个子键以设备的硬件 ID 命名，描述一个设备的垫片信息。Driver 表键用来针对驱动程序启用垫片。举例来说，图 6-11 所示的注册表信息是笔者写作本内容时所用 Windows 10 系统的默认设置。

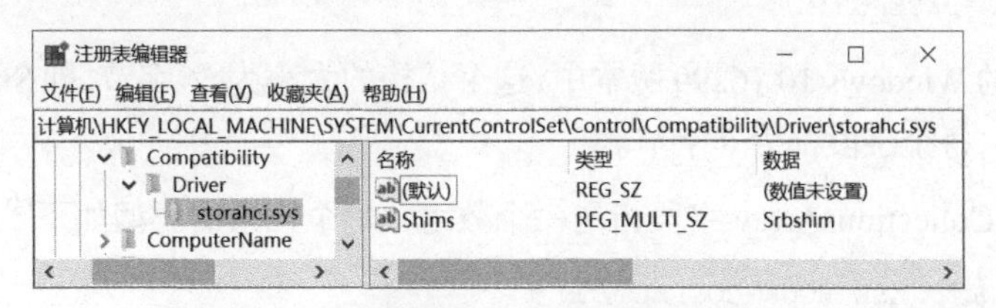

图 6-11 在注册表中对驱动程序启用垫片

在图 6-11 中，左侧的键名即代表驱动程序 storahci.sys，右侧的 Shims 键值用来描述要启用的垫片，可以写多个，但是目前只指定了 Srbshim。Srb 是 SCSI Request Block 的缩写，代表存储设备驱动经常要处理的通信数据块。

6.5.2 初始化

在第 4 章中，我们详细介绍过 Windows 系统的启动过程，特别是内核部分的初始化过程。启动时，系统会分多个阶段来初始化执行体。I/O 管理器是系统中非常庞大而且复杂的一个执行体。在 I/O 管理器执行阶段 1 初始化的时候，它会初始化 KSE，其过程如清单 6-11 所示。

清单 6-11 I/O 管理器在阶段 1 初始化时初始化 KSE

```
# Call Site
00 nt!KsepEngineInitialize
01 nt!KseInitialize
02 nt!IoInitSystemPreDrivers
03 nt!IoInitSystem
04 nt!Phase1Initialization
05 nt!PspSystemThreadStartup
06 nt!KiStartSystemThread
```

清单 6-11 中，栈帧#04 中的 Phase1Initialization 是执行体阶段 1 初始化的“导演”函数，它内部会依次调用每个执行体的初始化函数，IoInitSystem 便是 I/O 执行体的初始化函数。如我们在第 4 章所讲，I/O 初始化是内核启动过程中用时最长的部分，有很多事情要做。栈帧#02 中的 IoInitSystemPreDrivers 表示在做加载驱动之前的初始化，这与上一节介绍的 DLL Init 前期有些类似。栈帧#01 中的 KseInitialize 便是 KSE 的初始化函数，它进一步调用内部函数 KsepEngineInitialize。

除了初始化 KSE 本身，KseInitialize 还会调用 KseShimDatabaseBootInitialize 来初始化 SDB。

6.5.3 KSE 垫片结构

微软定义了一个名为 KSE_SHIM 的结构来描述 KSE 垫片，其定义如下[3]。

```
typedef struct _KSE_SHIM {
  _In_ SIZE_T Size;
```

```
_In_ PGUID ShimGuid;
_In_ PWCHAR ShimName;
_Out_ PVOID KseCallbackRoutines;
_In_ PVOID ShimmedDriverTargetedNotification;
_In_ PVOID ShimmedDriverUntargetedNotification;
_In_ PVOID HookCollectionsArray; // _KSE_HOOK_COLLECTION 数组
} KSE_SHIM, *PKSE_SHIM;
```

在笔者调试的Windows 10 16299版本中，这个结构的大小为56字节，即Size字段的值0x38，共包含7个字段，每个字段都为8字节。

其中的HookCollectionsArray字段指向一个数组，每个元素的类型如下[3]。

```
typedef struct _KSE_HOOK_COLLECTION {
ULONG Type; // 0表示NT Export, 1表示HAL Export, 2表示Driver Export, 3表示Callback
PWCHAR ExportDriverName; // 若Type == 2
PVOID HookArray;
} KSE_HOOK_COLLECTION, *PKSE_HOOK_COLLECTION;
```

其中的HookArray也指向一个数组，每个元素的类型如下[3]。

```
typedef struct _KSE_HOOK {
_In_ ULONG Type; // 1表示Function, 2表示IRP Callback
union {
  _In_ PCHAR FunctionName; // 若Type == 1
  _In_ ULONG CallbackId; // 若Type == 2
};
_In_ PVOID HookFunction;
_Outopt_ PVOID OriginalFunction; // 若Type == 1
} KSE_HOOK, *PKSE_HOOK;
```

根据以上结构定义，可以在调试器里观察每个垫片的详细信息。以Win7VersionLieShim为例，先用dq nt!Win7VersionLieShim命令观察KSE_SHIM结构。

```
1: kd> dq nt!Win7VersionLieShim
fffff800`abde20f8  00000000`00000038 fffff800`abde5a90
fffff800`abde2108  fffff800`abd560c0 fffff800`abe14e38
fffff800`abde2118  00000000`00000000 00000000`00000000
fffff800`abde2128  fffff800`abde2c48 00000000`00000038
```

得到HookCollectionsArray的地址fffff800`abde2c48。使用dq命令观察。

```
1: kd> dq fffff800`abde2c48
fffff800`abde2c48  00000000`00000000 00000000`00000000
fffff800`abde2c58  fffff800`abde28f0 00000000`00000004
```

得到HookArray的地址fffff800`abde28f0。继续观察。

```
1: kd> dq fffff800`abde28f0
fffff800`abde28f0  00000000`00000000 fffff800`abd560b0
fffff800`abde2900  fffff800`ac1680e0 00000000`00000000
fffff800`abde2910  00000000`00000000 fffff800`abd560e8
fffff800`abde2920  fffff800`ac168050 00000000`00000000
```

于是可以使用da命令来显示被挂钩函数的名字。

```
1: kd> da fffff800`abd560b0
fffff800`abd560b0  "RtlGetVersion"
```

再用ln命令观察，替代这个API的垫片函数如下。

```
1: kd> ln fffff800`ac1680e0
(fffff800`ac1680e0)   nt!Win7RtlGetVersion
```

这意味着，对某个驱动程序启用这个垫片后，当它调用 RtlGetVersion 时，会被重定向到 Win7RtlGetVersion。

6.5.4 注册垫片

NT 内核中以全局变量的形式包含了一些垫片，某些驱动程序中也实现了垫片，表 6-3 列出了目前为止的大部分内核垫片。

表 6-3 内核垫片

提 供 者	垫片对象/名称	描 述
内核内建的	nt!KseSkipDriverUnloadShim	调用驱动程序的 Unload
内核内建的	nt!KseDsShim	用于驱动程序回调函数的垫片
内核内建的	nt!Win7VersionLieShim、nt!Win81VersionLieShim 等	版本谎报
Storport.sys	StorPort、DeviceIdShim、Srbshim	磁盘存储有关的垫片
Usbd.sys	Usbshim	USB 设备驱动的垫片
Ndis.sys	NdisGetVersion640Shim	网络设备驱动的垫片

解释一下表 6-3 中的 KseDsShim，其中的 DS 是 driverscope 的缩写，这种垫片的目标是拦截驱动程序的回调函数，比如各种 IRP（I/O Request Packet）的处理函数。

KSE 提供了一个名为 KseRegisterShimEx 的函数，用来注册垫片，其原型如下。

```
NTSTATUS KseRegisterShimEx( KSE_SHIM *pShim, PVOID ignored, ULONG flags,
DRIVER_OBJECT *pDrv_Obj);
```

在 KseInitialize 函数中，它会反复调用这个注册函数来注册垫片。一个名为 KseEngine 的全局变量记录着已经注册的所有垫片。

值得注意的是，Windows 系统中的某些驱动程序也会注册垫片，比如清单 6-12 中记录的便是磁盘端口驱动程序 storport 的 StorpRegisterShim 函数注册垫片的过程。

清单 6-12 磁盘端口驱动程序的 StorpRegisterShim 函数注册垫片的过程

```
# Call Site
00 nt!KseRegisterShimEx
01 nt!KseRegisterShim
02 storport!StorpRegisterShim
03 storport!DllInitialize
04 nt!MmCallDllInitialize
05 nt!PipInitializeDriverDependentDLLs
06 nt!IopInitializeBootDrivers
07 nt!IoInitSystemPreDrivers
08 nt!IoInitSystem
09 nt!Phase1Initialization
0a nt!PspSystemThreadStartup
0b nt!KiStartSystemThread
```

调试时，可以这样观察注册垫片的名称。当设置在 KseRegisterShimEx 的断点命中时，放在 rcx 寄存器中的第一个参数便是 KSE_SHIM 指针，先由 dq@rcx 显示这个结构，然后 dU 命令显示结构中第三个字段的内容。例如：

```
0: kd> dq @rcx
fffff807`ca0474c0  00000000`00000038 fffff807`ca047a40
fffff807`ca0474d0  fffff807`ca0337a0 00000000`00000000
0: kd> dU fffff807`ca0337a0
fffff807`ca0337a0  "NdisGetVersion640Shim"
```

6.5.5 部署垫片

初始化 KSE 后，I/O 管理器会先对启动类型的驱动程序部署垫片，也就是针对每个已经加载的驱动对象，依次调用 KseDriverLoadImage。

可以把 KseDriverLoadImage 看作 KSE 公开给 NT 内核的模块加载接口，用来接收模块加载事件，为了行文方便，我们将其简称为 KDLI。

KDLI 内部会先调用 KsepGetShimsForDriver，为当前的驱动程序寻找匹配的垫片，其执行过程如下。

```
00 nt!KsepGetShimsForDriver
01 nt!KseDriverLoadImage
02 nt!IopInitializeBuiltinDriver
03 nt!PnpInitializeBootStartDriver
```

在 KsepGetShimsForDriver 内部会调用 nt!KsepResolveApplicableShimsForDriver 来具体匹配适用的垫片。

找到匹配的垫片后，KDLI 会调用 KsepApplyShimsToDriver 来应用垫片，对于钩子类型的垫片，会调用 KsepPatchDriverImportsTable 函数来修补 IAT（清单 6-13），与用户态的情况很类似。

清单 6-13 修补 IAT

```
00 nt!KsepPatchDriverImportsTable
01 nt!KsepApplyShimsToDriver
02 nt!KseDriverLoadImage
03 nt!IopInitializeBuiltinDriver
```

6.5.6 执行垫片

垫片的执行过程因垫片类型而不同，对于函数钩子类型的垫片，与用户空间的情况类似，在此从略。

下面介绍两种特别针对驱动程序行为的垫片执行过程，一种是上面提到的“跳过 Unload 垫片”，其执行过程如清单 6-14 所示。

清单 6-14 执行过程

```
00 nt!KsepIsModuleShimmed
01 nt!KseDriverUnloadImage
02 nt!MiUnloadSystemImage
03 nt!MmUnloadSystemImage
04 nt!IopDeleteDriver
```

清单 6-14 中，下面的栈帧是典型的删除驱动对象和卸载驱动程序的过程，栈帧#01~#02 表示内存管理器的 MiUnloadSystemImage 函数调用 KSE 的驱动程序卸载回调函数 KseDriverUnloadImage，不妨将其简称为 KDUI。

KDUI 内部会调用 KsepIsModuleShimmed 来判定正在卸载的驱动程序是否启用了垫片，这个信息也记录在前面提到过的 KseEngine 全局变量中。如果正在卸载的驱动程序没有启用垫片，那么 KDUI 会立刻返回 0。如果启用了“跳过 Unload 垫片”，那么它会执行垫片，包括更新统计信息和输出下面这样的日志。

```
fffff800`ac078b50  "KSE: Shimmed driver unload notification processed."
```

针对驱动程序的另一类常用垫片便是“杜撰”设备数据，“哄骗”老的驱动程序。举例来说，清单 6-15 展示了微软的 USBXHCI（USB 3.0 控制器驱动）调用 KseQueryDeviceFlags 接口获取模拟设备信息的过程。

清单 6-15 获取模拟设备信息的过程

```
00 nt!KsepShimDbChanged
01 nt!KseQueryDeviceData
02 nt!KseQueryDeviceFlags
03 USBXHCI!Controller_PopulateDeviceFlagsFromKse
04 USBXHCI!Controller_PopulateDeviceFlags
05 USBXHCI!Controller_Create
06 USBXHCI!Controller_WdfEvtDeviceAdd
07 Wdf01000!FxDriverDeviceAdd::Invoke
08 Wdf01000!FxDriver::AddDevice
09 Wdf01000!FxDriver::AddDevice
0a nt!PpvUtilCallAddDevice
0b nt!PnpCallAddDevice
0c nt!PipCallDriverAddDevice
0d nt!PipProcessDevNodeTree
0e nt!PiProcessStartSystemDevices
0f nt!PnpDeviceActionWorker
10 nt!ExpWorkerThread
```

清单 6-15 所示的调用过程发生在 PnP（即插即用）管理器的工作线程中，栈帧#0b~#0c 表示发现了新设备，准备调用驱动程序的 AddDevice（增加设备）回调。栈帧#07~#09 是 WDF 框架的 AddDevice 方法，栈帧#03~#06 转到 USBXHCI 驱动程序的函数，并调用 KSE 的接口函数 KseQueryDeviceFlags，目的是让 KSE 得到执行机会，执行垫片逻辑。

最后说明一下，在安全模式启动时，或者启用了驱动的验证机制后，KSE 会被禁止。

6.6 本章总结

本章深入挖掘了 Windows 操作系统中非常有特色的垫片机制，介绍了垫片机制使用的数据库文件、旨在解决应用程序兼容问题的应用程序垫片，以及旨在解决驱动程序兼容问题的内核垫片。

因为垫片机制可能被黑客所利用，破坏系统安全，所以微软一直没有公开垫片机制的技术细节。本章使用调试方式探微索隐，比较全面地介绍了垫片机制的配置数据、关键模块和工作原理。

某种程度上说，垫片机制是软件社会发展到一定阶段才有的一种技术。一方面，它有助于解决用户非常关心的软件兼容问题；另一方面，它也增加了软件行为的不确定性，有时可能给软件测试和调试带来意外的结果，比如，系统可能自动启用垫片机制，让某个 Bug 突然不见了。这意味着有了垫片机制后，定位软件问题的难度加大了，对软件工程师提出了更高的要求。

本章继续演示了“以调试之剑征服软件世界”的思想方法。如果大家阅读时遇到某些不认识的调试命令，不要紧，后面的章节会详细介绍。

参考资料

[1] Shim Database to XML. Heath Stewart.

[2] Kernel Shim Engine for fun and not so much (but still a little?) profit.

[3] ABUSING THE KERNEL SHIM ENGINE. ALEX IONESCU. 2016 RECON 会议的演讲稿.

第7章　托管世界

与传统的C/C++语言相比，Java和.NET等语言代表着软件的一个新方向。当把它们放在一起来讨论时，经常把C/C++语言叫静态语言，而把Java和.NET语言称为动态语言。两类语言的核心差异是在哪个阶段把程序的内存布局等关键属性固定下来。对于C/C++语言，程序编译链接好了，它的机器码、数据结构和内存布局就都确定下来了，因此称为静态语言。对于Java和.NET语言，开发阶段一般只把源代码编译为中间代码，到程序运行时再使用及时（JIT）编译技术把中间代码编译为目标代码。概而言之，静态语言在编译期就把机器码和内存布局确定下来了，而动态语言把很多事情留到运行期才确定。

二者相比较，静态语言具有针对特定硬件优化能力强、速度快的优点，缺点是开发速度慢、程序运行久时内存空间碎片化、难以调试等。动态语言则相反，具有容易跨平台，生产率高，程序中不直接使用内存地址，堆上的对象可以移动，内存空间不会碎片化，运行期仍有类型信息，容易调试等优点，缺点是执行效率不如静态语言，速度慢。

静态语言和动态语言各有优缺点，各有用武之地。很长一段时间里，它们一定会同时存在。为此，本书特开辟一章，对动态语言略作介绍。

7.1　简要历史

微软在2002年2月正式发布第一代动态语言开发技术，即.NET 1.0，包括运行时框架以及配套的开发工具Visual Studio.NET。这意味着，一场既影响微软公司命运又影响整个Windows平台命运的.NET征程正式开始了。

.NET 1.0推出后的一段时间里，微软公司内还进行着一个更庞大的项目，那就是Windows Vista。Vista是下一代的操作系统，.NET是未来的开发语言。如果二者能密切配合，相互促进，那么微软在软件行业的地位就可以继续在新世纪里所向无敌，笑傲江湖了。不知道微软的高层是否真的这样想，但是可以确定，微软为Vista和.NET规划了非常宏伟的蓝图。

欲速则不达，Vista的开发非常不顺利，一再延期，很多计划的功能不得不裁剪或者砍掉。新的.NET规划当然也受了影响。

无论如何，2006年11月，Windows Vista和.NET 3.0终于发布了。.NET 3.0引入新的图形框架WPF（Windows Presentation Foundation）、新的通信框架WCF（Windows Communication Foundation）和工作流框架（Workflow Foundation）。

.NET 3.0的新框架可以帮助软件开发者快速开发出漂亮的界面。但一个显著的问题就是性能较差。于是，后续版本开始从不同角度进行重构和优化。这个过程至今仍在继续。

2017年6月，微软正式发布了可以支持Linux系统和macOS的.NET Core 1.0，代表着.NET技术开始走向更广阔的天地，进入一个新的阶段。今天，.NET Core和普通的.NET Framework

平行发展，同门两兄弟一起征战多样化的软件世界。

『7.2 宏伟蓝图』

使用C#或者Visual Basic .NET等编程语言编写的.NET源程序在编译时，默认编译为微软的中间语言（Microsoft Intermediate Language），简称MSIL，有时也称CIL，全称为公共中间语言（Common Intermediate Language）。.NET的一个设计思想是在下面设计一套公共的基础设施，上面可以支持各式各样的编程语言，如图7-1所示。

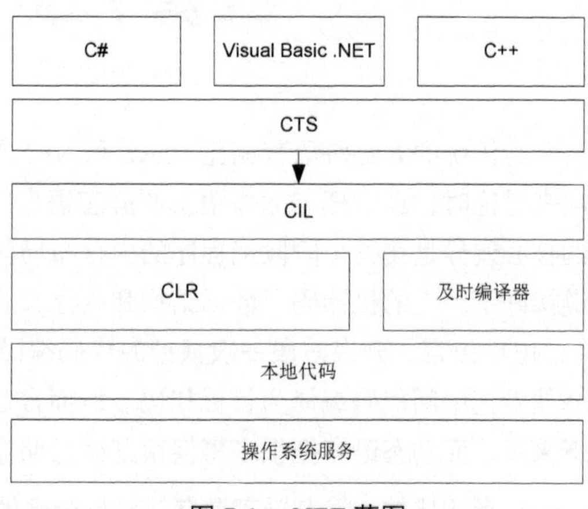

图7-1 .NET蓝图

下面的基础设施除了中间语言，还包括一套公共类型系统（Common Type System，CTS），以及一套公共的运行时，简称CLR。CIL、CTS和CLR统称为CLI（公共语言基础设施）。这些名字中都包含“公共”（Common）字样，这是为了强调它们是跨语言的，是抽象出来的公共设施，它们肩负着微软帝国的期望，要支持已有的和未来的各种顶层语言。

进一步讲，CIL是一种面向对象的、基于栈的字节码（byte code）。与CPU的指令集类似，CIL定义了200多条指令，分为10个组。以x86的如下加法指令为例：

```
add eax, edx//把EDX累加到EAX
```

对应的CIL指令为：

```
ldloc.0     // 把局部变量0压入栈
ldloc.1     // 把局部变量1压入栈
add         // 把栈顶的两项相加，结果压入栈
stloc.0     // 把栈顶那项弹出栈并保存到局部变量0中
```

微软的.NET框架中包含了两个CIL工具——ILASM和ILDASM，前者用于把CIL指令汇编为CIL字节码，后者反之。

在.NET世界中，还有一个在传统程序中没有的重要概念，那就是元数据（meta data）。在传统程序中，编译器在把源代码编译为目标代码的过程中，只把CPU执行时需要的信息（比如机器码和变量的位置）放到目标代码中。CPU不需要的那些源程序信息（比如结构名称、函数名称等）要么被丢弃，要么单独以调试信息的形式保存起来。而在.NET中，源程序中诸如类型定义、名称等信息是以元数据的形式保存下来的，在运行期仍可以使用。

.NET给由CIL字节码和元数据组合起来的程序文件取了一个新的名字，叫程序集（assembly）。

理论上，.NET程序集可以轻松跨平台，可以运行在任何硬件和操作系统之上，条件是只要在那上面有公共语言运行时，也就是CLR。从这个角度来思考，.NET世界里便流行着另一个术语——**托管**（managed）。开发.NET程序的C#等语言叫托管语言，使用.NET技术开发出的程序叫托管程序，运行托管程序的CLR有时也叫托管运行时。编译好的C/C++程序，一切都很固

定，可以直接给 CPU 去执行，好比一个成年人外出，不需要托管和监护。而.NET 程序则不然，很多东西还要在运行期确定，不能直接交给 CPU 执行，还需要一个特殊的运行环境来照应，来看护，就好比把一个孩子送到托儿所一样。如此想来，托管一词真是贴切，遂以此命名本章。

.NET 程序运行的时候，系统会自动加载它依赖的 MSCOREE.dll，这个 DLL 位于 Windows 系统目录下，是和.NET 版本无关的。它会解析.NET 程序中的信息，为其加载合适版本的 CLR，其执行过程如清单 7-1 所示。

清单 7-1 执行过程

```
09 KERNELBASE!LoadLibraryExW
0a mscoreei!RuntimeDesc::LoadLibrary
0b mscoreei!RuntimeDesc::LoadMainRuntimeModuleHelper
0c mscoreei!RuntimeDesc::LoadMainRuntimeModule
0d mscoreei!RuntimeDesc::EnsureLoaded
0e mscoreei!RuntimeDesc::GetProcAddressInternal
0f mscoreei!CLRRuntimeInfoImpl::GetProcAddress
10 mscoreei!GetCorExeMainEntrypoint
11 mscoreei!_CorExeMain
12 MSCOREE!ShellShim__CorExeMain
13 MSCOREE!_CorExeMain_Exported
14 KERNEL32!BaseThreadInitThunk
15 ntdll!__RtlUserThreadStart
16 ntdll!_RtlUserThreadStart
```

上面的清单中，MSCOREE 中的 EE 是执行引擎（Execution Engine）的缩写。MSCOREE 会通过注册表确定所需版本 CLR 的位置，然后加载它的 mscoreei 模块，后者名字中的 i 应该代表接口模块，它收到调用后，再加载自己的 CLR 模块。对于本章的示例项目 HiDotnet，所用 mscoreei 的全路径如下。

```
C:\Windows\Microsoft.NET\Framework\v4.0.30319\mscoreei.dll
```

要加载的 CLR 主模块全路径如下。

```
C:\Windows\Microsoft.NET\Framework\v4.0.30319\clr.dll
```

值得提醒的是，大家不要被路径中的版本号所蒙蔽，很多时候，它并不代表真正的版本号，比如，观察文件属性，实际的版本信息如下。

```
ProductVersion:   4.8.3801.0
FileVersion:      4.8.3801.0 built by: NET48REL1LAST_B
PrivateBuild:     DDBLD435
```

也就是说，这里实际使用的 CLR 是最新的 4.8 版本，虽然路径是 4.0。导致这个问题的原因是最近一些年来，.NET 运行时经常做所谓的**原位更新**（in place update），也就是直接在老的目录里更新文件，这样一来，文件的版本号和目录名中的版本信息就不匹配了。

如果使用 2.0 版本的.NET，那么主运行时模块的名字叫 mscorwks.dll 或者 mscorsvr.dll，后者是服务器版本，前者是桌面和工作站版本。

7.3 类和方法表

.NET 世界是完全面向对象的，所有东西都是以类或者对象的形式设计和存在的。换句话来说，在C#这样的托管语言里，不可以像C/C++语言那样，孤零零地写个全局函数在那里。无论如何，必须要套个类的外壳才行[2]。

以程序入口为例，C/C++中，只要有个约定好的入口函数就可以了。在.NET中，作为用户代码入口的Main方法，也必须写在一个类中。本章的示例程序CliHello是使用C#语言编写的控制台类型程序，它的Main方法是静态的，包含在一个简单的类中（清单7-2）[3]。

清单 7-2 CliHello 的主要代码

```
namespace CliHello
{
    public class CliHello2
    {
        static void Main(string[] args)
        {
            Console.WriteLine("C#/CLI Hello, World!");
            Console.ReadLine();
        }
    }
}
```

值得说明的是，C#编译器会自动寻找Main方法，所以包含Main方法的类名是可以任意设计的。如果找遍整个项目仍找不到合适的Main方法，那么编译器会报告如下错误。

```
1>CSC : error CS5001: 程序不包含适合于入口点的静态 "Main" 方法
```

顺便说一下，也可以在项目属性里来设置启动对象，也就是指定包含Main方法的命名空间和类名，如果不设置，编译器会自动寻找。

那么，为什么必须把Main方法写在某个类里呢？这里面有个深层的原因，那就是在托管世界里，类是组织代码和程序的一个基本单位。MSIL中的很多指令就是针对类和对象来定义的。或者说，在托管世界里，要执行一段代码前，必须先加载它所属的类。

接下来，我们以清单7-2中的CliHello为例，用调试的方法来介绍托管世界中组织和管理"类"的方法。

在WinDBG中打开CliHello.exe，待初始断点命中后，执行sxe ld:clr让WinDBG收到clr模块的加载事件时中断下来。收到模块加载事件后，再执行bp clr!RunMain命令埋伏断点。

断点命中后，执行.loadby sos clr来加载观察托管世界的WinDBG扩展命令模块sos（7.6节）。

接下来，先使用!name2ee命令找到CliHello2类的执行引擎（EE）信息，即：

```
0:000> !name2ee CliHello.exe CliHello.CliHello2
Module:      010c403c
Assembly:    CliHello.exe
Token:       02000002
MethodTable: 010c4d68
EEClass:     010c1278
Name:        CliHello.CliHello2
```

倒数第2行描述类的EEClass信息地址，倒数第3行是这个类的方法表的地址，有了这两个地址后，便可以分别用!dumpclass或者!dumpmt命令来观察进一步的信息了。清单7-3是使用!DumpMT命令观察到的记录。

清单 7-3 记录

```
0:000> !DumpMT -MD 010c4d68
EEClass:         010c1278
Module:          010c403c
Name:            CliHello.CliHello2
mdToken:         02000002
File:            C:\sdbg2e\ch207\CliHello\CliHello\bin\Debug\CliHello.exe
BaseSize:        0xc
ComponentSize:   0x0
Slots in VTable: 6
Number of IFaces in IFaceMap: 0
--------------------------------------
MethodDesc Table
   Entry MethodDe    JIT Name
6d0e87b8 6ccec838 PreJIT System.Object.ToString()
6d0e86a0 6ce28568 PreJIT System.Object.Equals(System.Object)
6d0f1140 6ce28588 PreJIT System.Object.GetHashCode()
6d0a3f2c 6ce28590 PreJIT System.Object.Finalize()
02b40440 010c4d60   NONE CliHello.CliHello2..ctor()
02b40438 010c4d54   NONE CliHello.CliHello2.Main(System.String[])
```

清单 7-3 所示的方法表信息值得我们慢慢咀嚼，里面包含了托管世界的很多奥秘。我们重点看后面的方法表，也就是最后 7 行所描绘的表格。这个表格的第一行是列标题，下面 6 行中的每一行代表类的一个方法。

在我们的源代码中（清单 7-2），只有一个方法 Main，这里为什么是 6 个呢？另外 5 个方法的来源是这样的。一个是编译器自动产生的构造函数。另外 4 个是编译器自动赋予的基类 System.Object 的方法。在.NET 世界中，有个强硬的约定，所有类都一定要从 System.Object 派生而来，如果程序员不写，那么编译器会自动补上。

表格一共有 4 列，最后一列是方法名。第二列是方法的描述，可以使用!dumpmd 命令来显示，但主要信息已经显示出来了。第三列是编译状态，PreJIT 代表方法已经预编译为机器码，None 表示还没有编译，JIT 表示已经及时编译过。第一列是方法的入口，如果这个方法已经编译为机器码，那么这个入口就是机器码的起始地址。如果这个方法还没有编译，那么它指向的是一段桩代码，以 Main 方法为例，这个方法还没有编译过，对入口做反汇编。

```
0:000> u 02b40438
02b40438 e8b3ec666b      call    clr!PrecodeFixupThunk (6e1af0f0)
```

其中的 PrecodeFixupThunk 就是用来触发及时编译的桩代码。执行 sxe ld:clrjit 让 WinDBG 收到加载用于及时编译的 clrjit 模块时中断。然后执行 g 命令恢复执行，很快又中断下来，WinDBG 显示加载模块。

```
ModLoad: 6cc50000 6ccd9000   C:\Windows\Microsoft.NET\Framework\v4.0.30319\clrjit.dll
```

观察栈回溯，可以看到因为要运行 Main 方法而触发加载及时编译模块的过程，如清单 7-4 所示。

清单 7-4 加载及时编译模块的过程

```
09 KERNELBASE!LoadLibraryExW
0a mscoreei!RuntimeDesc::LoadLibrary
0b mscoreei!CLRRuntimeInfoImpl::LoadLibrary
0c clr!LoadAndInitializeJIT
```

```
0d clr!EEJitManager::LoadJIT
0e clr!UnsafeJitFunction
0f clr!MethodDesc::MakeJitWorker
10 clr!MethodDesc::DoPrestub
11 clr!PreStubWorker
12 clr!ThePreStub
13 clr!CallDescrWorkerInternal
14 clr!CallDescrWorkerWithHandler
15 clr!MethodDescCallSite::CallTargetWorker
16 clr!RunMain
17 clr!Assembly::ExecuteMainMethod
```

此时使用 sos 的 bpmd 命令对 Main 方法设置断点。

```
0:000> !bpmd -MD 010c4d54
MethodDesc = 010c4d54
Adding pending breakpoints...
```

因为方法尚未编译，所以显式增加了悬而未决（pending）的断点。

执行 g 命令恢复目标执行，很快看到 WinDBG 中出现如下信息。

```
(3bac.4060): CLR notification exception - code e0444143 (first chance)
JITTED CliHello!CliHello.CliHello2.Main(System.String[])
Setting breakpoint: bp 02B40864 [CliHello.CliHello2.Main(System.String[])]
Breakpoint 1 hit
```

上面的信息很值得玩味，第一行代表 WinDBG 收到了一个 CLR 通知异常，异常代码为 e0444143，对应的 ASCII 码为.DAC，是 Data Access Component（数据访问组件）的缩写。简单来说，DAC 是.NET 框架中的一个组件，供各种工具来访问.NET 的内部世界。这里的 CLR 通知异常是及时编译器编译了 Main 方法后故意触发的，目的就是通知调试器，编译了一个方法，如果有关于这个方法的悬而未决断点，就赶紧落实。WinDBG 心领神会，第三行信息告诉我们它在地址 02B40864 处设置了一个断点。

第四行信息显示断点命中。此时再重复清单 7-3 中的命令（!DumpMT -MD 010c4d68）观察 CliHello2 的方法表，可以看到 Main 方法已经编译好了。

```
02b40848 010c4d54    JIT CliHello.CliHello2.Main(System.String[])
```

入口地址也与之前不同了，不再指向触发 PrecodeFixupThunk 的代码，而是指向及时编译器新产生的代码，如清单 7-5 所示。

清单 7-5 及时编译器为 Main 方法产生的机器码

```
02b40848 55              push    ebp
02b40849 8bec            mov     ebp,esp
02b4084b 83ec08          sub     esp,8
02b4084e 33c0            xor     eax,eax
02b40850 8945f8          mov     dword ptr [ebp-8],eax
02b40853 894dfc          mov     dword ptr [ebp-4],ecx
02b40856 833de8420c0100  cmp     dword ptr ds:[10C42E8h],0
02b4085d 7405            je      02b40864  Branch
02b4085f e83ceda06b      call    clr!JIT_DbgIsJustMyCode (6e54f5a0)
02b40864 90              nop
02b40865 8b0d3423d803    mov     ecx,dword ptr ds:[3D82334h]
02b4086b e86434656a      call    mscorlib_ni+0x4b3cd4 (6d193cd4)
02b40870 90              nop
02b40871 e81af3d26a      call    mscorlib_ni+0xb8fb90 (6d86fb90)
02b40876 8945f8          mov     dword ptr [ebp-8],eax
02b40879 90              nop
```

```
02b4087a 90              nop
02b4087b 8be5            mov     esp,ebp
02b4087d 5d              pop     ebp
02b4087e c3              ret
```

之所以列出 Main 方法的机器码，一是作为实例，二是为了解决某些细心读者的困惑。仔细观察，大家会发现，WinDBG 设置断点的地址 02B40864 和方法表中的入口地址 02b40848 是不一样的，为什么呢？观察清单 7-5 中的汇编，容易看出，二者的差异就是前面的 9 条汇编指令，这 9 条指令会判断一个全局标志，如果标志不为 0，则调用 JIT_DbgIsJustMyCode 来调用调试接口，不然就跳到 02B40864。简单来说，前 9 条指令是为了支持所谓的“只调试我自己的代码”功能而附加的一个前置处理，WinDBG 设置断点时跳过了这个部分。

断点命中时，如果直接用 k 命令观察栈回溯，那么可以看到如下调用过程。

```
00 0x2b40864
01 clr!CallDescrWorkerInternal
02 clr!CallDescrWorkerWithHandler
03 clr!MethodDescCallSite::CallTargetWorker
04 clr!RunMain
```

栈帧#01~#03 是 CLR 通过所谓的“方法描述”来调用一个.NET 方法的标准过程。

在 sos 中也提供了两个观察栈回溯的命令。一个叫!clrstack，它只显示.NET 世界里的方法。

```
0:000> !clrstack
OS Thread Id: 0x4060 (0)
Child SP       IP Call Site
00aff1f0 02b40864 CliHello.CliHello2.Main(System.String[])-[E:...\Program.cs-@-10]
00aff370 6e1af016 [GCFrame: 00aff370]
```

另一个是!dumpstack，它既显示.NET 方法，又显示非托管的函数。结果非常长，为节约篇幅，省去不录。

7.4 辅助调试线程

当一个普通的 Windows 本地程序开始运行时，操作系统会自动为其创建一个线程，通常称为初始线程（initial thread），应用程序的主函数（main 或者 WinMain）便是在这个线程中执行的。当应用程序需要启动更多线程时，它可以调用 CreateThread 或者 CreateThreadEx 这样的 API。如果应用程序自己没有调用这些 API 来创建其他线程，也没有调用会创建线程的其他函数（如 RPC），那么进程中便始终只有一个线程。这种说法对于托管程序来说也成立吗？答案是否定的。因为在托管程序初始化期间，.NET 运行时（runtime）会自动创建两个工作线程。这意味着，即使像上一节介绍的只打印一句话的 Hello World 小程序，在运行时也一定是多线程的。

那么这两个工作线程分别是做什么的呢？简单来说，一个是与托管程序的内存回收机制密切相关的终结器线程（finalizer thread），另一个便是用来支持调试的辅助调试线程（debug helper thread）。本节将深入介绍这个辅助调试线程，我们先从托管调试的基本模型说起，然后再谈调试辅助线程的作用和可能导致的问题。

7.4.1 托管调试模型

图 7-2 显示了微软在.NET 4.0 之前定义的用于调试托管程序的基本模型，这幅图根据 MSDN 中

的架构图重绘。图中左侧是被调试进程（debuggee process），右侧是调试器进程（debugger process）。

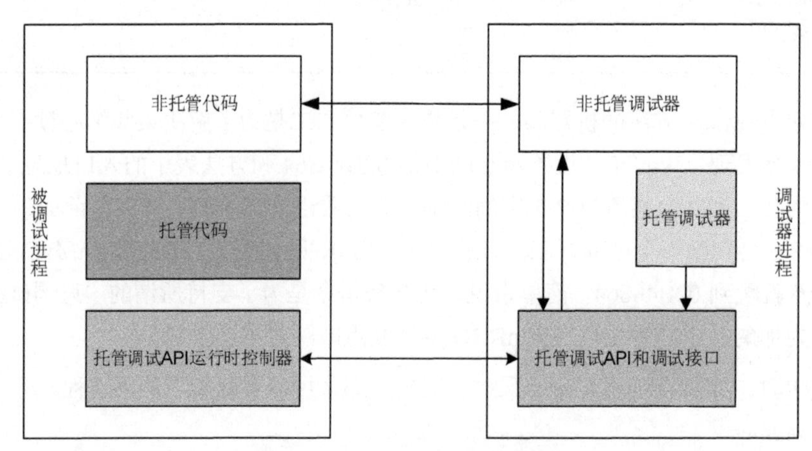

图 7-2 调试托管程序的模型

我们先来看被调试进程，注意其中的 3 个矩形。最上面的代表非托管代码；中间的矩形代表托管代码；最下面的矩形代表支持托管调试的运行时控制器（runtime controller），我们前面提到的调试辅助线程便是这个控制器的工作线程，出于这个原因，调试辅助线程很多时候简称为 RCThread。

下面我们再看右侧，上面的矩形代表非托管调试器，也就是调试本地代码的本地调试器；中间的矩形代表托管调试器；最下面是托管调试 API 和调试接口，其实就是一组 COM 接口，核心是 ICorDebug，在 MSDN 中有详细介绍。

最后我们再来看图中的线条，这些线条代表了调试托管程序的 3 种模式。

第一种是使用非托管调试器来调试托管程序中的非托管代码，图中连接左右两个进程的上面一条横线代表的就是这种调试模式。因为托管代码最终也要编译为本地代码来执行，所以使用这种方式既可以调试托管进程中的本地模块，也可以调试及时编译后的托管代码。但是因为这种调试是把托管进程当作普通本地程序来调试的，从本地代码层次访问和控制目标进程，所以需要借助扩展插件才能观察托管世界中的名称和数据结构。

第二种是使用托管调试器通过托管调试接口调试托管代码，图中连接左右两个进程的下面一条横线加上托管调试器与托管调试 API 之间的竖线所代表的是这种调试模式。具体来说，托管调试器通过进程内的托管调试 API 与被调试进程中的运行时控制器通信来访问要调试的托管代码和数据。因为使用这种方式调试时，只能跟踪托管代码，不能跟踪本地代码，所以这种方式常称为**纯托管调试**。

第三种是使用一个调试器同时调试托管代码和非托管代码，这种情况相当于把上面两种调试模式加起来，调试器在使用本地调试机制的同时，还使用托管调试 API，因此又叫**混合调试**。混合调试的优点是既可以调试托管代码，又可以调试本地代码。

举例来说，使用 WinDBG 调试托管程序属于第一种情况。使用 Visual Studio（以下简称 VS）集成开发环境（IDE）既可以做纯托管调试，又可以做混合调试。在图 7-3 所示界面的“调试”选项卡中选中“启用本地代码调试（T）”选项后便启用了混合调试，否则使用纯托管调试。

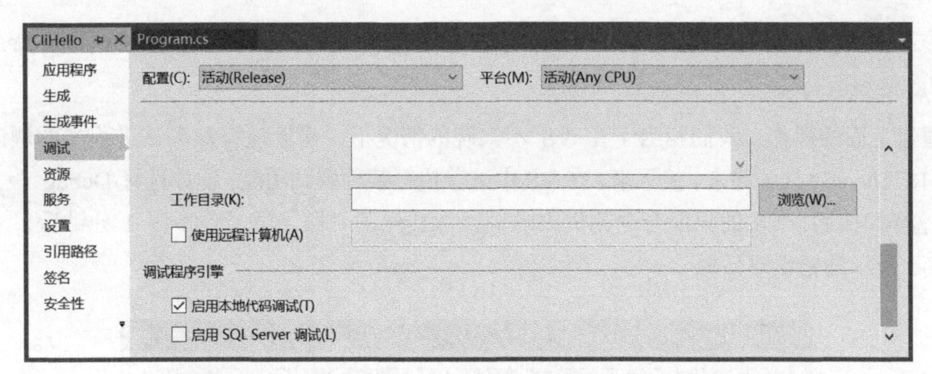

图 7-3 启用混合调试

综上所述，因为托管程序中既有托管代码，又有非托管代码，所以在调试时有 3 种典型的调试模式。第一种是“相对底层”的方法，灵活性大，但是不容易观察顶层的托管语义，适合调试复杂的问题。第二种是最常用的，适合做开发阶段的源代码级调试。第三种存在一些局限，比如使用这种方式时，EnC（Edit and Continue）功能便不能使用了（图 7-4），而且在单步跟踪时，速度会比较慢（在老的 Visual Studio .NET 中这一点尤其显著），因此通常只有在调试托管代码与非托管代码交互调用问题时才使用混合调试。

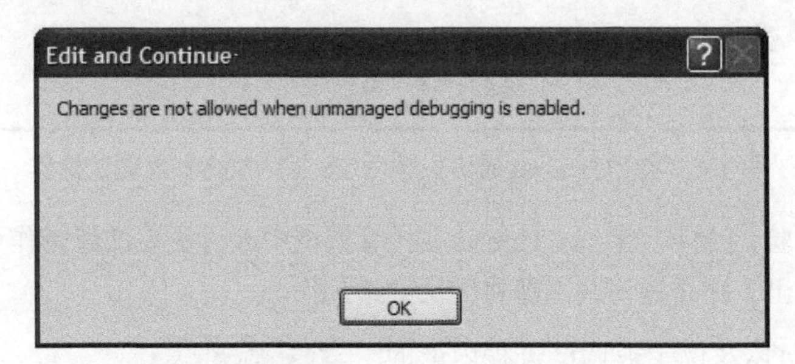

图 7-4 启动混合调试时，EnC 功能将不可用

7.4.2 RCThread

下面我们把注意力集中到调试辅助线程，也就是 RCThread。通过前面的介绍，我们知道，在第二种和第三种调试模式中，RCThread 都起着重要作用。调试器是通过这个线程与被调试进程通信的，没有这个线程，调试器就无法工作。

不妨做个小实验。在 VS 中打开前面提到过的 CliHello 项目，选择菜单 Debug → Start Debugging 开始调试。在 CliHello 运行到 Console.ReadLine()等待键盘输入时，启动 WinDBG，将 WinDBG 附加到 CliHello 进程中，因为 VS 是以纯托管调试器的身份运行的，所以 WinDBG 还可以以本地调试器的方式附加上去。在 WinDBG 中使用～* k 命令列出所有线程的栈回溯，找到清单 7-6 所示的包含 DebuggerRCThread 的线程便是 RCThread。

清单 7-6 RCThread 的栈回溯

```
00 ntdll!NtWaitForMultipleObjects
01 KERNELBASE!WaitForMultipleObjectsEx
02 clr!DebuggerRCThread::MainLoop
03 clr!DebuggerRCThread::ThreadProc
04 clr!DebuggerRCThread::ThreadProcStatic
```

接下来执行～1n（n 之前是 RCThread 的线程号）将 RCThread 挂起，然后执行 g 命令恢复 CliHello 进程运行。

通过上面的操作，我们相当于在 VS 不知晓的情况下，偷偷地将被调试进程中的调试辅助线程（RCThread）挂了起来。接下来，在 VS 中试着执行某种调试功能，比如选择 Debug → Break All，这样操作后，VS 的界面会立刻失去响应，像挂死了一样，过了差不多 1 分钟后，才显示出图 7-5 所示的错误对话框。

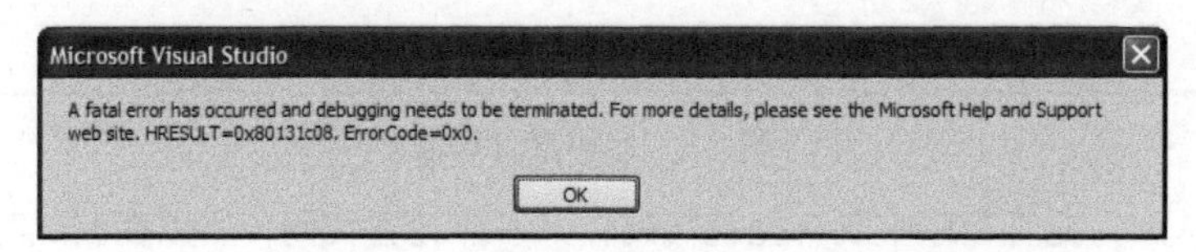

图 7-5 VS 在与 RCThread 沟通失败后显示出错误对话框

此后，如果再执行其他调试命令，VS 会提示不支持该操作，即使执行分离调试目标命令，也会失败（图 7-6）。

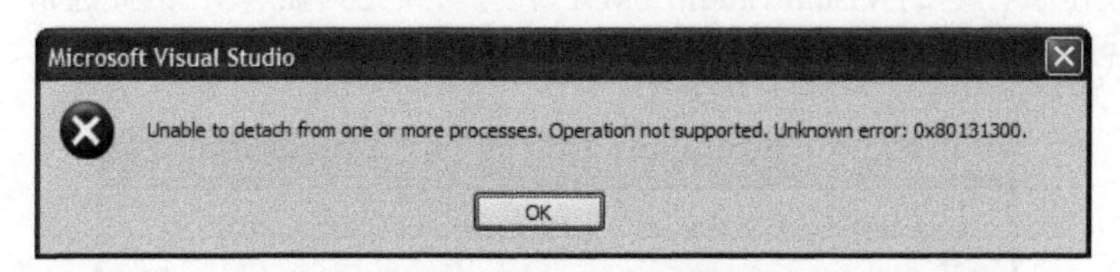

图 7-6 与 RCThread 通信失败后 VS 拒绝执行其他调试操作

通过上面的实验，我们知道，RCThread 在托管调试中起着重要的纽带作用，如果 RCThread 被挂起或者意外退出，那么托管调试器将无法继续工作。

因为 RCThread 以及位于被调试进程内部的其他内部类和函数在托管调试中起着重要作用，所以它们经常被称为调试器的左端（Left Side，LS）。相对地，把位于调试器进程中的通信和接口函数称为调试器右端（Right Side，RS），即图 7-7 所示的情形，左端中的圆圈代表调试辅助线程。

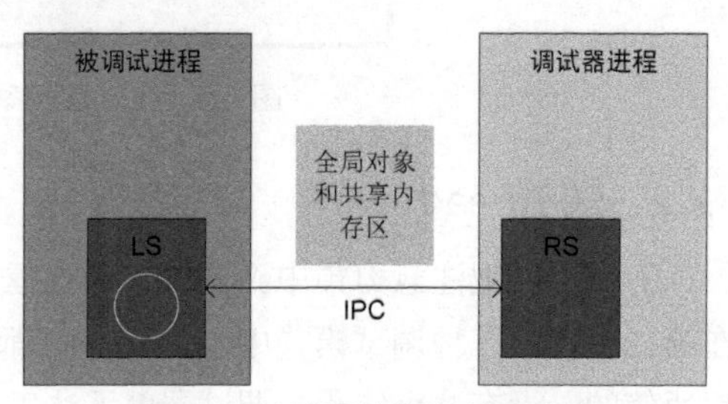

图 7-7 托管调试器架构示意图

调试器的左端与右端是使用进程间通信（Inter-Process Communication）机制来协作的。具体来说，主要使用了下面几个命名的事件对象和内存映射对象：

```
"CorDBIPCSetupSyncEvent_%d"
"CorDBIPCLSEventAvailName_%d"
"CorDBIPCLSEventReadName_%d"
"CorDBDebuggerAttachedEvent_%d"
"Cor_Private_IPCBlock_%d"
"Cor_Public_IPCBlock_%d"
"CLR_PRIVATE_RS_IPCBlock_%d"
"CLR_PUBLIC_IPCBlock_%d"
```

以上名字中的%d 代表进程 ID，在实际使用时会被替换为实际的进程 ID 值。以使用 VS（进程号为 4428）调试进程号为 3340 的 CliHello 为例，这些全局对象的实际名称如下。

```
CorDBIPCSetupSyncEvent_3340
Cor_Private_IPCBlock_3340
Cor_Public_IPCBlock_3340
CorDBIPCLSEventAvailName_3340
CorDBIPCLSEventReadName_3340
CorDBIPCLSetupSyncEvent_4428
Cor_Private_IPCBlock_4428
Cor_Public_IPCBlock_4428
```

对于希望更详细了解这些内核对象用法的读者，可以阅读 SSCLI 源代码。SSCLI 的全称是 Shared Source Common Language Infrastructure，是微软公开的 CLI 源程序，又称 ROTOR，可以自由下载。

ROTOR 源代码中包含了上文介绍的 RCThread 和 IPC 通信机制的源代码。以 SSCLI 2.0 为例，sscli20\clr\src\ipcman 目录中包含了 IPC 使用的共享内存块有关的源文件。sscli20\clr\src\debug 是调试支持的一个核心目录，又分为多个子目录，ee 目录下的 rcthread.cpp 包含了实现辅助线程的主要代码，shell 和 di 子目录中包含了调试接口和右端的代码，cordbg 子目录中是一个命令行方式的简单调试器 CorDbg。

7.4.3 刺探线程

在调试时，调试器左端和 RCThread 可能需要访问托管程序中的资源，访问之前可能需要先获取保护这些资源的保护锁，如果要获取的某个锁由托管程序中的普通线程所拥有，那么就可能导致死锁，因为普通线程需要由 RCThread 唤醒后才可能释放锁。为了防止这样的死锁发生，RCThread 会创建另外一个线程，用来帮助 RCThread 刺探信息，以便 RCThread 可以知道哪些情况下需要获取锁，哪些情况下不要去冒险。这个用来刺探信息的线程名叫“刺探者”（canary）。清单 7-7 所示的栈回溯描述的便是刺探线程的执行经历。当时 VS 在调试这个进程，在将 CliHello 中断到调试器中一次后刺探线程便出现了。

清单 7-7 刺探线程的栈回溯

```
# Call Site
00 ntdll!NtWaitForSingleObject
01 KERNELBASE!WaitForSingleObjectEx
02 clr!HelperCanary::ThreadProc
03 clr!HelperCanary::ThreadProc
04 KERNEL32!BaseThreadInitThunk
05 ntdll!RtlUserThreadStart
```

根据我们上面的介绍，调试辅助线程、刺探线程和调试器左端都是工作在被调试进程中的，它们与应用程序代码工作在一个进程空间中，使用的内存区域相互可见并可能相互影响。因此，托管调试模型具有较大的海森伯效应（详见本书卷 1 第 15 章），这是这种模型的不足之处。

7.5 CLR4 的调试模型重构

我们在 7.4 节介绍的调试模型具有多方面的不足，因此，.NET 4.0 引入了一种新的调试方式，一般就按版本号称其为 v4.0 调试方式，我们将其称为 CLR4 调试模型。Rick Byers 是这次重构的一位主要实现者。

重构后使用的方法很简单，就是使用 Windows 系统中现成的用户态调试 API。我们将在第三篇详细介绍 Windows 系统用于支持应用程序调试的调试设施。这套设施扎根内核，在系统中享有诸多特殊照顾，它依赖内核中的用户态调试子系统（DbgK）来协调调试事件，而不是普通的进程间通信，调试器使用调试端口（DebugPort）与被调试进程建立调试会话，这一关系登记在进程的核心数据结构中，受到内核的照顾。

图 7-8 画出了重构后的 CLR4 调试模型。图中左侧是调试器进程，以 VS 的集成调试器（VSIDE）为例，右侧是使用.NET 4.0（CLR4）的被调试进程。二者使用 Windows 系统的本地用户态调试设施建立起正式的调试关系。正如这次重构的主要贡献者 Rick Byers 在他的名为“ICorDebug re-architecture in CLR 4.0”的博客文章中所说的：“Under the hood we’re built on the native debugging pipeline”（揭开表面，新的调试模型是建立在本地调试流水线之上的）。

重构之后，当调试器要附加到要调试的托管进程时，调试器会调用操作系统的本地用户态调试 API——DebugActiveProcess，建立真正的调试会话，如图 7-9 所示。

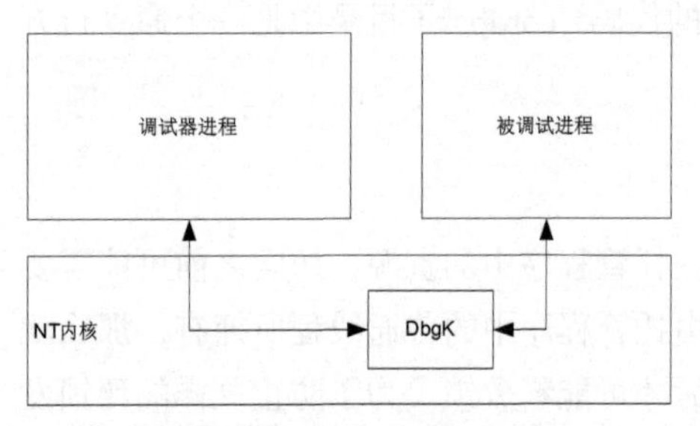

图 7-8 CLR4 引入的托管调试模型

```
Call Site
ntdll!ZwDebugActiveProcess
ntdll!DbgUiDebugActiveProcess+0x22
kernel32!DebugActiveProcess+0x37
mscordbi!WindowsNativePipeline::DebugActiveProcess+0
mscordbi!CordbWin32EventThread::AttachProcess+0x55
mscordbi!CordbWin32EventThread::Win32EventLoop+0x10a
mscordbi!CordbWin32EventThread::ThreadProc+0x1d
kernel32!BaseThreadInitThunk+0xd
ntdll!RtlUserThreadStart+0x1d
```

图 7-9 mscordbi 在调用调试 API 和内核服务

值得说明的是，当观察.NET 4.0 的托管进程时，我们仍然可以看到调试辅助线程。保留调试辅助线程主要是为了兼容老版本的调试器，以便可以用 CLR4 以前的调试器来调试 CLR4 程序，这种调试模式简称为 v2 模式。对于支持 CLR 4 的 VS 2010 这样的调试器来说，它支持多种调试模式，新的模式称为 v4 模式，在开始调试时可以选择，如图 7-10 所示。

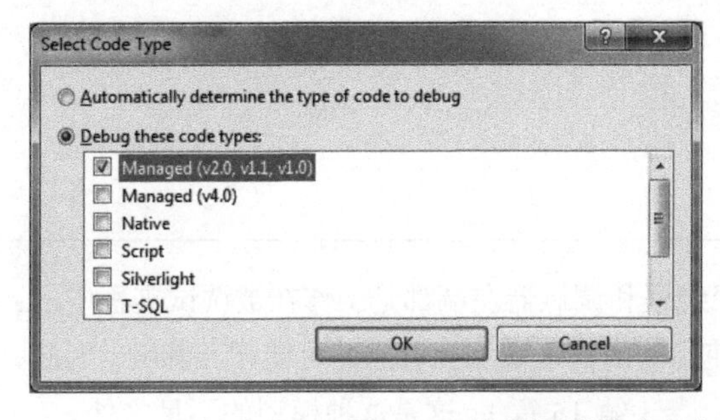

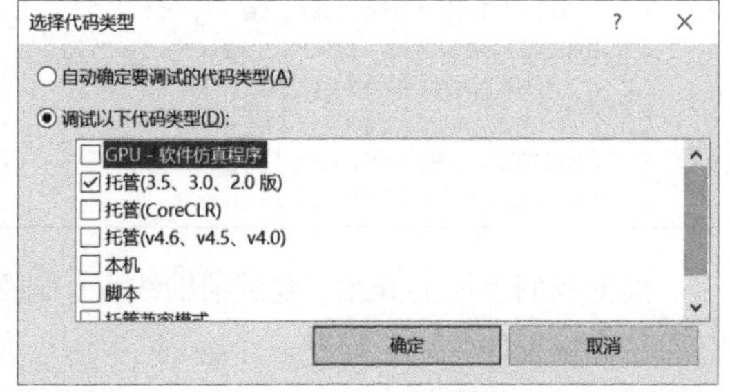

图 7-10 选择调试模式（左：VS 2010，右：VS 2019）

概而言之，CLR4 重构后的调试模型就使用了 Windows 系统早已有之的调试 API，可谓绕了一圈弯路后又回归到了本地调试使用多年的成熟方法。当初为什么没这么做呢？

老雷评点

或有以容易跨平台为托辞者，但不足为由。调试这样的强关系必须依赖操作系统的内核支持，必须根据操作系统制定适宜的办法。

7.6 SOS 扩展

前面两节分别介绍了用于托管程序的两种调试模型。本节将介绍使用 WinDBG 调试器和 SOS 扩展模块来调试托管程序的方法。使用这种方法可以跟踪包括托管运行时自身代码在内的本地代码，也可以调试托管代码，又可以看到托管世界的执行引擎（EE）数据，特别适合调试复杂的托管程序问题。

与 NT 内核和 KD 的关系类似，SOS 和.NET 的关系也可谓是一衣带水，休戚相关。在开发.NET 时，人们就开发了一个 NTSD 的扩展模块用来调试正在开发的代码，这个扩展模块有个响亮的名字，叫 Strike。Strike 这个词有很多种含义，可以做动词，表示击打、盖（章）、铸（币）等意思，也可以做名词，代表罢工、大发横财、空袭等意思。另外，打保龄球时，一次击倒所有球瓶也叫 Strike。在这里，它和 CLR 团队的最初名字 Lighting（闪电）放在一起表示“闪电的光芒”。

Strike 很有用，不但对开发.NET 的内部工程师有用，而且对于做产品支持和服务（Product Support Service，PSS）的人也有用。但是开发团队不想把自己使用的 Strike 直接给别人用，觉得那没有必要，Strike 显示的高级信息可能不被人理解。于是，便安排人开发了一个简化的 Strike，取名为 Son Of Strike（Strike 之子），简称 SOS。而 SOS 刚好又代表国际通用的船舶呼救信号（Save Our Ship），用在这里可以表示这个模块可以在危急时刻派上用场。

根据 VS 团队总经理 Jason Zander（后来成为 Windows Azure 团队的副总裁）的博客[1]，Strike 是由 Larry Sullivan 的开发小组设计的，在公开的 Rotor/SSCLI（Shared Source CLI）源代码包中，可以找到一个名为 strike.cpp 的源文件。在这个文件的签名区域还有 Larry 当年的签名（图 7-11），时间是 1999 年 9 月 7 日（.NET 1.0 正式发布的时间是 2002 年 2 月 13 日）。

```
// ==--==

/*************************************************************************
* STRIKE.C                                                               *
*   Routines for the NTSD extension - STRIKE                             *
*                                                                        *
* History:                                                               *
*   09/07/99  larrysu      Created                                       *
*                                                                        *
*                                                                        *
\*************************************************************************/
#include <wchar.h>
#include <windows.h>
```

图 7-11　Strike 模块的主文件（局部）

.NET 已经走过了很多年，从 1.0 到 1.1、2.0、3.0、3.5、4.0、4.5、4.8 等。当然，在每个版本中都有 SOS，或者说，有了 SOS 的帮助，才有一个又一个的新版本。在这个过程中，SOS 也在发展和成熟。

7.6.1 加载 SOS

要使用 SOS 调试托管程序，当然要有 WinDBG。下载和安装 WinDBG 不在话下。当使用 WinDBG 来调试托管程序时，WinDBG 是将托管程序当作一个“略微有些特别”的本地程序来对待的。之所以这样说，是因为大多时候 WinDBG 将被调试的托管进程与普通的 Windows 进程按一样的方式处理，只是在个别时候会使用调试引擎中的 CLR 特殊支持（稍后介绍）。

与调试本地程序一样，可以使用两种方式来建立调试会话，一种是在 WinDBG 中启动托管程序的 EXE 文件，另一种是附加到一个托管进程中。我们先来谈后一种情况。

首先，不同版本的运行时有不同版本的 SOS，应该根据被调试程序所使用的.NET 运行时来加载对应版本的 SOS。

如果被调试程序使用的是.NET 1.0 运行时，那么它的 SOS 模块位于 WinDBG 程序目录中的 clr10 子目录下。具体来说，可以使用如下命令。

```
.load clr10\sos.dll
```

从.NET Framework 1.1 开始，.NET 运行时中就包含了与其配套的 SOS.dll，比如下面便是两个与运行时放在一起的 sos.dll。

```
C:\WINDOWS\Microsoft.NET\Framework\v1.1.4322\sos.dll
C:\WINDOWS\Microsoft.NET\Framework\v2.0.50727\sos.dll
```

如果使用.load 命令加载上面的 sos.dll，路径很长，不容易记住。这时可以通过观察运行时核心模块 mscorwks.dll 的位置来得到 CLR 的位置，然后复制并粘贴。

```
0:000> lmvm mscorwks
start    end        module name
791b0000 79419000   mscorwks   (pdb symbols)          C:\WINDOWS\Microsoft.NET\
Framework\v1.1.4322\mscorwks.dll
```

但是这样做有点麻烦，更简洁的方法是使用.loadby 命令，即：

```
.loadby sos mscorwks
```

意思是加载与 mscorwks 模块相同位置的 sos 扩展模块，如果执行时没有任何提示信息，那么便执行成功了。

无论使用以上哪种方法加载，加载后，都可以使用.chain 命令来观察已经加载的扩展模块。

```
0:000> .chain
Extension DLL chain:
C:\WINDOWS\Microsoft.NET\Framework\v1.1.4322\sos: API 1.0.0, built Thu Jul 15
10:46:07 2004 [path: C:\WINDOWS\Microsoft.NET\Framework\v1.1.4322\sos.dll]
[以上信息做过删减]
```

加载成功后，可以执行!help 命令来显示 SOS 的帮助信息。对于 2.0 或者更高版本的 SOS，可以在!help 后面加上要了解的命令来得到关于某个命令的详细解释。

下面再讲另一种情况，也就是在使用 WinDBG 打开 EXE 时该如何加载 SOS 扩展。因为当被调试进程加载了 CLR 后，SOS 才能工作和有意义，所以应该在 CLR 的核心模块 MSCORWKS.dll 或者 clr.dll 加载后，再加载 SOS。那么如何知道 MSCORWKS/clr 何时被加载呢？这可以通过定制 WinDBG 模块加载事件的方式来实现，执行 sxe 命令。

```
sxe ld:mscorwks.dll 或者 sxe ld:clr.dll
```

上述命令的含义是让 WinDBG 收到被调试进程加载 mscorwks.dll/clr.dll 模块的事件时，中断下来。中断下来后，便可以执行.loadby sos mscorwks 或者.loadby sos clr 命令了。

也可以使用下面这条命令把上面所说的两个动作合在一起。

```
sxe -c ".loadby sos mscorwks;g" ld mscorwks.dll
```

其含义是当收到加载 mscorwks.dll 的事件后执行-c 后面跟的命令，也就是双引号内的内容——先加载 sos，然后恢复目标继续运行（g）。

7.6.2 设置断点

可以使用 SOS 中的 BPMD 命令来针对托管代码设置断点，它有两种格式。先来看第一种。

```
!bpmd <module name> <method name>
```

第一个参数是模块名，第二个参数是完整描述的方法名。例如使用下面的命令可以为 CliHello 模块中 CliHello 名称空间的 CliHello 类的 Main 方法设置断点。

```
!bpmd CliHello CliHello.CliHello.Main
```

其中，模块名可以不区分大小写，但是命名空间、类名和方法名必须严格区分大小写。图 7-12 所示的截图便是设置以上断点后这个断点命中时的场景。

```
0:000> !bpmd CliHello CliHello.CliHello.Main
Found 1 methods...
MethodDesc = 00a73020
Adding pending breakpoints...
0:000> g
(1e04.19c8): CLR notification exception - code e0444143 (first chance)
JITTED CliHello!CliHello.CliHello.Main(System.String[])
Setting breakpoint: bp 00DC0070 [CliHello.CliHello.Main(System.String[])]
Breakpoint 1 hit
eax=00a73020 ebx=0012f4ac ecx=013e5aa0 edx=00000000 esi=001815b8 edi=00000000
eip=00dc0070 esp=0012f484 ebp=0012f490 iopl=0         nv up ei pl nz ac po nc
cs=001b  ss=0023  ds=0023  es=0023  fs=003b  gs=0000             efl=00000212
00dc0070 50               push    eax
```

图 7-12 设置断点后这个断点命中时的场景

注意，在图 7-12 中，!bpmd 执行时，SOS 显示找到了一个匹配的方法，并增加了一个“延迟的”断点，这是因为当时被设置断点的方法还没有编译。在 g 命令恢复目标继续执行后，我们看到 WinDBG 收到了一个 CLR 通知异常，告诉 WinDBG，CliHello.CliHello.Main 方法已经被及时编译了，于是 WinDBG 向及时编译后的本地代码位置（0x00dc0070）设置了断点，也就是向那里写入断点指令，x86 平台上即 INT 3，机器码为 0xCC（本书卷 1 有详细介绍）。使用 bl 命令，可以看到 WinDBG 设置的断点。

```
!bpmd 命令的另一种格式是：
!bpmd -md <MethodDesc>
```

这种形式需要知道方法的 MethodDesc 结构的地址，这个地址可以通过!name2ee 命令来得到。比如：

```
0:000> !name2ee clihello CliHello.CliHello.Main
...
MethodDesc: 00a73020
Name: CliHello.CliHello.Main(System.String[])
JITTED Code Address: 00dc0070
0:000> !bpmd -md 00a73020
MethodDesc = 00a73020
```

SOS 目前不支持使用源文件位置设置断点，但是可以使用一个名为 SOSEX 的扩展模块来设置这样的断点，比如：

```
0:000> !mbp Program.cs 11
Breakpoint set at CliHello.CliHello.Main(System.String[])
```

可以从网上免费下载这个扩展模块，下载后复制到 WinDBG 的 winext 目录后，可以使用.load 命令来加载。

7.6.3 简要原理

SOS 主要使用操作系统提供的机制来访问被调试进程，比如使用 ReadProcessMemory 和 WriteProcessMemory 这两个 API 来读写被调试进程的内存。但是只用这两个 API 是不够的，还要知道要读写的位置，也就是被调试进程中的运行时数据结构。这是如何做的呢？简单来说是从目标进程中读取一个运行时信息表，这个信息表中有 CLR 运行时的关键数据结构（比如类信息、托管堆等）的位置。再启动一个 WinDBG，附加到刚刚加载了 SOS 的 WinDBG 上，针对 ReadTableInfo 方法设置一个断点后，恢复前一个 WinDBG 运行并执行 SOS 扩展命令，断点命中后执行 kn 命令，便可以看到 SOS 模块初始化信息表的过程，如图 7-13 所示。

```
 # ChildEBP RetAddr
00 070fd8c4 6029be9f sos!ReadTableInfo
01 070fd8e8 6029c46a sos!InitializeInfoTableFromResource+0x6f
02 070fdb6c 6029c595 sos!LoadEmbeddedResource+0x19a
03 070fdb74 60290230 sos!InitializeInfoTable+0x25
04 070fe230 0218061f sos!DumpHeap+0x50
05 070fe2d0 02180889 dbgeng!ExtensionInfo::CallA+0x33f
06 070fe460 02180952 dbgeng!ExtensionInfo::Call+0x129
07 070fe47c 0217f14f dbgeng!ExtensionInfo::CallAny+0x72
08 070fe8f4 021c91c9 dbgeng!ParseBangCmd+0x65f
09 070fe9d4 021ca5c9 dbgeng!ProcessCommands+0x4f9
0a 070fea18 020fe579 dbgeng!ProcessCommandsAndCatch+0x49
0b 070feeb0 020fe7fa dbgeng!Execute+0x2b9
```

图 7-13 SOS 模块初始化信息表的过程

SOS 把读到的信息保存在自己的全局变量中，执行 x sos!g_*便可以看到这些全局变量。

```
0:008> x sos!g_*
602bf4a0 sos!g_cClassInfo = <no type information>
602bf4ad sos!g_fInfoTableReadAlreadyAttempted = <no type information>
602bf494 sos!g_rgGlobalInfo = <no type information>
602bf4a4 sos!g_rgMemberInfo = <no type information>
602bf49c sos!g_rgClassInfo = <no type information>
602bf490 sos!g_pTableInfo = <no type information>
602bf498 sos!g_cGlobalInfo = <no type information>
602bf4ac sos!g_fInfoTableValid = <no type information>
...
```

上面介绍的是 SOS 1.1 版本的基本工作原理。对于 2.0 或者更高版本，SOS 会使用我们前面提到的 DAC（mscordacwks.dll）模块来访问被调试进程，这个模块在执行某些操作时可能与辅助调试线程通信，因为篇幅所限，细节从略。如果读者感兴趣，可以继续用上面的调试方法来跟踪分析，或者阅读 ROTOR 中 debug\daccess 目录下的源代码。

7.7 本章总结

坦率地讲，微软对.NET 寄予了很高的期望，但是实际取得的成果远远不如预期，经过十几年的努力，始终没有出现微软所期望的“.NET 技术流行天下”的局面。直至今天，在意高生产率的开发人员热衷于 Java 或者 Python，在意高效率的开发人员仍使用 C/C++。使用.NET 的团队当然也有一些，但是谈不上流行。但无论如何，经过了十几年，.NET 确确实实已经成为 Windows 平台的一部分，不少软件已经.NET 化，比如 VS，比如微软的 Office。另外，代表移动互联网特色的很多 Windows Store 程序也是基于.NET 的。概而言之，在今天的 Windows 系统中，一般总是有一些.NET 程序在运行着。某些程序在这一刻还是普通的 Windows 程序，但是过一会儿，它可能因为加载了.NET 模块，于是就有.NET 运行时入驻，也时不时地执行托管代码了。

概而言之，不管我们喜欢还是不喜欢，.NET 已经成为 Windows 平台上的一种客观存在。调试时，我们至少要认识它。

参考资料

[1] SOS Debugging of the CLR, Part 1. Jason Zander’s blog.

[2] SOS: It’s Not Just an ABBA Song Anymore. John Robbins. MSDN 杂志的 Bug Slayer 专栏.

[3] Production Debugging for .NET Framework Applications. patterns & practices.

第8章 Linux子系统

操作系统是软件世界中的管理机构，好比现实世界中的政府和国家机器，其地位和价值不言而喻。Linux操作系统自1991年问世后，很快得到了全美达（Transmeta）、英特尔等芯片公司的大力支持。对于芯片公司来说，很多新的功能如果没有操作系统的支持，上层软件就没有办法使用。另外，从政治因素、信息产业格局等角度思考，很多人、公司和国家也是不希望单一的操作系统产品垄断市场的。开源的Linux内核刚好满足了这些需求，于是在众多力量的推动下，迅猛发展[1]。

在2001年前后，微软意识到了Linux操作系统对Windows操作系统的威胁，开始从多方面考察Linux系统，并且采取了一些措施，试图抑制Linux系统的发展。

2016年11月，微软宣布加入Linux基金会（Foundation），成为铂金级别的会员，这标志着微软彻底转变了对待Linux操作系统的态度，从最初的抑制和被动接受到拥抱与合作。

在2016年3月30至4月1日举行的Build大会上[2]，微软宣布Windows操作系统将加入一个全新的子系统，在里面可以运行原生的Linux应用程序，不需要重新编译。这个子系统的名字叫“Windows的Linux环境子系统”（Windows Subsystem for Linux，WSL）。大约一周后，2016年4月7日，微软向Windows 10 Insider订阅者们推送的14328预览版本中包含了Bash on Ubuntu on Windows 功能，WSL首次亮相。

今天，WSL已经成为Windows 10的一部分，并且开始与Windows平台的开发工具、调试工具深度融合。比如，VS中已经加入了WSL支持，可以在同一台机器上调试Linux程序，非常方便快捷。

WSL的出现标志着Windows和Linux两大流行的系统步入了互通融合的新阶段。

8.1 源于Drawbridge

从技术实现的角度来讲，WSL来源于微软研究院（MSR）的一个操作系统原型项目，名叫Drawbridge，时间在2011年左右[3]。

简单来说，Drawbridge的目标是重构Windows 7操作系统的代码，让其可以运行在一个沙箱性质的进程空间里，像虚拟机那样。但是Drawbridge项目使用的不是虚拟机技术，而是经典的“库OS”（Library OS）思想。

所谓“库OS”就是把一个OS做成软件库的形式，它的所有特性都实现为可动态加载的库模块，整个OS可以以容器和沙箱的形式运行在另一个宿主OS上。图8-1是Drawbridge的架构，是笔者根据Drawbridge项目论文中的架构图[4]重新绘制的。

在图8-1中，下面是宿主OS内核，是一个普通的Windows 7，左上部分是一个运行在库OS中的应用，中心虚线部分便是所谓的库OS，是重构过的Windows 7。右上部分是传统的Windows 7用户空间进程。

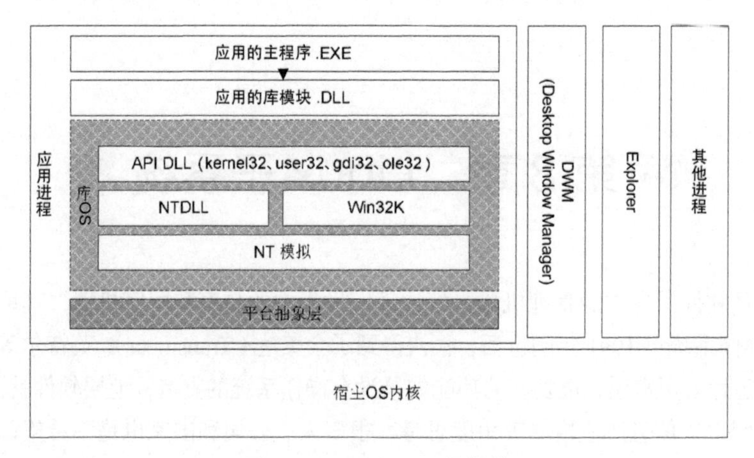

图 8-1 Drawbridge 的架构

与虚拟机方式相比，库 OS 的优点是轻便灵活，需要使用时只要动态加载启动，不需要使用时，几乎没有任何开销。此外，因为没有虚拟机技术（VT）那样基于硬件的地址空间隔离，所以执行效率也更高。Drawbridge 的英文本意是"吊桥"，需要时放下，不需要时拉起来，灵活自如，这个项目的名字取得非常妙。

实现方面，Drawbridge 使用了第一篇介绍过的 Pico 进程技术，让"库 OS"和应用程序以 Pico 进程的形式运行在 NT 内核之上，既有明确的进程身份，可以与系统中的其他软件和谐共处，又标志了它的特殊性，外表与大家一样，但是内部很特别。

8.2 融入 NT

微软在.NET 方面的一个惨痛教训就是在开发新技术的时候没有很好地利用 Windows 平台的原有设施，最典型的例子便是.NET 的调试模型，使用了一套基于调试辅助线程的方法，既费力，又不稳定，到了.NET 4.0 时进行重构，改为使用 Windows 系统原生的用户态调试设施，走了很长一段弯路。

从这个角度看，WSL 的设计者们显然高明得多。对于 Windows 系统，Linux 系统当然是新的来客，但是这并不意味着就要为此把所有东西都新建一套，那样不仅费时费力，还会导致两个部分格格不入，也失去了 WSL 的意义。因为没有 WSL，通过虚拟机技术，用户本来就可以在同一台硬件上既运行 Windows 系统又运行 Linux 系统。或者说，WSL 的价值就是要提供一种与旧有虚拟机和容器方案不同的方法。

2014 年 12 月，著名 IT 媒体 ZDNet 的 Windows 方面资深记者玛丽·乔·弗莱（Mary Jo Foley）从微软得到神秘信息，撰文称微软在开发一个模拟器，可以在 Windows 系统上运行安卓应用程序。随后越来越多的消息传到外界，这个项目的名字叫 Astoria。但在 2016 年 2 月，多家媒体报道说微软停止了 Astoria 项目。而不到两个月后，微软便宣布了 WSL[5]。

在笔者看来，从设计思想来看，WSL 源于经典的库 OS 思想和我们上一节介绍的 Drawbridge 原型项目。从工程实现的角度看，WSL 的实现和很多代码来自很多人误以为废弃的 Astoria 项目。最大的证据在 WSL 的内核空间核心模块 lxcore 中有 100 多个函数的名字都是以 Adss 开头的。名字的起始部分代表模块身份，这是 NT 内核的悠久传统。Adss 这 4 个字符含义深刻，前两个字符 Ad 可能是 Android 的缩写，也可能是 Astoria Driver 之类，我们无法确定，但是都与 Astoria 有关。后两个字符 ss，笔者推测它们是子系统（sub-system）的缩写，代表了 Astoria 和 WSL 的设计架构（8.3 节）。

8.3 总体架构

概括地讲，WSL 的架构是基于 NT 上经典的“环境子系统”技术设计的。在第一篇曾介绍过子系统的概念，其设计初衷就是让不同类型的应用程序都可以运行在 NT 内核之上。WSL 利用 NT 的这个古老特征，让 Linux 应用程序运行在 NT 内核之上，让老技术焕发新光彩，为 Windows 平台添丁加户，可谓功莫大焉。

图 8-2 是 WSL 的架构，图中下半部分是内核空间，其中的 LxSS.sys 和 LxCore.sys 是 WSL 的两个内核空间模块，以驱动程序的形式融入 NT 内核。上半部分为用户空间，其中的 LxssManager 为 Linux 子系统的服务进程，右侧的 Init 和 Bash 是 WSL 程序，以 Pico 进程的形式在运行。下面将分别介绍 WSL 的各个组成部分。

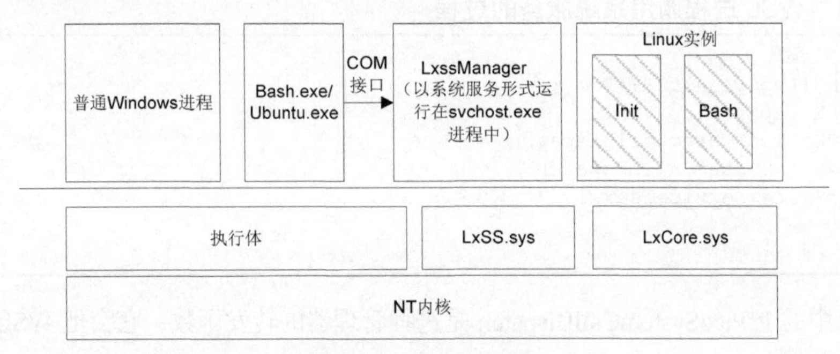

图 8-2 WSL 的架构

8.4 子系统内核模块

lxss 是 WSL 的子系统内核模块，其角色与 Windows 子系统的内核模块 win32k.sys 相同。从历史角度来讲，它源于我们前面提到的 Astoria 项目中的 adss.sys。

lxss 是以驱动程序的身份存在的，其可执行文件位于 system32\drivers 目录下，并且在注册表中登记为内核空间的服务模块（Type 为 1 代表 SERVICE_KERNEL_DRIVER）（图 8-3）。

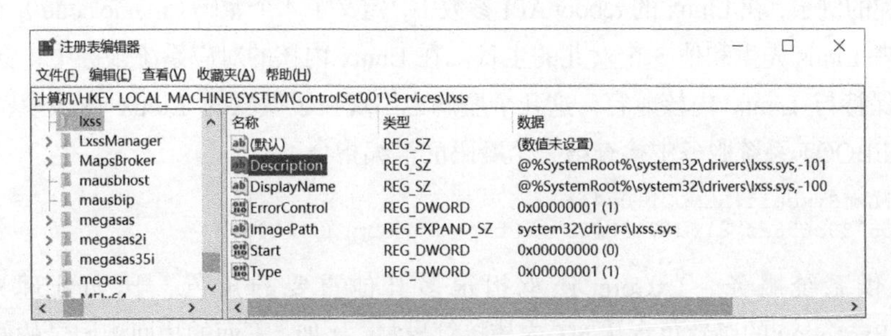

图 8-3 lxss 被注册为驱动程序身份

在图 8-3 中，有一个细节值得注意，那就是 Start 表键的值为 0，代表 SERVICE_BOOT_START。这意味着 lxss 是以启动类型的驱动随同 NT 内核一起加载进内存的。这意味着，在 NT 内核启动早期，lxss 就得到了执行权，初始化好了。

lxss 会创建一个名为\dev\lxss 的设备对象，用于与用户空间的子系统服务进程进行通信，充当对外服务的接口。

8.5 微软版 Linux 内核

LxCore 是 WSL 的另一个内核空间模块，其个头比 lxss 大很多，后者大约有 40KB，前者接近 1MB。对于 NT 内核来说，LxCore 的身份是 Pico 进程的提供器。所谓 Pico 进程就是一种特殊的最小进程，特殊的地方就是它具有与其关联的内核空间提供器。如果把 Pico 进程比喻为孩子的话，那么 Pico 进程提供器就是家长。当 Pico 进程发起系统调用或者进程内发生异常时，NT 内核就会找它的提供器，把这些难处理的问题都转给它的家长。

举例来说，如果在内核调试会话中为 LxCore 模块中的 LxpSyscall_READ 设置断点，然后启动一个 WSL 进程，那么这个断点很快就会命中。WSL 进程调用系统服务的过程如清单 8-1 所示。

清单 8-1 WSL 进程调用系统服务的过程

```
# Call Site
00 LXCORE!LxpSyscall_READ
01 LXCORE!LxpSysDispatch
02 LXCORE!PicoSystemCallDispatch
03 nt!PsPicoSystemCallDispatch
04 nt!KiSystemServiceUser
05 0x0
06 0x0
```

栈帧#03 中的 PsPicoSystemCallDispatch 是进程管理器的转发函数，它会把 WSL 进程的系统调用转给 LxCore。

在 LxCore 中，像 LxpSyscall_READ 这样的函数有 247 个（16299 版本），应该囊括了当前 Linux 系统的大多数系统服务。这意味着，LxCore 承当着一个非常重要的功能，那就是为 WSL 的用户空间程序提供系统调用服务。从这个角度来说，LxCore 是一个特殊的 Linux 内核，它不是 Linux 基金会的 Linux 内核，而是微软实现的“Linux 内核”。

为了让应用程序觉察不到它们是运行在微软的 Linux 内核之上，LxCore 要尽可能完全地模拟真实的 Linux 内核，外部行为要一致。

举个有趣的例子，在 Linux 的 reboot API 参数中，定义了 4 个魔码（magic code），代表着 Linux 内核的创始者 Linus 先生和他 3 个女儿的生日。在 Linux 内核的对应系统服务中，会检验这几个魔码。为了保持与 Linux 内核兼容，这几个魔码也出现在了微软的 Linux 内核中，比如下面是 LxCore 的 REBOOT 系统服务中检查第一个魔码的汇编指令。

```
LXCORE!LxpSyscall_REBOOT+0x4c:
fffff805`39c658ac 81fd69191228     cmp      ebp,28121969h
```

除了提供系统服务，LxCore 还承担很多其他重要的角色，比如处理异常，名为 PicoDispatchException 的函数负责从 NT 内核接管异常。比如，下面的栈回溯记录的便是 NT 内核把页错误异常转给 LxCore 的过程。

```
00 LXCORE!PicoDispatchException
01 nt!KiDispatchException
```

```
02 nt!KiExceptionDispatch
03 nt!KiPageFault
```

此外，LxCore 中还要模拟 Linux 的伪文件系统，比如 ProcFS、SysFS 等。再举个有趣的例子，LxCore 中定义了一个特殊的字符串，用来存放假 Linux 内核的版本信息。

```
3: kd> da LXCORE!ProcFsRootVersionBuffer
fffff805`39c21ca0  "Linux version 4.4.0-43-Microsoft"
fffff805`39c21cc0  " (Microsoft@Microsoft.com) (gcc "
fffff805`39c21ce0  "version 5.4.0 (GCC) ) #1-Microso"
fffff805`39c21d00  "ft Wed Dec 31 14:42:53 PST 2014."
fffff805`39c21d20  ""
```

当我们在内核调试会话中为这个变量设置硬件断点后，再在 WSL 中执行 cat /proc/version，那么这个断点就会命中，其执行过程如清单 8-2 所示。

清单 8-2　执行过程

```
00 LXCORE!memcpy
01 LXCORE!LxpUtilWriteToUser
02 LXCORE!LxpPseudoFsFileRead
03 LXCORE!VfsFileRead
04 LXCORE!LxpSyscall_READ
05 LXCORE!LxpSysDispatch
06 LXCORE!PicoSystemCallDispatch
07 nt!PsPicoSystemCallDispatch
08 nt!KiSystemServiceUser
```

栈帧#03 中的 VfsFileRead 代表着 LxCore 对 Linux 内核的 VFS（Virtual File Switch/System）设施的模拟。

8.6　Linux 子系统服务器

我们知道 CSRSS 是 Windows 子系统的服务器进程。WSL 的服务进程名叫 LxssManager，它被编译为 DLL，运行在 SvcHost 进程中。在任务管理器的服务列表中，可以找到它（图 8-4）。

图 8-4　以系统服务身份运行的 WSL 服务进程

从实现技术角度讲，LxssManager 使用了微软的组件对象模型（COM）技术，以进程外 COM 形式提供服务。LxssManager 实现的最重要的接口名叫 LxssUserSession，这个接口的方法主要有 GetCurrentInstance()、StartDefaultInstance()、SetState()、QueryState()、InitializeFileSystem()等。使用微软经典的 COM 工具 OleView 可以观察到 LxssUserSession 组件，如图 8-5 所示。

很可能出于安全方面的顾虑，目前版本的 WSL 服务进程是不允许使用用户空间的调试器调试的。但是，使用内核调试器仍可以调试这个进程。例如清单 8-3 就是在内核调试会话中观察到的 WSL 服务进程在响应创建进程请求时的执行过程。

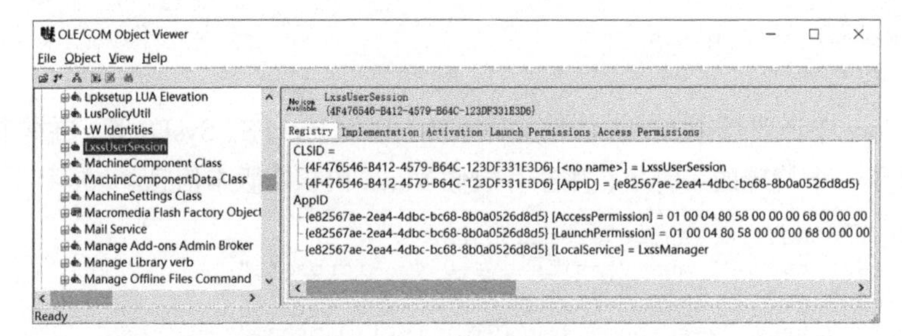

图 8-5 使用经典的 COM 工具观察 LxssUserSession 组件

清单 8-3 WSL 服务进程在响应创建进程请求时的执行过程

```
00 LXCORE!AdssBusIoctl
01 LXCORE!LxpControlDeviceIoctlAdssBusInstance
02 LXCORE!LxpControlDeviceIoctlServerPort
03 nt!IofCallDriver
【省略数行】
08 ntdll!NtDeviceIoControlFile
09 lxssmanager!AdssBusClientpIoctl
0a lxssmanager!LxssInstance::_TranslateNtPath
0b lxssmanager!LxssInstance::_TranslateNtPathEnvironment
0c lxssmanager!LxssInstance::_AppendNtPath
0d lxssmanager!LxssInstance::CreateLxProcess
0e RPCRT4!Invoke
0f RPCRT4!Ndr64StubWorker
10 RPCRT4!NdrStubCall3
11 combase!CStdStubBuffer_Invoke
```

栈帧#0e~#11 表示通过 RPC 接收到客户端（下一节将介绍的启动器程序）的请求，栈帧#09~#0d 记录的是在用户空间处理这个请求，栈帧#00~#03 记录的是请求内核空间模块 LXCORE 的文件系统服务，做路径转换。

8.7 WSL 启动器

为了让 Linux 系统能更好地融入 Windows 系统，WSL 公开了一套 API，名字就叫 WSL API[6]。使用这套 API，开发者可以配置和管理 WSL 实例，设置默认的 WSL 实例，以及启动 Linux 程序。这样的程序有个通用的名字，一般叫 WSL 启动器（launcher）。

值得说明的是，WSL 启动器是纯粹的 Windows 程序，只不过它调用了 WSL API 来与 WSL 交互。

举例来说，在启动器程序中可以通过下面这个 WslLaunch API 来启动指定的 Linux 进程。

```
HRESULT WslLaunch(
  PCWSTR distributionName,
  PCWSTR command,
  BOOL   useCurrentWorkingDirectory,
  HANDLE stdIn,
  HANDLE stdOut,
  HANDLE stdErr,
  HANDLE *process
);
```

第一个参数用于指定系统中的 WSL 实例名字，第二个参数用于指定 Linux 程序的命令行，第三个参数用来指定是否使用当前目录作为工作目录，接下来的 3 个参数用来指定新进程使用的标准设备文件，最后一个参数用来接收创建好的进程句柄。

WSL 自带了一个启动器，名字就叫 wsl.exe，位于 system32 目录下。执行它，便会在默认的 WSL 实例中执行指定的命令，例如下面的命令会在默认的 WSL 实例中执行 ls 命令。

```
wsl ls /
```

WSL 配备了一个名为 wslconfig 的小工具（位于 system32 目录下），使用它可以列出系统中安装的所有 WSL 实例，比如：

```
C:\wd10x64>wslconfig /l
kali-linux （默认）
Ubuntu
```

也可以使用/s 选项来设置默认的 WSL 实例，比如，以下命令把默认实例改为 Ubuntu。

```
wslconfig /s Ubuntu
```

通常每个 WSL 发行版都会配备一个启动器程序，比如图 8-6 显示的是从 Windows 商店下载的“WSL 版 Ubuntu”的启动器程序，名为 ubuntu.exe。当我们在“开始”菜单旁边的搜索框中输入 Ubuntu 并选择执行时，系统启动的便是这个程序。

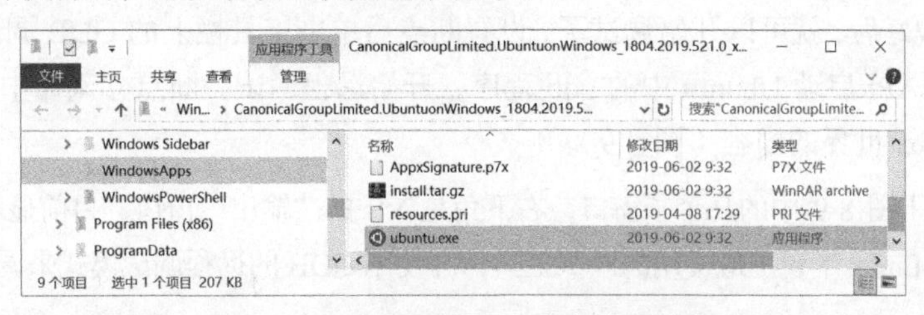

图 8-6 WSL 版 Ubuntu 的启动器程序

8.8 交叉开发

有了 WSL，让开发和调试 Linux 程序多了一种非常便捷的方案，那就是使用“Visual Studio 或者 VS Code 集成环境+WSL”来编辑、编译和调试 Linux 程序，只需要一个系统，无缝衔接。我们姑且把这种方式称为“V+W”交叉开发。

以下是使用 Visual Studio 2019（简称 VS2019）在 Windows 10 17134 版本上开发 Linux 程序的基本步骤，供大家参考，详细步骤可以查阅参考资料[7]。

首先启用 WSL 和安装你喜欢的发行版，比如 Ubuntu，然后使用如下命令安装常用的工具：

```
sudo apt install g++ gdb make rsync zip
```

其次要为 VS2019 安装“使用 C++的 Linux 开发”组件（图 8-7）。

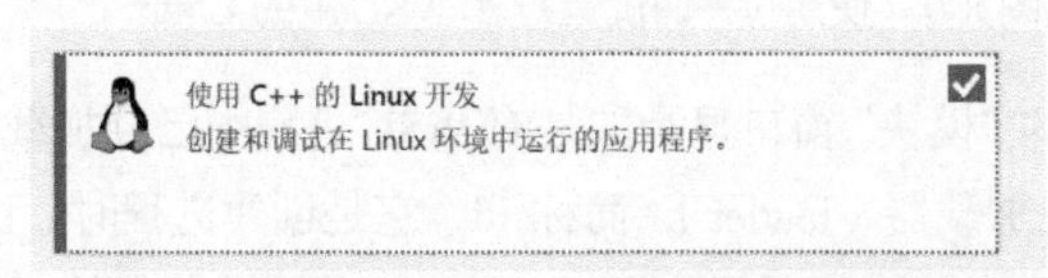

图 8-7 安装“使用 C++的 Linux 开发”组件

接下来在 VS2019 中创建 Linux 程序，比如 HiWSL。

接下来，在项目属性的“平台工具集”选项中选择 WSL_1_0（图 8-8）。

图 8-8 在“平台工具集”选项中选择 WSL_1_0

如果你的系统中有多个 WSL 实例，那么要指定你想使用实例的启动器程序。也就是图 8-8 中的“WSL*.exe 完整路径”选项（这个选项的名字有些别扭）。

以上工作做好后，就可以开始调试了，设置断点后单击工具栏上的 GDB 调试程序，VS2019 便会通过 WSL API 启动 Ubuntu 中的 gdb 程序，开始远程调试。断点立刻命中，熟悉的 VS 窗口中呈现出 Linux 世界的内容（图 8-9）。

简单解释一下图 8-9 中的几个子窗口，右下角是 VS 的“输出”窗口，目前显示的是来自 GDB 的输出。GDB 是 Linux 平台上最常用的调试工具，VS 使用 GDB 的远程调试模式来调试 HiWSL 程序。

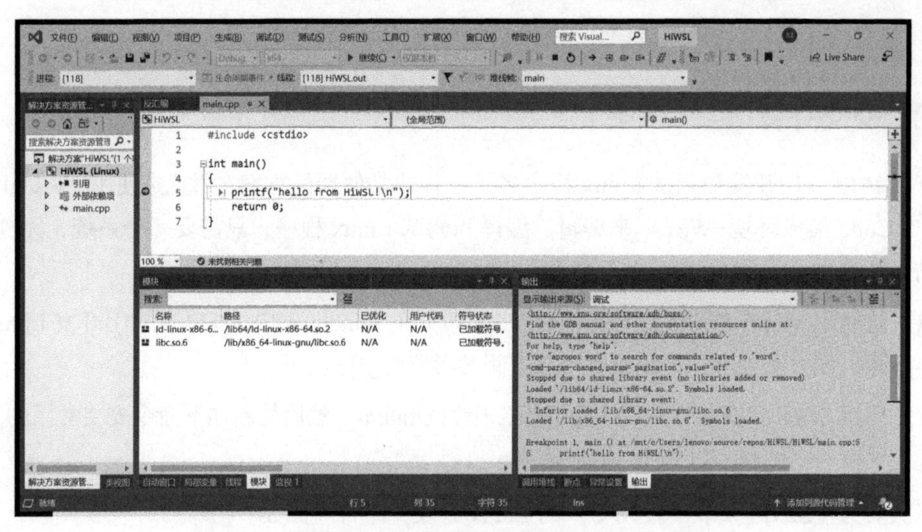

图 8-9 使用 VS 调试运行在 WSL 中的 Linux 程序

与“输出”窗口并列的“模块”窗口显示的是 HiWSL 进程中已经加载的两个动态库模块（so）。上面是 Linux 平台的模块加载器（loader），简称 ld，它是创建进程时，由内核映射到新进程用户空间的，其角色与 NTDLL 中的加载器部分类似。另一个模块是著名的 glibc，是由 GNU 组织开发的。在 Linux 平台上，它承担着多个关键角色，首先是 GCC 编译器的运行时模块，然后还是应用程序与内核的接口，大多时候，应用程序通过 libc 来调用系统服务。还有，大多数 Linux 程序使用的堆也是实现在 libc 中的。在本书的 Linux 分卷中，我们将详细地探讨 GDB、ld 和 glibc。

在与图 8-9 相同的时间点打开任务管理器，可以看到运行在 WSL 中的 GDB 进程（图 8-10）。图中还显示了正在被调试的 HiWSL 进程（可执行文件名为 HiWSL.out），以及 Linux 系统的 init 进程。在这个截图中，传统的 Windows 进程与新的 Linux 进程并肩运行在同一个 NT 内核上，而且紧密协作完成复杂的交叉调试功能，让我们感受到了 WSL 的强大。WSL 把经典的“库 OS”思想与 NT 的环境子系统功能结合，让 Linux 应用程序融入 NT 大家庭中，是近年来 Windows 系统中难得一见的一个精妙设计。

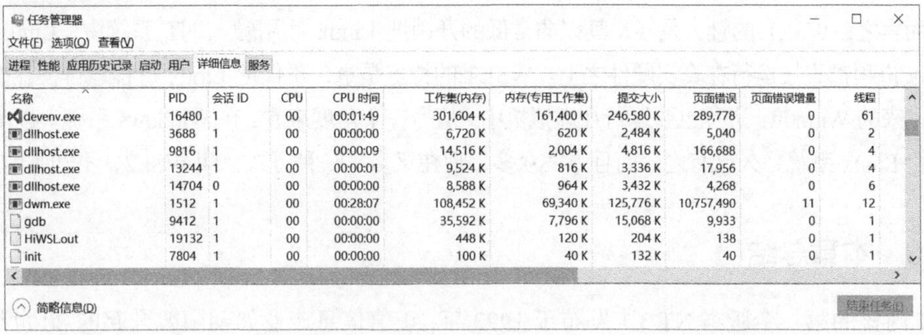

名称	PID	会话 ID	CPU	CPU 时间	工作集(内存)	内存(专用工作集)	提交大小	页面错误	页面错误增量	线程
devenv.exe	16480	1	00	00:01:49	301,604 K	161,400 K	246,580 K	289,778	0	61
dllhost.exe	3688	1	00	00:00:00	6,720 K	620 K	2,484 K	5,040	0	2
dllhost.exe	9816	1	00	00:00:09	14,516 K	2,004 K	4,816 K	166,688	0	4
dllhost.exe	13244	1	00	00:00:01	9,524 K	816 K	3,336 K	17,956	0	4
dllhost.exe	14704	0	00	00:00:00	8,588 K	964 K	3,432 K	4,268	0	6
dwm.exe	1512	1	00	00:28:07	108,452 K	69,340 K	125,776 K	10,757,490	11	12
gdb	9412	1	00	00:00:00	35,592 K	7,796 K	15,068 K	9,933	0	1
HiWSL.out	19132	1	00	00:00:00	448 K	120 K	204 K	138	0	1
init	7804	1	00	00:00:00	100 K	40 K	132 K	40	0	1

图 8-10　在任务管理器中观察运行在 WSL 中的 GDB 进程

8.9 WSL2

在 2019 年 5 月 6～8 日举行的 Build 2019 大会上，微软宣布了第二代的 WSL，简称 WSL2。在微软提供给 Windows Insider 订阅者的预览版本 18917 中，第一次包含了 WSL2。相对于 WSL2，第一代 WSL 便简称为 WSL1。在笔者写作本节内容时，WSL2 还没有正式发布，还处于测试阶段。本节基于微软公开的信息和预览版本做简单介绍，着重比较 WSL2 与 WSL1 的差异。

与 WSL1 相比，WSL2 的最大差异是引入了原生的 Linux 内核来替代 WSL1 的 LxCore 功能。从根本上讲，WSL1 使用的是 NT 内核，用 NT 内核的系统服务来模拟 Linux 内核系统服务，为 Linux 应用程序服务。而 WSL2 使用的是 Linux 内核，基于 Linux 基金会的 Linux 内核做修改，构建出一个特殊的版本为 WSL2 中的 Linux 程序提供服务。

如何在 NT 系统中运行 Linux 内核呢？我们知道，两个内核是无法并列运行在同一个系统中的。如果要并列，那么就要使用虚拟机技术。在微软的官方资料中，确认 WSL2 使用了虚拟机技术。在 WSL2 的预览版本中，可以看到使用的是微软的 Hyper-V。这意味着，WSL2 把定制过的 Linux 内核运行在一个 Hyper-V 虚拟机中。

表面上看，WSL2 通过引入原生 Linux 内核解决了 WSL1 的一些问题，比如兼容性不够好，文件系统的性能不够好等。

但实质上，因为 WSL2 是基于虚拟机技术的，背离了 WSL 的设计初衷，脱离了根本，所以是个倒退。

在 WSL1 中，WSL 中的 Linux 进程（简称 WSL 进程）与普通 Windows 进程是同一个内核上的进程，它们之间的边界是“进程边界”。在 WSL2 中，WSL 进程运行在单独的虚拟机中，与 Windows 进程的边界是“机器边界”。进程边界和机器边界是有根本差异的。前者是机器内部的边界，后者是机器之间的边界。在 WSL1 中，WSL 进程和 Windows 进程可以通过共享内存与内核对象等本机通信方式进行快速高效的协作。使用了虚拟机之后，便要跨越机器边界通信了。

更大的现实问题是，WSL2 的虚拟机依赖，要求用户开启 Hyper-V，这导致 NT 内核也要运行在虚拟机中。这样做会损伤 NT 系统的性能，并导致某些设备驱动程序发生故障，是很多人所厌恶的。

老雷评点

老雷亦厌之。

概而言之，WSL1 的魅力是轻，其以非常低的开销把 Linux 应用融入 NT 系统中，Linux 进程和 Windows 进程都直接运行在真实硬件之上。WSL2 的特点是重，不仅把 Linux 进程运行在虚拟机中，还拖累本来的 Windows 进程也要运行在虚拟机中。从另一个角度来看，在 Windows 系统上以虚拟机的方式运行 Linux 系统，久已有之，而且方案众多，现在又多了一种方式，叫 WSL2，不知其前途如何。

8.10 本章总结

NT 内核的第一个版本 NT 3.1 发布于 1993 年，正值信息产业如朝阳般升起的 20 世纪 90 年代。20 多年过去了，出于种种原因，NT 内核在某些方面呈现“老态”，比如系统庞大、沉重，资源消耗多等。WSL1 巧妙地让 Linux 应用可以直接运行在 NT 内核之上，发挥了 NT 内核的技术优势，让其焕发新的活力。WSL2 使用笨重的虚拟机技术把 Linux 内核生硬地搬进 Windows 系统，导致磁盘、内存等方面的开销大大增加，让整个系统变得更复杂和臃肿，而且与虚拟机技术同质化，笔者觉得是误入歧途。

老雷评点

科平不喜欢，老雷亦厌之。科平者，老雷多年之诤友，创业之伙伴。

本章是本篇的最后一章，我们特意选择“Linux 子系统”这个主题，它代表着当前阶段 Windows 和 Linux 两大平台并存的现状，也代表着两大平台相互借鉴、相互融合的大趋势。

老雷评点

写书所用的时间总是比预估的长很多。原计划 3 个月完成的前两篇内容实际用了 7 个月。写作本章时，正值盛夏，7 月的上海，骄阳似火，格蠹园中的蔬菜大多把叶片收拢垂下，以躲避阳光。唯有喜光的丝瓜，展开叶片，让绿色工厂把光转化为营养，伸出丝，攀援一切可以抓的扶手，向着光更多的方向扩张……篇末略缀数语，与诸君共勉。（写书难，编辑亦难，校阅此稿时，格蠹园又迎来了一个夏天。2020 年 5 月 31 日补评。）

参考资料

[1] Linus Torvalds. 计算机历史博物馆.

[2] Windows Subsystem for Linux Overview. Jack HammonsApril 22, 2016. MSDN 博客.

[3] Drawbridge 项目组主页.

[4] Rethinking the Library OS from the Top Down.

[5] Microsoft hones its plans to try to close the app gap.

[6] WSL API 官方文档.

[7] C++ with Visual Studio 2019 and Windows Subsystem for Linux (WSL) . Erika Sweet.

第三篇

操作系统的调试支持

操作系统（Operating System，OS）是计算机系统中的基本软件，它负责统一管理系统中的软硬件资源，为系统中运行的应用软件（application）提供服务，是应用软件运行的基础。操作系统所提供的服务因其设计目的和使用环境不同而有所差异，但通常都包括文件管理、内存管理、进程管理、打印管理、网络管理等基本功能。除了这些功能，如何支持调试也是操作系统设计的一项根本任务，从被调试对象的角度来看，可以把操作系统的调试支持分为以下 3 个方面。

第一，对应用程序调试（application debugging）的支持，即如何简单高效地调试运行在系统中的各种应用程序。应用程序通常在操作系统分配的较低优先级下运行，其代码属于操作系统不信赖的代码。

第二，对设备驱动程序调试（device driver debugging）的支持，设备驱动程序或其他运行在内核模式的模块是操作系统的可信赖代码，通常与操作系统运行在同一个优先级下和同一个地址空间中，因此调试这些模块通常与调试应用程序有很大不同。

第三，对操作系统自身调试的支持，即如何调试操作系统的各个组成部分。例如调试正在开发的系统模块，以及定位产品发布后出现的系统故障。

调试器（debugger）是软件调试最重要的工具，使用调试器调试是解决复杂软件问题的首选途径。但是在某些情况（比如产品发布后在用户环境中出现问题）下，并不具备使用调试器调试的条件，因此就必须考虑如何在没有调试器的情况下进行调试。从这个意义上讲，对于以上每类调试对象（任务），还必须考虑两种情况。

第一，使用调试器的调试，即通过有效的模型和系统机制来支持调试器软件操纵和访问被调试对象。

第二，不使用调试器的调试，即通过操作系统的基础服务，支持软件实现各种不依赖于调试器的调试途径，比如错误提示、事件追踪、日志和错误报告等。

综合以上分析，可以把操作系统的调试支持归纳为如下表所示的 6 个问题。

对比项目	使用调试器的调试	不使用调试器的调试
调试应用程序	如何使系统中的应用程序可以被调试器调试？（问题 A）	如何使系统中的应用程序在没有调试器时也具有很好的可调试性？（问题 B）
调试驱动程序	如何使系统中的驱动程序可以被调试器调试？（问题 C）	如何使系统中的驱动程序在没有调试器时也具有很好的可调试性？（问题 D）
调试操作系统自身	如何使操作系统自身的代码可以被调试器调试？（问题 E）	如何使系统本身在没有调试器时也具有很好的可调试性？（问题 F）

本篇以Windows操作系统为例详细探讨操作系统对软件调试的支持，主要分为如下5个板块。

- 第9章和第10章着重讨论问题A，包括支持应用程序调试的用户态调试子系统、调试会话的建立过程及调试事件的产生和分发机制等。
- 与CPU异常相呼应，第11章和第12章从操作系统的层面分析异常的分发和处理机制及系统处置未处理异常的方法。该板块的主题是异常处理，它与6个问题都相关。
- 第13～17章把视线转向调试器之外的辅助调试机制（问题B、D和F）。第13章分析Windows系统提供的错误提示机制。第14章介绍Windows XP系统引入的错误报告（WER）机制。第15章分析Windows的事件日志（event log）机制。第16章分析Windows事件追踪（ETW）机制。
- 内核调试对于解决系统级的问题和学习操作系统有着非常重要的意义，因此，第18章深入介绍Windows系统的内核调试引擎。
- 第19章介绍用于提高测试和调试效率的验证机制，包括应用程序验证和驱动程序验证。

第 9 章　用户态调试模型

应用程序（application program 或 application）是指能够解决某一个问题或满足某一种应用的特定程序，它是相对系统程序而言的。从用户的角度来看，大多数用户使用计算机是为了使用应用程序，系统程序的作用是为应用程序提供服务。以操作系统为例，用户购买和安装操作系统的目的主要是在其上运行应用程序。换言之，操作系统存在的意义在于通过应用程序满足用户的使用需要。因此，是否具有丰富的应用程序是操作系统成功的一个关键。

如何才能有丰富的应用程序呢？除了要有一套强大而且易用的应用程序编程接口（Application Programming Interface，API），还需要有高效的开发和调试环境。提高应用程序开发效率的一个重要课题就是提高应用程序调试（application debugging）的效率，因为应用程序调试很多时候耗费了比设计编码还要多的时间。

支持应用程序调试一直是操作系统设计中的一项重要任务。为了与调试运行在内核模式下的驱动程序或操作系统自身的代码相区分，通常把调试应用程序称为用户态调试（user mode debugging）。

本章将介绍 Windows 操作系统中用于支持用户态调试的模型和各种基础设施，包括内核中的调试支持例程、调试子系统和调试 API 等。

老雷评点

浑然天成的调试子系统和强大的调试 API，至今仍为 Windows 系统领先于 Linux 系统的一大优势。不过此说可以与爱好调试之同行分享，不必与偏激好争者论也。

需要说明的一点是，本章和第 10 章所说的调试都是指使用调试器进行的调试，而不是广义上的软件纠错行为。

9.1　概览

回想我们在调试器（如 WinDBG）中调试程序（如 HelloWorld 程序）的情景，可以随时将被调试程序中断到调试器中，然后观察变量信息或跟踪执行，仿佛一切都在调试器中进行。事实上，从进程的角度来看，WinDBG 和 HelloWorld 是两个分别运行的进程，分别有自己的进程空间；而且根据我们在第 8 章对进程和进程空间的介绍，每个进程的空间都是受到严密的系统机制所保护的。那么，调试器进程是如何“轻而易举”地观察和控制被调试进程的呢？简单的回答是使用调试 API。但要深入理解调试 API 是如何工作的，就必须挖掘调试子系统在调试中所起的作用。

事实上，当我们使用 WinDBG 调试 HelloWorld 进程时，除了 WinDBG 进程和 HelloWorld 进程，还有一些重要角色积极地参与到这个过程中，正是它们的“努力工作”，才使得调试过程如此得心应手。它们是谁呢？在这一节中，我们就来概览参与用户态调试的各个角色。

9.1.1 参与者

图 9-1 显示了在 Windows 系统下进行用户态调试时参与调试过程的各个角色，包括调试器进程（debugger process）、被调试进程（debuggee process）、调试子系统、调试 API，以及位于 NTDLL.DLL 和内核中的调试支持函数。

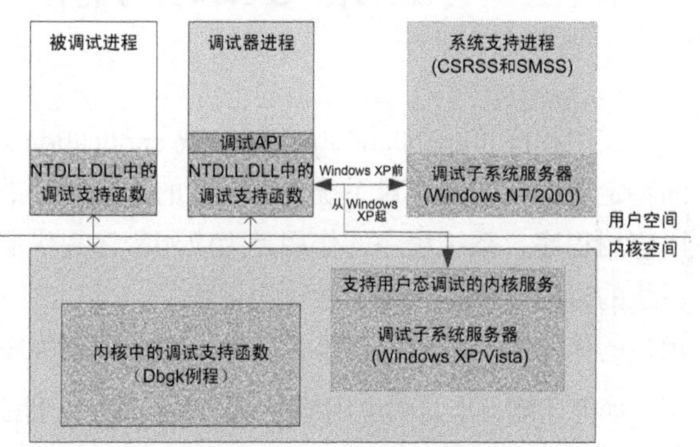

图 9-1 参与用户态调试的各个角色

首先，调试器进程是调试过程的主导者，它负责发起调试对话，读取和处理调试事件，并通过用户界面接受调试人员下达的指令，然后执行。调试器进程通过调试 API（9.8 节）与系统的调试支持函数和调试子系统交互，这样不仅简化了调试器的开发工作，而且大大降低了调试器与调试子系统的耦合度。当对调试子系统进行革新时，只要保持调试 API 不变就可以保证调试器依然可以工作。

被调试进程是调试的目标。为了降低海森伯效应（28.6 节），应尽可能少地向被调试进程中加入支持调试的设施，以避免影响问题的重现和分析。但某些调试功能需要在被调试进程中做少量标记或执行简单的动作（后文详述）。

调试子系统是沟通被调试进程和调试器进程的桥梁，它的职责是帮助调试器完成各种调试功能，比如控制和访问被调试进程，管理和分发调试事件，接受和处理调试器的服务请求。从内部来看，调试器大多时候是在和调试子系统对话。

9.1.2 调试子系统

调试子系统主要由 3 个部分——位于 NTDLL.DLL 中的支持函数、位于内核文件中的支持函数，以及调试子系统服务器组成。

NTDLL.DLL 中的调试支持函数主要分为 3 类。第一类是以 DbgUi 开头的，供调试器使用；第二类是以 DbgSs 开头的，供调试子系统使用，这一部分在 Windows 2000 之后被移除；第三类是以 Dbg 开头（非前两种）的，用于实现调试 API，如 DbgBreakpoint 是 DebugBreak API 的实现。根据第 3 章对 NTDLL.DLL 的介绍，尤其是图 3-1，我们知道，NTDLL.DLL 是所有用户态进程都使用的一个模块，因此放在这个模块中的函数具有共享性。这也是要把以上 3 类调试函数放在 NTDLL.DLL 中的一个原因。

内核文件中的调试支持函数负责采集和传递调试事件，以及控制被调试进程。这些内核函数都是以 Dbgk 开头的，我们在 9.2 节和 9.3 节详细介绍它们。

调试子系统服务器的主要职能是管理调试会话和调试事件，是调试消息（事件）的集散地，也是所有调试设施的核心。

调试子系统是操作系统的一个组成部分，其实现因操作系统的不同而不同。对于同一操作系统，不同的版本也可能包含不同的实现。Windows NT（3.x 和 4.0）与 Windows 2000 的调试子系统基本一致。Windows XP 做了较大改进，增加了专门用于应用程序调试的内核对象（Debug

Object），并将调试子系统服务器从用户模式移入内核模式中，但是在 API 层仍与以前兼容。Windows Vista 沿用了 Windows XP 改进后的实现。

9.1.3 调试事件驱动

与 Windows 程序的消息驱动机制类似，Windows 用户态调试是通过调试事件来驱动的。调试器程序在与被调试进程建立调试会话（10.3 节和 10.4 节）后，调试器进程便进入所谓的调试事件循环（debug event loop），等待调试事件的发生，然后处理，再等待，直到调试会话终止。其核心代码如下。

```
while (WaitForDebugEvent(&DbgEvt, INFINITE)) // 等待事件
{
   // 处理等待得到的事件
   // 处理后，恢复调试目标继续执行
   ContinueDebugEvent(DbgEvt.dwProcessId, DbgEvt.dwThreadId,
        dwContinueStatus);
}
```

其中，WaitForDebugEvent 用于等待和接收调试事件，收到调试事件后，调试器便根据事件的类型（事件 ID）来分发和处理，并根据情况决定是否要通知用户并进入交互式调试（命令模式，29.7 节）。在处理调试事件的过程中，被调试进程是处于挂起状态的（9.3 节）。处理调试事件后，调试器调用 ContinueDebugEvent 将处理结果回复给调试子系统，让被调试程序继续运行，调试器则再次调用 WaitForDebugEvent 等待下一个调试事件。WaitForDebugEvent 和 ContinueDebugEvent 都是 Windows 提供的调试 API，我们在 9.8 节详细介绍。

调试子系统的内核部分设计了一系列函数用来采集调试事件，并以一个消息结构发送给调试子系统，使其保存在调试子系统的调试消息队列中。调试子系统和调试器之间是靠一个内核对象来同步的。当有调试消息需要读取时，调试子系统服务器会设置这个同步对象，使等待这个对象的调试器线程被唤醒。

在内核中，调试事件有时也称为调试消息，并使用一个名为 DBGKM_APIMSG 的结构来描述。在发送给调试器时，调试 API 使用的是一个名为 DEBUG_EVENT 的结构（10.5.1 节）。因为这两个结构是不同的，所以需要一个转化过程，这个工作是由调试子系统服务器和 NTDLL.DLL 中的用户态函数来完成的。简单来说，子系统服务器会将自己使用的结构转化为 NTDLL.DLL 使用的 DBGUI_WAIT_STATE_CHANGE，NTDLL.DLL 再将这个结构转化为调试器使用的 DEBUG_EVENT 结构。

本节概括性地介绍了用户态调试的所有参与者，以及它们之间是如何以调试事件为纽带而协同工作的。接下来的几节将围绕调试事件做进一步介绍。

9.2 采集调试消息

为了能了解到调试有关的系统动作，调试子系统的内核部分对外公开了一系列函数，供内核的其他部分调用，以便得到“知情”和处理机会。这些函数都是以 Dbgk（不是 Dbgkp，p 代表内部过程）开头的，是调试子系统公开给内核其他部件的接口函数，我们将它们简称为 Dbgk 采集例程。

9.2.1 消息常量

Dbgk 采集例程将所有调试事件（消息）分为 8 种类型，并使用以下常量来代表不同类型的

调试消息。

```
typedef enum _DBGKM_APINUMBER
{
    DbgKmExceptionApi = 0,          //异常
    DbgKmCreateThreadApi = 1,       //创建线程
    DbgKmCreateProcessApi = 2,      //创建进程
    DbgKmExitThreadApi = 3,         //线程退出
    DbgKmExitProcessApi = 4,        //进程退出
    DbgKmLoadDllApi = 5,            //映射 DLL
    DbgKmUnloadDllApi = 6,          //反映射 DLL
    DbgKmErrorReportApi = 7,        //内部错误
    DbgKmMaxApiNumber = 8,          //这组常量的最大值
} DBGKM_APINUMBER;
```

其中 DbgKmErrorReportApi 用来报告调试子系统内部的错误，目前已经不再使用。下面将分别介绍其他几种调试消息的采集过程。

9.2.2 进程和线程创建消息

操作系统的一大核心任务就是管理系统中运行的各个进程和线程，包括创建新的进程和线程，调度等待运行的线程，负责进程间通信，终止进程和线程，以及分配、回收资源等，这些任务通常统称为进程管理。操作系统的很多模块与进程管理有关，但进程管理的最核心部分是由位于 Windows 执行体（NTOSKRNL.EXE 的上半部分，图 3-1）中的一系列函数完成的，这些函数大多以 Ps 或 Psp 开头，比如 PsCreateSystemThread()、PspShutdownThread()等。为了描述简便，通常把这些函数（以及这些函数使用的数据结构）泛称为进程管理器（process manager）。

当进程管理器创建新的用户态 Windows 线程时，它首先要为该线程建立必要的内核对象与数据结构，并分配栈（stack）空间，这些工作完成后，该线程就处于挂起（CREATE_SUSPEND）状态；而后进程管理器会通知环境子系统，子系统会做必要的设置和登记；最后进程管理器会调用 PspUserThreadStartup 例程，准备启动该线程。为了支持调试，PspUserThreadStartup 总是会调用调试子系统的内核函数 DbgkCreateThread，以便让调试子系统得到处理机会。

DbgkCreateThread 会检查新创建线程所在的进程是否正在被调试（根据 DebugPort 是否为空）。如果不是，便立即返回；如果是（DebugPort 不为空），则会继续检查该进程的用户态运行时间（UserTime）是否为 0，目的是判断该线程是否是进程中的第一个线程。如果是，则通过 DbgkpSendApiMessage()函数向 DebugPort 发送 DbgKmCreateProcessApi 消息；如果不是，则发送 DbgKmCreateThreadApi 消息。调试器收到的进程创建（CREATE_PROCESS_DEBUG_EVENT，值为 3）和线程创建（CREATE_THREAD_DEBUG_EVENT，值为 2）事件就是源于这两个消息的。

9.2.3 进程和线程退出消息

进程管理器的 PspExitThread 函数负责线程的退出和清除。为了支持调试，在销毁该线程的结构和资源之前，PspExitThread 会调用调试子系统的函数以便让调试器（如果有）得到处理机会。如果正在退出的不是进程中的最后一个线程，那么 PspExitThread 会调用 DbgkExitThread 函数通知指定线程要退出；如果是最后一个线程，那么 PspExitThread 便会调用 DbgkExitProcess 函数通知指定进程要退出。

DbgkExitThread 会检查进程的 DebugPort 是否为 0，如果不为 0，则会先将该进程挂起，然

后通过 DbgkpSendApiMessage 函数向 DebugPort 发送 DbgKmExitThreadApi 消息，待发送函数返回后再恢复进程运行。

DbgkExitProcess 的执行过程非常类似，只不过发送的是 DbgKmExitProcessApi 消息，而且没必要执行挂起和恢复动作，因为进程管理器已经对该线程做了删除标记。

调试器接收到的线程退出事件（EXIT_THREAD_DEBUG_EVENT，值为 4）和进程退出（EXIT_PROCESS_DEBUG_EVENT，值为 5）是源于这两个消息的。

9.2.4 模块映射和反映射消息

自 Windows 诞生以来，动态链接库（Dynamic Link Library，DLL）一直是 Windows 系统中使用最多的技术之一。Windows 操作系统内核、Windows API 和无以计数的 Windows 应用程序都普遍使用了 DLL 技术。比如，Windows 的内核文件 NTOSKRNL.EXE 虽然以 EXE 为后缀，其实质就是一个 DLL；NTDLL.DLL 是连接用户态和操作系统内核的桥梁（图 3-1），用户态的代码通过它访问内核服务；Windows 子系统 DLL（KERNEL32.DLL、ADVAPI32.DLL、USER32.DLL、GDI32.DLL）是 Windows API 的载体，当使用 Windows API 的应用程序正在执行时都离不开这些 DLL。观察 Windows 的系统目录（winnt\system32）还会看到很多其他的 DLL。除了 Windows 系统自带的 DLL，应用软件本身经常有自己的 DLL。DLL 不可以独立拥有进程和运行，但可以被 EXE 程序加载到其所属的进程空间，并被调用和执行。

很多工具可以用来观察进程中的 DLL 使用情况。运行记事本程序，启动 VS，通过选择“调试”→“附加到进程”菜单弹出 Attach Process 对话框，然后选择 notepad。而后再通过选择“调试”→“窗口”→“模块”菜单弹出图 9-2 所示的“模块”窗口，便可以看到 notepad 进程中的 DLL 了。第二列是该模块在进程空间中的地址（虚拟地址，均小于 0x80000000，可见这些模块都是位于用户空间中的）[1]。

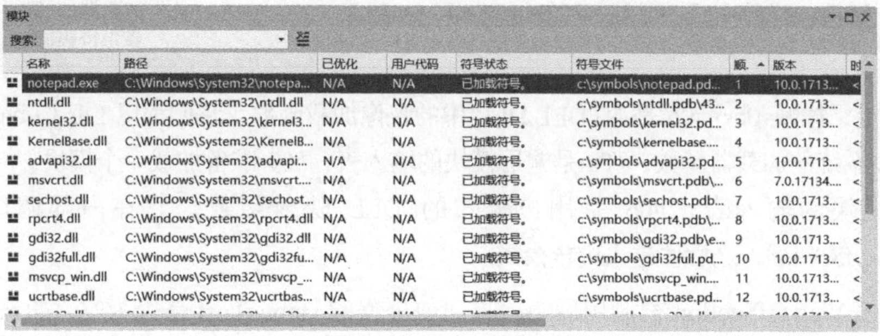

模块

搜索:

名称	路径	已优化	用户代码	符号状态	符号文件	顺.	版本	时
notepad.exe	C:\Windows\System32\notepa...	N/A	N/A	已加载符号。	c:\symbols\notepad.pd...	1	10.0.1713...	<
ntdll.dll	C:\Windows\System32\ntdll.dll	N/A	N/A	已加载符号。	c:\symbols\ntdll.pdb\43...	2	10.0.1713...	<
kernel32.dll	C:\Windows\System32\kernel3...	N/A	N/A	已加载符号。	c:\symbols\kernel32.pd...	3	10.0.1713...	<
KernelBase.dll	C:\Windows\System32\KernelB...	N/A	N/A	已加载符号。	c:\symbols\kernelbase....	4	10.0.1713...	<
advapi32.dll	C:\Windows\System32\advapi...	N/A	N/A	已加载符号。	c:\symbols\advapi32.pd...	5	10.0.1713...	<
msvcrt.dll	C:\Windows\System32\msvcrt....	N/A	N/A	已加载符号。	c:\symbols\msvcrt.pdb\...	6	7.0.17134....	<
sechost.dll	C:\Windows\System32\sechost...	N/A	N/A	已加载符号。	c:\symbols\sechost.pdb...	7	10.0.1713...	<
rpcrt4.dll	C:\Windows\System32\rpcrt4.dll	N/A	N/A	已加载符号。	c:\symbols\rpcrt4.pdb\...	8	10.0.1713...	<
gdi32.dll	C:\Windows\System32\gdi32.dll	N/A	N/A	已加载符号。	c:\symbols\gdi32.pdb\e...	9	10.0.1713...	<
gdi32full.dll	C:\Windows\System32\gdi32fu...	N/A	N/A	已加载符号。	c:\symbols\gdi32full.pd...	10	10.0.1713...	<
msvcp_win.dll	C:\Windows\System32\msvcp_...	N/A	N/A	已加载符号。	c:\symbols\msvcp_win....	11	10.0.1713...	<
ucrtbase.dll	C:\Windows\System32\ucrtbas...	N/A	N/A	已加载符号。	c:\symbols\ucrtbase.pd...	12	10.0.1713...	<

图 9-2 “模块”窗口

在图 9-2 中可以看到 Windows 子系统 DLL 等，重复上面的步骤观察其他的 Windows 进程，通常也会看到这些 DLL。那么，这些存在于多个进程空间中的 DLL 是不是要重复占用内存呢？答案是否定的，当 Windows 系统的 DLL 加载函数（LoadLibrary()和 LoadLibraryEx() API 及未公开的用户态函数和内核 API）要加载一个 DLL 时，会首先判断该 DLL 是否已经加载过，如果是，则不会重复加载，只要将该 DLL 对应的内存页面映射（map）到目标进程的内存空间，并把该 DLL 的引用次数加 1。当一个进程退出或调用 FreeLibrary() API 卸载一个 DLL 时，Windows 会从进程的虚拟内存空间中把该 DLL 的映射删除（unmap），并递减该 DLL 的引用次数，如果引用次数变为 0，那么该 DLL 会被彻底移出内存。

Windows 内核中的内存管理器（memory manager）负责 DLL 的映射和反映射。在内部，内存管理器使用 Section 对象（Windows 子系统称为 file mapping object，即**文件映射对象**）来表示一块可被多个进程共享的内存区域，并设计了一系列内核服务和函数来实现各种映射与反映射任务。使用 WinDBG 的 x 命令可以看到这些内核函数。

```
lkd> x nt!Nt*mapvie*
805a6526 nt!NtMapViewOfSection = <no type information>
805a733c nt!NtUnmapViewOfSection = <no type information>
```

其中 NtMapViewOfSection 是用来映射模块的内核服务的，NtUnmapViewOfSection 是用来反映射的。

为了支持调试，当 NtMapViewOfSection 把一个模块映像（表示为 section 对象）成功映射到指定进程的空间中（使用 MmMapViewOfSection）时，NtMapViewOfSection 会调用调试子系统的 DbgkMapViewOfSection 函数通知调试子系统。清单 9-1 所示的函数调用序列显示了进程初始化期间加载 DLL 文件的整个过程。

清单 9-1 加载 DLL 文件的整个过程

```
kd> kn
 # ChildEBP RetAddr
00 bcb59abc 80494840 nt!LpcRequestWaitReplyPort            // 使用 LPC 发送并等待回复
01 bcb59bdc 8052a3cb nt!DbgkpSendApiMessage+0x43           // 发送调试消息
02 bcb59ca8 804b61a8 nt!DbgkMapViewOfSection+0xe8          // 通知调试子系统
03 bcb59d34 80461691 nt!NtMapViewOfSection+0x333           // 系统服务的内核函数
04 bcb59d34 77f86839 nt!KiSystemService+0xc4               // 系统服务分发例程
05 0006f7dc 77f94020 ntdll!ZwMapViewOfSection+0xb          // 调用系统服务
06 0006f870 77f85478 ntdll!LdrpMapDll+0x199                // 加载器的模块映射函数
07 0006f8a4 77f95f18 ntdll!LdrpLoadImportModule+0x62       // 加载依赖的模块
08 0006f8fc 77f8548a ntdll!LdrpWalkImportDescriptor+0x96 // 遍历模块的输入表
09 0006f920 77f95f18 ntdll!LdrpLoadImportModule+0x70       // 加载依赖的模块
0a 0006f978 77f8651e ntdll!LdrpWalkImportDescriptor+0x96 // 遍历模块的输入表
0b 0006fc98 77f96416 ntdll!LdrpInitializeProcess+0x70a
0c 0006fd1c 77f9fb67 ntdll!LdrpInitialize+0x175            // 加载器的初始化函数
0d 00000000 00000000 ntdll!KiUserApcDispatcher+0x7         // 异步过程调用到用户空间
```

由下而上，栈帧#0c～#06 是 NTDLL.DLL 中的映像加载函数，它们都以 Ldr（Loader）开头，是 Windows 系统的加载器函数，#0a 是遍历模块的输入表，#09 准备加载一个模块，#08 是遍历这个要加载模块的输入表，#06 是用户模式的 DLL 映射函数，它在内部调用系统服务 ZwMapViewOfSection，之后便进入内核模式。

DbgkMapViewOfSection 被调用后会检查当前进程的 DebugPort 是否为空，如果不为空，则通过 DbgkpSendApiMessage 函数发送 DbgKmLoadDllApi 消息。

类似地，当内存管理器反映射一个模块映像时，MmUnmapViewOfSection 函数会调用调试子系统的 DbgkUnMapViewOfSection 函数。该函数在检测到当前进程的 DebugPort 不为空后，会发送 DbgKmUnloadDllApi 消息。

调试器接收到的模块映射事件（LOAD_DLL_DEBUG_EVENT，值为 6）和反映射（UNLOAD_DLL_DEBUG_EVENT，值为 7）是源于这两个消息的。

9.2.5 异常消息

异常与调试有着密不可分的关系，很多软件错误就是与异常有关的，因此调试器应该能够知道并控制被调试程序中的异常。另外，很多调试机制是以异常机制为基础的，比如断点和单步执行分别是依靠断点异常（#BP）和调试异常（#DB）来工作的。

为了支持调试，系统会把被调试程序中发生的所有异常发送给调试器。第 11 章会详细介绍异常的分发过程，在此只需要知道内核中的 KiDispatchException 函数是分发异常的枢纽，它会给每个异常安排最多两轮被处理的机会。对于每一轮处理机会，它都会调用调试子系统的 DbgkForwardException 函数来通知调试子系统。

DbgkForwardException 函数既可以向进程的异常端口发送消息，也可以向调试端口发送消息，KiDispatchException 函数在调用它时会通过一个布尔类型的参数来指定。如果要向调试端口发送消息，那么 DbgkForwardException 函数会判断进程的 DebugPort 字段是否为空，如果不为空，便通过 DbgkpSendApiMessage 函数发送 DbgKmExceptionApi 消息。

调试器收到的异常事件（EXCEPTION_DEBUG_EVENT，值为 1）和输出调试字符串（OUTPUT_DEBUG_STRING_EVENT，值为 8），都是源于 DbgKmExceptionApi 消息的。我们在 10.7 节详细介绍输出调试字符串的细节。

前面分别介绍了各种调试消息的采集过程。简单来说，系统的进程管理器、内存管理器和异常分发函数会调用调试子系统的 Dbgk 采集例程，向调试子系统通报调试消息。这些例程被调用后会根据当前进程的 DebugPort 字段来判断当前进程是否处于被调试状态。如果不是，便忽略这次调用，直接返回；如果是，便产生一个 DBGKM_APIMSG 结构，然后调用 9.3 节介绍的 DbgkpSendApiMessage 函数来发送调试消息。

9.3 发送调试消息

9.2 节介绍了调试子系统的内核函数采集调试事件的方法和过程。本节将继续介绍调试消息发送给调试子系统服务器的过程。

9.3.1 调试消息结构

首先，调试子系统的内核函数使用以下结构来描述和传递调试消息。

```
typedef struct _DBGKM_APIMSG
{
    PORT_MESSAGE h;                     //LPC 端口消息结构，Windows XP 之前使用
    DBGKM_APINUMBER ApiNumber;          //消息类型
    NTSTATUS ReturnedStatus;            //调试器的回复状态
    union {                             //具体描述消息详情的联合结构
        DBGKM_EXCEPTION Exception;                  //异常
        DBGKM_CREATE_THREAD CreateThread;           //创建线程
        DBGKM_CREATE_PROCESS CreateProcessInfo;     //创建进程
        DBGKM_EXIT_THREAD ExitThread;               //线程退出
        DBGKM_EXIT_PROCESS ExitProcess;             //进程退出
        DBGKM_LOAD_DLL LoadDll;                     //映射 DLL
        DBGKM_UNLOAD_DLL UnloadDll;                 //反映射 DLL
    } u;
} DBGKM_APIMSG, *PDBGKM_APIMSG;
```

其中，ApiNumber 就是我们在 9.2 节介绍过的枚举常量，用来表示消息的类型；ReturnedStatus 用来存放调试器的回复信息；联合体 u 的内容因为消息类型的不同而不同，用来描述消息的参

数和详细信息。例如，当 ApiNumber 等于 DbgKmExceptionApi(0)时，联合部分是一个 DBGKM_EXCEPTION 结构，其余的以此类推。

调试消息采集函数在确认需要向调试子系统报告消息后，它会填写 DBGKM_APIMSG 结构，然后将其作为参数传给 DbgkpSendApiMessage 函数。

9.3.2 DbgkpSendApiMessage 函数

DbgkpSendApiMessage 函数用来将一条调试消息发送到调试子系统服务器。

```
NTSTATUS DbgkpSendApiMessage(
    IN OUT PDBGKM_APIMSG ApiMsg,
    IN PVOID Port,
    IN BOOLEAN SuspendProcess)
```

其中 ApiMsg 用来描述消息的详细信息，Port 用来指定要发往的端口，大多数时候就是 EPROCESS 结构中的 DebugPort 字段的值，偶尔是进程中的异常端口，即 ExceptionPort 字段。

如果 SuspendProcess 为真，那么这个函数会先调用下面将要介绍的 DbgkpSuspendProcess 函数挂起当前进程，然后发送消息，等收到消息回复后再调用 DbgkpResumeProcess 函数唤醒当前进程。

因为 Windows NT 和 Windows 2000 的调试子系统服务器处于用户模式，所以在这些系统中，DbgkpSendApiMessage 会通过 LPC 机制来发送调试消息。这时 Port 参数指定的是一个 LPC 端口，这个端口的监听者通常是 Windows 环境子系统的服务器进程，即 CSRSS。CSRSS 收到消息后再发给位于会话管理器进程中的调试子系统服务器，后者再通知等候调试事件的调试器。因为 DbgkpSendApiMessage 内部是调用 LpcRequestWaitReplyPort 函数来完成具体的 LPC 收发任务的，而且 LpcRequestWaitReplyPort 函数是阻塞的，所以只有在收到回复后，LpcRequestWaitReplyPort 才会返回。

在 Windows XP 及其后续的 Windows 系统中，调试子系统服务器被移到内核空间中，因此这些版本中的 DbgkpSendApiMessage 改为通过调用 DbgkpQueueMessage 来发送消息。DbgkpQueueMessage 会根据参数决定是否需要等待，如果需要，它会调用等待函数，直到收到调试器的回复后才返回。不需要等待的情况只用于发送杜撰消息（9.4 节）等特殊情况，因此如不特别说明，我们讨论的都是需要等待的情况。

9.3.3 控制被调试进程

调试子系统设计了两个内核函数来控制被调试进程，它们是 DbgkpSuspendProcess 和 DbgkpResumeProcess。

在调试子系统向调试器发送调试事件之前，通常会先调用 DbgkpSuspendProcess 函数。这个函数会在内部调用 KeFreezeAllThreads()函数冻结（freeze）被调试进程中除调用线程之外的所有线程。进一步讲，在调用 DbgkpResumeProcess 函数后，被调试进程中便只有当前线程（发送调试消息的这个线程）还在活动，接下来它会执行实际的消息发送函数，在 Windows XP 之前调用 LPC 函数，从 Windows XP 开始调用 DbgkpQueueMessage 函数。无论哪个函数，对于大多数调试事件，它们都是堵塞的，也就是会调用等待函数（KeWaitForSingleObject 等）来使当前线程进入等待状态。因为当前进程的其他线程已被此前的 DbgkpSuspendProcess 调用所挂起，所以一旦当前线程进入等待，那么整个被调试进程的所有线程便都不再执行。这可以解释为什么当被调试进程被中断到调试器时，被调试程序没有响应。

接下来的任务就是调试子系统服务器通知调试器读取调试消息，调试器进行处理后回复给调试子系统，后者再唤醒被调试进程的等待线程（发送调试消息的那个）。等待线程醒来后，再执行 DbgkpResumeProcess 函数，后者在内部会调用 KeThawAllThreads()恢复（unfreeze）被调试进程中的所有线程。

从数据结构的角度来看，在每个 Windows 线程的 KTHREAD 结构中，有两个与线程执行状态密切相关的字段，一个叫 FreezeCount，一个叫 SuspendCount。对于可调度执行的线程来说，这两个字段的值都为 0。KeFreezeAllThreads()函数和 KeThawAllThreads()操作的是 FreezeCount 字段，而 SuspendThread()和 ResumeThread() API（对应于 NtSuspendThread 内核服务和 KeSuspendThread）操作的是 SuspendCount 字段。

当被调试进程中断到调试器中时，它当前线程的 FreezeCount 通常为 0，其他线程的 FreezeCount 通常为 1。因为 KeFreezeAllThreads 不会冻结当前线程，包括 WinDBG 在内的调试器在收到调试事件后，会对被调试进程中的所有线程依次调用 SuspendThread API，这样所有线程的 SuspendCount 计数通常都为 1。例如，当使用 WinDBG 调试包含两个线程的 MulThreads 程序时，当设置在 kernel32!SleepEx 处的断点命中后，使用本地内核调试会话可以观察到 MulThreads 进程内所有线程的详细信息，如清单 9-2 所示（为节约篇幅，格式进行了一些调整，并增加了行号）。

清单 9-2 MulThreads 进程内所有线程的详细信息

```
1 lkd> !PROCESS 88a3a600 2** 2代表只显示线程状态信息
2 PROCESS 88a3a600  SessionId: 0  ...     Image: MulThrds.exe
3 THREAD 881fb020  Cid 1e40.1e44  Teb: 7ffdf000 Win32Thread: e4ff3eb0 WAIT:
4 (Suspended) KernelMode Non-Alertable SuspendCount 1 FreezeCount 1
5           881fb1bc  Semaphore Limit 0x2
6 THREAD 87716ce0  Cid 1e40.1e48  Teb: 7ffde000 Win32Thread: e11a1af8 WAIT:
7 (Executive) KernelMode Non-Alertable SuspendCount 1
8            a9a1d7d4  SynchronizationEvent
```

从第 4 行可以看到，线程 1e44 的 SuspendCount 和 FreezeCount 都是 1。从第 7 行看，线程 1e48 的 SuspendCount 为 1，FreezeCount 为 0（大于 0 才显示）。这是因为线程 1e48 中发生了断点异常，调试事件的发送过程是发生在这个线程中的，所以当 KeFreezeAllThreads 执行时，没有冻结这个线程。WinDBG 的断点和调试异常处理函数（ProcessBreakpointOrStepException）会对所有线程调用 SuspendThread API，因此，这两个线程的 SuspendCount 都为 1。

WinDBG 的～n 和～m 命令允许用户调整被调试线程的 SuspendCount，这两个命令实际上调用的是 SuspendThread 和 ResumeThread 的 API。

我们前面说过，Windows XP 对调试子系统做了重大改变，特别是子系统服务器部分。因此，Windows XP 版本之前和之后（包括 Windows XP）的调试子系统服务器是不同的。接下来的两节将分别介绍这两种子系统服务器。

9.4 调试子系统服务器（Windows XP之后）

与 Windows 2000 和 Windows NT 相比，Windows XP 对用户态调试子系统做了重大改进，

将调试子系统服务器由用户模式移入内核模式，Windows Vista 沿用了这一改动。新的子系统服务器是以新引入的内核对象 DebugObejct 为核心的。本节将围绕这个内核对象介绍 Windows XP 和 Windows Vista 的调试子系统服务器。

9.4.1 DebugObject

DebugObject 内核对象是专门用于用户态调试的，它不仅承担了同步调试器和调试子系统的功能，而且也是调试器和调试子系统之间传递数据的重要纽带，取代了调试子系统各部件间本来使用的 LPC 通信方式。以下是 DebugObejct 对象的内部结构。

```
typedef struct _DEBUG_OBJECT
{
    KEVENT EventsPresent;                    //+0x00,用于指示有调试事件发生的事件对象
    FAST_MUTEX Mutex;                        //+0x10,用于同步的互斥对象
    LIST_ENTRY StateEventListEntry;          //+0x30,保存调试事件的链表
    ULONG Flags;                             //+0x38,标志位，见下文
} DEBUG_OBJECT, *PDEBUG_OBJECT;
```

其中最值得关注的就是 StateEventListEntry 字段，它是一个用来存储调试事件的链表，我们将其称为调试消息队列。EventsPresent 用来同步调试器进程和被调试进程，调试子系统服务器通过设置此事件来通知调试器读取消息队列中的调试消息。调试器进程通过 WaitForDebugEvent API 来等待调试事件，而 WaitForDebugEvent API 对应的 NtWaitForDebugEvent 内核服务内部实际上等待的就是这个 EventsPresent 对象。互斥对象（Mutex）用来锁定对这个数据结构的访问，以防止多个线程同时读写造成数据错误。Flags 字段包含多个标志位，比如，位 1 代表结束调试会话时是否终止被调试进程（KillProcessOnExit），DebugSetProcessKillOnExit API 实际上设置的就是这个标志位。

9.4.2 创建调试对象

内核服务 NtCreateDebugObject 用来创建调试对象。当调试器与调试子系统建立连接时（10.3 和 10.4 节），调试子系统会为其创建一个调试对象，并将其保存在调试器当前线程的线程环境块的 DbgSsReserved[2]字段中。DbgSsReserved[2]字段中保存的调试对象是这个调试器线程区别于其他普通线程的重要标志，详见 10.1.3 节。

9.4.3 设置调试对象

调试对象通常是在调试器进程中创建的，为了起到联系被调试进程和调试进程的作用，需要将其设置到被调试进程的 EPROCESS 结构的 DebugPort 字段中。

建立应用程序调试对话有两种典型的情况：一种是在调试器中启动被调试程序；另一种是把调试器附加到一个已经运行的进程中。对于前一种情况，系统在创建进程时，会把调试器线程 TEB 结构的 DbgSsReserved[2]字段中保存的调试对象句柄传递给创建进程的内核服务，然后内核中的进程创建函数会将这个句柄所对应的对象指针赋给新创建进程的 EPROCESS 结构的 DebugPort 字段。前面介绍过，DebugPort 字段是系统判断一个进程是否正在被调试的标志。收集调试消息的 Dbgk 函数通过判断 DebugPort 字段来决定是否要产生和发送调试消息。对于后一种情况，系统会调用内核中的 DbgkpSetProcessDebugObject 函数来将一个创建好的调试对象附加到其参数所指定的进程中，也就是要被调试的进程。

DbgkpSetProcessDebugObject 函数内部除了将调试对象赋给 EPROCESS 结构的 DebugPort 字段，还会调用 DbgkpMarkProcessPeb 函数设置进程环境块（PEB）的 BeingDebugged 字段。

9.4.4 传递调试消息

DbgkpQueueMessage 函数用于向一个调试对象的消息队列中追加调试事件。指定调试对象的方法有两个：一是直接在参数中指定调试对象；二是指定 EPROCESS 结构，DbgkpQueueMessage 函数会使用这个结构中的 DebugPort 字段所代表的调试对象。

调试消息队列的每个节点是一个名为 DEBUG_EVENT 的数据结构，其名称与调试 API 中的 DEBUG_EVENT 结构同名，但内容完全不同，为了避免混淆，本书将内核中的 DEBUG_EVENT 结构称为 DBGKM_DEBUG_EVENT。根据参考资料[2]，DBGKM_DEBUG_EVENT 结构的定义如下。

```
typedef struct _DBGKM_DEBUG_EVENT
{
    LIST_ENTRY EventList;           //与兄弟节点相互链接的节点结构
    KEVENT ContinueEvent;           //用于等待调试器回复的事件对象
    CLIENT_ID ClientId;             //调试事件所属的线程 ID 和进程 ID
    PEPROCESS Process;              //被调试进程的 EPROCESS 结构地址
    PETHREAD Thread;                //被调试进程中触发调试事件的线程的 ETHREAD 地址
    NTSTATUS Status;                //对调试事件的处理结果
    ULONG Flags;                    //标志
    PETHREAD BackoutThread;         //产生杜撰消息（faked message）的线程
    DBGKM_MSG ApiMsg;               //调试事件的详细信息
} DBGKM_DEBUG_EVENT, *PDBGKM_DEBUG_EVENT;
```

其中 ClientId 字段是一个 CLIENT_ID 结构，包含两个 DWORD，分别代表调试事件所属的进程 ID 和线程 ID。

在给 DBGKM_DEBUG_EVENT 结构赋值后，DbgkpQueueMessage 函数会将其插入调试对象的消息链表（StateEventListEntry）中。

而后 DbgkpQueueMessage 函数会根据参数中是否指定了不需等待（NOWAIT，值为 2）的标志，决定是否要立刻通知调试器来读取消息。如果指定了，便返回；如果没有指定，便设置调试对象的 EventsPresent 对象，通知调试器有消息需要读取，然后调用 KeWaitForSingleObject 等待 DEBUG_EVENT 结构中的 ContinueEvent 对象，等待调试器的回复。

在调试器处理好调试事件后，它会通过 ContinueDebugEvent API 间接调用或直接调用 nt!NtDebugContinue 内核服务。NtDebugContinue 会根据参数中指定的 CLIENT_ID 结构找到要恢复的调试事件结构，然后设置它的 ContinueEvent 事件对象，使处于等待的被调试线程被唤醒而继续执行。

清单 9-3 所示的函数调用序列记录了断点异常的分发和发送过程，从触发异常开始（栈帧 #07），到放入调试事件队列（栈帧#01），再到设置 EventsPresent 对象（栈帧#00）。该线程便是所谓的 RemoteBreakin 线程（10.6.4 节），是调试器（WinDBG）在被调试进程中创建的，用于产生断点异常，以响应中断（break）到调试器的命令。

清单 9-3 函数调用序列

```
kd> kn
 # ChildEBP RetAddr
```

```
00 f5fb87bc 805bd170 nt!KeSetEvent+0x1                [设置事件]
01 f5fb8894 805bc37a nt!DbgkpQueueMessage+0x13f       [放入调试事件链表]
02 f5fb88b4 805bc505 nt!DbgkpSendApiMessage+0x43      [格式化为消息结构]
03 f5fb8940 804feb8a nt!DbgkForwardException+0x8d     [转发给调试子系统]
04 f5fb8cf4 804dab0e nt!KiDispatchException+0x150     [异常分发]
05 f5fb8d5c 804db119 nt!CommonDispatchException+0x4d [建立异常结构]
06 f5fb8d5c 77f767ce nt!KiTrap03+0x97                 [执行 INT3 异常的处理例程]
07 0079ffc8 77f7285c ntdll!DbgBreakPoint+0x1          [执行 INT 3 指令，产生断点异常]
08 0079fff4 00000000 ntdll!DbgUiRemoteBreakin+0x36    [调用 DbgUi 的中断函数]
```

9.1 节简要介绍过，建立调试会话后，调试器工作线程便进入调试事件循环，等待调试事件，这实际上就是调用 NtWaitForDebugEvent 内核服务等待调试对象中的 EventsPresent 对象。因此，当被调试进程中设置了这个对象时，调试器的工作线程就会被唤醒，并开始读取调试对象中的消息队列（StateEventListEntry）。读到一个调试事件后，NtWaitForDebugEvent 会调用 DbgkpConvertKernelToUserStateChange 函数将 DBGKM_DEBUG_EVENT 结构转换为用户模式下使用的 DBGUI_WAIT_STATE_CHANGE 结构。清单 9-4 显示了调试器线程等待和读取调试事件的完整过程，从线程启动（BaseThreadStart）到进入调试消息循环（EngineLoop），到等待调试事件（ZwWaitForDebugEvent），再到得到通知去读取和转换调试事件（DbgkpConvert-KernelToUserStateChange）。

清单 9-4 调试器线程等待和读取调试事件的完整过程

```
kd> k
ChildEBP RetAddr
f9afac80 805bce25 nt!DbgkpConvertKernelToUserStateChange [读取调试事件]
f9afad4c 804da140 nt!NtWaitForDebugEvent+0x1b8    [NtWaitForDebugEvent 内核服务]
f9afad4c 7ffe0304 nt!KiSystemService+0xc4             [内核服务分发]
00a1fd00 77f766fc SharedUserData!SystemCallStub+0x4  [系统调用]
00a1fd04 02242d3e ntdll!ZwWaitForDebugEvent+0xc       [调用等待调试事件的内核服务]
00a1fda0 02107d23 dbgeng!LiveUserDebugServices::WaitForEvent+0x12e
00a1ff10 020a3c3f dbgeng!LiveUserTargetInfo::WaitForEvent+0x3b3
00a1ff34 020a401e dbgeng!WaitForAnyTarget+0x5f        [依次等待每个调试目标]
00a1ff80 020a4290 dbgeng!RawWaitForEvent+0x2ae        [调试引擎的内部函数]
00a1ff98 0102925f dbgeng!DebugClient::WaitForEvent+0xb0  [调试引擎的等待接口]
00a1ffb4 77e7d33b WinDBG!EngineLoop+0x13f             [调试循环]
00a1ffec 00000000 kernel32!BaseThreadStart+0x37       [调试线程启动]
```

读取一个调试事件后，NtWaitForDebugEvent 会在 DBGKM_DEBUG_EVENT 这个事件结构的 Flags 字段中设置一个已读标志。

如上文曾提到的，在调试器处理好一个调试事件后，它会调用 ContinueDebugEvent API 让被调试进程继续运行。这个 API 内部会调用 NtDebugContinue 内核服务。这个内核服务会遍历调试对象的消息队列，找到匹配的调试事件后调用 DbgkpWakeTarget 函数，来设置 ContinueEvent 对象唤醒等待的被调试线程。

9.4.5 杜撰的调试消息

当将调试器附加到一个已经运行的进程时，为了向调试器报告以前发生的但目前仍有意义的调试事件，调试子系统会“捏造”一些调试消息来模拟过去的调试事件，这样的调试消息称为杜撰的调试消息（faked debug message）。

NtDebugActiveProcess 是用来与已经运行的进程建立调试会话的内核服务，它在调用 DbgkpSetProcessDebugObject 将调试对象设置到要调试的进程之前，会调用调试子系统的 DbgkpPostFakeProcessCreateMessages 函数。

DbgkpPostFakeProcessCreateMessages 会先调用 DbgkpPostFakeThreadMessages，后者会遍历被调试进程的所有线程，以向调试对象的消息队列中投放杜撰的进程和线程来创建消息。而后 DbgkpPostFakeProcessCreateMessages 会调用 DbgkpPostFakeModuleMessages 来投放杜撰的模块加载消息。DbgkpPostFakeThreadMessages 和 DbgkpPostFakeModuleMessages 都是调用 DbgkpQueueMessage 来向消息队列添加调试消息的，因为在参数中指定了不需等待的标志（NOWAIT），所以 DbgkpQueueMessage 将事件放入队列后便会返回，不会设置 EventsPresent 对象以避免它通知调试器来读取。

DbgkpPostFakeProcessCreateMessages 返回后，NtDebugActiveProcess 会调用 DbgkpSetProcessDebugObject 函数来将调试对象设置到要调试的进程。DbgkpSetProcessDebugObject 内部在成功设置调试对象后，会遍历事件队列中的所有事件，并会设置调试对象的 EventsPresent 字段。这样，NtDebugActiveProcess 服务返回后，当调试器再调用 NtWaitForDebugEvent 时，它便可以立刻等待成功并读取到事件队列中的调试事件。清单 9-5 所示的栈回溯序列显示了向消息队列中投递杜撰的调试消息的执行过程。

清单 9-5 栈回溯序列

```
kd> kn
# ChildEBP RetAddr
00 f50cbc18 805bd26b nt!DbgkpQueueMessage                          [放入消息队列]
01 f50cbcec 805bc143 nt!DbgkpPostFakeThreadMessages+0x155          [杜撰线程创建消息]
02 f50cbd30 805bcf2c nt!DbgkpPostFakeProcessCreateMessages+0x2a
03 f50cbd54 804da140 nt!NtDebugActiveProcess+0x8d                  [调试已运行进程]
04 f50cbd54 7ffe0304 nt!KiSystemService+0xc4                       [系统服务分发函数]
05 00a1fcb4 00000000 SharedUserData!SystemCallStub+0x4             [系统调用]
```

值得注意的是，以上过程是在调试器进程中执行的。清单 9-3 所示的对 DbgkpQueueMessage 的调用是发生在被调试进程中的。

9.4.6 清除调试对象

当调试结束后需要撤销调试会话时，系统会调用 DbgkClearProcessDebugObject 将被调试进程的 DebugPort 字段恢复为 NULL。恢复时，这个函数会遍历调试对象的消息队列，将关于这个进程的调试事件清除。这个函数并不破坏调试对象，因为一个调试器可以同时调试多个被调试进程，这个调试对象可能还在被其他被调试进程所使用。

9.4.7 内核服务

配合调试子系统的改变，Windows XP 引入了 8 个新的内核服务。表 9-1 列出了这些服务的名称和主要功能。

以上内核服务大多是通过调试 API 提供给运行在用户态的调试器程序的，我们将在 9.8 节介绍调试 API。

表 9-1 Windows XP 中支持用户态调试的内核服务

服务名称	描述
NtCreateDebugObject	创建调试对象
NtRemoveProcessDebug	分离调试对话
NtDebugActiveProcess	与已经运行的进程建立调试会话
NtSetInformationDebugObject	设置调试对象的属性
NtDebugContinue	回复调试事件，恢复被调试进程
NtWaitForDebugEvent	等待调试事件
NtQueryDebugFilterState	查询调试信息输出的过滤级别
NtSetDebugFilterState	设置调试信息输出的过滤级别

9.4.8 全景

图 9-3 画出了 Windows XP 改进后的用户态调试子系统的完整模型。图中虚线矩形框代表调试对象；双向链表是用来临时存储调试事件的消息队列，即 DebugObject 的 StateEventListEntry 字段；小旗帜代表调试对象中的 EventsPresent 事件对象。

图 9-3 中左侧的表格代表的是 IDT，左下方的异常分发过程将在第 11 章中详细讨论。图 9-3 中还列出了部分 Dbgk 例程的名字。表 9-2 归纳了支持用户态调试的内核函数。

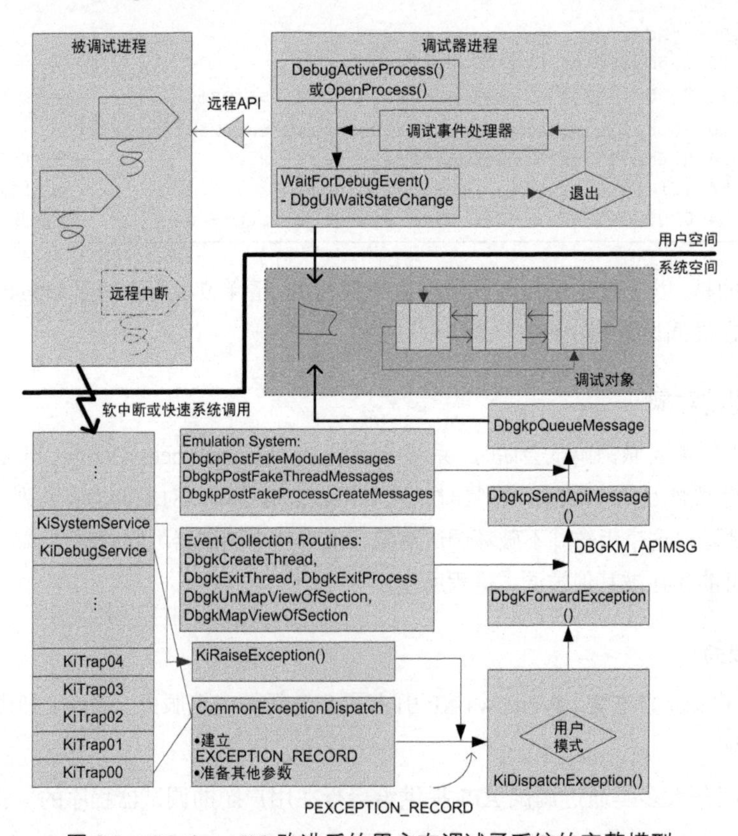

图 9-3 Windows XP 改进后的用户态调试子系统的完整模型

表 9-2 支持用户态调试的内核函数

No	名　称	是否是 Windows XP 中引入的	描　述
1	nt!DbgkCreateThread	否	采集线程创建事件
2	nt!DbgkClearProcessDebugObject	是	将调试对象从指定进程中分离
3	nt!DbgkpConvertKernelToUserStateChange	是	供 NtWaitForDebugEvent 使用，将 DBGKM_DEBUG_EVENT 结构转换为 DBGUI_WAIT_STATE_CHANGE 结构
N/A	nt!DbgkDebugObjectType	是	调试对象类型（type）的全局指针
4	nt!DbgkpMarkProcessPeb	是	当建立和解除调试会话时修改被调试进程中 PEB 的 BeingDebugged 字段
5	nt!DbgkpSetProcessDebugObject	是	当建立调试会话时将调试对象写入被调试进程（EPROCESS）的 DebugPort 字段
6	nt!DbgkMapViewOfSection	否	采集模块映射事件
7	nt!DbgkExitProcess	否	采集进程退出事件
8	nt!DbgkOpenProcessDebugPort	是	访问指定进程中 DebugPort 字段指定的调试对象
9	nt!DbgkpWakeTarget	是	设置 ContinueEvent 对象，唤醒等待调试器回复的线程
10	nt!DbgkpQueueMessage	是	向调试事件队列中加入消息
11	nt!DbgkpResumeProcess	否	恢复执行被调试进程
12	nt!DbgkpOpenHandles	是	打开进程、线程对象，增加引用计数
N/A	nt!DbgkInitialize	是	初始化调试对象，在系统启动早期被调用
13	nt!DbgkpFreeDebugEvent	是	释放调试事件
14	nt!DbgkUnMapViewOfSection	否	采集模块反映射事件
15	nt!DbgkForwardException	否	向调试子系统通报异常
16	nt!DbgkpPostFakeProcessCreateMessages	是	向调试子系统发送杜撰的进程创建消息
17	nt!DbgkpPostFakeThreadMessages	是	向调试子系统发送杜撰的线程创建消息
18	nt!DbgkpSendApiMessageLpc	是	主要用于向当前进程的异常端口（ExceptionPort 字段）发送异常的第二轮处理机会
19	nt!DbgkpCloseObject	是	关闭调试对象，枚举系统内的所有进程，如果发现某个进程的 DebugPort 字段的值与要关闭的对象相同，则将其置为 0
20	nt!DbgkpPostFakeModuleMessages	是	向调试子系统发送杜撰的模块消息
21	nt!DbgkpDeleteObject	是	目前没有使用
22	nt!DbgkpSendApiMessage	否	发送调试事件，在 Windows XP 中，调用 DbgkpQueueMessage
23	nt!DbgkExitThread	否	采集线程退出事件
N/A	nt!DbgkpProcessDebugPortMutex	是	全局的互斥量对象，用于保护对 EPROCESS 结构中 DebugPort 字段的访问
24	nt!DbgkCopyProcessDebugPort	是	当创建新的进程时，根据需要将父进程的 DebugPort 对象复制到新的进程中
25	nt!DbgkpSectionToFileHandle	否	取得 Section 对象对应的文件句柄
26	nt!DbgkpSuspendProcess	否	挂起被调试进程

表 9-2 中很多新引入的函数所实现的功能在 Windows XP 之前是在用户模式实现的。比如，DbgkpPostFakeXXXMessages 函数所实现的投递杜撰消息的功能是在 CSRSS 进程中实现的。下一节将详细介绍 Windows XP 之前的调试子系统服务器。

9.5 调试子系统服务器（Windows XP之前）

本节将介绍 Windows 2000 和 Windows NT 中的调试子系统服务器，我们将其简称为 Windows XP 之前的调试子系统服务器。与 9.4 节介绍的 Windows XP 改进过的调试子系统服务器相比，Windows XP 之前的调试子系统服务器有两个显著特征，分别是在用户态实现，使用 LPC（Local Procedure Call）机制传递调试事件。

为了表达的简洁性，如不特别指出，本节下文中的 Windows 系统就是指 Windows 2000 或 Windows NT（3.1～4.0）。

9.5.1 概览

图 9-4 展示了 Windows 2000/NT 的用户态调试模型，其中展示了参与调试的所有成员，并简单地表示了这些角色之间的通信和协作关系，图中的圆柱代表的是 LPC。

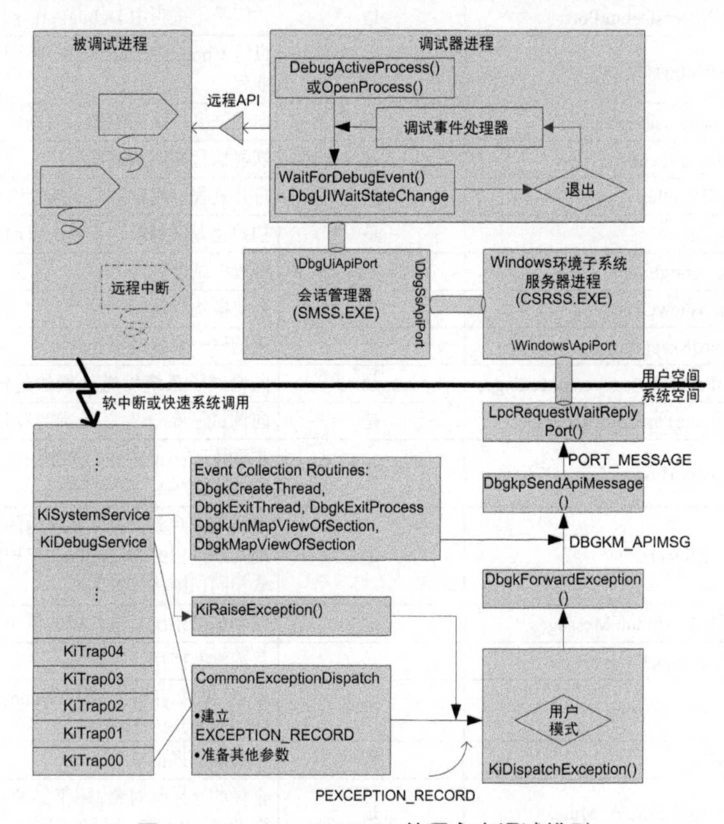

图 9-4 Windows 2000/NT 的用户态调试模型

在详细介绍每个角色之前，我们先做一些简单介绍。

（1）**调试子系统内核例程**：调试子系统的内核部分，负责采集异常调试事件，以及控制（如挂起和恢复）被调试进程。这一部分与 9.4 节介绍的 Windows XP 开始的情况是一样的。

（2）**会话管理器**（Session Manager，SMSS.EXE）**进程**：如果把调试器看作请求调试服务的客户（client），那么 SMSS.EXE 便是提供服务的服务器。调试器通过 LPC 端口与 SMSS.EXE 通信，发送请求和接收调试事件。

（3）**Windows 环境子系统服务器进程**（CSRSS.EXE）：尽管调试器是与 SMSS.EXE 直接通信的，但是 SMSS.EXE 通常并不真正处理请求，而是把请求转发给相应的子系统服务器进程。CSRSS 便是 Windows 子系统的服务器进程。

在对参与调试的各个角色有了基本印象后，下面将对其分别做介绍。

9.5.2　Windows 会话管理器

会话管理器（Session Manager，SMSS.EXE）是 Windows 系统启动后创建的第一个用户态进程。它负责启动和监护 Windows 环境子系统服务器进程（CSRSS.EXE）和 WinLogon 进程，对系统的正常运行起着重要的作用。SMSS.EXE 在用户态调试中占据着核心地位（Windows XP 之前），负责创建和维护调试子系统与调试器进行通信的 LPC 端口，是调试子系统的服务器（server）。

图 9-5 所示的注册表表项定义了系统中的各个环境子系统，每次启动时，SMSS.EXE 根据这里的定义决定加载哪些子系统。

```
HKEY_LOCAL_MACHINE\SYSTEM\CurrentControlSet\Control\SessionManager\SubSystems
```

从图 9-5 中可以看到，除了 Windows、Posix 等定义子系统进程的表项，里面还有一个 Required 项。

Required 项的类型是 REG_MULTI_SZ，即可以包含多个字符串。通常这里的定义都是 Debug Windows。毋庸置疑，Windows 代表的是要 SMSS 启动 Windows 子系统。那么 Debug 项的含义是什么呢？答案是建立调试子系统，更准确地说是建立用户态调试子系统的服务器，包括 LPC 端口、链表结构和服务线程等，分别叙述如下。

（1）\DbgUiApiPort 端口，这是调试子系统与调试器之间的通信通道。当调试器建立会话时，不论其使用的是 OpenPorcess(…, DEBUG_PROCESS, …)还是 DebugActiveProcess() API，其内部都会调用 DbgUiConnectToDbg()函数（位于 NTDLL.DLL 中）。DbgUiConnectToDbg()函数的操作步骤之一，就是使用 NtConnectPort 函数与\DbgUiApiPort 端口连接。

（2）\DbgSsApiPort 端口，这是调试子系统与各个环境子系统进行通信的 LPC 端口。SMSS.EXE 接收到来自该端口的事件并对其过滤后通过\DbgUiApiPort 端口分发给等待的调试器进程。通常环境子系统服务器会连接该端口，以便把本系统的调试事件发给 SMSS.EXE（调试子系统服务器进程）。因此可以说，\DbgSsApiPort 端口是 SMSS 与环境子系统服务器进程之间的联系通道。

（3）\SmApiPort 端口，该端口是 SMSS.EXE 对外提供服务的 LPC 通道。SMSS 用该端口来接收系统内的其他进程发给它的各种服务请求（API）。在调试方面，当需要调试环境子系统进程（比如 CSRSS）自身时，需要使用该端口（稍后继续讨论）。使用 Process Explorer 工具可以观察到 SMSS 进程中的各个 LPC 端口（图 9-6）。

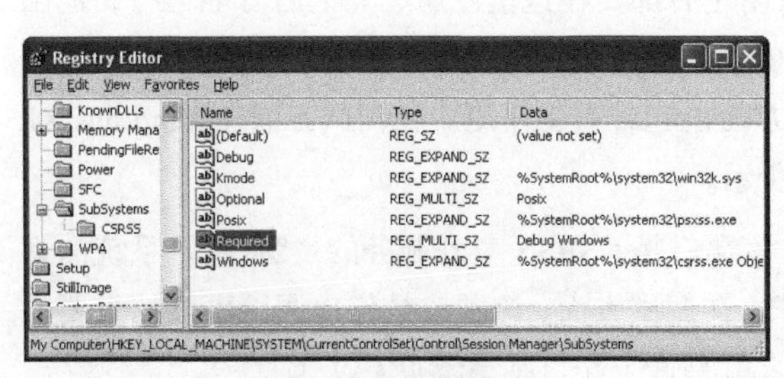

图 9-5　注册表表项

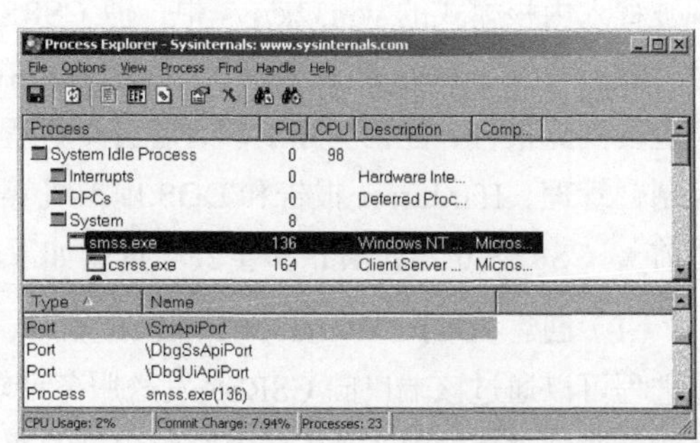

图 9-6　SMSS 进程中的 LPC 端口（Windows 2000）

（4）监听 \DbgUiApiPort 端口的 DbgUiThread 的线程，DbgUiThread 接收来自调试器的消息请求，如下所示。

- 由于 DbgUiConnectToDbg()而触发的连接请求。DbgUiConnectToDbg 是调试器用来与调试子系统建立连接的关键函数，其内部主要通过调用 NtConnectPort 与\DbgUiApiPort 端口建立连接。DbgUiThread 收到连接请求后会创建一个用于通知调试状态变化的信号量，并分配一个数据结构，用于记录请求进程（即调试器进程）的 ID 和这个信号量。该信号量会被作为连接应答信息（ConnectionInfo）返回给 DbgUiConnectToDbg 函数，DbgUiConnectToDbg 会将此信号量保存在线程环境块（TEB）结构中的 DbgSsReserved[0] 字段中，WaitForDebugEvent 函数就是使用该信号量来等待调试事件的。DbgUiConnectToDbg 将 NtConnectPort 函数返回的 LPC 句柄保存到 TEB 的 DbgSsReserved[1]字段中。有一点需要说明的是，对于 Windows 2000 及其后的 Windows 系统，LPC 端口就是可以等待的对象。那么为什么还要再使用一个信号量呢？这主要是为了与 Windows NT 4.0 兼容，因为在 NT 4.0 中，端口不是可以等待的内核对象。
- 由于调试器进程调用 WaitForDebugEvent()而触发的提取调试状态变化消息的请求（DbgUiStateChangeMsg）。DbgUiThread 收到该请求后会将最近一次调试事件的详细信息返回给调试进程。WaitForDebugEvent() API 内部会等待通过 DbgUiConnectToDbg()获得的信号量（保存在线程环境块中的 DbgSsReserved[0]）。在等到该信号后，便会发送 DbgUiStateChangeMsg 消息提取调试事件。
- 由于调试器调用 ContinueDebugEvent 而触发的继续消息（DbgUiContinueMsg）。通常该消息中包含了调试器对最近一次调试事件的处理结果（response），DbgUiThread 收到该消息后会通过 \DbgSsApiPort 端口将应答转发给环境子系统进程。

（5）监听\DbgSsApiPort 端口的 DbgSsThread 线程，主要接收来自环境子系统的连接请求和汇报调试事件的各种消息，包括异常、线程创建和退出、进程创建和退出、DLL 映射（map）与反映射（unmap）等。

（6）用以维护已经注册的调试器进程和被调试进程的信息列表。该列表用于查找调试事件（被调试进程）和调试器进程间的对应关系，在分发调试事件和终止调试对话时起着重要作用。

9.5.3 Windows 环境子系统服务器进程

Windows 环境子系统服务器进程的映像文件名是 CSRSS.EXE，因此常简称为 CSRSS。尽管从 Windows NT4 开始，窗口管理（包括屏幕输出、用户输入和消息传递）与 GDI 的主体实现被移入内核模式的 win32k.sys 中，但 CSRSS 仍然是 Windows 子系统的灵魂，它监管系统内运行的所有 Windows 进程和线程，每个进程在创建后都要在这里注册、登记后方能运行，退出时也要到此报告、注销。除了掌管着各个进程的“生死存亡”，CSRSS 在桌面管理、终端登录、控制台管理、HardError 报告和 DOS 虚拟机等方面也起着重要作用。在调试方面（Windows XP 之前），CSRSS 也承担着很多重要职责，如下所示。

（1）创建和维护 \Windows\ApiPort 端口，该端口是 CSRSS 对外服务的“窗口”，系统的其他进程可以通过该端口向 CSRSS 发送服务请求。在调试方面，该端口是传递调试事件的重要通道。被调试进程的 DebugPort 字段所记录的通常就是这个端口（请参见下文）。

（2）调用DbgSsInitialize()函数（位于NTDLL.DLL中）向调试子系统服务器（SMSS）注册。DbgSsInitialize()会通过\DbgSsApiPort端口与调试子系统服务器建立连接，并将返回的句柄以全局变量的形式记录下来（名为ntdll!DbgSspApiPort）。接下来，DbgSsInitialize()会启动一个线程专门监听这个端口，用于接收SMSS发起的消息。一旦收到消息便将其发送到\Windows\ApiPort端口（为了使用方便，DbgSsInitialize()会将该端口的句柄赋给名为ntdll!DbgSspKmReplyPort的全局变量）。因为CSRSS与SMSS之间的通信大多是异步的，所以SMSS发起的消息通常是对前面发生的调试事件的应答，是由调试器通过调用ContinueDebugEvent发起的。

（3）启动线程用来监听\Windows\ApiPort端口，该线程的名字通常是CsrApiRequestThread（其实现位于CSRSRV.DLL中）。当CsrApiRequestThread接收到消息类型为调试事件的LPC消息（LPC_DEBUG_EVENT）后，它会调用DbgSsHandleKmApiMsg()函数（位于NTDLL.DLL中）。DbgSsHandleKmApiMsg()函数会根据调试事件的类型将调试事件分发给具体的事件处理函数，如DbgSspException、DbgSspCreateThread等。这些函数会将调试事件格式化为DBGSS_APIMSG结构，并填写合适的枚举结构，然后将DBGSS_APIMSG结构通过\DbgSsApiPort端口转发给SMSS进程。全局变量DbgSspApiPort记录着CSRSS与\DbgSsApiPort端口的连接句柄。

（4）CSRSS的另一个调试支持就是它的仿真系统（emulation system），可模拟并发送过去发生的调试事件，即杜撰的调试事件，这对于把调试器附加到已经运行的进程很有用。

除了以上功能，CSRSS的子系统服务中还包含了专门用于调试的服务。在介绍这些服务前，让我们先来看一下每个Windows进程是如何调用它们的子系统服务的。

9.5.4 调用CSRSS的服务

CSRSS是Windows子系统的服务器进程，系统内的其他进程可以通过\Windows\ApiPort端口向其发送服务请求。事实上，每个Windows进程在启动阶段就已经做好了与CSRSS通信的准备。下面通过一个小实验来证明这一点。

启动WinDBG，然后打开一个可执行文件（选择File → Open Executable）或附加到某个已经运行的进程。

输入“x ntdll!csr*”，观察NTDLL.DLL中包含的以CSR开头的符号。

```
0:000> x ntdll!csr*
...
77fc4710 ntdll!CsrPortName = <no type information>
77fc46ac ntdll!CsrServerProcess = <no type information>
77fc46b4 ntdll!CsrServerApiRoutine = <no type information>
77fc46a4 ntdll!CsrProcessId = <no type information>
77fc46b0 ntdll!CsrPortHandle = <no type information>
77f5ec1e ntdll!CsrClientConnectToServer = <no type information>
77f5e9ca ntdll!CsrpConnectToServer = <no type information>
77f5ee8a ntdll!CsrClientCallServer = <no type information>
77fc46c0 ntdll!CsrInitOnceDone = <no type information>
...
```

注意上面的输出结果。其中ntdll!CsrPortName是个UNICODE字符串，使用dS（S要大写）可以显示其内容。

```
0:000> dS 77fc4710
00141ea0  "\Windows\ApiPort"
```

可见，CsrPortName变量记录的就是我们刚才介绍的CSRSS进程所公开的LPC端口名。

ntdll!CsrPortHandle中包含了当前进程与CSRSS的ApiPort连接所得到的句柄。

```
0:000> !handle 7ec
Handle 7ec
  Type              Port
```

ntdll!CsrProcessId变量包含了CSRSS进程的ID。

```
0:000> dd 77fc46a4 l1
77fc46a4  000004cc
```

将十六进制的4cc转换为十进制，然后打开Task Manager，可以发现转换结果与CSRSS进程的ID是一致的。

ntdll!CsrInitOnceDone变量用来保证与CSRSS建立连接的服务只运行一次，其值为1，表示初始化已经完毕。

变量ntdll!CsrServerProcess用来标记当前进程是否就是服务器（CSRSS）进程，因为CSRSS进程本身也会加载和使用NTDLL.DLL。如果是，就直接将CSRSS的服务例程（位于CSRSRV.DLL中）的函数地址放入ntdll!CsrServerApiRoutine数组中，这样只需直接通过服务的索引找到这个数组中的函数指针，就可以调用服务了，省去了通过LPC通信的过程。如果调试CSRSS进程，我们可以看到ntdll!CsrServerProcess和ntdll!CsrServerApiRoutine变量为非零值，在普通的进程中，它们都是0。

```
0:000> dd ntdll!CsrServerProcess l1
77fc46ac  00000000
0:000> dd ntdll!CsrServerApiRoutine l1
77fc46b4  00000000
```

有了以上的准备工作，每个Windows进程就可以很方便地请求CSRSS的服务。为了进一步简化这一操作，NTDLL.DLL中包含了一个名为CsrClientCallServer()的未公开API。这个API封装了通过LPC端口发送请求和接收应答的细节，使客户进程只要通过调用该函数便可以“享受”CSRSS提供的服务，不用关心通信的细节。事实上，CsrClientCallServer内部向全局变量ntdll!CsrPortName记录的端口（\ApiPort端口）发送LPC消息，监听在这个端口的CSRSS的工作线程CsrApiRequestThread会收到这个消息，然后根据请求中的API编号，分发给真正的服务处理函数，最后再把应答发回给请求者。

```
NTSTATUS NTAPI  CsrClientCallServer(
   struct _CSR_API_MESSAGE *Request,
   struct _CSR_CAPTURE_BUFFER *CaptureBuffer,
   ULONG ApiNumber,
   ULONG RequestLength)
```

真正完成各种CSRSS服务的各个函数主要位于BASESRV.DLL、CSRSRV.DLL和WINSRV.DLL这3个DLL模块中。通过Dependency Walker工具，可以观察到CSRSRV.DLL模块中所包含的函数信息（图9-7）。

9.5.5 CsrCreateProcess服务

从图9-7可以看到，CSRSRV模块中包含了很多与调试有关的函数，如CsrCreateProcess、CsrDebugProcess和CsrDebugProcessStop等。我们先来看一下CsrCreateProcess。

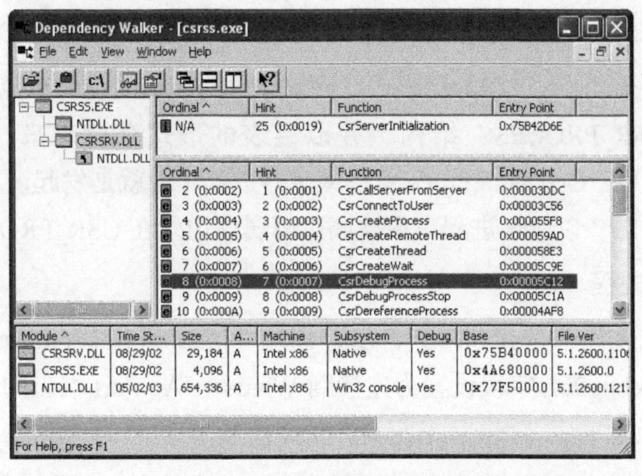

图 9-7 CSRSRV.DLL 模块中包含的函数信息

我们知道，大多数 Windows 进程是通过 CreateProcess 系列 API 创建的。在这个 API 成功调用 NtCreateProcess 或 NtCreateProcessEx 内核服务完成新进程的内核部分创建工作后，它会通过 CsrClientCallServer 向 CSRSS 请求 CreateProcess 服务。该服务的主要目的是向子系统服务器报告新进程的产生，这有点像新生儿的登记。CSRSS 的 CsrApiRequestThread 线程收到 CreateProcess 请求后，会将该请求分发给 CsrCreateProcess 函数来处理。CsrCreateProcess 函数所做的处理主要包括以下内容。

（1）为新进程分配一个 CSR_PROCESS 结构，用来登记新进程的各种信息。

（2）调用 NtSetInformationProcess，将新进程的 EPROCESS 结构的 ExceptionPort 字段设置为\Windows\ApiPort 端口对象。

（3）若进程的创建标志设置了调试标志（DEBUG_PROCESS），则调用 NtSetInformationProcess 将新进程的 EPROCESS 结构的 DebugPort 字段设置为\Windows\ApiPort 端口对象。这里不必判断正在创建的进程是否为 CSRSS 进程，因为 CsrDebugPorcess 函数一定是在 CSRSS 进程创建后才工作的。

（4）将填写完整的 CSR_PROCESS 结构插入用来记录子系统内所有进程的一个全局链表。

9.5.6 CsrDebugProcess 服务

除了 CsrCreateProcess，另一个与调试密切相关的 CSRSS 服务就是 CsrDebugPorcess。

当调试器使用 DebugActiveProcess 附加到一个已经运行的程序时，DebugActiveProcess 函数便会通过 CsrClientCallServer 向 CSRSS 请求 DebugProcess 服务。请求的消息结构中包含了当前进程（即调试器进程）的 ID 和要调试进程的 ID。CSRSS 的 CsrApiRequestThread 线程收到请求后，便会将该请求分发给 CsrDebugProcess 函数来处理。CsrDebugProcess 函数所做的处理主要包括以下内容。

（1）检查被调试进程是否是 CSRSS 本身。如果是，那么通过调用 RtlGetNtGlobalFlags 得到系统的全局标志。然后检查全局标志中是否设置了 FLG_ENABLE_CSRDEBUG（0x20000）标志位，如果该位为 0，那么不允许调试 CSRSS，CsrDebugProcess 会返回 STATUS_ACCESS_DENIED（访问被拒绝）。可以使用 GFlags 工具（gflags /r +20000）或修改注册表表项 HKEY_LOCAL_MACHINE\SYSTEM\CurrentControlSet\Control\Session Manager 的 GlobalFlag（REG_DWORD）值

设置FLG_ENABLE_CSRDEBUG标志位。

（2）从包含子系统的所有进程的链表中找到被调试进程所对应的节点。CSRSS为每个进程分配并维护一个CSR_PROCESS结构，并以链表的形式存储起来。找到被调试进程的CSR_PROCESS结构后，CsrDebugProcess将调试器进程（也就是发起请求者）的ID、调试器进程发起调试的线程ID，以及该进程正在被调试等属性记录在CSR_PROCESS结构中。

（3）挂起被调试进程。

（4）如果被调试进程不是CSRSS自己，调用NtSetInformationProcess将被调试进程的EPROCESS结构的DebugPort字段设置为连接到\Windows\ApiPort端口的LPC句柄。

（5）调用DbgSsHandleKmApiMsg()函数，依次向调试器发送杜撰的进程创建、线程创建和DLL加载事件。因为要附加到已经运行的进程，所以这些事件事实上是以前发生的，现在CSRSS根据记录重新“播放”给调试器，这一功能又称为CSRSS的调试事件“仿真”功能。

（6）唤醒被调试进程。

（7）如果被调试进程是CSRSS本身，调用NtSetInformationProcess将其EPROCESS结构的DebugPort字段设置为连接到\SmApiPort端口的句柄。之所以调试CSRSS进程时要将DebugPort设置为\SmApiPort端口，是因为\SmApiPort端口是由SMSS进程创建并维护的，而\Windows\ApiPort端口是由CSRSS进程维护的。如果调试CSRSS进程时仍使用\Windows\ApiPort端口，那么CSRSS被中断到调试器后，就“无人”监听和维护该端口了，这样会导致死锁。

上面简要介绍了Windows 2000和Windows NT的调试子系统服务器，包括组成部分和每一部分所承担的功能。下面简要介绍这些部件的协作方法。调试器通过DbgUiConnectToDbg函数连接到位于SMSS的调试子系统服务器，也就是\DbgUiApiPort端口。如果调试新创建的进程，那么CSRSS的创建进程服务（CsrCreateProcess）会将新创建进程的DebugPort设置为连接到CSRSS的LPC端口（\Windows\ApiPort）。如果调试已经运行的程序，那么CSRSS的调试服务（CsrDebugProcess）会将\Windows\ApiPort端口设置为要调试进程的DebugPort字段。

当内核中的DbgkForwardException收集到异常事件时，它会调用DbgkpSendApiMessage，后者再调用LpcRequestWaitReplyPort将消息发到DebugPort所标识的LPC端口，即\Windows\ApiPort。这样，CSRSS.EXE便收到了调试消息，它会将其转发给\DbgSsApiPort。守候\DbgSsApiPort端口的会话管理器进程（SMSS.EXE）收到调试消息后会根据LPC消息的AppClientId检查是否有调试器进程与其匹配。如果有，便释放与这个被调试进程相关的信号量NtReleaseSemaphore（StateChangeSemaphore），通知调试器有事件发生。与Windows XP中一样，调试器建立调试对话后便使用WaitForDebugEvent API等待调试事件，不过这个API在Windows XP之前的实现是在用户模式调用NtWaitForSingleObject服务等待DbgStateChangeSemaphore信号量。调试器得到信号量后，便通过NtRequestWaitReplyPort(…, DbgUiWaitStateChangeApi, …)函数向\DbgUiApiPort端口读取消息。会话管理器发现来自\DbgUiApiPort的DbgUiWaitStateChangeApi请求后，便会将属于该调试器的消息发送给调试器。

9.6 比较两种模型

前面两节分别介绍了Windows XP之后（包括Windows XP）和之前的用户态调试模型，二者的主要差异是调试子系统服务器的位置。本节对这两种模型做一个简单的总结和比较。

9.6.1 Windows 2000 调试子系统的优点

总体来说，Windows 2000 调试子系统的设计是非常优秀的，主要表现在以下几个方面。

（1）架构非常清晰。整个子系统以调试事件的产生、传递、分发和处理为线索，清楚地划分为职责明确的几大模块——内核例程、NTDLL.DLL 中的支持例程和调试子系统服务器。

（2）接口非常简单。尽管整个调试系统包含了很多个进程和模块，每个模块内部的功能都比较复杂，但是部件之间的接口非常简洁。调试器只需要与调试子系统服务器通信；内核例程只需要向被调试进程的 DebugPort 发送信息，根本不关心这个端口到底是谁创建的，谁在监听。这些精湛的低耦合设计带来了极强的灵活性和可扩展性，可以方便地扩充和修改子系统内某一部分的设计，同时保证其他部分能照常工作。举例来说，Windows XP 对调试子系统的服务器部分做了较大改动，但是针对 Windows 2000 或 Windows NT 设计的调试器依然可以一如既往地工作，旧的应用程序也仍然可以被调试。

（3）代码复用方面做得非常好，把需要共享的调试支持例程（DbgUi 系列、DbgSs 系列和 Csr 系列）放到 NTDLL.DLL 中，因为 NTDLL.DLL 是 Windows 内包括环境子系统服务器在内的所有程序都加载和使用的模块，这样便可以让这些代码得到最有效的复用。比如，DbgSsInitialize 是用来完成与调试子系统服务器（SMSS）建立连接等初始化工作的，现在看来这部分代码只有 CSRSS 需要，没有必要放在 NTDLL.DLL 中。但是我们要知道，Windows 2000 和 Windows NT 设计时都曾考虑到要支持多个环境子系统，如果把 DbgSsInitialize 放到 CSRSS 模块中，那么 POSIX 子系统服务器就要重复编写这部分代码了。

9.6.2 Windows 2000 调试子系统的安全问题

金无足赤，Windows 2000 调试子系统模型（事实上 Windows NT 4 就使用这样的模型）在应用了多年之后，2002 年 3 月有人（EliCZ）在互联网上公开了它的一个安全漏洞，取名为 DebPloit（Deb 代表调试）。攻击这个漏洞的基本步骤如下。

（1）使用 DbgUiConnectToDbg 与调试子系统服务器的 UI 端口建立连接，这是调试器通常采取的动作。

（2）通过 ZwConnectPort 与调试子系统服务器的 LPC 端口（\DbgSsApiPort）建立连接，这是环境子系统服务器程序（如 CSRSS）通常采取的动作。主要的漏洞出现在这里——\DbgSsApiPort 端口在创建时所设定的安全权限使所有权限等级的进程都可以连接。设计者之所以这么做，应该是为了照顾 POSIX 和 OS/2 等子系统服务器进程，使它们在非管理员账号下也能成功连接调试服务器。

（3）成功完成以上两步后，对于调试服务器（SMSS）而言，攻击程序便既有了调试器身份，又有了环境子系统身份。于是它便可利用环境子系统身份来模拟调试事件，欺骗 SMSS 为其服务，然后再利用调试器身份接收服务结果。接下来，攻击程序模拟一个调试器附加到被攻击进程的调试事件，将要攻击的其他系统进程的 ID（或线程 ID）和假调试器（攻击程序自身）的进程 ID 放到消息结构中，发给 SMSS，目的是让调试子系统为假调试器与被攻击进程建立调试关系。

（4）一旦调试关系建立，攻击程序便可以控制和操作被攻击进程了。最简单的一种攻击就是直接退出“调试器”，因为调试器退出会导致被调试进程也退出，这样攻击程序的退出便可能使重要的系统进程随着终止。重要系统进程（如 WinLogon 和 Lsass 等）的终止会导致系统崩溃。

修正以上漏洞的方法之一是拒绝没有管理员权限的进程连接 \DbgSsApiPort 端口，也就是只要在创建该端口时将安全描述符设置为 NULL（使用 SMSS 默认的管理员权限，使低于该权限的进程无法访问）。

2002 年 5 月 22 日，微软公布了关于这个漏洞的安全公告（security bulletin），代号为 MS02-024，同时提供了修正这个问题的 HotFix，此后的 Windows 2000 Service Pack（SP3 或更高版本）都包含了这个修正。Windows XP 操作系统将调试子系统服务器移入内核模式中，不再使用 \DbgSsApiPort 端口，因此不再存在这个漏洞。

9.6.3 Windows XP 的调试模型的优点

Windows XP 的调试模型以调试对象（DebugObejct）为核心，去除了原本利用 LPC 多级通信的相对复杂的通信模型。以前，调试消息要通过 CSRSS 的 ApiPort、SMSS 的 DbgSsApiPort 和 DbgUiApiPort 传递，显得有些累赘。新的模型利用调试对象中的事件链表直接通信，使通信过程大大简化。

从进程角度来看，Windows XP 的调试模型更加简洁，在调试事件的驱动下，调试器进程和被调试进程以调试对象为纽带相互通信。

从功能上看，Windows XP 的调试模型的改变为增加下面将介绍的新调试功能创造了便利条件。

9.6.4 Windows XP 引入的新调试功能

因为使用了 DebugObject 内核对象和新的调试模型（把调试子系统服务器移入内核），Windows XP 的调试子系统支持跨 Windows 登录会话（Windows session）进行调试。举例来说，用户 A 可以登录系统并调试用户 B 运行的程序。登录的方式可以是通过终端服务（terminal service）或使用 Windows XP 的快速用户切换（fast user switch）功能。跨 Windows 登录会话调试对于 Windows 2000 的调试模型来说是做不到的，因为不同的登录会话（session）会启动不同的 CSRSS 进程。这意味着用户 A 的调试器进程与用户 B 的进程分别属于不同的 Windows 子系统，二者无法建立调试对话。

分离调试会话并保持被调试进程继续运行是 Windows XP 之后的调试子系统的一个新功能。此前结束调试会话时，被调试进程随之终止，不过，这一功能在以前的模型中是可以实现的。

因为调试 API（DebugAtiveProcess、WaitForDebugEvent）的功能和函数原型没有任何改变，所以以上两种模型在 API 层是兼容的。也就是说，旧的调试器无须做任何修改仍能非常好地工作在新的系统中，感觉不到调试模型的变化。

从数据结构角度来看，新旧模型保持了很好的兼容性。比如，在调试器一侧，仍然使用调试器线程 TEB 的 DbgSsReserved[2]数组，来记录用来与调试子系统通信的重要信息。以前 DbgSsReserved[1]记录的是 LPC 端口句柄（DbgUiApiPort），DbgSsReserved[0]记录的是等待调试消息的事件对象。现在 DbgSsReserved[1]记录的是调试对象（DebugObject）句柄，DbgSsReserved[0]改为他用（10.1.3 节），因为只要直接等待调试对象就可以了。

9.7 NTDLL.DLL 中的调试支持例程

3.6 节简要介绍过 NTDLL.DLL（简称 NTDLL），它是 Windows 系统中一个很特别的模块，不仅所有的 Windows 应用程序都与它有依赖关系，而且系统的进程也要使用它。NTDLL.DLL 的重要性首先体现在它所包含的用于访问系统服务的残根（stub）函数上。例如 NTDLL.DLL 中的 NtCreateFile 函数是内核中真正的 NtCreateFile 函数的残根函数，这些残根函数是用户模式的应用程序访问内核服务的唯一正式方法。此外，NTDLL.DLL 的重要性还体现在它内部包含了很多关键的支持函数，比如 9.5 节讲到的 CsrClientCallServer 是调用 Windows 子系统服务的重要函数。

在调试方面，NTDLL.DLL 中包含了很多非常重要的函数，可以把这些函数分为如下 3 类——DbgUi 函数、DbgSs 函数和 Dbg 函数，下面分别进行介绍。

9.7.1 DbgUi 函数

为了让调试器程序可以方便地使用调试子系统所定义的功能，NTDLL.DLL 中设计了一系列函数，它们都是以 DbgUi 开头的，我们将其称为 DbgUi 函数。在 Windows 2000 的 NTDLL.DLL 中，包含了 3 个 DbgUi 函数，分别是用于和调试子系统建立连接的 DbgUiConnectToDbg，用于等待调试事件的 DbgUiWaitStateChange，以及用于继续调试事件的 DbgUiContinue 函数。Windows XP 进一步丰富了 DbgUi 函数，其数量从原来的 3 增加到 10。表 9-3 列出了所有这些函数，包括 Windows 2000 中已经存在的，第二列说明该函数是否是 Windows XP 版本新引入的。

表 9-3 NTDLL.DLL 中的 DbgUi 函数

函数名	是否是 Windows XP 中新引入的	说明
DbgUiDebugActiveProcess	是	DebugActiveProcess API 的实现，KERNEL32 中在将进程 ID 转为句柄后调用 DbgUiDebugActiveProcess，后者再调用内核服务 NtDebugActiveProcess。Windows 2000 是直接在 KERNEL32.DLL 中实现这个 API 的
DbgUiConnectToDbg	否	连接调试子系统，Windows XP 中主要调用 ZwCreateDebugObject
DbgUiConvertStateChangeStructure	是	将 DBGUI_WAIT_STATE_CHANGE 结构转换为调试器所需要的 DEBUG_EVENT 结构
DbgUiGetThreadDebugObject	是	从调试器工作线程 TEB 中（偏移 0xf24 处）读取调试对象
DbgUiSetThreadDebugObject	是	将调试对象记录到 TEB 中（偏移 0xf24 处）。建立调试对话时，先调用 NtCreateDebugObject 创建调试对象，然后再记录到 TEB 中
DbgUiIssueRemoteBreakin	是	在被调试进程中创建远程线程以使其中断到调试器，是 DebugBreakProcess API（KERNEL32.DLL 输出）的实现
DbgUiContinue	否	恢复被调试进程，Windows XP 中调用系统服务 NtDebugContinue，Windows 2000 中通过 LPC 回复消息给调试子系统
DbgUiWaitStateChange	否	等待调试事件，Windows XP 中调用系统服务 NtWaitForDebugEvent,后者再等待保存在 TEB 的 DbgSsReserved[0] 中的 DebugObject 对象，Windows 2000 就在该函数中使用 NtWaitForSingleObject 等待保存在 DbgSs Reserved[0]中的信号量，等待成功后，通过 NtRequestWaitReplyPort()读取调试事件
DbgUiStopDebugging	是	停止调试，调用系统服务 NtRemoveProcessDebug

在 Windows 2000 中，DbgUiConnectToDbg 主要调用 NtConnectPort()与会话管理器（SMSS.EXE）的\DbgUiApiPort 连接。返回的端口句柄和用于等待端口数据的信号量（semaphore）被保存在调用线程的线程环境块中（Teb()->DbgSsReserved[1]和 Teb()->DbgSsReserved[0]）。调试器等待调试事件（执行 DbgUiWaitStateChange）实际就是等待保存在 Teb 中的信号量。

从软件架构的角度来讲，DbgUi 函数是调试子系统向外（调试器）提供的接口。

9.7.2 DbgSs 函数

在 Windows XP 以前，调试子系统服务其实是在会话管理器（SMSS）中实现的，为了让各个环境子系统可以方便地与调试子系统建立联系，并支持调试功能，NTDLL.DLL 实现了一系列以 DbgSs 开头的函数，我们将其称为 DbgSs 函数。例如 DbgSsInitialize()函数是供环境子系统初始化调试支持的，包括连接调试子系统服务器的\DbgSsApiPort 端口和注册回复端口（KmReplyPort）。在 WinDBG 中使用符号搜索命令可以很容易列出这些函数（清单 9-6）。

清单 9-6 NTDLL 中包含的供环境子系统使用的调试支持函数（Windows 2000）

```
0:000> x ntdll!DbgSs*
77f9ae47 ntdll!DbgSsInitialize = <no type information>          [初始化]
77fcf2a4 ntdll!DbgSspKmApiMsgFilter = <no type information>
77f9b04f ntdll!DbgSspSrvApiLoop = <no type information>
77f9ae8d ntdll!DbgSsHandleKmApiMsg = <no type information>      [见正文]
77f9adad ntdll!DbgSspLoadDll = <no type information>            [报告模块映射消息]
77f9acba ntdll!DbgSspCreateProcess = <no type information>      [报告进程创建消息]
77f9ac1c ntdll!DbgSspException = <no type information>          [报告异常消息]
77f9adfd ntdll!DbgSspUnloadDll = <no type information>          [报告反映射消息]
77fcd144 ntdll!DbgSspUiLookUpRoutine = <no type information>    [函数指针]
77f9ad63 ntdll!DbgSspExitProcess = <no type information>        [报告进程退出消息]
77f9ac6a ntdll!DbgSspCreateThread = <no type information>       [报告线程创建消息]
77f9abde ntdll!DbgSspConnectToDbg = <no type information>
77f9ad19 ntdll!DbgSspExitThread = <no type information>         [报告线程退出消息]
77fcd1f0 ntdll!DbgSspApiPort = <no type information>[保存连接 SMSS 端口的全局变量]
77fcd158 ntdll!DbgSspKmReplyPort = <no type information>        [全局变量]
77fcf2a8 ntdll!DbgSspSubsystemKeyLookupRoutine = <no type information>
```

其中，DbgSsHandleKmApiMsg()用于供环境子系统处理（包装并发送给调试服务器）收到的调试消息（LPC_DEBUG_EVENT）。以 DbgSsp 开头的符号是调试子系统的内部函数或全局变量。

Windows XP 将调试子系统移到内核中，因此其 NTDLL.DLL 中不再存在以上 DbgSs 函数。

9.7.3 Dbg 函数

除了以上两类函数，NTDLL.DLL 中还有一系列以 Dbg 开头（非 DbgUi 或 DbgSs）的调试支持函数，我们将其称为 Dbg 函数。例如用于触发断点事件的 DbgBreakPoint，它是调试 API DebugBreak 的实现，事实上，在 x86 平台中这个函数的内部就是一条 INT 3 指令。

```
0:001> uf ntdll!DbgBreakPoint
ntdll!DbgBreakPoint:
7c901230 cc              int     3
7c901231 c3              ret
```

此外，还有 DbgUserBreakPoint（断点指令）、DbgPrint（打印调试信息）、DbgPrompt（提示输入）、DbgPrintReturnControlC 等。Windows XP 又引入了 DbgBreakPointWithStatus、

DbgSetDebugFilterState（设置调试信息输出的过滤级别，内部调用 NtSetDebugFilterState 内核服务）、DbgQueryDebugFilterState 和 DbgPrintEx。

9.8 调试 API

Windows SDK 中公开了一系列 API 供调试器与调试子系统交互以实现各种调试功能。大多数 SDK 中公开的调试 API 是从 KERNEL32.DLL 中导出的。其中有些就是在 KERNEL32.DLL 中实现的，有些是用来调用 9.7 节介绍的 NTDLL.DLL 中的调试支持函数的。表 9-4 列出了目前 SDK 中已经文档化的调试 API。

表 9-4 SDK 中已经文档化的调试 API

API	版本	描　述	实　现
BOOL CheckRemoteDebuggerPresent (HANDLE hProcess, PBOOL pbDebuggerPresent)	XP SP1	判断指定的进程是否处于被调试状态	调用 NtQueryInformationProcess 查询进程环境块（PEB）
BOOL ContinueDebugEvent (DWORD dwProcessId, DWORD dwThreadId, DWORD dwContinueStatus)	9x，NT	供调试器恢复被调试进程运行，回复调试事件	调用 NTDLL.DLL 中的 DbgUiContinue()
BOOL DebugActiveProcess (DWORD dwProcessId)	9x，NT	供调试器附加到已经运行的进程	调用 NTDLL.DLL 中的 DbgUiDebugActiveProcess
BOOL DebugActiveProcessStop (DWORD dwProcessId)	XP	分离调试会话	将进程 ID 转换为句柄后调用 NTDLL.DLL 中的 DbgUiStopDebugging
void DebugBreak(void)	9x，NT	在当前进程中产生断点异常	调用 NTDLL.DLL 中的 DbgBreakpoint
BOOL DebugBreakProcess (HANDLE Process)	XP	在指定进程中产生断点异常	调用 NTDLL.DLL 中的 DbgUiIssueRemoteBreakin
BOOL DebugSetProcessKillOnExit (BOOL KillOnExit)	XP	指定调试器线程退出时是否终止被调试进程	使用 DbgUiGetThreadDebugObject 和 NtSetInformationDebugObject 实现
void FatalExit (int ExitCode)	9x，NT	16 位 Windows 系统遗留下来的 API。最初供调试应用程序强制中断到调试器	目前 Windows 2000、Windows XP 实现的只是调用 ExitProcess
BOOL FlushInstructionCache (HANDLE hProcess, LPCVOID lpBaseAddress, SIZE_T dwSize)	9x，NT	当调试器修改代码段时，可以使用此 API 冲转（flush）缓存	调用 NtFlushInstructionCache
BOOL GetThreadContext (HANDLE hThread, LPCONTEXT lpContext)	9x，NT	取得指定线程的上下文（CONTEXT）结构	调用 NtGetContextThread
BOOL GetThreadSelectorEntry (HANDLE hThread, DWORD dwSelector, LPLDT_ENTRY lpSelectorEntry)	9x，NT	从指定线程的局部描述符表（LDT）中取得指定选择子所对应的表项 Entry	调用 NtQueryInformationThread
BOOL IsDebuggerPresent(void)	9x，NT	判断调用进程是否在被调试	检查 PEB 的 BeingDebugged 字段
void OutputDebugString (LPCTSTR lpOutputString)	9x，NT	供应用程序输出调试信息。当被调试时，这些信息会显示到调试器。参见后文	通过产生异常实现：RaiseException（DBG_PRINTEXCEPTION_C,0,2,ExceptionArgu-ments），详见 10.7 节

续表

API	版本	描　述	实　现
BOOL ReadProcessMemory (HANDLE hProcess, LPCVOID lpBaseAddress, LPVOID lpBuffer, SIZE_T nSize, SIZE_T* lpNumberOfBytesRead)	9x，NT	读取指定进程空间中的指定内存区域	调用 NtReadVirtualMemory
BOOL SetThreadContext (HANDLE hThread, const CONTEXT* lpContext)	9x，NT	设置指定线程的 CONTEXT 信息	调用 NtSetContextThread
BOOL WaitForDebugEvent (LPDEBUG_EVENT lpDebugEvent, DWORD dwMilliseconds)	9x，NT	供调试器的工作线程等待调试事件	调用 NTDLL.DLL 中的 DbgUiWaitStateChange
BOOL WriteProcessMemory (HANDLE hProcess, LPVOID lpBaseAddress, LPCVOID lpBuffer, SIZE_T nSize, SIZE_T* lpNumberOfBytesWritten);	9x，NT	向指定进程空间中的指定内存区域写入数据	调用 NtWriteVirtualMemory

表 9-4 中，第 2 列给出的是支持该 API 的 Windows 最低版本，最后一列描述该 API 的主要实现方法。大家在使用这些 API 前，应该进一步查阅 SDK 文档以了解其详细的用法。

9.9 本章总结

本章比较详细地介绍了 Windows 操作系统用户态调试模型及用于实现这一模型的各个模块和函数。9.1 节是概要介绍，9.2 节和 9.3 节分别介绍了调试消息的采集和发送过程，而后介绍了调试模型的核心部分——调试子系统服务器（9.4 节至 9.6 节）。9.7 节介绍了 NTDLL.DLL 中的调试支持例程，9.8 节简要介绍了调试 API。

总的来说，本章介绍了 Windows 系统中用于支持用户态调试的基础设施，第 10 章将进一步介绍这些设施是如何协同配合完成各种调试功能的。如果说本章是为 Windows 系统的调试设施拍一幅静态的照片，那么在第 10 章中，我们将让这些设施动起来。

参 考 资 料

[1] MSDN Library for Visual Studio 2005. Microsoft Corporation.

[2] Alex Ionescu. Kernel User-Mode Debugging Support (Dbgk).

第 10 章 用户态调试过程

第 9 章介绍了 Windows 操作系统中用于支持用户态调试的各种基础设施，描述了这些设施的静态特征和功能。本章将讨论这些设施的动态特征，解析 Windows 系统中用户态调试的关键过程，特别是调试器、被调试程序及调试子系统这三者是如何相互配合完成各种调试功能的。我们先介绍调试器进程和被调试进程的基本特征（10.1 节和 10.2 节），然后介绍建立调试会话的两种情况——从调试器中启动被调试程序（10.3 节）和附加到已运行的进程（10.4 节）。10.5 节将介绍调试器处理调试事件的基本方法。10.6 节介绍被调试进程中断到调试器的典型情况。10.7 节介绍 OutputDebugString API 的工作原理及有关的工具。10.8 节介绍调试过程的最后一个步骤，即调试会话的终止和分离。

老雷评点

写作本书第 1 版初稿时，此章与第 8 章原本在一起，因篇幅过长，故一分为二。拆分重组，费了很多蛮力。

因为本章讨论的是用户态调试，为了行文简洁，除非特别说明，本章提到的调试器就是指用户态调试器。

10.1 调试器进程

调试器进程和被调试进程是调试过程的两个主角。从用户的角度来看，调试过程就是使用调试器进程来控制和观察被调试进程的过程。本节和 10.2 节将简要描述调试过程中这两个主角的基本特征，以及它们是如何联系起来的。

调试器进程（debugger process）就是指运行着的调试器程序，或者说是调试器程序的运行实例（instance），比如运行着的 MSDEV.EXE（VC6 的 IDE）、DEVENV.EXE（VS2005 的 IDE）或 WinDBG.EXE 等。

10.1.1 线程模型

可以把调试器的主要功能分成如下两个方面。

（1）人机接口，以某种界面的形式将调试功能呈现给用户，并监听和接收用户的输入（命令），在收到用户输入后进行解析和执行，然后把执行结果显示给用户。

（2）与被调试进程交互，包括与被调试进程建立调试关系，然后监听和处理调试事件，根据需要将被调试进程中断到调试器，读取和修改被调试进程的数据，或者操控它的其他行为。根据上一节的介绍，调试器主要是通过调试子系统与被调试进程交互的。但是从用户的角度来看，可以认为调试器是直接与被调试程序交互的。本章将使用这种粗略的描述方法。

总而言之，调试器进程一方面与用户对话，另一方面与被调试进程对话。为了及时地响应来自每一方面的对话请求，调试器通常会使用两个线程，每个线程负责一个方面的对话。负责与人（用户）对话的称为 UI 线程，负责与被调试进程对话的称为调试器工作线程（debugger's worker thread）或调试会话线程，简称 DWT。以 WinDBG 调试器为例，在它启动后，通常只有一个 UI 线程，即初始线程，在开始调试另一个程序后，那么它便会创建工作线程。清单 10-1 显示了这两个线程中的函数执行过程。

清单 10-1 WinDBG 调试器的 UI 线程和工作线程中的函数执行过程

```
0:001> ~* k
   0  Id: 1774.bd0 Suspend: 1 Teb: 7ffdf000 Unfrozen
ChildEBP RetAddr
0006df24 7e419408 ntdll!KiFastSystemCallRet              //在内核模式执行系统服务
0006ff7c 0104f252 USER32!NtUserWaitMessage+0xc           //调用等待窗口消息的子系统服务
0006ffc0 7c816ff7 windbg!_wmainCRTStartup+0xfd           //程序的启动函数
0006fff0 00000000 kernel32!BaseProcessStart+0x23         //系统的进程启动函数
// 上面是 UI 线程，下面是工作线程
#  1  Id: 1774.1358 Suspend: 1 Teb: 7ffde000 Unfrozen
ChildEBP RetAddr
00cefd04 02242d3e ntdll!ZwWaitForDebugEvent              //调用等待调试事件的内核服务
00cefda0 02107d23 dbgeng!LiveUserDebugServices::WaitForEvent+0x12e
00ceff10 020a3c3f dbgeng!LiveUserTargetInfo::WaitForEvent+0x3b3
00ceff34 020a401e dbgeng!WaitForAnyTarget+0x5f
00ceff80 020a4290 dbgeng!RawWaitForEvent+0x2ae           //调试引擎的内部函数
00ceff98 0102925f dbgeng!DebugClient::WaitForEvent+0xb0          //等待调试事件
00ceffb4 7c80b6a3 windbg!EngineLoop+0x13f                //调试事件循环
00ceffec 00000000 kernel32!BaseThreadStart+0x37          //线程的初始函数
```

可见，以上两个线程分别在等待用户输入和调试事件。

当然，并不是所有调试器都采用双线程模式，有些命令行界面的调试器只使用一个线程，同时负责以上两种对话，这一个线程频繁地在二者间“奔走”，哪一方需要对话便响应哪一方，在响应结束后再看另一方是否有对话请求。据笔者观察，命令行接口的 NTSD 调试器就是这样设计的。

包括 WinDBG 在内的大多数调试器使用的是双线程模式，所以本书如不特别说明，讨论的都是这种情况。需要指出的是，双线程模式并不代表调试器进程中只有这两个线程，因为在执行某些调试功能时调试器可能还会创建其他线程。

10.1.2 调试器的工作线程

下面我们来看调试器工作线程的主要逻辑。清单 10-2 显示了调试器工作线程的核心代码。

清单 10-2 调试器工作线程的核心代码

```
1  //*********************************************************************
2  // Backbone of a Debugger's Worker Thread (DWT)
3  // ********************************************************************
4      if(bNewProcess)
5          CreateProcess ( ..., DEBUG_PROCESS ,... );
6      else
7          DebugActiveProcess(dwPID)
8
9      while ( 1 == WaitForDebugEvent (&DbgEvt, INFINITE) )
10     {
11         switch (DbgEvt.dwDebugEventCode)
```

```
12          {
13           case EXIT_PROCESS_DEBUG_EVENT:
14              break;
15           //other cases
16          }
17          ContinueDebugEvent ( ... ) ;
18      }
```

其中，第 4～7 行用于建立调试对话（后面两节将详细讨论），第 9～18 行是调试事件循环，类似于 Windows 程序的消息循环。第 9 行调用 WaitForDebugEvent 等待调试事件，当被调试程序中有调试事件发生时（线程创建退出、加载 DLL 或产生异常等），调试子系统便会通过 DEBUG_EVENT 结构通知调试器。接收到调试事件后，第 11～16 行会根据 DEBUG_EVENT 结构中的事件代码（dwDebugEventCode）来判断调试事件的类型，采取适当的动作，并根据需要中断给用户，让用户可以进行各种诊断和分析。在调试器处理好一个事件或接收到用户的恢复执行命令（如 WinDBG 的 g 命令）后，第 17 行会向调试子系统发送一个回复命令，典型的回复命令是 DBG_CONTINUE，即恢复运行被调试程序。接下来，DWT 开始等待下一个调试事件，如此往复，直到收到被调试进程退出的事件或发生其他终止情况（10.8 节）为止。

10.1.3 DbgSsReserved 字段

从线程的内部数据结构来看，调试器的 UI 线程与普通线程没什么特别，但是调试器工作线程与普通线程通常是有所不同的，具体来说，它的线程环境块（TEB）结构的 DbgSsReserved 字段通常与普通线程的取值不同。

第 9 章已零散地介绍过 DbgSsReserved 字段，简单来说，TEB 结构的 DbgSsReserved[2]数组就是专门用来记录调试器工作线程与调试子系统之间通信用的同步对象和通信对象的。在 Windows XP 之前，DbgSsReserved[1]记录的是 LPC 端口句柄（DbgUiApiPort），DbgSsReserved[0]记录的是等待调试消息的事件对象。

从 Windows XP 开始，DbgSsReserved[1]用来记录调试对象（DebugObject）句柄，DbgSsReserved[0]用来记录被调试线程链表的表头，这个链表的每个节点是一个 DBGSS_THREAD_DATA 结构，用来描述被调试进程中的一个线程。

```
typedef struct _DBGSS_THREAD_DATA
{
struct _DBGSS_THREAD_DATA *Next;          //指向下一个节点
HANDLE ThreadHandle;                      //线程句柄（被调试进程中）
HANDLE ProcessHandle;                     //被调试进程的句柄
DWORD ProcessId;                          //被调试进程的 ID
DWORD ThreadId;                           //线程 ID（被调试进程中）
BOOLEAN HandleMarked;                     //退出标记
} DBGSS_THREAD_DATA, *PDBGSS_THREAD_DATA;
```

例如，以下是使用 WinDBG 观察 MSDEV 调试器的 DMT 所得到的结果。

```
0:011> dt -b ntdll!_Teb 7ffd4000 -y DbgSsReserved
ntdll!_TEB
   +0xf20 DbgSsReserved :
    [00] 0x001ff878
    [01] 0x000003b8
```

其中 0x000003b8 是调试对象的句柄，使用!handle 命令可以确认这一点。

```
0:011> !handle 3b8
Handle 3b8
  Type              DebugObject
```

0x001ff878 是被调试线程链表的头节点，调试 API WaitForDebugEvent 和 ContinueDebugEvent 会维护这个链表。

Windows XP 的 NTDLL.DLL 中新引入的两个 DbgUi 函数 DbgUiGetThreadDebugObject 和 DbgUiSetThreadDebugObject，实际上就是读写 DbgSsReserved[1]字段的，例如：

```
ntdll!DbgUiGetThreadDebugObject:
7c9506de 64a118000000    mov     eax,dword ptr fs:[00000018h]
7c9506e4 8b80240f0000    mov     eax,dword ptr [eax+0F24h]
7c9506ea c3               ret
```

那么，为什么要使用 DbgSsReserved 数组，而不是把这些信息直接返回给调试器程序来管理呢？这主要是为了简化调试器的设计，使其不用保存和维护这些数据，也不用关心其中的细节。从调试 API 的函数原型也可以看到这一点，比如 WaitForDebugEvent API 只有两个参数，一个是用来接收调试事件的，另一个是等待的毫秒数。这个 API 内部会从当前线程的 TEB 结构中读取要等待对象的句柄。这也是必须在开始调试会话的线程中调用 WaitForDebugEvent API 的原因。

目前版本的 WinDBG 调试器在 Windows XP 系统中运行时不使用调试 API（KERNEL32.DLL 输出），而是直接调用 NTDLL 中的调试支持函数或系统的内核服务，并且自己保存和维护调试对象句柄与线程数据。因此，如果观察其调试器工作线程的 TEB 结构，那么可能看到 DbgSsReserved 数组的两个元素都为 0。为什么说可能呢？这是因为与观察的时机有关，在调用 CreateProcess 创建调试会话时，CreateProcess 内部调用的 DbgUiConnectToDbg 函数会将 DbgSsReserved[1]设置为非 0，但在 CreateProcess 返回后，WinDBG 会调用 DbgUiSetThreadDebugObject 将其设置为 0。

本节简要介绍了调试器进程的主要特征，特别是调试器工作线程的属性。最后要说明的一点是，操作系统并不区分调试器进程和普通的进程，一个调试器进程同时也可以被调试，成为被调试进程。笔者在写作此书时便经常启动几个调试器实例，一个调试另一个，以便了解调试器的工作原理。

10.2 被调试进程

被调试进程（debuggee process）泛指处于被调试状态的程序运行实例，比如运行在调试器下的控制台程序、窗口程序，或者 Windows 系统服务，等等。

10.2.1 特征

为了不影响问题的重现和分析结果，调试过程本身应该尽可能少地改变被调试进程的属性。也就是说，一个进程在被调试时与没有被调试时越相近越好。但为了实现某些调试功能，系统不得不修改被调试进程的某些属性或在其中执行一些用于调试的代码。概括地说，一个处于被调试状态的 Windows 进程与普通进程相比，会有如下差异。

（1）进程执行块（Executive Process Block，即 EPROCESS 结构）的 DebugPort 字段不为空。这是在内核空间中判断一个进程是否正在被调试的主要特征。

（2）进程环境块（Process Enviroment Block，PEB）的 BeingDebugged 字段不等于 0。这是

用户态判断一个进程是否正在被调试的主要方法。

（3）可能会存在一个由调试器远程启动的线程，这个线程的作用是将被调试进程中断到调试器，我们称之为远程中断线程（10.6.4 节）。

（4）响应调试快捷键（F12 键），按调试快捷键可以将处于被调试状态的进程中断到调试器，没有被调试的进程通常不响应调试快捷键。

下面我们将深入介绍 DebugPort 字段和 BeingDebugged 字段。10.6 节将介绍远程中断线程和调试快捷键。

10.2.2 DebugPort 字段

进程执行块是所有 Windows 进程都拥有的一个数据结构，名为 EPROCESS。EPROCESS 结构位于内核空间中，是系统用来标识和管理每个 Windows 进程的基本数据结构。EPROCESS 结构的具体定义（字段个数和偏移位置）因 Windows 系统的版本不同而不同，但是都包含一个有关调试的重要字段，即 DebugPort。如果一个进程不在被调试状态，那么 DebugPort 字段为 NULL。如果一个进程在被调试状态，那么 DebugPort 字段是一个指针，指向的内容可能因 Windows 系统版本的不同而不同。在 Windows XP 之前，DebugPort 字段保存着用于接收调试事件的 LPC 端口对象指针。当有调试事件发生时，系统会向这个端口发送调试消息。因为 Windows XP 使用了新的专门用于调试的内核对象 DebugObject 代替 LPC 端口，所以在 Windows XP 下， DebugPort 字段指向的是 DebugObject 对象。不论是指向 LPC 端口还是指向调试对象，尽管类型不同，但是它们的作用都是用来传递调试事件的，因此我们将 DebugPort 中所指向的对象统称为调试端口。

从调试对话的角度来讲，调试端口是联系调试器进程和被调试进程的纽带。被调试进程中的调试事件就是由这个端口发送到调试器进程的。

10.2.3 BeingDebugged 字段

进程环境块是每个 Windows 进程的另一个重要数据结构，与 EPROCESS 不同，PEB 结构是位于用户空间中的，而且其地址通常位于用户空间的较高地址区域，例如 0x7FFDF000。

```
typedef struct _PEB
{
/*000*/ BOOLEAN InheritedAddressSpace;
/*001*/ BOOLEAN ReadImageFileExecOptions;
/*002*/ BOOLEAN BeingDebugged;
...
}PEB,*PPEB,**PPPEB;
```

如果一个进程不在被调试状态，那么其 PEB 结构的 BeingDebugged 字段为 0；否则，为 1。IsDebuggerPresent() API 就是通过判断 BeingDebugged 字段实现的。其汇编指令如下。

```
0:001> uf kernel32!IsDebuggerPresent
kernel32!IsDebuggerPresent:
77e7276b 64a118000000 mov   eax,fs:[00000018]      // 取得当前线程的 TEB 结构
77e72771 8b4030       mov   eax,[eax+0x30]         // 从 TEB 中取出 PEB 指针
77e72774 0fb64002  movzx  eax,byte ptr [eax+0x2]// 取 PEB 中的 BeingDebugged 字段
77e72778 c3          ret
```

10.2.4 观察 DebugPort 字段和 BeingDebugged 字段

下面通过一个小实验来观察记事本程序在被调试前与被调试时 DebugPort 字段和

BeingDebugged 字段的变化。因为需要内核调试环境，而且 Windows 2000 不支持本地内核调试，所以我们以 Windows XP 为例。

先运行 notepad 程序，启动 WinDBG，并开始本地内核调试（选择 File→Kernel Debug→Local）。

在 WinDBG 的命令提示符（lkd）后输入“!process 0 0”，列出所有进程，找到关于 notepad.exe 进程的信息，并记录下它的 EPROCESS 结构的地址。

```
PROCESS 86f55648  SessionId: 0  Cid: 0eb8    Peb: 7ffdf000  ParentCid: 04d0
    DirBase: 2db71000  ObjectTable: e2a828a8  HandleCount:  38.
    Image: notepad.exe
```

然后使用 dt 命令显示 notepad 的 EPROCESS 结构的各个字段值。

```
lkd> dt nt!_EPROCESS 86f55648  // 省略了无关内容
   +0x0bc DebugPort          : (null)
   +0x0c0 ExceptionPort      : 0xe29fa040
```

可见，此时 DebugPort 字段的值为空，说明该进程还没有被调试。ExceptionPort 处已经有值，使用如下命令可以知道它是一个 LPC 端口的指针。

```
lkd> !lpc port 0xe29fa040

Server connection port e29fa040  Name: ApiPort  // 参见 9.5.3 节
    Handles: 1   References: 250
    Server process     : 87122da8 (csrss.exe)     // CSRSS 在监听此端口，参见 11.3.3 节
    Queue semaphore    : 8795d710
    Semaphore state 0 (0x0)
    The message queue is empty
    The LpcDataInfoChainHead queue is empty
```

输入“.process 86f55648”命令，将 notepad 进程切换为默认进程。然后输入!peb 命令观察 BeingDebugged 字段。

```
lkd>.process 86f55648 // 观察用户态的内存前，必须切换默认进程
Implicit process is now 86f55648
lkd> !peb
PEB at 7ffdf000   // 省略了无关显示
    BeingDebugged:            No
```

再运行一个 WinDBG 实例，附加到刚才的 notepad 进程，选择 File→Attatch to a Process，然后输入 notepad 进程的 ID 或从列表中选取 ID，如果系统中有多个 notepad 实例，请注意不要选错。

再次使用 dt 命令显示 notepad 的 EPROCESS 结构。

```
lkd> dt nt!_EPROCESS 86f55648          // 省略了无关内容
   +0x0bc DebugPort          : 0x87aa58c8
   +0x0c0 ExceptionPort      : 0xe29fa040
```

可见，DebugPort 字段的值已经不再为 NULL 了，使用!object 命令可以观察到这是一个 DebugObject 对象。

```
lkd> !object 0x87aa58c8
Object: 87aa58c8  Type: (87baa040) DebugObject
    ObjectHeader: 87aa58b0
    HandleCount: 1  PointerCount: 2
```

对于 Windows 2000，DebugPort 记录的是 LPC 端口对象，因此可以通过!lpc port xxxxxxxx 命令来观察。

重复前面观察 PEB 的步骤或在第二个 WinDBG 中输入!peb 命令，可以观察到被调试进程的 PEB 中的 BeingDebugged 字段已经为 Yes。

```
0:001> !peb    // 省略了无关显示
PEB at 7ffdf000
    InheritedAddressSpace:     No
    ReadImageFileExecOptions:  No
    BeingDebugged:                 Yes
    ImageBaseAddress:          01000000
```

10.2.5 调试会话

我们把调试器进程与被调试进程之间的交互称为调试会话（debugging session）。一次调试会话从建立调试关系开始，直到这种关系解除为止。更准确地说，建立调试关系的标准是被调试进程与调试器进程之间通过调试端口建立的通信连接。调试关系解除的标准是被调试进程的调试端口被清除。

建立调试会话是调试过程的第一步，其建立方式包含两种情况。一种情况是在调试器中启动被调试程序（清单 10-2 的第 4、5 行），比如我们在 VC6 或 VS2005（Visual Studio 2005）等集成开发环境（IDE）中开始执行程序，或者在 WinDBG 中打开一个 EXE 程序。另一种情况是当开始调试时，被调试程序已经在运行，因此需要把调试器附加（attach）到被调试进程上。后一种情况对于调试系统服务或 DLL 形式的各种插件非常有用。接下来的两节将分别介绍这两种情况。

10.3 从调试器中启动被调试程序

本节将介绍创建调试会话的第一种情况，也就是从调试器进程中创建被调试进程并开始调试。简单来说，这种方式就是当调用创建进程 API（如 CreateProcess）时指定 DEBUG_PROCESS 或 DEBUG_ONLY_THIS_PROCESS 标志。

10.3.1 CreateProcess API

Windows 操作系统提供了几个 API——如 CreateProcess()、CreateProcessAsUser()、CreateProcess-WithTokenW()和 CreateProcessWithLogonW()用于创建新的进程。因为后面几个 API 可以看作 CreateProcess API 的超集，所以我们就以 CreateProcess() API 为例来讨论。它的函数原型如下。

```
BOOL CreateProcess( LPCTSTR lpApplicationName,  LPTSTR lpCommandLine,
  LPSECURITY_ATTRIBUTES lpProcessAttributes,
  LPSECURITY_ATTRIBUTES lpThreadAttributes,
  BOOL bInheritHandles,   DWORD dwCreationFlags,
  LPVOID lpEnvironment,   LPCTSTR lpCurrentDirectory,
  LPSTARTUPINFO lpStartupInfo,    LPPROCESS_INFORMATION lpProcessInformation);
```

其中 dwCreationFlags 参数用于指定创建新进程的选项，可以是一系列标志位的组合。以下两个标志位是专门用于调试的。

```
#define DEBUG_PROCESS              0x00000001   // 调试正在创建的进程和它的子进程
#define DEBUG_ONLY_THIS_PROCESS  0x00000002   // 声明不要调试调试目标的子进程
```

系统在创建进程时，会检查创建标志中是否包含以上标志。如果包含，那么系统会把调用进程当作调试器（debugger）进程，把新创建的进程当作被调试（debuggee）进程，为二者建立起调试关系，主要执行以下 3 个动作。

（1）在进程创建的早期（执行内核服务 NtCreateProcess/NtCreateProcessEx 之前），调用 DbgUiConnectToDbg()使调用线程与调试子系统建立连接。在 Windows XP 以前，DbgUiConnectToDbg()内部会调用 NtConnectPort()与会话管理器（SMSS.EXE）的\DbgUiApiPort 连接，如果连接成功，便将返回的端口句柄和用于等待端口数据的信号量（semaphore）分别存放到当前线程环境块的 DbgSsReserved[1]和 DbgSsReserved[0]中。这两个指针有着重要作用，端口对象是与调试子系统进行通信的重要通道，信号对象用来等待调试事件，很多调试 API（如 WaitForDebugEvent()和 ContinueDebugEvent()）需要这两个指针才能工作。在 Windows XP 中，DbgUiConnectToDbg()内部会调用 ZwCreateDebugObject 创建 DEBUG_OBJECT 内核对象，并将其保存在当前线程环境块的 DbgSsReserved[1]字段中。需要说明的是，为了防止重复操作，DbgUiConnectToDbg() 在调用 NtConnectPort 或 ZwCreateDebugObject 之前会先检查 DbgSsReserved[1]是否为空。完成这一步后，调用线程便由普通线程晋升为调试子系统"眼"里的调试器工作线程了。清单 10-3 显示了 WinDBG 的调试器工作线程执行 CreateProcess API 和 DbgUiConnectToDbg 函数的过程。

清单 10-3 执行 CreateProcess API 和 DbgUiConnectToDbg 函数的过程

```
0:001> k
ChildEBP RetAddr
0140f198 7c842d54 ntdll!DbgUiConnectToDbg           [连接调试子系统]
0140fbc4 7c80235e kernel32!CreateProcessInternalW+0x12a2 [创建进程的内部函数]
0140fbfc 02241011 kernel32!CreateProcessW+0x2c      [创建进程 API]
0140fcb8 020c8109 dbgeng!LiveUserDebugServices::CreateProcessW+0x241
0140fcf8 0209667f dbgeng!LiveUserTargetInfo::StartCreateProcess+0xf9
0140fd44 01028bf5 dbgeng!DebugClient::CreateProcessAndAttach2Wide+0xcf
0140ffa4 0102913b windbg!StartSession+0x445         [开始调试会话]
0140ffb4 7c80b6a3 windbg!EngineLoop+0x1b            [调试事件循环]
0140ffec 00000000 kernel32!BaseThreadStart+0x37 [调试器工作线程的初始函数]
```

（2）当调用进程创建内核服务 NtCreateProcess 或 NtCreateProcessEx 时，将 DbgSsReserved[1]字段中记录的对象句柄以参数（第 7 个参数）形式传递给内核中的进程管理器。接下来，内核中的进程创建函数（PspCreateProcess）会检查这个句柄是否为空，如果不为空，会取得它的对象指针，然后设置到进程执行块（EPROCESS 结构）的 DebugPort 字段中。因为系统内部以 DebugPort 是否为 0 来判断一个进程是否在被调试，并向该端口发送调试消息，所以完成这一步后，新创建进程便由普通的进程晋升为调试子系统"眼"里的被调试进程了。

清单 10-4 显示了使用内核调试器观察到的 WinDBG 的调试器工作线程在内核模式中执行进程创建函数的过程。

清单 10-4 在内核中执行进程创建函数的过程

```
kd> k
ChildEBP RetAddr
f8740ce4 805909b2 nt!PspCreateProcess                [进程管理器中的进程创建函数]
f8740d38 804da140 nt!NtCreateProcessEx+0x7e          [内核服务]
f8740d38 7ffe0304 nt!KiSystemService+0xc4
00c3f1c4 77f75a0f SharedUserData!SystemCallStub+0x4
00c3f1c8 77e7fe05 ntdll!ZwCreateProcessEx+0xc        [调用内核服务]
00c3fbc4 77e61bb8 kernel32!CreateProcessInternalW+0x1111
... [省略用户模式的其他栈帧，参见清单 10-2]
```

使用 dd 命令显示 PspCreateProcess 函数的栈帧和参数。

```
kd> dd f8740ce4
f8740ce4  00000286 805909b2 00c3f928 001f0fff
f8740cf4  00000000 ffffffff 00000006 0000020c
f8740d04  000001f4 00000000 00000000 f8740d64
...
```

其中参数 000001f4 是调试端口句柄，使用!handle 观察到它对应的是 WinDBG 进程中的 DebugObject 对象。

```
kd> !handle 000001f4
processor number 0, process 81e4ba58
PROCESS 81e4ba58  SessionId: 0  Cid: 07fc    Peb: 7ffdf000  ParentCid: 0710
    DirBase: 0be39000  ObjectTable: e1923490  HandleCount: 190.
    Image: windbg.exe

Handle table at e1954000 with 190 Entries in use
01f4: Object: 81e40740  GrantedAccess: 001f000f Entry: e19543e8
Object: 81e40740  Type: (81fc9778) DebugObject
    ObjectHeader: 81e40728 (old version)
        HandleCount: 1  PointerCount: 1
```

（3）当 PspCreateProcess 调用 MmCreatePeb 函数创建新的进程环境块时，MmCreatePeb 函数内部会根据 EPROCESS 结构的 DebugPort 字段设置 BeingDebugged 字段。如果 DebugPort 不为空，那么 BeingDebugged 会被设置为真。

10.3.2 第一批调试事件

如果以上三步都成功结束（CreateProcess API 成功返回），那么调试器与被调试程序的调试对话便建立起来了。调试器线程接下来应该进入调试事件循环来接收调试事件。

一个新创建进程的初始线程是从内核中的 KiThreadStartup 开始执行的，KiThreadStartup 很简短，在将线程的 IRQL 降低到 APC 级别后，便将执行权交给了 PspUserThreadStartup 函数。

PspUserThreadStartup 函数内部会调用 DbgkCreateThread 向调试子系统通知新线程创建事件。于是如我们在上一章所讲的，调试子系统会向调试事件队列中放入一个进程创建事件，并等待调试器来处理和回复。

结合本节的上下文，当调试器的工作线程等待调试事件时，它会立刻收到进程创建事件。随后，调试器会为调试这个新的进程做一些准备工作，而后它调用 ContinueDebugEvent 回复调试事件，被调试进程开始继续执行。

新进程会在自己的上下文中执行一系列初始化工作，包括映射和加载映像文件。因此，调试器接下来会收到一系列加载 DLL 的事件（LOAD_DLL_DEBUG_EVENT）。清单 10-5 显示了在 WinDBG 调试器中启动 TinyDbge 小程序时输出的信息。

清单 10-5 在 WinDBG 调试器启动 TinyDbge 小程序时输出的信息（节选）

```
1    *** Create process 1470                    [创建进程成功，1470 是进程 ID]
2    Symbol search path is: SRV*d:\symbols*http://msdl.microsoft.com/download/symbols
3    Executable search path is:                 [未设置可执行文件搜索路径]
4    Process created: 1470.1f9c                 [收到进程创建事件]
5    OUTPUT_PROCESS: *** Create process ***     [进程创建事件触发的输出信息]
6    id: 1470  Handle: 314  index: 0
7      id: 1f9c  hThread: 334  index: 0  addr: 00401120
```

```
8    ModLoad: 00400000 0042c000   TinyDbge.exe  [收到模块加载事件]
9    OUTPUT_PROCESS: *** Load dll ***           [模块加载事件触发的信息输出]
10     hFile: 2f0  base: 00400000
11   ModLoad: 7c900000 7c9b0000   ntdll.dll     [映射 NTDLL.DLL 的事件]
12   OUTPUT_PROCESS: *** Load dll ***
13     hFile: 308  base: 7c900000
14   ModLoad: 7c800000 7c8f5000   C:\WINDOWS\system32\kernel32.dll
15   OUTPUT_PROCESS: *** Load dll ***
16     hFile: 2bc  base: 7c800000
17   (1470.1f9c): Break instruction exception - code 80000003 (first chance)
18   eax=00241eb4 ebx=7ffd6000 ecx=0 edx=1 esi=00241f48 edi=00241eb4
19   eip=7c901230 esp=0012fb20 ebp=0012fc94 iopl=0    nv up ei pl nz na po nc
20   cs=001b  ss=0023  ds=0023  es=0023  fs=003b  gs=0000
21   efl=00000202
22   Loading symbols for 7c900000        ntdll.dll ->   ntdll.dll
23   ntdll!DbgBreakPoint:                           [发生异常的函数]
24   7c901230 cc              int     3             [触发断点异常的指令]
```

要看到清单 10-5 中的全部信息，需要按 Ctrl+Alt+V 组合键或选择 View 菜单中的 Verbose Output 让 WinDBG“输出详细信息”。第 1 行显示调试器的工作线程成功调用 CreateProcess API，新进程的 ID 是 0x1470。第 2、3 行显示了当前的符号搜索路径和映像文件搜索路径。第 4 行显示接收到进程创建事件，实际上，也就是创建初始线程的事件，0x1f9c 是初始线程的线程 ID。第 5～7 行输出当前被调试进程的统计信息，下面每收到一个调试事件，会再显示一次（第 9、10、12、13、15、16 行），为了节约篇幅，我们删除了重复的信息行。

第 8 行代表 WinDBG 收到第一个模块加载（LOAD_DLL_DEBUG_EVENT）事件，即程序的 EXE 模块 TinyDbge.exe，冒号后面的两个数字分别是模块的起始地址和结束地址。第 11 行和第 14 行分别表示收到映射 NTDLL.DLL 和 KERNEL32.DLL 事件。第 17 行表示收到初始断点异常事件，我们将在下一节讨论。

10.3.3 初始断点

当新进程的初始线程在自己的上下文中初始化时，作为进程初始化的一个步骤，NTDLL.DLL 中的 LdrpInitializeProcess 函数会检查正在初始化的进程是否处于被调试状态（查询进程环境块的 BeingDebugged 字段）。如果是，它会调用 DbgBreakPoint()触发一个断点异常，目的是中断到调试器。这实际上相当于系统在新进程中为我们设置了一个断点，这个断点通常称为初始断点。

清单 10-5 中的第 17～24 行便是调试器收到初始断点异常事件后所输出的信息。括号中是进程 ID 和线程 ID。0x80000003 是断点异常的编码，first chance 代表异常的第一轮处理机会（第 11 章）。第 18～21 行是命中断点时 CPU 中各个寄存器的值。从 EIP 指针的值（eip=7c901230）可以看出断点指令位于 NTDLL.DLL 模块中（EIP 值介于 NTDLL.DLL 模块的起止地址 7c900000 和 7c9b0000）。第 22 行显示调试器在为 NTDLL.DLL 加载符号文件，因为要寻找位于这个模块中的当前指令所对应的函数符号，即第 23 行所显示的信息。第 24 行是触发断点异常的指令地址、机器码和汇编语言表示。

执行栈回溯命令 k 可以看到初始线程调用 DbgBreakPoint 的完整过程。

```
0:000> k
ChildEBP RetAddr
```

```
0012fb1c 7c93edc0 ntdll!DbgBreakPoint
0012fc94 7c921639 ntdll!LdrpInitializeProcess+0xffa
0012fd1c 7c90eac7 ntdll!_LdrpInitialize+0x183
00000000 00000000 ntdll!KiUserApcDispatcher+0x7
```

可以看出是 NTDLL.DLL 中的 LdrpInitializeProcess 调用了 DbgBreakPoint。Ldr 是 Loader 的缩写，是 NTDLL.DLL 中的进程加载器系列函数的前缀。

当命中初始断点时，被调试程序自己的主函数还没开始执行，因此这个调试时间是很早的，对于调试在程序初始化阶段发生的问题是非常有意义的。

包括 MSDEV 调试器在内的一些调试器不会将初始断点报告给用户，WinDBG 默认会向用户报告初始断点，但是可以通过命令行参数-g 来忽略初始断点，即收到初始断点后立刻恢复执行，而不是停下来。

10.3.4 自动启动调试器

有时，要调试的进程可能是被系统或其他进程动态启动的。在调试器中执行这类进程可能无法提供合适的参数和运行条件。另外，当我们发现这类进程启动并将调试器附加到该进程中时，需要调试的代码可能已经运行结束了。对于这种情况，可以通过在注册表中设置“映像文件执行选项（Image File Execution Options）”来让操作系统先启动调试器，然后再从调试器中启动目标进程。

Windows 系统在创建进程时，会在注册表中查询如下表键来读取关于这个程序的执行选项。

```
HKEY_LOCAL_MACHINE\SOFTWARE\Microsoft\Windows NT\CurrentVersion\Image File
Execution Options
```

查询的方法就是看以上表键下是否存在以要执行的映像文件名（不包含路径）命名的子键。如果有这样的子键，那么系统会继续查询该子键是否存在名为“Debugger”的键值。

如果 Debugger 键值存在而且包含内容（图 10-1），那么系统便会先将当前的命令行附加到 Debugger 键值所定义的内容之后，再将此作为新的命令行来启动。

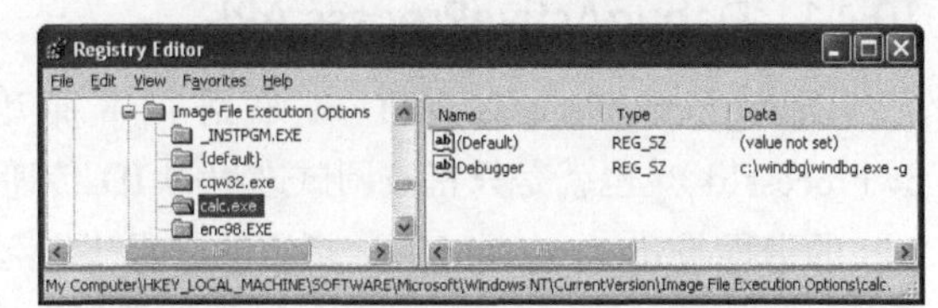

图 10-1 Debugger 键值存在且包含内容

举例来说，我们先在 Image File Execution Options 表键下建立一个名为 calc.exe（计算器程序）的子键，并在其下加入 Debugger 键值，内容如下。

```
C:\WinDBG\WinDBG.exe -g
```

也就是 WinDBG 调试器的主程序的完整路径，加上-g 开关，含义是忽略初始断点，让被调试进程启动后就继续运行，而不是直接中断到调试器。如果希望新进程启动后就中断到调试器，那么去掉-g 开关。

完成以上修改后，再以某种方式（通过“开始”菜单或运行 calc.exe）启动计算器程序，就会发现系统会自动启动 WinDBG，因为系统将启动 calc.exe 的完整路径以命令行参数的形式传给 WinDBG，所以 WinDBG 启动后会立即启动计算器程序。

如果 Debugger 键值指定的调试器失败，比如我们将刚才的 WinDBG 路径改为错误的值，那么系统仍会显示错误消息，指出无法发现原来的映像文件（图 10-2）。

讲到这里，大家可能会想到如下一个有趣的问题，如果为 Debugger 键值中定义的调试器映像再定义 Debugger 执行选项会怎么样呢？比如我们再加入一个名为 WinDBG.exe 的子键，并加入 Debugger 键值，其内容为 vsjitdebugger.exe（Visual Studio .NET 2003 的 JIT 调试器）。完成这一修改后，再次运行计算器程序，我们得到图 10-3 所示的对话框。尽管其中给出了错误提示，但仔细观察提示中的命令行，可以发现系统是在按我们估计的递归方式工作，启动 calc.exe 时根据执行选项先启动 windbg.exe，启动 windbg.exe 时执行选项又要先启动 vsjitdebugger.exe。但 vsjitdebugger.exe 出错了，于是就“搁置”在这里了。这颇有点“螳螂捕蝉，黄雀在后”的意味。

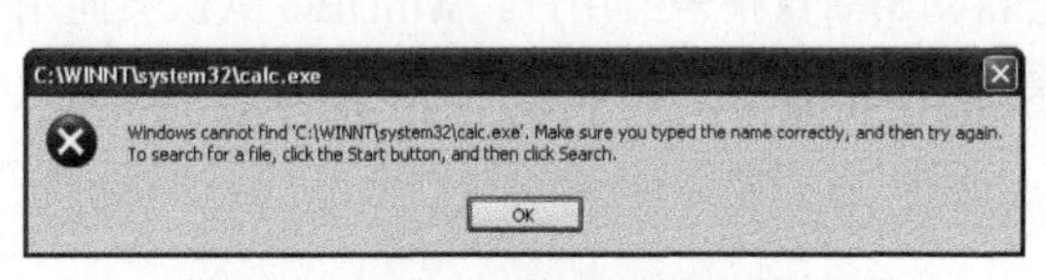

图 10-2 指定的调试器失败后显示的错误消息

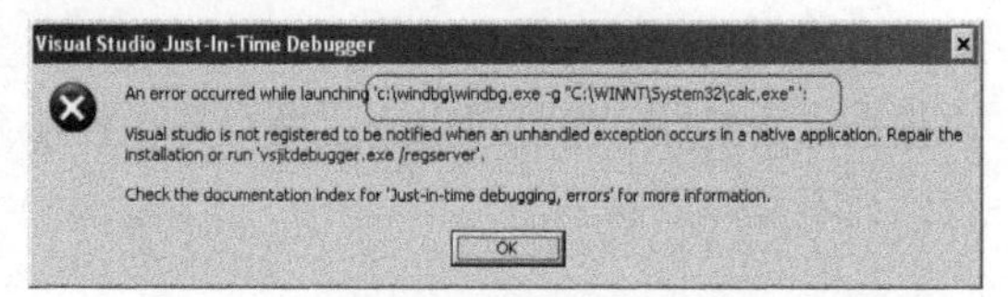

图 10-3 再次运行计算器程序得到的对话框

根据以上逻辑，如果 Debugger 键值指定的仍然是同名的一个程序，那么会出现“死循环”。笔者实验的结果是，系统忙碌了数秒后，会出现类似于图 10-2 的对话框。

10.4 附加到已经启动的进程中

本节介绍建立调试会话的另一种情况，也就是当要调试的程序已经运行时是如何建立调试对话的，即如何将调试器附加（attach）到已经运行的进程中。简单来说，这是通过 DebugActiveProcess API 来完成的。

10.4.1 DebugActiveProcess API

DebugActiveProcess API 的原型非常简单，即 BOOL DebugActiveProcess（DWORD dwProcessId）。也就是只将被调试进程的 ID 传递给 DebugActiveProcess API，系统便会为这个 API 的进程与 dwProcessId 参数指定的进程建立起调试关系。下面以 Windows XP 系统中的情况为例，介绍 DebugActiveProcess API 的内部工作过程。

（1）通过 DbgUiConnectToDbg()使调用进程与调试子系统建立连接，实质上就是获得一个调试通信对象并将它存放在当前 TEB 结构的 DbgSsReserved 数组中。这与调试一个新进程的第一步相同。

（2）调用 ProcessIdToHandle 函数，获得指定 ID 的进程句柄，这个函数内部会调用 OpenProcess API，进而调用 NtOpenProcess 内核服务。在执行这一步时需要调用进程，它与目标进程有同样或更高的权限，否则这一步便会失败，调用 GetLastError()返回的错误码通常是 5，意思是“Access is denied”，即访问被拒绝。如果调试器进程具有 SE_DEBUG_NAME 权限，那么它通常有权限调试系统内的任何进程。

（3）调用 NTDLL.DLL 中的 DbgUiDebugActiveProcess 函数。这个函数内部主要调用 NtDebugActiveProcess 内核服务，并将要调试进程的句柄（参数 1）和调试对象的句柄（参数 2）作为参数传递给这个内核服务。NtDebugActiveProcess 内部主要执行以下 3 个动作：根据参数中指定的句柄取得被调试进程的 EPROCESS 结构和调试对象的对象指针；向调试对象发送杜撰的调试事件（9.4.5 节）；调用 DbgkpSetProcessDebugObject 函数，这个函数内部会将调试对象设置到被调试进程的调试端口（DebugPort 字段），并调用 DbgkpMarkProcessPeb 来设置 BeingDebugged 字段。清单 10-6 显示了一个名为 TinyDbgr 的调试器调用 DebugActiveProcess API 和执行 NtDebugActiveProcess 函数的过程。

清单10-6　TinyDbgr 调用 DebugActiveProcess API 和执行 NtDebugActiveProcess 函数的过程

```
kd> knL
 # ChildEBP RetAddr
00 f4b92cfc 805bbb48 nt!DbgkpMarkProcessPeb                  // 标记 PEB
01 f4b92d2c 805bcf39 nt!DbgkpSetProcessDebugObject+0x222 // 设置调试端口
02 f4b92d54 804da140 nt!NtDebugActiveProcess+0x9a          // 系统服务
03 f4b92d54 7ffe0304 nt!KiSystemService+0xc4               // 系统服务分发函数
04 0012fdf8 77f75a96 SharedUserData!SystemCallStub+0x4
05 0012fdfc 77f8f4db ntdll!ZwDebugActiveProcess+0xc        // NTDLL.DLL 中的系统服务残根
06 0012fe10 77eaeeae ntdll!DbgUiDebugActiveProcess+0x18  // NTDLL.DLL 中的 DbgUi 函数
07 0012fe20 0040149a kernel32!DebugActiveProcess+0x2e      // 附加到已运行进程的 API
08 0012ff80 00401f69 TinyDbgr!main+0xfa                     // 主函数
09 0012ffc0 77e814c7 TinyDbgr!mainCRTStartup+0xe9          // 编译器插入的启动函数
0a 0012fff0 00000000 kernel32!BaseProcessStart+0x23        // 线程启动函数
```

在 NtDebugActiveProcess 成功返回后，DbgUiDebugActiveProcess 会调用 DbgUiIssueRemoteBreakin，目的是在远程进程中创建远程中断线程（10.6.4 节），使被调试进程中断到调试器中。

以上操作都成功后，DebugActiveProcess()会返回真，通知调用进程已经成功建立调试对话。接下来调试器便进入调试事件循环，开始接收和处理调试事件了。它首先会接收到一系列杜撰的调试事件，包括进程创建、模块加载等事件。然后收到远程中断线程产生的断点事件。调试器收到这一事件后，通常会停下来报告给用户。

DebugActiveProcess API 在 Windows 2000 中的工作过程与上面介绍的类似，较大的差异是 DbgUiDebugActiveProcess 函数，它内部的主要操作不再是调用系统服务，而是调用 CSRSS 的 CsrDebugPorcess 服务（9.5.6 节）。

至此，我们已经比较详细地介绍了目标程序已经运行和还没有运行两种情况下调试对话的建立过程。下面通过一个演示程序来进一步理解这些内容。

10.4.2　示例：TinyDbgr 程序

为了演示用户态调试的工作原理，我们使用 C++语言编写了一个小型的 Windows 调试器程序，名为 TinyDbgr，意思是微型调试器。清单 10-7 给出了该程序的主函数和 Help 函数的源代码。

清单 10-7　TinyDbgr 程序的主函数和 Help 函数的源代码

```
void Help()
{
   printf ( "TinyDbgr <PID of Program to Debug>|\n     "
            "<Full Exe File Name> [Prgram Parameters]\n" ) ;
}
int main(int argc, char* argv[])
{
   if(argc<=1)
   {
```

```
        Help();    return -1;
    }
    if (strstr(strupr(argv[1]),".EXE"))
    {
        TCHAR szCmdLine[ MAX_PATH ] ;
        szCmdLine[ 0 ] = '\0' ;

        for ( int i = 1 ; i < argc ; i++ )
        {
            strcat ( szCmdLine , argv[ i ] ) ;
            if ( i < argc )
            {
                strcat ( szCmdLine , " " ) ;
            }
        }
        if(!DbgNewProcess(szCmdLine))
        {
            return -2;
        }
    }
    else
        if(!DebugActiveProcess(atoi(argv[1])))
        {
            printf("Failed in DebugActiveProcess() with %d.\n",GetLastError());
            return -2;
        }

    return DbgMainLoop();
}
```

从以上代码可以看出，TinyDbgr 至少需要一个命令行参数，如果没有，就会显示帮助信息。

TinyDbgr 支持两种参数，分别适用于调试已经运行的程序和尚未运行的程序。如果 TinyDbgr 发现第一个参数中不包含“.EXE”，那么便认为要调试一个已经运行的进程，该参数是要调试进程的 ID（十进制整数）；否则，TinyDbgr 便会把所有参数当作一个命令行，并试图通过该命令行启动和调试该程序。

让我们先就第一种情况做个实验。启动计算器程序（在“开始”菜单选择“运行”，在“运行”对话框中输入“calc”后按 Enter 键）。使用任务管理器找到计算器程序的进程 ID，当笔者做实验时进程 ID 为 4752。打开控制台窗口，并转到本书附带代码的 bin\debug 目录，然后输入“tinydbgr 4752”（4752 应该换作具体的进程 ID）。接下来应该看到 TinyDbgr 迅速打印出如下结果。

```
Debug event received from process 4752 thread 3632: CREATE_PROCESS_DEBUG_EVENT.
Debug event received from process 4752 thread 3632: LOAD_DLL_DEBUG_EVENT.
[省略多行与上面一行一样的 LOAD_DLL_DEBUG_EVENT 事件]
Debug event received from process 4752 thread 2672: CREATE_THREAD_DEBUG_EVENT.
Debug event received from process 4752 thread 2672: EXCEPTION_DEBUG_EVENT.
-Debuggee breaks into debugger; press any key to continue.
```

第一行是创建进程的消息，正如我们前面所介绍的，尽管该进程早已经创建，但是调试子系统会模拟出这个以前发生的事件以帮助调试器补充历史信息。接下来是一系列加载或映射 DLL 的事件，这些也是调试子系统模拟出的历史事件。倒数第三行的 CREATE_THREAD_DEBUG_EVENT 事件来自一个新的线程，即 DbgUiIssueRemoteBreakin 所创建的远程线程。最后一行是远程中断线程触发的断点异常（EXCEPTION_DEBUG_EVENT）。

此时试图操作计算器程序，发现无法将其激活，因为它已经中断到调试器中了，也就是被调试子系统挂起了。按任意键让调试器恢复，并让被调试程序继续运行，显示如下内容。

```
Debug event received from process 4752 thread 2672: EXIT_THREAD_DEBUG_EVENT.
```

因为远程中断线程退出了，所以计算器程序可以使用了。

退出计算器程序，显示如下内容。

```
Debug event received from process 4752 thread 3632: EXIT_PROCESS_DEBUG_EVENT.
```

即被调试进程退出了。

下面再根据另一种情况做实验，输入“tinydbgr calc.exe”让 TinyDbgr 启动一个新的计算器进程并开始调试，显示的结果如下。

```
Debug event received from process 1584 thread 5196: CREATE_PROCESS_DEBUG_EVENT.
Debug event received from process 1584 thread 5196: LOAD_DLL_DEBUG_EVENT.
[省略 8 行与上面一行一样的 LOAD_DLL_DEBUG_EVENT 事件]
Debug event received from process 1584 thread 5196: EXCEPTION_DEBUG_EVENT.
-Debuggee breaks into debugger, press any key to continue.
```

这便是 10.3.3 节介绍的因为 LdrpInitializeProcess 函数调用 DbgBreakPoint 而产生的初始断点。

按任意键恢复程序运行，会看到类似如下的输出。

```
Debug event received from process 1584 thread 5196: LOAD_DLL_DEBUG_EVENT.
[省略 7 行与上面一行一样的 LOAD_DLL_DEBUG_EVENT 事件]
Debug event received from process 1584 thread 5196: UNLOAD_DLL_DEBUG_EVENT.
```

这一行是反映射（卸载）DLL 的消息，FreeLibrary()可能会导致此动作。

与已经运行程序建立调试对话的一个典型的应用，就是在一个程序发生错误（未处理异常）并即将被系统终止时，将调试器附加到这个进程中，即所谓的 JIT 调试，这将在第 12 章详细讨论。

10.5 处理调试事件

第 9 章介绍 Windows 调试模型的基本特征时（9.1.2 节），我们说过 Windows 系统的用户态调试是通过调试事件来驱动的，而后介绍了调试事件（消息）的采集和传递过程。本节将介绍调试器是如何读取和处理调试事件的。

10.5.1 DEBUG_EVENT 结构

在调试 API 一层，Windows 使用名为 DEBUG_EVENT 的结构来表示调试事件，该结构的定义如下。

```
typedef struct _DEBUG_EVENT {
  DWORD dwDebugEventCode;                              //事件代码
  DWORD dwProcessId;                                   //发生调试事件进程的 ID
  DWORD dwThreadId;                                    //发生调试事件线程的 ID
  union {                                              //联合体，用于记录事件的详细信息
    EXCEPTION_DEBUG_INFO Exception;                    //异常事件的详细信息
    CREATE_THREAD_DEBUG_INFO CreateThread;             //线程创建事件的详细信息
    CREATE_PROCESS_DEBUG_INFO CreateProcessInfo;//进程创建事件的详细信息
    EXIT_THREAD_DEBUG_INFO ExitThread;                 //线程退出事件的详细信息
    EXIT_PROCESS_DEBUG_INFO ExitProcess;               //进程退出事件的详细信息
    LOAD_DLL_DEBUG_INFO LoadDll;                       //映射 DLL 事件的详细信息
    UNLOAD_DLL_DEBUG_INFO UnloadDll;                   //反映射 DLL 事件的详细信息
```

```
    OUTPUT_DEBUG_STRING_INFO DebugString;           //输出调试字符串事件的详细信息
    RIP_INFO RipInfo;                               //内部错误事件的详细信息
  } u;
} DEBUG_EVENT, *LPDEBUG_EVENT;
```

其中 dwDebugEventCode 用来标识调试事件的类型，其值是表 10-1 所示的 9 种调试事件类型常量中的一个。dwProcessId 为发生调试事件进程的 ID，当调试器同时调试多个进程时，可以使用该 ID 来区分调试事件来自哪个进程。dwThreadId 为发生调试事件线程的 ID，该线程属于 dwProcessId 所指定的进程。接下来是一个联合体（union），定义了描述 9 种事件详细信息的 9 个结构。因为使用了联合结构，所以应该根据 dwDebugEventCode 决定实际包含的是哪个结构，其对应关系如表 10-1 的第 4 列所示。

表 10-1 调试类型常量

事件类型（dwDebugEventCode）	值	说 明	详细信息所使用的结构
EXCEPTION_DEBUG_EVENT	1	异常	EXCEPTION_DEBUG_INFO
CREATE_THREAD_DEBUG_EVENT	2	创建线程	CREATE_THREAD_DEBUG_INFO
CREATE_PROCESS_DEBUG_EVENT	3	创建进程	CREATE_PROCESS_DEBUG_INFO
EXIT_THREAD_DEBUG_EVENT	4	线程退出	EXIT_THREAD_DEBUG_INFO
EXIT_PROCESS_DEBUG_EVENT	5	进程退出	EXIT_PROCESS_DEBUG_INFO
LOAD_DLL_DEBUG_EVENT	6	映射 DLL	LOAD_DLL_DEBUG_INFO
UNLOAD_DLL_DEBUG_EVENT	7	反映射 DLL	UNLOAD_DLL_DEBUG_INFO
OUTPUT_DEBUG_STRING_EVENT	8	输出调试信息	OUTPUT_DEBUG_STRING_INFO
RIP_EVENT	9	内部错误	RIP_INFO

第 4 列中的结构在 SDK 中有详细的定义和说明，本书从略。

10.5.2 WaitForDebugEvent API

Windows 系统设计了 WaitForDebugEvent API 来供调试器等待和接收调试事件。这个 API 是实现在 KERNEL32.DLL 中的。

```
BOOL WaitForDebugEvent( LPDEBUG_EVENT lpDebugEvent,  DWORD dwMilliSeconds);
```

第一个参数是一个指向 DEBUG_EVENT 结构的指针，用来保存收到的调试事件。第二个参数用来指定要等待的毫秒数，或者使用 INFINITE 常量（0xFFFFFFFF），意思是无限期等待。

调用 WaitForDebugEvent()会导致所在线程阻塞，直到有调试事件发生，或等待时间已到或发生错误才返回。这也是大多数调试器使用多线程的原因，可使用其他线程处理 UI 更新和用户对话。

WaitForDebugEvent 内部主要完成两项任务，一是调用 NTDLL.DLL 中的 DbgUiWaitStateChange 函数，二是将这个函数返回的以 DBGUI_WAIT_STATE_CHANGE 结构表示的调试事件转化为 DEBUG_EVENT 结构。从 Windows XP 开始，转化工作是调用 NTDLL.DLL 中新增的 DbgUiConvertStateChangeStructure 函数来完成的。

DBGUI_WAIT_STATE_CHANGE 结构的定义如下。

```
typedef struct _DBGUI_WAIT_STATE_CHANGE {
    DBG_STATE NewState;        // 枚举常量，代表新的调试状态
    CLIENT_ID AppClientId;     //结构，包含进程和线程句柄
    union {                    //描述详细信息的联合体
        DBGKM_EXCEPTION Exception;                //异常
        DBGUI_CREATE_THREAD CreateThread;         //创建线程
        DBGUI_CREATE_PROCESS CreateProcessInfo;   //创建进程
        DBGKM_EXIT_THREAD ExitThread;         //线程退出
        DBGKM_EXIT_PROCESS ExitProcess;       //进程退出
        DBGKM_LOAD_DLL LoadDll;               //映射模块
        DBGKM_UNLOAD_DLL UnloadDll;           //反映射模块
    } StateInfo;
} DBGUI_WAIT_STATE_CHANGE, *PDBGUI_WAIT_STATE_CHANGE;
```

其中 NewState 是一个枚举常量，其定义如下。

```
typedef enum _DBG_STATE {
DbgIdle,    DbgReplyPending, DbgCreateThreadStateChange,
DbgCreateProcessStateChange, DbgExitThreadStateChange, DbgExitProcessStateChange,
DbgExceptionStateChange, DbgBreakpointStateChange, DbgSingleStepStateChange,
DbgLoadDllStateChange, DbgUnloadDllStateChange
} DBG_STATE, *PDBG_STATE;
```

DBGUI_WAIT_STATE_CHANGE 结构名中的 DBGUI 代表这是调试子系统向外提供的接口结构。在内核调试中，一个和它作用类似的结构叫 DBGKD_WAIT_STATE_CHANGE，我们将在第 18 章介绍。相对而言，DEBUG_EVENT 是更高一层的结构，即用户 API 一层。

第 9 章介绍过，内核中是使用 DBGKM_APIMSG 结构来描述调试事件的，调试 API 一层是使用 DEBUG_EVENT 结构来描述的，而 DbgUi 函数是使用 DBGUI_WAIT_ STATE_CHANGE 结构的。图 10-4 显示了这些结构的使用场合和转换函数。

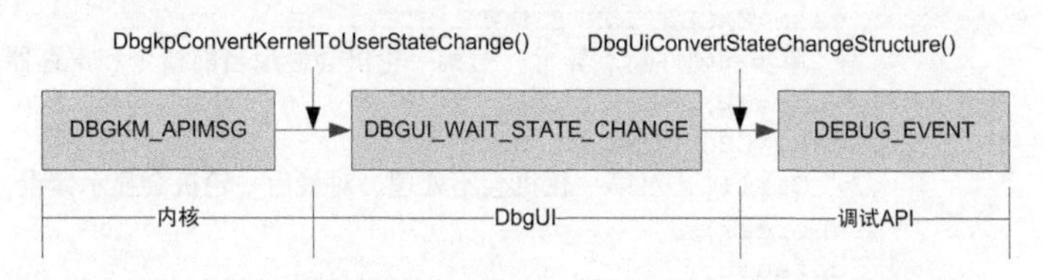

图 10-4　3 种结构的使用场合（从 Windows XP 开始）

10.5.3 调试事件循环

在对调试事件有了比较深入的了解之后，接下来的问题是调试器应该如何接收和处理调试事件，这是设计调试器的一个主要工作。先让我们看一下 TinyDbgr 程序的简单调试事件循环（清单 10-8）。

清单 10-8　TinyDbgr 程序的简单调试事件循环

```
1    BOOL DbgMainLoop(DWORD dwWaitMS)
2    {
3        DEBUG_EVENT DbgEvt;                 // 用来读取调试事件的数据结构
4        DWORD dwContinueStatus = DBG_CONTINUE; // 恢复继续执行用的状态代码
5        BOOL bExit=FALSE;                   // 退出标志
6
7        while(!bExit)
8        {
9            // 等待调试事件发生，第 2 个参数是等待的毫秒数，如果指定为 INFINITE，那么直到
```

```
10          // 有调试事件发生时这个函数才返回
11          if(!WaitForDebugEvent(&DbgEvt, dwWaitMS))
12          {
13             printf("WaitForDebugEvent() returned False %d.\n",GetLastError());
14             bExit=TRUE;
15             continue;
16          }
17
18          // 以下是处理调试事件的代码
19          printf("Debug event received from process %d thread %d: %s.\n",
20             DbgEvt.dwProcessId,    DbgEvt.dwThreadId,
21             DbgEventName[DbgEvt.dwDebugEventCode>
22                MAX_DBG_EVENT?MAX_DBG_EVENT:
23                DbgEvt.dwDebugEventCode-1]);
24          switch (DbgEvt.dwDebugEventCode)
25          {
26             case EXCEPTION_DEBUG_EVENT:
27             // 处理异常事件，需要设置继续参数(dwContinueStatus)，ContinueDebugEvent
28             // 函数需要这个参数
29                printf("-Debuggee breaks into debugger; press any key to
           continue.\n");
30                getchar();
31                switch (DbgEvt.u.Exception.ExceptionRecord.ExceptionCode)
32                {
33                   case EXCEPTION_ACCESS_VIOLATION:
34                   // 访问违例，对第一轮机会不处理，对最后一轮机会显示错误信息
35                      break;
36                    case EXCEPTION_BREAKPOINT:
37                   // 断点异常，对第一轮机会显示当前指令和寄存器值
38                      break;
39                    case EXCEPTION_DATATYPE_MISALIGNMENT:
40                   // 内存对齐异常，对第一轮机会不处理，对最后一轮机会显示错误信息
41                      break;
42                    case EXCEPTION_SINGLE_STEP:
43                   // 单步和硬件断点异常，对第一轮机会显示当前指令和寄存器值
44                      break;
45                    case DBG_CONTROL_C:
46                   // Ctrl+C，对第一轮机会不处理，对最后一轮机会显示错误
47                      break;
48                    default:
49                   // 处理错误
50                      break;
51                }
52              case CREATE_THREAD_DEBUG_EVENT: //线程创建事件
53             // 根据需要可以调用 GetThreadContext 和 SetThreadContext
54             // API 来分析和设置寄存器，调用 SuspendThread and ResumeThread API 来
55             // 挂起和恢复线程
56                break;
57             case CREATE_PROCESS_DEBUG_EVENT: //进程创建事件
58             // 根据需要可以调用 GetThreadContext 和 SetThreadContext
59             // API 来访问进程的初始线程，调用 ReadProcessMemory 和
60             // WriteProcessMemory API 来访问内存
61                break;
62             case EXIT_THREAD_DEBUG_EVENT: //线程退出事件
63             // 显示线程的退出代码
64                break;
65             case EXIT_PROCESS_DEBUG_EVENT: //进程退出事件
66             // 显示进程的退出代码
67                bExit=TRUE;
68                break;
```

```
69            case LOAD_DLL_DEBUG_EVENT: // 加载模块事件
70               break;
71            case UNLOAD_DLL_DEBUG_EVENT: // 模块卸载事件
72            // 显示信息
73               break;
74            case OUTPUT_DEBUG_STRING_EVENT:
75            // 从被调试进程读取调试信息字符串，参见 10.7 节
76               break;
77         }
78         // 恢复被调试进程运行
79         ContinueDebugEvent(DbgEvt.dwProcessId,
80            DbgEvt.dwThreadId, dwContinueStatus);
81       }
82     return TRUE;
83  }
```

清单 10-8 中的 DbgMainLoop 函数演示了如何等待和接收调试事件，其代码主要来自 MSDN 中关于编写调试器主循环（Writing the Debugger's Main Loop）的示例。尽管它用了 80 多行代码（包括注释），但是大家可以看到它还没有真正处理各个调试事件，它只是简单地打印出每个调试事件的主要信息（供我们试验使用）。对于一个事件，调试器通常有以下几种处理方式。

（1）什么也不做或只是更新内部状态，用户察觉不到有调试事件发生。比如对 C++异常的第一轮处理机会，调试器的默认行为是什么都不做，让系统继续分发异常。

（2）中断给用户，开始交互式调试，直到用户发出继续运行的命令（按 F5 键或输入 g 等）。例如，当接收到断点异常时，调试器总是会中断给用户。

（3）输出提示信息。

在处理调试事件后，调试器会调用 ContinueDebugEvent API 来回复调试事件，并让被调试程序继续运行（第 79 行和第 80 行）。

10.5.4 回复调试事件

调试器在处理好调试事件后，应该调用 ContinueDebugEvent API 来向调试子系统回复处理结果。

```
BOOL ContinueDebugEvent( DWORD dwProcessId, DWORD dwThreadId,
  DWORD dwContinueStatus);
```

dwProcessId 和 dwThreadId 即收到的调试事件（DEBUG_EVENT）中包含的进程 ID 与线程 ID。dwContinueStatus 可以为 DBG_CONTINUE（0x00010002L）和 DBG_EXCEPTION_NOT_HANDLED（0x00010001L）两个常量之一。对于异常事件（EXCEPTION_DEBUG_EVENT）之外的其他所有事件，这两个常量没有差异，调试子系统收到后，都会恢复运行被调试进程（调用 DbgkpResumeProcess）。对于异常事件，其差异如下。

DBG_CONTINUE 表示调试器处理了该异常。DbgkForwardException 函数（异常事件便是该函数接收并传给调试子系统的）收到此返回值后会向它的调用者（KiDispatchException）返回真，KiDispatchException 看到 DbgkForwardException 函数返回真后，便知道调试器处理了该异常，于是结束对该异常的分发过程。

DBG_EXCEPTION_NOT_HANDLED 表示调试器不处理该异常。该回复会导致 DbgkForwardException 返回假给 KiDispatchException。我们前面提到过，KiDispatchException 会多次调用 DbgkForwardException，分别为了不同轮次的处理机会。对于第一轮处理机会，

KiDispatchException 在获悉 DbgkForwardException 返回假后，会继续分发过程，通常寻找异常处理块（第 11 章）。对于第二轮处理机会，KiDispatchException 获悉 DbgkForwardException 返回假后，会再次调用 DbgkForwardException 发给异常端口（exception port）。如果这次调用也返回假，则终止该进程，但这通常不会发生。因为对于第二轮处理机会，调试器默认会返回 DBG_CONTINUE，也就是“假装”处理了。这会导致异常分发过程结束，产生异常的代码被再次执行，于是又发生异常，如此反复不断。另外，即使调试器对于第二轮机会返回 DBG_EXCEPTION_NOT_HANDLED，因为异常端口指定的通常是 Windows 子系统服务器进程（CSRSS）监听的 Windows\ApiPort 端口，CSRSS 收到此消息后，就会强行终止该进程（end program），并向 KiDispatchException 回复真[1]。

10.5.5 定制调试器的事件处理方式

大多调试器允许调试人员随时修改对每个调试事件的处理和回复方式。比如，当使用 VC6 调试时，其 Debug 菜单中便有一个 Exceptions 项，选择该项便会得到图 10-5 所示的 Exceptions 对话框。

对于 Exceptions 列表框中的每种异常，VC6 允许有如下两种选项。

（1）Stop always。该项表示一旦接收到该异常，不论是第一轮处理机会还是第二轮处理机会，都中断（停止）到调试器。如果是第一轮处理机会，当用户按下 F5 键（让被调试进程继续运行）时，VC6 会弹出图 10-6 所示的询问对话框。选择 No，则 VC6 回复 DBG_CONTINUE（ContinueDebugEvent），声明已经处理该异常；选择 Yes，则 VC6 回复 DBG_EXCEPTION_NOT_HANDLED，也就是自己没有处理该异常，让系统继续分发异常（传递给应用程序）。如果是第二轮处理机会，当用户按下 F5 键时，VC6 不会询问，直接返回 DBG_CONTINUE。

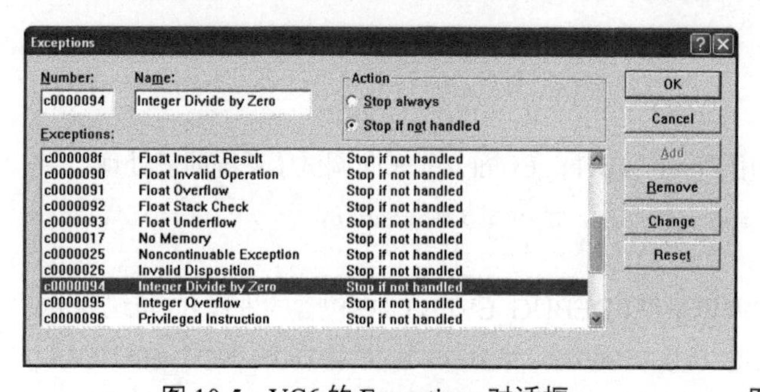

图 10-5 VC6 的 Exceptions 对话框

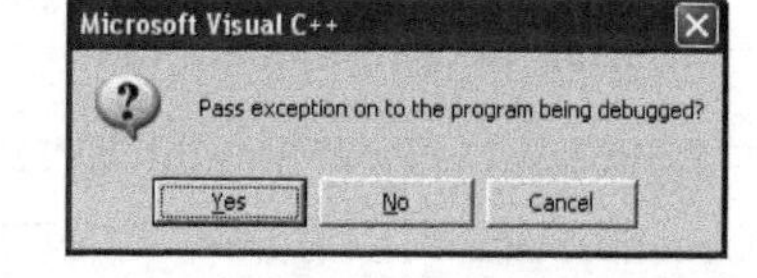

图 10-6 VC6 询问如何回复第一轮处理机会

（2）Stop if not handled。该项表示对于第一轮处理机会直接返回 DBG_EXCEPTION_NOT_HANDLED。对于第二次处理机会才中断到调试器。直接返回的含义是 VC6 收到此异常会不做任何处理就直接返回 DBG_EXCEPTION_NOT_HANDLED，让系统继续分发此异常。因为只有当没有异常处理块处理一个异常时，才会有第二轮分发，这也正是这个选项如此命名的原因，即“如果没有被（应用程序的异常处理块）处理才停止到调试器”（Stop if not handled）。

对于大多数异常，VC6 的默认设置是 Stop if not handled，即当得到第二轮处理机会时才停止到调试器。但断点事件和单步执行事件除外。

可以使用清单 10-9 所示的小程序来加深对以上内容的理解。使用 VC6 打开 EvtFilter 项目（code\chap10\evtfilter），开始调试（选择 Build→Start Debug→Go），在运行到第 8 行等待输入时，通过 Debug→Exception 菜单打开图 10-5 所示的 Exceptions 对话框，从 Exceptions 列表框中选择 Integer Divide by Zero，然后将 Action 切换到 Stop Always，再单击 Change 按钮。确认列表框中的 Integer Divide by Zero 的处理方式已经是 Stop Always 后，单击 OK 按钮关闭对话框。在运行 EvtFilter 程序的控制台窗口中按任意键，使其继续。

清单 10-9 用来试验调试器异常处理方式的小程序

```
1    #include "stdafx.h"
2    #include <windows.h>
3
4    int main(int argc, char* argv[])
5    {
6       int i,m=1,n;
7       printf("Hello World!\n");
8       getchar();
9
10      __try
11      {
12         n=0;
13         i=m/n;
14      }
15      __except(EXCEPTION_EXECUTE_HANDLER)
16      {
17         OutputDebugString("I got the exception.\n");
18         return -1;
19      }
20      return 0;
21   }
```

运行到第 13 行时，因为除数是 0，所以一定会发生异常。由于是在调试器中运行，因此该异常会被发送给调试器。VC6 收到异常事件后，根据 dwDebugEventCode 和 Exception 结构中的异常代码（DbgEvt.u.Exception.ExceptionRecord.ExceptionCode）可以判断出是整数除以 0 异常。然后 VC6 在项目的配置信息中查询该异常的处理方式，在发现是 Stop Always 后，它会准备中断给用户，因为在第一轮处理机会就中断给用户，所以 VC6 会显示图 10-7 所示的对话框。

单击 OK 按钮后，VC6 会显示出当前的代码（第 13 行）。这时，若不做任何改动直接按 F5 键继续，则 VC6 会弹出图 10-6 所示的对话框，询问返回 DBG_CONTINUE（如果选 No）还是 DBG_EXCEPTION_NOT_HANDLED（如果选 Yes）。返回 DBG_CONTINUE 会导致异常代码重新执行，于是再次发生异常，VC6 再次显示图 10-7 所示的对话框。返回 DBG_EXCEPTION_NOT_HANDLED 会导致系统继续分发该异常，第 17～18 行的异常处理块被执行。

在第一轮处理机会，如果在 VC6 中将变量 *n* 改为 1（或其他非零值）（通过变量观察窗口），然后按 F5 键，并对图 10-6 所示的对话框选 No（已经处理了异常情况，不必继续分发异常），那么第 13 行也会重新执行，但是此时导致异常的错误情况已经消除，不会再发生异常，程序便顺利执行而正常退出了。

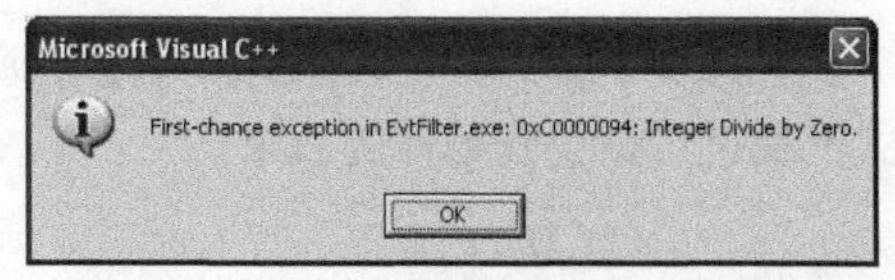

图 10-7 VC6 告诉用户这是第一轮处理机会的对话框

WinDBG 允许用户定制包括异常事件在内的所有调试事件的处理方式，我们将在第 30 章详细讨论。

10.6 中断到调试器

我们在介绍 DbgkpSendApiMessage 函数时（9.3.2 节），该函数在代表调试子系统把调试事件发给调试器之前会调用 DbgkpSuspendProcess 挂起当前进程（被调试进程）。这样做是为了防止被调试进程继续运行会发生状态变化，给分析和观察带来困难。从被调试进程的角度来看，一旦它被调试子系统挂起，那么它便“戛然而止”了，代码（用户态的应用程序代码）停止执行，一切状态都被冻结起来，在调试领域，我们将这种现象称为“中断到调试器”（break into debugger）。从调试器的角度来讲，又叫将被调试进程“拉进调试器”（bring debuggee in）。

由于被调试进程内发生调试事件时，它就会中断到调试器，因此，触发调试事件很自然地成为将被调试进程中断到调试器的一种基本途径。因为断点事件很容易被触发，所以在被调试进程中触发断点异常便成为被调试进程中断到调试器的最常用方法。下面我们先介绍被调试进程中断到调试器的典型方法，然后介绍几个有关的问题。

10.6.1 初始断点

如我们在 10.3.3 节所介绍的，一个新创建进程的初始线程在初始化时会检查当前进程是否在被调试，如果是，那么便调用 NTDLL.DLL 中的 DbgBreakPoint 函数，触发一个断点异常，使新进程中断到调试器中。这通常是当调试器开始调试一个新创建进程时接收到的第一个断点异常，因此称为初始断点。

如果当前进程不在被调试，那么进程的初始化函数不会调用 DbgBreakPoint，可以正常运行。

10.6.2 编程时加入断点

Windows 系统的调试 API 中包含了一个用于产生断点异常的 API，名为 DebugBreak，它的原型非常简单，没有参数，也没有返回值。

```
void DebugBreak(void);
```

当编写程序时，如果希望在某种情况下中断到调试器中，可以加入如下代码。

```
if (IsDebuggerPresent() && <希望中断的附加条件>)
   DebugBreak();
```

这样，当程序执行到这里时，如果有调试器，并且中断的附加条件成立，那么被调试进程便会中断到调试器中，这对于调试某些复杂的多线程问题或随机发生的问题是很有用的，因为可以在应用程序中检测到希望中断到调试器的条件（包括条件断点难以实现的判断条件），然后中断到调试器中。

事实上，在 x86 平台上，DebugBreak API 等价于一条 INT 3 指令，所以直接使用如下嵌入式汇编也可以达到同样的效果。

```
_asm{int 3};
```

使用 API 具有更好的跨平台性，代码看起来也更优雅。

10.6.3 通过调试器设置断点

前面介绍的两种方法都是在被调试程序的代码中静态地埋入断点指令。通过调试器的断点功能可以向被调试进程动态地插入断点指令，当被调试进程遇到这些断点指令时，会触发断点异常而中断到调试器中。

10.6.4 通过远程线程触发断点异常

前面的 3 种方法都是在程序的固定位置植入断点指令，只有当被调试进程执行到那里时，才会中断到调试器。如果希望被调试进程立刻中断到调试器，比如按下一个快捷键就中断下来，那么前面的方法就不合适了。这种根据用户的即时需要而将被调试进程中断到调试器的功能通常称为异步阻停（asynchronous stop）。

实现异步阻停的一种方法是利用 Windows 操作系统的 CreateRemoteThread API，在被调试进程中创建一个远程线程，让这个线程一运行便执行断点指令，把被调试进程中断到调试器。要做到这一点，我们需要被调试进程中有一个包含断点指令的函数，为了让这个函数可以作为新线程的启动函数，它的函数原型应该符合 SDK 所定义的线程启动函数原型，即

```
DWORD WINAPI ThreadProc( LPVOID lpParameter);
```

事实上，NTDLL.DLL 中已经设计好了这样一个函数，即 DbgUiRemoteBreakin，它内部不仅会调用 DbgBreakPoint 执行断点指令，而且在一个结构化异常处理（SEH）块中调用，其伪代码如下。

```
DWORD WINAPI DbgUiRemoteBreakin( LPVOID lpParameter)
{
   __try
   {
      if(NtCurrentPeb()->BeingDebugged)
         DbgBreakPoint();
   }
   __except(EXCEPTION_EXECUTE_HANDLER)
   {
      return 1;
   }
   RtlExitUserThread(0); //never return
}
```

增加异常保护（__except）的目的是捕捉断点异常，如果调试器没有处理，那么这个异常处理器会处理它，以防因无人处理而导致整个程序被终止。If 语句用来检测当前进程是否在被调试，如果不在被调试，就不要触发断点异常，出于这个原因，向一个不在被调试的进程中创建远程线程并执行这个函数，并不会触发断点异常。倒数第 2 行用来强制退出当前线程。

介绍到这里，我们明白了可以创建一个远程线程来执行 DbgUiRemoteBreakin 函数，以触发断点异常。为了进一步简化这项任务，Windows XP 引入了一个新的 API，叫 DebugBreakProcess，只要调用这个 API 就可以了。

```
BOOL DebugBreakProcess( HANDLE Process);
```

跟踪这个 API 的执行过程，可以发现它内部调用 NTDLL.DLL 中的 DbgUiIssueRemoteBreakin 函数，后者使用 DbgUiRemoteBreakin 作为线程函数创建远程线程。

我们把以上介绍的用于触发断点异常的远程线程称为远程中断线程（remote breakin thread），包括 WinDBG 在内的很多调试器所提供的 Break 功能使用了远程中断线程。例如，在 WinDBG 调试器中，选择 Debug 菜单中的 Break 项，或者按 Ctrl+Break 快捷键便会发出 Break 命令。WinDBG 调试器接到此命令后会通过远程中断线程在被调试进程中产生一个断点异常，

使其中断到调试器。明白这个原理后，我们就能理解为什么在被调试进程被中断后，WinDBG总是显示如下的内容。

```
(1e74.1dc4): Break instruction exception - code 80000003 (first chance)
eax=7ffde000 ebx=00000001 ecx=00000002 edx=00000003 esi=00000004 edi=00000005
eip=7c901230 esp=00beffcc ebp=00befff4 iopl=0         nv up ei pl zr na pe nc
cs=001b  ss=0023  ds=0023  es=0023  fs=0038  gs=0000             efl=00000246
ntdll!DbgBreakPoint:
7c901230 cc              int     3
```

所有这些内容都是关于远程中断线程的。此时执行栈回溯命令，会看到这个线程的启动函数 DbgUiRemoteBreakin 调用 DbgBreakPoint 的过程。

```
0:001> k
ChildEBP RetAddr
00beffc8 7c9507a8 ntdll!DbgBreakPoint
00befff4 00000000 ntdll!DbgUiRemoteBreakin+0x2d
```

此时可以使用线程切换命令来切换到应用程序的线程，比如~0 s 切换到 0 号线程（初始线程）。远程中断线程会在被调试进程恢复运行后很快退出，因此它大多时候不会给调试工作带来副作用。

当调试器附加到一个已经运行的进程（10.4 节）时，通常也通过远程中断线程来将被调试进程中断到调试器，这个断点称为调试已运行进程的初始断点。

WinDBG 调试器附带了一个名为 Breakin.exe 的小工具，是以命令行方式运行的，其功能就是向指定进程（通过命令行参数）创建一个远程中断线程。针对一个不在被调试的进程执行这个动作，不会对其造成大的伤害，正如我们前面所说的，DbgUiRemoteBreakin 函数会先判断所处的进程是否在被调试。

10.6.5 在线程当前执行位置设置断点

利用远程线程实现异步阻停的一个明显不足，就是要在被调试进程中启动一个新的线程，这样做对被调试进程的执行环境（对象、句柄、栈和内存等）有较大的影响，而且可能会干扰被调试程序的自身逻辑。实现这一功能的另一种方式是在被调试进程的现有线程中触发断点。其主要步骤如下。

首先，将被调试进程中的所有线程挂起，这可以使用 SuspendThread API 来完成。

然后，取得每个线程的执行上下文（可以调用 GetThreadContext API），得到线程的程序指针（PC）寄存器的值，并在这个值对应的代码处设置一个断点，也就是把本来的 1 字节保存起来，并写入断点指令（INT 3）的机器码（0xCC）。因为 PC 寄存器的值指向的是 CPU 下次执行这个线程时要执行的指令，所以在这个地方设置断点的目的就是当 CPU 下一次执行这个线程时就立刻触发断点异常而中断到调试器。对进程中的每个线程都重复此步骤。

最后，恢复所有线程（ResumeThread API），让它们继续执行，以触发断点。一旦有断点被触发，调试器会清除第二步设置的所有断点。

VC6 调试器和重构前的 WinDBG 调试器（第 29 章）是使用以上方法来实现异步阻停的。

因为当用户发出中断命令时，被调试进程通常在执行某种等待函数（除非它在用户模式下有特别多的运行任务），而且大多数等待函数（GetMessage、Sleep、SleepEx）是调用内核服务而进入内核模式执行的，所以调试器取得的 PC 值通常指向的是系统服务返回后将执行的 ret 指令。这个指令地址在 Windows XP 中对应的调试符号是 ntdll!KiFastSystemCallRet。清单 10-10 显示了 VC6 调试器在被调试进程中设置的断点指令。

清单 10-10 VC6 调试器在被调试进程中设置的断点指令

```
0:000> u 0x7c90eb94
ntdll!KiFastSystemCallRet:
7c90eb94 cc                int     3
```

在以上指令位置本来是 ret 指令，机器码是 0xC3。在断点命中后，VC6 会将其恢复成本来的指令。

值得注意的是，对于在内核模式执行的线程，动态的断点指令设置在内核服务返回的位置，这意味着只有在内核服务返回后，才能遇到断点指令。

10.6.6 动态调用远程函数

与刚才介绍的在程序指针的位置动态替换断点指令类似的一种方法是动态地调用一个函数，这个函数再执行断点指令。Windows 2000 的 NTDLL.DLL 和 KERNEL32.DLL 中已经包含了这种方法的实现。简单来说，就是利用 NTDLL.DLL 中的 RtlRemoteCall 函数远程调用被调试进程内位于 KERNEL32.DLL 中的 BaseAttachComplete 函数。

具体来说，应该先将目标线程挂起，或使其锁定在一个稳定的内核状态，然后调用 RtlRemoteCall 函数，并将 KERNEL32.DLL 中 BaseAttachCompleteThunk 的地址作为调用点（CallSite）参数传递给 RtlRemoteCall。BaseAttachCompleteThunk 是一小段汇编代码，它的作用就是调用 BaseAttachComplete 函数。

RtlRemoteCall 内部先通过 NtGetContextThread 内核服务取得目标线程的上下文，得到目标线程的栈地址，然后调整栈指针将取得的上下文（CONTEXT）结构和参数用 NtWriteVirtualMemory 写到目标线程的栈上，接着将线程上下文结构中的程序指针（EIP）寄存器设置为参数指定的调用地址（CallSite）。接下来通过 NtSetContextThread 将修改后的 CONTEXT 结构设置回目标线程。这些准备工作做好后，便可以调用 NtResumeThread 了，即恢复目标线程运行，而且它一运行便应该执行调用点所指向的代码。

BaseAttachComplete 函数内部查询当前进程是否在被调试，如果是，便执行 DbgBreakPoint 触发断点。清单 10-11 使用 kn 命令显示了被调试的记事本程序中断到调试器（WinDBG）后的栈回溯。

清单 10-11 中断到调试器后的栈回溯（Windows 2000）

```
0:000> kn
 # ChildEBP RetAddr
00 0006fbe4 77e8be83 ntdll!DbgBreakPoint
01 0006fbf4 77e88929 KERNEL32!DebugActiveProcess+0x1e0
02 0006fee4 01002a01 KERNEL32!BaseAttachCompleteThunk+0x13
03 0006ff24 01006576 notepad!WinMain+0x63
04 0006ffc0 77e67903 notepad!WinMainCRTStartup+0x156
05 0006fff0 00000000 KERNEL32!SetUnhandledExceptionFilter+0x5c
```

首先，栈帧#01所对应的函数应该是BaseAttachComplete，因为缺少它的符号，所以调试器就以DebugActiveProcess函数为参照物。

观察上面的栈回溯，就好像记事本（notepad）程序的WinMain函数调用BaseAttach CompleteThunk，但事实上根本不是这样的，WinMain实际调用的是GetMessageW API，这个API进而调用内核模式中的子系统服务。但在内核模式执行（等待）时，RtlRemoteCall函数执行了前面描述的动作，使这个线程“飞”到BaseAttachCompleteThunk处。

当DbgBreakPoint返回后，BaseAttachComplete会调用NtContinue，并将其保存在栈上的CONTEXT结构作为参数，这样，这个线程便又被恢复成原来的样子了，前面执行的动作就好像梦游一样被遗忘了。

10.6.7 挂起中断

以上3种异步阻停的方法都是希望被调试程序继续执行，然后遇到断点指令就中断到调试器，也就是假定被调试进程依然可以继续执行用户态代码。但是，如果被调试进程出于某种原因不能继续执行用户态代码，那么这3种方法就都不可行了。举例来说，如果被调试进程因为某个同步对象被死锁无法创建或启动新的线程，那么远程中断线程方法就不可行了。对于前面介绍的在内核服务返回处设置的动态断点，如果线程在内核态无限期等待，即所谓的“挂在内核态”（hang in kernel），那么这样的断点也不再会命中了。

针对以上问题，一种替代性的方法是强行将被调试进程的所有线程挂起，然后进入一种准调试状态。我们称这种方法为“挂起中断”（breakin by suspend）。之所以叫准调试状态，是因为通过这种方式中断到调试器后，不可以运行单步执行等跟踪命令。

WinDBG调试器在使用远程线程中断功能超时后会使用挂起中断方式。具体来说，WinDBG在创建远程中断线程后，会等待断点事件发生，等待数秒钟后会显示清单10-12中的前两行信息。再等待30s后，WinDBG就会使用挂起中断方式，并提示第3行和第4行的信息。在将所有线程都挂起后，调试引擎的底层函数会模拟一个唤醒调试器（wake debugger）的异常事件，调试器的事件处理函数收到这个事件后便会中断给用户，提示第5～10行的信息。

清单10-12 WinDBG使用挂起中断方式时输出的提示信息

```
Break-in pending
Break-in sent, waiting 30 seconds...
WARNING: Break-in timed out, suspending.
         This is usually caused by another thread holding the loader lock
(abc.1530): Wake debugger - code 80000007 (first chance)
eax=00000000 ebx=00000000 ecx=00000000 edx=00000000 esi=fffffff edi=00000001
eip=7c90eb94 esp=0013dbc8 ebp=0013e618 iopl=0         nv up ei ng nz na pe nc
cs=001b  ss=0023  ds=0023  es=0023  fs=003b  gs=0000             efl=00000286
ntdll!KiFastSystemCallRet:
7c90eb94 c3               ret
```

因为线程通常挂在内核模式，所以用户模式下看到的程序指针是指向KiFastSystemCallRet的。这一点与前一种方法产生的中断类似。使用挂起方式中断后，在调试器中可以执行各种观察和编辑类命令来分析与操作被调试程序的栈回溯、内存和栈等信息。但是不可以执行跟踪类命令，例如，以下是执行p命令时，WinDBG给出的错误提示。

```
0:000> p
Due to the break-in timeout the debugger cannot step or trace
        ^ Operation not supported in current debug session 'p'
```

10.6.8 调试快捷键（F12 键）

除了在调试器中发出 Break 命令和使用 Breakin 这样的小工具之外，还有一种方式可以“激发”被调试进程中断到调试器，那就是向被调试进程按调试快捷键（默认为 F12 键）。举例来说，当我们使用 WinDBG 调试计算器程序时，除了通过在 WinDBG 中按 Ctrl+Break 组合键将计算器中断到调试器，还可以向计算器程序按 F12 键（也就是当计算器程序在前台时按 F12 键）。

在内部，该功能是因为 Windows 子系统的内核部分接收到此快捷键，然后通过 LPC 请求 CSRSS.EXE 中的 SrvActivateDebugger 服务。

SrvActivateDebugger 首先检查要调试的进程是不是自己。如果是，而且自己处于被调试状态，便调用 DbgBreakPoint 中断到调试器；如果不是，便试图通过远程方式触发断点事件。触发的方式因为 Windows 版本的不同而略有不同。

在 Windows XP 之前，SrvActivateDebugger 使用的是动态调用（RtlRemoteCall）远程函数的方法。从 Windows XP 开始，SrvActivateDebugger 使用前面介绍的向要调试进程创建新的远程中断线程的方法。从调试器的角度来看，前一种方法的断点异常发生在被调试进程的 UI 线程（即现有线程）中。后一种方法激发的断点异常发生在新创建的远程中断线程中。

对于 Windows XP 所使用的方法，因为也是依靠远程中断线程机制工作的，所以在使用这种方法中断后，调试器的当前线程是远程中断线程，这与前面介绍的调试器自己创建远程中断线程的情况是一样的。事实上，这两种方法只是远程线程的创建者有所不同。

可以通过如下注册表表键下的 UserDebuggerHotKey 选项，来指定其他键作为调试快捷键。

```
HKEY_LOCAL_MACHINE\Software\Microsoft\Windows NT\CurrentVersion\AeDebug
```

10.6.9 窗口更新

在调试进程被中断到调试器后，被调试进程是处于“停顿”状态的，直到调试器恢复其运行。在这一阶段，如果被调试进程是窗口程序，那么它的窗口是僵死的，不可移动，不可改变大小，会遮挡住它所对应的桌面区域，对“显示桌面命令”也不响应。另外，被中断到调试器的进程自己也不能刷新窗口内容，所以它的窗口区域处于“无人更新”状态。为了行文方便，我们把中断到调试器的被调试进程的窗口简称为被中断窗口（broke window）。

因为不同版本的 Windows 系统使用的窗口管理策略有所不同，所以被中断窗口表现出来的“症状”也有所不同。

在 Windows 2000 中，系统会更新被中断窗口的非用户（non-client）区，包括标题栏和边框等。对于用户区，如果有其他窗口移过这个窗口，那么被中断窗口的对应区域会被擦成背景色（默认白色），如图 10-8 所示。

在图 10-8 中，记事本程序在被 WinDBG 程序调试，并且被中断到调试器。将 WinDBG 的窗口（或者其他窗口）在记事本窗口上方移动，记事本的用户区会被涂抹掉，但是标题栏和边框不会，因为系统会更新非用户区。

被中断窗口在 Windows XP 中的情况如图 10-9 所示，整个被中断窗口都处于被任意涂抹状态，而且会留下移动窗口的痕迹。

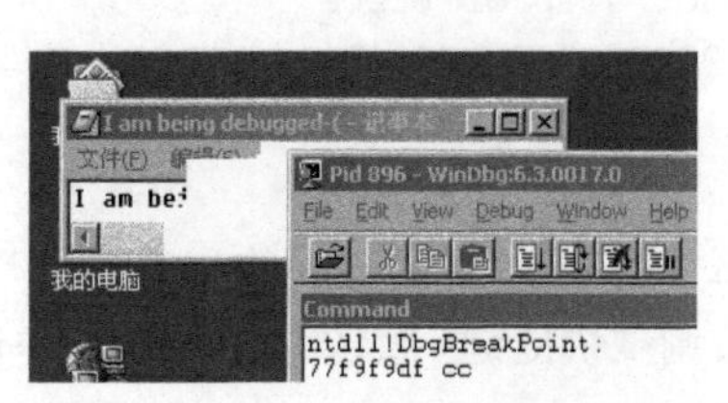

图 10-8 Windows 2000 中的被中断窗口

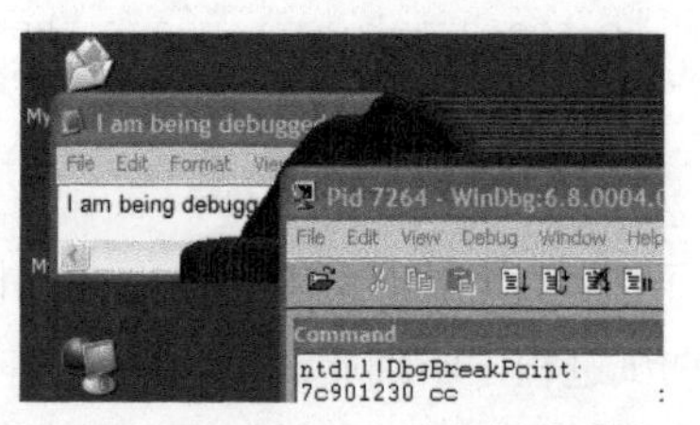

图 10-9 Windows XP 中的被中断窗口

有必要说明的是，在 Windows XP 中，对于未被调试的进程，如果它的主窗口在几秒内没有响应，那么系统会将其视为无响应窗口（not responding window），并为其创建一个所谓的精灵窗口（ghost window）。精灵窗口与原来窗口具有相同的 Z 顺序（Z-Order）、位置、大小，但其窗口标题会包含无响应（Not Responding）字样。用户可以移动精灵窗口、调整其大小，也可以通过窗口标题栏的关闭按钮（默认菜单，或 Alt+F4 组合键）触发系统终止这个应用程序。

为了更好地理解和感受精灵窗口的特性，我们特意编制了一个小程序 HungWin（code\chap10\HungWin），直接（非调试）启动它，单击 File 菜单中的 Hang，那么它便会调用 SuspendThread API 将所在线程（该程序的唯一线程）挂起。

```
case IDM_HANG:
   SuspendThread(GetCurrentThread());
```

在几秒后，再单击 HungWin 程序的窗口，便会发现其菜单不见了，而且标题栏出现了 Not Responding 字样，这便是所谓的“精灵窗口”。接下来可以感受一下它的特性，比如移动和改变大小等。尝试将精灵窗口移动至中断到调试器的计算器窗口（图 10-10），然后拖动第 3 个窗口（CMD.EXE）在精灵窗口上面晃动，我们会发现计算器窗口区域留下了很多痕迹，而精灵窗口始终保持着清洁状态。

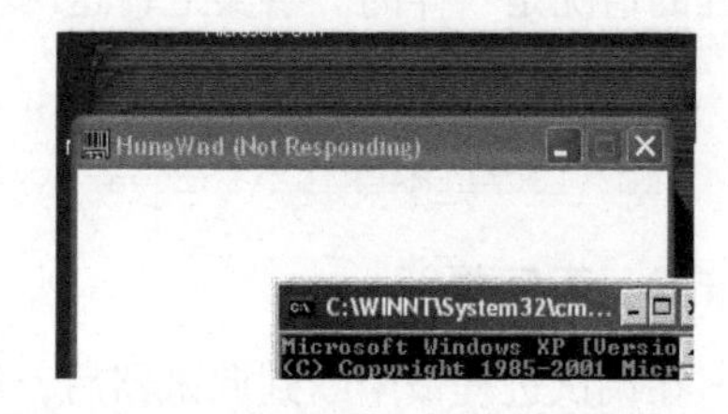

图 10-10 把精灵窗口移动至计算器窗口

如果在窗口僵死前就将调试器附加到这个程序上，那么 Windows XP 就不会对其应用精灵窗口策略，这对于分析问题和软件调试是有利的。

对于 Windows Vista，如果使用新引入的 Aero 风格来显示外观（appearence），那么被中断窗口会始终保持中断前的显示状态。如果使用以前的显示外观，那么被中断窗口的刷新策略与 Windows 2000 和 Windows XP 中的情况类似，在此不再赘述。

老雷评点

此节内容颇为精细，当年用力甚多。

10.7 输出调试字符串

输出调试（debug output）字符串是一种常用的辅助调试手段。在 DOS 程序或 Windows 系统的控制台程序中，我们可以使用 print（或 printf）函数来打印调试字符串。对于 Windows 系统下的非控制台程序，print 函数不再适用。事实上，不论是控制台程序还是窗口程序，Windows 系统都可以使用 OutputDebugString() API 来输出调试字符串。

根据 Windows SDK 的说明，OutputDebugString 可以把参数指定的字符串发送给调试器。如果程序不在被调试，那么系统调试器（内核调试器）会显示该字符串。如果系统调试器也没有被激活，那么 OutputDebugString 什么也不做。

10.7.1 发送调试信息

下面我们先来看一看 OutputDebugString 是如何把参数指定的字符串发送给调试器的，这并不是一个不值一提的问题，因为发送字符串的应用程序和接收字符串的调试器分别属于不同的进程，而且还要保证不论在有无调试器的情况下都能按规定工作，所以就有不少值得探索的细节。

简单来说，OutputDebugString 利用 RaiseException() API 产生一个特殊的异常，该异常的代码固定为 DBG_PRINTEXCEPTION_C，ntstatus.h 中有其定义。

```
#define DBG_PRINTEXCEPTION_C              ((NTSTATUS)0x40010006L)
```

我们把这个异常称为调试打印（debug print）异常。清单 10-13 给出了 OutputDebugString 函数调用 RaiseException API 发起调试打印异常的伪代码。

清单 10-13 OutputDebugString API 发起调试打印异常的伪代码（部分）

```
__try
{
        ExceptionArguments[0] = strlen (lpOutputString) + 1;
        ExceptionArguments[1] = (ULONG_PTR)lpOutputString;
        RaiseException (DBG_PRINTEXCEPTION_C, 0, 2, ExceptionArguments);
}
__except(EXCEPTION_EXECUTE_HANDLER)
{
// 异常处理代码
}
```

从上面的代码可以看到，调试信息（lpOutputString）的长度和地址是作为异常的参数传递给 RaiseException API 的。以上代码有两点值得说明。第一，OutputDebugString 是在 KERNEL32.DLL 中实现的，分为 UNICODE 版本（函数名为 OutputDebugStringW）和 ANSI 版本（函数名为 OutputDebugStringA）。与其他 API 将 ANSI 版本的参数转换为 UNICODE 然后调用 UNICODE 版本的函数不同，OutputDebugString API 是 UNICODE 版本的函数，把 UNICODE 类型的字符串转换为 ANSI，然后调用 ANSI 版本的函数。因此，我们看到以上代码中使用的是适用于 ANSI 字符串的 strlen 函数。第二，注意第 4 行，这里只是把字符串参数（lpOutputString）的地址存入 ExceptionArguments[1]，传递给 RaiseException API，这意味着，异常信息中将只包含字符串的地址，而不是其实际内容。

RaiseException API 被调用后，会产生一个标准的异常结构 EXCEPTION_ RECORD，然后调用内核服务将这个模拟的异常发送到内核中以进行分发。

10.7.2 使用调试器接收调试信息

内核中的异常分发函数 KiDispatchException 会按照统一的流程来分发调试打印异常。如第 9 章所介绍的，KiDispatchException 会调用支持用户态调试的内核例程 DbgkForwardException 向调试子系统通报异常。DbgkForwardException 如果检查到当前进程正在被调试，它会将这个异常通过调试子系统服务器发给调试器。

我们知道，调试器工作线程是通过 WaitForDebugEvent API 调用 NTDLL.DLL 中的 DbgUiWaitStateChange 函数来等待调试事件的。在接收到异常事件后，从 Windows XP 开始的 Windows 系统使用 DbgUiConvertStateChangeStructure 函数将 DBGUI_WAIT_STATE_CHANGE 结构组装成 DEBUG_EVENT 结构。在 Windows XP 之前，是 WaitForDebugEvent API 自己组装的。但不论哪个函数来做结构组装工作，对于异常事件，如果异常代码等于 DBG_PRINTEXCEPTION_C，那么它们都会将事件代码字段（dwDebugEventCode）设置为 OUTPUT_DEBUG_STRING_EVENT，而不是 EXCEPTION_DEBUG_EVENT，并将异常参数中的调试信息填写到 DEBUG_EVENT 结构的 DebugString 子结构中。DebugString 是一个 OUTPUT_DEBUG_STRING_INFO 结构，其定义如下。

```
typedef struct _OUTPUT_DEBUG_STRING_INFO
{
  LPSTR lpDebugStringData;      // 调试信息字符串的地址
  WORD fUnicode;                // 是否为 UNICODE，参见正文
  WORD nDebugStringLength;      // 调试信息字符串的长度
} OUTPUT_DEBUG_STRING_INFO, *LPOUTPUT_DEBUG_STRING_INFO;
```

如前面所介绍的，对于 UNICODE 程序，OutputDebugString API 的 UNICODE 版本（OutputDebugStringW）会将 UNICODE 格式的字符串先转换为 ANSI 格式。因此，目前版本的 Windows 系统中，调试信息都是使用非 UNICODE 方式传递的，所以上面的 fUnicode 字段会被固定为 FALSE。

概括一下，OUTPUT_DEBUG_STRING_EVENT 事件是异常事件的一个特例，它是以异常事件的形式而产生和分发的，只有在发送给调试器之前，系统（WaitForDebugEvent API 或 DbgUiConvertStateChangeStructure）才将其翻译为 OUTPUT_DEBUG_STRING_EVENT 事件。

调试器收到 OUTPUT_DEBUG_STRING_EVENT 事件后，会从其参数中得到调试信息字符串的地址和长度，然后使用内存访问函数从被调试进程的空间中读取调试信息字符串，并显示出来。显示后，调试器默认会立即调用 ContinueDebugEvent 回复此事件，表明自己处理了该异常，于是 KiDispatchException 函数结束异常分发，被调试程序便继续正常运行了。

10.7.3 使用工具接收调试信息

接下来看一下应用程序没有被调试的情况。首先我们注意在上面的伪代码中，产生异常的代码（调用 RaiseException API）是放在一个异常保护块（__try 和__except，将在第 11 章详细讨论）中的。

在应用程序没有被调试的情况下，异常不会发给用户态调试器，因此 KiDispatch Exception 函数会继续分发这个异常，也就是寻找异常处理器来处理这个异常。其细节将在第 11 章介绍，现在我们只要知道，系统会找到并执行异常处理块中的代码，即上面伪代码中__except 块所对应的内容。

__except 块中的异常处理代码的主要逻辑是试图将字符串发给 DBWIN 工具。DBWIN 是旧的 Windows SDK 中包含的一个 16 位的小工具（由 DBWin.DLL 和 DBWin.EXE 组成），用以捕捉应用程序中使用 OutputDebugString API 所输出的信息。目前的 SDK 不再包含 DBWIN，但其中包含的 DBMon（Debug Monitor，控制台程序）可以完成类似的任务。可以完成类似任务的工具还有很多，比如 Debug View 等。为了描述简单，我们仍然使用 DBWIN 来泛指这类工具。

那么，异常处理块是如何将字符串发给 DBWIN 程序的呢？简单来说，是通过几个内核对象使用进程间的通信机制来通信的，其主要步骤如下。

首先，OutputDebugString 会检查静态变量并判断是否创建过名为“DBWinMutex”的互斥（mutex）对象，如果没有，则调用 CreateDBWinMutex 函数来创建，并将其句柄保存在另一个静态变量中。DBWinMutex 用于同步 OutputDebugString 所在进程与 DBWIN 进程间的通信，保证同一时间只能有一个线程与 DBWIN 通信（传递数据），以避免当有多个线程都包含对 OutputDebugString 的调用时导致数据丢失或其他错误。由于创建 DBWinMutex 时指定了对象名称，因此对象管理器会保证一旦系统中已经存在具有该名称的对象，那么后来的调用只是打开已经存在的对象。

创建或打开 DBWinMutex 对象后，OutputDebugString 会使用 WaitForSingleObject 函数无限期地等待 DBWinMutex 对象的使用权。

等待成功后，OutputDebugString 会通过 OpenFileMapping API 试图打开名为“DBWIN_BUFFER”的内存映射文件（file mapping）对象（section 对象）。DBWIN_BUFFER 对象是由 DBWIN 程序通过调用 CreateFileMapping API 创建的，OutputDebugString 只是调用 OpenFileMapping API 试图打开该对象，如果打开失败，则说明系统内没有 DBWIN 程序在运行。这时 OutputDebugString 会调用 DbgPrint 函数，试图将字符串打印到内核调试器。

如果成功打开 DBWIN_BUFFER，那么 OutputDebugString 会调用 MapViewOfFile API 将映射文件映射到本进程空间中。

接下来，OutputDebugString 会调用 OpenEvent API 打开两个事件（event）对象，分别为“DBWIN_BUFFER_READY”和“DBWIN_DATA_READY”。DBWIN_BUFFER_READY 对象用来供 DBWIN 程序指示缓冲区是否准备好，OutputDebugString 通过等待该事件对象判断是否可以向缓冲区（DBWIN_BUFFER 映射文件）写数据。DBWIN_DATA_READY 供 OutputDebugString 在将数据写到内存映射文件后，通知 DBWIN 程序来读取数据。当数据量较大时，OutputDebugString 会分多次发送，每次将数据写到内存映射文件后，便设置 DBWIN_DATA_READY 通知 DBWIN 读取数据，然后开始等待 DBWIN_BUFFER_READY 事件。DBWIN 得到通知后便读取数据，读取完毕后便设置 DBWIN_BUFFER_READY 事件，OutputDebugString 得到 DBWIN_BUFFER_READY 事件后，便继续写剩下的数据，如此反复，直到发完所有数据。

当数据传递结束后，OutputDebugString 会释放 DBWinMutex 互斥对象，以便让其他线程或程序可以与 DBWIN 通信。

DBWIN_BUFFER_READY 事件的另一个作用，是供各种 DBWIN 程序通过检查它的存在来保证系统中只有一个 DBWIN 程序在运行。DBWIN 程序在初始化期间创建 DBWIN_BUFFER_READY 事件对象（使用 CreateEvent API），即使成功，也会通过检查 GetLastError()的返回值是否为 ERROR_ALREADY_EXISTS，来判断系统中是否已经存在同名的对象。如果有，则停止继续创建其他对象。例如，当运行 DBMon 的第二个实例时，它会显示“already running”（已经运行），然后退出。

以上对象除了 DBWinMutex 之外，其他都是由 DBWIN 程序创建的，使用 WinDBG 附加到

DBWIN 程序（DBMon）上，然后使用!handle 0 5 命令便可以看到这些对象。清单 10-14 显示了在 DBMon 进程中用于与 OutputDebugString 通信的各个对象。

清单 10-14 DBMon 进程中用于和 OutputDebugString 通信的各个对象

```
0:000> !handle 0 5    //参数 0 代表列出所有句柄，参数 5 代表显示对象名称和类型
...
Handle 30  Type    Event
  Name          \BaseNamedObjects\DBWIN_BUFFER_READY
Handle 34  Type   Event
  Name          \BaseNamedObjects\DBWIN_DATA_READY
Handle 38  Type   Section
  Name          \BaseNamedObjects\DBWIN_BUFFER
```

因为当 OutputDebugString API 与 DBWIN 程序通信时才需要 DBWinMutex 对象，所以没有调用过 OutputDebugString API 或调用了 OutputDebugString API 但处于调试状态的进程中不会有 DBWinMutex 对象。为了证明这一点，我们特意编写了一个名为 DbgString 的小程序，清单 10-15 列出了它的源代码。

清单 10-15 用于观察 DBWinMutex 内核对象的 DbgString 小程序

```
1  #include "stdafx.h"
2  #include <windows.h>
3
4  int main(int argc, char* argv[])
5  {
6     printf("Program to test existence of DBWinMutex object.\n");
7     BOOL bDebuggerPresent=IsDebuggerPresent();
8
9     if(!bDebuggerPresent)
10    {
11       printf("Inspect this process now to verify no DBWinMutex.\n");
12       getchar();
13       OutputDebugString(szMsg);
14       printf("Inspect this process now to verify DBWinMutex exists.\n");
15       getchar();
16    }
17    else
18    {
19       OutputDebugString(szMsg);
20       printf("Inspect this process now to verify no DBWinMutex.\n");
21       getchar();
22    }
23    return 0;
24 }
```

如果在控制台下直接运行该程序（调试版本或非调试版本均可），那么当运行到第 12 行等待用户按键时，使用 WinDBG 附加到该进程，然后使用!handle 0 命令列出所有句柄，我们会发现进程中还不存在 DBWinMutex 对象。输入 g 命令让 DbgString 程序运行，并按任意键让 getchar 函数返回，而后 DbgString 继续运行，调用 OutputDebugString 后停在第 15 行等待输入，这时按 Ctrl+Break 快捷键将 DbgString 中断到调试器。再次执行!handle 命令，我们会发现进程中还是不存在 DBWinMutex 对象。这是因为有调试器时，调试子系统会通过 OUTPUT_DEBUG_STRING_EVENT 事件将字符串发给调试器，根本不会执行到异常保护块中与 DBWIN 程序通信的代码。由此我们也很容易理解，为什么当一个程序运行在调试器中时，DBWIN 程序就收不到通过 OutputDebugString 输出的信息了。

关闭 WinDBG 和 DbgString，然后再次运行 DbgString，等到 DbgString 第二次等待输入（第15 行）时将 WinDBG 附加到调试器，执行!handle 命令，我们会看到进程中已经有 DBWinMutex 对象了。

```
0:000> !handle 0 6 Mutant // 只显示互斥类型的对象
Handle 10                 // 句柄号
  Attributes        0
  GrantedAccess     0x120001:
         ReadControl,Synch
         QueryState
  HandleCount       33      // 打开这个互斥对象的句柄总数
  PointerCount      35      // 引用这个对象的指针数量
  Name              \BaseNamedObjects\DBWinMutex  // 对象名称
```

从句柄计数等于 0x33 判断，系统中有很多其他进程打开过这个对象。

图 10-11 展示了 OutputDebugString() API 与 DBWIN 程序之间通信的基本流程。

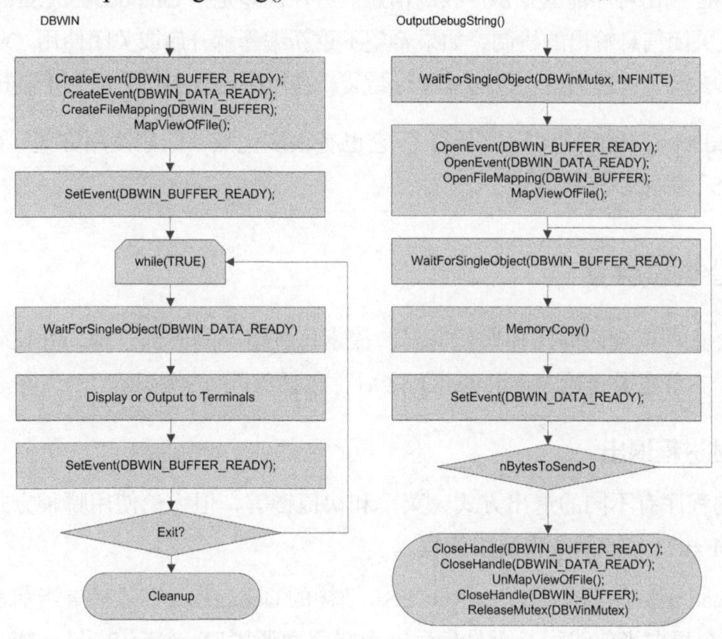

图 10-11 OutputDebugString() API（右）和 DBWIN 程序（左）之间通信的基本流程

这里有几点值得说明。首先，系统中可能有多个程序调用 OutputDebugString（图中只画出了一个），但活动的 DBWIN 程序应该只有一个。当多个进程中的 OutputDebugString 要与 DBWIN 程序进行通信时，它们会通过等待 DBWinMutex 互斥对象进行排队，谁获得 DBWinMutex 对象，谁便与 DBWIN 程序通信。

另外，图中列出的函数调用只用来示意关键参数，其他参数可能没有列出。想自己编程实现 DBWIN 程序的读者可以参考如下两个例子：（1）MSDN 中的 DBMON 源代码，即接收 OutputDebugString 的小控制台程序的完整代码；（2）Andrew Tucker、Daniel Christian 和 Dwayne Towell 编写的 DBWIN32 程序，DBWIN32 是 32 位的 Windows GUI 程序，它在 DBMON 代码的基础上增加了图形化界面，并继承了 16 位 DBWIN 的部分功能，比如通过一个驱动程序输出信息到另一个单色显示器（monochromic monitor）。

最后想说明的一点是，从性能角度来看，OutputDebugString 是一种执行效率较低的方法。

对于效率要求较高的程序，过多使用 OutputDebugString 会影响程序的运行速度。导致 OutputDebugString 效率较低的原因主要有以下几点。

首先，OutputDebugString 是通过 RaiseException 抛出异常来触发与调试器或 DBWIN 程序的通信的，RaiseException 会导致当前线程从用户模式切换到内核模式，然后经由内核模式的异常处理函数进行分发，最后才将信息发送给用户模式的调试器或 DBWIN 程序。

其次，当以非调试状态执行时，如果系统中有 DBWIN 程序在运行，那么与 DBWIN 程序通信需要一定的开销（打开、等待多个内核对象）。如果系统中有大量对 OutputDebugString 的调用，那么 DBWIN 程序可能很忙碌，调用 OutputDebugString 的线程需要排队等待。

使用 OutputDebugString 输出调试信息的另一个缺点是安全性和可控性差。也就是说，通过 OutputDebugString 输出的信息可以很容易被各种 DBWIN 程序接收到，因此不该使用 OutputDebugString 输出可能泄露知识产权的信息。可控性差是指 OutputDebugString 函数本身没有提供动态开启或关闭信息输出的机制，如果希望不重新编译就开启或关闭使用 OutputDebugString 输出的信息，那么需要自己编写代码对其进行封装，在封装函数中包含动态控制机制。

尽管 OutputDebugString 有以上不足，但它也有很多优点，比如使用方便、可靠性高、在调试和非调试状态下都可以工作等。

10.8 终止调试会话

本节介绍终止调试会话的几种典型情况，探索每种情况的内部过程，并比较它们的异同。除非特别指出，本节主要讨论 Windows XP 之后（包括 XP）的情况。

10.8.1 被调试进程退出

不同类型的程序有不同的退出方式、菜单和快捷键等，但无论使用哪种方式，通常都会执行内核中的 PspExitThread 函数来退出线程。

PspExitThread 函数内部会通过 EPROCESS 结构的 DebugPort 字段检查当前进程是否在被调试，如果是，它会根据当前线程是否是最后一个线程而调用 DbgkExitProcess 或 DbgkExitThread 来通知调试子系统。清单 10-16 显示了在使用 Alt+F4 组合键关闭被调试的记事本程序时的执行过程。

清单 10-16 使用 Alt+F4 组合键关闭被调试的记事本程序时的执行过程

```
kd> k
ChildEBP RetAddr
f4a56c60 805bbbc4 nt!DbgkExitProcess                          // 通知调试子系统
f4a56d08 8058ac25 nt!PspExitThread+0x2a7                      // 进程管理器的线程退出函数
f4a56d28 80591d13 nt!PspTerminateThreadByPointer+0x50         // 终止线程
f4a56d54 804da140 nt!NtTerminateProcess+0x116                 // 终止进程的内核服务
f4a56d54 7ffe0304 nt!KiSystemService+0xc4                     // 内核服务分发函数
0006fdf4 77f7664a SharedUserData!SystemCallStub+0x4           // 调用内核服务
0006fdf8 77e798ec ntdll!NtTerminateProcess+0xc                // 内核服务的残根函数
0006fef0 77e7990f kernel32!_ExitProcess+0x57                  // Kernel32 的进程退出函数
0006ff04 77c379c8 kernel32!TerminateProcess                   // 终止进程 API
0006ff0c 77c37ad9 msvcrt!__crtExitProcess+0x2f                // C 运行时库的进程退出函数
```

```
0006ff18 77c37aea msvcrt!_cinit+0xe4    // 此处的 cinit 只是参照点，实际应为 doexit
0006ff28 01006c65 msvcrt!exit+0xe       // C 运行时库的退出函数
0006ffc0 77e814c7 notepad!WinMainCRTStartup+0x185  // 编译器插入的启动函数
0006fff0 00000000 kernel32!BaseProcessStart+0x23   // 进程启动函数
```

如果程序在被调试，那么 DbgkExitProcess 会通过调试子系统向调试器发送进程退出事件。调试器收到此事件后便知道被调试进程正在退出。接下来的处理与调试器的实现和调试器中对进程退出事件的设置有关。对于 MSDEV 等调试器（VC6 的集成调试器），收到进程退出事件后，它们便清理内部状态，结束本次调试了。在 WinDBG 中，默认情况下，它会向用户报告此事件，如清单 10-17 所示，并中断下来。

清单 10-17 WinDBG 收到进程退出事件后输出的内容

```
eax=00000000 ebx=00000000 ecx=7c800000 edx=7c97c080 esi=7c90e88e edi=00000000
eip=7c90eb94 esp=0007fde8 ebp=0007fee4 iopl=0         nv up ei pl zr na pe nc
cs=001b  ss=0023  ds=0023  es=0023  fs=003b  gs=0000             efl=00000246
ntdll!KiFastSystemCallRet:
7c90eb94 c3               ret
```

值得说明的是，上面显示的 KiFastSystemCallRet 是用来调用内核服务的 KiFastSystemCall 函数（2.5.3 节）的一部分（返回部分），它是目前程序指针寄存器的值（7c90eb94）所对应的符号。程序指针总是指向将要执行的那条指令，所以，现在还没有执行到这条 ret 指令。事实上，被调试进程目前是在内核中执行的，因为执行线程退出函数而被调试子系统挂起，目前处于睡眠状态。因为 PspExitThread 是在释放线程的用户态栈之前通知调试子系统的，所以当收到进程退出事件时，调试器仍然可以观察被调试进程中的信息，包括观察栈、内存、PEB、TEB 等结构，这对于调试应用程序意外退出的问题是非常有用的。但是，此时不能再执行让被调试进程运行的 p（单步执行）和 g 等命令，如果执行，WinDBG 会提示没有可以运行的被调试程序。

```
0:000> p
        ^ No runnable debuggees error in 'p'
```

此时，进程的句柄和 EPROCESS 结构仍在，所以在任务管理器中，仍然可以看到这个进程。要想让被调进程继续完成其退出工作，需要触发 WinDBG 继续调试事件（ContinueDebugEvent），恢复运行被调试进程。这可以通过 WinDBG 的停止调试功能（Debug → Stop Debugging）或分离调试对话功能（Debug → Detach Debuggee）来完成。PspExitThread 函数恢复运行后，会继续完成线程的清理工作，释放线程所使用的资源。

进程的最后清理和删除工作是由进程管理器的工作线程执行 PspProcessDelete 函数来完成的。PspProcessDelete 函数内部会检查进程 EPROCESS 结构的 DebugPort，如果它不为空，会调用 ObDereferenceObject 函数取消引用。而后 PspProcessDelete 调用内存管理器的 MmDeleteProcessAddressSpace 删除进程的地址空间，该进程彻底在系统中消失。

10.8.2 调试器进程退出

退出调试器是结束调试会话的另一种简单方式。与其他 Windows 进程相比，调试器进程退出的大多数步骤是一样的。值得我们注意的便是有关调试对象的操作。

当调试器工作线程退出时，PspExitThread 函数会检查 TEB 结构的 DbgSsReserved[1]字段，如果该字段不为空，会调用 ObCloseHandle 关闭调试对象的句柄。清单 10-18 显示了调试记事本程序的WinDBG进程退出时（执行PspExitThread）通过内核调试器观察到的调试对象句柄的信息。

清单 10-18 调试对象句柄的信息

```
kd> !handle 0748
processor number 0, process 81caf958
PROCESS 81caf958  SessionId: 0  Cid: 0268    Peb: 7ffdf000  ParentCid: 065c
    DirBase: 0c884000  ObjectTable: e18f80e8  HandleCount: 139.
    Image: windbg.exe

Handle table at e1288000 with 139 Entries in use
0748: Object: 81f6e8e8  GrantedAccess: 001f000f Entry: e1288e90
Object: 81f6e8e8  Type: (81fc9778) DebugObject
    ObjectHeader: 81f6e8d0 (old version)
        HandleCount: 1  PointerCount: 2
```

空行上方的信息是关于所在进程的，映像文件名为windbg.exe，进程中共有0x139个句柄。空行下方的信息是关于参数（0x748）所指定句柄的，对象的类型为DebugObject，即调试对象，句柄计数目前为1，引用这个对象的指针计数为2。

需要指出的是，因为WinDBG在调用DbgUiConnectToDbg后会将DbgSsReserved[1]字段设置为0（10.1节），所以在执行PspExitThread函数时，如果检测到DbgSsReserved[1]字段为0，就不会调用ObCloseHandle来关闭调试对象句柄。但这并不要紧，因为后面清理句柄表（handle table）时，会递减句柄计数，相当于执行ObCloseHandle。

清单10-19显示了PspExitThread函数调用ObKillProcess函数清理句柄表的过程。

清单 10-19 清理句柄表的过程

```
kd> kn
 # ChildEBP RetAddr
00 f4fdb620 805812b4 nt!DbgkpCloseObject                    // 调用对象的关闭函数
01 f4fdb650 80581108 nt!ObpDecrementHandleCount+0x119       // 递减关闭句柄的引用
02 f4fdb678 80591fbb nt!ObpCloseHandleTableEntry+0x14b      // 关闭句柄表中的一项
03 f4fdb694 80592041 nt!ObpCloseHandleProcedure+0x1d        // 关闭句柄表中所有项
04 f4fdb6c4 80591f6e nt!ExSweepHandleTable+0x4d             // 清理句柄表
05 f4fdb6f0 80591e01 nt!ObKillProcess+0x5a    // 对象管理器中针对进程退出所用的函数
06 f4fdb798 8058ac25 nt!PspExitThread+0x5cb                 // 线程退出
07 f4fdb7b8 80591d13 nt!PspTerminateThreadByPointer+0x50 // 终止线程
08 f4fdb7e4 804da140 nt!NtTerminateProcess+0x116            // 终止进程内核服务
09 f4fdb7e4 7ffe0304 nt!KiSystemService+0xc4                // 系统服务分发函数
0a 0006c310 77f7664a SharedUserData!SystemCallStub+0x4      // 调用系统服务
0b 0006c314 77e798ec ntdll!NtTerminateProcess+0xc           // 系统服务的残根
0c 0006c40c 77e7990f kernel32!_ExitProcess+0x57      // Kernel32内的进程退出函数
0d 0006c420 0103b76a kernel32!TerminateProcess       // 终止进程API
0e 0006c430 0103aeff windbg!TerminateApplication+0xda // 终止应用程序
0f 0006cfcc 77d43a68 windbg!FrameWndProc+0x18df      // 窗口过程
…                                                    // 消息分发过程和其他函数省略
```

栈帧#01用于递减关闭句柄的引用。这个函数会调用句柄所对应的对象类型注册的关闭函数，并将对象的句柄计数作为参数传递给关闭函数。调试对象（DebugObject）句柄的关闭函数是DbgkpCloseObject。DbgkpCloseObject函数共有5个参数，分别是指向EPROCESS结构的指针、指向调试对象的指针、赋给句柄的权限、进程的句柄计数、调试对象的句柄计数。

DbgkpCloseObject函数内部会先检测参数中指定的调试对象句柄计数是否大于1，如果大于 1，便返回。对于我们讨论的情况，从清单 10-18 可以看出，引用计数等于 1，因为尽管 ObpDecrementHandleCount 会在调用对象关闭函数前递减句柄计数，但是它在递减前会把本来的计数保存起来，并作为参数传递给关闭函数。也就是说，在调用 DbgkpCloseObject 函数时，使用!object 命令观察到的句柄计数已经是 0 了。

```
kd> !object 81f6e8e8
Object: 81f6e8e8  Type: (81fc9778) DebugObject
    ObjectHeader: 81f6e8d0 (old version)
    HandleCount: 0  PointerCount: 2
```

但是在传递给 DbgkpCloseObject 函数的参数中，句柄计数仍然是 1。

在 DbgkpCloseObject 确认需要关闭调试对象后，它接下来做的一个主要动作就是列举系统内的所有进程，对于每个进程检查它的 DebugPort 字段，看是否与要关闭的调试对象相同（与参数 2 比较）。如果相同，那么说明这个进程正在被要退出的调试器进程所调试，于是 DbgkpCloseObject 会对这个被调试进程执行 3 个动作：第一，将这个进程的 DebugPort 字段设置为空；第二，调用 DbgkpMarkProcessPeb 函数设置这个进程的 PEB 结构中的 BeingDebugged 字段；第三，检查调试对象的标志（Flags）字段，如果包含 KillOnExit 标志（位 1），那么便调用 PspTerminateProcess 终止这个进程，这便是为什么被调试进程随着调试器的退出而退出。

总之，当退出正在调试记事本程序的 WinDBG 程序时，发生的主要动作依次如下。

（1）[WinDBG] 调用系统服务 NtTerminateProcess，开始终止 WinDBG 进程。

（2）[WinDBG] 执行 PspExitThread 函数，WinDBG 的调试工作线程退出。

（3）[WinDBG] 执行 PspExitThread 函数，WinDBG 的主线程（UI 线程）退出。

（4）[WinDBG] 执行 ObKillProcess 函数，开始清理 WinDBG 进程的句柄表。

（5）[WinDBG] 执行 DbgkpCloseObject 函数，关闭调试对象，将被调试进程的 DebugPort 字段设置为空，并调用 DbgkpMarkProcessPeb 设置 PEB 的 BeingDebugged 字段，并引发终止被调试进程（记事本进程）。

（6）[记事本]执行 PspExitThread，记事本进程的主线程开始退出。

（7）执行 PspProcessDelete 和 MmDeleteProcessAddressSpace 函数，删除记事本与 WinDBG 进程的内核对象和进程空间。

每一步骤前的方括号内是函数执行的进程上下文，最后一步可能是在系统服务进程（svchost.exe）环境内执行的，也可能是在系统进程内执行的。

10.8.3 分离被调试进程

Windows XP 允许被调试进程脱离（detach）调试对话并保持运行，也就是在保持调试器进程和被调试进程都不退出的前提下，将二者分离开来。在以前的版本（Windows 2000、Windows NT）中，调试器一旦与被调试进程建立调试关系，那么就只有当二者之一退出时，调试关系才结束，而且调试器退出会强制被调试程序也退出。

调试器可以使用 Windows XP 新引入的调试 DebugActiveProcessStop API 来分离调试对话，其原型如下。

```
BOOL DebugActiveProcessStop(DWORD dwProcessId);
```

也就是调试器只要指定要分离的被调试进程的 ID，就可以与其终止调试关系了。利用这一特征，调试器可以附加到一个运行的进程，通过生成 DUMP 文件采集其内部的信息，然后再与其安全分离，也就是在基本上不影响目标进程的条件下采集目标进程的信息。这对于调试需要持续运行的进程（如数据库系统或其他系统服务）来说是非常重要的。

值得说明的是，必须在建立调试会话的线程中调用 DebugActiveProcessStop API，否则会得到 0xC0000022 错误（LastError=5，访问被拒绝）。

与其他调试 API 一样，DebugActiveProcessStop 函数也是从 KERNEL32.DLL 中导出的，其内部的工作过程是调用 NTDLL.DLL 中的 DbgUiStopDebugging 函数，其伪代码如清单 10-20 所示。

清单 10-20 DebugActiveProcessStop 函数的伪代码

```
BOOL DebugActiveProcessStop(DWORD dwProcessId)
{
   NTSTATUS nStatus;
   HANDLE hProcess = ProcessIdToHandle(dwProcessId);
   if(hProcess==NULL)
      return FALSE;

   CloseAllProcessHandles(dwProcessId);
   nStatus = DbgUiStopDebugging(hProcess);
   NtClose(hProcess);

   if(NT_SUCCESS(nStatus))
      return TRUE;

   SetLastError(5);
   return FALSE;
}
```

DbgUiStopDebugging 函数的实现也非常简单，只是调用内核服务 NtRemoveProcessDebug()。

```
NTSTATUS DbgUiStopDebugging(HANDLE hProcess)
{
     return NtRemoveProcessDebug(hProcess, NtCurrentPeb()-> DbgSsReserved[1]);
}
```

可见，DbgUiStopDebugging 向 NtRemoveProcessDebug 传递了两个参数：一个是被调试进程的句柄；另一个是调试器工作线程中保存着的调试对象句柄。NtRemoveProcessDebug 内部会调用调试子系统的 DbgkClearProcessDebugObject 函数，简言之，后者用于去除调试进程的 DebugPort 字段对调试对象的引用，并将其设置为 NULL。将 DebugPort 设置为空后，DbgkClearProcessDebugObject 会遍历调试对象的调试事件队列，删除有关这个被调试进程的事件。

WinDBG 调试器提供的分离被调试（detach debuggee）进程的功能就是使用以上方法实现的。

10.8.4 退出时分离

Windows XP 引入的与分离调试会话有关的另一个功能就是可以设置当调试器退出时不强制退出被调试进程，也就是当调试器退出时分离被调试进程，而不是将其一起退出，这可以预防调试器意外终止导致被调试进程也被“杀掉”。

在上一段的介绍中，当退出调试器时，被调试的记事本程序也被强制退出了。然而，在调用终止进程的函数前，DbgkpCloseObject会检查调试对象的Flags字段是否包含KillOnExit标志，如果清除了这个标志，那么便不会退出被调试进程，DebugSetProcessKillOnExit() API就是用来设置这个标志的。

```
BOOL DebugSetProcessKillOnExit(BOOL KillOnExit);
```

如果KillOnExit参数为真，那么调试器线程的退出会导致系统终止被调试进程；否则，调试器线程的退出不会导致它所调试的被调试进程终止。有3点值得注意：第一，这里说的调试器线程是指调试器进程中启动调试会话的那个线程；第二，对于这里说的是线程，即使调试器进程中有其他线程仍然在运行，只要启动调试会话的线程退出了，那么对应的被调试程序就会退出（假设没有调用过DebugSetProcessKillOnExit）；第三，如果调试器同时调试多个进程，那么这个设置会影响所有进程，因为这个标志是设置在调试对象中的。

10.9 本章总结

本章按照创建调试会话、使用调试会话和终止调试会话的顺序深入地介绍了用户态调试的整个过程。我们将在第11章开始本篇的另一个主题，即Windows操作系统中的异常分发和处理。

参考资料

[1] Alex Ionescu. Kernel User-Mode Debugging Support (Dbgk).

第 11 章 中断和异常管理

在本书卷 1 中，我们从硬件（CPU）角度介绍了中断和异常机制，本章将从操作系统（Windows）的角度来进一步讨论中断和异常机制。包括管理中断和异常的核心数据结构（11.1 节和 11.2 节），Windows 分发异常的基本过程（11.3 节），以及 Windows 系统的结构化异常处理（SEH）和向量化异常处理（VEH）机制（11.4 节和 11.5 节）。

老雷评点

如果说函数调用让 CPU 可以跳跃的话，那么中断和异常机制赋予了 CPU 飞跃的能力。不理解中断则不懂硬件，不理解异常则不懂软件。

除非特别说明，本章的内容是针对 Windows XP 的 32 位版本的，但是绝大多数内容也适用于 Windows 的其他 32 位版本（Windows NT、Windows 2000 和 Windows Vista），并且可以比较容易地推广到 64 位版本的 Windows 系统。

11.1 中断描述符表

在保护模式下，当有中断或异常发生时，CPU 是通过中断描述符表（Interrupt Descriptor Table，IDT）来寻找处理函数的。因此，可以说 IDT 是 CPU（硬件）与操作系统（软件）交接中断和异常的关口（gate）。操作系统在启动早期的一个重要任务就是设置 IDT，准备好处理异常和中断的各个函数。

11.1.1 概况

简单来说，IDT 是一张位于物理内存中的线性表，共有 256 个表项。在 IA-32e（64 位）模式下，每个 IDT 项的长度是 16 字节，IDT 的总长度是 4096 字节（4KB）。在 32 位模式下，每个 IDT 项的长度是 8 字节，IDT 的总长度是 2048 字节（2KB）。32 位与 64 位的主要差异在于地址长度的变化，因此，下文只讨论 32 位的情况。

IDT 的位置和长度是由 CPU 的 IDTR 来描述的。IDTR 共有 48 位，高 32 位是 IDT 的基地址，低 16 位是 IDT 的长度（limit）。LIDT（Load IDT）指令用于将操作数指定的基地址和长度加载到 IDTR 中，也就是改写 IDTR 的内容。SIDT（Store IDT）指令用于将 IDTR 的内容写到内存变量中，也就是读取 IDTR 的内容。LIDT 和 SIDT 指令只能在实模式或保护模式的高特权级（Ring 0）下执行。在内核调试时，可以使用 rigtr 和 rigtl 命令观察 IDTR 的内容（卷 1 中的 2.6.2 节）。

在 Windows 操作系统中，IDT 的初始化过程大致是这样的。IDT 的最初建立和初始化工作是由 Windows 系统的加载程序（NTLDR 或 WinLoad）在实模式下完成的。在准备好一个内存块后，加载程序先执行 CLI 指令关闭中断处理，然后执行 LIDT 指令将 IDT 的位置和长度信息加载到 CPU 中，而后，加载程序将 CPU 从实模式切换到保护模式，并将执行权移交给 NT 内核的入口函数 KiSystemStartup。接下来，内核中的处理器初始化函数会通过 SIDT 指令取得 IDT 的信息，对其进行必要的调整，然后以参数形式传递给 KiInitializePcr 函数，后者将其记录到描述处理器的基本数据区 PCR（Processor Control Region）和 Prcb（Processor control block）中。

以上介绍的过程都是发生在 0 号处理器中的，也就是所谓的 Bootstrap Processor，简称 BSP。因为即使是多 CPU 的系统，在把 NTLDR 或 WinLoad 及执行权移交给内核的阶段都只有 BSP 在运行。在 BSP 完成了内核初始化和执行体的阶段 0 初始化后，在阶段 1 初始化时，BSP 才会执行 KeStartAllProcessors 函数来初始化其他 CPU。BSP 之外的其他 CPU 一般称为 AP（Application Processor）。对于每个 AP，KeStartAllProcessors 函数会为其建立一个单独的处理器状态区，包括它的 IDT，然后调用 KiInitProcessor 函数，后者会根据启动 CPU 的 IDT 为要初始化的 AP 复制一份，并做必要的修改。

在内核调试会话中，可以使用!pcr 命令观察 CPU 的 PCR 内容，清单 11-1 显示了 Windows Vista 系统中 0 号 CPU 的 PCR 内容。

清单 11-1 Windows Vista 系统中 0 号 CPU 的 PCR 内容

```
kd> !pcr
KPCR for Processor 0 at 81969a00:        // KPCR 结构的线性内存地址
    Major 1 Minor 1                      // KPCR 结构的主版本号和子版本号
    NtTib.ExceptionList: 9f1d9644        // 异常处理注册链表
[…] // 省略数行关于 NTTIB 的信息
            SelfPcr: 81969a00            // 本结构的起始地址
               Prcb: 81969b20            // KPRCB 结构的地址
               Irql: 0000001f            // CPU 的中断请求级别（IRQL）
                IRR: 00000000            //
                IDR: ffff20f0            //
      InterruptMode: 00000000            //
                IDT: 834da400            // IDT 的基地址
                GDT: 834da000            // GDT 的基地址
                TSS: 8013e000            // 任务状态段（TSS）的地址

      CurrentThread: 84af6270            // 当前在执行的线程，ETHREAD 地址
         NextThread: 00000000            // 下一个准备执行的线程
         IdleThread: 8196cdc0            // IDLE 线程的 ETHREAD 地址
```

内核数据结构 KPCR 描述了 PCR 内存区的布局，因此也可以使用 dt 命令来观察 PCR，例如，kd> dt nt!_KPCR 81969a00。

11.1.2 门描述符

IDT 的每个表项是一个所谓的门描述符（gate descriptor）结构。之所以这样称呼，是因为 IDT 项的基本用途就是引领 CPU 从一个空间到另一个空间去执行，每个表项好像是一个从一个空间进入另一个空间的大门（gate）。在穿越这扇门时 CPU 会做必要的安全检查和准备工作。

IDT 中可以包含以下 3 种门描述符。

（1）任务门（task-gate）描述符：用于任务切换，里面包含用于选择任务状态段（TSS）的段选择子。可以使用 JMP 或 CALL 指令通过任务门来切换到任务门所指向的任务，当 CPU 因为中断或异常转移到任务门时，也会切换到指定的任务。

（2）中断门（interrupt-gate）描述符：用于描述中断处理例程的入口。

（3）陷阱门（trap-gate）描述符：用于描述异常处理例程的入口。

图 11-1 描述了以上 3 种门描述符的内容布局。

任务门

31 … 16	15	14 13	12 … 8	7 … 0
保留	P	DPL	00101	保留

31 … 16	15 … 0
TSS选择子	保留

中断门

31 … 16	15	14 13	12 … 8	7 6 5	4 … 0
处理例程入口在段内的偏移（高16位）	P	DPL	0D110	000	保留

31 … 16	15 … 0
段选择子	处理例程入口在段内的偏移（低16位）

陷阱门

31 … 16	15	14 13	12 … 8	7 6 5	4 … 0
处理例程入口在段内的偏移（高16位）	P	DPL	0D111	000	保留

31 … 16	15 … 0
段选择子	处理例程入口在段内的偏移（低16位）

图 11-1 IDT 中的 3 种门描述符的内容布局

从图 11-1 可以看出，3 种门描述符的格式非常相似，有很多共同的字段。其中 DPL 代表描述符优先级（descriptor previlege level），用于优先级控制，P 是段存在标志。段选择子用于选择一个段描述符（位于 LDT 或 GDT 中，选择子的格式参见本书卷 1 的 2.6.3 节），偏移部分用来指定段中的偏移，二者共同定义一个准确的内存位置。对于中断门和陷阱门，二者指定的就是中断或异常处理例程的地址；对于任务门，它们指定的就是任务状态段的内存地址。

系统通过门描述符的类型字段，即高 4 字节的 6～12 位，来区分一个描述符的种类。例如任务门的类型是 0b00101（b 代表二进制数），中断门的类型是 0b0D110，其中 D 位用来表示描述的是 16 位门（0）还是 32 位门（1），陷阱门的类型是 0b0D111。

11.1.3 执行中断和异常处理函数

下面我们看看当有中断或异常发生时，CPU 是如何通过 IDT 寻找和执行处理函数的。首先，CPU 会根据其向量号码和 IDTR 中的 IDT 基地址信息找到对应的门描述符。然后判断门描述符的类型，如果是任务描述符，那么 CPU 会执行硬件方式的任务切换，切换到这个描述符所定义的线程；如果是陷阱描述符或中断描述符，那么 CPU 会在当前任务上下文中调用描述符所描述的处理例程。下面分别加以讨论。

我们先来看任务门的情况。简单来说，任务门描述的是一个 TSS，CPU 要做的是切换到这个 TSS 所代表的线程，然后开始执行这个线程。TSS 是用来保存任务信息的一段内存区，其格式是 CPU 所定义的。图 11-2 给出了 IA-32 CPU 的 TSS 格式。从中我们看到 TSS 中包含了一个任务的关键上下文信息，如段寄存器、通用寄存器和控制寄存器，其中特别值得注意的是靠下方的 SS0～SS2 和 ESP0～ESP2 字段，它们记录着一项任务在不同优先级执行时所应使用的栈，SSx 用来选择栈所在的段，ESPx 是栈指针值。

CPU 在通过任务门的段选择子找到 TSS 描述符后，会执行一系列的检查动作，比如确保 TSS 描述符中的存在标志是 1，边界值应该大于 0x67，B（Busy）标志不为 1 等。所有检查都通过后，CPU 会将当前任务的状态保存到当前任务的 TSS 中。然后把 TSS 描述符中的 B 标志设置为 1。接下来，CPU 要把新任务的段选择子（与门描述符中的段选择子等值）加载到 TR 寄存器，然后把新任务的寄存器信息加载到物理寄存器中。最后，CPU 开始执行新的任务。

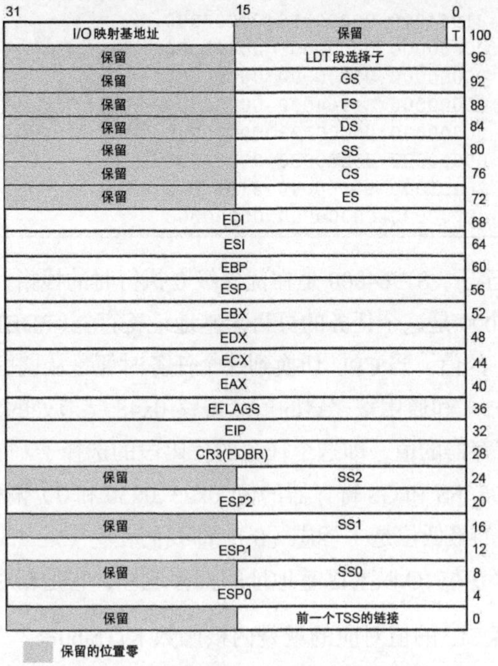

31	15	0	
I/O映射基地址	保留	T	100
保留	LDT段选择子		96
保留	GS		92
保留	FS		88
保留	DS		84
保留	SS		80
保留	CS		76
保留	ES		72
EDI			68
ESI			64
EBP			60
ESP			56
EBX			52
EDX			48
ECX			44
EAX			40
EFLAGS			36
EIP			32
CR3(PDBR)			28
保留	SS2		24
ESP2			20
保留	SS1		16
ESP1			12
保留	SS0		8
ESP0			4
保留	前一个TSS的链接		0

保留的位置零

图 11-2 32 位的任务状态段（TSS）

下面通过一个小实验来加深大家的理解。首先，在一个调试 Windows Vista 的内核调试会话中，通过 r idtr 命令得到系统 IDT 的基地址。

```
kd> r idtr
idtr=834da400
```

因为双重错误异常（Double Fault，#DF）通常是使用任务门来处理的，所以我们观察这个异常对应的 IDT 项。因为#DF 异常的向量号是 8，每个 IDT 项的长度是 8 字节，所以我们可以使用如下命令显示出 8 号 IDT 项的内容。

```
kd> db 834da400+8*8 l8
834da440  00 00 50 00 00 85 00 00                          ..P.....
```

其中第 2、3 字节（从 0 起，下同）组成的 WORD 是段选择子，即 0x0050。第 5 字节（0x85）是 P 标志（为 1）、DPL（0b00）和类型（0b00101）。

接下来使用 dg 命令显示段选择子所指向的段描述符。

```
kd> dg 50
                                   P    Si   Gr   Pr   Lo
Sel  Base Limit     Type l     ze   an   es   ng   Flags
---- -------- -------- ---------- - -- -- -- -- ----------
0050 81967000 00000068 TSS32 Avl    0    Nb   By   P    Nl   00000089
```

也就是说，TSS 的基地址是 0x81967000，长度是 0x68 字节（Gran 位指示 By 即 Byte）。Type 字段显示这个段的类型是 32 位的 TSS（TSS32），它的状态为 Available，并非 Busy。

至此，我们知道了#DF 异常对应的门描述符所指向的 TSS，是位于内存地址 0x81967000

开始的 0x68 字节。使用内存观察命令便可以显示这个 TSS 的内容了（清单 11-2）。

清单 11-2 TSS 的内容

```
kd> dd 81967000
81967000  00000000 81964000 00000010 00000000
81967010  00000000 00000000 00000000 00122000
81967020  8193f0a0 00000000 00000000 00000000
81967030  00000000 00000000 81964000 00000000
81967040  00000000 00000000 00000023 00000008
81967050  00000010 00000023 00000030 00000000
81967060  00000000 20ac0000 00000000 81964000
81967070  00000010 00000000 00000000 00000000
```

参考清单 11-2，从上至下，81964000 是在优先级 0 执行时的栈指针，00000010 是在优先级 0 执行时的栈选择子，00122000 是这个任务的页目录基地址寄存器（PDBR，即 CR3）的值，8193f0a0 是程序指针寄存器（EIP）的值，当 CPU 切换到这个任务时便是从这里开始执行的。接下来，依次是标志寄存器（EFLAGS）和通用寄存器的值。偏移 0x48 字节处的 0x23 是 ES 寄存器的值，相邻的 00000008 是 CS 寄存器的值，即这个任务的代码段的选择子。而后是 SS 寄存器的值，即栈段的选择子，再往后是 DS、FS 和 GS 寄存器的值（0x23、0x30 和 0）。偏移 0x64 字节处的 20ac0000 是 TSS 的最后 4 字节，它的最低位是 T 标志（0），即我们在卷 1 的 4.3.3 节介绍过的 TSS 中的陷阱标志。高 16 字节是用来定位 IO 映射区基地址的偏移地址，它是相对于 TSS 的基地址的。

使用 ln 命令可以观察 EIP 的值对应的就是内核函数 KiTrap08。

```
kd> ln 8193f0a0
(8193f0a0)   nt!KiTrap08   |  (8193f118)   nt!Dr_kit9_a
Exact matches:
    nt!KiTrap08 = <no type information>
```

也就是说，当有#DF 异常发生时，CPU 会切换到以上 TSS 所描述的线程，然后在这个线程环境中执行 KiTrap08 函数。之所以要切换到一个新的线程，而不是像其他异常那样在原来的线程中处理，是因为#DF 异常指的是在处理一个异常时又发生了异常，这可能意味着本来的线程环境已经不可靠了，所以有必要切换到一个新的线程来执行。

类似地，代表紧急任务的不可屏蔽中断（NMI）也是使用任务门机制来处理的。最后要说明的是，因为 x64 架构不支持硬件方式的任务切换，所以 IDT 中也不再有任务门了。

大多数中断和异常是利用中断门或陷阱门来处理的，下面我们看看这两种情况。

首先，CPU 会根据门描述符中的段选择子定位到段描述符，然后再进行一系列检查，如果检查通过，CPU 就判断是否需要切换栈。如果目标代码段的特权级别比当前特权级别高（级别的数值小），那么 CPU 需要切换栈，其方法是从当前任务的 TSS 中读取新栈的段选择子（SS）和栈指针（ESP），并将其加载到 SS 和 ESP 寄存器。然后，CPU 会把被中断过程（旧的）的栈段选择子（SS）和栈指针（ESP）压入新的栈。接下来，CPU 会执行如下两项操作。

（1）把 EFLAGS、CS 和 EIP 的指针压入栈。CS 和 EIP 的指针代表了转到处理例程前 CPU 正在执行代码的位置。

（2）如果发生的是异常，而且该异常具有错误代码（参见本书卷 1 的 3.3.2 节），那么把该错误代码也压入栈。

如果处理例程所在代码段的特权级别与当前特权级别相同，那么 CPU 便不需要进行栈切换，但仍要执行上面的两步操作。

TR 寄存器中存放着指向当前任务 TSS 的选择子，使用 WinDBG 可以观察 TSS 的内容。

```
kd> r tr
tr=00000028
kd> dg 28
                                     P Si Gr Pr Lo
Sel    Base     Limit      Type      l ze an es ng Flags
---- -------- -------- ---------- - -- -- -- -- --------
0028 8013e000 000020ab TSS32 Busy  0 Nb By P  Nl 0000008b
```

经常做内核调试的读者可能会发现，TR 寄存器的值大多时候是固定的。也就是说，值并不随着应用程序的线程切换而变化。事实上，Windows 系统中的 TSS 个数并不是与系统中的线程个数相关的，而是与 CPU 个数相关的。在启动期间，Windows 系统会为每个 CPU 创建 3～4 个 TSS，一个用于处理 NMI，一个用于处理#DF 异常，一个用于处理机器检查异常（与版本有关，在 XP SP1 中存在），另一个供所有 Windows 线程共享。当 Windows 系统切换线程时，它把当前线程的状态复制到共享的 TSS 中。也就是说，普通的线程切换并不会切换 TSS，只有当 NMI 或 #DF 异常发生时，才会切换 TSS，这就是所谓的以软件方式切换线程（任务）。

11.1.4 IDT 一览

使用 WinDBG 的!idt 扩展命令可以列出 IDT 中的各个项，不过该命令做了很多翻译，显示出的不是门描述符的原始格式。

```
lkd> !idt -a
Dumping IDT:
00:   804dbe13 nt!KiTrap00          // 0 号异常，即除以 0
01:   804dbf6b nt!KiTrap01
02:   Task Selector = 0x0058        // NMI 的门描述符，显示的是 TSS 的选择子
03:   804dc2bd nt!KiTrap03
```

表 11-1 列出了典型 Windows 系统的 IDT 设置，对于不同的 Windows 版本或硬件配置不同的系统，某些表项可能有所不同，但是大多数表项是一致的。

表 11-1 IDT 设置一览

向量号	门类型	处理例程/TSS 选择子	中断/异常	说明
00	中断	nt!KiTrap00	除以零错误	—
01	中断	nt!KiTrap01	调试异常	—
02	任务	0x0058	不可屏蔽中断（NMI）	切换到系统线程处理该中断，使用的函数是 KiTrap02
03	中断	nt!KiTrap03	断点	—
04	中断	nt!KiTrap04	溢出	—
05	中断	nt!KiTrap05	数组越界	—
06	中断	nt!KiTrap06	无效指令	—
07	中断	nt!KiTrap07	数学协处理器不存在或不可用	—
08	任务	0x0050	双重错误（double fault）	切换到系统线程处理该异常，执行 KiTrap08

续表

向量号	门类型	处理例程/TSS 选择子	中断/异常	说明
09	中断	nt!KiTrap09	协处理器段溢出	—
0a	中断	nt!KiTrap0A	无效的 TSS	—
0b	—	nt!KiTrap0B	段不存在	—
0c	—	nt!KiTrap0C	栈段错误	—
0d	—	nt!KiTrap0D	一般保护错误	—
0e	—	nt!KiTrap0E	页错误	—
0f	—	nt!KiTrap0F	保留	—
10	—	nt!KiTrap10	浮点错误	—
11	—	nt!KiTrap11	内存对齐	—
12	—	nt!KiTrap0F	机器检查	—
13	—	nt!KiTrap13	SIMD 浮点错误	—
14～1f	—	nt!KiTrap0F	保留	KiTrap0F 会引发 0x7F 号蓝屏
20～28	00	NULL	—	未使用
29	—	nt!_KiRaiseSecurityCheckFailure	异常	用于支持 Windows 8 引入的 FailFast 机制
2a	—	nt!KiGetTickCount	—	—
2b	—	nt!KiCallbackReturn	—	从逆向调用返回（2.5.5 节）
2c	—	nt!KiRaiseAssertion	—	断言
2d	—	nt!KiDebugService	—	调试服务
2e	—	nt!KiSystemService	—	系统服务
2f	—	nt!KiTrap0F	—	—
30	—	hal!Halp8254ClockInterrupt	IRQ0	时钟中断
31～3f	—	驱动程序通过 KINTERRUPT 结构注册的处理例程	IRQ1～IRQ15	其他硬件设备的中断
40～fd	—	nt!KiUnexpectedInterruptX	N/A	没有使用

在 Windows XP 系统中，处理机器检查异常（#MC）的 18 号表项处是一个任务门描述符，指向一个单独的 TSS，对应的处理函数是 hal 模块中的 HalpMcaExceptionHandlerWrapper。

『 11.2 异常的描述和登记 』

为了更好地管理异常，Windows 系统定义了专门的数据结构来描述异常，并定义了一系列代码来标识典型的异常。

在操作系统层次，除了 CPU 产生的异常，还有通过软件方式模拟出的异常，比如调用 RaiseException API 而产生的异常和使用编程语言的 throw 关键字抛出的异常。为了行文方便，我们把前一类称为 CPU 异常（或硬件异常），把后一类称为软件异常。Windows 是使用统一的方式来描述和分发这两类异常的。本节介绍异常的描述方式，11.3 节将介绍异常的分发过程。

11.2.1 EXCEPTION_RECORD 结构

Windows 系统使用 EXCEPTION_RECORD 结构来描述异常，清单 11-3 给出了这个结构的定义。

清单 11-3 EXCEPTION_RECORD 结构

```
typedef struct _EXCEPTION_RECORD {
  DWORD ExceptionCode;                              // 异常代码
  DWORD ExceptionFlags;                             // 异常标志
  struct _EXCEPTION_RECORD* ExceptionRecord;        // 相关的另一个异常
  PVOID ExceptionAddress;                           // 异常发生地址
  DWORD NumberParameters;                           // 参数数组中的元素个数
  ULONG_PTR ExceptionInformation[EXCEPTION_MAXIMUM_PARAMETERS]; // 参数数组
} EXCEPTION_RECORD, *PEXCEPTION_RECORD;
```

其中 ExceptionCode 为异常代码，是一个 32 位的整数，其格式是 Windows 系统的状态代码格式，NtStatus.h 中包含了已经定义的所有状态代码，在 WinBase.h 中可以看到异常代码只是状态代码的别名，例如：

```
#define EXCEPTION_BREAKPOINT                    STATUS_BREAKPOINT
#define EXCEPTION_SINGLE_STEP                   STATUS_SINGLE_STEP
```

表 11-2 列出了常见的用于异常代码的状态代码。

ExceptionFlags 字段用来记录异常标志，它的每一位代表一种标志，目前已经定义的标志位如下。

（1）EH_NONCONTINUABLE（1），该异常不可恢复继续执行。

（2）EH_UNWINDING（2），当因为执行栈展开而调用异常处理函数时，会设置此标志。

（3）EH_EXIT_UNWIND（4），也是用于栈展开，较少使用。

（4）EH_STACK_INVALID（8），当检测到栈错误时，设置此标志。

（5）EH_NESTED_CALL（0x10），用于标识内嵌的异常（第 24 章）。

EH_NONCONTINUABLE 位用来表示该异常是否可以恢复继续执行，如果试图恢复运行一个不可继续的异常，便会导致 EXCEPTION_NONCONTINUABLE_EXCEPTION 异常。

ExceptionRecord 指针指向与该异常有关的另一个异常记录，如果没有相关的异常，那么这个指针便为空。

表 11-2 用于的异常代码的状态代码

状态代码	值	来源
EXCEPTION_ACCESS_VIOLATION	0xC0000005L	非法访问（访问违例）
EXCEPTION_DATATYPE_MISALIGNMENT	0x80000002L	CPU 的对齐检查异常，#AC（17）
EXCEPTION_BREAKPOINT	0x80000003L	CPU 的断点异常，#BP（3）
EXCEPTION_SINGLE_STEP	0x80000004L	CPU 的调试异常，#DB（1）
EXCEPTION_ARRAY_BOUNDS_EXCEEDED	0xC000008CL	CPU 的数组越界异常，#BR（5）
EXCEPTION_FLT_DIVIDE_BY_ZERO	0xC000008EL	CPU 的协处理器异常，#NM（7）

续表

状态代码	值	来 源
EXCEPTION_FLT_INEXACT_RESULT	0xC000008FL	CPU 的协处理器异常，#NM（7）
EXCEPTION_FLT_INVALID_OPERATION	0xC0000090L	CPU 的协处理器异常，#NM（7）
EXCEPTION_FLT_OVERFLOW	0xC0000091L	CPU 的协处理器异常，#NM（7）
EXCEPTION_FLT_STACK_CHECK	0xC0000092L	CPU 的协处理器异常，#NM（7）
EXCEPTION_FLT_UNDERFLOW	0xC0000093L	CPU 的协处理器异常，#NM（7）
EXCEPTION_INT_DIVIDE_BY_ZERO	0xC0000094L	CPU 的除零异常，#DE（0）
EXCEPTION_INT_OVERFLOW	0xC0000095L	CPU 的溢出异常，#OF（4）
EXCEPTION_PRIV_INSTRUCTION	0xC0000096L	CPU 的一般保护异常，#GP（13）
EXCEPTION_IN_PAGE_ERROR	0xC0000006L	CPU 的页错误异常，#PF（14）
EXCEPTION_ILLEGAL_INSTRUCTION	0xC000001DL	CPU 的无效指令异常，#UD（6）
EXCEPTION_NONCONTINUABLE_EXCEPTION	0xC0000025L	见上文
EXCEPTION_STACK_OVERFLOW	0xC00000FDL	CPU 的页错误异常，#PF（14）
EXCEPTION_GUARD_PAGE	0x80000001L	CPU 的页错误异常，#PF（14）
CONTROL_C_EXIT	0xC000013AL	仅适用于控制台程序，当用户按 Ctrl+C 或 Ctrl+Break 快键键时触发异常

ExceptionAddress 字段用来记录异常地址，对于硬件异常，它的值因为异常类型不同而可能是导致异常的那条指令的地址，或者是导致异常指令的下一条指令的地址。例如，非法访问异常（EXCEPTION_ACCESS_VIOLATION）属于错误（Fault）类异常，ExceptionAddress 的值是导致异常的那条指令的地址。数据断点触发的调试异常属于陷阱（Trap）类异常，ExceptionAddress 的值是导致异常指令的下一条指令的地址。

NumberParameters 是附加参数的个数，即 ExceptionInformation 数组中包含的有效参数个数，该结构最多允许存储 15 个附加参数。

导致非法访问异常的原因主要来源于 CPU 的页错误异常#PF（14），但也可能是由于系统检测到的其他违反系统规则的情况。

11.2.2 登记 CPU 异常

对于 CPU 异常，KiTrapXX 例程在完成针对本异常的特别动作后，通常会调用 CommonDispatchException 函数，并通过寄存器将如下信息传递给这个函数。

（1）将唯一标识该异常的一个异常代码（表 11-2）放入 EAX 寄存器。

（2）将导致异常的指令地址放入 EBX 寄存器。

（3）将其他信息作为附带参数（最多 3 个）分别放入 EDX（参数 1）、ESI（参数 2）和 EDI（参数 3）寄存器，并将参数个数放入 ECX 寄存器。

CommonDispatchException 被调用后，它会在栈中分配一个 EXCEPTION_ RECORD 结构，并把以上异常信息存储到该结构中。在准备好这个结构后，它会调用内核中的

KiDispatchException 函数来分发异常。

11.2.3 登记软件异常

下面看看软件异常的产生和登记过程。简单来说，软件异常是通过直接或间接调用内核服务 NtRaiseException 而产生的。

```
NTSTATUS NtRaiseException (IN PEXCEPTION_RECORD ExceptionRecord,
    IN PCONTEXT ContextRecord, IN BOOLEAN FirstChance )
```

用户模式中的程序可以通过 RaiseException()API 来调用这个内核服务。RaiseException API 是由 KERNEL32.DLL 导出的 API，供应用程序产生“自定义”的异常，其原型如下。

```
void RaiseException( DWORD dwExceptionCode, DWORD dwExceptionFlags,
 DWORD nNumberOfArguments, const DWORD* lpArguments);
```

其中 dwExceptionCode 是异常代码，可以是表 11-2 中的代码，也可以是应用程序自己定义的代码。lpArguments 和 nNumberOfArguments 用来定义异常的常数，相当于 EXCEPTION_RECORD 结构中的 ExceptionInformation 和 NumberParameters。事实上，RaiseException 的实现也很简单，它只是将参数放入一个 EXCEPTION_RECORD 后便调用 NTDLL.DLL 中的 RtlRaiseException()。RtlRaiseException 会将当前的执行上下文（通用寄存器等）放入 CONTEXT 结构，然后通过 NTDLL.DLL 中的系统服务调用机制调用内核中的 NtRaiseException。

NtRaiseException 内部会调用另一个内核函数 KiRaiseException。

```
NTSTATUS KiRaiseException (IN PEXCEPTION_RECORD ExceptionRecord,
    IN PCONTEXT ContextRecord, IN PKEXCEPTION_FRAME ExceptionFrame,
    IN PKTRAP_FRAME TrapFrame, IN BOOLEAN FirstChance )
```

ExceptionRecord 是指向异常记录的指针，ContextRecord 是指向线程上下文（CONTEXT）结构的指针，ExceptionFrame 对于 x86 平台总是为 NULL，TrapFrame 就是栈帧的基地址，FirstChance 表示这是该异常的第一轮（TRUE）还是第二轮（FALSE）处理机会。

内核中的代码可以通过 RtlRaiseException（相当于 NTDLL.DLL 中的版本）来调用 NtRaiseException 和 KiRaiseException。也就是说，不论是从用户模式调用 RaiseException API，还是从内核模式调用相应的函数，最后都会转到 KiRaiseException。

KiRaiseException 内部会通过 KeContextToKframes 例程把 ContextRecord 结构中的信息复制到当前线程的内核栈，然后把 ExceptionRecord 中的异常代码的最高位清 0，以便把软件产生的异常与 CPU 异常区分开来。接下来 KiRaiseException 会调用 KiDispatchException 开始分发该异常。

对于 Visual C++程序抛出的异常，比如 MFC 中从 CException 派生来的各个异常类对应的异常，throw 关键字直接对应的是 CxxThrowException 函数，CxxThrowException 会调用 RaiseException，并将 ExceptionCode 参数固定为 0xe06d7363（对应的 ASCII 码为.msc）。接下来的过程与上面直接调用 RaiseException 的情况相同。因为 C++异常的实现与编译器有关，所以本书只讨论使用 Visual C++编译器的情况。

.NET 程序抛出的异常（CLR 异常）也是通过 RaiseException API 产生的，其异常代码固定为 0xe0434f4d（对应的 ASCII 码为.COM）。

综上所述，不论是 CPU 异常还是软件异常，尽管产生的原因不同，但最终都会调用内核中的 KiDispatchException 来分发异常，也就是说，Windows 系统是使用统一的方法来分发 CPU 异常和软件异常的。

11.3 异常分发过程

根据前面两节的介绍，当有异常发生时，CPU 会通过 IDT 找到异常处理函数，即内核中的 KiTrapXX 系列函数，然后转去执行。但是，KiTrapXX 函数通常只是对异常作简单的表征和描述，为了支持调试和软件自己定义的异常处理函数，系统需要将异常分发给调试器或应用程序的处理函数。对于软件异常，Windows 系统是以和 CPU 异常统一的方式来分发和处理的，本节将介绍分发异常的核心函数 KiDispatchException 和它的工作过程。

11.3.1 KiDispatchException 函数

Windows 内核中的 KiDispatchException 函数是分发各种 Windows 异常的枢纽。其函数原型如下。

```
VOID KiDispatchException ( IN PEXCEPTION_RECORD ExceptionRecord,
    IN PKEXCEPTION_FRAME ExceptionFrame, IN PKTRAP_FRAME TrapFrame,
    IN KPROCESSOR_MODE PreviousMode, IN BOOLEAN FirstChance )
```

其中，参数 ExceptionRecord 指向的是上一节介绍的 EXCEPTION_RECORD 结构，用来描述要分发的异常。参数 ExceptionFrame 对于 x86 系统总是为 NULL。参数 TrapFrame 指向的是 KTRAP_FRAME 结构，用来描述异常发生时的处理器状态，包括各种通用寄存器、调试寄存器、段寄存器等。参数 PreviousMode 是一个枚举类型的常量，DDK 的头文件中有这个枚举类型的定义。

```
typedef enum _MODE { KernelMode, UserMode, MaximumMode} MODE;
```

也就是说，PreviousMode 等于 0 表示前一个模式（通常是触发异常代码的执行模式）是内核模式，1 表示用户模式。FirstChance 参数表示是否是第一轮分发这个异常。对于一个异常，Windows 系统最多分发两轮。

图 11-3 画出了 KiDispatchException 分发异常的基本过程（示意图）。

从图 11-3 中可以看到，KiDispatchException 会先调用 KeContextFromKframes 函数，目的是根据 TrapFrame 参数指向的 KTRAP_FRAME 结构产生一个 CONTEXT 结构，以供向调试器和异常处理器函数报告异常时使用。

接下来，根据前一个模式（异常发生的模式）是内核模式还是用户模式，KiDispatchException 会选取左右两个流程之一来分发异常，下面我们分别作进一步说明。

11.3.2 内核态异常的分发过程

如果前一模式是内核模式，也就是 PreviousMode 参数等于 KernelMode(0)，那么 KiDispatchException 会执行图 11-3 中右侧的流程。

具体来说，对于第一轮处理机会（FirstChance==TRUE），KiDispatchException 会试图先通知内核调试器来处理该异常。内核变量 KiDebugRoutine 用来标识内核调试引擎交互的接口函数。当内核调试引擎被启用时，KiDebugRoutine 指向的是内核调试引擎的 KdpTrap，这个函数会进一步把异常信息封装为数据包并发送给内核调试器。当内核调试引擎没有启用时，KiDebugRoutine

指向的是 KdpStub 函数。KdpStub 的实现非常简单，作一些简单的处理后便返回 FALSE。

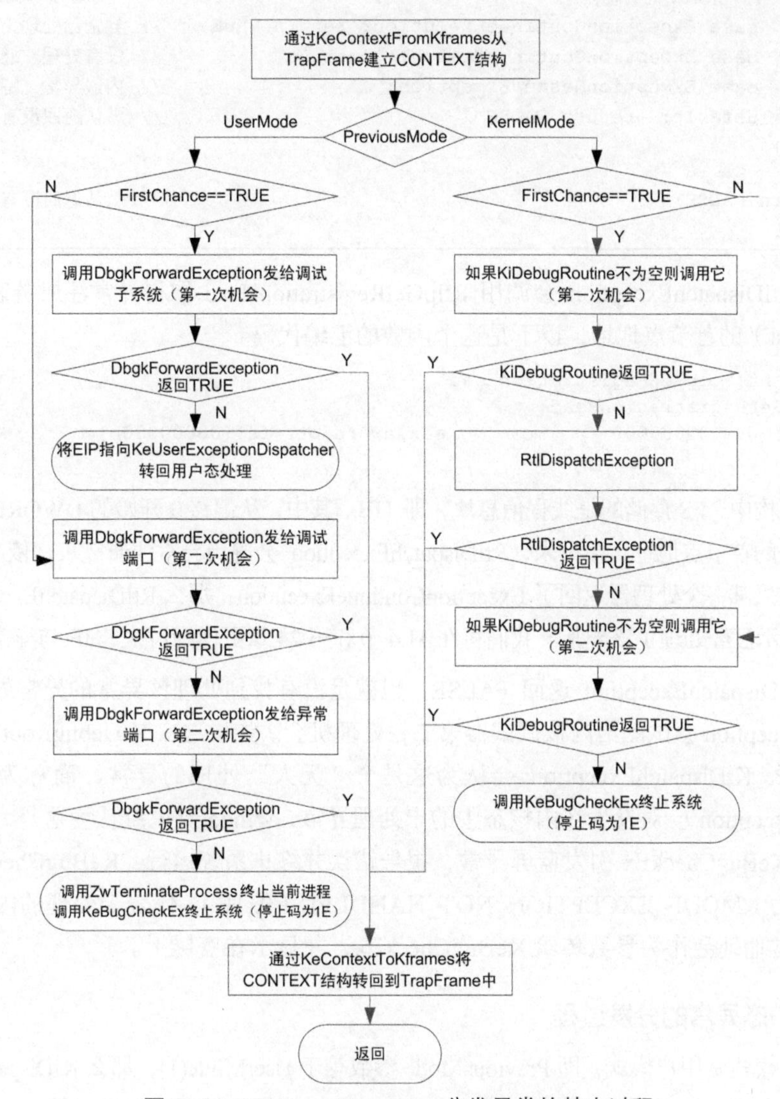

图 11-3 KiDispatchException 分发异常的基本过程

如果 KiDebugRoutine 返回为 TRUE，即内核调试器处理了该异常，那么 KiDispatchException 便停止继续分发，准备返回。如果 KiDebugRoutine 返回 FALSE，也就是没有处理该异常，那么 KiDispatchException 会调用 RtlDispatchException，试图寻找已经注册的结构化异常处理器。清单 11-4 给出了 RtlDispatchException 函数的原型和伪代码。

清单 11-4 RtlDispatchException 函数的伪代码

```
BOOLEAN RtlDispatchException(PEXCEPTION_RECORD ExceptionRecord,
   PCONTEXT ContextRecord)
{
   for (RegistrationPointer = RtlpGetRegistrationHead(); // 获取异常注册链表的头指针
       RegistrationPointer != EXCEPTION_CHAIN_END;        // 结束条件
       RegistrationPointer = RegistrationPointer->Next)  // 遍历
   {
     // 检查异常注册记录的有效性，如果有效，则调用执行其中记录的处理函数
```

```
      switch RtlpExecuteHandlerForException()              // 判断函数的执行结果
      { // 采取不同的动作
         case ExceptionContinueExecution: return TRUE      // 异常已处理，返回真
         case ExceptionContinueSearch: continue            // 没有处理，继续寻找
         case ExceptionNestedException: …                  // 内嵌异常，特别处理
         default:  return FALSE                            // 默认返回没有处理
      }
   }
   return FALSE;                                           // 默认返回没有处理异常
}
```

首先，RtlDispatchException 会调用 RtlpGetRegistrationHead 取得异常注册链表（exception registration list）的首节点地址，以下是这个函数的汇编代码。

```
lkd> uf nt!RtlpGetRegistrationHead
nt!RtlpGetRegistrationHead:
80541ffc 64a100000000     mov     eax,dword ptr fs:[00000000h]
80542002 c3               ret
```

在 x86 架构中，FS 存储的是线程信息块，即 TIB。其中，从偏移 0 开始的 DWORD 指向的便是异常注册链表的首节点地址。接下来，RtlDispatchException 会遍历异常注册链表，依次执行每个异常处理器，如果某一个处理器返回了 ExceptionContinueExecution，那么 RtlDispatchException 便会返回 TRUE，表示已经处理了该异常。我们将在 11.4 节和第 24 章更详细讨论 SHE 与异常处理器。

如果 RtlDispatchException 返回 FALSE，也就是没有找到处理该异常的异常处理器，那么 KiDispatchException 会试图给内核调试器第二轮处理机会。如果这次 KiDebugRoutine 仍然返回 FALSE，那么 KiDispatchException 会认为这是个“无人”处理的异常，简称为未处理异常（unhandled exception）。对发生在内核态中的未处理异常，Windows 系统认为这是一个严重的错误，会调用 KeBugCheckEx 引发蓝屏异常，报告错误并终止系统运行。KeBugCheckEx 的第一个参数被置为 KMODE_EXCEPTION_NOT_HANDLED（0x1E），代表未处理的内核异常。异常代码和异常地址会作为参数传给 KeBugCheckEx，并显示在蓝屏上。

11.3.3 用户态异常的分发过程

如果前一模式是用户模式，即 PreviousMode 参数等于 UserMode(1)，那么 KiDispatchException 会按左侧的流程执行。首先，KiDispatchException 会判断是否需要将异常发给内核调试器。判断的条件包括，这个异常是否是内核调试器触发的，以及内核调试的设置选项中是否接收用户态异常（18.3.2 节有关于/noumex 选项的描述）。如果判断的结果是需要发送，那么则通过内核调试会话将异常发送给主机上的内核调试器。但内核调试器通常不处理用户态的异常，直接返回不处理。因此，大多数时候，KiDispatchException 会继续执行以下分发过程。

对于第一轮处理机会，KiDispatchException 会试图先将该异常分发给用户态的调试器，方法是调用用户态调试子系统的内核例程 DbgkForwardException。我们在第 9 章（9.2 节）介绍过这个函数，它有 3 个参数，第一个是异常结构，第二个是一个布尔值，用来指定要发给调试端口还是异常端口，第三个参数用来指定是否是第二轮处理机会。因此，KiDispatchException 首先会这样调用 DbgkForwardException。

```
DbgkForwardException(ExceptionRecord, TRUE, FALSE);
```

也就是发给调试端口，而且指明是第一轮处理机会。DbgkForwardException 会检查当前进程的

DebugPort 字段是否为空，如果不为空，则调用 DbgkpSendApiMessage 将异常发给调试子系统，后者又将异常发给调试器。如果 DbgkpSendApiMessage 返回成功（STATUS_SUCCESS），而且调试器处理了该异常（ReturnedStatus= =DBG_CONTINUE），那么 DbgkForwardException 会返回 TRUE，该异常的分发过程也就结束了。

如果 DbgkpSendApiMessage 返回不成功，或者调试器没有处理该异常（ReturnedStatus == DBG__EXCEPTION_NOT_HANDLED），那么 DbgkForwardException 会返回 FALSE，KiDispatchException 下一步的动作是试图寻找异常处理块来处理该异常，因为异常发生在用户态代码中，异常处理块也应该在用户态函数中，KiDispatchException 会准备转回到用户态去执行。内核变量 KeUserExceptionDispatcher 记录了用户态中的异常分发函数。在目前的 Windows 系统中，它指向的是 NTDLL.DLL 中的 KiUserExceptionDispatcher 函数。

如何转回到用户态执行呢？其过程是这样的，KiDispatchException 先确认用户态栈有足够的空间容纳 CONTEXT 结构和 EXCEPTION_RECORD 结构，然后将这两个结构复制到用户态栈中。而后，KiDispatchException 会将 TrapFrame 所指向的 KTRAP_FRAME 结构中的状态信息调整为在用户态执行所需的合适值，包括段寄存器和栈指针。最后 KiDispatchException 将 KeUserExceptionDispatcher 的值赋给 KTRAP_FRAME 结构中的程序指针（EIP）字段，目的是让这个线程返回用户模式后从 KiUserExceptionDispatcher 函数处开始执行。以上工作做好后，KiDispatchException 便返回。对于软件异常，当前线程会返回 KiRaiseException，再返回 NtRaiseException，而后通过系统服务返回流程返回用户。因为 KTRAP_FRAME 信息已经被修改了，所以当前线程回到用户模式后会从 KiUserExceptionDispatcher 函数开始执行，而不是本来调用系统服务的地方。对于 CPU 异常，KiDispatchException 会返回 CommonDispatchException 函数，然后执行 KiExceptionExit 并根据 TrapFrame 恢复 CPU 状态，而后执行异常返回指令（IRETD）。因为 TrapFrame 信息被修改过了，所以异常返回指令执行后，当前线程便转到用户模式的 KiUser ExceptionDispatcher 函数处开始执行。

回到用户模式后，KiUserExceptionDispatcher 会通过调用 RtlDispatchException 来寻找异常处理器，具体细节我们将在 11.4 节及第 24 章讨论。如果 RtlDispatchException 返回 TRUE，那么表示已经有异常处理器处理了该异常，KiUserExceptionDispatcher 会调用 ZwContinue 系统服务继续执行原来发生异常的代码。该调用如果成功，便不会再返回 KiUserExceptionDispatcher 函数，如果返回，则说明 Continue 失败，KiUserExceptionDispatcher 会通过调用 RtlRaiseException 来抛出异常。

与前面介绍的内核模式的情况一样，多个异常处理器是以链表形式连接在一起的，其头节点地址保存在线程信息块的开始处（FS:[0]）。RtlDispatchException 从表头开始遍历这个链表，如果前面的异常处理器不处理这个异常，那么它会找下一个。值得特别说明的是，在这个链表的尾部总是保存着系统注册的一个默认的异常处理器，这个异常处理器的过滤函数是 KERNEL32.DLL 中的 UnhandledExceptionFilter 函数。如果前面的异常处理器都没有处理异常，那么 RtlDispatchException 最后便会找到这个默认的异常处理器并执行 UnhandledExceptionFilter 函数。

UnhandledExceptionFilter 函数的细节将在第 12 章讨论，目前我们可以简单地认为，如果当前程序没有在被调试，那么该函数会将当前异常当作未处理异常来处置，然后启动系统对未处理异常的处置措施，包括弹出“应用程序错误”对话框并终止这个进程。也就是在没有调试的情况下，用户态异常不会经历第二轮分发过程。如果当前进程在被调试，那么 UnhandledExceptionFilter 会返回

EXCEPTION_CONTINUE_SEARCH，这会导致 RtlDispatchException 返回 FALSE。

如果 RtlDispatchException 返回 FALSE，也就是没有找到哪个异常处理块愿意处理该异常，而且当前进程在被调试，那么 KiUserExceptionDispatcher 会调用 ZwRaiseException 并将 FirstChance 参数设为 FALSE，发起对这个异常的第二轮分发。ZwRaiseException 会通过内核服务 NtRaiseException 把该异常传递给 KiDispatchException 来进行分发。当调用 KiDispatchException 时，其最后一个参数 FirstChance 为假，所以 KiDispatchException 会按照第二轮机会分发该异常。

从图 11-3 可以看到，KiDispatchException 会先将第二轮处理机会送给调试子系统的 DbgkForwardException 函数。如果该函数返回 TRUE，那么分发结束；如果返回 FALSE，也就是该进程不在被调试，或者调试器没有处理该异常，那么 KiDispatchException 会尝试将异常分发给该进程的 ExceptionPort 字段指定的端口，通常环境子系统会在创建进程时将该字段设置为子系统监听的一个 LPC 端口（名为 ApiPort）。也就是说，对于第二轮分发，KiDispatchException 会把异常分发到该进程的异常端口（ExceptionPort），给那里的监听者一次处理异常的机会。向 ExceptionPort 发送异常使用的也是 DbgkForwardException 函数，只是把该函数的第二个参数 DebugException 设为 FALSE，此时 DbgkForwardException 会检测该进程的 ExceptionPort 字段，而且随后的 DbgkpSendApiMessage 不会挂起当前进程，但是当前线程还是被堵塞的。

如果向 ExceptionPort 发送异常，DbgkForwardException 再次返回 FALSE，那么 KiDispatchException 会终止当前进程并调用 KeBugCheckEx 触发蓝屏异常。

11.3.4 归纳

至此，我们介绍了 Windows 操作系统的异常分发机制和有关的内核函数与 API，总结如下。

内核服务 NtRaiseException 是产生软件异常的主要方法，用户态代码可以通过 RaiseException API 来调用此内核服务。NtRaiseException 内部会调用 KiRaiseException，KiRaiseException 再调用内核函数 KiDisptachException 进行异常分发。

对于 CPU 级的异常，CPU 会通过 IDT 寻找异常的处理函数入口，也就是 KiTrapXX 例程，对于需要按异常流程分发的异常，KiTrapXX 例程会调用 CommonDispatchException 准备必要的参数，然后调用 KiDisptachException 进行异常分发。CPU 级的异常可能是由于执行用户态代码导致的，也可能是在执行内核态代码时导致的，但是以上处理逻辑是一致的，只不过是通过参数来区分出异常是发生在内核态还是用户态。对于内核代码触发的除零异常，系统会有特殊的处理，不会使用上面介绍的分发流程。

无论是来自用户态的异常，还是内核态的异常，（如果需要分发）系统都会使用 KiDisptachException 函数来分发异常。对于每个异常，系统会最多给它两轮处理机会。对于每轮机会，KiDisptachException 又都尝试最先让调试器来处理，如果调试器没有处理，那么 KiDisptachException 会寻找代码中的异常处理块来处理该异常。对于来自内核态的异常，KiDisptachException 会直接调用 RtlDispatchException 来寻找异常处理块；对于来自用户态的异常，KiDisptachException 会通过设置 TrapFrame 让 KiUserExceptionDispatcher 来寻找用户空间中的异常处理块。尽管 KiUserExceptionDispatcher 也是通过调用 RtlDispatchException 来具体枚举和执行异常处理块的，但是这个 RtlDispatchException 是位于 NTDLL.DLL 中的函数，是位于用户态的。用户态 RtlDispatchException 和内核态 RtlDispatchException（位于 NTOSKRNL 中）要实现的功能和执行的逻辑是基本一致的，不过由于“服务”对象不同，它们分别存在于两个模块中。我们讨论的时候也会把它们区别开来。

尽管 KiDispatchException 分发内核态异常和用户态异常的流程有所不同，但也有类似之处，比如都会试图先交给调试器来处理，而且会最多给每个异常两轮处理机会。

老雷评点

独特的两轮异常分发机制可谓 Windows NT 的一个关键基因。

11.4 结构化异常处理

常言道，天有不测风云，再周密的计划在执行时都可能遇到没有估计到的意外情况。同样，再严谨的代码在执行时也可能因为遇到没有考虑到的情况而出错。因此，好的计划和好的代码都应该考虑针对意外情况的应对措施，也就是要准备好处理异常的设施。为了增强操作系统和应用程序的健壮性，Windows 系统将异常处理融入操作系统的总体设计之中，使异常处理机制成为操作系统的一个不可分割的部分。从前两节关于异常的描述和分发流程的介绍中，大家可能已经意识到了这一点。

11.4.1 SEH 简介

为了让系统和应用程序代码都可以简单方便地支持异常处理，Windows 系统定义了一套标准的机制来规范异常处理代码的设计（对程序员）和编译（对编译器），这套机制称为结构化异常处理（Structured Exception Handling，SEH）。[1]

从系统（广义）的角度来看，SEH 是对 Windows 操作系统中的异常分发和处理机制的总称，其实现遍布在 Windows 系统的很多模块和数据结构中。比如，KiDispatchException 函数和 NtRaiseException 函数是位于内核模块中的，KiUserExceptionDispatcher 是位于 NTDLL.DLL 中的，异常注册链表的表头是登记在每个线程的线程信息块（TIB）中的。

从编程（狭义）的角度来看，SEH 是一套规范，利用这套规范，程序员可以编写处理代码来复用系统的异常处理设施。可以将其理解为是操作系统的异常机制的对外接口，也就是如何在 Windows 程序中使用 Windows 系统的异常处理机制。

本节将着重从编程的角度来讨论结构化异常处理机制的原理，介绍它是如何与上一节的异常分发机制联系起来的。

从使用角度来看，结构化异常处理为程序员提供了终结处理（termination handling）和异常处理（exception handling）两种功能。终结处理用于保证终结处理块始终可以得到执行，无论被保护的代码块如何结束。异常处理用于接收和处理被保护块中的代码所发生的异常。下面通过实例分别加以介绍。

11.4.2 SHE 机制的终结处理

终结处理的语法结构如下（以微软的 Visual C++编译器为例，下同）。

```
__try
{
```

```
// 被保护体（guarded body），也就是要保护的代码块
}
__finally
{
// 终结处理块
}
```

其中__try 和__finally 是 Visual C++编译器为支持 SEH 专门定义的关键字。按照惯例，没有下划线的关键字通常是编程语言所定义的，加双下划线的关键字是编译器定义的。需要指出的是，不同编译器支持 SEH 机制的关键字可能不同，如不特别说明，我们都是以 Visual C++（VC）编译器为例的。

显而易见，终结处理由两个部分组成，即使用__try 关键字定义的被保护体和使用__finally 关键字定义的终结处理块。终结处理的目标是只要被保护体被执行，那么终结处理块就也会被执行，除非被保护体中的代码终止了当前线程（比如使用 ExitThread 或 ExitProcess 退出线程或整个进程）。因为终结处理块的这种特征，终结处理非常适合做状态恢复或资源释放等工作。比如释放被保护块中获得的信号量以防止被保护块内发生意外时因没有释放这个信号量而导致线程死锁。

根据被保护块的执行路线，SEH 把被保护块的退出（执行完毕）分为正常结束（normal termination）和非正常结束（abnormal termination）两种。如果被保护块得到自然执行并顺序进入终结处理块，就认为被保护块是正常结束的。如果被保护块是因为发生异常或由于 return、goto、break 或 continue 等流程控制语句离开被保护块的，就认为被保护块是非正常结束的。在终结处理块中可以调用 AbnormalTermination()函数来知道被保护块的退出方式。

```
BOOL AbnormalTermination(void);
```

如果被保护块正常结束，那么 AbnormalTermination()函数返回 FALSE；否则，返回 TRUE。只能在终结块中调用 AbnormalTermination()函数，否则编译器会提示如下编译错误。

```
error C2707: '_abnormal_termination' : bad context for intrinsic function
```

除了上面出现的__try 和__finally 关键字，终结处理还有一个关键字__leave。__leave 关键字的作用是立即离开（停止执行）被保护块，或者理解为立即跳转到被保护块的末尾（__try 块的右大括号）。__leave 关键字只能出现在被保护体中。使用__leave 关键字的退出属于正常退出。

下面通过清单 11-5 所列出的 SEH_Trmt 程序来加深对终结处理的理解。

清单 11-5　SEH_Trmt 程序

```
1    // SEH_Trmt.cpp : 用于演示 SEH 的终结处理
2    // 2006 年 4 月 16 日
3
4
5    #include "stdafx.h"
6    #include <stdlib.h>
7    #include <excpt.h>
8
9    void PrintHelp()
10   {
11       printf("seh_trmt <number>\n");
12   }
13
14   int main(int argc, char* argv[])
15   {
```

```
16        int nNum=0, nRet=0;
17        const char* Week_Days[]={"Sunday","Monday","Tuesday",
18            "Wednesday","Thursday","Friday","Saturday"};
19
20        printf("Termination Handling of SEH Demonstration!\n");
21        if(argc<2)
22        {
23            PrintHelp(); return -1;
24        }
25        __try
26        {
27            printf("You entered: %s. ",argv[1]);
28            nNum=atoi(argv[1]);
29
30            printf("It's %d in number.\n",nNum);
31            if(nNum<=0)
32            {    nRet=-3; __leave; }
33
34            //被保护块中 goto 的测试
35            if(nNum==6666)
36                goto EXIT_BYE;
37
38            printf("It's %s in a week.\n",Week_Days[nNum-1]);
39
40            //被保护块中 return 的测试
41            if(nNum==6)
42                return -2;
43        }
44        __finally
45        {
46            printf("Termination/Cleanup block is executed with %d.\n",
47                AbnormalTermination());
48        }
49
50    EXIT_BYE:
51        printf("Exit, Bye!\n");
52        return nRet;
53    }
```

以上代码中，第 26～43 行是被保护块，第 45～48 行是终结处理块。seh_trmt 是个命令行程序，它接受一个整数参数。下面便以不同的参数来执行 seh_trmt，并分析其结果。

首先，输入 seh_trmt 2 得到的结果如下（//后是说明）。

```
Termination Handling of SEH Demonstration!
You entered: 2. It's 2 in number.
It's Monday in a week.
Termination/Cleanup block is executed with 0. //被保护块正常结束
Exit, Bye!
```

然后，输入 seh_trmt 6 得到的结果如下。

```
Termination Handling of SEH Demonstration!
You entered: 6. It's 6 in number.
It's Friday in a week.
Termination/Cleanup block is executed with 1. //被保护块非正常结束
```

这次第 41 行的条件被满足，被保护块中的 return 语句被执行，而且这条 return 语句意味着退出程序。这时该如何保证在退出前终结处理块仍得到执行呢？答案是，为了做到这一点，编译器加入了额外的代码。在编译时，如果编译器扫描到终结处理块对应的被保护块中包含 return 语句，那么它便会定义一个局部变量用来保存 return 的值，并在目标代码中插入指令，调用名为

__local_unwind2 的局部展开函数。从第 41 行和第 42 行对应的汇编语句可以清楚地看到这些处理。

```
41:           if(nNum==6)
0040116E 83 7D E4 06       cmp          dword ptr [ebp-1Ch],6
00401172 75 1A             jne          main+11Eh (0040118e)
00401174 6A FF             push         0FFh
00401176 C7 45 C4 FE FF FF FF mov          dword ptr [ebp-3Ch],0FFFFFFFEh
// 该行将-2 放入专门用来存储返回值的局部变量[ebp-3Ch]
42:               return -2;
0040117D 8D 55 F0                 lea         edx,[ebp-10h]
00401180 52                       push        edx
00401181 E8 68 04 00 00           call        __local_unwind2 (004015ee)
00401186 83 C4 08                 add         esp,8
00401189 8B 45 C4                 mov         eax,dword ptr [ebp-3Ch]
// 将局部变量的值放入 EAX，EAX 寄存器用来保存函数的返回值
0040118C EB 31                    jmp         EXIT_BYE+0Fh (004011bf)
// 跳到第 53 行退出。这种情况下，第 51 和 52 行不会执行
```

单步跟踪__local_unwind2 函数可以知道，其中调用了终结处理块，为了能够作为函数被调用和返回，编译器在 finally 块末尾插入了 ret 指令。

为了保持一致，即使正常进入 finally 块，使用的也是 call 指令，这从清单 11-6 所示的第 43～48 行代码所对应的汇编代码中可以看到。

清单 11-6 终结处理块的汇编代码

```
43:         }
0040118E C7 45 FC FF FF FF FF mov         dword ptr [ebp-4],0FFFFFFFFh
00401195 E8 02 00 00 00          call        $L1062 (0040119c)   // 调用终结处理块
0040119A EB 14                   jmp         EXIT_BYE (004011b0)
44:         __finally
45:         {
46:             printf("Termination/Cleanup block is executed with %d.\n",
47:                 AbnormalTermination());
0040119C E8 B5 04 00 00          call        __abnormal_termination (00401656)
004011A1 50                      push        eax
004011A2 68 44 20 42 00  push offset string "Termination/Cleanup ..." (00422044)
004011A7 E8 F4 00 00 00          call        printf (004012a0)
004011AC 83 C4 08                add         esp,8
$L1063:
004011AF C3                      ret                                  // 从终结处理块返回
48:         }
```

通过以上分析我们知道，在保护块中使用 return 语句会使程序调用__local_unwind2 函数做所谓的局部展开，导致额外的开销。其实，goto 语句也有同样的效果（输入 seh_trmt 6666 可以跟踪该种情况），所以在编程时应该尽可能避免在被保护块中使用 goto 和 return 语句。因为保护块正常结束时不需要执行局部展开，所以对于第 36 行和第 42 行可以先设置合适的变量，然后使用__leave 关键字退出被保护块，也就是采用第 32 行的做法。

还有一点要说明的是，如果在终结处理块中也使用了 return 语句，比如在第 47 行加上 "return –5;"，那么当执行 seh_trmt 6 时退出值会是多少呢？答案是–5。原因是该 return 语句会被编译成一个赋值语句和一个无条件跳转语句，直接跳转到终结块后面的代码（EXIT_BYE），不会返回__local_unwind2。

11.4.3 SHE 机制的异常处理

异常处理的语法结构如下。

```
__try
{
// 被保护体，也就是要保护的代码块
}
__except(过滤表达式)
{
// 异常处理块（exception-handling block）
}
```

为了便于讨论，我们把过滤表达式和它下面的异常处理块合称为__except 块。除了__try 和__except 关键字之外，Visual C++编译器还提供了以下两个宏来辅助编写异常处理代码。

（1）DWORD GetExceptionCode()：返回异常代码。只能在过滤表达式或异常处理块中使用这个宏。

（2）LPEXCEPTION_POINTERS GetExceptionInformation()：返回一个指向 EXCEPTION_POINTERS 结构的指针，该结构包含了指向 CONTEXT 结构和异常记录（exception record）结构的指针。只能在过滤表达式中使用这个宏。

其中，EXCEPTION_POINTERS 结构的定义如下。

```
typedef struct _EXCEPTION_POINTERS {
  PEXCEPTION_RECORD ExceptionRecord;    // 异常记录
  PCONTEXT ContextRecord;               // 异常发生时的线程上下文
} EXCEPTION_POINTERS, *PEXCEPTION_POINTERS;
```

ExceptionRecord 指向的就是 11.2 节所介绍的异常结构,通过它可以得到异常的详细信息，通过 ContextRecord 指针可以得到发生异常时的线程上下文，包括寄存器取值等。

11.4.4 过滤表达式

过滤表达式既可以是常量、函数调用，也可以是条件表达式或其他表达式，只要表达式的结果为 0、1、−1 这 3 个值之一，它们的含义如下。

（1）EXCEPTION_CONTINUE_SEARCH(0)：本保护块不处理该异常，让系统继续寻找其他异常保护块。

（2）EXCEPTION_CONTINUE_EXECUTION(−1)：已经处理异常，让程序回到异常发生点继续执行，如果导致异常的情况没有被消除，那么很可能还会发生异常。

（3）EXCEPTION_EXECUTE_HANDLER(1)：这是本保护块预计到的异常，让系统执行本块中的异常处理代码，执行完后会继续执行本异常处理块下面的代码，即 except 块之后的第一条指令。

下面介绍几种常用的编写过滤表达式的方法。

（1）直接使用常量，比如__except(EXCEPTION_EXECUTE_HANDLER)，或者直接写为__except(-1)等。

（2）使用条件运算符，比如__except(GetExceptionCode()= = EXCEPTION_ACCESS_VIOLATION?-EXCEPTION_EXECUTE_HANDLER: EXCEPTION_CONTINUE_SEARCH)。其含义是，如果发生的异常是非法访问异常，那么就执行异常处理块；否则，就继续搜索其他异常保护块。

（3）使用逗号表达式实现一系列操作，比如在卷 1 的 3.3.3 节给出的例子中，便在过滤表达式__except(printf("In__except block:"),VAR_WATCH(),…)中执行了打印变量、判断等多个操作。

（4）调用其他函数，通常将 GetExceptionCode()得到的异常代码或 GetExceptionInformation()得到的异常信息作为参数传给该函数。例如_ _ except(ExcptFilter (GetExceptionInformation()))。

可见，可以根据具体需要设计不同复杂度的表达式，可短到一个常数，可长到使用逗号运算符或编写过滤函数进行一系列操作。

下面给出一个通过过滤函数修正错误后再恢复执行的例子（清单 11-7）。

清单 11-7　通过过滤函数修正错误后再恢复执行的例子

```
1   // SEH_Excp.cpp : Exception Handling of SEH Demonstration
2   // Raymond April 16th, 2006
3   //
4   #include "stdafx.h"
5   #include <excpt.h>
6   #include <windows.h>
7   #include <stdlib.h>
8
9   char g_szDefPara[]="0123456789";
10  int ExcptionFilter(LPEXCEPTION_POINTERS pException,char**ppPara)
11  {
12      PEXCEPTION_RECORD pER=pException->ExceptionRecord;
13      PCONTEXT pContext=pException->ContextRecord;
14
15      printf("Exception Info: code=%08X, addr=%08X, flags=%X.\n",
16          pER->ExceptionCode, pER->ExceptionAddress,
17          pER->ExceptionFlags);
18
19      printf("Context Info: EIP=%08X, ECX=%08X.\n",
20          pContext->Eip, pContext->Ecx);
21
22      if(*ppPara==NULL && pER->ExceptionCode==STATUS_ACCESS_VIOLATION)
23      {
24          *ppPara=g_szDefPara;
25          pContext->Eip-=3;
26          printf("New EIP=%08X and *ppPara=%s.\n",
27              pContext->Eip,*ppPara);
28          return EXCEPTION_CONTINUE_EXECUTION;
29      }
30
31      return EXCEPTION_EXECUTE_HANDLER;
32  }
33  void FuncA(char* lpsz)
34  {
35      printf("Entering FuncA with lpsz=%s.\n",lpsz);
36      __try
37      {
38          *lpsz='2';
39      }
40      __except(ExcptionFilter(GetExceptionInformation(),&lpsz))
41      {
42          printf("Exexcuting handling block in FuncB.\n");
43      }
44      printf("Exiting from FuncA with lpsz=%s.\n",lpsz);
45  }
46  int FuncB(int nPara)
47  {
48      printf("Entering FuncB with Para=%d.\n",nPara);
49      __try
50      {
51          nPara=1/nPara;
52
53          *(int*)0=1;
54      }
```

```
55         __except(GetExceptionCode()==EXCEPTION_ACCESS_VIOLATION?
56            EXCEPTION_EXECUTE_HANDLER:EXCEPTION_CONTINUE_SEARCH)
57         {
58            printf("Executing handling block in FuncB [%X].\n",
59               GetExceptionCode());
60         }
61         printf("Exiting from FuncB with Para=%d.\n",nPara);
62         return nPara;
63      }
64      int main(int argc, char* argv[])
65      {
66         int nRet=0;
67
68         FuncA(argv[1]);
69
70         __try
71         {
72            nRet=FuncB(argc-1);
73         }
74         __except(EXCEPTION_EXECUTE_HANDLER)
75         {
76            printf("Executing exception handling block in main [%X].\n",
77               GetExceptionCode());
78         }
79
80         printf("Exit from main with nRet=%d.\n",nRet);
81         return nRet;
82      }
```

以上代码主要用来演示 SEH 的功能，FuncA 旨在说明过滤函数的用法，FuncB 用来说明异常处理块的处理逻辑（稍后讨论）。

首先尝试不带任何参数运行 SEH_Excp 程序，其结果如下。

```
Entering FuncA with lpsz=(null).
Exception Info: code=C0000005, addr=00401180, flags=0.
Context Info: EIP=00401180, ECX=00000000.
New EIP=0040117D and *ppPara=0123456789.
Exiting from FuncA with lpsz=2123456789.
Entering FuncB with Para=0.
Executing exception handling block in main [C0000094].
Exit from main with nRet=0.
```

下面让我们来一起分析以上执行结果。因为我们没有使用任何命令行参数，所以 argv[1]为空，进入 FuncA 时 lpsz=null。第 38 行企图将字符'2'赋值给 lpsz 指向的字符串的第一字节，因为此时 lpsz 没有指向有效的内存，所以当 CPU 执行该语句时会导致页错误异常。页错误异常的内核处理例程是 KiTrap0E，这是一个非常重要而且繁忙的内核例程，因为它也是虚拟内存机制的重要部分，当一个不在物理内存中的内存地址被引用时，CPU 会产生页错误异常，然后执行 KiTrap0E。KiTrap0E 会从 CR2 寄存器中捕获 CPU 在访问哪个内存地址时发生了异常，并根据栈中的错误代码取出发生模式、访问内存的方式（读、写或取指）等信息。然后 KiTrap0E 会调用 MmAccessFault 函数检查异常的发生原因。当 MmAccessFault 发现导致异常的内存地址指向的是不允许访问的内存空间时，MmAccessFault 便会返回 STATUS_ACCESS_VIOLATION（值为 C0000005），即非法访问异常。接下来此异常会被送到 KiExceptionDispatch 函数进行分发，由于这是一个发生在用户模式的异常，因此 KiExceptionDispatch 会把它交给 KiUserExceptionDispatch 函数进行分发。而后，KiUserExceptionDispatch 会调用用户模式的 RtlDispatchException 寻找异常处理器，其寻找细节将在第 24 章详细介绍，目前大家可以认为在栈中寻找异常处理器所注册的 EXCEPTION_REGISTRATION 结构，执行它的过滤函数，然后判断过滤函数的返回值，并据此决定是继续寻找其他异常处理器或是恢复执行程序，还是执行异常处理块中的代码。

回到我们的例子，因为第 40～44 行的异常处理器是与发生的异常距离最近的异常处理器，所以 RtlDispatchException 首先会找到这个异常处理器，评估其过滤表达式，也就是执行 ExcptionFilter 函数。ExcptionFilter 函数首先会打印出异常的信息（注意异常代码）和发生异常时的 CONTEXT（上下文）信息。这些信息都是内核中的函数在异常发生后收集并存储在 EXCEPTION_RECORD 和 CONTEXT 这两个结构中的。当要恢复执行发生异常的程序时，系统会使用 CONTEXT 结构来恢复当时的寄存器内容，以保证程序的状态不会受影响。

当 ExcptionFilter 函数检测到异常是非法访问异常而且字符串指针为空（*ppPara==NULL）时，它便意识到发生的异常是因为没有把字符串指针指向有效的内存而导致的，或者说是由于用户没有指定命令行参数导致的，因此它便把字符串指针指向默认的参数字符串。按道理现在 ExcptionFilter 就可以让 CPU 回去重新执行发生异常的指令了，但是因为高级语言和汇编语言的差异，现在直接返回还会再次导致异常。看了第 38 行对应的汇编代码大家便会明白了：

```
38:             *lpsz='2';
0040117D 8B 4D 08           mov         ecx,dword ptr [ebp+8]
00401180 C6 01 32           mov         byte ptr [ecx],32h
```

“*lpsz='2';”这条语句被编译成了两条汇编指令，第一条把 lpsz 指针的内容（它指向的地址）放到 ECX 寄存器当中，第二条把字符'2'（ASCII 码为 0x32）放到 ECX 代表的地址中。根据打印出的信息（Context Info: EIP=00401180, EAX=00000021.），是第二条指令（mov byte ptr [ecx],32h）导致了异常。这很合乎情理，因为 lpsz 是个指针，所以取 lpsz 指针内容的第一条指令显然不会导致异常，但由于 lpsz 指向空值，因此 ecx 等于 0，那么向地址 0 写内容的第二条指令会导致异常。从前面的执行结果（Context Info: EIP=00401180, ECX=00000000）可以看到异常发生时的 EIP 指针为 00401180，确实是第二条指令导致了异常。回过头来，如果 ExcptionFilter 里修正了字符串指针的值，就返回 EXCEPTION_CONTINUE_EXECUTION 让程序恢复执行，那么 CPU 会回到第二条指令处执行，由于 ECX 的值仍然为 0，因此还是会导致异常。也就是说，因为高级语言和汇编语言的差异，尽管我们改变了 lpsz 指针的值，但是因为第一条汇编指令没有重新执行，所以我们的修正没有起到作用。那么如何让它起到作用呢？一种简单的方法就是将 CONTEXT 结构中的 IP 值减小，使其指向第一条汇编指令。

看了上面修改程序指针的方法，大家也许会问，是不是总要观察反汇编的结果才能知道如何调整 EIP 的值呢？这样做有通用性吗？这些问题很好，可以说我们的例子只是为了演示恢复执行的原理，对于实际的问题，需要设计更系统周密的方法。不过类似这样的问题确实难以找到尽善尽美的方案，因此 Visual C++编译器中把所有 C++异常都强制规定为不可恢复执行（non-continuable），即对于这样的异常，异常过滤函数不准返回 EXCEPTION_CONTINUE_EXECUTION。如果强行返回，那么会导致 EXCEPTION_NONCONTINUABLE_EXCEPTION 异常。

11.4.5 异常处理块

在现实的软件工程中，刚才介绍的先修正错误情况然后恢复执行的办法应用的情景并不多。主要原因是多方面的，包括错误情况难以判断，错误难以修正，程序员这方面的知识有限等。因此更多时候，过滤表达式直接或间接指定 EXCEPTION_EXECUTE_HANDLER，也就是执行异常处理块，对异常来做“善后”工作。异常处理块处理完成后，程序便沿着异常处理块下面的流程继续执行了，也就是不会再返回发生异常的位置了。

仍然以清单 11-7 所示的 SEH_Excp 程序为例，我们来分析 Func B。Func B 的被保护块（第 49～54 行）中共有两行代码，是我们特别设计的，分别用来产生除零异常（第 51 行）和非法访问异常（第 53 行）。第 53 行直接向空指针赋值，所以只要执行到这里就会产生异常。第 51 行将参数（nPara）作为除数，所以只有当 nPara 等于 0 时才会产生异常。当我们不带参数执行 SEH_Excp 时，argc 等于 1，因此第 72 行对 FuncB(argc-1)的调用相当于用 0 做参数调用 FuncB。这会导致 CPU 执行到第 51 行对应的汇编指令时产生除零异常（#DE）。接下来的过程大家应该已经非常熟悉：CPU 从 IDT 中根据向量 0 处的门描述符找到 KiTrap00 的函数地址，然后开始执行 KiTrap00，KiTrap00 调用 CommonExceptionDispatch 建立异常记录结构，接着调用 KiExceptionDisptach 分发异常。由于异常发生在用户模式，因此 KiExceptionDispatch 会把它交给用户模式的 KiUserExceptionDispatch 函数进行分发，KiUserExceptionDispatch 会通过调用 RtlDispatchException 来寻找异常处理器，RtlDispatchException 在栈中依次寻找各个异常处理器的 EXCEPTION_REGISTRATION 结构，评估各个异常处理器的过滤表达式，并根据过滤表达式的返回值决定是要继续寻找其他异常处理器或是恢复执行程序，还是执行该异常处理器的异常处理块。因为 RtlDispatchException 是按由近到远的顺序来评估各个异常处理块的（第 24 章），所以第 55 行和第 56 行定义的过滤表达式会最先得到评估。

```
__except(GetExceptionCode()==EXCEPTION_ACCESS_VIOLATION?
    EXCEPTION_EXECUTE_HANDLER:EXCEPTION_CONTINUE_SEARCH)
```

显而易见，该过滤表达式的含义是：如果所发生异常的异常代码为 EXCEPTION_ACCESS_VIOLATION，那么就执行异常处理块；否则，就继续搜索。因为我们现在讨论的是第 51 行引发的除零异常（异常代码 EXCEPTION_INT_DIVIDE_BY_ZERO），所以过滤表达式会返回 EXCEPTION_CONTINUE_SEARCH 给 RtlDispatchException，意思是"我不处理该异常，你继续找其他人吧"。RtlDispatchException 收到此回复后会在栈中继续追溯，寻找其他异常处理器，因为 main 函数在调用 FuncB 时也使用了 SEH，所以 RtlDispatchException 接下来会评估第 74 行所定义的过滤表达式。

```
__except(EXCEPTION_EXECUTE_HANDLER)
```

由于该过滤表达式是常量 EXCEPTION_EXECUTE_HANDLER，意思是"不论发生什么异常我都处理，请执行我的处理块"。RtlDispatchException 接到此回复后，首先会进行全局展开（global unwinding）和局部展开（local unwinding）（通称栈展开，我们将在第 24 章讨论），然后跳转到异常处理块的起始地址，开始执行异常处理块。观察异常处理块（第 74～78 行）所对应的汇编代码（清单 11-8），可以看到没有任何跳转和返回指令（与前面讲的 finally 块不同），因此 CPU 执行完异常处理块后会继续执行异常处理块下面的代码。

清单 11-8 __except 块的编译

```
74:       {
75:             printf("Executing exception handling block in main [%X].\n",
76:                 GetExceptionCode());
0040DAB1 8B 4D E0              mov      ecx,dword ptr [ebp-20h]
0040DAB4 51                    push     ecx
0040DAB5 68 DC 31 42 00 push offset string "Executing exception ..." (004231dc)
0040DABA E8 61 39 FF FF        call     printf (00401420)
0040DABF 83 C4 08              add      esp,8
```

```
78:        }
0040DAC2 C7 45 FC FF FF FF FF mov          dword ptr [ebp-4],0FFFFFFFFh
79:
80:        printf("Exit from main with nRet=%d.\n",nRet);
```

回味上面的执行过程，由于 FuncB 中的第 51 行在执行时发生了异常，系统（异常分发逻辑）在 main 函数中找到了异常处理器，执行完 main 中的异常处理块后，系统便继续执行 main 中的代码了。从函数调用关系看，由于发生了异常，CPU 执行完 FuncB 函数的第 51 行后便继续执行 main 函数了，仿佛是从 FuncB 函数中间“飞”了出来，这也是在执行 main 函数的异常处理块之前要进行栈展开的原因，简单来说，栈展开就是将栈恢复成适合异常处理块执行的栈状态。在我们现在的例子中，就是将栈恢复成 main 函数所对应的栈。

从执行流程角度来看，由于发生异常，程序从 FuncB 函数中间“飞”回到了 main 函数，相当于在 FuncB 函数中多了一个额外的“函数出口”，而且该出口的位置是不固定的。这种不可预测的“出口”是违背结构化编程理念的，会使软件的执行流程变得更加复杂，也会给软件调试（错误定位）带来困难。为了降低异常的负面影响，应该及早捕捉和处理异常，也就是如果某一段代码可能发生异常，那么就在这段代码附近设置能够处理该异常的异常处理器。

11.4.6 嵌套使用终结处理和异常处理

一个异常保护块（__try 块）不能同时配有终结处理块（__finally 块）和异常处理块（__except 块），但是可以通过嵌套使一段代码同时得到终结处理和异常处理（清单 11-9）。

清单 11-9 嵌套使用终结处理和异常处理

```
1     // SEH_Mix.cpp : Demonstrate nested termination handling
2     // and exception handline of SEH.
3     // Raymond April 22th, 2006
4     //
5
6     #include "stdafx.h"
7     #include <excpt.h>
8
9     void main(void)
10    {
11        __try
12        {
13            __try
14            {
15                int n=0;
16                int i=1/n;
17            }
18            __finally
19            {
20                printf("Executing terminating block.\n");
21            }
22        }
23        __except (printf("Exceuting ExcpFilter.\n"),
24            EXCEPTION_EXECUTE_HANDLER)
25        {
26            printf("Executing exception handling block.\n");
27        }
28    }
```

清单 11-9 所示的代码演示了如何使用终结处理和异常处理。第 13～17 行定义了内层的被保护块，第18～21行定义了一个终结处理块，第11～22行定义了外层的被保护块，第23～27行定义了外层的异常处理器。第15～16行故意做了一个除以零操作，CPU执行到此一定会产生一个除零异常（#DE）。接下来的执行逻辑会怎么样呢？会先执行内层的__finally块还是外层的__except块呢？答案是先执行__except块的过滤表达式，该逗号表达式的结果是EXCEPTION_EXECUTE_HANDLER，在异常分发函数收到此结果后，会进行全局展开和局部展开，局部展开的过程中会调用终结处理块。因此以上代码的执行结果如下。

```
Exceuting ExcpFilter.
Executing terminating block.
Executing exception handling block.
```

以上对Windows系统的结构化异常处理机制进行了初步介绍。因为异常处理机制这一内容确实比较复杂，有些部分也不太容易理解，所以读完该节后大家心中可能还有一些疑问，比如RtlDispatchException内部是如何工作的？它是如何找到各个异常处理器的？因为理解这些问题需要对栈结构有比较深的了解，所以我们把这一内容留到第24章来讨论。

11.5 向量化异常处理

除了结构化异常处理，从Windows XP开始，Windows还支持一种名为向量化异常处理（Vectored Exception Handling，VEH）的异常处理机制。与SEH既可以用在用户模式又可以用在内核模式不同，VEH只能用在用户态程序中。

11.5.1 登记和注销

VEH的基本思想是通过注册以下原型的回调函数来接收和处理异常。

```
LONG CALLBACK VectoredHandler(PEXCEPTION_POINTERS ExceptionInfo);
```

其中ExceptionInfo是指向EXCEPTION_POINTERS结构的指针，与GetExceptionInformation()函数的返回值是相同类型的。VectoredHandler的返回值应该为EXCEPTION_CONTINUE_EXECUTION（–1，恢复执行）或者EXCEPTION_CONTINUE_SEARCH（0，继续搜索）。

相应地，Windows系统公布了两个API，AddVectoredExceptionHandler与RemoveVectored-ExceptionHandler分别用来注册和注销回调函数（VectoredHandler）。

```
PVOID AddVectoredExceptionHandler(ULONG FirstHandler,
  PVECTORED_EXCEPTION_HANDLER VectoredHandler);
```

参数FirstHandler用来指定该回调函数的被调用顺序，若为0表示希望最后被调用，若为1表示希望最先被调用。如果注册了多个回调函数，而且FirstHandler都为非零值，那么最后注册的会最先被调用。如果注册成功，返回值指向的是系统为该异常处理器分配的一个结构（VEH_REGISTRATION）指针，应用程序应该保存这个指针，以便注销该结构化异常处理器时使用；如果注册失败，返回值为0。

在AddVectoredExceptionHandler内部，会为每个向量化异常处理器分配一个类似如下结构的结构（长为12字节）。

```
typedef struct _VEH_REGISTRATION
{
_VEH_REGISTRATION* next;
```

```
    _VEH_REGISTRATION* prev;
    PVECTORED_EXCEPTION_HANDLER pfnVeh;
    } VEH_REGISTRATION, * PVEH_REGISTRATION;
```

其中 next 指针指向下一个结构化异常处理器，prev 指向前一个结构化异常处理器，pfnVeh 指向该结构化异常处理器的回调函数。当有多个结构化异常处理器时，这些结构化异常处理器的 VEH_REGISTRATION 结构组成一个环状链表。NTDLL.DLL 中的全局变量 RtlpCalloutEntryList 指向该链表的头。

RemoveVectoredExceptionHandler 函数用来注销结构化异常处理器，也就是将一个结构化异常处理器的注册结构从 RtlpCalloutEntryList 所指向的链表中移除。

```
ULONG RemoveVectoredExceptionHandler( PVOID VectoredHandlerHandle);
```

11.5.2 调用结构化异常处理器

前面几节介绍过，对于在用户模式下发生的异常，KiUserExceptionDispatch 会调用 RtlDispatchException 来寻找异常处理器，在支持结构化异常处理器的系统中，在寻找结构化异常处理器之前，RtlDispatchException 会先调用 RtlCallVectoredExceptionHandlers 给结构化异常处理器优先的处理机会。RtlCallVectoredExceptionHandlers 会从前面讲的 RtlpCalloutEntryList 开始遍历结构化异常处理器记录列表。

（1）如果 RtlpCalloutEntryList 的 next 成员指向的是 RtlpCalloutEntryList 自身，则说明没有注册的结构化异常处理器需要调用，RtlCallVectoredExceptionHandlers 会返回 FALSE（0）。

（2）如果 RtlpCalloutEntryList 的 next 成员指向了另一个 VEH_REGISTRATION 结构，则 RtlCallVectoredExceptionHandlers 会先调用 RtlEnterCriticalSection 函数防止其他线程访问链表，然后调用该 VEH 的回调函数。如果回调函数返回 EXCEPTION_CONTINUE_SEARCH(0)，那么 RtlCallVectoredExceptionHandlers 就继续循环下一个准备被调用的结构化异常处理器。如果这是最后一个向量化异常处理器，那么 RtlCallVectoredExceptionHandlers 便返回 FALSE（0）。

（3）如果一个向量化异常处理器返回了 EXCEPTION_CONTINUE_EXECUTION(–1)，那么 RtlCallVectoredExceptionHandlers 便返回 TRUE。

如果 RtlCallVectoredExceptionHandlers 返回 FALSE，那么 RtlDispatchException 会继续寻找结构化向量处理器；如果 RtlCallVectoredExceptionHandlers 返回 TRUE，那么 RtlDispatchException 从而认为向量化异常处理器已经处理了该异常，从而直接返回了（返回值为真）。清单 11-10 给出了 RtlCallVectoredExceptionHandlers 函数的伪代码，供大家参考。

清单 11-10 RtlCallVectoredExceptionHandlers 函数的伪代码

```
bool RtlCallVectoredExceptionHandlers(
    PEXCEPTION_RECORD pExcptRec,
    CONTEXT * pContext )
{
    bool bRet = false;

    if(RtlpCalloutEntryList->Next==RtlpCalloutEntryList)
        return bRet;

    RtlEnterCriticalSection( &RtlpCalloutEntryLock );

    // 指向 VEH 链表的第一个节点
    PVEH_REGISTRATION pCurrentNode = RtlpCalloutEntryList->next;
```

```
    // 遍历注册的所有 VEH 节点
    while ( pCurrentNode != RtlpCalloutEntryList )
    {
        EXCEPTION_POINTERS pExceptionPointers =
            (EXCEPTION_POINTERS)&pExcptRec;
        LONG disposition = pCurrentNode->pfnVeh
            ( pExceptionPointers );

        if ( disposition == EXCEPTION_CONTINUE_EXECUTION )
        {
            bRet = true;
            break;
        }

        pCurrentNode = pCurrentNode->next;
    }

    RtlLeaveCriticalSection( &RtlpCalloutEntryLock );

    return bRet;
}
```

11.5.3 示例

下面通过一个程序示例来加深大家对 VEH 的理解（清单 11-11）。

清单 11-11 演示 VEH 的示例

```
1   // VEH.cpp :用于演示 VEH
2   // 2006 年 4 月 22 日
3   //
4
5   #include <windows.h>
6   #include <stdio.h>
7   #include <stdlib.h>
8   #include <ctype.h>
9
10  typedef struct _VEH_REGISTRATION
11  {
12      _VEH_REGISTRATION* next;
13      _VEH_REGISTRATION* prev;
14      PVECTORED_EXCEPTION_HANDLER pfnVeh;
15  } VEH_REGISTRATION, * PVEH_REGISTRATION;
16
17  #define TRACE(szWhere,ExceptionInfo) \
18      printf("Exceuting %s: code=%X, flags=%X\n",szWhere,\
19      ExceptionInfo->ExceptionRecord->ExceptionCode,\
20      ExceptionInfo->ExceptionRecord->ExceptionFlags)
21
22  #define SHOW_VEH(v) printf("Node [%X]: next=%8X, prev=%8X, PFN=%X.\n",\
23      v, v->next, v->prev, v->pfnVeh)
24
25  LONG WINAPI VEH1( struct _EXCEPTION_POINTERS *ExceptionInfo)
26  {
27      TRACE("VEH1",ExceptionInfo);
28      return EXCEPTION_CONTINUE_SEARCH;
29  }
30
31  LONG WINAPI VEH2(struct _EXCEPTION_POINTERS *ExceptionInfo )
32  {
33      TRACE("VEH2",ExceptionInfo);
34      PCONTEXT Context = ExceptionInfo->ContextRecord;
35
```

```
36         Context->Eip++;
37         return EXCEPTION_CONTINUE_EXECUTION;
38     }
39     LONG WINAPI VEH3( struct _EXCEPTION_POINTERS *ExceptionInfo )
40     {
41         TRACE("VEH3",ExceptionInfo);
42         return EXCEPTION_CONTINUE_SEARCH;
43     }
44
45     void VehTest1()
46     {
47         PVOID h1,h2,h3;
48
49         h2 = AddVectoredExceptionHandler(1,VEH2);
50         h3 = AddVectoredExceptionHandler(0,VEH3);
51         h1 = AddVectoredExceptionHandler(1,VEH1);
52         SHOW_VEH(((PVEH_REGISTRATION)h1));
53         SHOW_VEH(((PVEH_REGISTRATION)h2));
54         SHOW_VEH(((PVEH_REGISTRATION)h3));
55         _asm {cli};
56         RemoveVectoredExceptionHandler(h1);
57         RemoveVectoredExceptionHandler(h2);
58         RemoveVectoredExceptionHandler(h3);
59     }
60
61     void VehTest2()
62     {
63         PVOID h1;
64
65         h1 = AddVectoredExceptionHandler(1,VEH1);
66
67         __try
68         {
69             _asm {int 1};
70         }
71         __except(TRACE("SEH Filter in VehTest2",
72             ((PEXCEPTION_POINTERS)GetExceptionInformation())),
73             EXCEPTION_EXECUTE_HANDLER)
74         {
75             printf("Eexcuting SEH handling block in VehTest2.\n");
76         }
77
78         RemoveVectoredExceptionHandler(h1);
79     }
80
81     void main( )
82     {
83         printf("VehTest1:\n");
84         VehTest1();
85         printf("VehTest2:\n");
86         VehTest2();
87     }
```

在清单 11-11 所示的小程序中，第 25～43 行的代码定义了 3 个用于向量化异常处理的回调函数，或者说向量化异常处理器。第 45～79 行设计了两个函数用于测试以上向量化异常处理器。

让我们先看 VehTest1，首先 VehTest1 调用 AddVectoredExceptionHandler API 对 3 个结构化异常处理器进行了注册，第 49 行的调用将 FirstHandler 参数设为 1，这告诉系统将 VEH2 注册为第一个结构化异常处理器。第 50 行的调用将 FirstHandler 参数设为 0，这告诉系统将 VEH3 注册为最后一个 VEH。第 51 行的调用将 FirstHandler 参数也设为 1，这告诉系统将 VEH1 注册为第一个 VEH。因为 VEH1 的注册在后，所以 VEH1 会取代 VEH2 成为第一个结构化异常处理器。因为 AddVectoredExceptionHandler 的返回值就是指向该结构化异常处理器的指针，所以可以很容易地打印出（第 52～54 行）这 3 个 VEH 表项（VEH_REGISTRATION 结构）的各个成员值。

```
Node [1430E0]: next=  1430B0, prev=77FC4880, PFN=401014. // VEH1 的节点
Node [1430B0]: next=  1430C8, prev=  1430E0, PFN=401005. // VEH2 的节点
Node [1430C8]: next=77FC4880, prev=  1430B0, PFN=40100F. // VEH3 的节点
```

显而易见，VEH1 节点（1430E0）的 next 值为 1430B0，即 VEH2 节点的地址；VEH2 节点（1430B0）的 next 值为 1430C8，这正是 VEH3 节点的地址；VEH1 节点的 prev 和 VEH3 的 next 指向的都是 77FC4880，这正是 NTDLL.DLL 中全局变量 RtlpCalloutEntryList 的值。

在第 55 行，我们故意插入了一条特权指令（清除允许中断标志），这会触发一个 EXCEPTION_PRIV_INSTRUCTION 异常（0xC0000096）。如前面所讨论的，系统会遍历 VEH 链表，执行向量化异常处理器的回调函数。最先被调用的是 VEH1，但是 VEH1 返回 EXCEPTION_CONTINUE_SEARCH，让系统继续搜索。于是 VEH2 得到了处理机会，VEH2 将 CONTEXT 结构中的指令指针（EIP）递增 1，因为 EIP 本来是指向导致异常的 CLI 指令的，而且 CLI 指令的长度只有一字节，所以递增 1 相当于使程序指针跳过了导致异常的 CLI 指令。做了这个处理后，VEH2 返回 EXCEPTION_CONTINUE_EXECUTION，意思说“我已经处理好了这个异常，请恢复执行吧”。因为 VEH2 返回了“好消息”（EXCEPTION_CONTINUE_EXECUTION），所以系统停止继续搜索其他的向量化异常和结构化异常处理器，RtlDispatchException 返回 TRUE 给 KiUserExceptionDispatch，KiUserExceptionDispatch 调用 NtContinue 服务恢复程序继续执行。

第 56 ~ 58 行注销了向量化异常处理器，注意注销的顺序可以与注册的顺序不一致。

下面再来看 VehTest2，VehTest2 先注册了一个向量化异常处理器（VEH1），然后使用结构化异常处理机制对第 69 行的“危险操作”进行了保护。当在第 69 行发生异常后，系统会找到并执行 VEH1，但由于 VEH1 没有处理该异常，因此系统会继续搜索结构化异常处理器。执行 VEH 小程序，得到的执行结果与以上的分析是一致的。

```
VehTest1:
Node [1430E0]: next=  1430B0, prev=77FC4880, PFN=401014.
Node [1430B0]: next=  1430C8, prev=  1430E0, PFN=401005.
Node [1430C8]: next=77FC4880, prev=  1430B0, PFN=40100F.
Exceuting VEH1: code=C0000096, flags=0
Exceuting VEH2: code=C0000096, flags=0
VehTest2:
Exceuting VEH1: code=C0000005, flags=0
Exceuting SEH Filter in VehTest2: code=C0000005, flags=0
Eexcuting SEH handling block in VehTest2.
```

最后，我们归纳 VEH 与 SEH 的区别和联系。

从应用范围来讲，SEH 既可以用在用户态（应用程序）代码中，也可以用在内核态（比如驱动程序）代码中，但是 VEH 只能用在用户态代码中。另外，VEH 只有在 Windows XP 或更高版本的 Windows 中才能使用，在编译使用 VEH 的应用程序时必须将要求的 Windows 版本定义为 0x0501 或更高的值（_WIN32_WINNT=0x0501），而 SEH 没有这一限制。

从优先级的角度来看，对于同时注册了 VEH 和 SEH 的代码所触发的异常，VEH 比 SEH 先得到处理权。

从注册方式来看，SEH 的注册信息是以固定的结构存储在线程栈中的，不同层次的各个 SEH 的注册信息依次被压入栈中，分布在栈的不同位置上，依靠结构内的指针相联系，因为人们经常将一个函数所对应的栈区域称为栈帧（stack frame），所以结构化异常处理器又经常称为基于帧的异常处理器（frame-based exception handler）；VEH 的注册信息是存储在进程的内存堆中的。

从作用域的角度来看，VEH 处理器相对于整个进程都有效，具有全局性；结构化异常处理器是动态建立在所在函数的栈帧上的，会随着函数的返回而被注销，因此 SEH 只对当前函数或这个函数所调用的子函数有效。

从编译的角度来讲，SEH 的注册和注销是依赖编译器编译时所生成的数据结构与代码的（第 24 章），VEH 的注册和注销都是通过调用系统的 API 显式完成的，不需要编译器的特别处理。

11.6 本章总结

本章分两个部分比较详细地介绍了 Windows 操作系统的中断和异常管理，前半部分（前 3 节）介绍了用以描述异常的基本数据结构和分发异常的基本过程，后半部分介绍了结构化异常处理机制和向量化异常处理机制。我们将在第 12 章继续介绍 Windows 系统对未处理异常的处置方法和详细过程。

参考资料

[1] Jeffrey Richter. Programming Applications for Microsoft Windows. Microsoft Press, 1999.

第 12 章　未处理异常和 JIT 调试

本章的前半部分将详细介绍 Windows 系统对“未处理异常”的处置方法和过程，包括默认的异常处理器（12.2 节）、未处理异常过滤函数（12.3 节）和“应用程序错误”对话框（12.4 节）。后半部分将介绍与未处理异常密切相关的 JIT 调试（12.5 节）、顶层异常过滤函数（12.6 节）、系统自带的 JIT 调试器——Dr. Watson 程序（12.7 节）、Dr.Watson 产生的日志文件（12.8 节）及用户态转储文件（12.9 节）。

12.1 简介

从第 11 章的介绍我们知道，Windows 系统定义了非常周密的逻辑来分发异常，会给每个异常最多两轮处理机会。对于第一轮处理机会，异常分发函数会先尝试分发给调试器，如果没有调试器或调试器没有处理，就会分发给异常处理器来处理。

当开发软件时，我们可以使用结构化异常处理（SEH）机制，在不同层次上定义多个异常处理器。当有异常需要处理时，系统会把处理机会依次交给各个异常处理器。每个处理器可以根据系统传给它的参数来了解异常的详细信息，以此判断自己能否处理该异常，并把结果返回给系统。如果一个处理器返回 EXCEPTION_CONTINUE_EXECUTION，就表示它已经处理了该异常，并让系统恢复执行因为发生异常而中断的代码；如果一个处理器返回 EXCEPTION_CONTINUE_SEARCH，那么表示它不能处理该异常，并让系统继续寻找其他的异常处理器。那么，系统有没有可能“问”遍了所有异常处理器，大家都说“处理不了”呢？

以清单 12-1 所示的 UEF（HelloWorld）小程序为例，我们在 main 函数中没有编写设计任何异常处理代码，既没有结构化异常处理器，也没有向量化异常处理器，但是在第 10 行设置了一个“炸弹”。

清单 12-1　演示未处理异常的 UEF 小程序

```
1    // UEF.cpp : Demonstrate Unhandled Exceptions.
2    // Raymond April 22th 2006
3    //
4
5    #include "stdafx.h"
6
7    int main(int argc, char* argv[])
8    {
9        printf("Going to assign value to null pointer!!\n");
10       *(int*)0=1;
11       return 0;
12   }
```

如果运行这个程序，当 CPU 执行到第 10 行时，一定会产生一个非法访问异常（在 CPU 级是页错误异常）。因为在我们的程序代码中，根本没有任何异常处理器来处理异常，所以我们编写的代码不会处理这个异常，像这样的异常称为未处理异常（unhandled exception）。未处理异常的另一种情况是，尽管我们设计了一个或多个异常处理器，但是它们都没有处理某个异常。

相对于操作系统的代码而言，系统中其他软件的代码又称为用户代码，因此，可以把未处理异常定义为在用户代码范围内发生或触发的但用户代码没有处理的异常。

根据用户程序的运行模式，发生在驱动程序等内核态模块中的未处理异常通常称为内核态的未处理异常。类似地，发生在应用程序中的未处理异常称为用户态的未处理异常。

认真回忆我们在第 11 章介绍的异常分发流程（图 11-3），系统只有在第一轮分发时，才会把异常分发给用户代码注册的异常处理器，第二轮分发时并不会这么做。因此，对结构化异常处理器或向量化异常处理器来说，只有一轮处理异常的机会。也就是说，如果在第一轮异常分发的过程中有一个异常没有被处理，那么它便成为未处理异常。进入第二轮分发的异常都属于未处理异常。

对于用户态的未处理异常，Windows 系统的策略是使用系统登记的默认异常处理器来处理。事实上，Windows 系统为应用程序的每个线程都设置了默认的结构化异常处理器。当应用程序内的代码没有处理异常时，系统会使用这些默认的异常处理器来处理异常。

对于内核态的未处理异常，如果内核调试器存在，则系统（KiExceptionDispatch）会给调试器第二轮处理机会；如果调试器没有处理该异常，或者根本没有内核调试器，则系统便会调用 KeBugCheckEx 启用蓝屏机制，报告错误并停止整个系统，其停止码为 KMODE_EXCEPTION_NOT_HANDLED。Windows 系统这样做的理由是，它把内核态执行的代码看作系统信任的代码，这些代码应该是经过缜密设计和认真测试过的，因此，一旦在信任代码中发生未处理异常，那么“一定”是发生了事先没有估计到的严重问题，蓝屏机制可让系统以可控的方式停止工作，防止其继续运行造成更大的损失。第 13 章将详细讨论蓝屏机制。

考虑内核态未处理异常的机制比较简单，本章将集中讨论用户态的未处理异常，下一节将介绍默认的异常处理器。

12.2 默认的异常处理器

对于典型的 Windows 应用程序，系统会为它的每个线程登记默认的结构化异常处理器。此外，编译器在编译时插入的启动函数通常也会注册一个结构化异常处理器。对于使用 C 运行时库的程序，C 运行时库包含了基于信号的异常处理器机制。下面分别加以介绍。

12.2.1 BaseProcessStart 函数中的结构化异常处理器

为了更好地理解系统是如何设置默认的异常处理器的，我们先来看看 Windows 系统创建进程（启动一个程序）的大体过程，不论是通过双击程序文件、键入程序命令，还是在程序中调用 CreateProcess API 来启动一个程序，其内部过程都是类似的。*Windows Internals, 4th Edition*（《深入解析 Windows 操作系统》（第 4 版），电子工业出版社，2007 年）一书将创建进程的整个过程分为如下 6 个阶段。

（1）打开要执行的程序映像文件，创建 section 对象，用于将文件映射到内存中。

（2）建立进程运行所需的各种数据结构（EPROCESS、KPROCESS 及 PEB）和地址空间。

（3）调用 NtCreateThread，创建处于挂起状态的初始线程，将用户态的起始地址存储在 ETHREAD 结构中。

（4）通知 Windows 子系统注册新的进程。

（5）开始执行初始线程。

（6）在新进程的上下文（context）中对进程做最后的初始化工作。

以上第 3 个阶段决定了初始线程的起始地址，也就是新线程开始在用户态正式运行时的起始地址。Windows 程序的 PE 文件中登记了程序的入口地址，即 IMAGE_OPTIONAL_HEADER 结构的 AddressOfEntryPoint 字段（25.4.2 节）。但是在创建 Windows 子系统进程时，系统通常并不把这个地址用作新线程的起始地址，而是把起始地址指向 KERNEL32.DLL 中的进程启动函数 BaseProcessStart。这样做的一个原因，是要注册一个默认的 SEH 处理器。从清单 12-2 所示的 BaseProcessStart 函数的伪代码中可以清楚地看到这一点。

清单 12-2 BaseProcessStart 函数的伪代码

```
1    VOID BaseProcessStart(PPROCESS_START_ROUTINE lpfnEntryPoint)
2    {
3       __try
4       {
5            NtSetInformationThread(GetCurrentThread(),
6                                 ThreadQuerySetWin32StartAddress,
7                                 &lpfnEntryPoint, sizeof(lpfnEntryPoint) );
8            ExitThread((lpfnEntryPoint)());
9       }
10       __except(UnhandledExceptionFilter(GetExceptionInformation()))
11       {
12            ExitThread(GetExceptionCode());
13       }
14   }
15
```

在以上代码中，lpfnEntryPoint 是指向入口函数的指针，它的值就是从 PE 中读取到的入口地址。第 8 行调用这个入口地址，也就是跳到入口函数，让应用程序代码开始运行。该函数返回后，便执行 ExitThread API。

从第 3 行、第 10 行的__try 和__except 关键字可以清楚地看出，在应用程序的入口函数被调用前，BaseProcessStart 会为其先设置一个结构化异常处理器，它是初始化线程中最早注册的异常处理器。因为当分发异常时，系统（RtlDispatchException）是从最晚注册的异常处理器来查找的，所以这个最早注册的结构化异常处理器是最后得到处理机会的。这样便保证了只有当应用程序自己设计的代码没有处理异常时，这个默认的结构化异常处理器才会得到处理机会。

12.2.2 编译器插入的 SEH 处理器

BaseProcessStart 函数（清单 12-2）中的 lpfnEntryPoint 指向的是否为应用程序的 main 函数或 WinMain 函数的地址呢？答案是否定的，至少对于大多数程序来说不是这样的。

因为在执行这些函数前，还有很多准备工作要做，比如初始化 C 运行时库（runtime library）、初始化全局变量、初始化 C 运行时库所使用的堆、准备命令行参数等。为了做这些准备工作，编译器通常会把自身提供的一个启动函数登记为程序的入口，让系统先执行这个启动函数，这个启动函数内部再调用用户编写的 main 或 WinMain 函数。

以 Visual C++编译器为例（下同），它总是将自己提供的以下函数之一登记为程序的入口。

（1）mainCRTStartup：非 UNICODE 的控制台程序，内部会调用 main 函数。

（2）wmainCRTStartup：UNICODE 的控制台程序，内部会调用 main 函数。

（3）WinMainCRTStartup：非 UNICODE 的 Win32 程序，内部会调用 WinMain 函数。

（4）WinMainCRTStartup：UNICODE 字符的 Win32 程序，内部会调用 WinMain 函数。

以上函数是共享同一套源代码的，其源程序文件名叫 crt0.cpp，位于 Visual C++编译器的 C 运行时库源程序目录（crt\src）中。为了用一套代码定义 4 个函数，crt0.cpp 中使用了很多条件编译选项。清单 12-3 列出了简化后的代码。

清单 12-3　简化后的代码（部分）

```
1    #ifdef _WINMAIN_
2      #ifdef WPRFLAG
3      void wWinMainCRTStartup( // 用于宽字符的 Win32 应用程序
4      #else  /* WPRFLAG */
5      void WinMainCRTStartup(  // 用于普通的 Win32 应用程序
6      #endif  /* WPRFLAG */
7    #else  /* _WINMAIN_ */
8      #ifdef WPRFLAG
9      void wmainCRTStartup( // 用于宽字符的 Win32 控制台程序
10     #else  /* WPRFLAG */
11     void mainCRTStartup(  // 用于普通的 Win32 控制台程序
12     #endif  /* WPRFLAG */
13   #endif  /* _WINMAIN_ */
14           void // 4 种形式的启动函数都没有参数，也都没有返回值（不需要）
15           )
16   {
17           int mainret;
18
19           // 取 Windows 的版本号，代码略
20           // 调用_heap_init(1 或 0)初始化堆，代码略
21           // 如果定义了_MT，则进行与多线程有关的初始化（_mtinit()）
22
23           __try {
24               // 初始化命令行参数，代码略
25
26               _cinit();                          /* 执行 C 的数据初始化函数 */
27
28   #ifdef _WINMAIN_
29               StartupInfo.dwFlags = 0;
30               GetStartupInfo( &StartupInfo );
31      #ifdef WPRFLAG
32               lpszCommandLine = _wwincmdln();
33               mainret = wWinMain(
34      #else  /* WPRFLAG */
35               lpszCommandLine = _wincmdln();
36               mainret = WinMain(
37      #endif  /* WPRFLAG */
38                     GetModuleHandleA(NULL),
39                     NULL,
40                     lpszCommandLine,
41                     StartupInfo.dwFlags & STARTF_USESHOWWINDOW
42                              ? StartupInfo.wShowWindow
43                              : SW_SHOWDEFAULT
44                     ); // 调用 WinMain 函数
45   #else  /* _WINMAIN_ */
46       #ifdef WPRFLAG
```

```
47              __winitenv = _wenviron;
48              mainret = wmain(__argc, __wargv, _wenviron);
49      #else  /* WPRFLAG */
50              __initenv = _environ;
51              mainret = main(__argc, __argv, _environ); // 调用main函数
52      #endif  /* WPRFLAG */
53
54      #endif  /* _WINMAIN_ */
55              exit(mainret);  // 正常退出
56          }
57          __except(_XcptFilter(GetExceptionCode(),GetExceptionInformation()) )
58          {
59              /*
60               * Should never reach here
61               */
62              _exit( GetExceptionCode() ); // 异常退出
63          } /* end of try - except */
64  }
```

从第 23 行与第 57 行的__try 和__except 关键字可以看到，C 运行时库的入口函数中也包含了一个结构化异常处理器，它的保护范围中包含了对 main 或 WinMain 函数的调用。这个结构化异常处理器是应用程序初始线程的第二个异常处理器（倒数第二个得到处理机会）。

12.2.3 基于信号的异常处理

在编译器入口函数（清单 12-3）的结构化异常处理器的__except 中（第 57～64 行），过滤表达式（第 57 行）用于调用_XcptFilter 函数。winxfltr.cpp（crt\src 目录）文件中包含了这个函数的源代码，其函数原型如下。

```
int __cdecl _XcptFilter (unsigned long xcptnum, PEXCEPTION_POINTERS pxcptinfoptrs)
```

要搞清_XcptFilter 函数的用途和工作原理，我们必须先介绍一些背景资料。在 UNIX 或类似 UNIX 的系统中，通常使用 C 风格的信号处理机制（C-style signal handling）来处理异常。当有异常发生时，系统通过检索一张专门的异常应对表（exception action table）来寻找异常处理函数。为了便于把使用这种机制的软件移植到 Windows 系统中，Windows 系统的 C 运行时库包含了对这种异常处理机制的支持。在 C 运行时库的源文件 winxfltr.cpp 中，我们可以看到一个名为_XcptActTab 的结构数组（清单 12-4）。

清单 12-4 _XcptActTab 结构数组

```
struct _XCPT_ACTION _XcptActTab[] = {
/*
 * Exceptions corresponding to the same signal (e.g., SIGFPE) must be grouped
 * together.
 *    XcptNum                                    SigNum    XcptAction
 *-----------------------------------------------------------------------
 */
        { (unsigned long)STATUS_ACCESS_VIOLATION,         SIGSEGV, SIG_DFL },
        { (unsigned long)STATUS_ILLEGAL_INSTRUCTION,      SIGILL,  SIG_DFL },
        { (unsigned long)STATUS_PRIVILEGED_INSTRUCTION, SIGILL,  SIG_DFL },
//      { (unsigned long)STATUS_NONCONTINUABLE_EXCEPTION,NOSIG,  SIG_DIE },
//      { (unsigned long)STATUS_INVALID_DISPOSITION,     NOSIG,   SIG_DIE },
        { (unsigned long)STATUS_FLOAT_DENORMAL_OPERAND,SIGFPE,   SIG_DFL },
        { (unsigned long)STATUS_FLOAT_DIVIDE_BY_ZERO,    SIGFPE,  SIG_DFL },
        { (unsigned long)STATUS_FLOAT_INEXACT_RESULT,    SIGFPE,  SIG_DFL },
        { (unsigned long)STATUS_FLOAT_INVALID_OPERATION, SIGFPE,  SIG_DFL },
```

```
        { (unsigned long)STATUS_FLOAT_OVERFLOW,          SIGFPE,  SIG_DFL },
        { (unsigned long)STATUS_FLOAT_STACK_CHECK,       SIGFPE,  SIG_DFL },
        { (unsigned long)STATUS_FLOAT_UNDERFLOW,         SIGFPE,  SIG_DFL },
//      { (unsigned long)STATUS_INTEGER_DIVIDE_BY_ZERO, NOSIG,   SIG_DIE },
//      { (unsigned long)STATUS_STACK_OVERFLOW,          NOSIG,   SIG_DIE }
};
```

简单地说，以上数组（表）定义了对各个异常的处理方式。每一行对应一种异常。第一列是 Windows 系统中的异常代码（状态代码）；第二列是为这个异常指定的信号量，其中 SIGILL 代表无效指令（illegal instruction），SIGFPE 代表浮点错误（floating-point error），SIGSEGV 代表非法访问存储器（illegal storage access）；第三列代表处理异常的动作，其中 SIG_DFL 表示默认的动作，SIG_DIE 表示终止进程。

显而易见，清单 12-4 中只定义了为数很少的 Windows 异常，这或许是因为只需要兼容这些异常就足够了。siglookup 函数可以用来查找一个信号（SigNum）所对应的处理动作是什么，xcptlookup 函数可以用来根据异常代码（ExcptNum）查找一个异常所对应的处理动作是什么。这两个函数的源代码分别包含在 crt\src\winsig.c 文件和 crt\src\winxflt.c 中。

有了以上基础后，我们来看一看_XcptFilter 是如何工作的。_XcptFilter 首先会调用 xcptlookup 函数来检索上面列出的_XcptActTab 表格，并根据返回的动作采取不同的行为。

（1）如果返回的动作为空（没有找到对该异常的处理动作）或者为 SIG_DFL，那么_XcptFilter 会调用 UnhandledExceptionFilter 函数，然后返回，即 return (UnhandledExceptionFilter (pxcptinfoptrs))。

（2）如果返回的动作为 SIG_DIE，那么_XcptFilter 会返回 EXCEPTION_EXECUTE_HANDLER，让系统执行异常处理块（清单 12-3 的第 58～63 行）。

（3）如果返回的动作为 SIG_IGN（ignore，即忽略），那么_XcptFilter 会返回 EXCEPTION_CONTINUE_EXECUTION，让系统恢复执行发生异常的程序。

从清单 12-4 中可以看到，除了被注释的 4 行，其他行的处理动作都为 SIG_DFL，这意味着今天的_XcptFilter 函数已经简化为对 UnhandledExceptionFilter 函数的简单调用。

至此，我们知道，一个典型的 Win32 程序的初始线程（主线程）会有两个结构化异常处理器和一个 C 运行时库的基于信号的异常处理器。基于信号的异常处理器主要是为了兼容来自 UNIX 系统的软件才存在的，对于大多数 Win32 程序已经不起什么作用了。两个结构化异常处理器中，一个是由 BaseProcessStart 函数设置的，另一个是由 C 运行时库的启动函数设置的。两个结构化异常处理器的过滤表达式都直接或间接调用了 UnhandledExceptionFilter 函数。

12.2.4 实验：观察默认的异常处理器

下面通过一个实验（调试清单 12-1 中的 UEF 小程序）帮助大家加深理解。启动 WinDBG，通过选择 File→Open Executable 菜单打开 UEF.exe，建立调试对话。输入 bp kernel32!UnhandledExceptionFilter 命令，设置一个断点。输入“g”命令让程序运行。

由于 main 函数中向空指针赋值会导致异常，因此执行到这里时程序会中断到调试器。

```
(f88.11a8): Access violation - code c0000005 (first chance)
First chance exceptions are reported before any exception handling.
```

从提示信息中可以知道，这是第一次处理机会。输入“k”命令观察函数调用栈。

```
0:000> k
ChildEBP RetAddr
0012ff80 00401299 UEF!main+0x25 [c:\dig\dbg\author\code\chap03\uef\uef.cpp @ 22]
0012ffc0 77e8141a UEF!mainCRTStartup+0xe9 [crt0.c @ 206]
0012fff0 00000000 kernel32!BaseProcessStart+0x23
```

可以看到线程的起始函数为 BaseProcessStart，它调用了 mainCRTStartup，mainCRTStartup 又调用了 main，这与我们的介绍完全一致。

输入 g 命令让程序继续运行，让系统继续分发异常，接下来应该是结构化异常处理器和向量化异常处理器。因为在我们的代码（清单 12-1）中没有任何的异常保护器，所以系统会找到默认的异常保护器。因为两个异常保护器都调用了 UnhandledExceptionFilter 函数，而且已对 UnhandledExceptionFilter 设置了断点，所以系统在评估过滤表达式时会触发这个断点。

```
Breakpoint 0 hit
eax=00424ce8 ebx=0012ffb0 ecx=00424ce8 edx=0012fb5c esi=00000000 edi=00422138
eip=77e99b95 esp=0012fb14 ebp=0012fb30 iopl=0         nv up ei pl zr na po nc
cs=001b  ss=0023  ds=0023  es=0023  fs=003b  gs=0000             efl=00000246
kernel32!UnhandledExceptionFilter:
77e99b95 6800050000       push    0x500
```

那么，这个过滤表达式是位于 BaseProcessStart，还是 mainCRTStartup 中呢？输入 k 命令便知道了。

```
0:000> k
ChildEBP RetAddr
0012fb10 00402efe kernel32!UnhandledExceptionFilter
0012fb30 004012bf UEF!_XcptFilter+0x2e [winxfltr.c @ 228]
0012ffc0 77e8141a UEF!mainCRTStartup+0x10f [crt0.c @ 212]
0012fff0 00000000 kernel32!BaseProcessStart+0x23
```

从对_XcptFilter 的调用我们知道，系统在执行 mainCRTStartup 中的过滤表达式。

我们在后面会仔细讨论 UnhandledExceptionFilter 的内部机制，现在不妨先看看它返回什么。输入 gu（Go Up）命令让这个函数执行完。

```
0:000> gu
eax=00000000 …
```

从 EAX 寄存器的值可以看到，UnhandledExceptionFilter 函数返回的是 0。因为在过滤表达式中 0 代表的是继续搜索，所以这个返回值意味着是让系统继续搜索其他异常处理器。此处需要说明的是，UnhandledExceptionFilter 函数的返回值与当前进程是否在被调试有关，我们将在下一节介绍其细节。现在，输入 g 命令继续运行。接下来，WinDBG 提示断点 0 再次被命中。

```
Breakpoint 0 hit ...
```

这次命中的是 UnhandledExceptionFilter 函数上的断点。这是因为系统在收到刚才的返回值后，继续寻找其他异常处理器，因此找到了 BaseProcessStart 函数中的结构化异常处理器，再执行它的过滤表达式。输入 k 命令，可以看到这一点。

```
0:000> k
ChildEBP RetAddr
0012fb34 77e9a2ad kernel32!UnhandledExceptionFilter
0012fff0 00000000 kernel32!BaseProcessStart+0x39
```

再次执行 gu 命令并通过 EAX 寄存器观察 UnhandledExceptionFilter 函数的返回值，发现值仍然是 0，看来它还是声明“不处理该异常”。

输入 g 命令继续运行，这回用户态的异常分发函数调用 RaiseException，发起对这个异常的第二轮分发。果然，WinDBG 接下来显示以下内容。

```
(1438.f24): Access violation - code c0000005 (!!! second chance !!!)
eax=0000000d ebx=7ffdf000 ecx=00424a60 edx=00424a60 esi=000391c8 edi=0012ff80
```

这是因为当系统分发第二轮异常时，会先分发给调试器，对于第二轮处理机会，WinDBG 默认会返回 DBG_CONTINUE（11.3.3 节），即告诉系统，调试器已经处理了异常，这会导致系统结束异常分发，恢复执行刚才发生异常的代码。但因为错误条件并没有消除，所以还是会发生异常，于是 WinDBG 又得到第一轮处理机会，开始重复前面的过程。

通过前面的讨论，大家已经清楚了对于典型的 Win32 进程的初始线程（主线程），在系统的 BaseProcessStart 函数和编译器嵌入的启动函数（[w]mainCRTStartup 或[w]WinMain CRTStartup）中分别会加入一个结构化异常处理器，来处理用户代码中的未处理异常。如果其他线程出现了未处理异常，情况又如何呢？

12.2.5 BaseThreadStart 函数中的结构化异常处理器

对于初始线程之外的其他线程，其用户态的起始地址是系统提供的另一个位于 KERNEL32.DLL 中的函数 BaseThreadStart。清单 12-5 给出了 BaseThreadStart 函数的伪代码，显而易见，系统在该函数中也提供了一个结构化异常处理器。

清单 12-5 BaseThreadStart 函数的伪代码

```
1    VOID BaseThreadStart(
2         IN LPTHREAD_START_ROUTINE lpStartAddress,
3         IN LPVOID lpParameter)
4    {
5       __try
6       {
7            ExitThread((lpStartAddress)( lpParameter));
8       }
9       __except(UnhandledExceptionFilter(GetExceptionInformation()))
10      {
11          if ( !BaseRunningInServerProcess )
12          {
13              ExitProcess(GetExceptionCode());
14          }
15          else
16          {
17              ExitThread(GetExceptionCode());
18          }
19      }
20   }
```

下面通过一段实际代码来讨论非主线程的未处理异常。清单 12-6 列出了 UefSndThrd 程序的源代码，UefSndThrd 的意思是第二个线程中的未处理异常（Unhandled Exception in Second Thread）。

清单 12-6 UefSndThrd（第二个线程中的未处理异常）程序的源代码

```
1    // UefSndThrd.cpp : 用于演示非启动线程中未处理的异常
2    // 2006 年 5 月 1 日
```

```
3    //
4
5    #include <windows.h>
6    #include <stdio.h>
7
8    DWORD WINAPI UefThreadProc(
9      LPVOID lpParameter
10   )
11   {
12       int n=0;
13       n=1/n;
14       return S_OK;
15   }
16
17   int main(int argc, char* argv[])
18   {
19       printf("Hello Advanced Debugging!\n");
20       CreateThread(NULL,0,UefThreadProc,
21           NULL,0,NULL);
22       getchar();
23       return 0;
24   }
```

UefSndThrd 程序的 main 函数创建了第二个线程（第 20 行和第 21 行），然后等待一个用户按键（第 22 行），以便给线程 2 运行机会，如果没有第 22 行的等待，那么主线程会立即退出（第 23 行），而线程 2 可能还没有得到执行。线程 2 在没有设置任何异常处理器的情况下进行了除以 0 操作，这显然会导致一个未处理异常。

建议读者模仿上文的试验步骤使用 WinDBG 来调试 UefSndThrd 程序，亲自观察和比较发生在非初始线程中的未处理异常与发生在初始线程中的有什么不同。我们把这个问题留给读者实践。

12.3 未处理异常过滤函数

BaseProcessStart 和 BaseThreadStart 的结构化异常处理器的过滤表达式都调用了 UnhandledExceptionFilter 函数，编译器的启动函数（[w]mainCRTStartup 或[w]WinMainCRTStartup）的异常处理器也间接调用了 UnhandledExceptionFilter 函数（在_XcptFilter 中调用）。因此，如果说默认的异常处理器是系统“处理”“未处理异常”的地方，那么 UnhandledExceptionFilter 就是选择处理办法的决策者。因为这个函数在 Windows 系统中有着非常重要的地位，所以我们将在本节对其做深入的介绍。我们先简要介绍 Windows XP 之前的版本，然后详细介绍 Windows XP 中的版本，并在 12.4 节简要介绍 Windows Vista 版本的主要变化。

12.3.1 Windows XP 之前的异常处理机制

清单 12-7 给出了 Windows 2000 和 Windows NT 中的 UnhandledExceptionFilter 函数的伪代码，描述这个函数所执行的主要动作。该代码参考了 Matt Pietrek 在关于 SEH 工作原理的一文（参考资料[1]）中给出的代码。

清单 12-7 UnhandledExceptionFilter 函数的伪代码（Windows XP 之前）

```
1    LONG UnhandledExceptionFilter(STRUCT _EXCEPTION_POINTERS * ExInfo)
2
3    {
```

```
4         PEXCEPTION_RECORD pExcptRec = ExInfo->ExceptionRecord;
5         // 检查是否是因为写资源区而导致的访问违例
6         if ( (pExcptRec->ExceptionCode == EXCEPTION_ACCESS_VIOLATION)
7             && (pExcptRec->ExceptionInformation[0]) )
8          {
9             retValue =_BasepCheckForReadOnlyResource(
10                 pExcptRec->ExceptionInformation[1]);
11            // 如果已经处理（改为可以写），则恢复执行
12            If ( EXCEPTION_CONTINUE_EXECUTION == retValue )
13                return EXCEPTION_CONTINUE_EXECUTION;
14         }
15
16        // 检查当前进程是否正在被调试，如果正在被调试，则返回不处理，让系统继续分发
17        retValue = NtQueryInformationProcess(GetCurrentProcess(),
18                        ProcessDebugPort, &hDebugPort, sizeof(hDebugPort), 0 );
19        if ( (retValue >= 0) && hDebugPort != NULL )
20            return EXCEPTION_CONTINUE_SEARCH;
21
22        // 是否有通过 SetUnhandledExceptionFilter 注册的顶层过滤函数，如果有，则调用
23        if ( _BasepCurrentTopLevelFilter )
24        {
25            retValue = _BasepCurrentTopLevelFilter( ExInfo );
26            If ( EXCEPTION_EXECUTE_HANDLER == retValue
27                || EXCEPTION_CONTINUE_EXECUTION == retValue )
28                return retValue;
29            // 如果顶层过滤函数已经处理，则返回；否则，继续
30        }
31
32        // 检测错误模式中是否禁止显示 GPF 对话框（SEM_NOGPFAULTERRORBOX）
33        if ( (GetErrorMode() & SEM_NOGPFAULTERRORBOX) )
34            return EXCEPTION_EXECUTE_HANDLER;
35        // 从注册表读取 AeDebug 选项，参见 12.5.1 节
36        retValue = _GetProfileStringA( "AeDebug", "Debugger", 0,
37                        szDbgCmdFmt, sizeof(szDbgCmdFmt)-1 );
38        if ( retValue ) // 如果存在 Debugger 键值，则增加用于开始 JIT 调试器的按钮
39            dwDlgOptionFlag = DlgOptionOKCancel;
40        // 读取 AeDebug 中的 Auto 键值
41        retValue = GetProfileStringA(   "AeDebug", "Auto", "0",
42                        szAeDebug, sizeof(szAeDebug)-1 );
43        if ( retValue && ( 0 == strcmp(szAeDebug, "1" ) )
44                && ( DlgOptionOKCancel == dwDlgOptionFlag )
45                    fAeDebugAuto = TRUE;
46
47        if ( FALSE == fAeDebugAuto ) // 如果不需要自动启动 JIT 调试器
48        {                                // 则显示"应用程序错误"对话框
49            retValue =  NtRaiseHardError(
50                STATUS_UNHANDLED_EXCEPTION | 0x10000000, 4, 0, Parameters,
51                _BasepAlreadyHadHardError ? 1 : dwDlgOptionFlag, &dwResponse );
52        }
53        else // 把变量设置成和用户选择调试按钮一样的值
54        {
55            dwResponse = ResponseCancel; // Cancel 按钮代表调试
56            retValue = STATUS_SUCCESS;
57        }
58        // 如果需要自动启动 JIT 调试或用户选择了 Cancel 按钮，则发起 JIT 调试
59        if ( NT_SUCCESS(retValue) && ( dwResponse == ResponseCancel)
60            && ( !_BasepAlreadyHadHardError )
61            && ( !_BaseRunningInServerProcess ))
62        {
63            _BasepAlreadyHadHardError = TRUE;
```

```
64            retValue = CreateProcessA(…) // 启动 JIT 调试器，参见 12.5 节
65            if ( retValue && hEvent )
66            {
67                do { // 等待 JIT 调试器设置事件对象
68                    retValue = NtWaitForSingleObject(
69                                  EventHandle, TRUE, NULL);
70                } while (Status == STATUS_USER_APC||Status==STATUS_ALERTED);
71
72                return EXCEPTION_CONTINUE_SEARCH;
73            }
74        }
75        if ( _BasepAlreadyHadHardError )
76            NtTerminateProcess(GetCurrentProcess(),pExcptRec->ExceptionCode);
77
78        return EXCEPTION_EXECUTE_HANDLER;
79    }
```

下面结合以上代码来讨论 UnhandledExceptionFilter 函数（XP 之前）的工作原理。

UnhandledExceptionFilter 的参数就是我们前面介绍的 EXCEPTION_POINTERS 结构，其返回值为 EXCEPTION_CONTINUE_SEARCH(0)、EXCEPTION_CONTINUE_EXECUTION(1)和 EXCEPTION_EXECUTE_HANDLER(-1)这 3 个常量之一。可以把 UnhandledExceptionFilter 的处理措施分为如下几个步骤。

第一步（第 6～14 行），如果异常代码为 EXCEPTION_ACCESS_VIOLATION（非法访问异常），而且异常信息数组的元素 0（ExceptionInformation[0]）不是 0，那么调用 BasepCheckForReadOnlyResource 函数进行处理。对于非法访问异常，ExceptionInformation[0]用来表示导致异常的访问类型，0 代表读，1 代表写，ExceptionInformation[1]表示导致异常的访问地址。在 BasepCheckForReadOnlyResource 函数中，它首先会根据参数所指定的地址查找到它所在的内存块，然后判断其类型属性，如果这个内存块的类型是执行映像（MEM_IMAGE，0x01000000），那么它会返回 EXCEPTION_CONTINUE_SEARCH；如果这个地址属于一个资源块（resource），那么 BasepCheckForReadOnlyResource 会尝试将该内存块的属性修改为可以写，如果成功，则 BasepCheckForReadOnlyResource 返回 EXCEPTION_ CONTINUE_EXECUTION，让程序恢复继续执行。

第二步（第 17～20 行），如果当前进程正在被调试（DebugPort 非空），那么返回 EXCEPTION_CONTINUE_SEARCH。当 KiUserExceptionDispatcher 收到此返回值后，会通过调用 ZwRaiseException 并将 FirstChance 参数设置为假，让内核中的 KiExceptionDispatch 开始对该异常进行第二轮分发。因为该进程正在被调试，所以第二轮机会会先分发给调试器。对于第二轮处理机会，调试器的典型处理是返回 DBG_CONTINUE，也就是恢复执行。但因为错误情况没有被消除，所以异常通常会再次发生，我们看到的就是程序在有问题的代码处反复执行。

第三步（第 22～30 行），如果函数指针 BasepCurrentTopLevelFilter 不为空，便调用它。BasepCurrentTopLevelFilter 是系统（KERNEL32.DLL）定义的全局变量（当前进程范围），用来记录用户通过 SetUnhandledExceptionFilter API 设置的顶层（top-level）异常过滤函数。利用这一机制，应用程序可以设置自己的一个用于处理未处理异常的调用函数。我们稍后对其做详细讨论。

第四步（第 33～34 行），如果当前进程的 ErrorMode 中包含 SEM_NOGPFAULTERRORBOX 标志，就返回 EXCEPTION_EXECUTE_HANDLER，也就是去执行异常处理块。根据前面的介

绍，异常处理块的处理方法通常是退出进程或线程。因此，如果这里返回 EXCEPTION_EXECUTE_HANDLER，那么当前进程或线程便退出了。

第五步（第 36～45 行），整理异常信息和读取注册表中的 AeDebug 设置。我们将在下一节详细介绍 AeDebug 设置。

第六步（第 47～57 行），如果不需要自动启动 JIT 调试器，那么通过系统的 HardError 机制弹出“应用程序错误”对话框，以征询用户的处理意见。如果需要，则不显示对话框，直接将代表用户响应结果的变量设置为需要启动 JIT 调试器。

第七步（第 59～76 行），如果成功弹出“应用程序错误”对话框，并得到用户回应，而且用户选择了调试按钮，或者注册表中设置的是自动启动 JIT 调试器，那么启动 JIT（Just In Time）调试器，其细节将在 12.5 节介绍。如果 BasepAlreadyHadHardError 全局变量（在 KERNEL32.DLL 中）为真，则终止当前进程。对于每个进程，BasepAlreadyHadHardError 都被初始化为 FALSE，UnhandledExceptionFilter 函数在启动 JIT 调试器前将其设置为 TRUE（第 59 行）。这意味着每个进程都只有一次被 JIT 调试的机会。

关于以上代码还有以下两点值得说明。首先，全局变量 BaseRunningInServerProcess（也定义在 KERNEL32 中）是用来标志当前进程是否为 Windows 子系统进程的服务器进程（CSRSS.EXE）的，大家不要误以为它标志的是 Windows 系统中的服务进程（NT Service）。其次，UnhandledExceptionFilter 函数总是在默认桌面（Winsta0\Default）（第 61 行）创建 JIT 调试器。这意味着其他桌面将无法看到 JIT 调试器。

12.3.2 Windows XP 中的异常处理机制

Windows XP 对未处理异常的处理办法做了部分改进和增强，引入了新的报告应用程序错误的界面和方法，支持通过网络发送错误报告，并加入了对应用程序验证机制的支持。清单 12-8 给出了 Windows XP 的 UnhandledExceptionFilter 函数的伪代码，尽管该代码是根据 Windows XP SP1 中版本号为 5.1.2600.1560 的 KERNEL32.DLL 模块编写的，但是其中大部分内容对于所有 Windows XP 版本和 Windows Vista 都是适用的。

需要说明的是，编写这段伪代码的难度和所花费的时间远远超出了笔者最初的估计，尽管笔者已经尽了很大努力使其接近真实代码，但是仍然可能与实际情况存在差异。

清单 12-8 Windows XP 的 UnhandledExceptionFilter 函数的伪代码

```
1    LONG UnhandledExceptionFilter( struct _EXCEPTION_POINTERS *ExInfo )
2    {
3        NTSTATUS Status;
4        ULONG_PTR Parameters[ 4 ];
5        ULONG Response; // [ebp-39Ch]
6        HANDLE DebugPort;
7        CHAR AeDebuggerCmdLine[256];
8        CHAR AeAutoDebugString[8];
9        BOOLEAN AeAutoDebug; // [ebp-171h]
10       ULONG ResponseFlag;
11       LONG FilterReturn;
12       PRTL_CRITICAL_SECTION pPebLock;
13       JOBOBJECT_BASIC_LIMIT_INFORMATION BasicLimit;
14       HMODULE hFaultRepDll; // ebp-68h
15       EFaultRepRetVal nFaultRepRetVal=4; // [ebp-1ch]
```

```
16        TCHAR szFaultReportModuleName[MAX_PATH];
17        HANDLE hRealProcessHandle; // [ebp-3A0h]
18        HANDLE hRealThreadHandle; // [ebp-3A4h]
19        Pfn_REPORTFAULT pfnReportFault;
20
21        if(ExInfo->ExceptionRecord->ExceptionCode ==
22            STATUS_ACCESS_VIOLATION
23            && ExInfo->ExceptionRecord->ExceptionInformation[0] )
24        {
25            FilterReturn = BasepCheckForReadOnlyResource(
26            (PVOID)ExInfo->ExceptionRecord->ExceptionInformation[1]);
27            if ( FilterReturn == EXCEPTION_CONTINUE_EXECUTION )
28                return FilterReturn;
29        }
30        Status = NtQueryInformationProcess(
31                    GetCurrentProcess(), ProcessDebugPort,
32                    (PVOID)&DebugPort, sizeof(DebugPort), NULL);
33        if ( NT_SUCCESS(Status) && DebugPort )
34        {
35            if( (NtCurrentPeb()->NtGlobalFlag & 1) == 0)
36                return EXCEPTION_CONTINUE_SEARCH;
37            else
38            {
39                if(ExInfo->ExceptionRecord->ExceptionCode ==
40                    STATUS_ACCESS_VIOLATION)
41                {
42                    if(InterlockedExchange(77ED9328,1)==0)
43                    {
44                      RtlApplicationVerifierStop(20000002h,
45                      "access violation exception for current stack trace",
46                      ExInfo->ExceptionRecord->ExceptionInformation[1],
47                      "Invalid address being accessed",
48                      ExInfo->ExceptionRecord->ExceptionAddress,
49                      "Code performing invalid access",
50                      ExInfo->ExceptionRecord,
51                      ".exr (exception record)",
52                      ExInfo->ContextRecord,
53                      ".cxr (context record)");
54                    }
55                    if(ExInfo->ExceptionRecord->ExceptionCode ==
56                        STATUS_INVALID_HANDLE)
57                    {
58                        if(InterlockedExchange(77ED9328,1)==0)
59                        {
60                            RtlApplicationVerifierStop(20000300h,
61                                "invalid handle exception for current stack trace",
62                                NULL,NULL,NULL,NULL,
63                                NULL,NULL,NULL,NULL);
64                        }
65                    }
66                }
67            }
68            return EXCEPTION_CONTINUE_SEARCH;
69        }
70        if ( BasepCurrentTopLevelFilter )
71        {
72            FilterReturn = (BasepCurrentTopLevelFilter)(ExInfo);
73            if ( FilterReturn == EXCEPTION_EXECUTE_HANDLER ||
74                FilterReturn == EXCEPTION_CONTINUE_EXECUTION )
75                return FilterReturn;
76        }
77        //检查当前进程的 ErrorMode
78        if ( GetErrorMode() & SEM_NOGPFAULTERRORBOX )
79            return EXCEPTION_EXECUTE_HANDLER;
```

```
80
81       Status = NtQueryInformationJobObject(
82                  NULL, JobObjectBasicLimitInformation,
83                  &BasicLimit,    sizeof(BasicLimit),     NULL);
84       if ( NT_SUCCESS(Status) && (BasicLimit.LimitFlags &
85           JOB_OBJECT_LIMIT_DIE_ON_UNHANDLED_EXCEPTION) )
86               return EXCEPTION_EXECUTE_HANDLER;
87
88       Parameters[0]=ExInfo->ExceptionRecord->ExceptionCode;
89       Parameters[1]=ExInfo->ExceptionRecord->ExceptionAddress;
90       if(ExInfo->ExceptionRecord->ExceptionCode== STATUS_IN_PAGE_ERROR)
91         Parameters[ 2 ] = ExInfo->ExceptionRecord->ExceptionInformation[ 2 ];
92       else
93         Parameters[ 2 ] = ExInfo->ExceptionRecord->ExceptionInformation[ 0 ];
94       Parameters[ 3 ] = ExInfo->ExceptionRecord->ExceptionInformation[ 1 ];
95
96       ResponseFlag = OptionOk;
97       AeAutoDebug = FALSE;
98
99       pPebLock = NtCurrentPeb()->FastPebLock;
100       //检查这个线程是否拥有 PebLock
101       if (pPebLock ->OwningThread != NtCurrentTeb()->ClientId.UniqueThread )
102       {
103           __try
104           {
105               if ( GetProfileString("AeDebug",    "Debugger", NULL,
106                       AeDebuggerCmdLine, sizeof(AeDebuggerCmdLine)-1))
107                   ResponseFlag = OptionOkCancel;
108
109               if ( GetProfileString("AeDebug", "Auto", "0",
110                       AeAutoDebugString, sizeof(AeAutoDebugString)-1))
111               {
112                   if ( !strcmp(AeAutoDebugString,"1") )
113                   {
114                       if ( ResponseFlag == OptionOkCancel )
115                           AeAutoDebug = TRUE;
116                   }
117               }
118           __except(EXCEPTION_EXECUTE_HANDLER)
119           {
120               ResponseFlag = OptionOk;
121               AeAutoDebug = FALSE;
122           }
123
124           PebLockPointer = NtCurrentPeb()->LoaderLock;
125           if ( !_BasepAlreadyHadHardError && PebLockPointer->OwningThread
126             != NtCurrentTeb()->ClientId.UniqueThread )
127           {
128               if(!AeAutoDebug || StrFunc_StartWithIgnoreCase(
129                   AeDebuggerCmdLine, "drwtsn32")!=NULL)
130               {
131                   szFaultReportModuleName[0]=0;
132                   if(GetSystemDirectory(szFaultReportModuleName,MAX_PATH))
133                       strcat(szFaultReportModuleName,"\\faultrep.dll");
134                   else
135                       szFaultReportModuleName[0]=0;
136                   LdrLockLoaderLock(&ulMagic, &ulResult, 2 );
137                   if(ulResult==1)
138                   {
139                       hFaultRepDll=LoadLibraryEx(szFaultReportModuleName,
140                           NULL,NULL)
141                       LdrUnlockLoaderLock(0, ulMagic);
142                   }
143
```

```
144                 if(hFaultRepDll)
145                 {
146                     if(ResponseFlag!=ResponseOkCancel)
147                     {
148                         dwReportFaultMode=0;
149                     }
150                     pfnReportFault = (pfn_REPORTFAULT)GetProcAddress(
151                         hFaultRepDll, "ReportFault" ) ;
152                     if ( pfnReportFault )
153                     {
154                         nFaultRepRetVal = pfnReportFault
155                             ( pExceptionPointers,dwReportFaultMode) ;
156                     }
157                     FreeLibrary(hFaultRepDll );
158                     hFaultRepDll=NULL;
159                 }
160                 if(nFaultRepRetVal == frrvLaunchDebugger)
161                     AeAutoDebug=TRUE;
162             }// !AeAutoDebug || JIT debugger is drwtsn32
163         } // ( !_BasepAlreadyHadHardError && not holding LoaderLock
164     }//不保存 PebLock
165 
166     if(!AeAutoDebug
167         && (nFaultRepRetVal==frrvErrNoDW
168             || (ResponseFlag==ResponseOkCancel &&
169                 (nFaultRepRetVal==frrvErrTimeout
170                  || nFaultRepRetVal==frrvOkQueued
171                  || nFaultRepRetVal==frrvOkHeadless
172                 )
173             )
174         ))
175     {
176         Status=NtRaiseHardError( STATUS_UNHANDLED_EXCEPTION
177             | HARDERROR_OVERRIDE_ERRORMODE,
178             4,      0, Parameters,
179             BasepAlreadyHadHardError ? OptionOk : ResponseFlag,
180             &Response);
181     }
182     else
183     {
184         Status = STATUS_SUCCESS;
185         Response = ResponseCancel;
186     }
187 
188     if ( NT_SUCCESS(Status) && Response == ResponseCancel
189             && BasepAlreadyHadHardError == FALSE)
190     {
191         if(_BaseRunningInServerProcess!=0)
192             _BasepAlreadyHadHardError=TRUE;
193         else
194         {
195             BOOL b;
196             STARTUPINFO StartupInfo;
197             PROCESS_INFORMATION ProcessInformation;
198             CHAR CmdLine[256];
199             NTSTATUS Status;
200             HANDLE EventHandle; //[ebp-3B4h]
201             SECURITY_ATTRIBUTES sa;
202 
203             //把 GetCurrentProcess
204             //返回的伪句柄转换为进程的真实句柄
205             if(!DuplicateHandle(GetCurrentProcess(),//SourceProcessHandle
206                 GetCurrentProcess(), //SourceHandle
207                 GetCurrentProcess(), //TargetProcessHandle
```

```
208                         &hRealProcessHandle,
209                         NULL,TRUE,DUPLICATE_SAME_ACCESS))
210                 {
211                     hRealProcessHandle=NULL;
212                 }
213                 if(!DuplicateHandle(GetCurrentProcess(),//SourceProcessHandle
214                     GetCurrentProcess(), //SourceHandle
215                     0xFFFFFFFE, //TargetProcessHandle,当前线程
216                     &hRealThreadHandle,
217                     NULL,TRUE,DUPLICATE_SAME_ACCESS))
218                 {
219                     hRealThreadHandle=NULL;
220                 }
221                 sa.nLength = sizeof(sa);
222                 sa.lpSecurityDescriptor = NULL;
223                 sa.bInheritHandle = TRUE;
224                 EventHandle = CreateEvent(&sa,TRUE,FALSE,NULL);
225                 RtlZeroMemory(&StartupInfo,sizeof(StartupInfo));
226                 sprintf(CmdLine,AeDebuggerCmdLine,
227                     GetCurrentProcessId(),EventHandle);
228                 StartupInfo.cb = sizeof(StartupInfo);
229                 StartupInfo.lpDesktop = "Winsta0\\Default";
230                 CsrIdentifyAlertableThread();.text:77E99EE6
231                 b=CreateProcess(NULL, CmdLine, NULL,    NULL,
232                         TRUE, 0, NULL, NULL, &StartupInfo,
233                         &ProcessInformation);
234                 if(hRealProcessHandle)
235                     CloseHandle(hRealProcessHandle);
236                 if(hRealThreadHandle)
237                     CloseHandle(hRealThreadHandle);
238 
239                 if(b && EventHandle)
240                 {
241                     do
242                     {
243                         ahHandles[0]=EventHandle;
244                         ahHandles[1]=ProcessInformation.hProcess;
245                         Status = NtWaitForMultipleObjects(
246                                     2, ahHandles,
247                                     TRUE, // WaitAnyObject
248                                     TRUE,
249                                     FALSE);
250                     }while (Status == STATUS_USER_APC
251                             || Status == 0x101); //STATUS_ALERTED
252 
253                     if(Status== WAIT_OBJECT_1 /*1*/)
254                     {
255                         DebugPort = (HANDLE)NULL;
256                         Status = NtQueryInformationProcess(
257                                     GetCurrentProcess(), ProcessDebugPort,
258                                     (PVOID)&DebugPort, sizeof(DebugPort),
259                                     NULL);
260 
261                         if ( !NT_SUCCESS(Status) || DebugPort==NULL )
262                             _BasepAlreadyHadHardError=TRUE;
263                     }
264                     CloseHandle(EventHandle);
265                     CloseHandle(ProcessInformation.hProcess);
266                     CloseHandle(ProcessInformation.hThread);
267                 }
268                 else//(b && EventHandle)
269                     _BasepAlreadyHadHardError=TRUE;
270             }//(!_BaseRunningInServerProcess)
271         }// need to spawn Jit debugger
```

```
272     if ( BasepAlreadyHadHardError )
273     {
274         NtTerminateProcess(NtCurrentProcess(),
275             ExInfo->ExceptionRecord->ExceptionCode);
276     }
277
278     return EXCEPTION_EXECUTE_HANDLER;
279 }
```

如果你完全跳过前面的代码直接翻到本页，那么笔者建议你在查看下面的每一点时，按照提示的行号返回去阅读相关的代码。因为有些时候，阅读代码是理解软件流程（工作原理）的最好办法。

老雷评点

此函数之逆向耗时颇多，将汇编指令输出到文件后，一边调试，一边理解。十年已过，但至今犹记。

上面的代码与清单 12-7 所列出的 Windows XP 之前的 UnhandledExceptionFilter 函数相比，主要的不同之处有以下几点。

（1）新增了对应用程序验证机制的支持（第 39～67 行）。对 STATUS_ACCESS_VIOLATION 和 STATUS_INVALID_HANDLE 异常，如果当前进程处于被调试状态（DebugPort!=0），而且当前进程块的 NtGlobalFlag 包含 0x100 标志（即第 8 位为 1），新的函数会调用 RtlApplicationVerifierStop 函数，分别打印出类似清单 12-9 和清单 12-10 所示的信息供调试使用。

清单 12-9 RtlApplicationVerifierStop 函数为非法访问（ACCESS VIOLATION）异常打印的调试信息

```
=============================================================
VERIFIER STOP 00000002: pid 0xCAC: access violation exception for current stack trace

    00000000 : Invalid address being accessed
    00401440 : Code performing invalid access
    0012F9BC : .exr (exception record)
    0012F9D8 : .cxr (context record)
=============================================================
```

清单 12-10 RtlApplicationVerifierStop 函数为 STATUS_INVALID_HANDLE 异常打印的调试信息

```
=============================================================
VERIFIER STOP 00000300: pid 0xCAC: invalid handle exception for current stack trace

    00000000 : (null)
    00000000 : (null)
    00000000 : (null)
    00000000 : (null)
=============================================================
```

概言之，Windows XP 的 UnhandledExceptionFilter 函数对调试 STATUS_ACCESS_VIOLATION 和 STATUS_INVALID_HANDLE 异常提供了特别支持。

（2）增加了新的方法来提示应用程序错误（第 131～161 行）。新的函数会首先通过动态加载 faultrep.dll 模块并调用其中的 ReportFault 函数启动 DWWIN.EXE，来提示“应用程序错误”（第 150～156 行）。如果失败，再使用旧的方法通过 HardError 机制提示错误（第 176～

180 行)。Windows XP 以前的 UnhandledExceptionFilter 函数只能使用 HardError 机制提示错误。其中还有一个细微的差别是，当注册表中设置了自动启动 JIT 调试器(AeDebug 的 Auto 等于“1”)时，Windows XP 的 UnhandledExceptionFilter 函数会判断 JIT 调试器是否是 drwtsn32.exe(第 129 行)，如果是，仍会弹出错误提示对话框。以前的 UnhandledExceptionFilter 函数没有这个判断，也就是一旦 Auto 等于“1”(且 Debugger 项不为空)，就直接启动 JIT 调试器而不再出现错误提示对话框。

(3)对启动 JIT 调试器做了增强。新的函数会先复制当前进程和线程的句柄(第 205~220 行)，在等待调试器的循环中(第 241~251 行)，也改为使用 NtWaitForMultipleObjects 来等待两个对象(进程句柄和 JIT 调试事件)。以前的实现是使用 NtWaitForSingleObject，它只等待一个事件对象，这样，当建立 JIT 调试对话的过程出错时，当前进程(发生未处理异常的进程)便会死锁在这里。

本节用较大的篇幅分析了 Windows 系统的未处理异常的过滤函数(UnhandledExceptionFilter)，介绍了这个函数的工作流程和它执行的主要动作，接下来我们将分别介绍“应用程序错误”对话框和启动 JIT 调试器。

12.4 “应用程序错误”对话框

当 Windows 系统检测到应用程序内发生了未处理异常或其他严重错误时，系统的策略是将其终止，在终止前，系统通常会弹出一个对话框来通知用户这个程序即将被关闭，这个对话框通常称为“应用程序错误”对话框(application fault dialog)或者叫作 GPF 错误框，GPF 是 General Protection Fault(通用保护错误)的缩写。

系统弹出“应用程序错误”对话框的目的有两点：一是告知用户，该应用程序已经由于发生严重错误(未处理异常)而无法继续运行，即将被终止；二是征求用户的处理意见——是立刻终止并启动 JIT 调试器调试该程序，还是先发送错误报告然后再终止(Windows XP 引入)。

根据 12.3 节的介绍，“应用程序错误”对话框是由系统(KERNEL32.DLL)的未处理异常过滤器函数(UnhandledExceptionFilter)触发，由操作系统的其他程序弹出并维护(与用户交互)的。考虑到需要显示“应用程序错误”对话框时，应用程序本身已经发生了严重的错误，再在该进程内执行新的任务可能已经不安全，所以系统是使用其他进程来显示“应用程序错误”对话框的。具体使用哪个进程及其具体方式因为 Windows 版本的不同而有所不同，在 Windows XP 之前使用的是 HardError 机制，Windows XP 和 Windows Vista 分别引入了使用 ReportFault API 与 WER 2.0 API 的方法，但也支持以前的方法。下面分别加以介绍。

12.4.1 用 HardError 机制提示应用程序错误

在 Windows 2000 或更早的 Windows 版本中，系统是通过 HardError 提示机制来提示“应用程序错误”的。简单地说，就是调用 NtRaiseHardError 内核服务。

在 12.3 节 UnhandledExceptionFilter 函数的伪代码(清单 12-7)中，我们可以看到它对 NtRaiseHardError 系统服务的调用。

```
retValue = NtRaiseHardError(
        STATUS_UNHANDLED_EXCEPTION | 0x10000000, 4, 0, Parameters,
```

```
_BasepAlreadyHadHardError ? 1 : dwDlgOptionFlag, &dwResponse );
```

其中，第一个参数 ErrorStatus 被指定为 STATUS_UNHANDLED_EXCEPTION | 0x10000000，STATUS_UNHANDLED_EXCEPTION 代表未处理异常，与 0x10000000 进行或运算是为了设置 HARDERROR_OVERRIDE_ERRORMODE 标志（13.1.3 节）。Parammeters 参数是一个数组，包含了关于异常的详细信息。倒数第二个参数用来指定错误对话框中包含哪些按钮。最后一个参数用于存放用户的选择（响应），它的值是如下枚举常量之一。

```
typedef enum _HARDERROR_RESPONSE {
    ResponseReturnToCaller, //0
    ResponseNotHandled, ResponseAbort, ResponseCancel, ResponseIgnore,
    ResponseNo, ResponseOk, ResponseRetry, ResponseYes
} HARDERROR_RESPONSE, *PHARDERROR_RESPONSE;
```

经过多个负责 HardError 处理和分发的内核函数的依次处理（13.1 节），系统把 HardError 的提示请求通过 LPC 端口发给 Windows 子系统进程（CSRSS.EXE）。CSRSS 接到请求后，根据参数中描述的要求，弹出图 12-1 所示的“应用程序错误”对话框。

对话框标题中包含了应用程序的可执行文件名称并带有“应用程序错误”字样，这是“应用程序错误”对话框这一名称的来由。

对话框的文字中包含了对错误的简单描述（未知的软件异常，异常代码为 0xC0000094，对应于 STATUS_INTEGER_DIVIDE_BY_ZERO）和错误的发生位置（即导致错误的指令地址，0x00401045）。这些信息是通过 Parameters 参数传递给 CSRSS 的。

如果单击“确定”按钮，未处理异常过滤器函数（UnhandledExceptionFilter）会返回 EXCEPTION_EXECUTE_HANDLER 给默认的异常处理器，接下来系统执行异常处理块，退出应用程序。

如果单击“取消”按钮，UnhandledExceptionFilter 会启动注册在系统中的 JIT 调试器（12.5 节）。如果系统内没有注册任何 JIT 调试器，那么便不会有取消按钮，如图 12-2 所示。

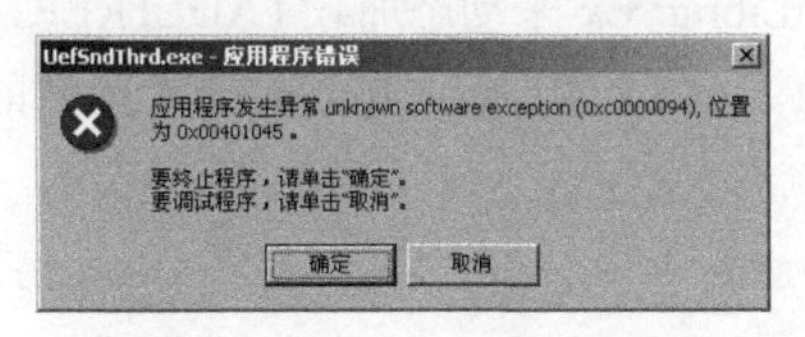

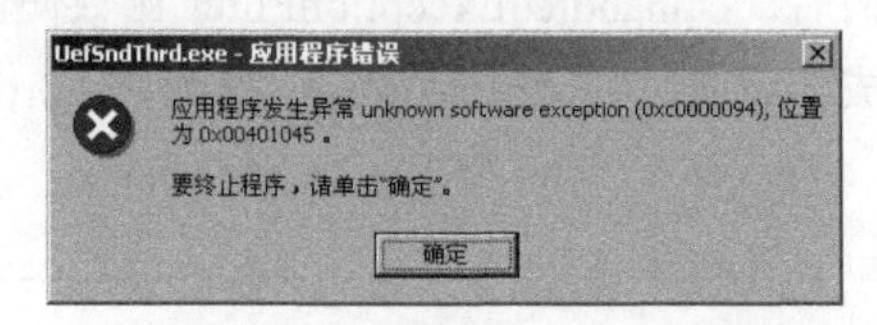

图 12-1 包含两个按钮的“应用程序错误”对话框　图 12-2 只包含“确定”按钮的“应用程序错误”对话框

在用户单击了某个按钮后，NtRaiseHardError 通过 dwResponse 参数将选择结果返回给 UnhandledExceptionFilter 函数。如果当前进程设置了禁止弹出“应用程序错误”对话框（如前面的 ErrorMode 程序），那么 dwReponse 会被设置为 ResponseReturnToCaller（返回给调用者）。如果在分发和处理过程中遇到错误，那么 NtRaiseHardError 的函数返回值会指示调用失败。

如果 NtRaiseHardError 返回成功，而且以下 3 个条件都满足后，UnhandledExceptionFilter 便准备启动 JIT 调试器。

（1）用户选择的是“取消”按钮（dwResponse== ResponseCancel）。

（2）当前进程的_BasepAlreadyHadHardError 全局变量为假（!_BasepAlreadyHadHardError）。

（3）当前进程不是服务进程（!_BaseRunningInServerProcess）。

如果不满足启动调试器的条件，那么 UnhandledExceptionFilter 便调用 NtTerminateProcess (GetCurrentProcess(), pExcptRec->ExceptionCode) 终止当前进程，pExcptRec->ExceptionCode 用来指定退出码（异常代码）。

使用 Spy++工具观察图 12-1 或图 12-2 所示的对话框，找到其所属的进程 ID，然后再打开任务管理器，可以发现该对话框的宿主进程就是 CSRSS 进程。

因为 HardError 对话框是由 CSRSS 进程弹出的，所以即使当系统被锁定（lock）或无人登录时，“应用程序错误”对话框也是可见的（图 12-3）。

图 12-3 通过 HardError 机制提示的“应用程序错误”对话框在桌面被锁定后仍然可见

12.4.2 使用 ReportFault API 提示应用程序错误

Windows XP 系统会优先考虑使用 ReportFault API 启动一个新的程序来提示应用程序错误，如果该机制失败，则仍使用前面讲的 HardError 机制。下面介绍其具体过程，我们将重点介绍与 Windows 2000 不同的地方。

在 UnhandledExceptionFilter 函数决定了需要弹出“应用程序错误”对话框后，它会首先通过 GetSystemDirectory 取得系统目录（%WINNT%\SYSTEM32），然后将“FAULTREP.DLL”追加到此路径上以得到 FAULTREP.DLL 的全路径，FAULTREP.DLL 是 Windows XP 引入的专门用于错误提示的系统模块。它受到系统文件保护（System File Protection，SFP）机制的保护，因此，试图用一个同名的文件替代它时，尽管当时似乎成功了，但是系统会很快把它恢复回来。FAULTREP.DLL 的模块文件名称是硬编码到 UnhandledExceptionFilter 函数中的，这也是为了避免配置在注册表中可能被篡改。

而后，UnhandledExceptionFilter 函数便调用 LoadLibraryEx 来动态加载 FAULTREP.DLL，加载成功后通过 GetProcAddress 得到 ReportFault 函数（API）的地址。ReportFault 函数的原型如下。

```
EFaultRepRetVal APIENTRY ReportFault(LPEXCEPTION_POINTERS pep, DWORD dwOpt);
```

其中，返回值是一个枚举类型（EFaultRepRetVal）的常量，其定义如下，我们稍后再详细讨论其含义。参数 dwOpt 用于指定报告方式、对话框界面等选项。

```
typedef enum tagEFaultRepRetVal
{
    frrvOk = 0,      frrvOkManifest,     frrvOkQueued,     frrvErr,
    frrvErrNoDW,      frrvErrTimeout,     frrvLaunchDebugger,     frrvOkHeadless
} EFaultRepRetVal;
```

接下来，UnhandledExceptionFilter 函数通过动态取得的函数指针调用 ReportFault 函数。ReportFault 函数读取以下注册表表项，以获取当前的错误提示设置，生成记录文件，然后判断当前进程的可执行文件是否是 dwwin.exe 和 dumprep.exe，因为这两个进程都是错误报告机制的成员，所以 ReportFault 如果检测到自己是在这两个进程中，便会返回、退出。

```
HKEY_LOCAL_MACHINE\SOFTWARE\Microsoft\PCHealth\ErrorReporting
```

如果一切顺利，ReportFault 会调用另一个位于 FAULTREP.DLL 中的函数 StartDWException。StartDWException 首先创建几个用于同步的事件对象，然后在临时目录中生成一个名为 appcompat.txt 的文件（例如，C:\DOCUME～1\%UserID%\LOCALS～1\Temp\WER77A.tmp.dir00\appcompat.txt）。之后，ReportFault 函数取得系统目录，生成 dwwin.exe 程序的全路径，再调用 CreateProcess 函数在 WinStation 0 的默认桌面（Winsta0\Default）中启动 DWWIN 程序。于是便出现了图 12-4 所示的 Windows XP 风格的“应用程序错误”对话框。

与前面介绍的 CSRSS 进程弹出的“应用程序错误”对话框相比，DWWIN 程序弹出的“应用程序错误”对话框有以下相同点和不同点。

首先，DWWIN 仍然通过读取注册表中的 AeDebug 键决定是否包含 Debug 按钮，如果用户单击 Debug 按钮，那么 StartDWException 函数返回 frrvLaunchDebugger(6)给 ReportFault 函数，ReportFault 函数再将这个值返回给 UnhandledExceptionFilter。UnhandledExceptionFilter 函数再启动 JIT 调试器进程。

其次，新的对话框增加了 Send Error Report（发送错误报告）按钮，如果用户单击该按钮，程序会将错误信息发送给微软公司或本企业收集错误信息的专用服务器。不论错误报告是否发送成功，StartDWException 函数都会返回 frrvOk 给 ReportFault 函数，ReportFault 函数再将这个返回值传递给 UnhandledExceptionFilter。UnhandledExceptionFilter 收到 frrvOk 后，会返回 EXCEPTION_EXECUTE_HANDLER(1)，即执行异常处理块。如果用户单击 Don’t Send（不发送）按钮，那么 StartDWException 便直接返回 frrvOk（不调用发送错误报告的函数）。可见，不论是单击 Send Error Report 还是 Don’t Send 按钮，ReportFault 函数都会返回 frrvOk，也就是说，这两个按钮的效果都相当于以前的 OK 按钮（对于 UnhandledExceptionFilter 函数）。

另一点不同的是，DWWIN 弹出的对话框中没有直接显示异常信息，如果要了解错误的进一步信息，需要单击对话框上的 click here 链接，查看错误报告。我们将在第 14 章继续介绍这一内容。

如果 ReportFault 函数返回的结果表明启动 DWWIN 程序失败（frrvErrTimeout（5）、frrvErrNoDW（4）），没有启动（frrvOkQueued（2）），或 DWWIN 程序以静默方式工作（frrvOkHeadless（7）），UnhandledExceptionFilter 会使用旧的方法通过 HardError 机制提示应用程序错误（图 12-5）。

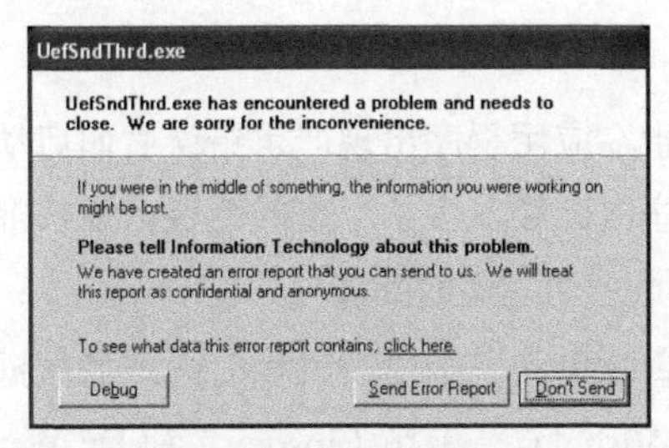

图 12-4 Windows XP 风络的“应用程序”错误对话框

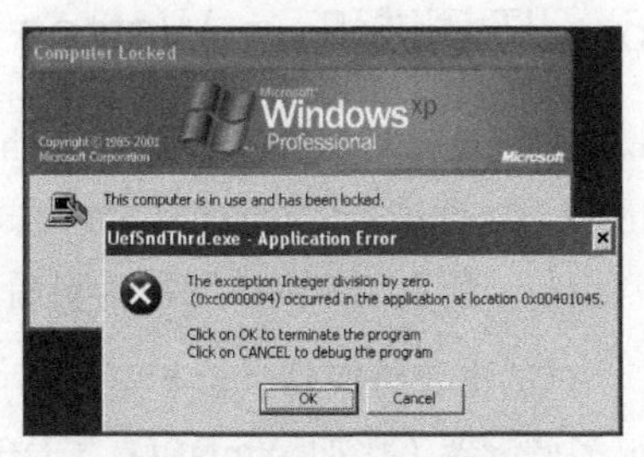

图 12-5 Windows XP 使用旧的方式提示应用程序错误

要说明的一点是，frrvErr(3) 的含义是已经成功启动了 DWWIN 程序，所以 UnhandledExceptionFilter 收到该返回值后不会再调用 NtRaiseHardError。表 12-1 归纳了 ReportFault

函数的返回值及 UnhandledExceptionFilter 函数所采取的动作。

表 12-1 ReportFault 函数的返回值及 UnhandledExceptionFilter 函数所采取的动作

符 号	值	含 义	UnhandledExceptionFilter 的动作
frrvOk	0	成功	返回 1①
frrvOkManifest	1	函数成功，DWWIN 程序以清单（manifest）模式启动	返回 1
frrvOkQueued	2	函数成功，错误报告被插入队列，以后发送	调用 NtRaiseHardError
frrvErr	3	函数失败，但是启动了 DWWIN 程序	返回 1
frrvErrNoDW	4	函数失败，没有启动 DWWIN 程序	调用 NtRaiseHardError
frrvErrTimeout	5	函数超时	调用 NtRaiseHardError
frrvLaunchDebugger	6	用户选择了调试按钮	启动 JIT 调试器
frrvOkHeadless	7	函数成功，DWWIN 以静默（silent）模式启动	调用 NtRaiseHardError

① UnhandledExceptionFilter 返回 1 的含义是 EXCEPTION_EXECUTE_HANDLER，即让异常分发函数执行异常处理块（通常退出进程）。

Windows XP 允许用户禁止错误报告发送功能，既可以在整个系统的范围内禁止错误报告发送功能，也可以定义把某些或某个程序加入允许或排除列表中。这时，DWWIN 程序弹出的“应用程序错误”对话框会略有不同，不再有 Send Error Report 按钮和 Don't Send 按钮，取而代之的是 Close 按钮（图 12-6）。

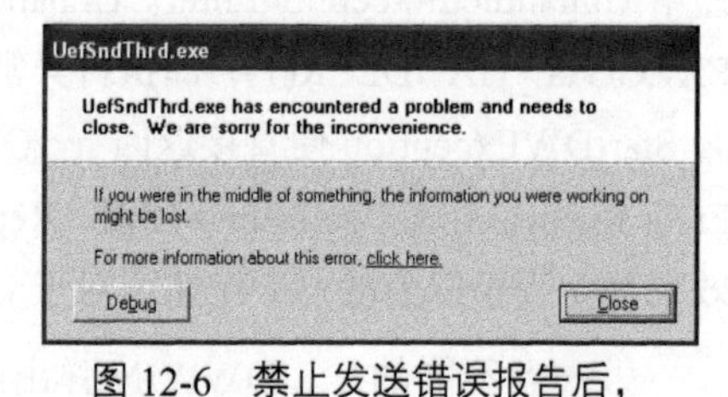

图 12-6 禁止发送错误报告后，DWWIN 程序弹出的“应用程序错误”对话框

Windows Vista 改为通过新引入的 WER 系统服务来提示应用程序错误。WER 系统服务收到请求后会启动一个名为 WerFault.exe 的程序来显示错误对话框。如果使用 WER 系统服务失败，那么 UnhandledExceptionFilter 会使用 KERNEL32.DLL 中的 WER 函数来启动 WerFault.exe。如果这样做也失败，那么会使用最原始的 HardError 方法。我们将在第 14 章讨论 WER（Windows Error Reporting）时介绍 WER API，并介绍如何配置错误报告发送方案及其内部工作过程。

12.5 JIT 调试和 Dr. Watson

所谓 JIT 调试（Just-In-Time Debugging），就是指在应用程序出现严重错误后而启动的紧急调试。因为 JIT 调试会话建立时，被调试的应用程序内已经发生了严重的错误，通常都无法再恢复正常运行，所以 JIT 调试又称为事后调试（postmortem debugging）。

JIT 调试的主要目的是分析和定位错误原因，或者收集和记录错误发生时的现场数据供事后分析。很多调试器（比如 WinDBG、CDB、NTSD、Visual C++ IDE（msdev）和 Dr. Watson 等）都可以作为 JIT 调试器来使用。其中 Dr. Watson 是 Windows 系统中默认的 JIT 调试器。

12.5.1 配置 JIT 调试器

关于 JIT 调试器的配置信息保存在注册表的如下表键（KEY）中。

```
HKEY_LOCAL_MACHINE\Software\Microsoft\Windows NT\CurrentVersion\AeDebug
```

因为该表键名为 AeDebug（笔者认为 AE 代表的是 Application Error），所以本书中便将该表键包含的设置选项简称为 AeDebug 选项。

如图 12-7 所示，AeDebug 表键下通常包含 3 个键值——Auto、Debugger 和 UserDebuggerHotKey。先简单介绍一下。

（1）Debugger 用来定义启动 JIT 调试器的命令行。

（2）Auto 决定是否自动启动 JIT 调试器。也就是当有未处理异常发生时，是先询问用户，还是直接启动 JIT 调试器。

（3）UserDebuggerHotKey 用来定义终止到调试器的快捷键（默认为 F12 键）。

下面我们分别详细讨论每个选项的用途和设置方法。

Debugger 选项用来定义供 UnhandledExceptionFilter 函数启动 JIT 调试器的命令行。如果 UnhandledExceptionFilter 函数成功读到该项，那么在“应用程序错误”对话框内就会包含 Debug（Windows XP）或 Cancel 按钮（Windows 2000 或 NT），供用户选择是否调试发生错误的程序。如果该项不存在或为空，那么弹出的对话框中就不包含 Debug（或 Cancel）按钮（图 12-8）。

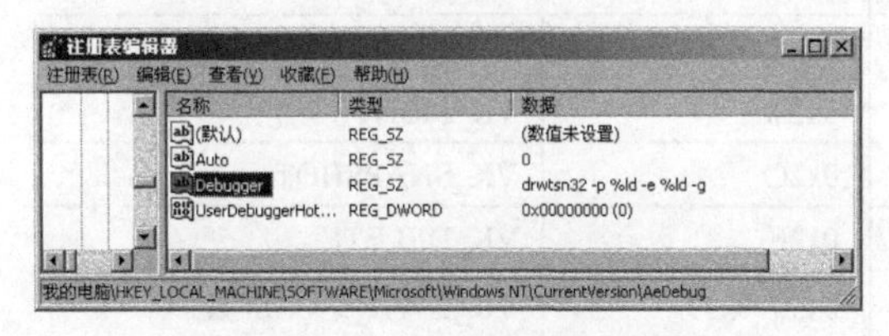

图 12-7 AeDebug 选项

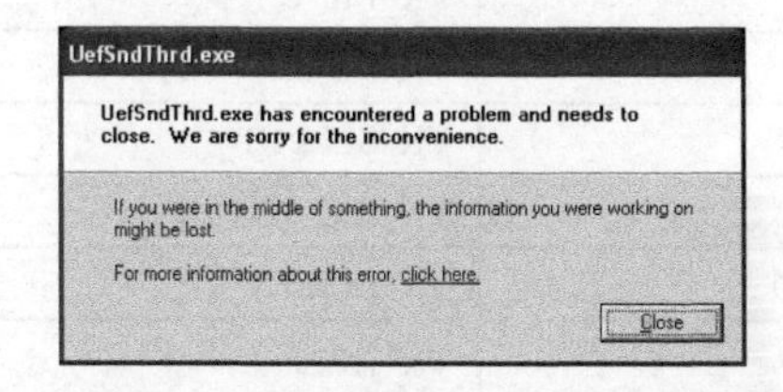

图 12-8 只包含 Close 按钮的“应用程序错误”对话框

尽管 Auto 选项的类型也是 REG_SZ（字符串）类型，但是它的有效值只有 0 和 1 两种（事实上，UnhandledExceptionFilter 只在乎它是否等于“1”）。如果该值等于“1”，而且 Debugger 选项非空，那么系统（UnhandledExceptionFilter 函数）就会直接启动 JIT 调试器；否则，系统会先显示“应用程序错误”对话框，等用户选择调试选项（如果存在）后，再启动 JIT 调试器。但有一个例外情况是，对于 Windows XP，如果 JIT 调试器是 drwtsn32.exe（Dr. Watson），即使 Auto 选项为 1，系统仍会先显示“应用程序错误”对话框，而且不包含 Debug 按钮。Auto 选项的默认设置为“1”。

UserDebuggerHotKey 选项用来定义从被调试程序中断到调试器的快捷键。使用 WinDBG 调试时，如果对于 WinDBG（当 WinDBG 在前台时）按 Ctrl+Break 快捷键，那么 WinDBG 会将被调试进程中断到 WinDBG 中。其实还有另一种反方向的做法可以达到这个目的，那就是向被调试程序（当被调试程序在前台时）按调试快捷键，使其中断到调试器。默认的调试快捷键是 F12 键（扫描码为 0），通过 UserDebuggerHotKey 选项可以将其设为其他按键，方法是将该选项的内容改为所希望按键的扫描码。表 12-2 列出了标准键盘的扫描码与虚拟键码的对应关系。

关于调试快捷键还有两点需要说明。第一，只有在当前应用程序已经处于被调试状态的情况下，调试快捷键才有效。第二，该方法不适用于在命令行窗口运行控制台程序，事实上，当我们在任何命令行窗口中按调试快捷键时，系统都会以为要调试 Windows 子系统进程（CSRSS）。

表 12-2　标准键盘的扫描码与虚拟键码的对应关系

扫 描 码	虚 拟 键 码	扫 描 码	虚 拟 键 码
0x0	VK_SUBTRACT（F12 键）	0x1	VK_LBUTTON
0x2	VK_RBUTTON	0x3	VK_CANCEL
0x4	VK_MBUTTON	0x8	VK_BACK
0x9	VK_TAB	0xC	VK_CLEAR
0xD	VK_RETURN	0x10	VK_SHIFT
0x11	VK_CONTROL	0x12	VK_MENU
0x13	VK_PAUSE	0x14	VK_CAPITAL
0x15	VK_KANA、VK_HANGEUL、VK_HANGUL	0x17	VK_JUNJA
0x18	VK_FINAL	0x19	VK_HANJA、VK_KANJI
0x1B	VK_ESCAPE	0x1C	VK_CONVERT
0x1D	VK_NONCONVERT	0x1E	VK_ACCEPT
0x1F	VK_MODECHANGE	0x20	VK_SPACE
0x21	VK_PRIOR	0x22	VK_NEXT
0x23	VK_END	0x24	VK_HOME
0x25	VK_LEFT	0x26	VK_UP
0x27	VK_RIGHT	0x28	VK_DOWN
0x29	VK_SELECT	0x2A	VK_PRINT
0x2B	VK_EXECUTE	0x2C	VK_SNAPSHOT
0x2D	VK_INSERT	0x2E	VK_DELETE
0x2F	VK_HELP	0x30~0x39	VK_0~VK_9（ASCII　0~9）
0x41~0x5A	VK_A~VK_Z（ASCII A~Z）		

12.5.2 启动 JIT 调试器

下面我们看看 UnhandledExceptionFilter 是如何启动 JIT 调试器的。在第 10 章中，我们讨论了建立调试会话的两种情况，在调试器中启动被调试进程和将调试器附加到已经运行的进程。JIT 调试显然属于后一种，这意味着，UnhandledExceptionFilter 函数必须将当前进程（被调试进程）的 ID（PID）告诉 JIT 调试器，JIT 调试器才能与其建立调试对话。UnhandledExceptionFilter 函数采取的做法是通过命令行参数来传递这一信息。因此，UnhandledExceptionFilter 函数要求 Debugger 选项的值应该为如下格式。

```
jitdebugger.exe -p %ld -e %ld [调试器的其他参数]
```

其中%ld 是可变域，UnhandledExceptionFilter 会使用类似如下的代码填充这些可变域，生成真正的命令行。

```
HANDLE hEvent = CreateEventA( &secAttr, TRUE, 0, 0 );
sprintf(szDbgCmdLine,szDbgCmdFmt,GetCurrentProcessId(), hEvent);
```

也就是说，UnhandledExceptionFilter 会把当前进程的 ID 和一个同步事件的事件句柄通过命令行参数传递给 JIT 调试器。

接下来，UnhandledExceptionFilter 函数会调用 CreateProcess 函数来使用格式化好了的命令行启动 JIT 调试器。

CreateProcess 成功返回后，UnhandledExceptionFilter 调用 NtWaitForSingleObject 函数无限期等待 hEvent 事件。其目的是给 JIT 调试器足够的时间进行初始化和完成各种准备工作。

当 JIT 调试器成功附加到应用程序并准备就绪后，JIT 调试器就会设置同步事件（SetEvent），这会导致 UnhandledExceptionFilter 函数中的等待函数（NtWaitForSingleObject 或 NtWaitForMultipleObject）返回，接下来 UnhandledExceptionFilter 返回 EXCEPTION_CONTINUE_SEARCH，让系统继续搜索其他异常处理器。如果当前的异常处理器不是最后一个结构化异常处理器，那么系统会评估另一个结构化异常处理器的过滤函数，通常也是 UnhandledExceptionFilter 函数，而且也会返回 EXCEPTION_CONTINUE_SEARCH，这样第一轮异常分发便结束了，并且会发起第二轮异常分发。而此时，因为 JIT 调试器已经准备好，所以系统会把异常分发给 JIT 调试器。

老雷评点

此处设计之精妙，让人拍案叫绝。

Debugger 选项的默认值为“drwtsn32 -p %ld -e %ld –g”，也就是使用 Dr. Watson 作为 JIT 调试器，-g（go）参数的作用是忽略初始断点。12.7 节将会详细讨论 Dr. Watson 程序。

最后要说明的一点是，如果 JIT 调试器的程序文件不在公共路径中，那么应该使用带有完整路径的程序文件名。

很多调试器在安装时会将自己注册为系统的 JIT 调试器，并且提供快捷方式来将自己注册为 JIT 调试器。例如，如果要将 WinDBG 调试器注册为 JIT 调试器，那么只要在命令行窗口中执行 WinDBG-I 即可，其中，I 需要大写并需要指定 WinDBG.exe 的完整路径，比如 c:\windbg\windbg-I。执行这个命令后，WinDBG 会将注册表中 AeDebug 表键下的 Debugger 键值修改为如下内容。

```
"c:\windbg\windbg.exe" -p %ld -e %ld -g
```

其中-g 表示忽略初始断点。同时，WinDBG 还会将 Auto 选项改为 1，也就是当有应用程序错误发生时就自动启动 JIT 调试器。

将 WinDBG 注册为 JIT 调试器后，再执行会导致未处理异常的 UEF 小程序，我们就会看到 WinDBG 自动运行了（图 12-9）。

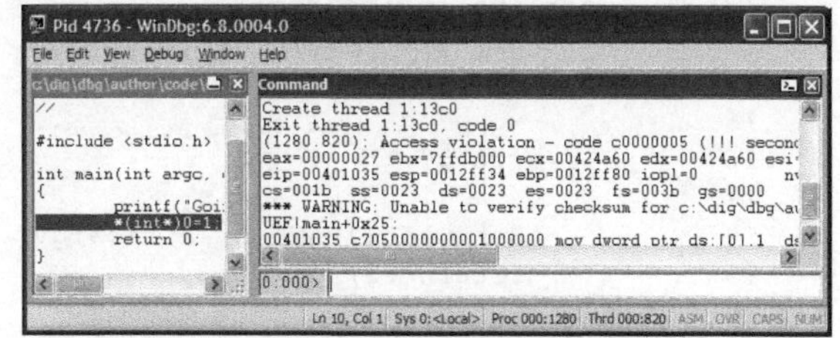

图 12-9 WinDBG 自动运行

启动后，WinDBG 先显示一系列模块加载信息（图 12-9 中未包含），而后可能显示远程中断线程的创建和退出信息（右侧的第 1、2 行信息）。说“可能”有两个原因：一是需要将这两个事件的处理方式（选择 Debug→Event Filters）设置为输出（Output）信息才能看到这样的信息；二是远程中断线程的创建和退出时间是不确定的。因为在 WinDBG 的命令行中带有-g 开关，WinDBG 一收到远程中断线程导致的断点事件就会立刻恢复运行，不会报告给用户，所以我们不会看到远程线程的断点。如果希望看到，那么可以去掉-g 开关。

而后，WinDBG 显示接收到非法访问（0xC0000005）的第二轮处理机会（!!! second chance），即图 12-9 中右侧的第 3 行。接着 WinDBG 会根据调试事件中的信息寻找导致事件的模块和符号信息，因此我们可能需要几秒。等待后，WinDBG 会呈现出图 12-9 所示的界面。在右侧，是调试事件发生时的寄存器取值，最下面一行是触发调试事件（也就是导致非法访问异常）的程序指令。

```
00401035 c7050000000001000000 mov dword ptr ds:[0],1  ds:0023:00000000=????????
```

从这条指令可以看出，向地址 0 写入 1 时导致了非法访问，即典型的访问空指针。

在左侧，WinDBG 显示出了以上指令所对应的源程序，并加亮了这条指令所对应的源代码行，也就是我们故意放置的向地址 0 赋值的语句。

通过这个小试验，我们看到了利用 JIT 调试机制可以很容易地定位到导致应用程序错误的根源。需要说明的一点是，以上试验使用的 UEF.exe 就是在同一台机器上编译出的，因此不需要做任何设置，WinDBG 就能根据 EXE 文件中内嵌的符号信息（IMAGE_DEBUG_TYPE_CODEVIEW，第 25 章将详细讨论）找到符号文件（UEF.PDB），然后再根据符号文件中的源代码行信息找到源文件和错误指令所对应的代码行。如果 EXE 程序不是在同一台机器上编译的，或者符号文件和源文件改变了位置，那么 WinDBG 启动后，可能只显示右侧的内容。这时可以手工设置符号路径（选择 File→Symbol File Path）和源文件路径（选择 File→Source File Path），设置后执行.reload 命令，WinDBG 也就可以自动打开源文件和加亮错误指令所对应的代码行。

12.5.3 自己编写 JIT 调试器

在了解了 JIT 调试器的基本原理之后，我们可以很容易地将前面设计的小调试器修改为支持 JIT 调试功能的调试器。清单 12-11 显示了 JIT 调试器的核心代码。

清单 12-11 JIT 调试器（JitDbgr）的核心代码

```
1    void Help()
2    {
3       printf ( "JitDbgr -p <PID of Program to Debug> -e <event handle>\n" ) ;
4    }
5    int main(int argc, char* argv[])
6    {
7        if(argc<=4)
8        {
9            Help();    return -1;
10       }
11       printf("JitDbgr got parameters: ");
12       for(int i=1;i<argc;i++)
13           printf("%s ",argv[i]);
14       printf("\n");
15
16       if(argc>5)
17       {
18           SetEvent((HANDLE) atoi(argv[4]));
19           return -2;
20       }
21       if(!DebugActiveProcess(atoi(argv[2])))
22       {
23           printf("Failed in DebugActiveProcess() with %d.\n",GetLastError());
24           return -3;
25       }
26       printf("Successfully attached debugger, any key to continue.\n");
27       getchar();
28       SetEvent((HANDLE) atoi(argv[4]));
29       return DbgMainLoop();
30   }
```

从上面的代码可以看到，JIT 调试器在将参数中包含的进程 ID 转变为整数后，便调用

DebugActiveProcess API 来建立调试对话。如果成功，则通过设置参数中指定的事件来通知 UnhandledExceptionFilter 函数可以返回了。

修改注册表中的 AeDebug 选项便可以将我们的 JitDbgr 设置为 JIT 调试器了。也就是将 AeDebug 键下的 Debugger 选项设置为“<示例代码路径>\code\bin\release\jitdbgr.exe -p %ld -e %ld”（如果路径中包含空格，那么需要将路径和程序名用引号包围）。做了如上设置后，当系统内再有某个应用程序出现未处理异常而且需要调试时，系统便会启动 JitDbgr 程序了。为了试验，大家可以执行本章前面给出的 UEF 程序（UEF.exe），执行后窗口中应该得到清单 12-12 所示的结果（//后为注释）。

清单 12-12 执行 UEF 程序得到的结果

```
Going to assign value to null pointer! // UEF程序在向空指针赋值前打印的信息
// 如果Auto为0，那么会弹出"应用程序错误"对话框，请单击Debug按钮
JitDbgr got parameters: -p 3280 -e 44
// 未处理异常导致系统启动JIT调试器，JitDbgr程序打印出UnhandledExceptionFilter函数传递给
// 它的参数，3280是UEF程序的进程ID，44是事件句柄
Successfully attached debugger, any key to continue.
// JitDbgr使用DebugActiveProcess API与UEF进程成功建立调试对话
// 按任意键，下面是JitDbgr收到并打印出的调试事件
Debug event received from process 3280 thread 3268: CREATE_PROCESS_DEBUG_EVENT.
Debug event received from process 3280 thread 3268: LOAD_DLL_DEBUG_EVENT.
Debug event received from process 3280 thread 3268: LOAD_DLL_DEBUG_EVENT.
Debug event received from process 3280 thread 3268: LOAD_DLL_DEBUG_EVENT.
Debug event received from process 3280 thread 3268: LOAD_DLL_DEBUG_EVENT.
Debug event received from process 3280 thread 528: CREATE_THREAD_DEBUG_EVENT.
Debug event received from process 3280 thread 3268: EXCEPTION_DEBUG_EVENT.
-Debuggee breaks into debugger; press any key to continue.
// 按任意键
Debug event received from process 3280 thread 3268: EXCEPTION_DEBUG_EVENT.
-Debuggee breaks into debugger; press any key to continue.
// 因为导致异常的条件没有消除，所以会循环不断地产生异常，分发异常……按Ctrl+C快捷键可以退出
```

本节介绍了 JIT 调试的基本原理，JIT 调试器的启动过程，以及如何使用 WinDBG 作为 JIT 调试器，关于 WinDBG 调试器的更多内容将在第 30 章介绍。

12.6 顶层异常过滤函数

前面 3 节介绍了 Windows 系统对未处理异常的处理方法。如果应用程序不希望使用这些默认逻辑来处理未处理异常，那么可以注册一个自己的未处理异常过滤函数，并通过 SetUnhandledExceptionFilter API 进行注册。因为这个过滤函数只有在有未处理异常发生时才可能调用，所以它通常称为顶层异常过滤函数（top level exception filter），在本节中简称为顶层过滤函数。

12.6.1 注册

SetUnhandledExceptionFilter API 用来注册顶层过滤函数，这个 API 的原型如下。

```
LPTOP_LEVEL_EXCEPTION_FILTER SetUnhandledExceptionFilter(
  LPTOP_LEVEL_EXCEPTION_FILTER lpTopLevelExceptionFilter);
```

其中参数 lpTopLevelExceptionFilter 用来指定用户自己编写的顶层过滤函数的地址，这个函数应该具有如下函数原型。

```
LONG WINAPI TopLevelExceptionFilter(struct_EXCEPTION_POINTERS* ExceptionInfo);
```

可以看到，这个函数原型与系统的 UnhandledExceptionFilter 函数的原型是完全一样的。

在 Windows XP 之前，SetUnhandledExceptionFilter API 的实现非常简单（清单 12-13），它先把 BasepCurrentTopLevelFilter 的当前值保存起来作为返回值（EAX），然后把参数指定的新函数地址赋给全局变量 BasepCurrentTopLevelFilter。BasepCurrentTopLevelFilter 是定义在 KERNEL32.DLL 中的一个全局变量，其初始值为空，也就是说，默认情况下，系统没有设置顶层过滤函数。

清单 12-13　SetUnhandledExceptionFilter API 的实现（Windows XP 之前）

```
0:001> uf kernel32! SetUnhandledExceptionFilter
kernel32!SetUnhandledExceptionFilter:
77e7e4f4 8b4c2404       mov ecx,[esp+0x4]
77e7e4f8 a1b473ed77     mov eax,[kernel32!BasepCurrentTopLevelFilter (77ed73b4)]
77e7e4fd 890db473ed77 mov [kernel32!BasepCurrentTopLevelFilter (77ed73b4)],ecx
77e7e503 c20400         ret 0x4
```

为了防止 BasepCurrentTopLevelFilter 变量被轻易篡改，从 Windows XP 开始，以上函数的实现不再这样简单，BasepCurrentTopLevelFilter 变量的值也不再是顶层过滤函数地址的原始值，而是经过编码的值。具体的编码规则是不公开的，KERNEL32.DLL 中的 RtlDecodePointer 和 RtlEncodePointer 函数分别用来解码与编码。

12.6.2　C 运行时库的顶层过滤函数

如果当前进程直接或间接使用了微软的 C 运行时库（MSVCRT.DLL），那么 C 运行时库在初始化期间会调用 SetUnhandledExceptionFilter 将当前进程的顶层过滤函数设置为 msvcrt!__CxxUnhandledExceptionFilter 函数。清单 12-14 显示了 MSVCRT.DLL 模块注册顶层过滤函数的过程。

清单 12-14　MSVCRT.DLL 模块注册顶层过滤函数的过程

```
0:000> k
ChildEBP RetAddr
0012f95c 77c26eca kernel32!SetUnhandledExceptionFilter
0012f964 77c37a20 msvcrt!__CxxSetUnhandledExceptionFilter+0xb
0012f970 77c1ea3b msvcrt!_cinit+0x2b
0012fa14 77f5b42c msvcrt!_CRTDLL_INIT+0xec
0012fa34 77f56771 ntdll!LdrpCallInitRoutine+0x14
0012fb30 77f649a8 ntdll!LdrpRunInitializeRoutines+0x32f
0012fc90 77f55349 ntdll!LdrpInitializeProcess+0xe70
0012fd1c 77f75d87 ntdll!LdrpInitialize+0x186
00000000 00000000 ntdll!KiUserApcDispatcher+0x7
```

观察 CxxUnhandledExceptionFilter 的汇编指令，可以看出它主要是针对 C++异常的。清单 12-15 给出了微软 C 运行时库的顶层过滤函数。

清单 12-15　微软 C 运行时库的顶层过滤函数

```
#define CXX_FRAME_MAGIC 0x19930520
#define CXX_EXCEPTION   0xe06d7363
LONG WINAPI CxxUnhandledExceptionFilter (struct _EXCEPTION_POINTERS* ExceptionInfo)
{
    PEXCEPTION_RECORD pER;
```

```
    pER=ExceptionInfo->ExceptionRecord;

    if(pER->ExceptionCode==CXX_EXCEPTION
        && pER->NumberParameters==3
        && pER->ExceptionInformation[0]==CXX_FRAME_MAGIC)
    {
        terminate();
    }
    if(UnDecorator::fGetTemplateArgumentList)
    {
        if(_ValidateExecute(UnDecorator::fGetTemplateArgumentList)!=0)
        return FUNC_UNK(ExceptionInfo);
    }
    return EXCEPTION_CONTINUE_SEARCH;
}
```

因为 Visual C++编译器实现的 C++异常都具有统一的异常代码 0xe06d7363（即'msc 的 ASCII 码），且参数 0 为 0x19930520（类似于日期），所以 CxxUnhandledExceptionFilter 很容易判断出发生的未处理异常是否是 C++异常。如果是，那么 CxxUnhandledExceptionFilter 会调用 Visual C++运行时库自己的 terminate 函数进行必要的清理工作。我们会在第 24 章详细讨论 C++异常的细节。

对于其他异常，CxxUnhandledExceptionFilter 会返回 EXCEPTION_CONTINUE_SEARCH，这会使 UnhandledExceptionFilter（KERNEL32.DLL 中）继续向下执行。如果 CxxUnhandledExceptionFilter 返回 EXCEPTION_EXECUTE_HANDLER 或 EXCEPTION_CONTINUE_EXECUTION，那么 UnhandledExceptionFilter 便会立即返回（清单 12-7 的第 26～28 行和清单 12-8 的第 73～75 行）。

12.6.3 执行

我们在 12.3 节介绍过，系统的 UnhandledExceptionFilter 函数会在判断当前进程是否处于被调试状态之后（清单 12-7 的第 17～20 行和清单 12-8 的第 70～76 行），检查全局变量 BasepCurrentTopLevelFilter 是否为空，如果不为空，则会调用该指针所指向的函数。因此顶层过滤函数被调用的前两个条件是，有未处理异常发生，而且所在程序不再被调试。

在以上两个条件都满足后，是不是我们注册的顶层过滤函数就一定会被调用呢？答案是否定的。因为系统是使用一个全局变量而不是一个链表来记录顶层过滤函数的，所以前面注册的地址会被后面注册的所覆盖。这意味着，系统（UnhandledExceptionFilter 函数）只会调用最后注册成功的那个顶层过滤函数。

因为应用程序调用 SetUnhandledExceptionFilter API 成功后，会返回前一个顶层过滤函数的地址，所以理论上，如果每个顶层过滤函数都记录前一个过滤函数，并在自己被调用后调用前一个过滤函数，那么每个过滤函数都被调用是有可能的。但是事实上，很多顶层过滤函数没有这么做，包括我们前面介绍的 C 运行时库的过滤函数。为了确保自己的过滤函数能被调用，某些软件使用了非常不好的做法，比如反复调用 SetUnhandledExceptionFilter 注册自己的过滤函数以确保它是最后注册的一个，甚至有些软件在注册成功后便修改 SetUnhandledExceptionFilter API，使其他模块再也无法成功调用这个 API。

需要说明的是，在 Windows XP SP2 和 Windows Vista 等版本中，SetUnhandledExceptionFilter 函数会先对要设置的顶层过滤函数地址进行编码，然后再保存到 BasepCurrentTopLevelFilter 变量中，UnhandledExceptionFilter 函数在调用顶层过滤函数时会先对其进行解码。

12.6.4 调试

关于顶层过滤函数还有一点要说明，就是如何调试顶层过滤函数。从 UnhandledExceptionFilter 函数的伪代码可以看到，如果当前进程处于被调试状态，那么 UnhandledExceptionFilter 函数会返回 EXCEPTION_CONTINUE_SEARCH，让系统把接下来的处理交给调试器。也就是说，这时根本执行不到调用顶层过滤函数的地方。

老雷评点

老雷讲课时，多位同行曾询问此问题。

尽管以上逻辑给调试顶层过滤函数带来了不便，但是笔者认为这样做是有道理的，因为很多顶层过滤函数会做内存清理甚至退出等操作，等调用完这些函数再交给调试器带来的不便也许会更多。但是微软知识库（KB）还是承认这是一个 Bug，并给出了一些建议。

其实，有一个简单有效的办法来调试顶层过滤函数，那就是仍然事先就把调试器附加到要调试的程序上，当 UnhandledExceptionFilter 函数判断 DebugPort 是否为空时，通过调试器动态修改标记进程是否在被调试的变量的值。具体来说，UnhandledExceptionFilter 函数是调用 NtQueryInformationProcess 内核服务来查询当前进程是否在被调试的（根据 DebugPort 的值），相关的汇编指令如下。

```
77e99bd6 ff15ac10e677 call dword ptr [kernel32!_imp__NtQueryInformationProcess]
77e99bdc 85c0     test     eax,eax ;检查 NtQueryInformationProcess 的返回值
77e99bde 7c09     jl kernel32!UnhandledExceptionFilter+0xfe (77e99be9)
77e99be0 3975e0   cmp      [ebp-0x20],esi  ;检查 DebugPort 的值，esi 为 0
```

根据上面的代码，通过 NtQueryInformationProcess 查询到的 DebugPort 值存储在局部变量[ebp-0x20]中，这个值不为 0，便代表当前进程在被调试，UnhandledExceptionFilter 函数就很快返回了。因此，我们只要在执行这个比较指令之前，将其设置为 0 便可以了。如果使用的是 WinDBG 调试器，那么可以在这个比较指令的位置设一个断点。

```
bp 77e99be0
```

当该断点命中时，再输入如下命令。

```
ed [ebp-20] 0
```

这样便绕过了下面的检查，可以继续跟踪调用和执行顶层过滤函数的过程了。

老雷评点

调试之妙，岂可胜言哉！

12.7 Dr. Watson

Dr. Watson（华生医生）本来是小说《福尔摩斯探案集》中的人物，他是福尔摩斯的得力助手。在 Windows 系统中，Dr. Watson 是以下几个程序的别称。

（1）DRWATSON.EXE：16 位版本的 Windows 系统中收集和记录错误的小工具。今天的 Windows 目录中仍然有这个文件（兼容目的）。

（2）DRWTSN32.EXE：32 位版本的 Dr. Watson 程序，是系统中默认的 JIT 调试器，具有生成错误报告、产生内存转储文件等功能。

（3）DWWIN.EXE：Windows XP 引入的提示应用程序错误和发送错误报告的工具。Windows XP 中的“应用程序错误”对话框便是由该程序弹出的（12.4 节），该程序还负责通过网络将错误报告发送到服务器，system32\1033 目录下的 dwintl.dll 中包含了 DWWIN 程序所使用的对话框、图标、字符串资源，从这些资源中可以很容易地发现，很多熟悉的错误报告和收集有关的对话框（包括 OFFICE 程序所专用的错误提示对话框）来自 DWWIN 程序。

Dr. Watson 已经过时，DWWIN 程序的主要目的是提示和报告错误（尽管很多时候也将其称为 Dr. Watson），所以如无特别说明，本书中的 Dr. Watson 是指与调试关系更密切的 DRWTSN32 程序。本节将重点介绍 DRWTSN32 程序。

DRWTSN32 程序的核心功能是当应用程序出现错误时，以 JIT 调试器的身份收集错误信息，产生记录文件和错误报告。围绕这一核心功能，下面几节介绍 DRWTSN32 程序的几种运行模式。

12.7.1 配置和查看模式

当不带任何参数直接运行 DRWTSN32 程序时，它会显示出图 12-10 所示的界面，通过该界面可以查看 DRWTSN32 程序记录下来的日志信息或配置 DRWTSN32 程序的工作选项。

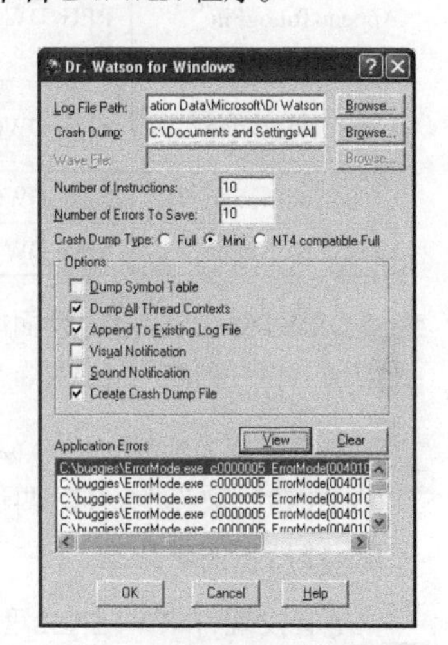

图 12-10 DRWTSN32 程序的配置和查看界面

DRWTSN32 程序的配置信息存储在注册表的如下表键中。

```
\\HKEY_LOCAL_MACHINE\SOFTWARE\Microsoft\DrWatson
```

表 12-3 列出了各个键值的类型、含义和默认值。

表 12-3 各个键值的类型、含义和默认值

键值	类型	含义	默认值
LogFilePath	REG_SZ	存放日志文件（drwtsn32.log）的文件夹	默认没有该键值，此时的日志文件目录为 Documents and Settings\All Users\Application Data\Microsoft\Dr Watson
CrashDumpFile	REG_SZ	故障转储文件（dump file）	默认没有该键值，此时的故障转储文件为 Documents and Settings\All Users\Application Data\Microsoft\Dr Watson\user.dmp
WaveFile	REG_SZ	声音提示波形文件	默认没有该键值，也不播放声音
Instructions	REG_DWORD	指定在日志中为每个线程记录的最多汇编指令条数	10，即最多包含当前指令的前 10 条和后 10 条指令
NumberOfCrashes	REG_DWORD	要记录的最多错误次数（日志文件和系统日志）	10
CrashDumpType	REG_DWORD	故障转储的类型（1 表示 mini，2 表示 full，0 表示 NT4 兼容）	1（mini）

续表

键 值	类 型	含 义	默 认 值
DumpSymbols	REG_DWORD	是否转储符号表，选择该项会导致转储文件非常庞大	0
DumpAllThreads	REG_DWORD	转储所有线程的上下文状态（1），还是只转储导致错误的线程（0）	1
AppendToLogFile	REG_DWORD	附加到现有的日志文件（1），还是覆盖现有的日志文件（0）	0
VisualNotification	REG_DWORD	是否显示图 12-11 所示的提示对话框	0
SoundNotification	REG_DWORD	是否播放声音提示	0
CreateCrashDump	REG_DWORD	是否产生故障转储文件	0

DRWTSN32 程序的界面中，下部的列表框显示了 DRWTSN32 以前产生的错误记录，选中其中的一行，然后单击 View 按钮，可以观察其详细信息。

如果 VisualNotification 键值被设置为 1，那么在 DRWTSN32 被作为 JIT 调试器启动后，它会显示图 12-11 所示的对话框。

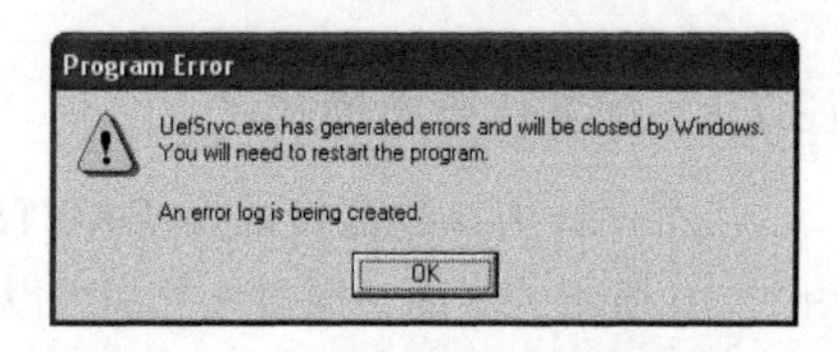

图 12-11 当 VisualNotification 键值为 1 时，DRWTSN32 程序显示的提示对话框

笔者发现，DRWTSN32 程序本身还有 Bug，比如，LogFilePath 键值一旦被设置为其他目录，便无法再设置回默认目录（单击 OK 按钮后再启动，看到的仍是旧的）。解决的办法是直接在注册表中将 LogFilePath 键值删除。

12.7.2 设置为默认的 JIT 调试器

如果在命令行参数中指定-i（install）选项，那么 DRWTSN32 程序只是简单地将自己设置为系统的 JIT 调试器，然后显示出图 12-12 所示的对话框，单击 OK 按钮后 DRWTSN32 程序便退出了。

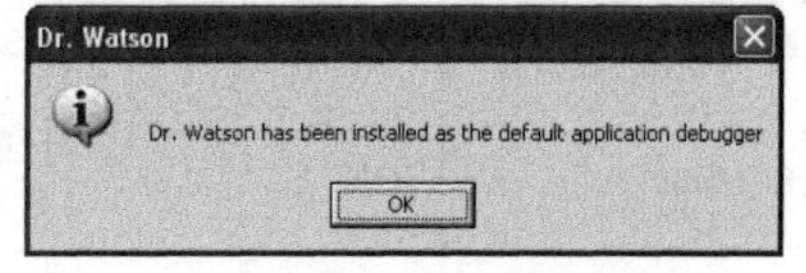

图 12-12 DRWTSN32 程序提示已经成功地将自己设置为默认的 JIT 调试器

观察注册表中的 AeDebug 表项，可以看到 DRWTSN32 程序把 Debugger 键值设置为 drwtsn32 -p %ld -e %ld –g，Auto 键值设置为 1。

12.7.3 JIT 调试模式

当 DRWTSN32 程序被注册为系统的 JIT 调试器时，如果再有应用程序错误（未处理异常）发生，系统便会自动启动 DRWTSN32 程序。也就是通过如下命令行来启动它。

```
drwtsn32 -p %ld -e %ld -g
```

其中，-p 开关后面跟的是发生错误的进程 ID，-e 开关后面是事件句柄，即 UnhandledExceptionHandler 函数（位于 KERNEL32.DLL 中）创建的用于等待 JIT 调试器的事件对象。当 DRWTSN32 成功附加到-p 开关指定的进程并做好了接受调试事件的准备后它会设置此事件，这样 UnhandledExceptionHandler 函数会退出等待状态，返回 EXCEPTION_CONTINUE_SEARCH，让系统的异常分发函数继续工作，将异常送给调试器来处理。-g 参数是调试器常用的一个开关，其含义是让调试器忽略初始断点。通常在调试器附加被调试进程后，会通过初始断点将被调试进程中断到调试器。

在 JIT 调试模式下，DRWTSN32 程序会执行以下动作。

（1）如果 VisualNotification 选项为 1，则显示图 12-11 所示的对话框，提示某应用程序内发生错误，系统（DRWTSN32）正在产生错误日志。该对话框刚弹出时，按钮的名称为 Cancel，待处理完毕后变为 OK。

（2）如果 SoundNotification 选项为 1，则播放 WaveFile 选项所指定的波形文件。

（3）向系统日志中写入类似于如下内容的记录。使用系统日志观察工具可以观察这些记录（右击“我的电脑”，选择“管理”，然后选择“系统工具”→“事件查看器”→“应用程序”）。

```
Faulting application excel.exe, version 11.0.8012.0, stamp 43e2ab74, faulting module
kernel32.dll, version 5.1.2600.1560, stamp 40d1dbcb, debug? 0, fault address 0x000138b2.
```

（4）如果 CreateCrashDump 选项为 1，则生成故障转储（dump）文件，该文件的路径和文件名是由 CrashDumpFile 选项指定的，默认为 Documents and Settings\All Users\Application Data\Microsoft\Dr Watson\user.dmp。使用 WinDBG 或 Visual Studio 2003（或更高版本）可以打开故障转储文件。使用 MiniDumpReadDumpStream API 也可以读取故障转储文件中的信息。

（5）生成日志文件。文件的名称为 drwtsn32.log，该文件的位置是由 LogFilePath 选项指定的，默认值为 Documents and Settings\All Users\Application Data\Microsoft\Dr Watson。如果 AppendToLogFile 选项为 1，而且 drwtsn32.log 已经存在，那么 DRWTSN32 会将新的记录附加在文件的末尾；否则，DRWTSN32 会覆盖现有的文件。下一节将详细介绍 DRWTSN32 程序日志文件的格式和阅读方法。

12.8　DRWTSN32 的日志文件

DRWTSN32 程序的日志文件（drwtsn32.log）是对应用程序错误发生现场的详实记录，对分析和诊断软件问题有着重要的参考价值，特别是在分析发生在用户计算机上无法直接调试的问题时，DRWTSN32 程序的日志文件就更加宝贵，其实这也正是 Windows 系统将其作为默认的 JIT 调试器和最初设计这个程序的目的。

下面我们以一个真实的 drwtsn32.log 文件为例，详细介绍如何阅读和分析 DRWTSN32 程序的日志文件。该文件放在调试网站 http://advdbg.org/books/swdbg/的\Data 目录中，建议大家打开该文件（使用记事本程序便可）对照阅读。在同一目录下还有同一次应用程序错误产生的 user.dmp 文件，大家可以使用 WinDBG 打开该文件（Open Crash Dump）。

做好以上准备工作后，下面我们按照 drwtsn32.log 文件的组成部分来逐一介绍。

12.8.1　异常信息

异常信息描述了应用程序的名称（UEF.exe）、进程 ID（3408）、错误（异常）发生时间和导致应用程序错误的未处理异常的异常代码（c0000005）。

```
Application exception occurred:
```

```
App: c:\dig\dbg\author\code\bin\release\UEF.exe (pid=3408)
When: 2006-6-3 @ 17:30:35.372
Exception number: c0000005 (access violation)
```

这部分最有价值的信息便是异常代码，通过它我们可以知道“事故”的基本类型。c0000005是非常常见的一个异常代码，其含义是非法访问（STATUS_ACCESS_ VIOLATION）。导致非法访问的情况很多，比如访问空指针、执行特权指令等。SDK 中的 WinNT.H 和 DDK 中的NTSTATUS.H 中定义了所有异常代码。本书表 11-2 列出了常见的异常代码。除了 Windows 系统定义的异常代码，编译器和应用程序本身也可以定义自己的异常代码，例如，Visual C++编译器中所有 C++异常的异常代码都是 0xe06d7363（即'msc 的 ASCII 码）。

12.8.2 系统信息

该部分描述了发生应用程序错误的系统的基本软硬件信息，包括 CPU 的型号和数量，Windows的版本号和 Service Pack 的版本号，以及正在使用的 Windows 内核文件（NTOSKRNL.EXE）的类型（Uniprocessor Free）等。

```
*----> System Information <----*
    Computer Name: ADV_DBG              // 计算机名
    User Name: DBGR                     // 用户名
    Terminal Session Id: 0              // 会话 ID
    Number of Processors: 1             // 处理器数量
    Processor Type: x86 Family 6 Model 9 Stepping 5  // 处理器的类型和版本
    Windows Version: 5.1                // Windows 系统的版本，5.1 即 Windows XP
    Current Build: 2600                 // Windows 系统的构建号
     Service Pack: 1                        // Service Pack 号码
     Current Type: Uniprocessor Free// Windows 系统文件的构建选项
```

12.8.3 任务列表

任务列表描述了错误发生时系统运行的所有进程（任务）的 ID 和可执行文件名称。

```
*----> Task List <----*
   0 System Process    // 空闲进程
   4 System            // 系统进程
1216 smss.exe          // 会话管理器进程
......                 // 为节约篇幅，其他从略
```

12.8.4 模块列表

模块列表描述了错误发生时进程内所有模块的位置和名称（完整路径）。比如下面的第一行便是 EXE 文件的完整文件名和它的加载地址——00400000-0040c000，这是 Visual C++编译器为普通 EXE 程序指定的默认加载地址。

```
*----> Module List <----*
(0000000000400000 - 000000000040c000: c:\dig\dbg\author\code\bin\release\UEF.exe
......       // 为节约篇幅，其他从略
```

12.8.5 线程状态

线程状态用于描述错误发生时线程的状态。如果 DumpAllThreads 选项为 1，那么这部分会包含进程内所有线程的信息；否则，只包含发生错误的线程。

```
*----> State Dump for Thread Id 0x1128 <----*
```

副标题中包含了线程 ID，下面是当时的寄存器状态。

```
eax=00000027 ebx=7ffdf000 ecx=00408088 edx=00000001 esi=00000007 edi=77f944a8
eip=0040100d esp=0012ff84 ebp=0012ffc0 iopl=0         nv up ei pl nz na po nc
cs=001b  ss=0023  ds=0023  es=0023  fs=0038  gs=0000             efl=00000206
```

接下来是错误发生位置附近的反汇编结果，通常会包含导致错误的那条指令的前 10 条和后 10 条汇编指令。如果希望观察更多的指令，可以修改 Instructions 选项，或者产生完整的 dump 文件，然后分析 dump 文件。

```
*** WARNING: Unable to verify checksum for c:\dig\dbg\author\code\bin\release\UEF.exe
function: UEF!main
......
        00401005 e816000000        call    UEF!printf (00401020)
        0040100a 83c404            add     esp,0x4
FAULT ->0040100d c705000000000001000000 mov dword ptr [0],0x1 ds:0023:00000000=????????
        00401017 33c0              xor     eax,eax
        00401019 c3                ret
......
```

带有 FAULT ->标志的是导致错误的那条指令，本例中它是一条赋值（MOV）指令，其源操作数为 1，目标操作数为指向地址 0 的指针。显然，这是一个典型的访问空指针的操作，会导致非法访问。事实上，这正是源代码中向空指针赋值的语句。

```
*(int *)0=1;
```

12.8.6 函数调用序列

以下信息用来描述事故发生时，线程栈所记录的函数调用序列（calling stack）。

```
*----> Stack Back Trace <----*
*** ERROR: Symbol file could not be found.  Defaulted to export symbols for C:\
WINNT\system32\kernel32.dll -
WARNING: Stack unwind information not available. Following frames may be wrong.
ChildEBP RetAddr  Args to Child
0012ff80 00401105 00000001 003715a0 003715b8 UEF!main+0xd (FPO: [2,0,0])
0012ffc0 77e8141a 77f944a8 00000007 7ffdf000 UEF!mainCRTStartup+0xb4
0012fff0 00000000 00401051 00000000 78746341 kernel32!GetCurrentDirectoryW+0x44
```

因为从栈回溯生成函数调用序列需要了解每个函数的原型和调用规范等信息，所以如果没有找到合适的调试符号文件，那么日志文件中会包含一或多条“Symbol file could not be found”错误信息。上面的“ERROR”行显示的错误信息表示没有找到 KERNEL32.DLL 的符号文件，只能使用 DLL 文件本身的导出信息。接下来的警告信息提醒我们其下的函数调用序列可能是错误的。在这种情况下，我们应该格外谨慎。比如在本例中，函数调用序列的最下一行给出的函数名是 kernel32!GetCurrentDirectoryW，这很容易让人误以为是 GetCurrentDirectoryW 函数调用了 mainCRTStartup 函数，但这显然是不可能的。前面曾经介绍过，通常是 KERNEL32.DLL 中的启动函数调用编译器生成的入口函数。但因为 KERNEL32.DLL 中的启动函数没有导出，所以这里便使用了最靠近的导出函数。在 WinDBG 中，使用 kv 命令得到的结果如下。

```
0:000> kv
  *** Stack trace for last set context - .thread/.cxr resets it
ChildEBP RetAddr  Args to Child
0012ff80 00401105 00000001 003715a0 003715b8 UEF!main+0xd (FPO: [2,0,0])
0012ffc0 77e8141a 77f944a8 00000007 7ffdf000 UEF!mainCRTStartup+0xb4
0012fff0 00000000 00401051 00000000 00000000 kernel32!BaseProcessStart+0x23
(FPO: [Non-Fpo])
```

显然，WinDBG 给出的结果与推测结果是相符的。因为 kernel32!BaseProcessStart+0x23 与 kernel32!GetCurrentDirectoryW+0x44 指向的是同一地址，所以我们也不能说上面日志中的信息是错误的，因为对那一行的确切解释应该是 UEF!mainCRTStartup 函数的返回地址是 GetCurrentDirectoryW 函数的地址加上 0x44。

DRWTSN32 的帮助文档中建议通过_NT_SYMBOL_PATH 环境变量设置调试符号文件的路径。事实上，在笔者的计算机上，已经将该环境变量设置为以下值。

```
SRV*c:\symbols*http://msdl.microsoft.com/download/symbols
```

这是使用 WinDBG 的典型设置，WinDBG 通过该设置可以找到正确的符号文件，但是 DRWTSN32 程序不能这样，其原因是 DRWTSN32 程序使用 DBGHELP.DLL，不支持以符号服务器的方式搜索符号，改进的办法是将系统（system32）目录下的 DBGHELP.DLL 更新为 WinDBG 目录中的 DBGHELP.DLL。关于函数调用序列的更详细讨论将在第 22 章中给出。

12.8.7 原始栈数据

原始栈数据包含了栈中的少量原始数据，其起点是 ESP（栈指针）寄存器的值（0012ff84）。每一行左侧是地址，中间是数据的十六进制表示，右侧是数据的 ASCII 码。因为局部变量通常是在栈中分配的，所以有时可以在原始栈数据中找到局部变量的值。

```
*----> Raw Stack Dump <----*
000000000012ff84  05 11 40 00 01 00 00 00 - a0 15 37 00 b8 15 37 00  ..@.......7...7.
......
```

通过以上分析，我们可以了解到这次应用程序（UEF.exe）崩溃是由于其 main 函数的入口附近（偏移 13 字节）做了一次空指针访问，导致了一个非法访问异常。

Windows Vista 引入了新的错误报告和解决方案，不再预装 DRWTSN32.exe 程序，但是如果把以前版本的 DRWTSN32.exe 复制过来，那么它仍能正常工作（参考资料[2]）。

12.9 用户态转储文件

简单地说，用户态转储（user mode dump）文件就是用于保存应用程序在某一时刻运行状态的二进制文件。为了支持调试，Windows 系统定义了用户态转储文件的格式并提供了 API 来创建和读取用户态转储文件。与描述整个系统状态的系统转储文件相比，用户态转储文件的描述范围仅限于用户进程，二者的格式也是不同的。

在 Windows 系统的很多文档中，用户态转储文件称为 MiniDump，意思是小型的转储文件，但这个名字并不总是确切的，因为我们也可以产生包含完整内存数据的非常庞大的转储文件。本节将介绍用户态转储文件的格式、产生方法及如何读取和使用其中的信息。因为本节只讨论用户态转储文件，所以下文将其简称为转储文件。本节中的示例文件采用的是 data 目录中的 user.dmp。

12.9.1 文件格式概览

为了方便生成和读取，转储文件的格式非常简单，主要由 4 个部分组成。第一部分是位于文件的开始处的文件头，它是一个固定格式的数据结构（MINIDUMP_HEADER）。第二部分是目录表，目录表中的每一项是一个固定长度的名为 MINIDUMP_DIRECTORY 的结构，用来描述一个数据流。在目录表之后（第三部分）便是一个个数据流。第四部分是不定数量的内存块。图 12-13 显示了用户态转储文件的布局。

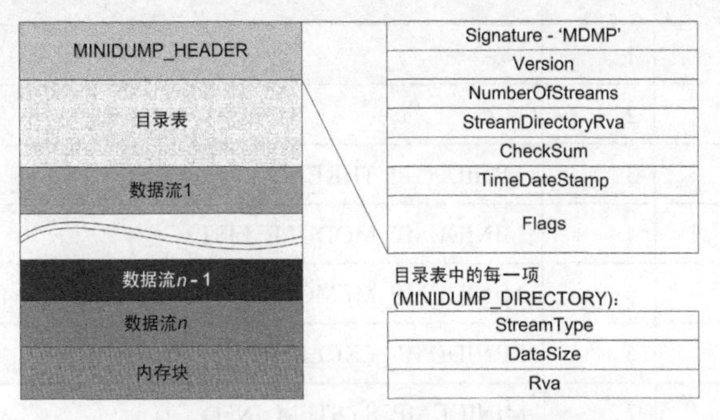

图 12-13 用户态转储文件的布局

WinDBG 和 Windows Platform 的开发工具包（SDK）中包含了描述转储文件的各个数据结构。下面我们分别对其进行介绍。先来看文件头，即 MINIDUMP_HEADER 结构。

```
typedef struct _MINIDUMP_HEADER {
    ULONG32 Signature;           // 文件签名
    ULONG32 Version;             // 版本号
    ULONG32 NumberOfStreams;     // 包含的数据流个数
    RVA StreamDirectoryRva;      // 目录表的偏移地址（RVA）
    ULONG32 CheckSum;            // 校验和
    union {
        ULONG32 Reserved;        //
        ULONG32 TimeDateStamp; // time_t 格式的时间戳
    };
    ULONG64 Flags;               // 标志
} MINIDUMP_HEADER, *PMINIDUMP_HEADER;
```

其中，Signature 字段固定为 0x504D444D，即 MDMP 的 ASCII 码，MDMP 是 MiniDump 的简写。Version 字段用来标识文件格式的版本号，低字（Low-order WORD）是常量 MINIDUMP_VERSION，即 0xa793，高字是与实现有关的，在 user.dmp 中是 0x5128。NumberOfStreams 字段用来描述文件中所包含的数据流的个数，因为每个目录项描述一个数据流，所以它的值也代表了目录表中的项数。StreamDirectoryRva 字段用来指示目录表的起始位置，即相对于文件头的偏移地址（RVA）。尽管目前版本的转储文件的文件头是 32 字节长，而且 StreamDirectoryRva 的值就是 0x20，因此可以使用文件头的长度来推算目录表的位置，但是考虑到文件头的格式因为版本不同可能长度不同，所以始终应该使用这个字段来定位目录表。Flags 标志用来描述文件信息的类型选项，每一个二进制位代表一个标志，枚举类型 MINIDUMP_TYPE 包含了目前已经定义的所有标志位。

目录表中以线性方式存储着目录项，每个目录项是一个固定的 MINIDUMP_DIRECTORY 结构，其长度为 12 字节，分别是这个目录项所描述数据流的类型（StreamType）、长度（DataSize）和起始地址（Rva）。

12.9.2 数据流

目录表之后便是数据流，每个数据流的格式和长度是与类型有关的。表 12-4 列出了目前已经定义的数据流类型，以及每种数据流的 ID 和格式。

表 12-4 数据流类型及其 ID 和格式

数据流类型	ID	格 式	描 述
ReservedStream0	1	N/A	保留
ReservedStream1	2	N/A	保留
ThreadListStream	3	MINIDUMP_THREAD_LIST	线程列表
ModuleListStream	4	MINIDUMP_MODULE_LIST	模块列表
MemoryListStream	5	MINIDUMP_MEMORY_LIST	内存列表
ExceptionStream	6	MINIDUMP_EXCEPTION_STREAM	异常信息
SystemInfoStream	7	MINIDUMP_SYSTEM_INFO	系统信息
ThreadExListStream	8	MINIDUMP_THREAD_EX_LIST	增强线程列表
Memory64ListStream	9	MINIDUMP_MEMORY64_LIST	内存列表
CommentStreamA	10	单字节（ANSI）的字符串，以 0 结束	注释
CommentStreamW	11	以 0 结束的宽字节字符串	注释
HandleDataStream	12	MINIDUMP_HANDLE_DATA_STREAM	句柄数据
FunctionTableStream	13	MINIDUMP_FUNCTION_TABLE_STREAM	函数表
UnloadedModuleListStream	14	MINIDUMP_UNLOADED_MODULE_LIST	卸载模块表
MiscInfoStream	15	MINIDUMP_MISC_INFO	零散信息
MemoryInfoListStream	16	MINIDUMP_MEMORY_INFO_LIST	内存块信息
ThreadInfoListStream	17	MINIDUMP_THREAD_INFO_LIST	线程信息
HandleOperationListStream	18	MINIDUMP_HANDLE_OPERATION_LIST	句柄操作记录
LastReservedStream	0xffff	MINIDUMP_USER_STREAM	用户数据

第二列中，ID 1～18 是系统支持的数据流类型，我们将其简称为系统类型。除了系统类型，用户也可以通过注册回调函数来将其他格式的信息写入转储文件中（稍后介绍），用户类型的 ID 应该从 LastReservedStream 开始，比如 LastReservedStream+1、LastReservedStream+2 等。

12.9.3 产生转储文件

尽管利用我们前面介绍的文件格式和数据结构可以自己调用文件 I/O 函数（如 WriteFile）来产生转储文件，但这是不必要的，因为系统已经为我们提供了一个 API 来做这件事，即 MiniDumpWriteDump。

```
BOOL MiniDumpWriteDump( HANDLE hProcess, DWORD ProcessId,
  HANDLE hFile,  MINIDUMP_TYPE DumpType,
  PMINIDUMP_EXCEPTION_INFORMATION ExceptionParam,
  PMINIDUMP_USER_STREAM_INFORMATION UserStreamParam,
  PMINIDUMP_CALLBACK_INFORMATION CallbackParam);
```

其中，hProcess 和 ProcessId 用来指定转储文件所描述的进程，hFile 是转储文件的句柄，通常是调用 CreateFile API 所创建的。DumpType 用来指定写入信息的类型和选项，表 12-5 列出了目前已经定义的类型标志和它们的含义。

表 12-5 转储文件的类型标志

类型标志（常量）	取　值（位）	含　义
MiniDumpNormal	0x00000000	普通
MiniDumpWithDataSegs	0x00000001	包含数据段
MiniDumpWithFullMemory	0x00000002	包含完整的内存
MiniDumpWithHandleData	0x00000004	包含句柄数据
MiniDumpFilterMemory	0x00000008	做过过滤处理，去除私有信息
MiniDumpScanMemory	0x00000010	做过扫描处理以包含引用内存
MiniDumpWithUnloadedModules	0x00000020	包含系统维护的卸载模块
MiniDumpWithIndirectlyReferencedMemory	0x00000040	包含未直接引用的内存
MiniDumpFilterModulePaths	0x00000080	过滤掉模块路径中的私有信息
MiniDumpWithProcessThreadData	0x00000100	包含完成进程和线程信息
MiniDumpWithPrivateReadWriteMemory	0x00000200	包含更多类型的内存数据
MiniDumpWithoutOptionalData	0x00000400	不包含可选数据
MiniDumpWithFullMemoryInfo	0x00000800	包含内存区信息
MiniDumpWithThreadInfo	0x00001000	包含线程状态信息
MiniDumpWithCodeSegs	0x00002000	包含所有代码段和有关的内存段
MiniDumpWithoutAuxiliaryState	0x00004000	不使用辅助的数据收集器
MiniDumpWithFullAuxiliaryState	0x00008000	使用所有辅助的数据收集器

通过表 12-5，我们了解到转储文件可以包含丰富的信息。不过有必要说明的是，以上某些类型标志是与系统的版本，特别是用于实现转储文件功能的 DBGHELP.DLL 模块的版本有关的，例如，从 MiniDumpWithUnloadedModules 开始的类型标志都需要 DBGHELP.DLL 模块的版本不能低于 5.1，从 MiniDumpWithThreadInfo 开始的类型标志要求 DBGHELP.DLL 模块的版本不能低于 6.1。WinDBG 工具包所附带的 DBGHELP.DLL 模块通常比 Windows 系统所附带的版本更新。

参数 UserStreamParam 用来指定希望写入转储文件中的用户数据，它是一个 MINIDUMP_USER_STREAM_INFORMATION 结构，用来描述一个数组，每个数组元素是一个 MINIDUMP_USER_STREAM 结构，用来指定每个用户数据流的长度和内容（缓冲区地址）。

参数 CallbackParam 用来指定一个回调函数，以了解和进一步定制产生转储文件的过程。

根据 MSDN 的介绍，MiniDumpWriteDump API 对操作系统的最低要求是 Windows XP 或 Server 2003。如果希望在更早的 Windows 系统中使用这个 API，那么需要复制或安装 DbgHelp.DLL 文件。

12.9.4 读取转储文件

MiniDumpReadDumpStream API 用来读取用户态转储文件，其原型如下。

```
BOOL MiniDumpReadDumpStream( PVOID BaseOfDump, ULONG StreamNumber,
  PMINIDUMP_DIRECTORY* Dir,  PVOID* StreamPointer, ULONG* StreamSize);
```

在调用这个 API 前，应该先调用 OpenFile 或 CreateFile 打开要读取的转储文件，然后使用 CreateFileMapping API 创建一个文件映射对象，再调用 MapViewOfFile API 将文件映射到当前进程的内存空间中，而后把 MapViewOfFile 函数返回的基地址用作调用 MiniDumpReadDumpStream 函数的第一个参数，即 BaseOfDump。这样做的好处是，不用在调用 MiniDumpReadDumpStream 时为要返回的内容分配内存，只返回要读取内容的虚拟地址就可以了。以下是打开一个转储文件的简化代码。

```
HANDLE hDumpFile=CreateFile(lpszFileName,
        GENERIC_READ, FILE_SHARE_READ, NULL, OPEN_EXISTING, 0, NULL);
HANDLE hDumpMapFile=CreateFileMapping(m_hDumpFile,
        NULL, PAGE_READONLY, 0, 0, NULL);
PVOID pBaseofDump=MapViewOfFile(m_hDumpMapFile, FILE_MAP_READ, 0, 0, 0);
PMINIDUMP_HEADER pMdpHeader=(PMINIDUMP_HEADER)m_pBaseofDump;
```

而后便可以这样调用 MiniDumpReadDumpStream。

```
PMINIDUMP_DIRECTORY pMdpDir=0;
PVOID pStream=0; ULONG ulStreamSize=0;
HRESULT hRet=MiniDumpReadDumpStream(pBaseofDump,nStreamType,
        &pMdpDir, &pStream, &ulStreamSize);
```

为了演示以上过程，我们编写了一个名为 UdmpView 的小程序（code\chap12\udmpview），它全面地演示了读取转储文件的过程。图 12-14 显示了使用这个小程序读取我们上一节介绍的 user.dmp 文件的情景。

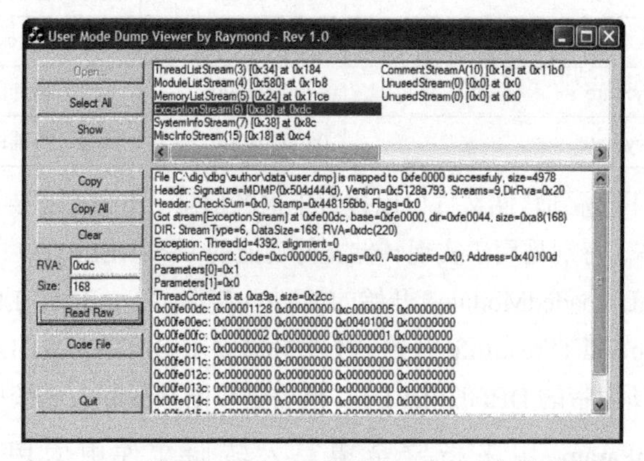

图 12-14 使用 UdmpView 读取 user.dum 文件的情景

图 12-14 右侧靠上的列表框显示的是当前转储文件中的所有数据流，也就是目录表中的各个目录项。右侧靠下的列表框用来显示命令的执行结果，目前显示的是 Open 命令（浏览并打开转储文件）、Show 命令（显示选中的目录项）和 Read Raw 命令（显示文件中的原始内容）的输出结果。

12.9.5 利用转储文件分析问题

除了可以使用我们自己编写的小工具来显示转储文件的内容以了解和分析应用程序的状态，还可以使用调试工具来分析转储文件，比如 WinDBG 和 Visual Studio。下面我们介绍使用 WinDBG 来分析转储文件的基本过程。我们仍然以 user.dmp 文件为例。启动 WinDBG，然后通过选择 File → Open Crash Dump，打开要分析的转储文件，即 data 目录下的 user.dmp。

打开文件后，WinDBG 便会显示转储文件的概要信息、注释信息和异常信息，即清单 12-16 所示的信息。

清单 12-16 WinDBG 显示的转储文件信息

```
Loading Dump File [C:\dig\dbg\author\data\user.dmp]
User Mini Dump File: Only registers, stack and portions of memory are available
Comment: 'Dr. Watson generated MiniDump'
…[省略关于符号搜索路径和转储产生时间的若干行]
This dump file has an exception of interest stored in it.
The stored exception information can be accessed via .ecxr.
(d50.1128): Access violation - code c0000005 (first/second chance not available)
eax=00000027 ebx=7ffdf000 ecx=00408088 edx=00000001 esi=00000007 edi=77f944a8
eip=0040100d esp=0012ff84 ebp=0012ffc0 iopl=0         nv up ei pl nz na pe nc
cs=001b  ss=0023  ds=0023  es=0023  fs=0038  gs=0000             efl=00000206
*** WARNING: Unable to verify checksum for UEF.exe
UEF+0x100d:
0040100d c705000000000100000 mov dword ptr ds:[0],1  ds:0023:00000000=????????
```

第 3 行显示的便是注释（CommentStreamA）数据流的内容，其内容告诉我们这个转储文件是 Dr. Watson 程序所产生的。第 5 行开始显示了转储文件中所包含的异常数据流（ExceptionStream），这看起来与调试器收到异常的情景类似。转储文件通常是在应用程序因为未处理异常而被系统关闭前产生的，因此，分析转储文件中所记录的异常信息对了解应用程序崩溃的原因非常重要。对于本例，从异常代码那一行可以看到应用程序（进程号 0xd50）的 0x1128 号线程内发生了访问违例异常。从寄存器信息中的 eip 值可以知道导致异常的代码位置是 0x40100d，因为应用程序的 EXE 文件通常加载在进程中 0x400000 开始的位置，所以出现这个问题的指令可能是属于 EXE 模块的，倒数第 2 行中 WinDBG 帮我们定位到的符号位置（UEF+0x100d）可以证实这一点。其中，UEF 是 EXE 模块名，+0x100d 表示发生异常的位置相对于 UEF 模块基地址的偏移量是 0x100d。最后一行是导致异常的指令，我们前面介绍过，这是在向地址 0 写入常量 1。至此，我们可以判断出这个转储文件所对应的应用程序因为 EXE 模块中执行了空指针访问而导致了异常。

那么，如何进一步定位异常的发生位置呢？比如在哪个函数里？这需要符号文件的帮助，因此，我们应该将 UEF 程序的符号文件所在的目录（同样是 data 目录）设置到 WinDBG 的符号路径中（选择 File → Symbol File Path），然后执行.reload 命令。

```
0:000> .reload
.............
*** WARNING: Unable to verify checksum for UEF.exe
```

上面的警告信息可以忽略，接下来可通过.ecxr 命令让 WinDBG 重新显示异常信息。

```
0:000> .ecxr
…
UEF!main+0xd:
```

这次，WinDBG 便给出了更确切的异常发生位置，即距离 UEF 模块的 main 函数入口偏移 0xd 字节的位置。0xd 是个较小的偏移量，于是我们可以断定异常是发生在 main 函数的入口附近的。

那么能否定位到异常对应的源代码呢？答案是可能的。要做到这一点，需要符号文件中包含源代码行信息，通常调试版本的符号文件才包含这个信息，以上转储文件对应的程序文件是发布版本的，它的符号文件中不包含源代码行信息，所以做不到这一点。如果是调试版本的，那么设置好源文件路径后，再执行.ecxr 命令或.reload 命令，那么 WinDBG 便会自动打开对应的源程序文件并加亮对应的代码行。

下面再介绍如何使用 WinDBG 观察转储文件中的其他信息。首先可以使用!cpuid 命令观察系统信息（SystemInfoStream）中的处理器信息，例如：

```
0:000> !cpuid
CP  F/M/S  Manufacturer
6,9,5  GenuineIntel
```

可以使用～命令来显示线程信息，并通过～<线程号> s 命令切换当前线程。

```
0:000> ~
.  0  Id: d50.1128 Suspend: -1 Teb: 7ffde000 Unfrozen
```

另外，使用 lm 命令可以显示模块信息，使用 kv 命令可以观察栈回溯信息，使用!handle 命令可以观察句柄信息（需要转储文件中包含 HandleDataStream），在此不再详细介绍。

12.10 本章总结

本章比较详细地介绍了 Windows 系统对未处理异常的处置方法和基础设施。这些内容不仅与应用程序的开发和调试有关，而且与普通用户的使用体验也关系密切。我们将在第 13 章深入介绍用于报告系统中严重错误（包括未处理异常）的 HardError 机制，以及报告系统崩溃的蓝屏机制。

参考资料

[1] Matt Pietrek. A Crash Course on the Depths of Win32™ Structured Exception Handling. Microsoft System Journal, 1997.

[2] Dmitry Vostokov. Resurrecting Dr. Watson on Vista.

第 13 章　硬错误和蓝屏

“人非圣贤，孰能无过”，这句古语是说人总是有可能犯错的。把这句话用在软件上也很恰当，任何软件都可能因为自身设计缺陷或外部环境变化等发生错误。既然错误是不可避免的，那么制定完善的错误处理机制显然要比试图避免发生错误更明智。类似“我们的软件不能有任何错误，因此也不需要花时间设计什么错误处理机制”这样的思想害了很多软件。

错误处理是项复杂的任务，迄今没有也永远不会有万能的单一解决方案可以应对所有软件的所有错误，必须根据软件产品的具体特点和用户需求设计相应的错误处理方案。一个好的错误处理方案通常应该考虑以下 3 个方面。

（1）**即时提示**（instant notification）。即当错误情况需要立刻提示给用户时，将错误情况以可靠的方式、以用户可以理解的语言及时提示给用户。

（2）**永久记录**（persistent recording）。即当错误情况满足需要永久记录的条件时，将错误描述永久记录在文件或数据库中供事后分析。

（3）**自动报告**（automatic reporting）。即自动收集错误现场的详细情况并生成错误报告，让用户可以通过简单的方式（如网络）发送到专门用来收集错误报告的服务器。从 Windows XP 开始，Windows 引入了一整套设施来实现这一目标，称为 Windows Error Reporting，简称为 WER。

从本章开始的 4 章将分别介绍 Windows 操作系统的错误提示机制（第 13 章）、WER（第 14 章）和两种错误记录机制（第 15 章与第 16 章）。

本章先介绍用于报告严重错误的硬错误机制（13.1 节）和蓝屏机制（13.2 节）。然后介绍系统转储文件的产生方法（13.3 节）和分析方法（13.4 节）。接下来（13.5 节）将介绍声音和闪动窗口等辅助的错误提示机制，以及（13.6 节）介绍如何配置错误提示机制。最后（13.7 节）介绍使用错误提示机制时应该注意的问题。

13.1　硬错误提示

消息框（message box）是 Windows 中最常见的即时错误提示方法。利用系统提供的 MessageBox API，弹出一个图形化的消息框对程序员来说真是唾手可得，而且不论是本身带有消息循环的 Win32 GUI 程序，还是用户代码中根本没有消息循环的控制台程序，都可以调用这个 API。

使用 MessageBox API 来实现错误提示的优点是简单易用，但是这种方法存在如下局限。首先，MessageBox 是一个用户态的 API，内核代码无法直接使用。其次，MessageBox 是工作在调用者（通常是错误发生地）的进程和线程上下文中的，如果当前进程/线程的数据结构（比如消息队列）已经由于严重错误而遭到损坏，那么 MessageBox 可能无法工作。最后，对于系统启动或关闭等特殊情况，MessageBox 是无法工作的。

老雷评点

写作本书初版时，我曾花很多时间探索 MessageBox 之内部过程，后来为节约篇幅而删去，放在《〈软件调试〉补编》（电子版）中。

为了满足复杂（恶劣）环境下的错误提示需要，Windows 系统定义了一种比 MessageBox 更复杂也更强大的错误提示机制，称为硬错误（Hard Error）提示。Hard Error 的本意是指与硬件有关的严重错误，是相对重新启动便可以恢复的软件错误（Soft Error）而言的。逐渐地，这个词用来泛指比较严重的错误情况。

13.1.1 缺盘错误

下面先举一个常见的硬错误实例，让大家有个感性的认识。图 13-1 所示的对话框是大家熟悉的缺盘错误对话框，它是因为当光盘上的安装程序（setup.exe）正在运行时我们取出光盘导致的。这个对话框便是使用硬错误提示机制弹出的。

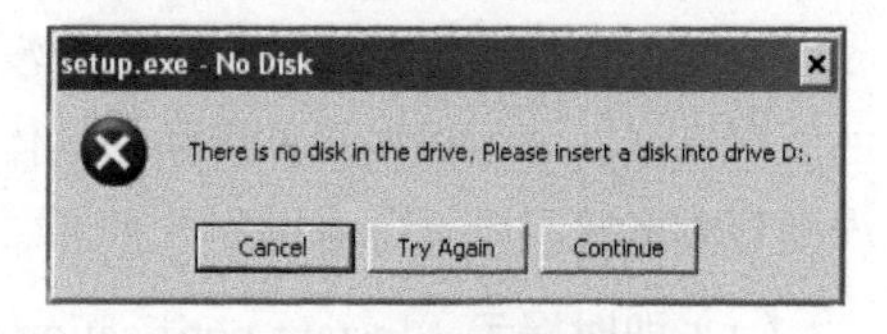

图 13-1 缺盘错误对话框

尽管这个对话框的外观和消息框是一样的，而且事实上它就是使用 MessageBox API 弹出的，但是调用 MessageBox API 只是硬错误提示机制的一小部分，此前还经历了很复杂的发起和分发过程。

硬错误提示既可以在用户模式使用，也可以在内核模式使用。在用户模式使用的方法是调用 NtRaiseHardError 内核服务。

13.1.2 NtRaiseHardError

第 12 章在介绍未处理异常和 UnhandledExceptionFilter 函数时曾经提到过 NtRaiseHardError 服务，并且提到了即使在没有登录系统时也可以使用它提示应用程序错误（图 12-3）。下面我们仔细看看它的函数原型。

```
NTSYSAPI NTSTATUS NTAPI
NtRaiseHardError( /* ExRaiseHardError 和 ExpRaiseHardError 的原型也如此 */
  IN NTSTATUS                    ErrorStatus,
  IN ULONG                       NumberOfParameters,
  IN ULONG                       UnicodeStringParameterMask,
  IN PVOID *                     Parameters,
  IN HARDERROR_RESPONSE_OPTION   ResponseOption,
  OUT PHARDERROR_RESPONSE Response );
```

其中，ErrorStatus 参数用来传递错误代码，它的值通常是定义在 NTSTATUS.H 中的常量。NumberOfParameters 指定了 Parameters 指针数组所包含的指针个数。UnicodeStringParameterMask 参数的各个二进制位与 Parameters 指针数组一一对应，如果某一位为 1，则说明对应的参数指针指向的是一个 UNICODE_STRING，否则是一个整数。ResponseOption 参数的作用与 MessageBox API 的 uType 参数很类似，用来定义错误消息的按钮个数、响应方式等选项，其类型类似如下形式的枚举常量。

```
typedef enum _HARDERROR_RESPONSE_OPTION
{
    OptionAbortRetryIgnore,    OptionOk,    OptionOkCancel,
    OptionRetryCancel,    OptionYesNo,    OptionYesNoCancel,
OptionShutdownSystem,OptionOkNoWait, OptionCancelTryContinue
} HARDERROR_RESPONSE_OPTION, *PHARDERROR_RESPONSE_OPTION;
```

Response 参数用来返回错误提示的响应结果，这个结果可能是用户选择的，也可能是因为超时而导致的默认值，或者因为处理失败，它的值为如下常量之一。

```
typedef enum _HARDERROR_RESPONSE {
    ResponseReturnToCaller,    ResponseNotHandled,
    ResponseAbort,    ResponseCancel,    ResponseIgnore,
    ResponseNo,    ResponseOk,    ResponseRetry,    ResponseYes
} HARDERROR_RESPONSE, *PHARDERROR_RESPONSE;
```

ExRaiseHardError 和 NtRaiseHardError 的工作主要是参数检查与预处理，在它们把所有错误信息都复制到一个用户态可访问的内存结构中后便调用 ExpRaiseHardError。

NtRaiseHardError 内部会对参数信息进行预处理，而后便调用内核中用于实现硬错误提示机制的核心函数 ExpRaiseHardError。

13.1.3 ExpRaiseHardError

ExpRaiseHardError 函数与 NtRaiseHardError 有着相同的函数原型，它是分发硬错误的枢纽。首先，对于 ResponseOption 等于 OptionShutdownSystem（关机）的请求，ExpRaiseHardError 会检查调用者是否具有 SeShutdownPrivilege 权限，如果没有，则返回错误（0xc0000061）。

而后 ExpRaiseHardError 会检查全局变量 nt!ExReadyForErrors。如果该变量等于 0（FALSE），那么表示用户模式的 HardError 提示系统还没有准备好，不能向其发送提示请求，ExpRaiseHardError 进一步检查 ErrorStatus，看其代表的是否是一个错误。如果是，且当前线程的 ETHREAD 结构的 HardErrorsAreDisabled 标志（CrossThreadFlags 的一位）为 0（即没有禁止硬错误），那么 ExpRaiseHardError 便调用 ExpSystemErrorHandler 在内核模式处理和提示这个硬错误。

ExpSystemErrorHandler 函数是以蓝屏的形式来提示硬错误的。它在准备好蓝屏所需的参数后，便调用 KeBugCheckEx 或 PoShutdownBugCheck 函数来启动蓝屏，蓝屏的停止码（Stop Code）为 FATAL_UNHANDLED_HARD_ERROR（0x0000004C），停止码的第一个参数就是要提示硬错误的状态码。下一节会进一步讨论与蓝屏有关的问题。

接下来，ExpRaiseHardError 开始按如下规则寻找用来发送硬错误的错误端口（ErrorPort），并将寻找结果赋给一个指针变量。

首先，如果当前进程的 EPROCESS 结构的 DefaultHardErrorProcessing 字段的位 0 等于 1（即当前进程的 ErrorMode 设置不包含 SEM_FAILCRITICALERRORS），那么便使用 EPROCESS 结构的 ExceptionPort 字段所指定的端口作为错误端口。如果 ExceptionPort 字段的值为空，那么便使用全局变量 nt!ExpDefaultErrorPort 所指定的端口。在一个典型的 Windows 系统中，每个 Windows 进程的 ExceptionPort 字段和全局的 ExpDefaultErrorPort 变量的值是相同的，代表的都是 CSRSS 进程的 \Windows\ApiPort 端口。

```
kd> dd nt!ExpDefaultErrorPort l1
8054ed04  e13774a0
kd> !lpc port e13774a0    //观察 LPC 端口对象
Server connection port e13774a0  Name: ApiPort
    Handles: 1   References: 57
    Server process  : 815c7020 (csrss.exe)  //Windows 子系统服务进程
    Queue semaphore : 816a9158
    Semaphore state 0 (0x0)
    The message queue is empty
    The LpcDataInfoChainHead queue is empty
```

其次，如果 DefaultHardErrorProcessing 字段的位 0 等于 0，说明当前进程的 ErrorMode 设置禁止了 Hard Error 提示(包含 SEM_FAILCRITICALERRORS 标志位)，那么 ExpRaiseHardError 会检查 ErrorStatus 参数中是否设置了 HARDERROR_OVERRIDE_ERRORMODE 标志。ErrorStatus 是标准的 NT 状态码格式，HARDERROR_OVERRIDE_ERRORMODE 标志使用的是 NT 状态码的保留位（位 28）。如果 ErrorStatus 中包含 HARDERROR_OVERRIDE_ERRORMODE 标志（位 28 为 1)，那么说明这是一个不受 ErrorMode 设置限制的错误，所以 ExpRaiseHardError 会忽略该设置。如果当前进程的 ExceptionPort 不为空，则将其作为错误端口；如果为空，则使用 ExpDefaultErrorPort 端口。

最后，检查当前线程的 ETHREAD 结构的 HardErrorsAreDisabled 标志是否为 1，如果为 1，则将错误端口设置为空。这说明线程的 HardErrorsAreDisabled 标志具有比 DefaultHardErrorProcessing 更高的优先级。

经过以上过程，如果代表查找结果的错误端口指针为空，那么 ExpRaiseHardError 函数便将 Response（返回型参数）结果指定为 ResponseReturnToCaller，然后返回成功。如果错误端口指针不为空，那么 ExpRaiseHardError 会检查当前进程是否是全局变量 nt!ExpDefaultErrorPortProcess 所代表的进程。ExpDefaultErrorPortProcess 代表的是监听 ExpDefaultErrorPort 端口的进程，如果当前进程就是 ExpDefaultErrorPortProcess 进程，那么说明负责提示 HardError 的进程本身出了错误，所以再向其发送错误提示请求可能是不可靠的。对于这种情况，ExpRaiseHardError 会调用 ExpSystemError Handler 来通过蓝屏提示错误。

使用 WinDBG 观察 ExpDefaultErrorPortProcess 变量，可以发现它的值就是 CSRSS 进程的 EPROCESS 结构的地址，也就是说，CSRSS 是系统中默认的硬错误提示进程。

```
kd> dd nt!ExpDefaultErrorPortProcess l1
8054ed08  815c7020
kd> dt _eprocess 815c7020
ntdll!_EPROCESS
   …
   +0x0c0 ExceptionPort    : (null)                //普通进程的这个地段不为空
   …
   +0x174 ImageFileName    : [16]  "csrss.exe"  //Windows 子系统服务进程
   ...
```

如果当前进程不是 ExpDefaultErrorPortProcess 进程，那么 ExpRaiseHardError 便调用 LpcRequestWaitReplyPort 函数将 Hard Error 信息发送到这个端口。因为 LpcRequestWaitReplyPort 函数是同步的，所以 ExpRaiseHardError 会一直等待应答。如果 LpcRequestWaitReplyPort 成功返回，ExpRaiseHardError 会将答复消息中的响应值赋给 Response 参数。

13.1.4 CSRSS 中的分发过程

通常，Windows 子系统进程 CSRSS 负责监听提示硬错误的 LPC 端口，该端口的名字其实就是\Windows\ApiPort。前面我们介绍过，在 Windows XP 以前，调试事件默认也是发到这个端口的。Windows XP 使用专门的 DebugObject 来传递调试事件，但因为这个 LPC 端口还有其他用途，比如它是普通 Windows 进程的默认异常接收端口（ExceptionPort)，它是我们正在介绍的硬错误的传递端口；它还是 CSRSS 对外服务的窗口，用来接收各种其他服务请求，所以它依然存在[1]。

清单 13-1 显示了 CSRSS 进程的工作线程处理硬错误提示的过程。

清单 13-1 CSRSS 进程的工作线程处理硬错误提示的过程

```
0:004> kn
 # ChildEBP RetAddr
00 0069fdac 75b7bf38 USER32!MessageBoxTimeoutW
01 0069fe80 75b7c11e winsrv!HardErrorHandler+0x2d1
02 0069fea0 75b7cf11 winsrv!ProcessHardErrorRequest+0x99
03 0069fec0 75b7cf40 winsrv!UserHardErrorEx+0x232
04 0069fed0 75b44545 winsrv!UserHardError+0xf
05 0069fff4 00000000 CSRSRV!CsrApiRequestThread+0x355
```

其中，最下面的（栈帧#05）CSRSRV!CsrApiRequestThread 是 CSRSS 进程中专门监听\Windows\ApiPort 端口的工作线程，它负责接收、分发和回复发到\Windows\ApiPort 端口的 LPC 消息。每个 LPC 消息的开头都是一个 PORT_MESSAGE 结构。

```
typedef struct _PORT_MESSAGE {
    USHORT DataSize;          // 数据长度
    USHORT MessageSize;       // 消息的总长度
    USHORT MessageType;       // 消息类型
    USHORT VirtualRangesOffset;        // 数据的偏移量
    CLIENT_ID ClientId;       // 服务请求者（客户）的进程和线程 ID
    ULONG MessageId;          // 消息 ID
    ULONG SectionSize;        //
    // UCHAR Data[];          // 与消息类型相关的用户数据
} PORT_MESSAGE, *PPORT_MESSAGE;
```

其中消息类型字段（MessageType）是一个枚举类型的常量。

```
typedef enum _LPC_TYPE {
    LPC_NEW_MESSAGE,  // 新的消息
    LPC_REQUEST,      // 请求服务的消息
    LPC_REPLY,        // 对请求消息的回复
    LPC_DATAGRAM,     // 数据报（Datagram）消息
    LPC_LOST_REPLY,   // 与正等待消息不匹配的回复消息
    LPC_PORT_CLOSED,  // 端口关闭消息
    LPC_CLIENT_DIED,  // 向线程的终止端口发送的消息
    LPC_EXCEPTION,    // 向异常端口发送的消息
    LPC_DEBUG_EVENT,  // 向调试端口发送的消息
    LPC_ERROR_EVENT,  // 提示硬错误的消息
    LPC_CONNECTION_REQUEST// 用于建立连接的消息
} LPC_TYPE;
```

CsrApiRequestThread 根据消息类型字段来分发消息，在它检测到类型为 LPC_ERROR_EVENT 的消息后，它会先将消息结构强制转换为 HARDERROR_MSG 类型。

```
typedef struct _HARDERROR_MSG {
   LPC_MESSAGE                   LpcMessageHeader;
   NTSTATUS                      ErrorStatus;
   LARGE_INTEGER                 ErrorTime;
   HARDERROR_RESPONSE_OPTION     ResponseOption;
   HARDERROR_RESPONSE            Response;
   ULONG                         NumberOfParameters;
   PVOID                         UnicodeStringParameterMask;
   ULONG                         Parameters[MAXIMUM_HARDERROR_PARAMETERS];
} HARDERROR_MSG, *PHARDERROR_MSG;
```

然后，HARDERROR_MSG 枚举进程内已经注册的所有服务模块，查询它是否设置了

HardErrorRoutine 指针。如果一个模块的 HardErrorRoutine 指针不为空，那么便调用该函数。如果函数的返回值不等于 0（0 代表没有处理该消息），那么便中止；否则，继续寻找下一个服务模块中的 HardErrorRoutine。

在典型的 Windows XP 系统中，CSRSS 进程通常有几个服务模块——BASESRV、WINSRV 和 CSRSRV，但输出 HardErrorRoutine 的只有 WINSRV，且指向的是 WINSRV 中的 UserHardError 函数。

UserHardError 不做任何操作便调用 UserHardErrorEx。UserHardErrorEx 首先建立一个数据结构，用来记录与该 Hard Error 相关的各种信息，除了包含 HARDERROR_MSG 结构的副本，该结构还包含线程、端口、消息文字等信息。然后 UserHardErrorEx 把指向这个结构的指针追加到一个专门用来记录此类结构的全局链表的末尾，全局变量 winsrv!gphiList 记录了这个链表的头部，gphiList 的含义是全局的硬错误信息链表（gloable hard error information pointer list），我们简称其为 PHI 链表。随后 UserHardErrorEx 调用 ProcessHardErrorRequest 继续处理 PHI 链表。

对于需要等待回复的情况，ProcessHardErrorRequest 会在当前线程中调用 HardErrorHandler 来处理 PHI 链表，否则会启动一个新的线程（名为 winsrv!Hard- ErrorWorkerThread）来调用 HardErrorHandler 函数。

HardErrorHandler 函数首先会调用 NtUserHardErrorControl 内核服务（位于 WIN32K 中），其作用是根据参数中指定的命令在内核模式中执行相应的任务。WIN32K 的全局变量 gHardErrorHandler 记录了系统中当前的 HardError 处理器。因此，HardErrorHandler 函数会通过向 NtUserHardErrorControl 发出一个初始化命令（命令值等于 0）将自己设置为当前的 HardError 处理器（使用线程指针作为标识）。

接下来，HardErrorHandler 函数会依次从 PHI 链表取出要处理的 HardError 任务。对于每项任务，依次执行如下操作。

（1）向 NtUserHardErrorControl 发出连接桌面命令（命令值等于 2 或其他），NtUserHardErrorControl 接到此命令后，会调用 win32k!xxxSetCsrssThreadDesktop 将当前线程设置到合适的桌面。全局变量 win32k!grpdeskRitInput 记录了拥有原始输入线程（raw input thread）的桌面，win32k!gspdeskDisconnect 记录了用户登录前（名为 Disconnect）的桌面，win32k!gspdeskShouldBeForeground 记录了当 Terminal Service 活动时的前台桌面。如果当前活动桌面不是当前硬错误希望显示的桌面，比如对设置了 MB_DEFAULT_DESKTOP_ONLY 标志的硬错误，只需要将其显示在默认桌面上。如果当前桌面不是默认桌面，那么 NtUserHardErrorControl 会返回错误，HardErrorHandler 函数收到这样的回复后，会对这个硬错误设置一个特殊标志，等当前桌面切换到默认桌面时再处理这个错误。

（2）准备窗口风格（TOPMOST）、按钮等信息，然后调用 MessageBoxTimeoutW 函数（或其他消息框函数）弹出消息对话框。

（3）向 NtUserHardErrorControl 发出与桌面分离的命令（值等于 4），NtUserHardErrorControl 接到此命令后，会调用 xxxRestoreCsrssThreadDesktop 将当前桌面恢复到调用 win32k!xxxSetCsrssThreadDesktop 前的桌面。

（4）将响应结果（用户选取的或超时后的预设值）通过 ReplyHardError 回复给等待线程。

当 PHI 链表中的所有任务都处理完毕后，向 NtUserHardErrorControl 发出清理命令（命令号为 1），注销本线程在全局变量 gHardErrorHandler 中的记录。

图 13-2 勾勒出了发起硬错误和系统分发与处理硬错误的过程。大家可以从左上角的矩形开始看，它代表某个应用程序由用户模式发起硬错误提示请求。该请求先通过 NTDLL.DLL 中的残根函数提交给未公开的 NtRaiseHardError 内核服务。对于来自用户模式的调用，NtRaiseHardError 在把参数数组中的所有字符串数据都复制到一个内核空间中的内存区后，便调用 ExpRaiseHardError 进行分发。

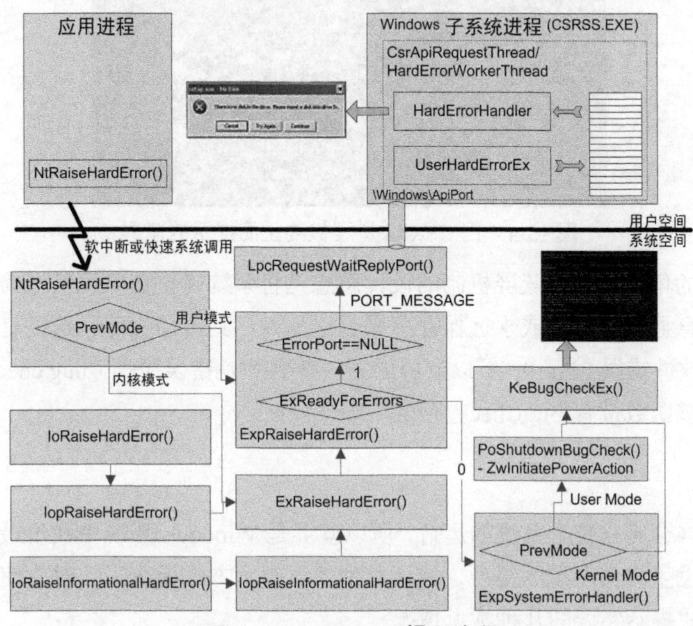

图 13-2 HardError 提示流程

用户模式下发起硬错误提示请求的一个典型例子是在 Windows XP 之前，当应用程序内出现未处理异常（unhandled exception）时，系统的 UnhandledExceptionFilter 函数会调用 NtRaiseHardError 函数来显示“应用程序错误”对话框。除此以外，某些应用程序也会调用这种机制来报告严重错误，比如图 13-3 所示的错误对话框，便是 Visual C++ 6 的集成开发环境 MSDEV 程序通过硬错误机制所弹出的。

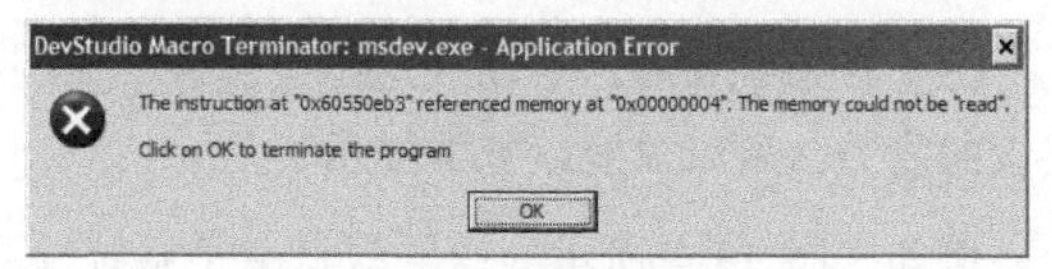

图 13-3 错误对话框

不仅用户模式下可以发起硬错误提示请求，内核代码（如驱动程序）也可以发起硬错误提示请求，比如我们前面介绍的因为缺盘而导致的硬错误，就是内核模式下的代码调用 IopRaiseHardError 函数发起的提示请求。除了 IopRaiseHardError，DDK 中还公开了 IoRaiseHardError 和 IoRaiseInformationalHardError 两个函数用以发起 HardError 提示请求。图 13-2 的左下角区域描述了这几个函数的相互关系。

13.2 蓝屏终止

蓝屏（blue screen）是 Windows 中用于提示严重的系统级错误的一种方式，因其出现时整个屏幕都被涂以蓝色背景而得名（图 13-4）。因为蓝屏一旦出现，Windows 系统便宣告终止，只有重新启动才能恢复到桌面环境，所以蓝屏又称为蓝屏终止（Blue Screen Of Death），简称为 BSOD。

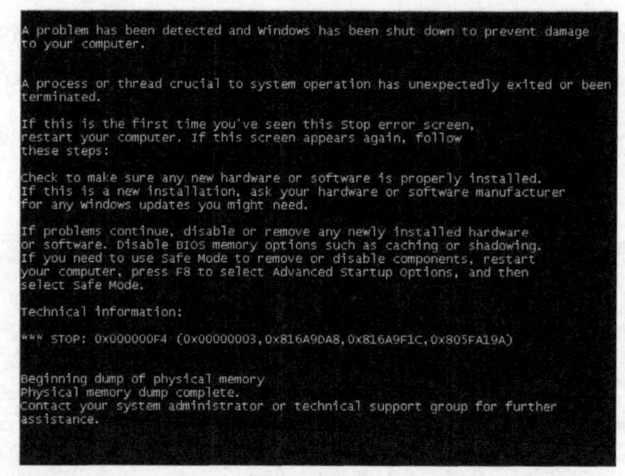

图 13-4 因 CSRSS 进程被终止而提示的蓝屏

从软件调试的角度来看，蓝屏机制的设计思想是将系统终止在导致错误的第一现场，并且把这个现场的信息显示给用户或永远保存下来，比如保存到转储文件，这样有利于更快地发现问题根源，去除软件错误（bug）。所以蓝屏的另一个名称是错误检查（bug check），很多用于实现蓝屏机制的内核函数带有 BugCheck 字样。

13.2.1 简介

因为产生蓝屏会终止整个系统的运行，所以蓝屏是 Windows 系统中代价最高的错误提示方式。通常，只有发生极其严重的错误，或者其他错误提示方式无法工作时才使用这种方式。以下是采用蓝屏方式提示错误的几种常见情况。

（1）系统捕捉到内核代码中的未处理异常，或者检测到违反操作系统规则的情况。内核代码（包括运行在内核态的驱动程序）是操作系统的信任代码，对于这些代码中发生的错误，Windows 系统认为只有发生了严重的意外才会导致这些代码出错，所以通过蓝屏提示错误，并让系统以可控的方式终止运行。

（2）系统检测到操作系统的数据结构、模块或进程遭到破坏。

（3）在系统安装、启动或退出等边缘状态时发生错误，这时因为还不具备以其他方式提示错误的能力，所以只能以蓝屏提示。

例如，图 13-4 所示的蓝屏就是由于系统检测到 Windows 子系统的服务器进程（CSRSS）被终止而产生的。

通常，蓝屏中会包含以下几部分内容。

（1）错误信息。用以描述错误情况和错误原因的文字信息，比如图 13-4 中屏幕顶部的两段文字。

（2）解决错误的建议。对于同一版本的 Windows 系统，这段信息只要出现就是相同的，所以通常没有太大的实际意义。

（3）技术信息（technical information）。其格式为“STOP：停止码（参数 1，参数 2，参数 3，参数 4）”。其中，停止码代表了导致蓝屏的根本原因，是诊断蓝屏故障的重要技术资料。停止码后面括号中的参数用来进一步描述错误原因，其含义因停止码的不同而不同，代表了更深层次的错误信息。

（4）显示内存转储（dump）的过程和结果。即图 13-4 中倒数第 3 行和倒数第 4 行的信息。

老雷评点

上述 Windows NT 经典蓝屏界面被 Windows 8 革去矣。新式蓝屏如图 1-7 所示。

在对蓝屏有了基本的了解后，下面我们先介绍发起蓝屏的方法，然后介绍蓝屏的产生过程。

13.2.2 发起和产生过程

DDK 中公开了两个 DDI（Device Driver Interface）用以提示蓝屏错误，KeBugCheck 和 KeBugCheckEx，其原型如下。

```
VOID KeBugCheck(IN ULONG  BugCheckCode);
VOID KeBugCheckEx(IN ULONG  BugCheckCode,
    IN ULONG_PTR  BugCheckParameter1, IN ULONG_PTR  BugCheckParameter2,
    IN ULONG_PTR  BugCheckParameter3, IN ULONG_PTR  BugCheckParameter4);
```

其中，BugCheckCode 便是出现在蓝屏上的停止码，可以是系统定义的停止码，也可以是驱动程序自己定义的代码。

因为 KeBugCheck 内部只是简单调用 KeBugCheckEx（后面 4 个参数都设置为 0），所以以上两个函数使用的是同一套实现。在 Windows XP 以前，其实现就在 KeBugCheckEx 中；从 Windows XP 开始，其实现位于内核中的 KeBugCheck2 函数中。考虑到 KeBugCheck、KeBugCheckEx 和 KeBugCheck2 这 3 个函数只存在调用形式的差异，为了行文简洁，我们就使用 BugCheck 函数来泛指它们。

为了更好地理解蓝屏机制，我们把 BugCheck 函数的工作过程分为以下 11 个步骤。

（1）初始化和准备。包括将全局变量 nt!KeBugCheckActive 设置为真，标志着系统已经进入特殊的错误检查（bug check）状态；产生描述系统状态的上下文（CONTEXT）结构。

（2）根据参数中的停止代码（stop code）寻找合适的错误提示信息，即蓝屏的第一部分内容。对于某些停止码，KeBugCheck2 会根据 BugCheckParameterX 参数获取对应的模块名，并将其赋给全局变量 KiBugCheckDriver。例如，如果内核代码在当前中断请求级别（IRQL）不低于 DISPATCH_LEVEL 时访问分页内存，那么系统检测到后，就会调用 BugCheck 函数触发蓝屏错误，并将停止码设置为 IRQL_NOT_LESS_OR_EQUAL（0xA），BugCheckParameter1 是被访问的内存地址，BugCheckParameter2 是不当的 IRQL 值，BugCheckParameter3 是访问方式，0 为读，1 为写，BugCheckParameter4 是执行访问的指令地址。对于这个停止码，BugCheck 函数会根据 BugCheckParameter4 寻找对应的模块名称（利用 KiPcToFileHeader 或 MmLocateUnloadedDriver 函数）。如果找到了模块名称，那么它会显示在蓝屏的提示信息中。这是为什么对于某些蓝屏错误，我们可以看到模块名。

（3）如果启用了内核调试，那么调用 KdPrint 打印出停止码和蓝屏参数信息。而后判断内核调试器是否真正连接，如果是，则调用 KiBugCheckDebugBreak(3)中断到内核调试器。其中参数 3 代表这是因为错误检查而第一次中断到调试器，类似于异常的第一次通知。在内核调试器中可以看到如下信息。

```
*** Fatal System Error: 0x00000050
```

```
                (0xF50E42F4,0x00000000,0xF8BA866D,0x00000000)
Driver at fault:
***    RealBug.SYS - Address F8BA866D base at F8BA8000, DateStamp 47ad2dfb
Break instruction exception - code 80000003 (first chance)
A fatal system error has occurred.
Debugger entered on first try; Bugcheck callbacks have not been invoked.[…]
```

（4）使系统进入单纯的错误检查状态，停止其他一切活动。具体来说，BugCheck 函数会调用 KeDisableInterrupts 函数禁止中断，调用 KeRaiseIrql 函数将中断请求级别设置为最高（HIGH_LEVEL），对于多处理器版本，调用 KiSendFreeze 冻结其他 CPU。执行以上操作后，系统中只有当前的 CPU 在执行，而且它只会执行当前的线程，即继续处理错误检查，不做别的事。系统这样做是为了防止继续执行其他任务时会有其他错误发生，破坏了最初的错误环境，掩盖了真正的错误根源。以上过程是不可逆的，这意味着，系统一旦执行到这一步，所有用户态代码和当前线程之外的其他所有线程都不会执行了，只有重新启动后才能恢复到正常的执行状态。

（5）绘制蓝屏画面。首先启用用于启动过程的简单显示驱动（BootVid），然后将显示模式重置为 640 像素 × 480 像素的低分辨率模式，将整个屏幕填充为蓝色，将文字设置为白色。而后，逐步绘制出蓝屏的错误信息和建议措施。在 Windows Vista 之前，这一步就是在 BugCheck 函数中实现的，Windows Vista 将其转移到一个单独的名为 KiDisplayBlueScreen 的内核函数中。

（6）调用错误检查回调函数，即驱动程序通过 KeRegisterBugCheckCallback 函数注册的回调函数。这一步的目的是通知驱动程序，系统已经进入错误检查阶段，驱动程序可以执行必要的清理工作，或者通知自己的硬件。

（7）如果内核调试引擎没有启用，那么判断是否需要启用，如果需要，则调用启用内核引擎的函数来启用内核调试引擎。如果启用成功，会中断到内核调试器。这种在系统蓝屏时动态启用内核调试的思想与第 12 章介绍的用户模式的 JIT 调试很类似。需要启用内核调试引擎的一个典型例子就是在启用选项中指定了崩溃调试选项（/CRASHDEBUG）。启用内核调试引擎的方法在 Windows Vista 之前是调用 KdInit 函数，在 Windows Vista 中是调用 KdEnableDebuggerWithLock 函数。

（8）准备系统转储（system dump）数据，然后调用 IoWriteCrashDump 函数将转储信息写入存储器（通常为硬盘）中。在 IoWriteCrashDump 函数中，调用通过 KeRegisterBugCheckReasonCallback 函数注册的回调函数，让驱动程序可以附加自己的转储数据（BugCheckSecondaryDumpDataCallback）或将数据写入其他存储介质（BugCheckDumpIoCallback）中。

（9）再次扫描并调用通过 KeRegisterBugCheckCallback 函数注册的回调函数。

（10）判断是否需要自动重新启动。如果是，则调用 HalReturnToFirmware（HalRebootRoutine）重启系统；否则，系统便会长期停留在蓝屏画面。右击“我的电脑”，选择“属性”，打开“系统属性”对话框，选择“高级”选项卡，单击“启动和故障恢复”选项组中的“设置”按钮，在打开的对话框中，勾选“自动重新启动”复选框，可以配置这一选项。从 Windows XP 开始，这个选项是默认启用的，所以系统发生蓝屏后会自动重新启动。值得说明的是，这个重启选项只会影响本步骤，不会影响前面的步骤。也就是说，蓝屏画面始终显示，只不过如果自动重启，而且系统运行速度较快，那么蓝屏画面可能一闪而过或根本看不到。

（11）调用 KiBugCheckDebugBreak(4)试图中断到调试器。其中参数 4 的含义是告诉内核调试器这是因为发生错误检查而第二次中断到调试器。

在以上过程中，我们可以看到很多调试支持，比如动态启用调试引擎，两次通知调试器，向调试器打印调试信息等。特别是当第一次通知调试器时，BugCheck 函数尚未屏蔽中断和提升中断请求级别，这是为了可以让调试人员更好地了解错误情况。

13.2.3 诊断蓝屏错误

对于蓝屏错误，可以通过如下步骤逐步分析其原因。

（1）根据蓝屏的停止码和蓝屏参数作初步的判断。在 WinDBG 的帮助文件中（选择 Debugging Techniques → Bug Checks（Blue Screeens）→ Bug Check Code Reference）以停止码为顺序列出了系统定义的所有蓝屏错误，包括错误码和每个参数的含义，以及解决问题的建议，这个建议是针对停止码的，要比蓝屏画面中的建议有用得多。

（2）可以在微软的知识库（supports.microsoft.com）中或使用其他搜索引擎搜索蓝屏的停止码和参数，以了解更多信息。

（3）分析转储文件。系统会默认为蓝屏产生小型转储（small memory dump）文件，默认位置为 Windows 系统目录的 MiniDump 文件夹，文件名是 MiniMMDDYY-XX.dmp 的格式，其中 MMDDYY 是发生蓝屏的日期（M 代表月，D 代表日，Y 代表年），XX 是序号，从 01 开始，依次递增。我们将在下一节详细介绍转储文件的有关内容。

（4）如果经过以上步骤还没有找到问题的原因，那么应该考虑通过内核调试做进一步的调试和分析。使用内核调试，可以设置断点，跟踪内核代码的执行过程，这样更容易准确地定位到错误根源。我们将在第 18 章深入讨论与内核调试有关的内容。

13.2.4 手工触发蓝屏

可以通过以下方法之一来手工触发蓝屏。

第一种方法是在内核调试会话中，执行 WinDBG 的.crash 命令。

第二种方法不需要调试器，但要事先在如下注册表表键下加入一个 REG_DWORD 类型的键值，并取名为 CrashOnCtrlScroll，将其值设置为 1。

```
HKEY_LOCAL_MACHINE\SYSTEM\CurrentControlSet\Services\i8042prt\Parameters
```

这个设置需要重新启动系统后才生效。当需要触发蓝屏时，只要在键盘上按住 Ctrl 键，再按 ScrollLock 键。因为是 Windows 系统的 PS2 端口驱动程序（i8042prt.sys）检查这组按键并调用 BugCheck 函数触发蓝屏的，所以使用这种方法触发蓝屏机制需要系统有 PS2 键盘。大多数笔记本电脑的自带键盘是 PS2 键盘。

第三种方法不需要做任何设置也不需要使用调试器，但是需要有硬件经验，其做法是使用一个探针似的金属工具将内存条的某两个数据线短路或接地。使用这种方法时需要格外小心，建议只有在没有其他方法时在硬件工程师的帮助下才使用。

13.3 系统转储文件

顾名思义，系统转储文件用于将系统的状态从内存转储到磁盘文件中。相对于保存应用程序状态的用户态转储文件来说，系统转储文件描述的目标是整个系统，包括操作系统内核、内核模式的驱动程序和各个用户进程。

13.3.1 分类

为了满足不同情况的需要，Windows 系统定义了多种类型的系统转储文件。在 Windows XP 时代分为 3 种，分别是完全内存转储（complete memory dump）、核心内存转储（kernel memory dump）和小内存转储（small memory dump）文件。以上 3 种类型的文件大小依次递减，其包含的信息量也是如此。完全内存转储文件包含产生转储时物理内存中的所有数据，其文件大小通常比物理内存的容量还要大。核心内存转储文件去除了用户进程所使用的内存页，因此文件大小要比完全内存转储文件的小得多，对于典型的 Windows XP 系统，其大小为 200MB 左右。小内存转储文件的大小默认为 64KB，如果包含用户数据（通过 BugCheckSecondaryDumpDataCallback 回调函数写入），那么可能略大。

在 Windows 10 的转储选项（图 13-5）中，新增了“自动内存转储”和“活动内存转储”。如果选择“自动内存转储”，那么产生的转储文件和内核转储是一样的，不同的是，Windows 会自动调整页交换文件的大小（要求页交换文件的选项也是自动大小），确保能满足产生转储文件的需要。

“活动内存转储”与“完全内存转储”类似，差别是系统会自动排除掉一些明显与调试无关的内存页，让产生的转储文件小一些[2]。

值得说明的是，因为蓝屏时，系统已经不允许使用文件系统，以防止死锁，所以是不能直接把要转储的内容写到普通文件里的，而只能先写到用作虚拟内存的页交换文件中。出于这样的原因，当我们设置转储选项时，Windows 如果检查到当前没有启用页交换文件或者文件太小，那么就会弹出图 13-6 所示的错误对话框。

小内存转储文件的默认位置为 Windows 系统目录的 MiniDump 文件夹，因为系统会按照日期加序号的方式为其命名，所以这个文件夹中可以保存很多个转储文件。另两种转储文件的默认存放位置是 Windows 系统的根目录（如 C:\Windows），其文件名称是固定的，默认为 memory.dmp，因此产生的新的会覆盖以前的。

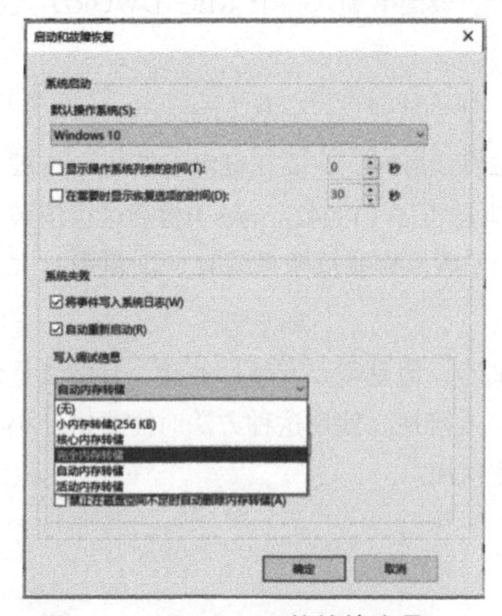

图 13-5 Windows 10 的转储选项

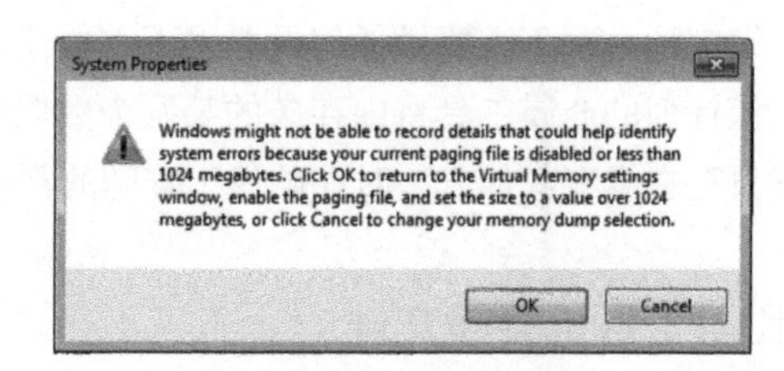

图 13-6 错误对话框

13.3.2 文件格式

与用户态转储文件不同，系统转储文件的格式是不公开的。因此，以下内容是笔者根据可以搜索到的资料加上个人的分析而得到的，仅供读者参考，目的是更好地理解和使用转储文件分析问题。

系统转储文件是以内存页面（4KB）为单位来组织数据的，因此它的大小是内存页大小（4096B）的整数倍。

对于所有的转储类型，核心转储文件中的第一页（即头页，header page）内容的格式是一样的，其开始处是一个名为 DUMP_HEADER 的结构，其头信息如表 13-1 所示。

表 13-1 核心转储文件的头信息

偏移量	长 度	内 容
0	8	文件签名，固定为 0x50 41 47 45 44 45 4D 50，即“PAGEDUMP”
8	4	0xC 表示内核是检查版本，0xF 表示自由版本，其他值代表系统主版本号
0xC	4	子版本号或构建号，Windows XP 系统的典型值为 0xA28，即 2600
0x10	4	系统内核的页目录基地址，即 CR3 寄存器的值
0x14	4	系统 PFN（Page Frame Number）数组的地址，即 MmPfnDatabase
0x18	4	模块列表的头节点地址，即全局变量 PsLoadedModuleList
0x1C	4	进程列表的头节点地址，即全局变量 PsActiveProcessHead
0x20	4	系统架构类型，0x14C 代表 x86，0x184 表示 Alpha，0x1F0 表示 PowerPC
0x24	4	处理器个数
0x28	4	蓝屏的停止码
0x2C	16	蓝屏的 4 个停止参数
0x60	4	内调试数据块，即 KdDebuggerDataBlock 的地址
0x64	32	文件中所包含物理内存块的概要描述
0x320		上下文结构，即 CONTEXT
0x7D0		异常结构，即 EXCEPTION_RECORD
0xF88	4	转储类型，1 为完全内存转储，2 为核心内存转储，4 为小内存转储
0xF90	4	执行回调函数的结果，即 NT_STATUS 的值
0xF94	4	产品类型，1 代表 NT，3 代表服务器
0xF98	4	KUSER_SHARED_DATA 结构的 SuiteMask 字段
0xFA0	8	需要转储的空间
0xFB8	8	中断时间，即 KUSER_SHARED_DATA 结构的 InterruptTime 字段
0xFC0	8	系统时间，即 KUSER_SHARED_DATA 结构的 SystemTime 字段

从表 13-1 中我们可以看到，其中已经包含了系统的很多关键信息，包括页目录基地址、模块列表地址、进程列表地址、异常结构、上下文结构等。特别是偏移量 0x60 处的 KdDebuggerDataBlock 地址，KdDebuggerDataBlock 结构是用来支持内核调试的，是内核调试器与内核调试引擎之间的重要数据接口，有了这个地址，调试器就可以通过它来与转储文件建立调试会话，使用类似活动内核调试的方式来分析转储文件。

头页之后的内容便是各个物理内存页的数据，包括实现内存管理的特殊内存页，如保存页目录和页表的内存页等。转储文件读取工具会利用其中的页目录和页表结构来读取内存页的数据。假如某个转储文件的 0x60 偏移量处的值是 818f3c40，那么我们在 WinDBG 里就可以使用如下命令来观察 KdDebuggerDataBlock 结构的值。

```
0: kd> db 818f3c40
818f3c40  ec 7f b0 81 00 00 00 00-ec 7f b0 81 00 00 00 00  ................
818f3c50  4b 44 42 47 28 03 00 00-00 00 80 81 ff ff ff ff  KDBG(...........
…
```

如果某个虚拟地址对应的内存页不在转储文件中，那么 WinDBG 会将其内容显示为“？”，与调试活动内核时观察不在物理内存中的内存块时的结果一样。

因为系统在产生转储文件的头页数据时，会先用 0x45474150（PAGE 的 ASCII 码）来填充整个页面，所以，如果直接观察转储文件，可以看到以上字段的间隙会保留着这些填充字符。

13.3.3 产生方法

可以通过以下两种方法之一来产生系统转储文件。

第一种方法是使用 WinDBG 调试器.dump 命令。当我们在内核调试会话中执行这条命令时，WinDBG 调试器会通过内核调试会话来读取被调试系统的状态信息和内存数据，并按照我们前面介绍的格式写到指定的文件中。例如，执行命令.dump c:\krnldmp.dmp，便可以让调试器为目标系统产生一个名为 krnldmp.dmp 的小内存转储文件。如果希望得到完全内存转储文件，那么只要在文件名前加上/f 选项。当使用/f 开关做完全内存转储时，转储所需的时间主要受两个因素影响，一是目标机器的物理内存大小，二是目标机器和调试主机之间的连接方式。以安装有 8GB 内存的 Windows 10 目标系统为例，如果连接方式为串口，那么转储速度会非常缓慢；如果连接方式为 USB 3.0，用了 18 分钟。以下是 WinDBG 的部分输出。

```
Wrote 7.9 GB in 18 min 57 sec.
The average transfer rate was 7.1 MB/s.
Dump successfully written
```

第二种方法是让系统来产生。因为当系统发生蓝屏崩溃时，默认情况下系统会产生系统转储文件。首先，系统在每次启动时都会为产生转储文件做好准备工作（IoInitializeCrashDump），包括初始化数据结构（IopDumpControlBlock 等），将磁盘端口驱动程序（ATAPI）在内存中复制一份，并命名为 dump_XXX，比如 dump_atapi。

当蓝屏发生时，系统的 BugCheck 函数在绘制蓝屏后会调用 IoWriteCrashDump 函数，这个函数会检查 dump_XXX 驱动程序的完好性，然后利用它将转储信息写入位于系统盘上的虚拟内存页面文件（pagefile.sys）中。

而后，当系统再次启动时，WinLogon 程序会启动系统目录中的 SaveDump 程序，后者会将转储数据从页面文件另存到转储文件中。当转储文件的类型是核心内存转储或完全内存转储时，系统会为其产生一个对应的小内存转储文件。

13.4 分析系统转储文件

本节将通过一个实例来介绍如何使用 WinDBG 调试器来分析系统转储文件。

13.4.1 初步分析

首先启动 WinDBG，并选择 File → Open Crash Dump，然后在打开的窗口中切换到本书配套资料的 Dump 目录并选择其中的 Mini121206-01.dmp 文件。单击“确定”按钮后，WinDBG 会显示类似清单 13-2 所示的信息。

清单 13-2 使用 WinDBG 打开系统转储文件

```
1    Loading Dump File [C:\dig\dbg\author\data\Mini121206-01.dmp]
2    Mini Kernel Dump File: Only registers and stack trace are available
3    Symbol search path is: SRV*d:\symbols*http://msdl.microsoft.com/download/symbols;
4    Executable search path is:
5    Windows XP Kernel Version 2600 (Service Pack 1) UP Free x86 compatible
6    [目标系统概况和加载符号信息，省略]
7    *******************************************************************
8    *                                                                 *
9    *                        Bugcheck Analysis                        *
10   *                                                                 *
11   *******************************************************************
12   Use !analyze -v to get detailed debugging information.
13   BugCheck 7F, {0, 0, 0, 0}
14   Unable to load image RealBug.SYS, Win32 error 2
15   *** WARNING: Unable to verify timestamp for RealBug.SYS
16   *** ERROR: Module load completed but symbols could not be loaded for RealBug.SYS
17   Probably caused by : RealBug.SYS ( RealBug+4e1 )
```

第 2 行告诉我们，转储文件的类型是小型转储，只包含寄存器和栈回溯信息。事实上，其中还包含模块列表信息，可以通过 lm 命令来显示。第 3、4 行显示了 WinDBG 的路径设置，包括符号文件路径和可执行文件路径。

第 14 行显示未能加载 RealBug.SYS 文件，这是因为目前的可执行文件搜索路径为空（第 4 行），所以 WinDBG 没有找到这个文件。值得强调的是，当分析转储文件时，因为本机的环境和目标系统可能差异很大，所以正确设置可执行文件的搜索路径是很重要的。微软的符号服务器不仅包含符号文件，而且包含各种版本的系统文件，因此应该将其设置到符号搜索路径中（执行.symfix 命令）。这样，当缺少合适版本的 Windows 系统文件时，WinDBG 会自动从符号服务器下载。

第 7～17 行是 WinDBG 对转储文件的初步分析，第 7～11 行是标题，第 12 行建议使用!analyze 命令得到更多信息。第 13 行显示的是停止码和参数，可以通过 WinDBG 帮助文件找到这些代码的含义（选择 Debugging Techniques → Bug Checks（Blue Screens） → Bug Check Code Reference）。查阅后，我们知道 7F 代表 UNEXPECTED_KERNEL_MODE_TRAP，即意外的内核模式异常，其中第一个参数为 0，代表异常的具体类型是除零异常（即#DE）。

第 17 行显示了 WinDBG 的初步判断结果：崩溃可能是由 RealBug.SYS 模块导致的，导致问题的代码距离这个模块的起始地址 0x4e1 字节。使用 lm m real*命令可以列出这个模块的起始地址。

```
kd> lm m real*
start    end         module name
fa18b000 fa18bd00    RealBug  T (no symbols)
```

其中 T 代表这个模块的时间戳（Timestamp）信息缺失，这是因为 WinDBG 还未能加载这个模块的映像文件。

13.4.2 线程和栈回溯

可以通过栈回溯信息来进一步了解转储时的线程状态和崩溃原因。根据上一节的介绍，一旦发起蓝屏后，系统便不再作线程切换或执行其他任务，因此，通常负责蓝屏绘制和转储的线程就是崩溃时的线程，这也是 WinDBG 打开转储文件后的默认线程。可以通过.thread 和.process 命令来显示当前线程（KTHREAD）和进程（EPROCESS）的结构地址。

```
kd> .thread
Implicit thread is now 815ef3f0
kd> .process
Implicit process is now 8160eb98
```

而后，可以通过!thread 815ef3f0 和!process 8160eb98 命令来显示线程与进程的更多信息。

```
kd> !thread 815ef3f0
......
Owning Process           8160eb98       Image:          ImBuggy.exe
```

这说明崩溃发生在名为 ImBuggy 的进程中。也可以使用 dt nt!_KTHREAD 815ef3f0 和 dt nt!_EPROCESS 8160eb98 命令来观察这两个数据结构。

使用 k 命令可以查看当前线程的栈回溯信息。

```
kd> k
ChildEBP RetAddr
f6869ac0 80607339 nt!KeBugCheck+0x10
f6869b20 804dac8f nt!Ki386CheckDivideByZeroTrap+0x23
f6869b20 fa18b4e1 nt!KiTrap00+0x6d
WARNING: Stack unwind information not available. Following frames may be wrong.
f6869b9c 815ef600 RealBug+0x4e1
…
```

上面的警告信息告诉我们 WinDBG 没有找到 RealBug 模块的符号文件。选择 File → Symbol File Path，打开 Symbol File Path 对话框将 Dump 目录加入符号文件路径列表中，选中 Reload 后单击 OK 按钮。再次输入 k 命令，会得到清单 13-3 所示的栈回溯。

清单 13-3　模块加载错误的栈回溯

```
kd> k
ChildEBP RetAddr
f6869ac0 80607339 nt!KeBugCheck+0x10
f6869b20 804dac8f nt!Ki386CheckDivideByZeroTrap+0x23
f6869b20 fa18b4e1 nt!KiTrap00+0x6d
Unable to load image RealBug.SYS, Win32 error 2
*** WARNING: Unable to verify timestamp for RealBug.SYS
*** ERROR: Module load completed but symbols could not be loaded for RealBug.SYS
WARNING: Stack unwind information not available. Following frames may be wrong.
f6869b9c 815ef600 RealBug+0x4e1
f6869bcc fa18b54b 0x815ef600
```

以上信息说明 WinDBG 因为未能找到 RealBug.sys 文件而未能加载符号文件。这是由于 Windows 系统的符号文件加载函数（DbgHelp 函数）总是通过模块文件来组织其符号。将包含 RealBug.SYS 文件的 Dump 目录设置到映像文件路径（选择 File → Image File Path）并再次执行.reload 命令。这时，如果再执行前面的 lm 命令，RealBug 模块后的 T 标志便消失了。

再次输入 k 命令，这次应该得到没有任何警告和错误信息的栈回溯（清单 13-4）。

清单 13-4　正确的栈回溯

```
kd> k
ChildEBP RetAddr
f6869ac0 80607339 nt!KeBugCheck+0x10
```

```
f6869b20 804dac8f nt!Ki386CheckDivideByZeroTrap+0x23
f6869b20 fa18b4e1 nt!KiTrap00+0x6d
f6869bcc fa18b54b RealBug!PropDivideZero+0x3f [c:\...\realbug\realbug.c @ 63]
f6869bdc fa18b62e RealBug!DivideZero+0xb [c:\...\realbug\realbug.c @ 77]
f6869be8 fa18b73e RealBug!RealBugDeviceControl+0x44 [c:\...\realbug.c @ 114]
f6869c34 804eca36 RealBug!RealBugDispatch+0x8e [c:\...\realbug\realbug.c @ 175]
f6869c44 8058b076 nt!IopfCallDriver+0x31
f6869c58 8058bc62 nt!IopSynchronousServiceTail+0x5e
f6869d00 805987ec nt!IopXxxControlFile+0x5ec
f6869d34 804da140 nt!NtDeviceIoControlFile+0x28
f6869d34 7ffe0304 nt!KiSystemService+0xc4
0012f8a8 00000000 SharedUserData!SystemCallStub+0x4
```

从上面的栈回溯信息我们可以看到，WinDBG 已经给出了有关的源程序文件和代码行信息。打开这些源文件，可以非常清楚地看到导致这次蓝屏的原因就是 realbug.c 的第 63 行中执行了除以零操作（n=n/m;）。

13.4.3 陷阱帧

当有异常发生时，系统会将当时的状态保存到一个 KTRAP_FRAME 结构中，称为陷阱帧。因为很多崩溃与异常有关，所以转储文件中经常包含着陷阱帧数据。首先可以通过 kv 命令搜索当前栈回溯序列中是否有关联的陷阱帧。

```
kd> kv
ChildEBP RetAddr  Args to Child
f6869ac0 80607339  … nt!KeBugCheck+0x10 (FPO: [1,0,0])
f6869b20 804dac8f … nt!Ki386CheckDivideByZeroTrap+0x23 (FPO: [Non-Fpo])
f6869b20 fa18b4e1 … nt!KiTrap00+0x6d (FPO: [0,0] TrapFrame @ f6869b2c)…
f6869d34 7ffe0304 … nt!KiSystemService+0xc4 (FPO: [0,0] TrapFrame @ f6869d64)
0012f8a8 00000000 … SharedUserData!SystemCallStub+0x4 (FPO: [0,0,0])
```

第 5 行和第 6 行末尾的 TrapFrame 表明这个线程中有两个陷阱帧，@符号后面便是它们的地址。使用.trap 命令加上陷阱帧的地址便可以切换到一个陷阱（异常）发生时的状态，好像把时间倒退到那一刻一样。例如：

```
kd> .trap f6869b2c
ErrCode = 00000000
eax=00000001 ebx=814c5368 ecx=00000004 edx=00000000 esi=8156aae8 edi=815ef600
eip=fa18b4e1 esp=f6869ba0 ebp=f6869bcc iopl=0         nv up ei pl zr na pe nc
cs=0008  ss=0010  ds=0023  es=0023  fs=0030  gs=0000             efl=00000346
RealBug!PropDivideZero+0x3f:
0008:fa18b4e1 f77de0 idiv    eax,dword ptr [ebp-20h] ss:0010:f6869bac=00000000
```

以上寄存器值便是这个异常发生时的状态，第 2 行的 ErrCode 是异常的错误码。最后 1 行的汇编指令便是导致这个异常的指令，可见它是一条除法指令。指令后面的 ss:0010:f6869bac 便是 ebp-0x20，等号后面是这个地址的值，即 00000000，这说明当时除数是 0，因此触发了除零异常。

13.4.4 自动分析

为了简化蓝屏分析，WinDBG 将很多可以自动分析工作由!analyze 命令自动完成。因此，分析蓝屏的第一步通常是先执行这个命令，让 WinDBG 自动进行分析，然后再进行手工分析。清单 13-5 显示了执行!analyze –v 命令的结构。

清单 13-5 执行!analyze –v 命令的结构

```
1     kd> !analyze -v
2     UNEXPECTED_KERNEL_MODE_TRAP (7f)
3     [省略了多行关于停止码的详细解释]
```

```
4    Arguments:
5    Arg1: 00000000, EXCEPTION_DIVIDED_BY_ZERO
6    Arg2: 00000000
7    Arg3: 00000000
8    Arg4: 00000000
9
10   Debugging Details:
11   ------------------
12   BUGCHECK_STR:  0x7f_0
13   TRAP_FRAME:  f6869b2c -- (.trap 0xfffffffff6869b2c)
14   ErrCode = 00000000
15   eax=00000001 ebx=814c5368 ecx=00000004 edx=00000000 …
16   [陷阱帧信息，与前面.trap f6869b2c 的结果相同]
17   Resetting default scope
18
19   CUSTOMER_CRASH_COUNT:  1
20   DEFAULT_BUCKET_ID:  INTEL_CPU_MICROCODE_ZERO
21   PROCESS_NAME:  ImBuggy.exe
22   LAST_CONTROL_TRANSFER:  from 80607339 to 805266bf
23
24   STACK_TEXT:
25   f6869ac0 80607339 0000007f 815ef600 8156aae8 nt!KeBugCheck+0x10
26   [栈回溯，从略]
27   SharedUserData!SystemCallStub+0x4
28
29   STACK_COMMAND:  kb
30
31   FOLLOWUP_IP:
32   RealBug!PropDivideZero+3f [c:\...\realbug\realbug.c @ 63]
33   fa18b4e1 f77de0         idiv    eax,dword ptr [ebp-20h]
34
35   FAULTING_SOURCE_CODE:
36       59:     n=1;
37       60:     m=0;
38       61:     __try
39       62:     {
40   >   63:         n=n/m;
41       64:     }
42       65:     __except(EXCEPTION_EXECUTE_HANDLER)
43       66:     {
44       67:         DBGOUT(("Caught divide by zero safely."));
45       68:     }
46   SYMBOL_STACK_INDEX:  3
47   SYMBOL_NAME:  RealBug!PropDivideZero+3f
48   FOLLOWUP_NAME:  MachineOwner
49   MODULE_NAME: RealBug
50   IMAGE_NAME:  RealBug.SYS
51   DEBUG_FLR_IMAGE_TIMESTAMP:  457ea5ed
52   FAILURE_BUCKET_ID:  0x7f_0_RealBug!PropDivideZero+3f
53   BUCKET_ID:  0x7f_0_RealBug!PropDivideZero+3f
54   Followup: MachineOwner
55   ---------
```

第 1 行中的-v 开关用来启动最详尽的分析方式。其他各行是!analyze 命令输出的分析结果。可以将其分为如下几个部分。

第一部分是蓝屏的停止码和参数（第 2～8 行）。其中包含了停止码所对应的常量、详细的解释说明和每个参数的含义。事实上，这部分内容来源于我们前面提到的 WinDBG 帮助文件中关于每个停止码的描述，摘取了其中的关键内容。

第二部分是 BUGCHECK_STR（第 12 行）。它是赋给这次崩溃的一个分类代码，通常是蓝屏的停止码或停止码加上一个子类号，比如本例中的 0x7f_0，0x7f 是停止码，0 是这个停止码的第一个参数，是异常的向量号，代表除零异常。

第三部分是陷阱帧信息（第 13～15 行）。其中描述了导致这次蓝屏的意外异常发生时的状态，主要是当时的寄存器值和异常的错误代码。第 13 行中的地址就是用来保存这些状态信息的 _KTRAP_FRAME 结构的地址，使用.trap 命令加上这个地址就可以切换到当时的状态。事实上，!analyze 命令就是先切换到这个陷阱帧后才显示出从第 14 行开始的这些信息的，第 15 行的提示信息表示将上下文切换回默认状态，也就是产生转储时的状态。

第四部分是关于这次蓝屏的几个基本属性（第 18～22 行）。第 19 行是系统的崩溃计数。第 20 行显示了这个蓝屏所属的大类（general category），产生这个蓝屏的原因是操作系统感觉到了不该发生的异常（事实上是除以零，稍后还会讨论），所以被归入 INTEL_CPU_MICROCODE_ZERO 类。另一个常见的大类是 DRIVER_FAULT，即驱动程序错误。第 21 行显示的是导致蓝屏发生的进程名。第 22 行显示了最后一次执行转移的源和目标地址。使用 ln 命令可以检索每个地址附近的函数。

```
kd> ln 80607339
(80607316) nt!Ki386CheckDivideByZeroTrap+0x23 | (80607563)
    nt!NtQueryInformationPort
kd> ln 805266bf
(805266af)   nt!KeBugCheck+0x10    |  (805266c2)   nt!KeBugCheckEx
```

由此判断，最后一次转移很可能是从 Ki386CheckDivideByZeroTrap 跳转到 KeBugCheck 函数，也就是 Ki386CheckDivideByZeroTrap 函数调用 KeBugCheck，触发蓝屏。

第五部分是栈回溯（第 24～29 行）。其中显示了于可疑线程栈上所记录的执行记录，包括函数调用及因为中断或异常而发生的转移。很多时候这部分信息对于深入了解导致蓝屏的原因是非常有价值的，为了保证它的准确性，应该先设置好映像文件路径和符号文件路径。第 29 行显示了产生这个栈回溯所使用的命令，重复这个命令应该可以得到同样的结果。本例中是 kb 命令，有时可能先执行.tss 或.trap，然后再执行 kb 命令，目的是先切换到可疑的线程或陷阱帧。

第六部分是与错误相关的指令位置，即程序指针（IP）的值（第 31～34 行）。其中的 FOLLOWUP 是“贯彻”和“进一步追查”的意思。FOLLOWUP_IP 就是要进一步追查和分析的程序指针。这一部分内容有时也称为 FAULTING_IP，即导致错误的程序指针位置。第 33 行显示了 IP 地址、该地址的机器码和对应的汇编指令。第 32 行显示了这个 IP 地址所对应的符号（模块和函数）。

第七部分是导致错误的源代码（FAULTING_SOURCE_CODE）（第 35～45 行），即上一部分的汇编指令所对应的源程序片段。前面带有“>”号的（第 40 行）是导致错误的那一行。

第八部分（第 46～53 行）是自动产生的统计字段，以供错误分析软件对大量的转储文件进行自动分析、统计和归档。微软的 OCR（Online Crash Analysis）服务器就是用来做这一工作的。

最后一个部分显示的是谁应该来进一步追踪和负责这个问题。MachineOwner 是默认的负责人。通过修改 WinDBG 的 triage 目录中的 triage.ini 文件可以定义模块或函数的负责人，其基本格式是 Module[!Function]=Owner。例如，如果在这个文件的末尾加入以下一行，重新启动 WinDBG 后再分析这个转储文件，我们就会看到 Followup: AaFoo。

```
RealBug!PropDivideZero=AaFoo
```

可以通过!owner 命令来查询指定模块或函数的负责人。

本节通过一个实例介绍了如何分析系统转储文件。因为 WinDBG 将分析转储文件看作调试一个特殊的被调试系统（非活动的），然后使用各种内核调试命令对其进行分析，除了跟踪和运行类命令，其他大多数命令是可以执行的，所以在我们熟练掌握了内核调试的原理和命令后，便很自然地学会了分析转储文件。因此，尽管只有本节是专门针对系统转储文件分析的，但是本书后面介绍的很多内容（特别是第 18 章和第 30 章）都是可以应用到转储文件分析上的。

13.5 辅助的错误提示方法

无论是消息框还是蓝屏，都以图像形式让用户通过视觉感知错误情况。除此以外，Windows 系统也提供了通过声音和闪动窗口等形式来提示错误的方法，我们将其称为辅助的错误提示方法。

13.5.1 MessageBeep

与调用 MessageBox 类似，应用程序可以非常方便地调用 MessageBeep API 来以声音形式提示错误，其函数原型如下。

```
BOOL MessageBeep(UINT uType);
```

其中，uType 参数用来指定声音的种类，可以是常量 MB_ICONASTERISK（0x00000040L）、MB_ICONEXCLAMATION（0x00000030L）、MB_ICONHAND（0x00000010L）、MB_ICONQUESTION（0x00000020L）、MB_OK（0x00000000L）和-1。

每一种声音对应的波形文件（wave file）都是可配置的，通过控制面板打开“声音”对话框可以修改这些配置，配置结果保存在如下注册表表项中。

```
HKEY_CURRENT_USER\AppEvents\Schemes\Apps\.Default
```

通常，系统会通过系统中的声卡设备来播放指定的波形文件。如果失败，则会尝试播放默认的声音（.Default 键下的声音）文件。如果仍旧失败，那么会使用主板上或机箱的蜂鸣器（PC 喇叭）来播放简单的声音，这相当于调用 Beep 函数（稍后讨论）。

MessageBeep API 是从 USER32.DLL 中导出的，其内部工作过程是典型的 Windows 子系统的用户态 DLL（客户）调用内核驱动（WIN32K.SYS）中的子系统服务的过程。具体来说，MessageBeep API 会通过 USER32.DLL 中的残根函数 NtUserCallOneParam 调用 WIN32K.SYS 中的内核服务 NtUserCallOneParam。NtUserCallOneParam 是用来中转子系统服务调用的一个常用函数，其原型如下（USER32.DLL 中的残根函数和 WIN32K.SYS 中的真正函数具有同样的原型）。

```
DWORD STDCALL NtUserCallOneParam (DWORD dwParam, DWORD dwRoutine);
```

其中 dwRoutine 用来指定要调用目标服务的序号，dwParam 用来传递请求服务的参数。类似地，win32k!NtUserCallTwoParam、win32k!NtUserCallNoParam 与 win32k!NtUserCallHwndParam 分别用于调用两个参数、没有参数和以窗口句柄作为参数的子系统服务。

也就是说，MessageBeep API 只是简单地通过 NtUserCallOneParam 来调用 WIN32K.SYS 中的子系统服务的，其伪代码如下。

```
BOOL MessageBeep(UINT uType)
{
    return (BOOL)NtUserCallOneParam(uType, 0x31);
}
```

其中 0x31 是 WIN32K.SYS 中提供 MessageBeep 服务的那个内核例程在内核服务表中的序号。

对于每个特定的 Windows 版本，它是一个常数，我们是从 MessageBeep 的汇编清单中得到这个值的。

```
0:000> uf user32!MessageBeep
USER32!MessageBeep:
77d69083 6a31            push    0x31 // MessageBeep服务的索引号
77d69085 ff742408        push    dword ptr [esp+0x8] // uType参数
77d69089 e8fffcfdff      call    USER32!NtUserCallOneParam (77d48d8d)
77d6908e c20400          ret     0x4
```

WIN32K 中的 xxxMessageBeep 函数是用来提供 MessageBeep 服务的。它是如何实现（播放波形文件或 beep）的呢？简单来说，它又把这项任务通过 Windows 消息发给了 WinLogon。

```
PostMessage(gspwndLogonNotify, 0x4C, 0x9, uSoundID);
```

WinLogon 是 SMSS 在启动 CSRSS 后启动的另一个重要的系统进程。它负责与系统登录有关的很多重要任务，比如GINA模块就是加载在WinLogon进程中的。WinLogon通过一个专门的窗口（SAS 窗口）来接收各种请求，并在初始化阶段将该窗口的句柄通过 win32k!NtUserSetLogonNotifyWindow 函数告诉 Windows 子系统的内核部分（WIN32K），WIN32K 将该窗口句柄记录在名为 win32k!gspwndLogonNotify 的全局变量中。因为该窗口属于 WinLogon 专用的桌面\WinLogon，所以在登录 Windows 系统中的普通桌面（\Default）后是看不见这个窗口的，使用 FindWindow（Ex）API 也找不到它。

SAS 窗口收到消息后，会调用 PlaySound API 来播放声音文件。

```
BOOL WINAPI PlaySound( LPCSTR pszSound, HMODULE hmod, DWORD fdwSound);
```

当 fdwSound 参数中带有 SND_ALIAS 标志时，pszSound 可以指定一种声音代号（alias）的名称。在早期的 Windows 版本（3.X）中，WIN.INI 文件中定义了这些别名对应的声音波形文件名称。现在这些设置都定义在注册表中，即我们前面介绍的表项。

```
HKEY_CURRENT_USER\AppEvents\Schemes\Apps\.Default
```

该表项下的键（key）名即声音代号的名称，如图 13-7 所示。

每个键下通常有两项，一项为当前设置，一项为默认定义。如果用户保存过其他 scheme，那么还有以该 scheme 名称定义的一项。

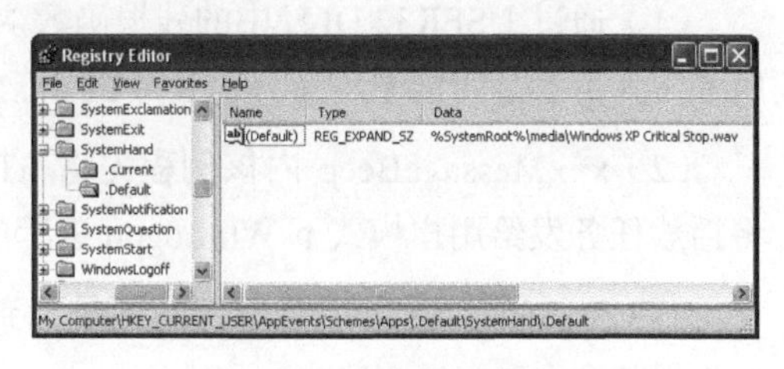

图 13-7 声音代号的名称

不同版本的 Windows 系统包含的声音事件类型可能不同，如果播放一个不存在的别名，那么系统便会播放默认的声音（.default）。为了演示如何直接播放这些声音，我们编写了一个名为 MsgBeep 的小程序，清单 13-6 列出了其源代码。

清单 13-6 MsgBeep 的源代码

```
1     #include <windows.h>
2     #include <stdio.h>
3     #include <stdlib.h>
4
5     static CONST LPCTSTR UserSoundsAlias[] = {
6         ".Default",  "AppGPFault",      "CCSelect",     "Close",
7         "CriticalBatteryAlarm",    "DeviceConnect",    "DeviceDisconnect",
8         "DeviceFail",   "FaxBeep",       "LowBatteryAlarm",    "MailBeep",
9         "Maximize",    "MenuCommand",    "MenuPopup",     "Minimize",
10        "Open",   "PrintComplete",     "RestoreDown",    "RestoreUp",
11        "ShowBand",     "SnapShot",    "SystemAsterisk",
12        "SystemExclamation",    "SystemExit",      "SystemHand",
```

```
13          "SystemQuestion",     "SystemStart",      "WindowsLogoff",
14          "WindowsLogon",    "WindowsUAC",     "TestForNotExisted"};
15      void PlayEventSound()
16      {
17          for(int i=0;i<sizeof(UserSoundsAlias)/sizeof(LPCTSTR);i++)
18          {
19              printf("Any key to play [%s] sound...\n",UserSoundsAlias[i]);
20              getchar();
21              if(!PlaySound(UserSoundsAlias[i],
22                  NULL,
23                  SND_ALIAS|SND_SYNC))
24              {
25                  printf("Failed to play the sound with error %d.\n",
26                      GetLastError());
27                  getchar();
28              }
29          }
30      }
31      void main()
32      {
33          printf("Any key beep...\n"); getchar();
34          Beep( 750, 300 );
35
36          printf("Any key to call MessageBeep...\n");getchar();
37          MessageBeep(MB_ICONEXCLAMATION);
38          PlayEventSound();
39      }
```

第 5～14 行的常量列出了 Windows Vista 中定义的所有声音事件别名。在第 21～23 行调用 PlaySound API 时我们指定了 SND_SYNC 标志，目的是让这个函数等待声音播放完毕后再返回。这与由 MessageBeep API 触发的 SAS 窗口中的调用不同，后者使用的是 SND_ASYNC 标志，即将声音任务放入队列后便立即返回。

最后要指出的是，如果在 SAS 窗口中调用 PlaySound 失败，那么对于某些重要的事件，它会调用 Beep 函数发出简单的声音。最后归纳 MessageBeep API 的整个工作过程。

（1）通过 USER32.DLL 中的残根函数 NtUserCallOneParam 调用 NtUserCallOneParam 内核服务，其目的是间接调用 WIN32K 中的 xxxMessageBeep 服务。

（2）xxxMessageBeep 内核例程先将 uType 参数翻译为相应声音事件所对应的 ID，然后将播放任务发给用户模式下 WinLogon 进程的 SAS 窗口。

（3）SAS 窗口通过声音事件的序号找到对应的声音事件别名，然后调用 PlaySound API 发出播放命令。

（4）PlaySound API 在注册表中的 HKEY_CURRENT_USER\AppEvents\Schemes\Apps\.Default 项下寻找声音别名对应的表项，然后打开其.Current 键值所定义的声音文件并播放。

13.5.2 Beep 函数

也可以通过调用 Beep API 产生声音提示。

```
BOOL Beep( DWORD dwFreq, DWORD dwDuration);
```

Beep 函数总是通过 PC 喇叭来播放简单的声音，dwFreq 指定声音的频率（以赫兹为单位，其数值必须介于 37 ~ 32767Hz），dwDuration 参数用来指定声音的时间长度（以毫秒为单位）。

Beep 函数是同步的，也就是说，只有当声音播放完毕后，该函数才返回。MessageBeep 函数是异步的，它将要播放的声音放入队列后便返回。通过控制面板或直接修改注册表可以取消因为调用 MessageBeep 而发出的声音。但是要取消 Beep 函数发出的声音，只能停止 beep 驱动程序。这可以通过在命令行中输入如下命令实现。

```
net stop beep
```

事实上，Windows 系统中有一个专门的驱动程序 beep.sys，用于负责 beep 功能。Beep 函数（在 KERNEL32.DLL 中实现）内部通过 NtCreateFile 打开 beep 驱动程序所创建的设备，然后调用 NtDeviceIoControl 把参数通过 IOCTL_BEEP_SET 命令发给 beep 驱动程序，beep 再通过 IO 命令反复驱动硬件打开或关闭蜂鸣器，产生声音。上面的 net stop 命令用来停止这个驱动程序（在系统中，驱动程序也被看作服务）。

Beep 是个用户模式的 API，供应用程序使用。对于内核模块，可以使用 UserBeep 函数。UserBeep 函数的功能和实现与 Beep() API 几乎一样，只不过它是内核中的，可以供其他内核例程调用。

因为 ASCII 码 7 代表的含义是 beep，所以在控制台窗口执行 echo 并按 Ctrl+G 快捷键也可听到 PC 喇叭的蜂鸣声。

13.5.3 闪动窗口

Windows 系统还提供了一种让窗口闪动（falsh）的提示机制。可以使用 FlashWindow 或 FlashWindowEx 来调用这一功能。

```
BOOL FlashWindow( HWND hWnd, BOOL bInvert );
BOOL FlashWindowEx( PFLASHWINFO pfwi );
```

其中 hWnd 是要闪动的窗口，bInvert 是一个反转标志，pfwi 是一个结构，其定义如下。

```
typedef struct {
  UINT cbSize;          // 该结构的大小
  HWND hwnd;            // 要闪动的窗口句柄
  DWORD dwFlags;        // 标志
  UINT uCount;          // 次数
  DWORD dwTimeout;      // 闪动的间隔时间，以毫秒为单位。0 表示使用默认值
} FLASHWINFO, *PFLASHWINFO;
```

通过 dwFlags 可以指定以下内容。

（1）闪动范围，是闪动窗口标题栏（FLASHW_CAPTION）还是任务条上的按钮（FLASHW_TRAY）或是全部（FLASHW_ALL）。

（2）连续闪动（FLASHW_TIMER 或 FLASHW_TIMERNOFG），不停地闪动直到调用 FLASHW_STOP。

（3）停止闪动（FLASHW_STOP）。

为了方便大家尝试 FlashWindowEx 和 FlashWindow 的工作方式，我们特意编制了一个名为 FlashWin 的小程序，其界面如图 13-8 所示。

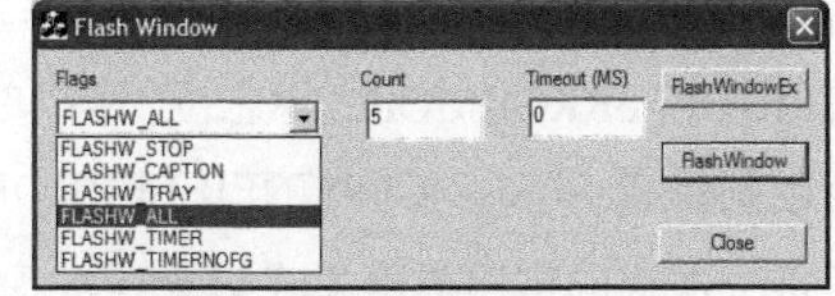

图 13-8 FalshWin 的界面

FlashWin 程序的完整源代码在 code\chap13\falshwin 目录中。

13.6 配置错误提示机制

前面几节介绍了 Windows 系统提供的错误提示机制，为了使这些机制具有非常好的灵活性

和可控性，Windows 系统提供了配置界面和相应的 API 来控制这些机制。

13.6.1 SetErrorMode API

SetErrorMode API 用来设置（定制）当前进程的错误提示方式，其原型如下。

```
UINT SetErrorMode( UINT uMode );
```

其中，uMode 参数可以是多个标志位的组合，每个标志位用来开启或关闭某一个选项。MSDN 中定义了如下几个标志。

（1）SEM_FAILCRITICALERRORS（0x0001）：不显示严重错误处理（critical-error- handler）消息框，即我们前面介绍的硬错误提示。如果当前进程设置了这个标志，那么系统就会取消分发来自这个进程的硬错误提示请求，返回 ResponseReturnToCaller，除非发生的硬错误的 ErrorStatus 参数中带有 HARDERROR_OVERRIDE_ERRORMODE 标志。

（2）SEM_NOALIGNMENTFAULTEXCEPT（0x0004）：系统自动处理内存对齐异常，不通知应用程序。

（3）SEM_NOGPFAULTERRORBOX（0x0002）：不显示一般保护错误（general protection fault）消息框，即“应用程序错误”对话框。在系统（KERNEL32.DLL）的未处理异常过滤函数（UnhandledExceptionFilter）中会判断这个标志（参见清单 12-7 和清单 12-8 的第 78～79 行）。

```
if ( GetErrorMode() & SEM_NOGPFAULTERRORBOX )
   return EXCEPTION_EXECUTE_HANDLER;
```

也就是说，如果当前进程的 ErrorMode 包含 SEM_NOGPFAULTERRORBOX 标志，便返回执行默认的异常保护块，退出线程或进程，这样便看不到“应用程序错误”对话框了。

（4）SEM_NOOPENFILEERRORBOX（0x8000）：不显示 File Not Found 对话框（图 13-9）。也就是说，当如下代码中的 OpenFile API 无法找到参数中指定的文件时，不要弹出错误提示对话框。

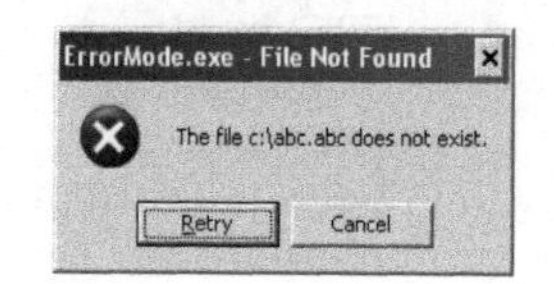

图 13-9 File Not Found 对话框

```
OpenFile("c:\\abc.abc",&of,OF_PROMPT);
```

参数中应该包含 OF_PROMPT 标志，这样系统才可能自动显示图 13-9 所示的 Retry、Cancel 按钮。

事实上，图 13-9 中的对话框是通过 13.1 节介绍的硬错误机制弹出的。具体来说，当 OpenFile API 调用 CreateFile API 的过程中以失败返回之后，它会调用 NtRaiseHardError 内核服务。因为 OpenFile API 在调用 NtRaiseHardError 函数时，在 ErrorStatus 参数中设置了 HARDERROR_OVERRIDE_ERRORMODE 标志位，所以单单将 ErrorMode 设置为 SEM_FAILCRITICALERRORS 不能起到设置 SEM_NOOPENFILEERRORBOX 标志的作用。

每个进程的错误提示模式记录在进程的 EPROCESS 结构的 DefaultHardErrorProcessing 字段中，上面讲的 4 种标志各对应 1 位。值得说明的是，SEM_FAILCRITICALERRORS 标志为 0 时有效，为 1 时无效，与其他 3 个相反。

SetErrorMode API 的实现（位于 KERNEL32.DLL 中）并不复杂，其内部其实就是调用系统服务 NtSetInformationProcess 来设置 DefaultHardErrorProcessing 字段。

讲到这里大家可能会问，有设置错误提示模式的 SetErrorMode API，是不是也有获取当前的错误提示模式的 API 呢？在 WinDBG 中检查 KERNEL32.DLL 的符号，可以看到其中确实包含了 GetErrorMode 函数。但不知什么原因，这个函数并没有输出，头文件中也没有它的定义。

```
0:001> x kernel32!*ErrorMode*
77e7eed6 kernel32!GetErrorMode = <no type information>
77e7ee9f kernel32!SetErrorMode = <no type information>
```

因此我们是没有办法像调用 SetErrorMode API 那样直接调用 GetErrorMode 函数的。解决办法有两种。

（1）SetErrorMode 会返回旧的 ErrorMode 值，因此可以通过以下代码间接取得当前的 ErrorMode：

```
UINT nCurMode = SetErrorMode(0);
SetErrorMode(nCurMode);
```

（2）既然我们已经知道 ErrorMode 保存在 EPROCESS 结构的 DefaultHardErrorProcessing 字段里，那么可以通过调用系统服务 NtQueryInformationProcess 取得该字段，然后稍微加工（SEM_FAILCRITICALERRORS 标志是反逻辑存储的）便得到自己的 GetErrorMode 函数（code\chap13\ErrorMode）。NTDDK 中包含了 NtQueryInformationProcess 服务的原型。

关于 SetErrorMode API 最后要说明的一点是，对于普通的 WIN32 GUI 程序，ErrorMode 的默认设置为 0，即启用所有错误提示对话框，这与 MSDN 中的说明是一致的（0 - Use the system default, which is to display all error dialog boxes）。但对于 MFC 程序，默认设置为 32773，即 SEM_NOOPENFILEERRORBOX|SEM_NOALIGNMENTFAULTEXCEPT|SEM_FAILCRITICALERRORS，这意味着不显示打开文件失败对话框，系统自动处理内存对齐异常，忽略一般的硬错误提示（ErrorStatus 中没有设置 HARDERROR_OVERRIDE_ERRORMODE 标志）。在 MFC 的源程序文件中搜索 SetErrorMode 可以看到，在 MFC 程序的入口函数 AfxWinInit（mfc\src\appinit.cpp）中一开头就调用了 SetErrorMode 函数。

```
BOOL AFXAPI AfxWinInit(HINSTANCE hInstance, HINSTANCE hPrevInstance,
    LPTSTR lpCmdLine, int nCmdShow)
{
…
    // handle critical errors and avoid Windows message boxes
    SetErrorMode(SetErrorMode(0) |
        SEM_FAILCRITICALERRORS|SEM_NOOPENFILEERRORBOX);
…
```

在 DLLINIT.CPP 的 RawDllMain 函数中也可以找到同样的调用。

13.6.2 IoSetThreadHardErrorMode

ErrorMode 是针对整个进程的设置。也就是说，一个进程中的所有线程都共享同样的 ErrorMode 设置。那么可不可以使某个线程具有特别的设置呢？答案是肯定的，通过 DDK 中公开的 IoSetThreadHardErrorMode 函数可以禁止当前线程的硬错误提示。

```
BOOLEAN  IoSetThreadHardErrorMode( IN BOOLEAN  EnableHardErrors );
```

在内部，IoSetThreadHardErrorMode 其实就是用来设置线程 ETHREAD 结构中的 HardErrorsAreDisabled 标志的。

```
nt!IoSetThreadHardErrorMode:
804e3302 64a124010000     mov   eax,fs:[00000124]// 取得 ETHREAD 结构
804e3308 8d8848020000     lea   ecx,[eax+0x248]  // 指向 32 位的 CrossThreadFlags
804e330e 8b01             mov   eax,[ecx]        // 将 CrossThreadFlags 的值放入 EAX
804e3310 c1e805           shr   eax,0x5          // HardErrorsAreDisabled 在位 5
```

```
804e3313 f6d0          not  al              // 取反
804e3315 2401          and  al,0x1          // 去除多余位
// 至此，返回值已经准备好（al 中便是旧的 HardErrorsAreDisabled 标志值）
…
```

根据 13.1 节的介绍，线程的 HardErrorsAreDisabled 标志具有比 DefaultHardErrorProcessing 更高的优先级。因此一旦设置了 HardErrorsAreDisabled 标志，即使进程的 ErrorMode 是允许提示硬错误的（没有设置 SEM_FAILCRITICALERRORS 位），来自这个线程的硬错误提示请求也会被（ExpRaiseHardError 函数）忽略。

13.6.3 蓝屏后自动重启

尽管显示蓝屏对调试有着很重要的意义，但有些情况下它是不必要的。对没有用户值守的系统，比如服务器或将显示输出到大屏幕或其他终端设备上的自动展示系统，让系统停滞在蓝屏状态是不必要的。对于普通用户使用的系统，某些用户可能不希望看到蓝屏这样的界面。因此，从 Windows XP 开始，出现蓝屏后，系统默认会自动重启。但这是可以配置的，如果希望不要自动重启，那么操作步骤为右击“我的电脑”，选择“属性”，在弹出的“系统属性”对话框里选择“高级”选项卡，在“启动和故障恢复”选项组中单击“设置”按钮，在打开的对话框中，取消勾选“自动启动”复选框。

是否自动重启及与蓝屏有关的系统转储选项保存在注册表的如下位置中。

```
HKEY_LOCAL_MACHINE\SYSTEM\CurrentControlSet\Control\CrashControl
```

图 13-10 显示了相关的注册表表项，大家可以很容易地把它们与对话框中的选项对应起来，在此不再赘述。

需要说明的是，Windows 系统并不是在导致蓝屏的严重错误已经发生了之后才到注册表中读取以上表项的，这是因为那时系统可能不够稳定而无法支持这样的操作。作为系统初始化的一个步骤，这些选项很早就被读取到一个名为 IopDumpControlBlock 的全局变量之中，完成该任务的内核函数名为 IoInitializeCrashDump。

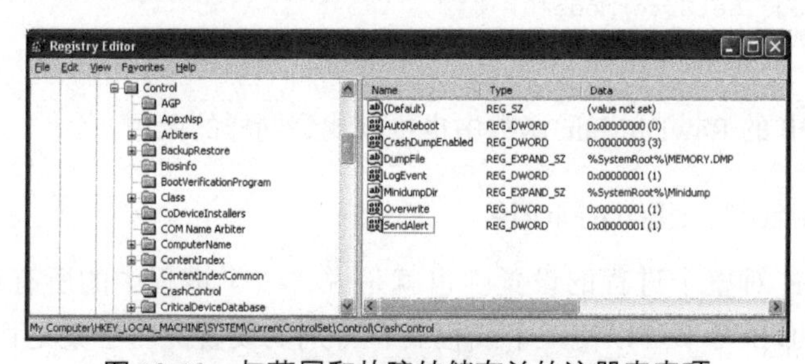

图 13-10 与蓝屏和故障转储有关的注册表表项

当用户通过“系统属性”对话框修改“系统失败”选项区域中的选项时，系统先更改相应的注册表表项，然后通过未公开的 ZwSetSystemInformation 服务间接调用内核中的 IoConfigureCrashDump 函数。IoConfigureCrashDump 函数接到调用后，再调用 IoInitializeCrashDump。IoInitializeCrashDump 除了先调用 IopFreeDCB（DCB 的含义是 Dump Control Block）释放旧的结构，再调用 IopInitializeDCB 函数重新初始化 DCB 结构，还要根据新设置决定是否需要重新分配转储使用的内存页面（例如转储类型从“小内存转储”改为“完全内存转储”）。IopInitializeDCB 会调用 IopReadDumpRegistry 从注册表中重新读取各个表项，

然后再将结果放到 IopDumpControlBlock 变量所指向的结构中。清单 13-7 显示了从用户单击 OK 按钮到调用 IopReadDumpRegistry 函数的整个过程。

清单 13-7 从用户单击 OK 按钮到调用 IopReadDumpRegistry 函数的整个过程

```
kd> k
ChildEBP RetAddr
f60b4b58 805ab54e nt!IopReadDumpRegistry                    // 读取注册表
f60b4b80 805abd78 nt!IopInitializeDCB                       // 初始化 DCB 结构
f60b4b8c 805ff3bb nt!IoInitializeCrashDump                  // 初始化内核转储
f60b4ba0 805f0d67 nt!IoConfigureCrashDump                   // 配置转储的内核函数
f60b4d50 804da140 nt!NtSetSystemInformation+0x256           // 系统信息设置内核服务
f60b4d50 7ffe0304 nt!KiSystemService+0xc4                   // 内核服务分发函数
0006e6ac 77f7654b SharedUserData!SystemCallStub+0x4         // 调用内核服务
0006e6b0 5876cc9e ntdll!ZwSetSystemInformation+0xc          // 调用设置系统信息的内核服务
0006e6f4 5876cf95 SYSDM!CoreDumpHandleOk+0xf4               // OK 按钮处理函数
0006e70c 5876a863 SYSDM!CoreDumpDlgProc+0x9f                // 转储页的过程函数
0006e76c 77d43a68 SYSDM!StartupDlgProc+0x5b                 // 系统属性对话框的窗口过程函数
…    // 省略
```

其中的 SYSDM 用于显示“系统属性”对话框中的系统模块，其文件名为 SYSDM.CPL，CPL 即控制板程序惯用的扩展名。

13.7 防止滥用错误提示机制

滥者，泛也；滥用就是任意（超过限度）或胡乱地使用（用错地方）。任何好的工具一旦被滥用都会适得其反，造成危害，错误提示机制也不例外。因此，在使用错误提示机制时应该格外重视合理使用，防止产生副作用。

最常见的一个误区就是很多时候错误提示机制被误用为显示调试信息的工具，比如，有些程序员大量使用 MessageBox 来追踪（trace）执行轨迹或函数的返回值。这种通过插入 MessageBox 之类的语句显示调试信息的方法看似简单，但这是一种很不好的做法。首先，这样做效率很低，每个消息框通常只能显示很有限的调试信息，在多个地方插入多个消息框也未必能解决问题。其次，这不具可控性，消息框是硬编码到程序中的，每次改动都要修改源代码，然后重新编译。最后，一旦有这样的消息框残留到产品之中就会造成比较严重的后果。因为用户根本不希望看到这种莫名其妙的调试信息，一些普通用户看到突然弹出的对话框（尤其是带有错误标志的），还会紧张和不安，影响使用体验。

辅助调试是错误提示机制的目的之一，但绝不能用错误提示机制取代其他正常的调试手段。应该采用合适的调试机制来帮助调试，比如使用 ASSERT 语句进行参数检查，使用 TRACE 语句或调用 OutputDebugString 之类的调试信息打印函数来追踪变量和执行路径。事实上，在开发期间应该把调试器作为最主要的调试手段。在调试器中运行，可以大大缩短我们熟悉代码执行情况和发现问题的时间。

优秀的错误提示机制应该具有可控性，可以按严重程度、错误类别等属性定制错误提示的方式和次数。举例来说，对于正常发布的产品，应该通过配置选项保证只有严重的需要用户知晓的错误才提示给用户；但是客户报告了问题后，当技术支持人员来到现场需要查找错误原因时，他们可以降低错误提示的级别，以便看到更多的错误提示，更快发现有价值的线索。

13.8 本章总结

本章介绍了 Windows 系统的错误提示机制，包括消息框和硬错误提示（13.1 节）、蓝屏（13.2 节），以及错误提示的配置方法（13.6 节）和注意事项（13.7 节）。13.3 节介绍了与蓝屏机制密切相关的系统转储文件，13.4 节介绍了分析系统转储文件的基本方法，13.5 节介绍了辅助的错误提示方法。我们介绍这些内容的目的一方面是让大家全面地理解 Windows 系统的错误提示机制，另一方面是让大家学习这种方法和思想，提高对错误处理设施的重视，并应用到软件开发实践中。

参考资料

[1] David B. Probert. Windows Kernel Internals Lightweight Procedure Calls.
[2] Active Memory Dump. Microsoft Corporation.

第 14 章　错误报告

发布到最终用户手中的软件仍然可能发生错误。当不同地域、不同语言的用户通过电话或信件向我们抱怨他们遇到了某个错误时，任何看似简单的信息收集工作都可能变得异常困难，因为用户可能根本听不进我们的指示，不愿意按照我们认为已经足够简单易懂的操作步骤一步一步地做下去。这时，一种解决方法是亲自跑到用户那里去，但如果有成千上万的用户或位于阿拉斯加的用户遇到了问题，那么这种做法就很难施行了。另一种做法便是让我们的软件自动收集错误信息，生成报告，并在征求用户同意后通过网络自动发送到一台专门用来收集错误报告的服务器。相对而言，第二种办法方便快捷，逐渐被越来越多的软件所使用。

尽管很难把错误提示（notification）和错误报告（reporting）这两个经常混用的词语截然分开，但是本书中它们分别代表不同的含义，请从以下几个方面来区分。

（1）从时间角度来看，错误提示是即时的，其目的是让用户立刻知晓所提示的信息，错误报告往往没有如此强的时间要求。

（2）从目的性来看，错误提示是让用户得知错误情况，选择处理方法，错误报告是记录错误详情以便找到错误原因。

（3）从信息（数据）量角度来看，错误报告往往包含更全面、更多的信息。

从 Windows 3.0 开始，Windows 系统就包含了 Dr. Watson 程序（drwatson.exe），用来收集错误信息并生成错误报告，但是不能自动地将报告发送给软件开发者。Windows XP 引入了自动发送错误报告的能力（借助 DWWIN.EXE 程序），可以根据系统设置将错误报告发送到指定的服务器，并且公开了 API（ReportFault 和 AddERExcludedApplication）供应用程序使用。Windows Vista 进一步加强和完善了错误报告机制，加入了更多的 API（以 Wer 开头），并正式地将错误报告机制定义为 Windows Error Reporting，简称 WER[1]。因为 Windows Vista 的错误报告机制和 Windows XP 的有较大不同，所以在 SDK 的文档中，Windows XP 的错误报告机制称为 WER 1.0，Windows Vista 扩充后的机制称为 WER 2.0。

14.1　WER 1.0

从宏观来看，WER 采用的是比较典型的客户端/服务器（C/S）结构。客户端负责收集、生成和发送错误报告；服务器端负责接收、存储、分类和自动寻找解决方案等任务。

14.1.1　客户端

WER 1.0 的客户端主要包括以下几个部分。

（1）FAULTREP.DLL，这是 WER 新引入的模块，位于 system32 目录中。WER 1.0 的两个公开的 API（ReportFault 和 AddERExcludedApplication）都是在这个 DLL 中实现的。除了这两个 API，该 DLL 还导出了函数 CreateMinidumpA、CreateMinidumpW、ReportEREvent、

ReportEREventDW、ReportFaultDWM（使用 DWWIN.EXE 程序报告应用程序错误）、ReportFaultFromQueue、ReportFaultToQueue、ReportHang、ReportKernelFaultA、ReportKernelFaultDWW（使用 DWWIN.EXE 程序报告系统错误）和 ReportKernelFaultW。

（2）DWWIN.EXE，WER 的客户端主程序，负责显示 WER 风格的“应用程序错误”对话框和发送错误报告，包括应用程序崩溃后的错误报告和系统崩溃后的错误报告。DWWIN.EXE 的对话框资源存放在 system32\<语言 ID>\DWINTL.DLL 文件中。如默认的英语资源 DLL 是 system32\1033\DWINTL.DLL。

（3）DW.EXE 和 DW20.EXE，这是 DWWIN.EXE 的两个变体，分别用于报告 Visual Studio .NET 2003 程序（devenv.exe）和 Office 程序（winword.exe、excel.exe 等）的应用程序错误。它们通常是通过 SetUnhandledExceptionHandler 注册自己的顶层未处理异常过滤函数来启动的。事实上，只要观察 DWWIN.EXE 的文件属性就可以发现它本来的名称（Properties>Version>Original File Name）就是 DW.EXE。DW20.EXE 显然是 DW.EXE 的下一个版本。以下是在笔者机器上有关文件的版本、位置和描述的信息。

- DWWIN.EXE：版本号 10.0.4024.0，原始名为 DW.EXE，位于 c:\winnt\system32 目录。
- DW.EXE：版本号 10.0.4109.0，位于 c:\Program Files\Microsoft Visual Studio .NET 2003\Common7\IDE 目录。
- Dw20.exe：版本号 11.0.6401.0，位于 c:\Program Files\Common Files\Microsoft Shared\DW 目录。

（4）DUMPREP.EXE，用于检查是否有等待发送的错误报告。如果有，则会通过动态加载 FAULTREP.DLL 中的 ReportFault 函数启动 DWWIN.EXE 程序发送报告。详细情况将在下文描述。

（5）修改了的 KERNEL32.DLL，WER 修改了 KERNEL32.DLL 中的 UnhandledExceptionFilter 函数。当应用程序中出现未处理异常时，调用 FAULTREP.DLL 中的 ReportFault API。这是 WER 与系统的一个重要接入点。

（6）配置界面，即图 14-1 所示的配置界面。它具有如下功能：禁止和启用 WER；启用针对 Windows 操作系统的 WER 功能；启用针对应用程序的 WER 功能；选择应用 WER 功能的应用程序（可以定义包含列表和排除列表）。

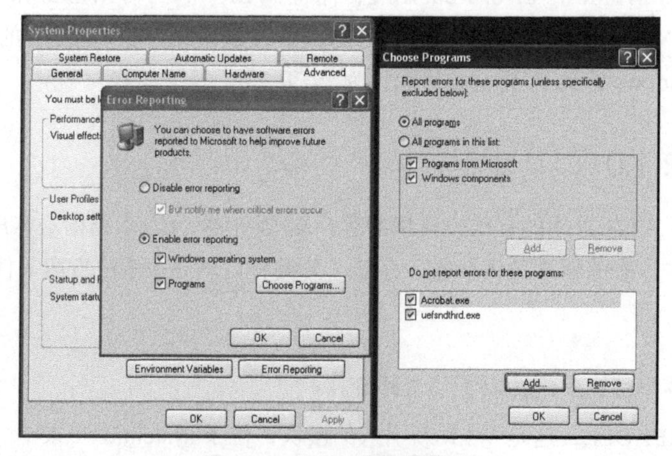

图 14-1 WER 的配置界面

以上设置存储在如下注册表表键中（图 14-2）。

```
HKEY_LOCAL_MACHINE\SOFTWARE\Microsoft\PCHealth\ErrorReporting
```

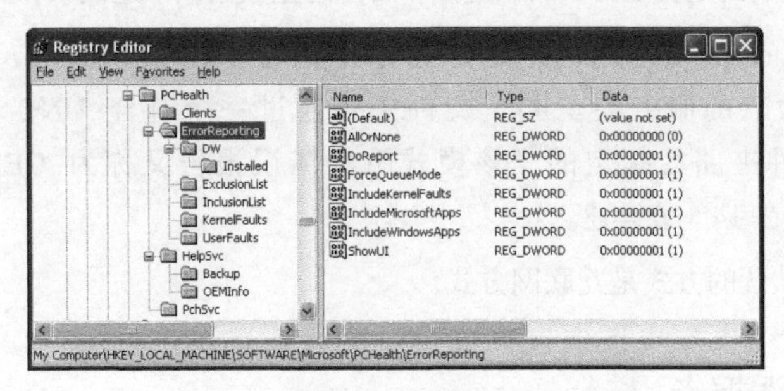

图 14-2 注册表中存储的 WER 设置

14.1.2 报告模式

WER 定义了如下几种报告模式（reporting mode）。

（1）**共享内存模式**（shared memory mode）。DWWIN.EXE 程序直接从发生错误的应用程序（内存）中抓取信息并产生故障转储文件。它只适用于应用程序由于未处理异常而导致崩溃的情况，所以该模式又称为异常模式。使用该模式的另一个条件是应用程序的安全上下文（security context）与登录用户的安全上下文一致。

（2）**清单模式**（manifest mode）。DWWIN.EXE 程序根据清单文件发送错误报告。既适用于应用程序错误（异常、僵死），也适用于内核错误。登录用户必须具有管理员权限。

（3）**排队模式**（queued mode）。默认情况下，Windows .NET Server 使用该模式。当有错误发生时，仍会调用 ReportFault API，但不会显示 UI，而是把要处理的任务放入一个队列中。当管理员登录时，这些 UI 会弹出，并询问管理员是否发送报告。该模式适用于所有错误情况。因为当错误发生时，没有 UI 显示，所以该模式又称为 Headless Mode。

表 14-1 列出了 WRE 选择报告模式的主要判断条件和方法。

表 14-1 WER 选择报告模式的主要判断条件和方法

登 录 用 户	应用程序运行在哪个账号下	是否运行在可交互的 Win-Station 上	报告模式
None	All Cases	All Cases	Queue
Administrator	System Service Account	All Cases	Manifest
Administrator	Interactively Logged-On User	All Cases	Exception
Administrator	Other	Yes	Exception
Administrator	Other	No	Manifest
Non-Administrator	System Service Account	All Cases	Queue
Non-Administrator	Interactively Logged-On User	All Cases	Exception
Non-Administrator	Other	Yes	Exception
Non-Administrator	Other	No	Queue

14.1.3 传输方式

WER 1.0 支持两种传输方式来发送报告文件。

（1）**互联网方式**（internet mode）。通过互联网直接发送到微软的错误报告服务器。该网址是硬编码到 DWWIN.EXE 程序中的，这样可以防止被不良程序篡改。另外，从 URL 中包含的“https”

可以看出，发送时使用的是安全的 HTTP 链接，可以防止数据被中途截取和盗用。

（2）**企业方式**（corporate mode）。先发送到企业内的一个共享文件夹，然后经企业 IT 部门审查后再发送到微软的服务器。共享文件夹是通过一个符合 UNC（Universal Naming Convention）的文件夹路径指定的。该模式下的错误报告又称为 CER（Corporate Error Reporting），我们将在 14.5 节详述。

Windows 系统默认的方式是互联网方式。

14.2 系统错误报告

14.1 节介绍了 WER 1.0 的客户端概况，本节将继续介绍系统错误是如何发送的。在系统发生崩溃并且再次启动后，WER 的客户端程序开始工作，准备发送错误报告。

首先，在注册表的 Run 表键下，默认会包含一条关于 DUMPREP.EXE 的记录以便每次 Windows 系统启动时都会自动运行 DUMPREP.EXE。

```
KEY：HKEY_LOCAL_MACHINE\SOFTWARE\Microsoft\Windows\CurrentVersion\Run
Value Name：KernelFaultCheck
Type：REG_EXPAND_SZ
Value：%systemroot%\system32\dumprep 0 -k
```

-k 参数的含义是让 dumprep 检查是否有内核（kernel）错误需要处理。在 DUMPREP.EXE 看到此参数后，会检查以下注册表表项，看是否有要处理的任务。

```
HKEY_LOCAL_MACHINE\SOFTWARE\Microsoft\PCHealth\ErrorReporting\KernelFaults
```

我们在第 13 章介绍系统转储文件的产生过程时提到过，当分页文件中包含了有效的转储数据时，系统会启动 SaveDump.exe 来将这些数据保存到文件中，并且会向 KernelFaults 表键中写入一条记录（图 14-3）。

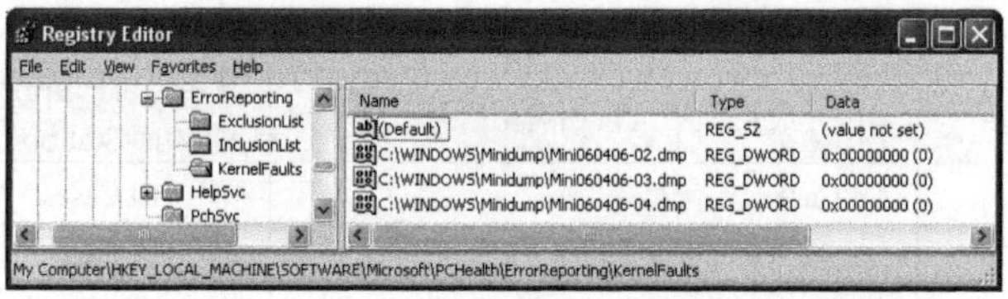

图 14-3 KernelFaults 表键记录了要报告的内核错误

在 DUMPREP.EXE 程序启动后会枚举 KernelFaults 表键下的所有值，如果发现有效的键值，则会依次执行如下动作。首先创建一个临时目录，并向此目录放入两个文件（图 14-4）。一个是名为 sysdata.xml 的 XML 文件，其中包含了系统的基本信息（Windows 名称、详细版本号、语言 ID），系统内设备信息和驱动程序信息；另一个是名为 manifest.txt 的文本文件，用来作为清单提交给 DWWIN.EXE 程序。

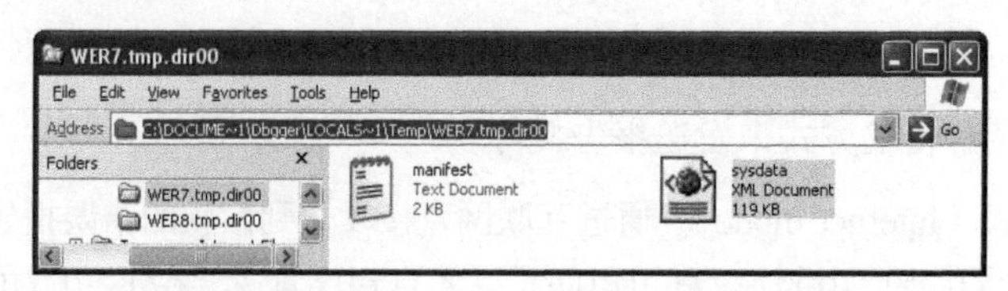

图 14-4 DUMPREP 生成的临时目录和文件

清单 14-1 给出了一个清单文件的内容。

清单 14-1 清单文件的内容

```
Server=watson.microsoft.com
UI LCID=1033
Flags=123152
Brand=WINDOWS
TitleName=Microsoft Windows
DigPidRegPath=HKLM\Software\Microsoft\Windows NT\CurrentVersion\DigitalProductId
RegSubPath=Microsoft\PCHealth\ErrorReporting\DW
ErrorText=A log of this error has been created.
HeaderText=The system has recovered from a serious error.
Stage2URL=
Stage2URL=/dw/bluetwo.asp?BCCode=deaddead&BCP1=00000000&BCP2=00000000&BCP3=
00000000&BCP4=00000000&OSVer=5_1_2600&SP=1_0&Product=256_1
DataFiles=C:\WINDOWS\Minidump\Mini060406-03.dmp|C:\DOCUME~1\Dbgger\LOCALS~1\Temp
\WER7.tmp.dir00\sysdata.xml
ErrorSubPath=blue
```

从清单 14-1 中我们可以看到服务器地址、发送数据的 URL，以及要发送的文件（以 | 分隔多个文件）。

在完成以上准备工作后，DUMPREP.EXE 会通过动态加载 FAULTREP.DLL，调用其中的 ReportFault 函数来启动 DWWIN.EXE 程序并以清单方式发送错误报告。

图 14-3 所示的窗口显示了 KernelFaults 表项下有 3 次内核崩溃记录（dump 文件）需要处理。DUMPREP.EXE 程序会依次处理它们，而且每处理完一项便删除一项。

DWWIN.EXE 程序启动后，便会显示出图 14-5 所示的系统错误对话框。

单击图 14-5 中的 click here 链接可以看到错误报告的错误概况和一些说明信息。错误概况中的 BC 代表的是错误检查（bug check），即蓝屏。BCCode 即错误检查代码。BCP 代表的是错误检查参数（bug check parameter），即蓝屏错误中跟在错误检查代码后面的整数，通常有 4 个。继续单击对话框中的第一个 click here 链接，可以看到 WER 要发送的错误报告所包含的文件。

如果单击了图 14-5 中的 Send Error Report 按钮，那么 DWWIN.EXE 程序便会与错误报告服务器连接，并向其发送错误报告（图 14-6）。

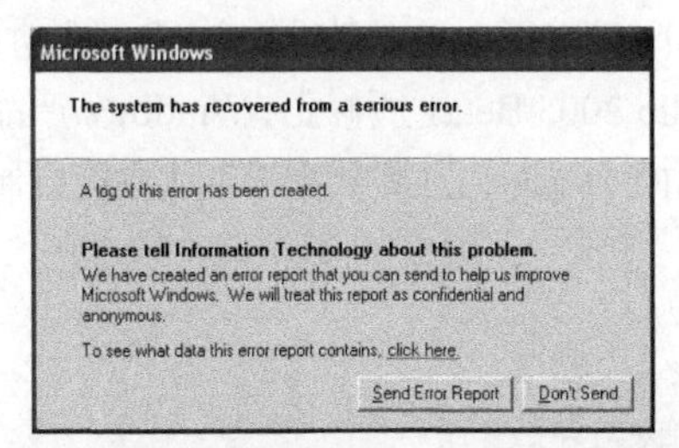

图 14-5 系统崩溃再重启后，DUMPREP.EXE 触发 DWWIN.EXE 显示系统错误对话框

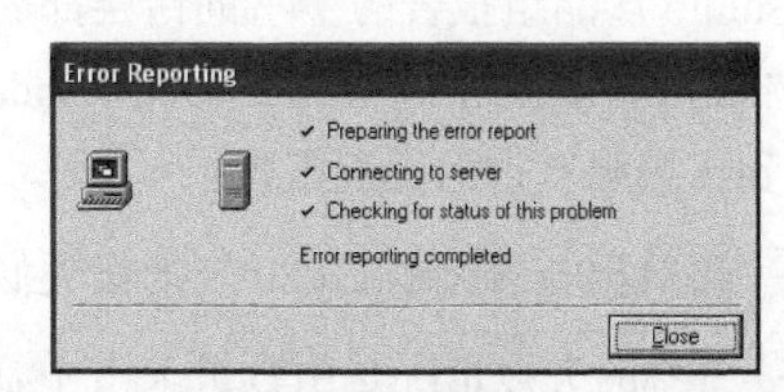

图 14-6 WER 向错误报告服务器发送错误报告

成功发送错误报告后，WER 服务器会检查系统中是否为该错误定义了回应信息。如果是，那么 DWWIN.EXE 会显示出图 14-7 所示的对话框，提示用户通过单击链接获取更多信息，该对话框又称为 WER 的结局对话框（final dialog）。

在用户单击 More information 链接后，DWWIN.EXE 程序会使用浏览器打开图 14-8 所示的错误报告回应页面，其中包含错误原因、可能的解决方案等信息。

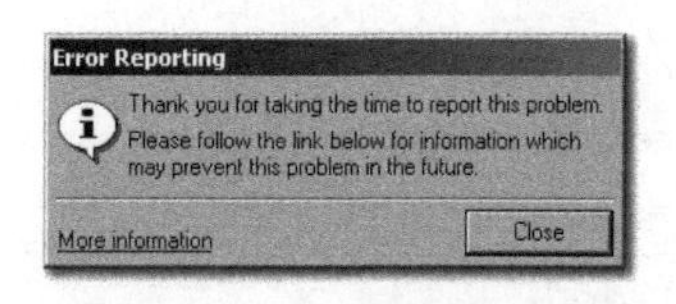

图 14-7 WER 的结局对话框

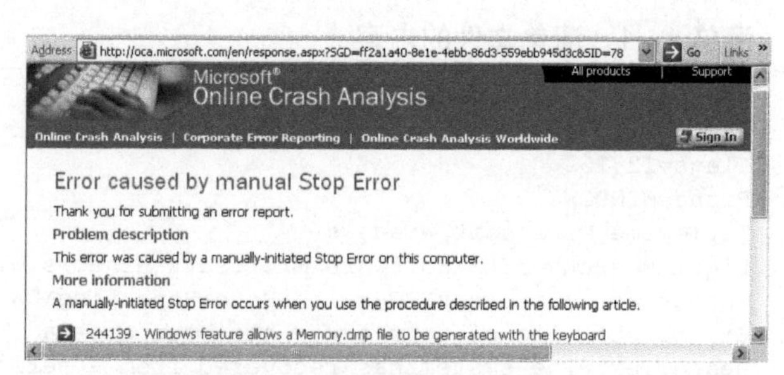

图 14-8 错误报告回应页面

以上页面显示这次发送的系统错误是手工触发的系统崩溃。事实上，这就是使用 13.2.4 节介绍的按 Ctrl+ScrollLock 快捷键所触发的蓝屏。

应用程序错误报告的发送过程与以上介绍的基本类似，我们不再做详细介绍。14.3 节将介绍 WER 服务器端。

14.3 WER 服务器端

WER 服务器端主要包括以下几个 HTTP/HTTPS 站点。

（1）微软的 WATSON 互联网站点：负责接收错误报告。

（2）Online Crash Analysis（OCA）门户站点：用于检查错误报告状态等。

（3）Windows Quality Online Services 门户站点：负责注册用户，提交数字签名请求和下载错误报告等。

不仅微软自己的软件（操作系统和应用程序）可以使用 WER，其他软件开发商（ISV）也可以使用 WER。微软称其为 WER 服务（WER Service），或者 Windows Feedback 服务。

14.3.1 WER 服务

微软曾经公布过几组数据用来说明 WER 机制的重要性和取得的效果。第一组数据如下。

通过 WER 报告的关于 Office 产品组的错误中有 50%被 Office 产品的 Service Pack2 所修正，Visual Studio 产品组报告的 74%的错误都被 Visual Studio 2005 Beta1 所修正，Windows 产品组中关于 Windows XP 的错误中有 29%被 Windows XP 的 SP1 所修正。这些数据表明 WER 机制成功地收集到了很多有效的错误报告。

另一组数据与著名的 20/80 规则很类似。

（1）50%的失败情况是由数量上占 1%的那些严重缺欠导致的。

（2）80%的失败情况是由数量上占 20%的那些严重缺欠导致的。

这组数字说明了软件开发商了解到用户频繁遇到的问题或大多数用户所遇到的问题的重要性。因为大多数用户遇到的问题是由于软件中少数的几个严重缺欠（可能是很容易修正的）所导致的，所以了解到这一信息并修正这些错误有着事半功倍的效果。

然而，对于很多 ISV 来说，收集大量用户的错误报告并不是件容易的事，需要在软件中加入代码，建立收集错误的服务器，号召用户在遇到错误时发送错误报告，等等。

基于以上两点原因，微软将 WER 免费提供给其他 ISV 使用，具体做法如下。

（1）申请数字证书（digital certificate）。

（2）通过 Windows Quality Online Services 门户站点注册用户。注册时需要接受协议。

（3）定义关系，将你的公司与你公司的程序文件关联起来。这样 WER 便会把与所定义程序文件有关的错误报告发送到你公司所对应的“账号”中。

经过以上步骤后，便可以使用 WER 服务来收集和管理软件的错误报告了。

14.3.2 错误报告分类方法

WER 按照 Bucket 来分类和组织错误报告，我们在第 13 章分析转储文件时便看到了!analyze 命令为转储文件产生的 Bucket ID。

当有新发送来的报告时，WER 会先检查该报告所描述的问题是否已经存在 Bucket。如果存在，便把该报告加到这个 Bucket 中；如果不存在，则建立一个新的 Bucket。

对于发生在内核模式中的错误，WER 首先按停止码进行分组，对于某些频繁出现的停止码，再按停止码的参数进一步分组。Bucket 名称通常是由错误类型和模块名称来定义的。表 14-2 给出了一些 Bucket 名称的示例。

表 14-2 Bucket 名称的示例

Bucket 名称	含 义
OLD_IMAGE_SAMPLE.SYS_DEV_3577	由于旧版本的 sample.sys（设备 ID 3577）导致的崩溃
0x44_BUGCHECKING_DRIVER_ SAMPLE	可能是驱动程序 sample.sys 导致的停止码为 0x44 的崩溃
POOL_CORRUPTION_ SAMPLE	可能是由于 sample.sys 导致的 pool corruption
0xBE_sample!bar+1a	驱动程序 sample.sys 在 bar 函数中崩溃

对于用户态错误，WER 是按应用程序名称（如 winword.exe）、应用程序版本号、错误指令所在的模块名称（如 mso.dll）、模块版本号和错误指令在模块中的偏移地址来分类的。

WER 的错误报告中包含了每个 Bucket 的 ID 和所包含的错误报告数量（也就是该类错误的发生次数）及其对应的模块名称。

14.3.3 报告回应

在软件开发者解决了某个 Bucket 所对应的缺欠后，可以通过 WER 的 Winqual 站点定义一个回应（response）信息和一个获取更多信息的链接。在 WER 服务器端接受完一个错误报告后，会检查与报告对应的 Bucket 是否已经定义了回应信息，如果是，则会将这些信息显示给用户（图 14-7 和图 14-8）。

回应信息中可以包含指向 ISV 自己公司的网站链接，让用户从那里得到更多信息或下载软件的更新版本；也可以指向微软的软件更新站点。

『14.4 WER 2.0』

Windows Vista 对 WER 做了进一步加强，引入了一系列新的模块，并定义了更丰富的 API，使 ISV 也可以非常方便地使用 WER 并给自己的软件加入强大的错误报告能力。为了与 Windows

XP 的 WER 功能相区分，Windows Vista 引入的 WER 称为 WER 2.0。下面我们先介绍 WER 2.0 新引入的模块，然后讨论如何通过新的 WER API 来以程序方式发送错误报告。

14.4.1 模块变化

WER 2.0 引入了如下一些新模块，它们都位于 system32 目录下。

（1）Wer.dll：新引入的 WER API 是实现在这个 DLL 中的。

（2）Wercon.exe：WER 控制台界面，用来观察错误报告、寻找解决方案及配置 WER 的选项，它取代了 WER 1.0 的设置界面（图 14-1）。

WER 2.0 使用如下注册表表键来保存设置。

（1）HKEY_CURRENT_USER\Software\Microsoft\Windows\Windows Error Report。

（2）Wercplsupport.dll：控制面板模块，允许用户通过控制面板中的“问题报告和解决方案”图标启动 WER 控制台。

（3）Werdiagcontroller.dll：WER 诊断控制器。

（4）WerFault.exe 和 WerFaultSecure.exe：WER 2.0 错误报告程序。

（5）Wermgr.exe：负责管理和调度错误报告发送任务，当应用程序使用器进程方式提交报告时，Wermgr.exe 会负责安排错误报告发送工作。

（6）Wersvc.dll：WER 的系统服务，以 SVCHOST 作为宿主进程运行。

WER 2.0 去除了用于发起系统错误报告的 DUMPREP.exe 程序，改由 WER 系统服务来负责这一任务。

14.4.2 创建报告

首先，应该调用 WerReportCreate API 创建一个 WER 报告，其原型如下。

```
HRESULT WINAPI WerReportCreate(
  PCWSTR pwzEventType,  WER_REPORT_TYPE repType,
  PWER_REPORT_INFORMATION pReportInformation,  HREPORT* phReportHandle);
```

其中 pwzEventType 用来指定事件名称，对于应用程序报告可以使用 WERAPI.H 中定义的 APPCRASH_EVENT。

```
#define APPCRASH_EVENT          L"APPCRASH"
```

参数 repType 用来指定报告的类型，可以为以下枚举常量之一。

```
typedef enum _WER_REPORT_TYPE
{
    WerReportNonCritical = 0,  // 非致命错误报告
    WerReportCritical = 1,     // 致命错误报告
    WerReportApplicationCrash = 2, // 应用程序崩溃
    WerReportApplicationHang = 3,  // 应用程序僵死
    WerReportKernel = 4,           // 内核报告
    WerReportInvalid               // 无效值
} WER_REPORT_TYPE;
```

参数 pReportInformation 用来指定报告的应用程序名称等信息，指向的是一个 WER_REPORT_INFORMATION 结构。

```
typedef struct _WER_REPORT_INFORMATION
{
    DWORD dwSize;                 // 本结构的大小
    HANDLE hProcess;              // 要为其生成报告进程的进程句柄
    WCHAR wzConsentKey[64];       // 用于查找征询设置的关键字，可以为 NULL
    WCHAR wzFriendlyEventName[128];        // 友好的事件名称
    WCHAR wzApplicationName[128];          // 应用程序名称
    WCHAR wzApplicationPath[MAX_PATH];     // 应用程序的完整路径
    WCHAR wzDescription[512];              // 问题描述
    HWND hwndParent;                       // 父窗口句柄
} WER_REPORT_INFORMATION, *PWER_REPORT_INFORMATION;
```

如果 WerReportCreate 成功（返回 S_OK），那么 phReportHandle 参数会传回一个 HREPORT 句柄，供其他 API 使用。

接下来可以通过以下 API 添加要报告的信息或定制 UI 选项。

（1）使用 WerReportAddDump 产生并加入 DUMP 信息。

（2）使用 WerReportAddFile 向报告中加入文件。

（3）使用 WerReportSetParameter 设置最多 10 个参数（WER_P0 到 WER_P9）。

（4）使用 WerReportSetUIOption 定制 UI 选项，比如对话框中的按钮文字和提示信息等。

14.4.3 提交报告

在准备好错误报告的内容后，可以使用 WerReportSubmit API 提交报告。

```
HRESULT WINAPI WerReportSubmit(
  HREPORT hReportHandle,  WER_CONSENT consent,
  DWORD dwFlags,  PWER_SUBMIT_RESULT pSubmitResult);
```

其中，consent 用来指示征询用户同意的情况，可以为以下枚举常量之一。

```
typedef enum _WER_CONSENT
{
    WerConsentNotAsked = 1,     // 尚未征求用户同意
    WerConsentApproved = 2,     // 用户已经同意提交本报告
    WerConsentDenied = 3,       // 用户拒绝提交本报告
    WerConsentMax // 本常量的最大值
}WER_CONSENT;
```

参数 dwFlags 用来定制报告的界面和方式选项，可以是表 14-3 所列出的各种标志的组合。

表 14-3 提交 WER 报告的标志

标　志	位	说　明
WER_SUBMIT_HONOR_RECOVERY	1	显示恢复选项
WER_SUBMIT_HONOR_RESTART	2	显示重新启动应用程序选项
WER_SUBMIT_QUEUE	4	直接将报告放入队列
WER_SUBMIT_SHOW_DEBUG	8	显示调试按钮
WER_SUBMIT_ADD_REGISTERED_DATA	16	向报告中加入注册数据
WER_SUBMIT_OUTOFPROCESS	32	产生一个新的进程来提交报告并等待结束
WER_SUBMIT_NO_CLOSE_UI	64	对于致命错误报告不显示关闭对话框
WER_SUBMIT_NO_QUEUE	128	不要将这个报告放入队列

续表

标　志	位	说　明
WER_SUBMIT_NO_ARCHIVE	256	不要对这个报告做归档处理
WER_SUBMIT_START_MINIMIZED	512	初始界面是最小化的
WER_SUBMIT_OUTOFPROCESS_ASYNC	1024	产生一个新的进程来提交报告并立刻返回

其中 WER_SUBMIT_ADD_REGISTERED_DATA 标志用来在报告中包含使用 WerRegisterMemoryBlock 和 WerRegisterFile 所注册的内存块与文件。

14.4.4 典型应用

使用 WER 的一种情况是应用程序自己调用上面介绍的 API（WerReportCreate 和 WerReportSubmit 等）来提交报告。对于这种情况，如果当提交时指定了进程外标志（WER_SUBMIT_OUTOFPROCESS 或 WER_SUBMIT_OUTOFPROCESS_ASYNC），那么系统会使用 WERMGR.EXE 来执行实际的报告发送工作。如果没有指定进程外标志，那么便会在当前进程的上下文中执行报告发送工作。

使用 WER 的另一种典型情况是当有未处理异常发生时，系统的 WER 服务（WERSVC）收到请求后会启动 WerFault.exe，然后在这个进程中产生并发送报告。清单 14-2 显示了 WerFault 进程的主线程产生和提交报告的过程。

清单 14-2　WerFault 进程的主线程产生和提交报告的过程

```
kd> kn 50
# ChildEBP RetAddr
00 001fd090 6ab7b0cc dbghelp!MiniDumpWriteDump+0xf2
01 001fd528 6ab8b0c5 wer!CProcessDump::CollectDump+0x33b
02 001fdde4 6ab8b28d wer!CDataCollection::AddDump+0x2d3
03 001fde00 6ab8227c wer!CDataCollection::AddDumps+0x55
04 001fde70 6ab8252d wer!CWatson::AddReportToQueue+0x1e0
05 001fde90 6ab834ae wer!CWatson::SubmitReportToQueue+0xb7
06 001fe128 6ab79fff wer!CWatson::ReportProblem+0x587
07 001fe138 6ab6aba1 wer!WatsonReportSend+0x1e
08 001fe154 6ab6af6d wer!CDWInstance::WatsonReportStub+0x17
09 001fe178 6ab65ee3 wer!CDWInstance::SubmitReport+0x21e
0a 001fe19c 6b576d4a wer!WerReportSubmit+0x6d
0b 001ff0c8 6b5773fe faultrep!CCrashWatson::GenerateCrashReport+0x5e3
0c 001ff360 6b574e31 faultrep!CCrashWatson::ReportCrash+0x374
0d 001ff860 008bda68 faultrep!WerpInitiateCrashReporting+0x304
0e 001ff898 008b620d WerFault!UserCrashMain+0x14e
0f 001ff8bc 008b658a WerFault!wmain+0xbf
10 001ff900 7752436e WerFault!_initterm_e+0x163
11 001ff90c 778297bf kernel32!BaseThreadInitThunk+0xe
12 001ff94c 00000000 ntdll!_RtlUserThreadStart+0x23
```

栈帧#0d 中的 WerpInitiateCrashReporting 函数是 Windows Vista 版本的 FaultRep.DLL 新输出的函数，通过 GetProcAddress 可以取得这个函数的地址然后调用它。栈帧#05 的 AddReportToQueue 方法将报告放在本地的队列中，事实上，放在磁盘的 Users\<name>\AppData\Local\Microsoft\Windows\wer\ReportQueue 目录下。

除了前面介绍的 API，WER 2.0 还定义了如下 API。

（1）WerGetFlags 和 WerSetFlags：取得或修改一个进程的错误报告设置。

（2）WerUnregisterMemoryBlock：注销错误发生时要收集的数据区（内存块）。

（3）WerUnregisterFile：注销错误发生时要收集的文件。

（4）WerAddExcludedApplication 和 WerRemoveExcludedApplication：增加或移除要进行错误报告的程序。

总而言之，WER 2.0 比 WER 1.0 更加灵活和强大，允许程序员做更多定制，以用于我们自己开发的软件。

14.5 CER

CER 是 Corporate Error Reporting 的缩写，即企业错误报告。使用微软提供的 CER 工具（需要是微软的 Software Assurance 客户），企业可以建立自己的错误报告服务器（简称 CER 服务器），具体如下。

（1）定义用于存放错误报告的共享目录。

（2）定义和发布错误报告收集策略，CER 工具中包含了模板文件以简化这一操作。

（3）决定将错误报告转发给微软的规则，比如是否将应用程序错误（或系统错误）发送给微软。

（4）定制报告回应消息，可以定义一个 URL，在用户发送报告后都会被重新定向到这个 URL 指向的内部网页。

可以针对不同的软件定义不同的错误报告收集策略，表 14-4 给出了定制 Windows XP 和微软的常用软件时要使用的注册表表项（简称为 CER 策略表项）。

表 14-4 定制常用软件的 CER 策略表项

软 件	定义 CER 策略的注册表表项
Windows XP	HKLM\Software\Policies\Microsoft\PCHealth\ErrorReporting\DW
Windows Server 2003	HKLM\Software\Policies\Microsoft\PCHealth\ErrorReporting\DW
Microsoft Office XP	HKCU\Software\Policies\Microsoft\Office\10.0\Common
MSN Explorer	HKCU\software\Policies\microsoft\msn6\watson
Microsoft Project 2002	HKCU\Software\Policies\Microsoft\Office\10.0\Common
Windows Media Player	HKCU\Software\Policies\Microsoft\MediaPlayer\Player\ExceptionHandling
Visio 2002	HKCU\Software\Policies\Microsoft\Office\10.0\Common
Internet Explorer 6（Non Windows XP）	HKCU\Software\Policies\Microsoft\Office\10.0\Common
MapPoint、Streets&Trips、AutoRoute	HKLM\Microsoft\ErrorReporting\DW
SharePoint Portal Server	HKLM\Software\Policies\Microsoft\PCHealth\ErrorReporting\DW
SQL 2000 SP3	HKLM\Software\Microsoft\ErrorReporting\DW

在每个 CER 策略表项下，可以通过表 14-5 中列出的键值定义错误报告策略。

表 14-5 定义错误报告策略的注册表表键值

键 值 名 称	类 型	含 义
DWNeverUpload	DWORD	如果非零，则根本不上传错误报告数据；如果为 0，会向用户询问
DWAllowHeadless	DWORD	如果为 1 允许以静默方式（Headless）报告错误

续表

键值名称	类型	含义
DWNoFileCollection	DWORD	如果为 1，则取消所有与 WER 服务器间的数据会话
DWNoSecondLevelCollection	DWORD	如果为 1，则取消所有与 WER 服务器间的次级数据会话
DWFileTreeRoot	SZ	错误报告共享目录的 UNC 路径
DWTracking	DWORD	如果为 1，WER 会向日志文件中写入 tracking 信息
DWNoExternalURL	DWORD	如果为 1，WER 不会向用户显示微软发送的外部 URL
DWURLLaunch	SZ	如果存在并且为有效的 URL，WER 会在结局对话框（图 14-7）中显示这个 URL，这个 URL 比 WER 服务器发送的任何外部 URL 有更高的优先级
DWReporteeName	SZ	如果该项定义了有效的字符串，那么 WER 会使用它作为接受报告方的名字；否则，会使用“Microsoft”

关于 CER 的具体实施方法，可以参考微软网站的帮助信息或参考资料[2]。

14.6 本章总结

本章介绍了 Windows 系统的错误报告发送机制，即 WER。前 3 节介绍的是 Windows XP 所引入的 WER 1.0 版本，14.1 节介绍了 WER 1.0 的客户端，14.2 节以发送系统错误报告为例介绍了 WER 1.0 客户端发送错误报告的完整过程，14.3 节介绍了 WER 服务器端，这部分内容尽管我们是以 WER 1.0 为例来介绍的，但是大多数内容可以推广到 WER 2.0，因为 WER 1.0 和 WER 2.0 之间的变化主要发生在客户端。14.4 节介绍了 WER 2.0，尤其是新引入的 API。14.5 节介绍了用于较大企业环境的 CER 机制。

参考资料

[1] Sheryl Canter. Windows Error Reporting Under the Covers.
[2] Microsoft Visio 2002 Resource Kit (Chapter 11: Corporate Error Reporting).

第 15 章　日志

对于很多需要长时间不间断运行的服务器程序（service），日志（log）是管理员了解系统运行情况的最重要的途径之一。如果有问题出现，事件日志也是用来发现和定位故障（trouble shooting）的第一手资料。对于普通的应用程序，也可以使用事件日志来记录重要的运行信息，满足软件调试和客户支持等需要。为了让系统中运行的各种软件方便地生成和管理日志数据，操作系统通常会建立一套公共的机制来存储、记录、浏览和维护事件日志，并将这些设施以 API 的形式公开给应用软件来使用。

概括来说，Windows 操作系统建立了两套日志机制。一套是 Windows Vista 引入的名为 CLFS（Common Log File System）的机制，另一套是从 Windows NT 3.5 就支持的 Event Logging 机制，因为其内部函数大多是以 Elf（Event Log File）开头的，所以我们将其简称为 ELF。

本章首先将介绍日志机制的一般概念（15.1 节），而后分两个部分分别介绍 ELF 和 CLFS。15.2 节介绍 ELF 机制的架构，15.3 节介绍 ELF 组织数据的方法，15.4 节介绍如何查看和使用 ELF 日志，15.5 节介绍 CLFS 的组成和原理，15.6 节介绍 CLFS 的 API 和使用方法。

15.1　日志简介

简单来说，日志就是软件为自己写的日记，每一条日志记录用来记述一件事。基于这一基本原则，一条日志记录通常包含如下几个要素。

（1）时间：所记录事件的发生时间，通常至少精确到分钟级别。

（2）地点：用来定位所记录事件发生时的“位置信息”，通常包括机器名、进程 ID、线程 ID 等。

（3）主体（来源）：即该事件的实施者，根据需要可以是服务名称、模块名称或类名和函数名。

（4）事件：对所发生事件的描述。

（5）类型（严重程度）：该事件的严重程度，可以分为信息（information）、警告（warning）和错误（error）3 种，也可以根据需要分得更细。

那么软件应该如何记录事件日志呢？对于这个问题，最简单的回答是编写一个函数，在这个函数中打开一个文件，并把事件记录写入这个文件中。然后在需要记录日志的地方调用这个函数。我们说这是最简单原始的事件日志记录方式。这种方式对于某些要求较低的情况或许是可以的，但是这种简单的做法存在很多局限性，还有很多问题需要解决。

（1）如何存放和命名日志文件，使用一个还是多个文件？让用户（管理员）如何找到这个/这些文件？如何删除过时的文件和记录？

（2）如何阅读日志文件？如何解释每一条事件日志的含义？

（3）在软件本身已经出现错误的情况下，比如当前进程内已经无法再分配任何内存（分配请求总是失败)，这种机制是否还能工作？如果不能，那么重要的日志信息就会遗失。

(4)如何控制日志的安全性？是否所有用户都可以阅读所有日志记录？

(5)如何同步来自多个线程的请求，如果有十几个线程同时发出记录请求，那么是否能在合理的时间内完成所有请求？

事件日志的重要地位和特殊职责迫使我们必须慎重考虑上面列出的每个问题。然而，要满足所有这些要求，确实又不是件容易的事。这就使得有必要让操作系统实现统一而完善的日志设施。

15.2 ELF的架构

图15-1画出了ELF的架构，左侧是调用日志记录服务的应用程序进程，中间是记录日志的服务进程，右侧代表的是用来集中存储日志记录的日志文件。应用程序进程通过RPC(Remote Procedure Call)机制与服务进程进行通信。但是Windows系统已经将通信的细节隐藏在API的内部实现中，相对应用程序只要调用ELF的API就可以了。

图15-1 ELF的架构

下面分几个部分来分别介绍ELF，我们先从它的文件谈起。

15.2.1 ELF的日志文件

ELF使用磁盘文件来记录事件日志，每一类事件放在一个文件中。以Windows XP系统为例，系统中共定义了3类日志，分别是应用程序(application)日志、安全(security)日志和系统(system)日志，它们的文件分别是AppEvent.Evt、SecEvent.Evt和SysEvent.Evt，这些文件都位于用于存储注册表文件和配置信息的%SystemRoot%\SYSTEM32\CONFIG\目录中。

Windows Vista增加了HardwareEvents和DFS Replication等日志类别，并且为所有日志文件建立了一个单独的目录，即%SystemRoot%\ SYSTEM32\winevt\Logs目录，日志文件的扩展名也由.EVT改为.EVTX。[1]

每一类日志的配置信息存储在以下注册表表键下。

```
HKEY_LOCAL_MACHINE\SYSTEM\Current
ControlSet\Services\Eventlog
```

图15-2显示了应用程序日志的注册表设置，可以看到其中的File键值指向的就是AppEvent.Evt文件。

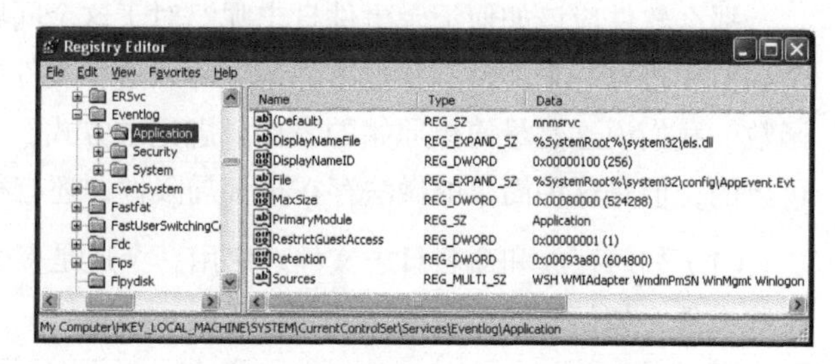

图15-2 应用程序日志的注册表设置

MaxSize键值用来指定日志文件的最大值，它的单位是字节，大小必须是64KB

（0x00010000）的倍数。默认设置为 512KB（0x00080000）。PrimaryModule 键值用来指定使用该类日志的模块类别。

RestrictGuestAccess 键值如果为 1，则禁止 Guests 和普通用户账号访问该类日志。在 Windows 2000 中安全日志的默认设置为 1，应用程序和系统日志默认值为 0（允许访问）。在 Windows XP 和 Vista 中，这 3 类日志的默认值都为 1。

Retention 键值用来指定自动覆盖旧日志的期限，0x00000000 代表根据需要覆盖，0xffffffff 代表不覆盖。其他值代表可以覆盖超过该值所指定秒数的日志记录。默认值为 0x00093a80（7 天）。

Windows Vista 以前，Sources 键值用来保存注册的事件源（event source）列表。事件源用来标识日志记录的来源（报告者），ELF 在显示日志记录时需要根据事件源来格式化日志信息。Sources 中的每个字符串代表一个事件源，在同一个表键下，会有一个以该事件源命名的子键，用于进一步描述这个事件源（稍后介绍），Windows Vista 直接枚举这些子键，不再使用 Sources 键值。

以上键值修改后需要重新启动才能生效。另外，从启动到关闭，系统都以独占（Exclusive）方式使用日志文件，因此删除或任何其他写访问都会被拒绝。

15.2.2 事件源

在向一个事件日志中写日志前，应该先注册一个事件源，事实上，就是在事件日志的注册表表键下建立一个子键，并加入合适的键值。例如，以下是在应用程序日志中注册的 Application Hang 事件源。

```
位置：HKLM\SYSTEM\CurrentControlSet\Services\EventLog\Application\Application Hang
键值：EventMessageFile      %SystemRoot%\System32\faultrep.dll
      TypesSupported        0x00000007
```

其中 EventMessageFile 键值（REG_EXPAND_SZ）用来指定这个事件源的消息文件（message file）的位置和名称。消息文件就是包含消息资源（message resource）的文件，消息资源与我们熟悉的字符串资源和对话框资源的性质是相同的，只不过它的作用是充当模板来格式化日志事件或其他消息。与对话框和字符串资源一样，消息资源既可以存储在 EXE 文件中，也可以存储在 DLL 或其他有效的 PE 文件中。消息资源是由消息源文件（通常以.MC 为扩展名）通过专门的消息编译器（message compiler）编译成二进制（.BIN）格式，然后再链接到 EXE 或 DLL 文件中的。如果一个事件源有多个消息文件，那么用分号分开。每个事件源必须至少有一个消息文件，否则 ELF 在显示它的日志记录时会给出类似如下内容的错误提示。

The description for Event ID (0) in Source (AdvDbgEvtLogger) cannot be found. .... The following information is part of the event: Hello ELF.

TypesSupported 键值（REG_DWORD）用来指定该事件源所支持的事件类型，可以包含标志位 EVENTLOG_ERROR_TYPE（0x0001）、EVENTLOG_WARNING_TYPE（0x0002）、EVENTLOG_INFORMATION_TYPE（0x0004）、EVENTLOG_AUDIT_SUCCESS（0x0008）、EVENTLOG_AUDIT_FAILURE（0x0010）。

除了以上键值，对于使用事件类属的事件源还可以通过 CategoryCount 键值（REG_ DWORD）定义该事件源支持的事件类属（categories）个数，通过 CategoryMessageFile 键值（REG_EXPAND_SZ）指定类属消息文件位置和名称。对于使用参数文件的事件源，可以通过

ParameterMessageFile 键值（REG_EXPAND_SZ）指定参数文件位置和名称（多个文件用分号分开）。

15.2.3 ELF 服务

在 Windows 系统默认启动的服务中包含了负责事件日志的服务，其名称是 Event Log，我们将其简称为 ELF 服务。在 Windows 2000 之前，ELF 服务是一个单独的执行文件 EventLog.EXE。从 Windows 2000 开始，ELF 服务运行在 SERVICES.EXE 进程中。日志服务是自动启动的，而且是不可停止的。在任务管理器中也不允许终止 Services.EXE 进程，如果使用其他工具（如 WinDBG 或 kill.exe）强行终止它，那么系统检测到后会自动关机。

ELF 服务的职责是管理和维护事件日志文件，并通过 RPC 机制向应用程序提供各种日志服务，包括添加和删除日志记录，获取日志信息，备份日志文件等，下一节将介绍其细节。

15.3 ELF 的数据组织

在理解 ELF 组织数据的方法之前，有必要先思考一个问题。作为一种通用的日志记录机制，必须要考虑到不同的事件需要记录的信息量和格式可能是大相径庭的，简单的可能只是一句话（一个字符串），复杂的可能包含多个文本、多个数值和数据附件。

那么如何以一种统一的方式来组织与存储不同信息量和不同结构的事件记录呢？大家可以很容易想出两种做法。

（1）方法 A：将所有不同结构的事件格式化为字符串后统一存储，也就是将变化的内容通过格式模板格式化后以统一的字符串形式写入日志文件中。

（2）方法 B：将每个事件的格式信息抽象出来单独存储，在日志文件中只要记录每个事件实例的具体数据，也就是将事件的格式与实际数据分别存储，二者通过一个 ID 联系起来。以事件 Faulting application msdev.exe, version 6.0.8168.2, faulting module devprj.pkg, version 6.0.8447.0, fault address 0x00003b42 为例，其格式模板为“Faulting application %1, version %2, faulting module %3, version %4, fault address 0x%5.”。

方法 A 是比较简单的做法，但是这样做的一个缺点是要重复记录格式信息，使日志文件中存储大量冗余数据。ELF 采用的是方法 B。事件的格式信息存储在消息文件中，日志文件只存储每个事件描述中的变化部分。

15.3.1 日志记录

ELF 是以表格的形式来存储日志记录的，表格的每一行对应一条日志记录，存储着这条记录的基本信息和附属信息的偏移地址。可以使用 EVENTLOGRECORD 结构（清单 15-1）来描述 ELF 文件中的数据表结构，每个字段相当于表格的一列。

清单 15-1 EVENTLOGRECORD 结构

```
typedef struct _EVENTLOGRECORD {
  DWORD Length;                    // 结构长度，以字节为单位
  DWORD Reserved;                  // 保留
  DWORD RecordNumber;              // 记录号
  DWORD TimeGenerated;             // 产生本结构的时间
  DWORD TimeWritten;               // 写入时间，即日志服务在写入日志文件前的时间
```

```
    DWORD EventID;                        // 事件 ID
    WORD EventType;                       // 事件类型
    WORD NumStrings;                      // 在 StringOffset 处包含的字符串个数
    WORD EventCategory;                   // 事件类属
    WORD ReservedFlags;                   // 保留标志
    DWORD ClosingRecordNumber;            // 保留
    DWORD StringOffset;                   // 字符串偏移量
    DWORD UserSidLength;                  // 用户 SID 长度
    DWORD UserSidOffset;                  // 用户 SID 偏移量
    DWORD DataLength;                     // 数据附件（raw data）的长度
    DWORD DataOffset;                     // 数据附件的偏移量
} EVENTLOGRECORD, *PEVENTLOGRECORD;
```

以上数据结构没有包含事件源和计算机名信息，这是因为计算机名和事件源是在上一层次记录的。当打开一个事件日志（句柄）时就指定了这些信息，之后的所有操作都是相对这一日志的。

15.3.2 添加日志记录

下面介绍如何向一个事件日志中添加日志记录，也就是写日志数据。

第一步应该在注册表中注册事件源，方法是调用注册表 API 并按照上文介绍的规则来添加子键和键值，本章的示例项目 EventLog（code\chap15\eventlog）将这些操作归纳到 AddEventSource 函数中。

第二步是调用 ELF 的 RegisterEventSource API 来取得事件源句柄。

```
HANDLE RegisterEventSource( LPCTSTR lpUNCServerName, LPCTSTR lpSourceName);
```

参数 lpUNCServerName 用来指定按 UNC（Universal Naming Convention）表示的机器名，如果操作本机的日志文件，那么只需要指定 NULL。lpSourceName 参数用来指定事件源名称，该名称应该与第一步中注册的子键名一致。如果事件源名称在指定机器的注册表中不存在，那么系统会使用默认的应用类日志下的 Application 事件源。但由于 Application 事件源没有定义消息文件，因此当查看该类事件时，会得到前面介绍过的错误提示。

完成以上两步后，便可以调用 ELF 的 ReportEvent API 来添加日志记录了。

```
BOOL ReportEvent( HANDLE hEventLog,  WORD wType,  WORD wCategory,
  DWORD dwEventID,  PSID lpUserSid,  WORD wNumStrings,
  DWORD dwDataSize,  LPCTSTR* lpStrings,  LPVOID lpRawData);
```

hEventLog 是使用 RegisterEventSource 得到的事件源句柄。wType 用来指定事件的类型，可以为常量 EVENTLOG_SUCCESS(0x0000)、EVENTLOG_AUDIT_FAILURE(0x0010)、EVENTLOG_AUDIT_SUCCESS(0x0008)、EVENTLOG_ERROR_TYPE(0x0001)、EVENTLOG_INFORMATION_TYPE(0x0004)、EVENTLOG_WARNING_TYPE(0x0002)。参数 wCategory 用来指定事件在事件源中的类属号，其分类规则是应用程序所定义的。参数 dwEventID 用来指定事件的 ID，ELF 通过这个 ID 来定位这条日志记录所对应的格式信息。ID 的编排也是应用软件定义的。参数 lpUserSid 用来指定用户的安全标识，可以为 NULL。参数 wNumStrings 用来指定 lpStrings 所指向的字符串数组所包含的字符串指针个数。类似地，参数 dwDataSize 用来指定参数 lpRawData 所指向的原始数据缓冲区的长度。

那么，ReportEvent 是否是直接把日志数据写到日志文件中的呢？答案是否定的，事实上，它只是通过 RPC 机制将调用转发给 ELF 服务。清单 15-2 显示了 ReportEvent 申请添加事件日志的内部过程。

清单 15-2 ReportEvent 申请添加事件日志的内部过程

```
0:000> kn
 # ChildEBP RetAddr
00 0012f0b0 78002fb5 RPCRT4!OSF_CCALL::SendReceive+0x32  // 标准协议层
01 0012f0b8 78002fdd RPCRT4!I_RpcSendReceive+0x20       // 与通信层的接口
02 0012f0c8 7807955e RPCRT4!NdrSendReceive+0x28          // 准备发送
03 0012f494 77de05a1 RPCRT4!NdrClientCall2+0x1ca         // 将函数调用打包
04 0012f4a4 77de057e ADVAPI32!ElfrReportEventA+0x14      // 发起远程调用
05 0012f51c 77de04c4 ADVAPI32!ElfReportEventA+0x5a       // ELF 函数
06 0012f588 00401a05 ADVAPI32!ReportEventA+0xce          // 调用 API
```

栈帧#06 中的 ReportEventA 是 ReportEvent API 的 ANSI 版本，"!"号前的模块名说明它是实现在 ADVAPI32.DLL 中的。ReportEventA 函数内部先调用了 ElfReportEventA 函数，ADVAPI32.DLL 输出了这个函数，但是没有文档化。ElfReportEventA 内部又调用 ElfrReportEventA 函数将所有请求信息封装为 RPC 消息，然后使用 RPC 函数发起调用，其中的 NDR 是 Network Data Representation 的缩写，OSF 是 Open Software Foundation 组织的简称，是 RPC 标准的制定组织。

清单 15-3 中的函数调用序列显示了 ELF 服务收到调用后的工作过程。首先，RPC 机制会将函数调用请求分发给 eventlog.dll 中的 ElfrReportEventA 函数，经过一系列操作后 WriteToLog 函数真正将事件日志写入日志文件，其细节从略，感兴趣的读者可以使用 WinDBG 附加到 services.exe 进程上，然后为 eventlog!WriteToLog 函数设置断点。值得提醒的是，最好在测试机器上作这样的调试，防止 Services 进程被中断后导致系统重启而造成损失。

清单 15-3 函数调用序列

```
0:009> kn
 # ChildEBP RetAddr
00 009af708 758a1f39 ntdll!NtWriteFile+0xa                   // 真正写文件
01 009af754 758a1def eventlog!WriteToLog+0x46                // 写入日志
02 009af818 758a1cad eventlog!PerformWriteRequest+0x4db      // 执行写请求
03 009af824 758a223a eventlog!ElfPerformRequest+0x7c         // 分发请求
04 009af888 758a2490 eventlog!ElfrReportEventW+0x2cf         // UNICODE 版本
05 009af8dc 780038f7 eventlog!ElfrReportEventA+0xc1          // 执行日志函数
06 009af928 780791a5 RPCRT4!Invoke+0x30                      // 调用目标函数
07 009afd3c 780795aa RPCRT4!NdrStubCall2+0x1fb               //
08 009afd58 78002d28 RPCRT4!NdrServerCall2+0x17              // NDR 的服务器端函数
09 009afd8c 78002ca5 RPCRT4!DispatchToStubInC+0x38           // RPC 工作线程的分发函数
......
```

栈帧#07 和#08 中的 NDR 是 RPC 技术中用来将函数调用封装成数据包的引擎（marshalling engine）。NDR 的客户端函数用来将函数调用打包成一个适合在网络上传输的消息包，比如清单 15-2 中的栈帧#03。NDR 的服务器端函数负责将数据包解开还原为函数调用，如清单 15-3 中的栈帧#08。

因为应用程序进程和日志服务进程之间使用的是 RPC 方式，所以它们可以分别位于不同的机器上，这使得 ELF 可以很自然地支持跨机器操作，比如向另一台机器的日志文件中写记录，或者读取和备份其他机器上的日志数据。

15.3.3 API 一览

除了增加日志，ELF 还提供了其他几个用来读取、查询和清除日志记录的 API，以及用于备份日志文件的 API。表 15-1 列出了 ELF 的所有 API。

表 15-1 ELF 的所有 API

名 称	用 途
RegisterEventSource	取得注册事件源的句柄
ReportEvent	添加日志记录
OpenEventLog	打开一个事件日志（文件）
ReadEventLog	从事件日志中读取记录
BackupEventLog	将指定的事件日志备份到指定的文件
ClearEventLog	清除事件日志
OpenBackupEventLog	打开一个备份的日志文件
NotifyChangeEventLog	注册一个用于接受日志变化事件的事件句柄
GetNumberOfEventLogRecords	取得指定事件日志所包含的记录数
GetEventLogInformation	读取事件日志的信息，比如是否已经写满
CloseEventLog	关闭事件日志
DeregisterEventSource	注销事件源
GetOldestEventLogRecord	取得日志中最老的那条记录的编号

ELF 的 API 都是从 ADVAPI32.DLL 模块输出的。

除了供用户态使用的 API，驱动程序等内核代码可以调用 DDK 中公开的内核函数来使用 ELF 服务，比如调用 IoAllocateErrorLogEntry 分配日志表项，调用 IoWriteErrorLogEntry 来添加日志记录等。系统进程中专门负责错误日志的工作线程会将这些日志记录通过 LPC 端口发送给 ELF 系统服务。

15.4 查看和使用 ELF 日志

Windows 自带了事件查看器（event viewer）程序来查看和管理事件日志记录。可以使用以下任意方法启动事件查看器。

（1）在“运行”对话框或命令行窗口中执行 eventvwr.exe。

（2）在“运行”对话框或命令行窗口中执行 eventvwr.msc。

（3）在计算机管理（computer management）程序中，选择事件查看器。

通过事件查看器的图形界面可以浏览所有事件，对事件排序、过滤或搜索事件（View 菜单下的 Filter 和 Find），清除或将事件导出到文本文件中。双击某一条记录，事件查看器会弹出图 15-3 所示的对话框来显示日志记录的详细信息。

图 15-3（a）是 6005 号事件（Event ID 为 6005）的日志，它是日志服务自己写入的。日志服务每次启动后，都会写入该条日志，因此可以通过这条记录来了解系统的启动时间等信息。6005 号事件的描述只包含一句话——The Event log service was started（事件日志服务启动），而且该事件没有数据附件（数据区是灰的）。图 15-3（b）是 1000 号事件的日志，描述的是应用程序错

误。在 Windows XP 中，DWWIN.EXE 在弹出错误对话框前会调用 ReportEvent 写入这一事件。

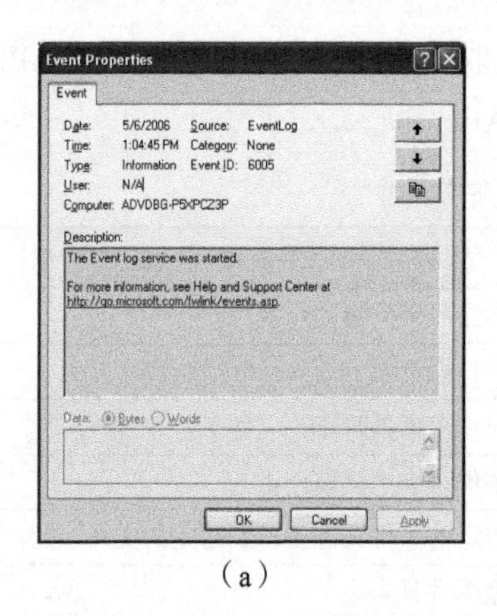

（a）

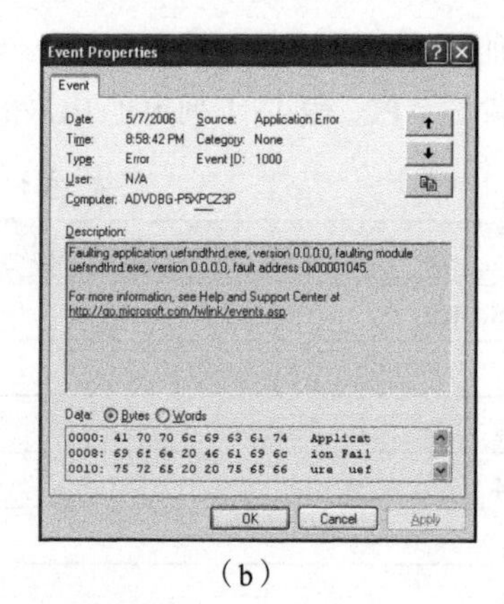

（b）

图 15-3 Event Properties 对话框

除了事件本身的信息，在系统事件的描述栏中，通常会有一个链接。

```
For more information, see Help and Support Center at http://go.microsoft.com/
fwlink/events.asp.
```

单击该链接并同意发送信息后，系统会启动“帮助与支持中心”程序连接网络，以获取关于这一事件的更多信息。

当调试时，可以使用!evlog 命令来执行各种日志操作，包括显示日志文件的概要信息（!evlog info），增加事件源（!evlog addsource），备份（!evlog backup）和清理（!evlog clear）日志文件，读取（!evlog read）和添加（!evlog report）日志记录等。另外，使用!elog_str 命令可以非常方便地向应用程序日志中加入一条错误类型的日志。当内核调试时，可以使用!errlog 命令检查还没有写入文件中的日志请求。

15.5 CLFS 的组成和原理

CLFS 是 Common Log File System 的简称，它是 Windows Vista 新引入的一种日志机制。[2] 与前面介绍的 ELF 相比，CLFS 的速度更快，可靠性也更高。本节将介绍 CLFS 的组成和基本原理，15.6 节将介绍在应用软件和驱动程序中如何使用 CLFS。

15.5.1 组成

CLFS 主要实现在两个模块中：一个是位于内核模式的 CLFS.SYS；另一个是位于用户模式的 CLFSW32.DLL。图 15-4 显示了这两个模块在系统中的位置和相互关系。

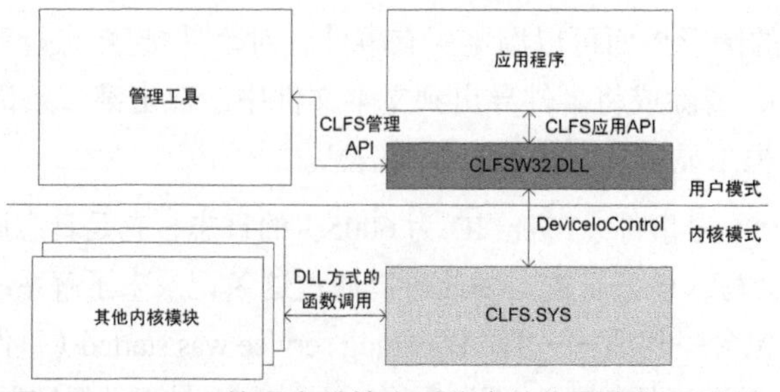

图 15-4 CLFS 的两个模块在系统中的位置和相互关系

CLFS 的核心功能都是实现在 CLFS.SYS 模块中的。CLFS.SYS 与系统的内核文件（NTOSKRNL.EXE）有着直接的相互依赖关系，因此是随着内核文件一起由系统的加载程序（WinLoad）在系统启动的早期加载到内存中的。CLFS.SYS 以 DLL 方式输出了一系列函数，都是以 Clfs 开头的，例如 ClfsCreateLogFile、ClfsAddLogContainer 等，为了行文方便，我们将它们称为 CLFS 公开函数。内核模块可以通过 DLL 方式直接调用 CLFS 公开函数，WDK 的文档中详细介绍了这些函数的原型和用法。

CLFSW32.DLL 是一个简单的用户态 DLL，它的主要作用是向用户态程序输出 CLFS 的应用程序编程接口（CLFS API）。CLFSW32.DLL 输出两类 API。一类是供管理工具来定义 CLFS 管理策略和注册回调函数参与 CLFS 事务的，另一类是供各种应用程序使用 CLFS 的日志服务的。前一类 API 的头文件是 Clfsmgmtw32.h，后一类的是 Clfsw32.h。

大多数 API 通过 DeviceIoControl 来调用内核态的 CLFS.SYS 公开函数，只有少量 API 是实现在 CLFSW32.DLL 中的。

15.5.2 存储结构

为了具有高可靠性和好的性能，CLFS 的日志记录与它在物理介质（磁盘）中的存储结构有着直接的映像关系。这种映像关系也反映在顶层的 API 中。因此，要理解 CLFS API，必须对 CLFS 的底层存储结构有所了解。

一个 CLFS 日志（log）是由一个 BLF 文件和多个容器（container）文件组成的。BLF 文件用来存储日志的全局信息，其大小通常为 64KB。容器文件是真正用来存储日志数据的，整个文件对应于物理介质上的一段连续存储空间，称为盘区（extent），其大小一定是存储介质的分配单位的整数倍。以硬盘为例，一个容器文件对应磁盘上一系列连续的磁盘扇区，其大小是扇区大小（512 字节）的整数倍。这样做的好处是使用原始的磁盘读写方法就可以将日志数据写到磁盘上，以便当系统崩溃或文件系统出现故障时也可以将日志保存下来。一个日志可以包含多个容器文件，它们的大小应该是相同的。图 15-5（a）是 BLF 文件，图 15-5（b）是两个容器文件。容器文件中均匀排列的那些矩形代表了存储介质中的最小分配单位（如扇区）。

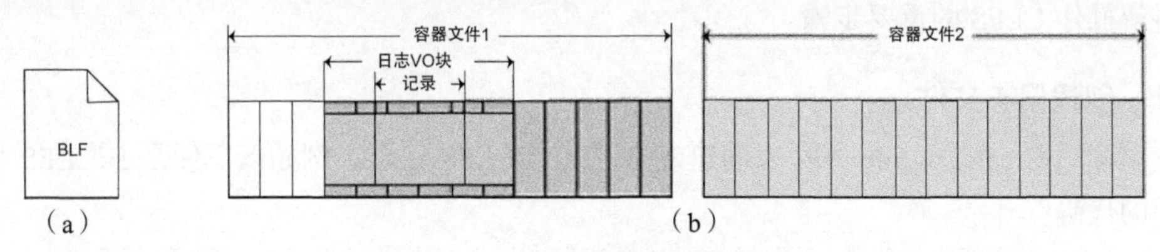

图 15-5 CLFS 的存储结构

BLF 文件是通过 ClfsCreateLogFile 函数或 CreateLogFile API 来创建的，其大小通常是 64KB。容器文件是通过 ClfsAddLogContainer 函数或 AddLogContainer API 来创建的，其大小是可以指定的。CLFS 要求一个日志至少要有两个容器文件才可以向其添加日志记录。例如，以下是系统的 KTM（Kernel Transaction Manager）日志的 BLF 文件和配套的两个容器文件。

```
08/16/2007  12:11 PM          65,536 KtmRmTm.blf
08/16/2007  12:11 PM         524,288 KtmRmTmContainer00000000000000000001
08/16/2007  12:11 PM         524,288 KtmRmTmContainer00000000000000000002
```

以上文件位于 Windows 系统的 sytem32\msdtc 目录中。

为了提高性能，在向 CLFS 日志写记录前，必须先在内存中分配一个编组区（marshalling area）。一个编组区对应容器文件中的一组存储区，称为一个日志 I/O 块（Log I/O Block）。在成功创建编组区后，便可以向日志中写日志记录了，每个日志记录的长度可以是不同的。

15.5.3 LSN

CLFS使用一个64位的整数（ULONGLONG）来唯一标识一条日志记录，称为日志序列号（Log Sequence No.），简称LSN。一个LSN由以下3部分组成。

（1）容器标识，使用的是LSN的高32位，范围为0～0xFFFFFFFF。

（2）I/O块偏移量，必须是512的倍数，位于LSN的第9～32位（共23位）。

（3）日志记录在I/O块内的顺序号，位于LSN的低9位，范围为0～512。

CLFS.SYS中输出了一系列函数用来操纵LSN，比如可以调用ClfsLsnCreate将以上3部分合成一个LSN，使用ClfsLsnContainer、ClfsLsnBlockOffset和ClfsLsnRecordSequence分别取得LSN的3个部分之一。用户模式的CLFSW32.DLL也实现并输出了类似的函数，并且函数名与驱动程序中的对应函数相比只是不带Clfs。

15.6 CLFS的使用方法

15.5节介绍了CLFS的基本特征、模块组成和数据结构。本节将继续介绍如何在软件开发中使用CLFS。用户态程序和内核态程序都可以使用CLFS来读写日志，前者使用CLFSW32.DLL所输出的用户态API，后者使用CLFS.SYS以DLL方式输出的公开函数。用户态API与内核态CLFS公开函数非常类似，一个基本的规律是内核态函数都是以Clfs开头的，而用户态API去掉了这个前缀。例如创建CLFS日志的内核函数是ClfsCreateLogFile，而用户态API是CreateLogFile。下面将以用户态的情况为例来介绍CLFS的用法，其中绝大多数内容可以很容易推广到内核态。

考虑到MSDN中已经描述了CLFS API的基本用法，但是目前还没有提供代码实例，因此笔者编写了一个名为HiClfs的小程序，用来演示操作CLFS日志的重要步骤，包括创建日志文件、添加容器文件、创建编组区、添加日志记录和读取日志记录。下面便结合这个小程序的代码来讲解操作CLFS的重要步骤。

15.6.1 创建日志文件

应该调用CreateLogFile API来创建或打开一个CLFS日志。例如以下便是HiCLFS小程序所使用的代码。

```
hClfsLog=CreateLogFile(szLogFile, GENERIC_WRITE| GENERIC_READ,
    0,NULL,OPEN_ALWAYS,0);
```

其中szLogFile用来指定要创建或打开的CLFS日志，其格式如下。

```
LOG:<log name>[::<log stream name>]
```

中间的log name应该为一个有效的文件路径和日志文件的主文件名，系统会根据这个参数来决定日志的BLF文件名称和位置。举例来说，如果将这个参数指定为LOG:c:\logs\advdbg，那么系统会在c:\logs目录中创建一个advdbg.blf。

按照一个日志中所包含的日志流个数，CLFS 日志分为专用（dedicated）日志和复合（multiplexd）日志两种，前者只包含一个数据流，后者可以包含多个数据流，可以让多个应用程序各用一个日志流而共享一个CLFS日志。如果要创建复合日志，那么在创建日志时就要指定日志流的名称（log stream name）。

由于 HiCLFS 小程序使用自己的程序模块路径和名称作为日志的名称，因此它会在和自己的 EXE 文件同位置的地方创建一个名为 HiCLFS.BLF 的文件。

15.6.2 添加 CLFS 容器

CreateLogFile 函数成功返回后，应该创建容器文件。CLFS 要求一个日志至少要有两个容器文件，才能向其写入日志记录。添加容器的方法有两种：一种是调用 AddLogContainer 或 AddLogContainerSet API；另一种是调用 CLFS 管理 API——SetLogFileSizeWithPolicy。使用前一种方法时应该指定容器文件的路径和名称，例如：

```
lpszContainerPath=_T("%BLF%\\CLFSCON01");
if(!AddLogContainer(hClfsLog,&cbContainer,lpszContainerPath,NULL))
```

其中%BLF%是 CLFS 定义的一个别名，用来指代 BLF 文件所在的路径。以上调用成功后，HiCLFS.BLF 所在的目录中会增加一个名为 CLFSCON01 的文件，其大小是由 cbContainer 参数所指定的。我们指定的是 512×1024×2 字节，因此创建的文件大小是 1048576 字节，二者相等。CLFS 要求每个容器的大小至少是 512KB。

如果使用后一种方法，那么可以这样调用 SetLogFileSizeWithPolicy API。

```
ULONGLONG ullContainers=2;
ULONGLONG ullResultingSize=0;
if(!SetLogFileSizeWithPolicy(hClfsLog, &ullContainers, &ullResultingSize))
```

系统会自动为容器文件命名，其名称通常类似于如下的形式。

```
HiCLFSContainer00000000000000000001
```

15.6.3 创建编组区

在向 CLFS 日志写入日志记录前，还需要创建一个特殊的内存缓冲区，称为编组区。编组区的主要作用是缓存多条日志记录，以便减少访问外部存储器（磁盘）的次数。

以下是 HiCLFS 程序用来创建编组区的代码。

```
if(!CreateLogMarshallingArea(hClfsLog,NULL,NULL,NULL,
   512, 2,2,&pMarshalContext))
```

其中，3 个 NULL 参数用于指定内存分配和释放回调函数，以及回调函数的上下文参数；512 是这个缓冲区可以编组的最大日志记录大小；后面的两个 2 分别是读写缓冲区个数。以上调用成功后，系统会将一个上下文结构的地址存入 pMarshalContext 参数中，有了这个结构后，就可以向日志中添加日志记录了。

15.6.4 添加日志记录

添加日志的方法是调用 ReserveAndAppendLog API，调用前应该把要写入日志的数据登记到 CLFS_WRITE_ENTRY 结构中。这个 API 允许一次写入多条记录。以下是 HiCLFS 程序中的相关代码。

```
_sntprintf(szLogBuffer, MAX_PATH, _T("A testing log record at tick 0x%x"),
    GetTickCount());
ClfsEntry.Buffer= szLogBuffer;
ClfsLSN=CLFS_LSN_INVALID;
ClfsEntry.ByteLength=(_tcslen(szLogBuffer)+1)*sizeof(TCHAR);
if(!ReserveAndAppendLog(
    pMarshalContext,            // PVOID pvMarshal,
    &ClfsEntry,                 // PCLFS_WRITE_ENTRY rgWriteEntries,
```

```
        1,                            // ULONG cWriteEntries,
        &ClfsLSN,                     // PCLFS_LSN plsnUndoNext,
        &ClfsLSN,                     // PCLFS_LSN plsnPrevious,
        0,                            // ULONG cReserveRecords,
        0,                            // LONGLONG rgcbReservation[],
        CLFS_FLAG_NO_FLAGS,           // ULONG fFlags,
        &ClfsLSN,                     // PCLFS_LSN plsn,
        NULL                          // LPOVERLAPPED pOverlapped
        ))
```

以上代码将 szLogBuffer 所指向的字符串写到日志中。如果函数成功返回，则倒数第二个参数在日志中的 LSN 保存新添加的记录。

向 CLFS 添加日志记录后，系统会在达到预先定义的上限后自动将缓冲区中的数据冲转到磁盘中，应用程序也可以调用 FlushLogBuffers API 来强制冲转。

结束所有日志操作后，应该调用 CloseHandle API 来关闭日志。

15.6.5 读日志记录

读 CLFS 日志前也应该先打开日志文件和创建编组区。然后调用 ReadLogRecord 来开始读取日志记录。

```
if(!ReadLogRecord(pMarshalContext, // 编组缓冲区上下文结构
    &(li.BaseLsn),                 // 要读取的起始记录的 LSN
    ClfsContextForward,            // 后续的读取模式
    &pReadBuffer, &ulSize,&ulRecordType, &lsnUndoNext,&lsnPrevious,
    &pReadContext,NULL))
```

其中 ClfsContextForward 和 pReadContext 参数都是用于继续读取其他记录的。ClfsContextForward 的意思是接下来会继续向前读取其他记录，其他允许值还有 ClfsContextPrevious（向后读取）和 ClfsContextUndoNext（读取 Undo 链表的下一个记录）。

接下来，可以循环调用 ReadNextLogRecord API 以刚才指定的读取模式（方向）遍历当前日志。

```
while(ReadNextLogRecord(pReadContext,  &pReadBuffer,
  &ulSize,&ulRecordType, NULL, &lsnUndoNext,&lsnPrevious,&lsnRecord,NULL))
```

读取完成后，应该调用 TerminateReadLog（pReadContext）来释放与 pReadContext 相关联的资源。

15.6.6 查询信息

可以调用 GetLogFileInformation API 来查询日志的详细信息。

```
CLFS_INFORMATION li;
ULONG ulSize=sizeof(li);
if(!GetLogFileInformation(hClfsLog, &li,&ulSize))
```

表 15-2 列出了 HiCLFS 程序在不同阶段执行查询调用而得到的结果。

表 15-2 HiCLFS 程序在不同阶段执行查询调用而得到的结果

属性\时间	新创建后	添加容器后	创建编组区后	附加一记录后	冲转后
BaseFileSize	0x10000	0x10000	0x10000	0x10000	0x10000
ContainerSize	0	0x100000	0x100000	0x100000	0x100000
TotalContainers	0	2	2	2	2
FreeContainers	0	1	1	1	1
TotalAvailable	0	0x200000	0x200000	0x200000	0x200000

续表

属性\时间	新创建后	添加容器后	创建编组区后	附加一记录后	冲转后
CurrentAvailable	0	0x200000	0x1ff800	0x1ff800	0x1ff600
TotalReservation	0	0	0x800	0x800	0x800
LastLsn	0	0	0	0	0x200
LastFlushedLsn	0	0	0	0	0x200

表 15-2 中 BaseFileSize 的含义是基础文件（即 BLF 文件）的大小，ContainerSize 是指容器文件的大小，这里列出的是调用 AddLogContainer 创建了两个容器后的取值，TotalContainers 是总的容器数，FreeContainers 是空闲的容器数，TotalAvailable 是总的可用空间（字节），CurrentAvailable 是当前的可用空间，TotalReservation 是总的保留空间（字节），LastLsn 代表小于指定 LSN 的日志记录已经被添加到日志记录，LastFlushedLsn 代表小于指定 LSN 的日志记录已经被冲转到磁盘。除了表 15-2 列出的属性之外，还有以下几个属性的值是稳定的，比如 SectorSize=512，FlushThreshold= 40000，MinArchiveTailLsn=0x0，BaseLsn=0。

15.6.7 管理和备份

管理工具软件可以通过 CLFS 的管理类 API 来注册回调函数、参与 CLFS 日志的管理，注册回调函数的方法是调用 RegisterManageableLogClient API，注销的方法是 Deregister ManageableLogClient。使用 ReadLogNotification API 可以读取关于日志的通知消息。

可以调用 InstallLogPolicy、RemoveLogPolicy 和 QueryLogPolicy 来安装、删除或查询日志策略，包括占用空间的上限，是否允许自动增长等。

如果要对 CLFS 日志进行备份，那么应该先调用 PrepareLogArchive API，这个 API 会为日志产生一个快照（snapshot），并建立一系列备份描述符，然后返回一个上下文结构。有了这个结构后就可以反复调用 GetNextLogArchiveExtent API 来备份日志记录了。备份结束后应该调用 TerminateLogArchive 来释放有关的资源。

『 15.7 本章总结 』

日志是一种简单而有效的辅助调试手段，利用日志信息可以追溯软件的执行历史，分析其执行路线，这对于寻找软件故障的根源和分析系统的运行情况都有着重要意义。

本章的前半部分（15.2～15.4 节）介绍了 Windows 操作系统中传统的 ELF，后半部分介绍了最近引入的 CLFS 机制。CLFS 是对文件系统的扩展，其支持来源于 Windows 内核和驱动程序，因此具有更好的可靠性和更高的性能。

Windows Vista 引入了一套代号为 Crimson 的 API，尽管 SDK 中将其称为 Windows Event Log，但实际上它并不是建立在本章介绍的事件日志基础上的，而是基于第 16 章将介绍的事件追踪机制构建的，因此我们将在第 16 章介绍它。

参考资料

[1] Andreas Schuster. Introducing the Microsoft Vista event log file format.

[2] Seth Livingston. Fast and Flexible Logging with Vista's Common Log File System.

第 16 章　事件追踪

简单来说，事件追踪（event tracing）要解决的问题就是记录软件运行的动态轨迹，包括代码的执行轨迹和变量的变化轨迹。本章先介绍事件追踪的目标和基本特征（16.1 节），而后详细介绍 Windows 系统的事件追踪机制（ETW），包括架构（16.2 节）、组成（16.3 节 ~ 16.5 节）、格式文件（16.6 节）和应用（16.7 节 ~ 16.9 节）。

老雷评点

Windows 2000 引入此机制，如今已经成为 Windows 系统一重要设施，广泛应用于内核空间和用户空间的很多部件中。

16.1　简介

概括来讲，事件追踪的目标就是把软件执行的踪迹以一种可以观察的方式输出。与第 15 章介绍的日志机制相比，事件追踪机制更关心软件的“变化和运动过程”。如果说日志只要记录下软件中重要事件的结果，那么事件追踪则要记录下导致这一结果的完整过程。因此要求事件追踪机制必须能够适应频繁的数据输出和庞大的数据量，这通常是普通的日志机制所难以胜任的。出于这一原因，事件追踪机制通常是以二进制方式而不是文本来传输和记录信息的。另外，事件追踪机制的目标“读者”主要是开发人员，而事件日志的主要对象还包括系统管理员。这一差异导致了事件追踪信息通常会包含更多的技术细节，比如函数名称、变量取值等。最后一个差异是，日志机制是始终开启的，而事件追踪机制在软件正常运行时通常是关闭的，只在观察和分析时才会开启。

事件追踪机制不依赖于软件的调试版本，也不需要使用调试器，因此它是了解软件执行情况的既简单而又有效的途径，特别在以下任务（领域）中有重要的应用。

（1）**性能分析**。分析程序的执行轨迹，寻找热点和瓶颈，确定优化目标[1]。

（2）**产品期调试**。在用户环境中动态开启事件追踪机制，观察执行过程，寻找故障原因。因为在产品期调试中，通常难以建立基于调试器的调试环境来进行跟踪——用户可能无法接受你在他/她的机器上安装任何调试器或不愿意看到漫长而又根本无法理解的调试过程。这使得事件追踪成为产品期调试的一个有效手段。

（3）**单元测试或自动测试**。记录下测试时的执行情况，为分析异常或错误提供依据。

为了使事件追踪机制能更好地满足以上应用的需要，好的事件追踪机制应该满足如下要求。

（1）**高效性**。开销小（low overhead），只要占用少量的 CPU 时间和内存资源就可以支持频繁地输出信息。

（2）**动态性**。可以动态开启或关闭，不需要重新启动系统或软件本身。

（3）**灵活性**。可以方便定义信息的输出目标，比如重定向到不同位置的文件、调试器或其他观察工具。

（4）**选择性**。可以选择性开启要追踪的模块，而且最好可以定义过滤条件来控制信息的详细程度。

（5）**易用性**。首先要让程序员可以非常容易地在代码中嵌入用于追踪的代码，其次就是观察追踪信息时要简单易行，不需要复杂的工具或烦琐的步骤。

C 标准库中的 printf()函数、Windows SDK 中的 OutputDebugString()函数和 DDK 中的 DbgPrint()/DbgPrintEx()函数为实现事件追踪提供了简单的支持，可满足简单的应用需要，但是它们都有明显的局限性：printf()通常只适用于控制台程序；OutputDebugString()的效率很低，不用于频繁输出事件（10.7 节）；DbgPrint()/DbgPrintEx()需要使用中断（INT 3）发起请求（调用 DbgBreakPointWithStatus），效率也很低。

为了更好地支持事件追踪，从 Windows 2000 开始，Windows 操作系统提供了一套完整的事件追踪机制（包括内部实现、API 和辅助工具），称为 ETW（Event Tracing for Windows）。使用 ETW，程序员可以非常简单地将这一强大的事件追踪机制插入自己的软件应用中。ETW 很好地满足了前面提到的动态性、灵活性、选择性、高效性和易用性要求。

（1）ETW 将追踪消息先输出到由系统来管理和维护的缓冲区中，然后异步写入追踪文件或送给观察器。如果系统崩溃，崩溃前没有写入文件中的信息会记录到转储文件（dump）中。

（2）ETW 的追踪消息是以二进制形式传输和存储的，所有格式信息存放在私有的消息文件中，这样可以防止软件本身的保密技术泄露。

（3）ETW 机制支持动态开启，没有开启时，开销几乎可以忽略（只需判断一个标志）。

那么，ETW 是如何实现的呢？下面我们就从 ETW 的基本架构开始探索它的组成和工作机理。

16.2 ETW 的架构

从架构上看，ETW 使用了经典的提供器-消耗器-控制器（Provider-Consumer-Controller）设计模式：使用 ETW 技术输出追踪消息的目标程序是提供器，接收和查看追踪消息的工具（如 TraceView）或文件是消耗器，负责控制追踪会话的工具软件是控制器。图 16-1 画出了以上 3 个角色的协作模型。

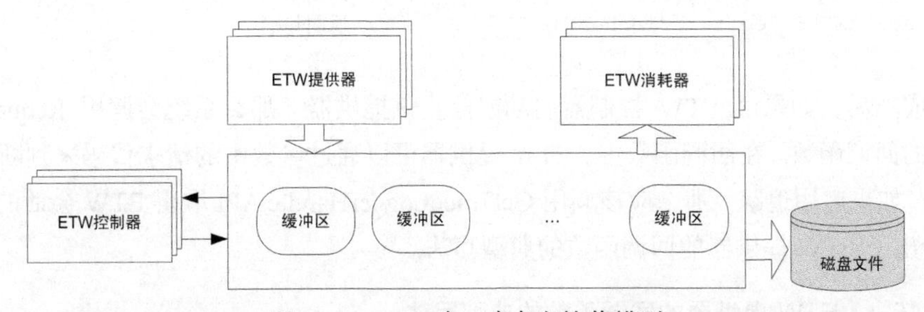

图 16-1 ETW 中 3 个角色协作模型

用于支持 ETW 传输追踪信息的通信连接称为 ETW 会话。系统会为每个 ETW 会话维护一定数量的缓冲区用以缓存发送到该会话的 ETW 消息。ETW 控制器可以定制缓冲区的大小。系统会定期地（每秒一次）将缓冲区中的信息发送给 ETW 消耗器或冲转（flush）到追踪文件

（trace file）中。当缓冲区已满或会话停止时，系统会提前冲转缓冲区的内容。ETW 控制器也可以显式要求冲转缓冲区。当系统崩溃时，系统会将缓冲区的内容放入 DUMP 文件中。ETW 会话可以在没有提供器或消耗器的情况下存在。Windows 2000 最多支持 32 个 ETW 会话，从 Windows XP 开始，最多支持 64 个 ETW 会话。但有两个是系统专用的，它们分别是启动早期使用的 Global Logger Session 和记录系统预定义事件的 NT Kernel Logger Session。

从实现角度来看，ETW 基础设施的核心部分是实现在内核模块中的，它是作为 WMI 的一个部分来实现的。在内核调试会话中执行以下命令，便可以看到 ETW 的内核函数。

```
lkd> x nt!Wmi*trace*
805f394e nt!WmiFlushTrace = <no type information>             // 冲转追踪信息
80530d8c nt!WmiTraceMessage = <no type information>           // 输出追踪信息
805f7bcc nt!WmipEnableDisableTrace = <no type information>    // 启动或停止追踪
805f719e nt!WmipTraceRegistry = <no type information>         // 追踪注册表调用
805f7080 nt!WmipTraceLoadImage = <no type information>        // 追踪模块加载
8065a9c2 nt!WmiTraceUserMessage = <no type information>       // 接收用户模式的信息
…   // 省略很多其他符号
```

以上函数中有一部分是在 DDK 中公开的，用来供内核模式的驱动程序直接调用。对于用户模式的应用程序代码，ADVAPI32.DLL 模块输出了一系列 API，SDK 中包含了详细描述。因此，既可以在应用程序中使用 ETW，也可以在驱动程序中使用 ETW，而且其用法是基本一致的。下面 3 节将以应用程序的情况为例来分别介绍提供、控制和消耗 ETW 事件（消息）的方法。

16.3 提供 ETW 消息

ETW 通过 GUID 来标识系统中的 ETW 提供器。因此，ETW 提供器应该通过 RegisterTraceGuids API 向系统注册自己的 GUID，这样，ETW 控制器才可以通过 GUID 找到该提供器。

```
ULONG RegisterTraceGuids(
  WMIDPREQUEST RequestAddress,                  // 回调函数
  PVOID RequestContext,                         // 回调函数的参数
  LPCGUID ControlGuid,                          // 标识此提供器的 GUID
  ULONG GuidCount,                              // TraceGuidReg 数组中包含的元素个数
  PTRACE_GUID_REGISTRATION TraceGuidReg,        // 标识追踪事件 GUID 的数组
  LPCTSTR MofImagePath,                         // 保留未用，NULL
  LPCTSTR MofResourceName,                      // 保留未用，NULL
  PTRACEHANDLE RegistrationHandle               // 返回句柄
);
```

注册成功后，如果由 ETW 控制器启动或停止该提供器，那么系统会调用 RequestAddress 参数指定的回调函数。在回调函数中，ETW 提供器可以通过参数中的请求代码来判断函数被调用的原因，如果启用追踪，那么应该调用 GetTraceLoggerHandle API 取得 ETW 会话的句柄。清单 16-1 给出了 ETW 提供器的回调函数的典型写法。

清单 16-1 ETW 提供器的回调函数的典型写法

```
ULONG WINAPI MyControlCallback( WMIDPREQUESTCODE RequestCode, PVOID Context,
                                ULONG* Reserved, PVOID Buffer )
{
    if( RequestCode == WMI_ENABLE_EVENTS )  // 启用追踪
    {
```

```
        g_hTrace = GetTraceLoggerHandle( Buffer );   // 取得会话句柄
        g_dwFlags = GetTraceEnableFlags( Buffer );   // 读取控制器设置的启用标志
        g_dwLevel = GetTraceEnableLevel( Buffer );   // 读取控制器设置的启用级别
    }
    else if ( RequestCode == WMI_DISABLE_EVENTS )    // 禁止追踪
    {
        g_hTrace = NULL;                             // 将句柄设置为空
    }
    return 0;                                        // 返回值应该设置为 0
}
```

有了 ETW 会话句柄，便可以调用 TraceEvent API 来向 ETW 会话输出信息了。

```
ULONG TraceEvent( TRACEHANDLE SessionHandle,
  PEVENT_TRACE_HEADER EventTrace);
```

其中，参数 SessionHandle 用来指定追踪会话句柄，即上面的回调函数所取得的值（g_hTrace）；参数 EventTrace 用来指定存放追踪信息的内存缓冲区的起始地址，缓冲区应该以一个 EVENT_TRACE_HEADER 结构开始，后面跟随追踪事件的具体数据，即有效负载（Payload）。清单 16-2 中的代码演示了如何组织缓冲区、填写头结构并调用 TraceEvent API。

清单 16-2　组织缓冲区、填写头结构并调用 TraceEvent API

```
typedef struct _MyEvent {                        // 定义一个结构来描述追踪消息缓冲区
    EVENT_TRACE_HEADER  m_Header;                // 标准的追踪信息头
    ULONG               m_ulDataInfo;            // 要输出的事件数据
} MyEvent;
……  // 以下是用于输出追踪信息的代码
MyEvent e;                                       // 定义一个内存缓冲区

// 填写信息头
e.m_Header.Size = sizeof( e );                        // 总的长度
e.m_Header.Guid = MyEventGUID;                        // 所属事件类别的 GUID
e.m_Header.Class.Type = uType;                        // 事件的具体类型
e.m_Header.Flags = WNODE_FLAG_TRACED_GUID;            // 标志选项
e.m_Header.Level = TRACE_LEVEL_INFORMATION;           // 事件的重要级别
e.m_ulDataInfo = uVarValue;                           // 事件的负载数据
// 发送信息
Status = TraceEvent( g_hTrace, (PEVENT_TRACE_HEADER)&e );
```

以上函数中没有判断是否启用追踪，应该在这个代码段的外层加这样的检查。

除了 TraceEvent，Windows XP 引入的 TraceMessage 和 TraceMessageVa API 也可以向 ETW 会话发送追踪消息。

```
ULONG TraceMessage(
  TRACEHANDLE SessionHandle,    // 会话句柄
  ULONG MessageFlags,           // 消息标志
  LPGUID MessageGuid,           // 消息所属分类的 GUID
  USHORT MessageNumber,         // 消息编号
  ...                           // 消息的负载数据
);
```

事实上，以上 3 个 API 内部都调用 NtTraceEvent 内核服务，NtTraceEvent 又调用 ETW 的内核函数 WmiTraceMessage。

Windows Platform SDK 中提供了一个简单的 ETW 提供器例子，其位置是 Samples\WinBase\eventtrace\tracedp。

16.4 控制 ETW 会话

ETW 控制器程序应该调用 StartTrace API 来开始一个 ETW 追踪会话，并取得这个会话的信息和句柄。

```
ULONG StartTrace( [OUT] PTRACEHANDLE SessionHandle,
  [IN] LPCTSTR SessionName, [IN, OUT] PEVENT_TRACE_PROPERTIES Properties);
```

其中，参数 SessionName 用来指定 ETW 会话的名称；参数 Properties 指向一个 EVENT_TRACE_PROPERTIES 结构，调用时用来描述会话选项，函数返回时，它包含会话的属性。Properties 参数的定义如下。

```
typedef struct _EVENT_TRACE_PROPERTIES {
  WNODE_HEADER Wnode; // 头架构，包含提供器的 GUID 值等属性
  ULONG BufferSize;            // 缓冲区大小
  ULONG MinimumBuffers;        // 缓冲区的最小个数
  ULONG MaximumBuffers;        // 缓冲区的最大个数
  ULONG MaximumFileSize;       // 对于文件模式，追踪文件的最大容量
  ULONG LogFileMode;           // ETW 消息传递模式（文件、实时等）
  ULONG FlushTimer;            // 多久冲转缓冲区一次，以秒为单位
  ULONG EnableFlags;           // 仅适用于 NT Kernel Logger 会话，选择要输出的事件
  LONG AgeLimit;               // 见下文
  ULONG NumberOfBuffers;       // [输出] 已分配的缓冲区个数
  ULONG FreeBuffers;           // [输出] 分配但未使用的缓冲区个数
  ULONG EventsLost;            // [输出] 未能记录（丢失）的事件个数
  ULONG BuffersWritten;        // [输出] 已写缓冲区个数
  ULONG LogBuffersLost;        // [输出] 文件模式中未能写入日志的缓冲区个数
  ULONG RealTimeBuffersLost;   // [输出] 实时模式时未能发送给消耗器的缓冲区个数
  HANDLE LoggerThreadId;       // [输出] ETW 提供器的线程 ID
  ULONG LogFileNameOffset;     // 追踪文件（.etl）的文件名偏移量，0 代表不使用文件
  ULONG LoggerNameOffset;      // ETW 会话名称的偏移量
} EVENT_TRACE_PROPERTIES, *PEVENT_TRACE_PROPERTIES;
```

其中，AgeLimit 只适用于 Windows 2000 系统，用来指定释放未使用缓冲区的时间（单位为分钟），默认为 15 分钟，Windows 2000 之后的系统不会释放缓冲区。LogFileMode 字段用来描述消息的投递模式，分为两种。一种是将 ETW 消息写入文件中，简称文件模式。ETW 要求文件的后缀名是 ETL（Event Tracing Log，即事件追踪日志）或 ETL 加进程 ID（对于 EVENT_TRACE_PRIVATE_LOGGER_MODE），我们将这种文件简称为 ETL 文件。如果使用文件模式，那么应该将包含完整路径的文件名放在 EVENT_TRACE_PROPERTIES 之后，并将其相对于结构开始处的偏移量赋给 LogFileNameOffset 成员。另一种模式是实时地将 ETW 消息递送给 ETW 消耗器，简称为实时模式（real time mode）。

如果调用 StartTrace 成功，那么 SessionHandle 参数中会返回 ETW 会话的句柄。使用该句柄和 ETW 提供器的 GUID 便可以启动 ETW 提供器，使其向这个 ETW 会话输出追踪消息。

```
ULONG EnableTrace(
  ULONG Enable,                // TRUE 启动，否则停止指定的 ETW 提供器
  ULONG EnableFlag,            // 启动标志
  ULONG EnableLevel,           // 追踪信息的级别
  LPCGUID ControlGuid,         // ETW 提供器的 GUID
  TRACEHANDLE SessionHandle    // StartTrace 返回的 ETW 会话句柄
);
```

启动会话后，ETW 控制器可以通过 ControlTrace API 来查询 ETW 会话的状态或执行其他

控制动作，其原型如下。

```
ULONG ControlTrace(
  TRACEHANDLE SessionHandle,            // 会话句柄
  LPCTSTR SessionName,                  // 会话名称
  PEVENT_TRACE_PROPERTIES Properties,   // 属性结构
  ULONG ControlCode                     // 控制代码，见表 16-1
);
```

其中，SessionHandle 和 SessionName 用来指定要控制的 ETW 会话，指定其一即可；参数 ControlCode 用来指定控制动作，可以为表 16-1 中的常量之一。

表 16-1 ETW 的 ControlCode 对应的常量

常　量	值	含　义
EVENT_TRACE_CONTROL_FLUSH	3	冲转会话的缓冲区，Windows 2000 不支持此命令
EVENT_TRACE_CONTROL_QUERY	0	读取会话的属性和统计信息
EVENT_TRACE_CONTROL_STOP	1	停止会话
EVENT_TRACE_CONTROL_UPDATE	2	更新会话属性

除了以上 API，ETW 控制器可以使用 QueryAllTraces API 查询当前系统内启动的所有 ETW 会话，使用 EnumerateTraceGuids API 枚举系统内注册的所有 ETW 提供器。

SDK 的 TraceLog 程序（Samples\WinBase\eventtrace\tracelog）实现了一个命令行方式的 ETW 控制器。

16.5 消耗 ETW 消息

ETW 消耗器在接收 ETW 消息前，必须使用 OpenTrace API 打开一个 ETL 文件（文件模式）或实时的 ETW 会话（实时模式），同时注册自己用于接收消息的回调函数。

```
TRACEHANDLE OpenTrace( PEVENT_TRACE_LOGFILE Logfile );
```

参数 Logfile 用来描述要打开的会话和回调函数地址，是一个 EVENT_TRACE_ LOGFILE 结构，其定义如下。

```
typedef struct _EVENT_TRACE_LOGFILE {
  LPTSTR LogFileName;          // 如果使用文件模式，则指向 ETL 文件名；否则，为 NULL
  LPTSTR LoggerName;           // 如果使用实时模式，则指向 ETW 控制器定义的会话名称
  LONGLONG CurrentTime;        // [输出] 当前时间
  ULONG BuffersRead;           // [输出] 已读缓冲区个数
  ULONG LogFileMode;           // 消息递送方式
  EVENT_TRACE CurrentEvent;    // [输出] 指向被处理的最后一个事件的 EVENT_TRACE 结构
  TRACE_LOGFILE_HEADER LogfileHeader;            // [输出] ETL 文件信息
  PEVENT_TRACE_BUFFER_CALLBACK BufferCallback;   // 要注册的 BufferCallback 函数，可选
  ULONG BufferSize;          // [输出] 每个 ETW 会话缓冲区的大小
  ULONG Filled;              // [输出] 缓冲区中包含的有效信息字节数
  ULONG EventsLost;          // 未使用
  PEVENT_CALLBACK EventCallback;                 // 要注册的 EventCallback 函数
  ULONG IsKernelTrace;       // [输出] 如果 ETW 会话是 NT Kernel Logger，则为 1；否则，为 0
  PVOID Context;             // 保留
} EVENT_TRACE_LOGFILE, *PEVENT_TRACE_LOGFILE;
```

如果调用 OpenTrace 成功，那么系统会返回一个句柄。但是此时系统还没有开始递送消息，

待 ETW 消耗器做好接收消息的所有准备后，应该调用 ProcessTrace API 通知系统启动消息递送。

```
ULONG ProcessTrace(
  PTRACEHANDLE HandleArray,     // 会话句柄数组
  ULONG HandleCount,            // HandleArray 数组的元素个数
  LPFILETIME StartTime,         // 希望开始接收事件的时间，可以为 NULL
  LPFILETIME EndTime        // 希望结束接收事件的时间，可以为 NULL
);
```

其中，HandleArray 是一个数组，包含了使用 OpenTrace 打开的 ETW 句柄，每个句柄代表了一个 ETW 实时会话或一个已经打开的 ETL 文件。

因为使用文件时，系统会重放（playback）其中包含的追踪信息，所以对于 ETW 消耗器来说，实时模式和文件模式没有大的区别，以下讨论只以实时会话情况为例。HandleCount 指定了数组中包含的元素个数。StartTime 和 EndTime 用来指定希望接收事件的时间范围，如果不限定，则使用 NULL。

在成功调用 ProcessTrace 后，如果在指定的 ETW 会话中有输出事件，那么系统便会调用消耗器注册的回调函数。ETW 消耗器可以最多注册 3 个回调函数——BufferCallback、EventCallback 和 EventClassCallback。第一个用于接收关于会话缓冲区的统计信息，后两个都是用来接收追踪事件的。EventCallback 函数的原型如下。

```
VOID WINAPI EventCallback( PEVENT_TRACE pEvent );
```

默认情况下，系统会将调用 ProcessTrace 时指定的所有会话的所有事件都发送给 EventCallback 函数，但是 ETW 允许通过 SetTraceCallback API 通知系统按事件所属分类发给不同的回调函数。

```
ULONG SetTraceCallback(
  LPCGUID pGuid,  // 一类事件的 GUID
  PEVENT_CALLBACK EventCallback      // 接收该类事件的回调函数
);
```

在成功调用 SetTraceCallback 后，当有与指定 GUID 相符的事件发生时，系统便会调用与其对应的 EventClassCallback 函数。但需要注意的是，系统始终也会把这个事件发给 EventCallback 函数。也就是说，EventCallback 函数总会接收到所有事件。

BufferCallback 回调函数用来接收 ETW 递送缓冲区中事件的统计信息。其函数原型如下。

```
ULONG WINAPI BufferCallback( PEVENT_TRACE_LOGFILE Buffer );
```

其中 Buffer 参数指向我们前面介绍的一个 EVENT_TRACE_LOGFILE 结构，包含已读缓冲区个数、缓冲区大小等信息。BufferCallback 回调函数是可选的，ETW 消耗器可以根据需要决定是否注册这个回调函数。

SDK 的 TraceDmp 程序（Samples\WinBase\eventtrace\tracedmp）实现了一个命令行方式的 ETW 消耗器，它可以把二进制 ETL 文件中的追踪消息转化为 CSV 文件。在转化时它需要格式文件的帮助，下一节将详细介绍产生格式文件的不同方法。

16.6 格式描述

为了提高效率和节省空间，ETW 提供器是以二进制格式来输出信息的，ETL 文件也是以二

进制形式来存储信息的。只有当 ETW 消耗器显示 ETW 消息时，才将其格式化为文本格式。目前 ETW 提供了 3 种方式来描述格式信息：第一种是使用 MOF 文件；第二种是使用 WPP 将它写在源文件中，然后利用工具从编译好的符号文件中提取出来；第三种是 Windows Vista 引入的使用 Manifest 文件和 TDH API。下面我们先介绍前两种方法，16.9 节将介绍第三种方法。

16.6.1 MOF 文件

MOF（Managed Object Format）是使用文本形式来描述 CIM（Common Information Model）的程序语言，是 WBEM（Web Based Enterprise Management）标准中的一部分。Windows 系统中的 WMI（Windows Management Instrumentation）是 WBEM 的一种实现，也应用了 MOF。MOF 文件的主要内容是对类、属性、方法和实例声明的描述，其思想与 C++等面向对象的语言很类似。清单 16-3 列出了 SDK 中的 TraceDP 程序所使用的 MOF 文件的一部分内容。

清单 16-3 MOF 文件（部分）

```
[Dynamic,                                            // 指示下面的类是动态的
 Description("Sample String Data") : amended,        // 描述，括号中为取值
 EventType{1, 2},                                    // 事件类型编号数组，括号中为取值
 EventTypeName{"Start", "End"} : amended,            // 事件类型名称数组
 locale("MS\\0x409")                                 // 语言和国别
]                                                    // 以上块称为描述符（qualifier）
class TraceDPData_Ulong:TraceDPData                  // 类声明，派生自 TraceDPData 类
{
    [WmiDataId(1),                                   // WMI 数据 ID
     Description("SampleULONG") : amended,           // 名称
     read]   // 只读
     uint32  Data;    // 类的成员
};
```

以上代码中，方括号中的部分称为描述符，第 1～6 行的描述符是用来描述其后的 TraceDPData 类的，第 9～11 行的描述符是用来描述 Data 成员的。每组描述符中的多个描述用逗号分隔开来。每个描述又可以分为名称、取值和特性（Flavor）3 个部分。如果描述符的类型是一个数组，那么取值用大括号包围起来（第 4 行）；如果是单一值，则用小括号包围（第 2、5、9 和 10 行）；如果是布尔型，那么只要这个描述符出现便代表对应的属性值为真（第 1 行和第 12 行）。

使用 Windows 系统自带的 mofcomp 程序可以编译 MOF 文件。mofcomp.exe 是个命令行程序，位于 c:\<WINDOWS 根目录>\system32\wbem 目录中。清单 16-4 列出了编译 TraceDP 程序的 tracedp.mof 所用的命令和执行结果。

清单 16-4 编译所用的命令和执行结果

```
C:\SDK60\Samples\WinBase\eventtrace\tracedp>mofcomp -N:root\wmi tracedp.mof
Microsoft (R) 32-bit MOF Compiler Version 5.1.2600.2180
Copyright (c) Microsoft Corp. 1997-2001. All rights reserved.
Parsing MOF file: tracedp.mof
MOF file has been successfully parsed
Storing data in the repository...
Done!
```

说是编译器，其实 mofcomp 不仅对 mof 文件进行解析和检查，如果没有错误，mofcomp 还会将该类定义加到 CIM 库中，清单 16-4 中最后两行的提示表明 mofcomp.exe 在将 MOF 程序

中的信息加到命令行参数所指定的命名空间（root\wmi）中。

以上操作成功后，执行系统自带的 WbemTest 程序会连接到 root\wmi 命名空间，然后单击 Open Classes 按钮，输入 TraceDPData_Ulong 便可以看到 TraceDPData_Ulong 类了（图 16-2）。

图 16-2 所示对话框的上部列表框就是清单 16-3 中的描述符，中间是类的成员，其中除了 Data 都是从父类继承来的，选中 Local Only 复选框可以只显示当前类的属性。

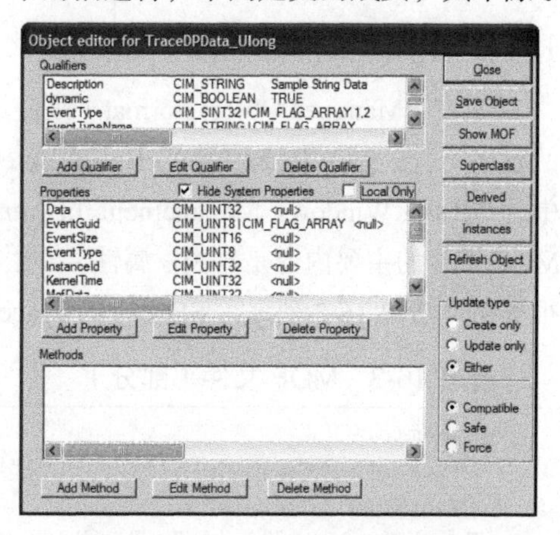

图 16-2 TraceDPData_Ulong 类

使用 WMI 的编程接口（COM 接口）可以枚举系统中注册的类信息，然后根据事件 GUID 寻找匹配的类，TraceDmp 程序演示了其细节，在此就不详细介绍了。

学习 MOF 的一种简单方法就是阅读 CIM Schema 中已经定义好的各个类，可以从 DMTF 官方网站下载包含所有类定义的 MOF 文件压缩包。MSDN 中关于 WMI 的参考资料介绍了 MOF 的描述符、数据类型和语法。

16.6.2 WPP

WPP 是 Windows Software Trace Preprocessor（Windows 软件追踪预处理器）的缩写，是驱动程序开发工具（DDK 和 WDK）中用来支持 ETW 而设计的一整套工具和方法的统称，其目标是让驱动程序可以很方便地实现 ETW 提供器，通过 ETW 输出追踪事件。简单来说，WPP 就是通过宏定义和编译指令来让编译工具自动产生实现 ETW 的代码和格式文件。下面介绍其主要步骤[2]。

首先应该在源程序文件（.c）中定义 ETW 提供器的 GUID 和追踪标志位，例如：

```
#define WPP_CONTROL_GUIDS \
    WPP_DEFINE_CONTROL_GUID(CtlGuid,(d58c126f, b309, 11d1, 969e, 0000f875a5bc), \
        WPP_DEFINE_BIT(TRACELEVELONE)                    \
        WPP_DEFINE_BIT(TRACELEVELTWO) )
```

标志位定义至少要有 1 个，最多可以有 31 个，其目的是对信息进行过滤。

而后应该在驱动程序的入口函数（DriverEntry）中加入 WPP 的初始化宏，即：

```
WPP_INIT_TRACING(DriverObject,RegistryPath);
```

在卸载函数中调用 WPP 的清理宏，即：

```
WPP_CLEANUP(DriverObject);
```

并在需要输出信息的地方使用 DoTraceMessage 宏来输出信息，例如：

```
DoTraceMessage(TRACELEVELONE,  "Hello, %d %s", i, "Hi" );
```

为了通过编译，应该在文件中包含一个自动产生的追踪消息头（trace message header）文件，简称 TMH 文件，例如：

```
#include "tracedrv.tmh"        // 这是编译格式文件时自动产生的头文件
```

TMH 文件是自动产生的，要让 DDK/WDK 产生 TMH 文件，应该在用于构建驱动程序的 sources 文件中加入一行 RUN_WPP 指令（directive），格式如下。

```
RUN_WPP= $(SOURCES) -km
```

当 DDK 编译这样的驱动程序时，会先运行 TraceWpp 工具（位于 DDK 的/bin/x86 目录中），这个工具会自动产生一个与驱动程序同名的 TMH 文件，并在其中加入一些代码和前面使用的宏定义。

使用 WPP 的好处是不仅可以自动产生代码，还可以将自动提取的追踪事件的格式信息放入符号（PDB）文件中，再使用 DDK 中的 TracePDB 工具，便可以将这些信息提取到一个文本形式的 TMF 文件中。清单 16-5 列出了根据 DDK 中的 TraceDrv 驱动程序的符号文件而产生的 TMF 文件的内容。

清单 16-5 TMF 文件的内容

```
// PDB:  tracedrv.pdb
// PDB:  Last Updated :2008-2-2:14:27:52:328 (UTC) [tracepdb]
37753236-c81f-505e-d40a-128d3bb2b5ff tracedrv     // SRC=tracedrv.c MJ= MN=
#typev  tracedrv_c264 11 "%0Hello, %10!d! %11!s!" // LEVEL=TRACELEVELONE
FUNC=TracedrvDispatchDeviceControl
{
i, ItemLong -- 10
'Hi', ItemString -- 11
}
#typev  tracedrv_c258 10 "%0IOCTL = %10!d!" // LEVEL=TRACELEVELONE
FUNC=TracedrvDispatchDeviceControl
{
ioctlCount, ItemLong -- 10
}
```

可见 WPP 会根据驱动程序代码中的事件输出语句自动提取格式信息，第 4～9 行是根据我们在上面给出的 DoTraceMessage 行产生的，第 10～14 行是根据源代码中的以下源代行产生的。

```
DoTraceMessage(TRACELEVELONE, "IOCTL = %d", ioctlCount);
```

TraceDrv 例子的完整路径是 src\general\tracedrv\tracedrv，它是学习 WPP 的一个很好的起点。

16.7 NT 内核记录器

前面介绍了 ETW 的模型和工作原理。本节将介绍 ETW 在 Windows 系统中的一个应用——用于追踪内核事件的 NT 内核记录器（NT Kernel Logger），简称 NKL。

NKL 是 Windows 内建的用于记录 Windows 内核事件的系统组件，其核心是一个根据 ETW 规范实现的 ETW 提供器（provider）。通过这个 ETW 提供器，ETW 消耗器程序可以接收来自内核的追踪事件，包括进程、线程、磁盘、文件 I/O、网络等。

系统中最多可以有 32 个（Windows 2000）或 64 个（从 Windows XP 开始）EW 会话，有两个是系统专用的，其中之一就是 NKL 会话（NT Kernel Logger Session）。也就是说，系统总是为 NKL 会话保留了位置，并为其定义了专用的名字“NT Kernel Logger”。

NKL 提供器的 GUID 是 9e814aad-3204-11d2-9a82-006008a86939，evntrace.h 头文件中定义的量 SystemTraceControlGuid 就是这个 GUID。

16.7.1 观察 NKL 的追踪事件

NKL 是内建在 Windows 2000 开始的所有 Windows 内核中的，只要使用一个简单的 ETW

消耗器程序就可以接收到它的事件输出。下面我们以 DDK 中包含的 TraceView 工具为例介绍如何启动并观察 NKL 的追踪事件。

首先找到 DDK 中的 TraceView.exe。以 Windows Server 2003 SP1 的 DDK 为例（3790.1830 本），其位置是 c:\WINDDK\3790.1830\tools\tracing\i386。然后运行这个程序，选择 File → Create New Log Session 命令，单击 Add Providers 按钮，会弹出图 16-3 所示的选择 ETW 提供器的对话框。

TraceView 是一个通用的 ETW 消耗器程序，支持从系统中注册的各种 ETW 提供器接收信息，因为我们要接收 NKL 事件，所以选择 Kernel Logger，并选中希望看到的事件类型。图 16-3 中列出了 9 类事件，包括进程/线程管理、文件、磁盘、内存、网络、注册表操作等。尽管可以同时选择多项，但是为了便于观察和分析，我们只选择 Process。因为 ETW 的原始消息是二进制的，TraceView 需要格式信息将 ETW 消息格式化为可读的文本消息，所以接下来它会弹出一个 Open File 对话框，让我们选择 TMF 文件。在 DDK 的同一个文件夹中，DDK 为我们准备好了一个 system.tmf 文件，其中包含了上述系统事件所使用的格式信息。因此只要选择该文件就可以了。

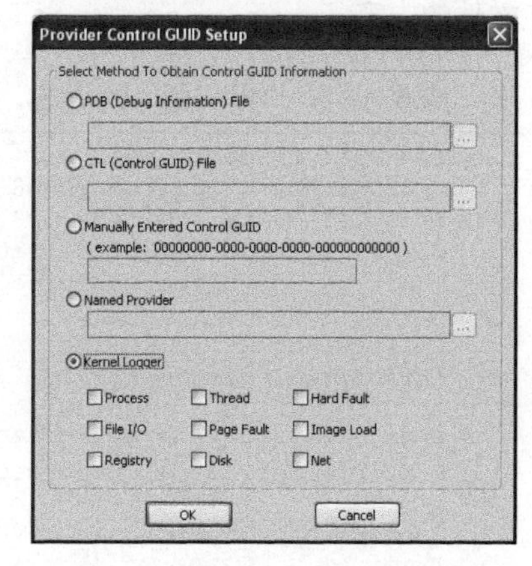

图 16-3 选择 ETW 提供器的对话框

单击 OK 按钮继续，出现 Log Session Options 对话框，其中可以指定会话的工作模式（实时显示和写入文件，可以同时选中）及其他选项，我们暂时使用默认设置，直接单击 Finish 按钮。至此，一个 NKL 会话便建立了。

图 16-4 是 TraceView 的界面，上边的子窗口显示 NT Kernel Logger 会话正在运行，共收到了 74 条消息，丢失 0 条。下面的子窗口显示了第 66～74 条消息的内容。第 66 条描述的是笔者以 Dbgger 用户身份启动计算器程序，第 67 条描述的是退出计算器程序。第 68～70 条描述的是切换到已经登录的另一个用户（dbgee），第 71 条描述的是以 dbgee 用户启动记事本程序。

建议大家按照以上步骤亲自动手做一做，加深对 ETW 和 NKL 的理解，这样才有可能把它们应用到实践中。

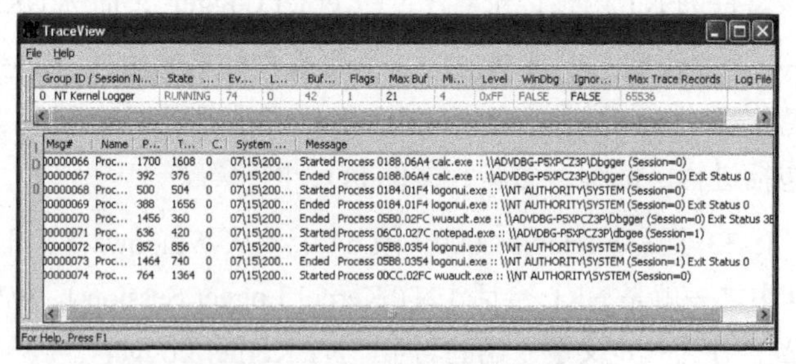

图 16-4 TraceView 程序的界面

16.7.2 编写代码控制 NKL

除了 TraceView，通过很多其他工具也可以与 NKL 建立会话，比如命令行方式的 TraceLog。也有很多工具是基于 NKL 设计的，比如 SysInternals 的 TCPView 与 DiskMon 就是以 NKL 会话输出的网络和磁盘类事件为基础的。

事实上，通过 SDK 中公开的 ETW API（StartTrace），只需要很少的代码就可以建立 NKL 会话，清单 16-6 所示的 StartNKL 方法演示了如何使用 StartTrace API 建立 NKL 会话，并将指定的事件（参数 dwEnableFlags）写入参数指定的记录文件中。

清单 16-6 启动 NKL 会话

```
1    BOOL CNKLMgr::StartNKL(LPCTSTR lpszLogFile , DWORD dwEnableFlags)
2    {
3      ULONG BufferSize = 0;
4      ULONG rc = 0;
5
6      BufferSize = sizeof(EVENT_TRACE_PROPERTIES) +
7          sizeof(TCHAR)*(_tcslen(lpszLogFile)+1) + sizeof(KERNEL_LOGGER_NAME);
8      if(m_pNklProperties==NULL)
9          m_pNklProperties = (EVENT_TRACE_PROPERTIES*) malloc(BufferSize);
10
11     if (NULL == m_pNklProperties)
12     {
13       wprintf(L"Unable to allocate %d bytes for properties structure.\n",BufferSize);
14       return FALSE;
15     }
16
17     ZeroMemory(m_pNklProperties, BufferSize);
18     m_pNklProperties->Wnode.BufferSize = BufferSize;
19     m_pNklProperties->Wnode.Flags = WNODE_FLAG_TRACED_GUID;
20     m_pNklProperties->Wnode.ClientContext = 1; //QPC clock resolution
21     m_pNklProperties->Wnode.Guid = SystemTraceControlGuid;
22     m_pNklProperties->EnableFlags = dwEnableFlags;
23     m_pNklProperties->LogFileMode = EVENT_TRACE_FILE_MODE_CIRCULAR
24          | EVENT_TRACE_USE_PAGED_MEMORY;
25     m_pNklProperties->MaximumFileSize = 20;
26     m_pNklProperties->LoggerNameOffset = sizeof(EVENT_TRACE_PROPERTIES);
27     m_pNklProperties->LogFileNameOffset = sizeof(EVENT_TRACE_PROPERTIES)
28          + sizeof(KERNEL_LOGGER_NAME);
29    _tcscpy((LPTSTR)((char*)m_pNklProperties+m_pNklProperties->LogFileNameOffset),
30          lpszLogFile);
31
32     rc = StartTrace((PTRACEHANDLE)&m_hNklSessionHandle,
33          KERNEL_LOGGER_NAME, m_pNklProperties);
34     if (ERROR_SUCCESS != rc)
35     {
36          if (ERROR_ALREADY_EXISTS == rc)
37               OUTMSG(_T("The NT Kernel Logger session is already in use.\n"));
38          else
39               OUTMSG(_T("StartTrace() failed, %d.\n"), rc);
40
41          return FALSE;
42     }
43     OUTMSG(_T("StartTrace() succeeded, %s.\n"), lpszLogFile);
44
45     return TRUE;
46   }
```

其中 dwEnableFlags 参数可以包含一个或多个代表预定义内核事件的标志。表 16-2 列出了不同事件的标志位。

表16-2 NKL使用的事件标志位

标志位	含义	值
EVENT_TRACE_FLAG_DISK_FILE_IO	文件读写	0x00000200
EVENT_TRACE_FLAG_DISK_IO	磁盘访问	0x00000100
EVENT_TRACE_FLAG_IMAGE_LOAD	映像加载	0x00000004
EVENT_TRACE_FLAG_MEMORY_HARD_FAULTS	硬错误	0x00002000
EVENT_TRACE_FLAG_MEMORY_PAGE_FAULTS	页错误异常	0x00001000
EVENT_TRACE_FLAG_NETWORK_TCPIP	网络（TCP/IP 和 UDP）	0x00010000
EVENT_TRACE_FLAG_PROCESS	进程	0x00000001
EVENT_TRACE_FLAG_REGISTRY	注册表访问	0x00020000
EVENT_TRACE_FLAG_THREAD	线程	0x00000002
EVENT_TRACE_FLAG_DBGPRINT	调试输出（DbgPrint）	0x00040000

因此，只要使用类似下面的语句调用StartNKL方法，就可以将进程类内核事件写到指定的记录文件中。

```
m_NklMgr.StartNKL("C:\\nkl.etl",EVENT_TRACE_FLAG_PROCESS);
```

本章示例项目（code\chap16\etw）中包含了CNklMgr类的完整代码和使用该类的一个小程序。可以使用TraceFmt工具（与TraceView在同一文件夹中）将ETL文件格式化为文本文件。以下是执行TraceFmt工具的命令行和部分结果。

```
c:\WINDDK\3790.1830\tools\tracing\i386>tracefmt c:\nkl.etl -tmf system.tmf
Setting log file to: c:\nkl.etl
Examining system.tmf for message formats,  14 found.
…
```

TraceFmt会产生两个文件：一个是FmtSum.txt，其中存储的是概要信息；另一个是FmtFile.txt，其中存储的是一个个追踪事件。

16.7.3 NKL的实现

与调试子系统的Dbgk例程类似，ETW也公开了一系列函数，供内核的其他部件向ETW报告事件。这些函数为WmiTraceProcess、WmiTraceThread、WmipTraceIo、WmipTraceNetwork、WmipTraceFastMutex、WmipTracePageFault、WmipTraceFile、WmipTraceLoadImage、WmipTraceRegistry、WmiTraceContextSwap等。

Vista将这些函数改名为以Etw开头，例如以下栈回溯显示的是当系统删除进程对象时调用ETW的进程退出函数（EtwExitProcess）的过程。

```
kd> kn
# ChildEBP RetAddr
00 877a7c48 81e1f290 nt!EtwExitProcess
01 877a7c7c 81de1f7b nt!PspProcessDelete+0x2ac
…
```

以上函数被调用后，会检查NKL是否启用。如果启用，则准备输出追踪信息，调用WmiReserveWithSystemHeader取得缓冲区，而后向缓冲区中写入数据，最后调用WmipReleaseTraceBuffer完成信息输出。

16.8 Global Logger Session

我们在 16.7 节介绍了 Windows 系统内建的 ETW 提供器 NKL，通过它可以了解内核部件的行为。但是我们知道，ETW 提供器需要由 ETW 会话启动它后才会输出追踪事件。在系统启动后，我们可以运行 TraceView 或 TraceLog 来启动 NKL，但是，如果我们希望在系统启动早期就启用 NKL 的输出，这两个工具就不适用了。为了满足这一需求，除了内建的 ETW 提供器，Windows 系统还内建了一个名为 Global Logger Session（全局记录器会话）的全局 ETW 会话，简称 GLS。

概而言之，GLS 就是系统预先定义的一个 ETW 会话，通过设置注册表便可以启动这个会话，定义这个会话要启用的 ETW 提供器。因此，通过 GLS 可以在系统登录前启用系统中的 ETW 提供器，GLS 可以帮助我们把提供器所输出的事件保存到文件中。利用 ETW 的缓冲功能，也可以用 GLS 来追踪文件系统还没有准备好（无法写文件）的事件。

GLS 既可以控制内建的 NKL 提供器，也可以启用驱动程序或用户模式的服务程序所定义的 ETW 提供器。

16.8.1 启动 GLS 会话

因为 GLS 会话的主要目的是记录启动早期的事件，所以 GLS 会话是通过注册表选项来启动和配置的，而不是 API 调用。控制 GLS 的注册表表键的路径如下。

```
HKEY_LOCAL_MACHINE\SYSTEM\CurrentControlSet\Control\WMI\GlobalLogger
```

如果 GlobalLogger 键不存在，那么把它加上即可。只要在以上表键下加入一个名为 Start 的键值（REG_DWORD 类型）并取值为 1，Windows 下次启动时就会启动 GLS 会话。

也可以使用 tracelog 来自动添加和删除这些注册表表项。

```
tracelog -start GlobalLogger   // 加入启动选项
tracelog -stop GlobalLogger    // 停止
tracelog -remove GlobalLogger  // 删除
```

GLS 会话启动后，其行为与普通的 ETW 会话是一样的，不过它不支持实时模式，只支持文件模式。GLS 会将追踪事件写入注册表中定义的文件中（稍后介绍）。

系统会尝试把启动 GLS 的结果写到 GlobalLogger 表键下，键值为 Status。如果成功，那么 Status 的值为 0（STATUS_SUCCESS）；如果失败，那么系统会把错误的状态码转换为 WIN32 错误码，然后写到注册表中，可以使用查询 Last Error 的工具（比如 Visual C++中的 Error Lookup）来查看错误码的含义。GLS 报告的一种常见错误码是 87，意思是参数错误，这种错误的一个典型原因就是把 REG_BINARY 类型的 EnableKernelFlags 键值创建成 REG_DWORD 类型（见下文）。

16.8.2 配置 GLS

除了 Start 键值，在 GlobalLogger 表键下还可以通过其他键值来配置 GLS 所使用的缓冲区和文件路径。表 16-3 列出了配置 GLS 的各个注册表表键值。

通过设置 EnableKernelFlags 键值可以让 GLS 会话追踪 NKL 事件。特别需要指出的是，尽管 WDK 和微软网站上的文档都将这个键值描述为 REG_DWORD 类型，但是根据笔者的反复试验，最终发现这个键值应该为 REG_BINARY 类型，其内容应该是一个 DOWRD 数组，每个数组元素是表 16-2 中的一种标志位。

表 16-3 配置 GLS 的注册表表键值

键 值（选项）	类 型	描 述
Start	REG_DWORD	若为 1，系统启动时会启动 Global Logger 会话
BufferSize	REG_DWORD	每个缓冲区的大小（单位为 KB），默认值为 0x40 （64 KB）
ClockType	REG_DWORD	选择要使用的定时器（timer），1 表示性能计数器，2 表示系统定时器，3 表示 CPU 时钟（cycle clock）
EnableKernelFlags	REG_BINARY	将 GLS 转变为 NKL 会话，并定义要包含的内核事件，见下文
FileName	REG_SZ	事件追踪记录文件的名称和路径（可选），默认值为 %SystemRoot%\System32\LogFiles\WMI\trace.log
FlushTimer	REG_DWORD	强制冲转 ETW 缓冲区的时间（以秒为单位），强制冲转是对自动冲转的补充。当缓冲区已满或追踪会话停止时，系统会自动冲转缓冲区。默认值为 0，含义是仅当缓冲区满时冲转
LogFileMode	REG_DWORD	指定 ETW 记录的模式，从 Windows Vista 开始支持
MaximumBuffers	REG_DWORD	指定该会话可以分配的最多缓冲区个数，默认值是 0x19（25）
MaximumFileSize	REG_DWORD	指定记录文件的最大大小，默认没有限制
MinimumBuffers	REG_DWORD	会话启动时分配的缓冲区个数，默认值为 0x3
Status	REG_DWORD	用于存储启动 GLS 的返回值。如果启动失败，这里记录的是 Win32 错误代码；如果成功启动，那么是 ERROR_SUCCESS（0）
FileCounter	REG_DWORD	用于存储 GLS 所产生的记录文件数，系统会自动递增该值直到达到 FileMax 项所定义的最大值。达到最大值后，会复位为 0。该计数器的目的是防止系统覆盖记录文件
FileMax	REG_DWORD	系统中允许的最多记录文件数。当达到该值时，系统会覆盖以前的记录文件（从最老的开始）。默认值为 0，代表没有限制

通过表 16-3 中的 FileName 键值可以指定用来存储追踪事件的日志文件路径和名称，如果没有指定，那么默认的文件是%SystemRoot%\System32\LogFiles\WMI\Trace.log。

或者对于 XP 之前的系统，可能是%SystemRoot%\System32\LogFiles\WMI\GlobalLogger.etl。

如果定义了 EnableKernelFlags 键值，那么在 Windows Vista 中的默认文件名为 NT Kernel Logger.etl，Windows XP 的默认文件名依然是 Trace.log。

LogFileMode 键值用来指定 GLS 处理文件的方式，可以包含 EVENT_TRACE_ FILE_MODE_SEQUENTIAL（0x1）、EVENT_TRACE_FILE_MODE_CIRCULAR（0x2）、EVENT_TRACE_FILE_MODE_APPEND（0x4）、EVENT_TRACE_FILE_MODE_NEWFILE（0x8）、EVENT_TRACE_FILE_MODE_PREALLOCATE（0x20）、EVENT_TRACE_KD_FILTER_MODE（0x0x80000）等标志位。

GLS 产生的文件都是二进制的，可以使用 TraceView 工具打开这些文件（选择 File → Open Existing Log File）进行观察。

16.8.3 在驱动程序中使用 GLS

驱动程序也可以通过 GLS 会话输出 ETW 消息。首先，应该在源代码中（WPP_CONTROL_GUIDS 宏与包含 TMH 的头文件之间）加入如下定义。

```
#define WPP_GLOBALLOGGER
```

有了这个标志后，WPP 自动产生的代码便会检查 GLS 会话是否启动，如果启动，那么便会向其输出信息。因为 GLS 会话不会主动调用 StartTrace 函数来启用 ETW 提供器。

第二步是在注册表的 GlobalLogger 表键下建立一个子键，其名称是驱动程序定义的提供器 GUID。比如，以下是为 TraceDrv 驱动程序建立的子键。

```
HKLM\SYSTEM\CurrentControlSet\Control\WMI\GlobalLogger\d58c126f-b309-11d1-969e-
0000f875a5bc
```

在这个子键下可以加入 Flags 和 Level 键值，用来过滤要输出的事件。

做好以上准备后，只要按前面介绍的内容配置 GLS 的其他选项并将 Start 键值设置为 1 就可以了，当下次启动时，驱动程序的追踪信息便可以通过 GLS 输出到追踪文件中。

16.8.4 自动记录器

Windows Vista 引入了一种新的机制来记录启动期间的事件，这种机制称为自动记录器（autologger）。自动记录器的工作原理和 GLS 非常相似，但是可以定义多个会话，与 GLS 只能有一个会话不同。

自动记录器也是通过注册表来配置的。首先在以下表键下注册一个自动记录器会话，以会话名为子键名。

```
HKEY_LOCAL_MACHINE\SYSTEM\CurrentControlSet\Control\WMI\Autologger
```

然后在 WMI 的 AutologgerProvider 表键下以 ETW 提供器的 GUID 为子键名注册自动记录器会话所使用的 ETW 提供器。只有 Vista 及其以后的 Windows 操作系统才支持自动记录器会话。

16.8.5 BootVis 工具

微软公司曾经发布过一个名为 BootVis 的自由工具，使用这个工具可以追踪和记录系统重新启动（reboot）和从睡眠模式（S1、S3）恢复的详细过程，包括发生的事件和所使用的时间，并且能以图形化的方式显示出来（图 16-5）。

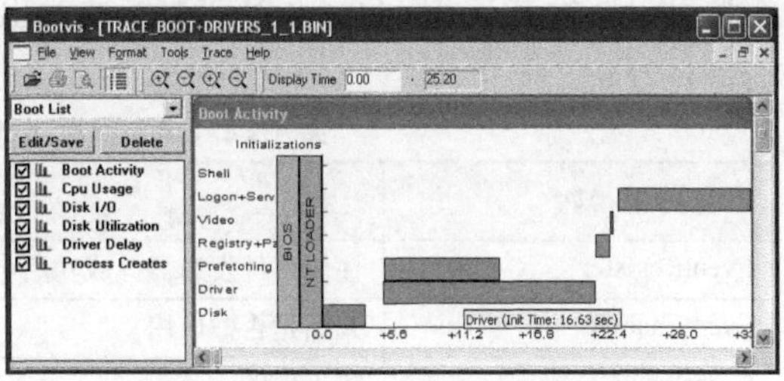

图 16-5 使用 BootVis 追踪启动过程

下面以追踪启动过程为例介绍 BootVis 工具的工作过程。当我们发起追踪（选择 Trace → Next Boot + Driver Delays）时，BootVis 会在当前目录中动态创建一个可执行文件，名为 bootvis_sleep.exe，并且为这个可执行程序创建一个快捷方式（shortcut），放在“开始”菜单的自动启动目录中。通常放在以下目录中。

```
C:\Documents and Settings\All Users\Start Menu\Programs\Startup
```

因为 BootVis 是使用 GLS 来记录启动事件的，所以它会设置注册表来启用 GLS，包括将 Start 键值设置为 1，把 EnableKernelFlags 设置为如下值（十六进制）。

```
07 23 00 00 16 00 00 00  <24字节00> 17 23 00 00
```

做好以上准备工作后，BootVis 会重新启动系统。

待系统重新启动后，放在自动启动目录中的 bootvis_sleep.exe 会启动，bootvis_sleep 在屏幕上显示一段正在处理的提示信息后会调用 Sleep API 使进程休眠一段时间，其目的是等待 NKL

输出的事件全部冲转到文件中，等待期满后 bootvis_sleep 会启动 BootVis.exe，自己退出。BootVis.exe 启动后会从 C:\WINDOWS\System32\ LogFiles\WMI\trace.log 文件中读取追踪事件并保存到一个新创建的文件中，文件名为 TRACE_BOOT_x_x.BIN，其中 x 为数字。

老雷评点

BootVis 后来被纳入 Windows Performance Toolkit（WPT）工具集，Windows 平台 SDK 中有其安装包，GitHub 上亦有名为 PerfView 的开源项目，也是基于 ETW 的调优工具。

16.9 Crimson API

Windows Vista 引入了一套代号为 Crimson 的 API，旨在复用 ETW 设施来加强原有的事件日志机制。因为 Crimson 是建立在 ETW 技术之上的，所以在我们理解了 ETW 后就可以比较容易理解 Crimson。SDK 文档将 Crimson 称为 Windows Event Log，为了明确起见，本书中仍使用 Crimson 这一开发代号。因为 Crimson 是基于 ETW 的，所以 ETW 中提供器、控制器和消耗器的概念仍适用于 Crimson。使用 Crimson API 输出事件的应用程序是提供器，在 Crimson 中，又称为事件发布器（event publisher）。订阅和接收事件的应用程序或系统工具称为事件消耗器。下面我们将分别介绍在 Crimson 中发布和消耗消息的方法[3]。

16.9.1 发布事件

表 16-4 列出了用于发布事件的 Crimson API（部分）。它们的名字大多暗示出了它们的用途，简单来说，应用程序应该先调用 EventRegister 向系统注册，并获得一个用于后续操作的句柄。注册成功后，便可以使用 EventWriteString 或 EventWrite 函数来输出信息了。在输出信息前，发布器可以通过 EventEnabled API 来判断要输出的事件是否被启用，如果不判断，那么系统函数会进行判断。

表 16-4 用于发布事件的 Crimson API（部分）

API	说　明
EventRegister	注册事件发布器，成功后会获得一个句柄
EventEnabled	判断是否被启用
EventWrite	输出事件
EventWriteString	输出字符串类型的事件信息
EventUnregister	注销登记

为了便于分类和管理，事件提供器在输出事件时可以指定事件的 Level（严重级别）、所属 Channel（频道）和供搜索使用的 Keyword（关键字）等属性。如果使用 EventWrite API，那么应该通过 EVENT_DESCRIPTOR 结构来指定这些属性。

```
typedef struct _EVENT_DESCRIPTOR {
    USHORT      Id;          // 事件的标识代码（ID）
    UCHAR       Version;     // 版本
    UCHAR       Channel;     // 频道
    UCHAR       Level;       // 严重级别
    UCHAR       Opcode;      // 操作代码
    USHORT      Task;        // 模块或子任务代码
    ULONGLONG   Keyword;     // 关键字掩码
} EVENT_DESCRIPTOR, *PEVENT_DESCRIPTOR;
```

如果使用 EventWriteString API，那么可以直接在参数中指定信息的 Level 和 Keyword 属性。

```
ULONG EventWriteString( REGHANDLE RegHandle,
  UCHAR Level,  ULONGLONG Keyword,  PCWSTR String);
```

本章的示例程序（code\chap16\Crimson）演示了以上 API 的用法。

16.9.2 消耗事件

供事件消耗器使用的 Crimson API 都是以 Evt 开头的，共有 30 多个。可以分为如下几类。

（1）**查询**。包括开始查询的 EvtQuery，成功后，它会返回一个结果集合（result set），然后可以使用 EvtNext 和 EvtSeek 遍历这个集合。

（2）**远程访问**。使用 EvtOpenSession API 可以登录和访问网络上其他机器的 Crimson 日志。

（3）**订阅**。即 EvtSubscribe，使用它可以注册回调函数以便以实时方式接收感兴趣的事件。

（4）**格式化**。因为 Crimson 也是以二进制方式来组织数据的，所以在将事件显示给用户前应该将其格式化，这一过程称为绘制（render）。EvtRender API 用于帮助事件消耗器程序实现这一功能。

（5）**维护**。包括 EvtOpenLog（打开）、EvtClearLog（清除数据）、EvtGetLogInfo（读取信息）、EvtExportLog（导出到文件）、EvtArchiveExportedLog（归档）等。

（6）**频道枚举和配置**。频道是比发布器小一级的单位，一个事件发布器可以建立多个频道以便输出针对不同受众的信息，好像电视台通过不同的频道输出不同类型的节目一样。EvtOpenChannelEnum API 用于开始枚举系统中的可用频道，EvtNextChannelPath 取得当前频道的名字并递增枚举位置，EvtGetChannelConfigProperty 和 EvtSetChannelConfigProperty 分别用来读取与设置频道的配置属性，EvtSaveChannelConfig 用于保存频道的配置属性。

（7）**其他**。包括用于创建与更新书签的 EvtCreateBookmark 和 EvtUpdateBookmark，以及用于读取事件信息的 EvtGetEventInfo 和用于读取查询信息的 EvtGetQueryInfo。

Windows Platform SDK 6.0 版本（以下简称 SDK60）中包含了几个示例程序，分别演示了查询事件（QueryLog）、以拉方式实时接收事件（SubscriberPull）和以推方式实时接收事件（SubscriberPush）的情况，它们位于 Samples\WinBase\eventtrace 目录下。

16.9.3 格式描述

Crimson 使用 XML 格式的 manifest 文件来描述事件的格式信息和附加属性。SDK 中把这样的文件称为 Instrumentation Manifest，我们将其简称为清单文件。概而言之，清单文件以树形结构依次描述了提供器、频道、事件模板及事件。清单 16-7 描述了一个简单的清单文件的基本内容。

清单 16-7　一个简单的清单文件的基本内容

```
1    <provider name=…>
2      <channels>
3        <importChannel child="C1" name="Application" />
4        <channel child="MyChannel" name=…/>
5        <channel child="MyChannel2" name=…/>
6      <channels>
7      <templates>
8          <template tid="MyEventTemplate">
```

```
9            <data name="" "Prop_UnicodeString" inType="win:UnicodeString" />
10           …
11         </template>
12      </templates>
13      <events>
14          <event value="1"
15            level="win:Informational"
16            template="MyEventTemplate"
17            opcode="win:Info"
18            channel="MyChannel"
19            symbol="PROCESS_INFO_EVENT"
20            message="$(string.Publisher.EventMessage)"/>
21      </events>
22    <provider name=…>
```

我们可以清楚地看到以上内容分为3大块，第2～6行用来描述提供器的每个频道，第7～12行用来定义事件格式模板，第13～21行用来描述事件。一个清单文件可以描述多个提供器，也就是可以有多个并列的<provider>元素。

使用SDK60所附带的消息文件编译器MC.exe可以编译清单文件，示例文件如下。

```
C:\dig\dbg\code\chap16\Crimson>mc -W c:\sdk60\include\winmeta.xml Crimson.man
```

VS 2005的MC.exe程序还不支持这一功能。为了帮助事件消耗器工具查询和处理事件信息，Windows Vista提供了一系列API，称为TDH（Trace Data Helper）API，这些API都是以Tdh开头的，例如TdhGetProperty、TdhGetEventInformation等。

16.9.4 收集和观察事件

根据我们前面对ETW的介绍，ETW提供器所要输出的事件信息在被ETW控制器启用后才会真正输出，使用Crimson API的事件发布器也不例外。可以使用系统中附带的logman和tracerpt工具来完成这些操作。

例如，以下命令可以启动一个名为mysession的会话，将本章示例程序（Crimson.exe）所输出的事件输出到文件（mytest.etc）中。

```
logman start mysession -p AdvDbg-Book-WELPublisher -o mytest.etl -ets
```

其中，-p开关后面是发布器的名字，它是Crimson程序的清单文件中所定义的。在运行以上命令前，我们已经使用了wevtutil工具将crimson.man注册到系统中，执行wevtutil im crimson.man。也可以通过发布器的GUID来注册。

执行以上命令后，就会发现当前目录中多了一个mytest.etl文件，但其长度可能是0字节。执行Crimson.exe后，停止会话（logman stop mysession-ets），就会发现这个文件的长度不再为0字节了。

使用tracerpt工具可以把事件文件中的二进制信息格式化成文本形式，例如以下命令会读取mytest.etl中的事件信息，并保存到dumpfile.xml和summary.txt中。

16.9.5 Crimson API的实现

Windows Vista的NTDLL.DLL中新增了一系列以Etw开头的函数，发布器使用的API大多是这些函数的别名。比如，EventWriteString API就是直接转发到NTDLL.DLL中的EtwEventWriteString函数的，类似地，EventRegister是转发到EtwEventRegister函数的，等等。

消耗器使用的以Evt开头的函数是从wevtapi.dll输出的，TDH函数是实现在TDH.DLL中的，它们是 Windows Vista 为了支持 Crimson API 而引入的新模块。

除了以上模块，为了支持事件订阅功能，Vista 还引入了一个事件收集器服务，全称为 Windows Event Collector。这个服务通常运行于 svshost 进程中，其功能实现在 wevtsvc.dll 中。

16.10 本章总结

自从 Windows 2000 引入 ETW 后，基于 ETW 的应用也在不断增加。表 16-5 归纳出了与 ETW 密切相关的一些工具的名称、来源和用途。

表 16-5 与 ETW 密切相关的一些工具的名称、来源和用途

名 称	来 源	用 途
WPT	SDK	性能优化套件，包含事件录制工具（WPR）和图形化的分析工具（WPA），附带多种优化工具
Tracelog	DDK/SDK	命令行方式的 ETW 控制器，可以启动、配置、停止、更新实时或文件模式的 ETW 会话。源代码位于 c:\Program Files\Microsoft SDK\Samples\winbase\eventtrace\TraceLog
TracePDB	DDK	命令行方式的支持工具，可以从 PDB 文件生成 TMF 文件。TMF 文件可用于 TraceView 和 TraceFmt 工具
TraceFmt	DDK	命令行方式的 ETW 消耗器，可以格式化来自实时 ETW 会话或 ETW 记录文件的消息，格式化后的信息可以输出到控制台窗口或文本文件中
TraceWPP	DDK	扫描驱动程序源文件，产生头文件供 WPP 使用
TraceView	DDK	图形界面的 ETW 控制器和消耗器。集成并扩展了 Tracepdb、Tracelog 和 Tracefmt 的功能
Logman	Windows XP/Vista	Windows 自带的 ETW 控制器
TraceRpt	Windows XP/Vista	Windows 自带的命令行方式的 ETW 消耗器，可以将 ETW 消息格式化到 CSV 或 XML 文件中
RATT	微软网站	用来监视 ISR 和 DPC 的执行时间并生成报告
ETWProvider	微软网站	ETW 提供器（用户态）示例，包含完整源代码
BootVis	微软网站（已纳入 WPT）	利用 GlobalLogger 追踪系统启动（恢复）过程，并以可视化的形式呈现出来
PIX for Windows	DirectX SDK	用于监视 3D 图形有关的性能（Performance Investigator for DirectX）
WPT	平台 SDK	强大的调优工具集合，包括很多个子工具，其中的录制工具 WPR 可以开启 ETW 设施，将 ETW 输出捕捉到文件中，分析工具 WPA 可以以图形方式来分析性能问题

除了以上工具，像 Visual Studio 2005 和 WinDBG 这样的调试器也实现了对 ETW 的支持，可以控制 ETW 会话和显示 ETW 消息。WinDBG 的扩展命令模块 Wmitrace.dll 和 Traceprt.dll 提供了一系列命令，用于（!wmitrace.XXX）控制 ETW 会话和消息，大家可以参考 WinDBG 帮助文档中关于这些扩展命令的帮助说明，以了解其详细用法。

参考资料

[1] Insung Park and Ricky Buch. Event Tracing: Improve Debugging And Performance Tuning With ETW.
[2] Getting Started with Software Tracing in Windows Drivers. Microsoft Corporation.
[3] Matt Pietrek. Fun With Crimson Eventing in Vista.

第 17 章　WHEA

WHEA 是 Windows Hardware Error Architecture 的缩写，即 Windows 硬件错误架构。概括来说，WHEA 是 Windows 操作系统中用于处理硬件错误的基本框架，它定义了系统中的硬件、固件（firmware），以及软件应该如何相互协作来报告、处理和记录各种硬件错误，并且提供了一系列基础设施和机制来实现以上目标。[1]

微软在 2005 年的硬件技术大会上介绍了 WHEA 的设计背景和基本架构。而后 WHEA 得到了包括英特尔和 Dell 等在内的计算机硬件厂商的支持。2006 年年底推出的 Windows Vista 是实现了 WHEA 的第一个 Windows 客户端版本。Windows Server 2008 是 WHEA 在 Windows 服务器版本中的第一个实现[2-3]。

作为介绍 Windows 错误机制的最后一个部分，本章将分两部分介绍 WHEA。前半部分（前两节）将介绍 WHEA 的目标和架构，以及错误源。后半部分（17.3~17.5 节）介绍 WHEA 处理硬件错误的过程，WHEA 如何通过固件来保存错误记录，以及模拟硬件错误的错误注入机制。

17.1　目标、架构和 PSHED.DLL

与软件错误相比，硬件错误的总量要少得多，但是一旦发生，导致的后果都比较严重，经常会导致整个系统崩溃。根据微软在线崩溃分析（OCA）系统的统计结果，在用户发送的崩溃报告中有 7%～10%的崩溃是与硬件错误有关的。

一个计算机系统中有很多种硬件，每种硬件产生的错误也是不同的，有些错误是可以纠正的（correctable），而有些错误是不可以纠正的（uncorrectable）。

17.1.1　目标

在 WHEA 之前，Windows 系统对硬件错误的最典型处理方法就是立即发起 Bug Check，即蓝屏崩溃（BSOD）。这样做有两个明显的不足：第一，对于可以纠正的错误，蓝屏崩溃显然处置过度，导致不必要的系统终止；第二，蓝屏崩溃通常只能记录崩溃前的 CPU 和内存状态，无法记录与硬件错误直接相关的硬件状态，这让发现硬件错误的根源和修正错误很困难。

WHEA 正是为了解决以上问题而设计的，其初衷就是在 Windows 系统中建立一套基础设施，来更好地记录、处理和报告硬件错误。进一步说，WHEA 框架所定义的基础设施如下。

（1）通用的错误来源（error source）发现机制。

（2）统一的硬件错误记录格式。

（3）统一的硬件错误处理流程。

（4）可靠的错误记录持久化机制。

（5）基于 ETW 的硬件错误事件模型，管理程序可以通过这种模型接收到硬件错误事件并采取进一步的措施。

通过以上设施，WHEA 旨在实现以下目标。

（1）借助 WHEA 的错误记录机制所记录下的错误信息，可以更快地发现错误根源，缩短系统从硬件错误中恢复运行的平均时间。

（2）通过纠正可纠正错误和健康状况监视（health monitoring），可减少因为硬件错误而导致的系统崩溃。

（3）为应用软件开发者提供支持，以便可以开发出强大的硬件错误报告和管理软件。

（4）更好地利用硬件已经提供的和将来可能提供的错误报告机制，比如 CPU 的 MCA 机制（卷 1 第 6 章），以及 PCI Express 总线标准中定义的 AER（Advanced Error Reporting）机制。[4]

因为 WHEA 旨在处理硬件错误，所以它不仅是操作系统自身实现的问题，还需要系统硬件和固件的支持。因此 WHEA 的实现涉及系统软件、固件和硬件。这也是 WHEA 名字中架构一词的内涵。

17.1.2 架构

图 17-1 所示的是 WHEA 架构。浏览全图可以看到，从系统的固件层到硬件抽象层，再到内核和驱动程序，都有 WHEA 的部件。我们先分别概述如下。[6-7]

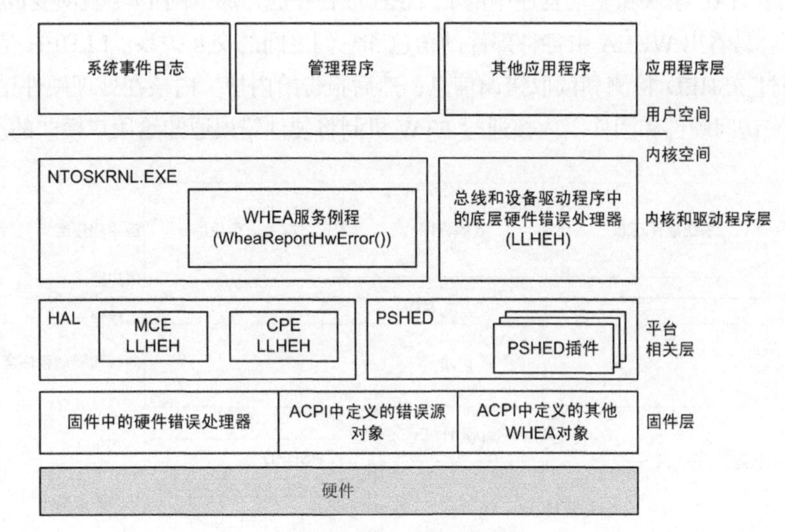

图 17-1 WHEA 架构

（1）**固件**（firmware）层。在这一层中可以定义两类 WHEA 设施：一类是使用 ASL（ACPI Source Language）脚本编写的系统描述表（system description table），包括描述错误源的 HEST（Hardware Error Source Table）、描述错误记录持久化的 ERST（Error Record Serialization Table）和描述引导错误的 BERT（Boot Error Record Table）；另一类是使用本地代码编写的实现在固件中的硬件错误处理函数，即固件中的硬件错误处理器（Firmware Hardware Error Handler，FHEH）。

（2）**平台相关层**。在传统的硬件抽象层（HAL）模块中包含了两个内建的底层硬件错误处理器（Low Level Hardware Error Handler，LLHEH），一个用来处理 CPU 的机器检查异常（Machine Check Exception，MCE），另一个用来处理已经纠正的平台错误（Corrected Platform

Error，CPE），硬件或固件在纠正了某些错误后，会通过中断或设置标志位来通知系统软件。除了 HAL 模块中的以上部件，这一层还有一个专门用于 WHEA 的 DLL 模块，称为平台相关的硬件错误驱动程序（Platform Specific Hardware Error Driver，PSHED），文件名为 PSHED.DLL，我们稍后会详细介绍这个模块。

（3）**内核和驱动程序层**。在系统的内核文件（NTOSKRNL.EXE）中定义了一系列以 Whea 开头的函数，用来实现 WHEA 的基本功能，我们将它们称为 WHEA 的内核例程。其中最重要的一个函数就是 WheaReportHwError，它是内核模块输出的一个公共函数，可以被 HAL.DLL、PSHED.DLL 及其他驱动程序通过 DLL 方法所调用。从模块设计角度来看，WheaReportHwError 函数是位于不同模块中的硬件错误处理器向系统内核报告硬件错误的统一接口。或者说 WheaReportHwError 是内核接收硬件错误的统一入口。在驱动程序中，也可以包含底层硬件错误处理器，比如 Windows Vista 系统中的 PCI Express 总线驱动程序就实现了一个标准的 LLHEH，用于处理通过 AER 机制所报告的硬件错误，包括总线控制器的错误，以及总线上的各种 PCI Express 设备的错误。

（4）**应用程序层**。WHEA 支持通过 ETW 机制来报告硬件错误，因此应用程序可以方便地订阅和查询硬件错误，从而得到关于硬件错误的通知和报告。服务器管理程序可以在得到硬件错误通知后采取各种措施，比如，通过网络或寻呼机通知服务器管理员。

如果把位于 HAL 模块和驱动程序中的 LLHEH 放在一起，那么图 17-1 就演变成图 17-2 的样子，这样就更容易看出 WHEA 中各种部件的角色和它们之间的交互关系。LLHEH 是硬件错误的接收者，它通过 PSHED 检测和读取错误信息，然后报告给内核。内核在处理硬件错误时也可以通过 PSHED 来访问硬件和固件。内核通过 ETW 机制将硬件错误通知给用户模式的应用程序。

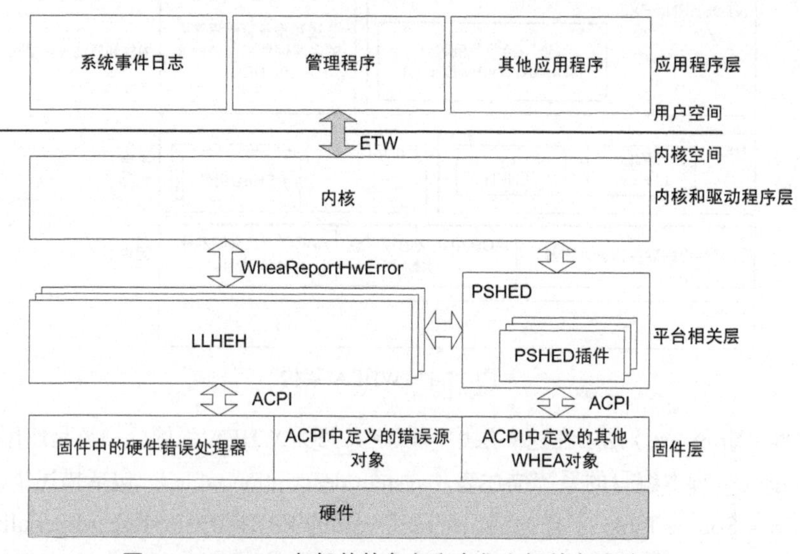

图 17-2 WHEA 各部件的角色和它们之间的交互关系

举例来说，清单 17-1 所示的栈回溯记录代表了 WHEA 处理一个 MCE 的过程，在 HAL 中的 MCE LLHEH 扫描到硬件错误后，调用 HAL 中的 HalpMcaExceptionHandler 函数，后者通过 HalpReportMachineCheck 调用内核的 WheaReportHwError 函数，将硬件错误报告给内核。内核在经过一系列处理和分析后，最终通过 KeBugCheckEx 函数发起蓝屏，如清单 17-1 所示。

清单 17-1 WHEA 报告错误的典型过程

```
STACK_TEXT:
82571464 81b9ae93 00000124 00000000 84db6310 nt!KeBugCheckEx+0x1e
82571480 818a201c 84db6310 851b6bc8 00000002 hal!HalBugCheckSystem+0x37
825714a0 81b9ae52 851b6bc8 851b6ce0 825714d4 nt!WheaReportHwError+0x10c
825714b0 81b9afac 00000003 851b6bc8 00000000 hal!HalpReportMachineCheck+0x28
825714d4 81b9789f 8256c0c0 00000000 00000000 hal!HalpMcaExceptionHandler+0xfc
825714d4 00000000 8256c0c0 00000000 00000000 hal!HalpMcaExceptionHandlerWrapper +0x77
```

栈帧#0 中的第一个参数 0x122，是常量 WHEA_INTERNAL_ERROR，是专门为 WHEA 增加的错误检查代码。相关的还有 WHEA_UNCORRECTABLE_ERROR，值为 0x124。

17.1.3 PSHED.DLL

PSHED.DLL 是 Windows Vista 为了实现 WHEA 而新引进的一个内核模块（DLL），其作用是与固件（BIOS 或者 EFI）中的硬件错误处理脚本和代码相交互。因为固件是与计算机系统的设计相关的，所以这个模块的名字叫平台相关的硬件错误驱动程序（Platform Specific Hardware Error Driver）。PSHED.DLL 与内核文件（NTOSKRNL.EXE）有着直接的相互依赖关系（图 17-3），因此，当 WinLoad 加载内核文件时就会加载它。也就是说，PSHED.DLL 是作为内核文件的依赖模块而被 OS Loader 加载的。

进一步讲，PSHED.DLL 是 WHEA 的一个底层模块，它负责枚举错误源，读取、清除和持久化错误记录。表 17-1 列出了 RTM 6000 版本的 PSHED.DLL 的所有输出函数，通过这些函数我们可以更具体地感受到 PSHED.DLL 模块的作用。

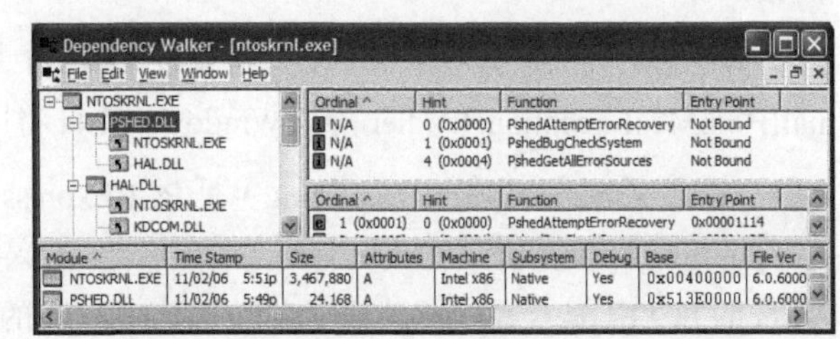

图 17-3 PSHED 与内核文件的相互依赖关系

表 17-1 PSHED.DLL 的输出函数

输 出 函 数	用 途
PshedAttemptErrorRecovery	错误恢复
PshedBugCheckSystem	发起蓝屏
PshedClearErrorRecord	清除错误记录
PshedFinalizeErrorRecord	将错误记录填写完整，或增加补充信息
PshedGetAllErrorSources	枚举所有错误源
PshedGetErrorSourceInfo	读取错误源信息
PshedInitialize	初始化
PshedRetrieveErrorInfo	读取错误信息
PshedRetrieveErrorRecord	读取错误记录
PshedSaveErrorRecord	保存错误记录，即错误记录持久化

值得说明的是，因为 Vista 是针对客户端的 Windows 版本，而且它是 WHEA 在 Windows 系统中的第一个实现，所以某些 WHEA 功能在目前的 Windows Vista 中没有完全实现，比如通过 ACPI 表枚举错误源（17.2 节）。Windows Server 2008 更全面地实现了 WHEA。

PSHED 支持插件（plug-in），允许 OEM 或 IHV/ISV 开发自己的模块来定制或扩展 PSHED 的功能。

17.2 错误源

系统中有很多部件，如果要将某一个部件纳入 WHEA 的支持范围，那么必须通过一种机制来描述这个部件的属性和特征，并告诉系统应该如何与它交互以得到错误通知和错误信息。WHEA 使用错误源的概念来解决这个问题。简单来说，错误源是 WHEA 管理和组织硬件错误来源的基本单位，每个 WHEA 错误都属于某个错误源。WHEA 通过错误源来了解硬件单元的基本属性，决定如何来检测该硬件是否发生错误（轮询还是中断等），以及应该如何处理和记录这类错误。

那么应该如何定义错误源呢？对于标准化的硬件错误，WHEA 预定义了默认的错误源，简称为标准的错误源。对于非标准化的错误，可以在系统的固件中通过 ACPI 表来进行描述，也可以通过编写 PSHED 插件程序来报告，下面分别做简单介绍。

17.2.1 标准的错误源

对于已经存在明确标准的硬件错误，WHEA 可以使用默认的错误源信息来处理这类错误。这意味着即使系统固件（BIOS）没有提供对这类错误的错误源描述，操作系统仍然可以处理这类错误。典型的例子便是 CPU 的机器检查异常，以及通过 PCI Express 总线的 AER 机制所报告的错误。[5]

Windows 2000 引入了 MCA 支持，在 HAL 中加入了一系列包含 MCA 字样的函数，比如 hal!HalpMcaExceptionHandler 等。Windows Vista 将以上支持纳入 WHEA 框架中。

AER（Advanced Error Reporting）是 PCI Express 总线定义的一种高级的错误报告方式，比基本（baseline）的错误报告方式具有更高的可靠性。感兴趣的读者可以阅读参考资料[4]和[5]。Windows Vista 的 PCI Express 总线驱动程序中包含了对 AER 的支持，实现了一个用于处理 AER 的 LLHEH。

除了 MCE 和 AER 错误源之外，针对 x86 和 x64 系统的默认错误源，还有已经纠正的机器检查（corrected machine check）和已经纠正的平台错误（corrected platform error）。在 HAL 中内建了处理这两类错误源的 LLHEH。操作系统对于已纠正错误的处理方式主要是将其记录下来。

17.2.2 通过 ACPI 表来定义错误源

如果要为系统中的非标准设备定义错误源，或者希望定制和扩展默认的标准错误源，那么可以通过系统固件来向系统报告这些信息。ACPI 是操作系统与系统固件之间的接口规范。在 ACPI 3.0b 版本中新增了用于支持 WHEA 的一系列系统描述表，其中之一就是用来描述错误源的硬件错误源表（Hardware Error Source Table，HEST）。

ACPI表签名'HEST'
表的总长度
其他字段
错误源个数*N*
第1个错误源结构
⋮
第*N*个错误源结构

图 17-4 HEST 的布局

图 17-4 画出了 HEST 的布局。简单来说，开始处是一个表头，表头的第一个字段是表的 ACPI 签名，长度为一个 DWORD，对应的 ASCII 字符就是 HEST。接下来是表的总长度（4 字节）和其他字段（表的版本、校验和、OEM ID、用来创建 HEST 表的工具的

厂商ID和版本等信息）。表头的末尾是4字节的错误源个数。这个值代表了表头后跟随的错误源结构个数，我们使用*N*来表示。

在表头结构之后，便是*N*个错误源结构。每个错误源结构的内容和长度因为所描述的错误类型不同而不同。但是每个结构的开头两字节（WORD）都是这个结构的类型ID，操作系统可以根据这个类型值了解这个结构的其他字段的含义和结构的长度。接下来是两字节的错误源ID，用来唯一标识这个错误源，以便与这个系统中定义的其他错误源相区别。

每个错误源结构通常还包含如下字段。

（1）标志。多个标志位的组合，其中一个很重要的标志就是用来声明处理方式的FIRMWARE_FIRST标志（位0），我们将在17.3.4节详细介绍。

（2）表示是否启用的字段。用来启用和禁止这个错误源。

（3）希望操作系统为这个错误源预先分配错误记录的个数。

（4）操作系统初始化和控制与这个错误源相关的硬件设备的参数信息，具体内容因错误源类型的不同而不同。

对HEST头和各个错误源结构的详细定义包含在目前尚未公开的《WHEA平台设计指南》（*WHEA Platform Design Guide*）中，以上信息来源于本章末尾所列出的资料。

17.2.3 通过PSHED插件来报告错误源

WHEA 通过 PSHED（平台相关的硬件错误驱动程序）来枚举错误源。因此也可以通过编写PSHED插件来向系统报告错误源。

当系统初始化时，内核会调用PSHED.DLL的PshedGetAllErrorSources函数来枚举错误源。PSHED会建立一个错误源描述表，并加入标准的错误源信息，然后调用每个PSHED插件（如果存在）的 GetErrorSourceInfo 函数，让其报告错误源。清单 17-2 描述了系统内核调用PshedGetAllErrorSources函数枚举错误源的过程。

清单 17-2 枚举错误源的过程

```
kd> kn
# ChildEBP RetAddr
00 86404bf0 81f76025 PSHED!PshedGetAllErrorSources
01 86404c10 81f76397 nt!WheapQueryPshedForErrorSources+0x1f
02 86404c3c 81f7fa66 nt!WheapInitialize+0x3d
03 86404c8c 81f75859 nt!IoInitSystem+0x572
04 86404d7c 81c20013 nt!Phase1InitializationDiscard+0xc1d
05 86404d84 81e2bc93 nt!Phase1Initialization+0xd
06 86404dc0 8194202a nt!PspSystemThreadStartup+0x18f
07 00000000 00000000 nt!KiThreadStartup+0x16
```

从以上栈回溯序列来看，系统是在执行体的阶段1初始化期间来枚举错误源的。

当LLHEH或内核需要获取某个错误源的信息时，它会调用PSHED的PshedGetErrorSourceInfo函数。这时PSHED也会调用PSHED插件的GetErrorSourceInfo函数。

根据参考资料[2]，Windows Vista系统的WHEA实现不会从ACPI表来读取错误源信息。也就是说，即使固件中存在HEST，Vista也不会读取它。Windows Server 2008的WHEA实现会读取HEST。

17.3 错误处理过程

本节将介绍 WHEA 处理硬件错误的过程。简单来说，LLHEH 通过轮询或接收到系统通知或中断而感知到错误，然后调用 PSHED 的函数读取错误信息，而后根据错误的严重程度采取处理措施。因为在整个流程中，涉及多个模块中多个函数的相互配合，所以大家必须借助一定的数据结构来共享信息。WHEA 使用了两个数据结构，一个是 WHEA_ERROR_PACKET 结构，另一个是 WHEA_ERROR_RECORD 结构。

17.3.1 WHEA_ERROR_PACKET 结构

当一个错误源的 LLHEH（底层硬件错误处理器）检测到一个错误（或者得到通知）时，它会创建并初始化一个 WHEA_ERROR_PACKET 结构。它使用这个结构来收集错误信息，并使用这个结构向内核报告硬件错误。表 17-2 列出了 WHEA_ERROR_PACKET 结构的布局和主要字段。

表 17-2 WHEA_ERROR_PACKET 结构的布局和主要字段

字 段 名	偏移量	类 型	描 述
Signature	+0x000	Uint4B	结构签名
Flags	+0x004	Uint4B	标志
Size	+0x008	Uint8B	结构长度
RawDataLength	+0x010	Uint8B	状态数据的长度
Context	+0x018	Uint8B	错误有关的上下文结构
ErrorType	+0x020	_WHEA_ERROR_TYPE	见下文
ErrorSeverity	+0x024	_WHEA_ERROR_SEVERITY	见下文
ErrorSourceId	+0x028	Uint4B	错误源 ID
ErrorSourceType	+0x02c	_WHEA_ERROR_SOURCE_TYPE	见下文
Reserved1	+0x030	Uint4B	保留
Version	+0x034	Uint4B	版本号
Cpu	+0x038	Uint8B	—
u	+0x040	<unnamed-tag>	见下文
RawDataFormat	+0x110	_WHEA_ERROR_STATUS_FORMAT	见下文
Reserved2	+0x114	Uint4B	保留
RawData	+0x118	[1] UChar	状态数据

总的来看，WHEA_ERROR_PACKET 是个不确定长度的数据结构，前面 0x40 字节是概要信息，从 0x40 到 0x110 是一个枚举结构，会因错误的不同而不同。从偏移量 0x118 开始是与这个错误相关的原始数据（RawData），其长度可以由上面的 RawDataLength 字段的值来确定，格式可以通过 RawDataFormat 字段来确定。RawDataFormat 字段的值可以为如下枚举常量之一。

```
WheaErrorStatusFormatIPFSalRecord = 0   // 安腾 CPU 的 SAL 记录
WheaErrorStatusFormatIA32MCA = 1        // IA32 处理器的 MCA 记录
WheaErrorStatusFormatEM64TMCA = 2       // Intel 64 位处理器的 MCA 记录
WheaErrorStatusFormatAMD64MCA = 3       // AMD 64 位处理器的 MCA 记录
WheaErrorStatusFormatPCIExpress = 4     // PCI Express
WheaErrorStatusFormatNMIPort = 5        // NMI 端口
WheaErrorStatusFormatOther = 6          // 其他
```

其中 ErrorType 字段用来指定错误类型，其值是枚举常量，可以为以下值之一。

```
WheaErrTypeProcessor = 0   // 处理器
WheaErrTypeMemory = 1      // 内存
WheaErrTypePCIExpress = 2  // PCI Express
WheaErrTypeNMI = 3         // 不可屏蔽中断，一些致命错误是通过 NMI 来报告的
WheaErrTypePCIXBus = 4     // PCIX 总线
WheaErrTypePCIXDevice = 5  // PCIX 设备
```

ErrorSeverity 字段用来标识错误的严重程度，可以为如下值之一。

```
WheaErrSevRecoverable = 0  // 可恢复的错误
WheaErrSevFatal = 1        // 致命错误
WheaErrSevCorrected = 2    // 已经纠正的错误
WheaErrSevNone = 3
```

ErrorSourceType 字段用来指定错误源的类型，可以为如下枚举值之一。

```
WheaErrSrcTypeMCE = 0      // 机器检查异常
WheaErrSrcTypeCMC = 1      // 纠正的机器检查
WheaErrSrcTypeCPE = 2      // 纠正的平台错误
WheaErrSrcTypeNMI = 3      // 不可屏蔽中断
WheaErrSrcTypePCIe = 4     // PCI Express
WheaErrSrcTypeOther = 5    // 其他
```

在了解了WHEA_ERROR_PACKET结构后，接下来我们将介绍WHEA是如何使用这个结构的。

17.3.2 处理过程

图 17-5 显示了 WHEA 处理硬件错误的基本过程。在 LLHEH 侦测到错误情况后，它首先会构建一个 WHEA_ERROR_PACKET 结构，然后调用 PSHED 的 PshedRetrieveErrorInfo 函数，并把这个结构传递给它。PshedRetrieveErrorInfo 函数会根据 WHEA_ERROR_PACKET 结构中的错误源 ID（ErrorSourceId）来读取错误信息（如果需要，则可能调用 PSHED 插件模块中的错误读取函数），并把读取到的信息填写到 WHEA_ERROR_PACKET 结构中。

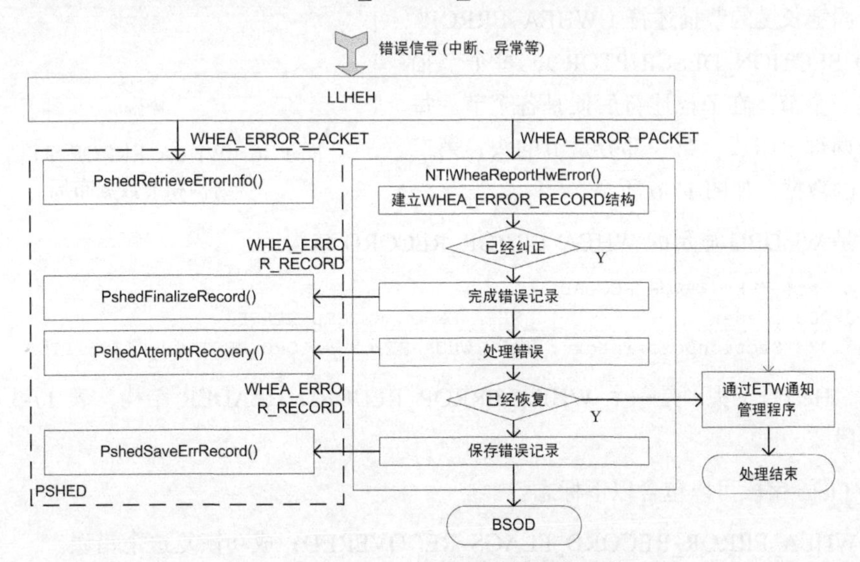

图 17-5 WHEA 处理硬件错误的过程

在 PshedRetrieveErrorInfo 函数返回后，LLHEH 调用内核的 WheaReportHwError 函数，向系

统报告这个错误，调用时将填写好的 WHEA_ERROR_PACKET 结构传递给内核。

```
NTSTATUS WheaReportHwError (PWHEA_ERROR_PACKET Packet);
```

内核（WheaReportHwError 函数）接到报告后，首先会构建一个 WHEA_ERROR_RECORD 结构（稍后介绍）。接下来，WheaReportHwError 函数会根据 ErrorSeverity 字段判断这个错误是否为已经纠正的错误。如果是，那么便通过 ETW 将这个错误通知给管理程序，而后处理结束；如果不是已经纠正的错误，那么 WheaReportHwError 函数会调用 PSHED 的 PshedFinalizeRecord 来将错误记录填写完整，PSHED 也可以借此机会增加补充信息。

对于可以恢复的错误（ErrorSeverity 等于 WheaErrSevRecoverable），WheaReportHwError 函数会协同系统的其他模块来恢复错误，比如对 PCI Express 的完成超时（Completion time-out），可以让驱动程序重试（retry）这个事务。PSHED 的 PshedAttemptRecovery 函数也是用于恢复错误的，通过这个函数，可以进一步调用 PSHED 插件的错误恢复函数。如果错误被成功恢复，那么 WHEA_ERROR_RECORD 结构的对应字段会得到更新。

接下来，内核会判断错误是否已经恢复。如果已经恢复，那么便通过 ETW 通知管理程序，并且处理结束；如果没有，那么内核开始保存错误记录，即调用 PshedSaveErrorRecord，而后 WheaReportHwError 函数调用发起蓝屏，终止整个系统。

17.3.3 WHEA_ERROR_RECORD 结构

在 LLHEH 通过 WHEA_ERROR_PACKET 将一个硬件错误报告给操作系统内核后，内核会构建一个 WHEA_ERROR_RECORD 结构，并且从此使用这个结构来记录和处理这个硬件错误。

总的来说，WHEA_ERROR_RECORD 也是一个可变长度的数据结构，开始部分是一个固定长度的 WHEA_ERROR_RECORD_HEADER 结构，而后是一个或多个（由结构头的 SectionCount 字段决定）固定长度的节描述符（WHEA_ERROR_RECORD_SECTION_DESCRIPTOR），每个节描述符描述一个节。在节描述符后便是各个节。每个节又由两部分组成，第一部分是节的头，第二部分是节的数据，如图 17-6 所示。

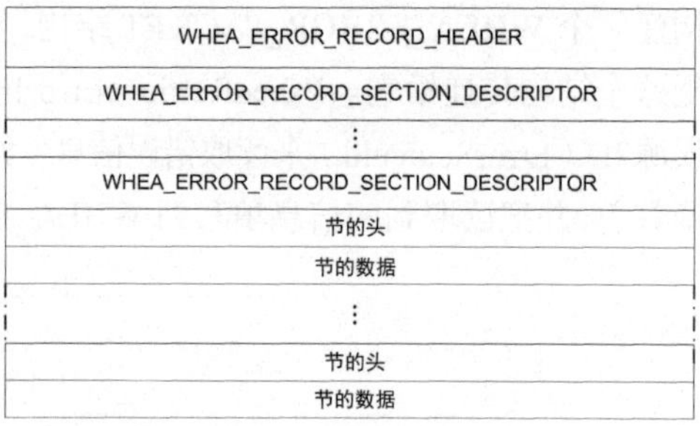

WHEA_ERROR_RECORD_HEADER
WHEA_ERROR_RECORD_SECTION_DESCRIPTOR
⋮
WHEA_ERROR_RECORD_SECTION_DESCRIPTOR
节的头
节的数据
⋮
节的头
节的数据

图 17-6 WHEA_ERROR_RECORD 结构和节数据布局

以下是 WinDBG 显示的 WHEA_ERROR_RECORD 结构。

```
kd> dt nt!_WHEA_ERROR_RECORD
   +0x000 Header            : _WHEA_ERROR_RECORD_HEADER
   +0x088 SectionDescriptor : [1] _WHEA_ERROR_RECORD_SECTION_DESCRIPTOR
```

其中，Header（头）是一个 WHEA_ERROR_RECORD_HEADER 结构，表 17-3 列出了它的各个字段。

其中 Flags 字段可以包含以下标志。

（1）WHEA_ERROR_RECORD_FLAGS_RECOVERED：成功恢复这个错误。

（2）WHEA_ERROR_RECORD_FLAGS_PREVIOUSERROR：这个错误发生在上次系统启动时。

（3）WHEA_ERROR_RECORD_FLAGS_SIMULATED：这个错误是模拟出来的（用于测试）。

表 17-3 WHEA 错误记录结构头的各个字段

字 段 名	偏移量	类 型	含 义
Signature	+0x000	Uint4B	结构签名，'REPC'
Revision	+0x004	Uint2B	版本
Reserved1	+0x006	Uint2B	保留
Reserved2	+0x008	Uint2B	保留
SectionCount	+0x00a	Uint2B	节的个数
Severity	+0x00c	_WHEA_ERROR_SEVERITY	严重程度
ValidationBits	+0x010	Uint4B	用来标识 Timestamp、PlatformId 和 PartitionId 的有效性
Length	+0x014	Uint4B	结构长度，以字节为单位
Timestamp	+0x018	_LARGE_INTEGER	时间戳
PlatformId	+0x020	_GUID	发生错误的平台 GUID 值
PartitionId	+0x030	_GUID	发生错误的分区 GUID 值
CreatorId	+0x040	_GUID	创建这个错误记录的实体
NotifyType	+0x050	_GUID	通知类型
RecordId	+0x060	Uint8B	记录 ID
Flags	+0x068	Uint4B	标志，见下文
PersistenceInfo	+0x070	_WHEA_PERSISTENCE_INFO	持久化信息
Reserved3	+0x078	[12] UChar	保留

每个节描述符是一个 WHEA_ERROR_RECORD_SECTION_DESCRIPTOR 结构。

```
kd> dt nt!_WHEA_ERROR_RECORD_SECTION_DESCRIPTOR
   +0x000 SectionOffset      : Uint4B                     // 节的偏移量
   +0x004 SectionLength      : Uint4B                     // 节的长度
   +0x008 Revision           : Uint2B                     // 版本
   +0x00a ValidationBits     : UChar                      // 验证位
   +0x00b Reserved           : UChar                      // 保留
   +0x00c Flags              : Uint4B                     // 标志
   +0x010 SectionType        : _GUID                      // 节类型
   +0x020 FRUId              : _GUID                      // 见下文
   +0x030 SectionSeverity    : _WHEA_ERROR_SEVERITY       // 严重程度
   +0x034 FRUText            : [20] Char                  // 见下文
```

其中，SectionOffset 用来指定这个节的数据的偏移量；SectionLength 是节数据的长度；FRUId 和 FRUText 字段用来描述与错误相关的现场可更换单元（Field Replaceable Unit），简称 FRU；FRUId 是 FRU 的 ID；FRUText 是 FRU 的名称。FRU 一词用来泛指计算机系统中可以简单更换的电路板或零部件。

WDK 描述了 WHEA 错误记录结构，包括 WHEA_ERROR_RECORD_HEADER 和 WHEA_ERROR_RECORD_SECTION_DESCRIPTOR 结构的各个字段。

17.3.4 固件优先模式

在 WHEA 的一些文档中，经常可以看到所谓的 Firmware First Model，即固件优先模式。其含义是让系统固件先得到错误通知，固件的代码先对错误进行处理后，再报告给操作系统。要实现这种方式，首先在系统电路设计方面，需要将硬件设备的错误信号与系统芯片连接，使其能够触发系统管理中断（System Management Interrupt，SMI）。因为南桥的很多 GPIO 引脚可以触发 SMI，所以可以将错误信号连接到这些 GPIO 引脚，这样，当有错误发生时，便会触发 SMI 让 CPU 进入系统管理模式，执行固件中的 SMI 处理例程。然后，固件中的 SMI 例程对错误进行处理，并填写错误记录。对于使用固件优先模式的错误源，在其描述中便声明了这一特征，并且要求操作系统为其预先分配好内存来记录错误。

在固件完成了错误处理后，它会根据错误的严重程度选择以下方法之一来通知操作系统。一种是系统控制中断（System Control Interrupt，SCI），另一种是 NMI。对于致命错误，固件会使用 NMI，对于其他错误会使用 SCI。

并不是所有硬件错误都可以使用固件优先模式，比如 CPU 的机器检查异常就不能使用这种方式。

17.4 错误持久化

所谓错误持久化就是将错误信息记录到可长久保存的介质中，供以后调查使用。对于大多数情况，操作系统可以使用磁盘（disk）来将错误信息保存到文件中。但是在某些情况下，这种方法可能不可行，比如磁盘硬件或磁盘端口驱动程序出现故障。

为了在以上特殊情况下也能够将错误信息保存下来，WHEA 设计了一种比磁盘文件更可靠的方式。这种方式要求系统的固件提供一个接口，操作系统可以调用这个接口将错误信息保存到系统的 NVRAM（Non-Volatile RAM）中。NVRAM 是闪存（flash）等非易失性存储介质的通称。在系统的主板上，通常配备了容量从 1MB 到几十兆字节不等的 NVRAM，用来存储固件程序和系统的配置信息。WHEA 定义了一套规范让固件将错误记录保存到 NVRAM 中，以便实现错误持久化，其中最核心的就是 ERST。

17.4.1 ERST

ERST 是 Error Record Serialization Table 的缩写，即错误记录序列化表。它是 ACPI 标准 3.10b 版本引入的用来支持 WHEA 的一个系统描述表。ERST 的起始部分是一个标准的 ACPI 描述表头，长度为 32 字节，而后是序列化头结构和用于序列化的指令项。ERST 的数据布局如表 17-4 所示。

表 17-4 ERST 的数据布局

字　段	长　度（字节）	字节偏移量	描　述
Header Signature	4	0x0	“ERST”
Serialization Header Size	4	0x24	序列化头结构的长度
Reserved	4	0x28	保留，必须为 0
Instruction Entry Count	4	0x2c	后面的指令项个数
用于序列化的指令项	32*Count	0x30	一系列指令项

序列化动作表用来告诉操作系统执行序列化操作时所需采取的动作，由一系列指令项组成，每个指令项是一个 32 字节的数据结构，第一字节是动作编号，例如动作 0 代表开始写操作（BEGIN_WRITE_OPERATION），1 代表开始读操作（BEGIN_READ_OPERATION），2 代表开始清除操作（BEGIN_CLEAR_OPERATION），3 代表结束操作（END_OPERATION）等。

表 17-5 列出了指令项的所有字段。

表 17-5 ERST 中指令项的所有字段

字　段	长　度（字节）	偏　移　量	描　述
Serialization Action	1	N	本结构所描述的序列化动作
Instruction	1	N+0x1	要执行动作的代码
Flags	1	N+0x2	与动作代码有关的标志
Reserved	1	N+0x3	保留
Register Region	12	N+0x4	寄存器地址，其格式使用的是 ACPI 标准中定义的通用地址结构（generic address structure）
Value	8	N+0x10	要写的数据
Mask	8	N+0x18	掩码

例如以下指令项定义的动作是将 Value 字段指定的数值（0x80）写到 GAS 指定的地址位置。

```
{
0x00,                                                    // BEGIN_WRITE_OPERATION
0x03,                                                    // WRITE_REGISTER_VALUE
0x00,                                                    // 标志
0x00,                                                    // 保留
0x00, 0x01, 0x00, 0x03, 0x00000000AAFF0000,              // GAS
0x0000000000000080,                                      // 值
0x00000000000000FF                                       // 掩码
}
```

当操作系统需要执行 BEGIN_WRITE_OPERATION 动作时，它会依次查找 ERST 中的动作项，在找到上面的动作项后，便会根据其内容执行相应的动作。

17.4.2 工作过程

为了实现错误持久化，操作系统需要固件执行的任务（操作）有如下 3 个。

（1）当错误发生时，接受系统调用将错误记录写到固件的 NVRAM 中，而后系统将因为蓝屏而终止运行。我们将这个任务简称为写错误记录。

（2）在系统重新启动后，操作系统需要将错误记录从 NVRAM 中读出。我们将这个任务简称为读错误记录。

（3）在错误记录读出后，操作系统需要将这个错误记录清除，以防止多次读取和报告。我们将这个任务简称为清除错误记录。

对于以上每个任务（操作），操作系统都需要执行一系列动作。WHEA 的设计指南详细定义了每项任务所需执行的动作。当执行每个动作时，操作系统会查询 ERST 中的指令项定义，决定如何执行这个动作。概而言之，WHEA 定义了一系列动作，但是每个动作的具体行为和参数可以由系统固件通过 ERST 来定制。当操作系统需要执行某项任务时，它会将这项任务分解为若干个动作，然后依次来执行。

操作系统执行一项任务的一般过程如下。

（1）执行开始动作（如 BEGIN_WRITE_OPERATION），启动这项任务。

（2）执行设置辅助信息的动作，比如设置错误记录所在的内存位置

（3）执行 EXECUTE_OPERATION 动作，让固件开始执行这项任务。

接下来等待并反复执行 CHECK_BUSY_STATUS 命令，直到固件指示操作已经完成，系统再执行 GET_COMMAND_STATUS 动作查询任务完成的结果，最后执行 END_OPERATION 动作结束整个任务。

17.5 注入错误

为了测试 WHEA 的各个模块和系统对 WHEA 的支持情况，WHEA 定义了一种模拟产生硬件错误的方法，称为错误注入（error injection）。

WHEA 设计了两种错误注入机制：一种是编写 PSHED 扩展模块；另一种是在固件中提供 EINJ 表。编写 PSHED 扩展模块的方法是不鼓励使用的。我们在这里简要介绍使用 EINJ 表的方法。

EINJ 表的结构与前面介绍的 ERST 非常相似，其起始部分也是一个标准的 ACPI 表头，而后是一个简单的用于描述错误注入信息的头结构，接下来是一系列指令项。

当操作系统需要模拟硬件错误时，它会根据需要执行 EINJ 表中的指令项所定义的操作。

17.6 本章总结

被确认为故障或错误的“拥有者”（owner），对于任何公司和个人似乎都不是一件愉快的事情，尤其是当这个故障发生在最终用户手中时。当用户不清楚错误的根源时，他们大多时候首先想到的是软件的瑕疵。当他们搞不清楚是哪个软件的瑕疵时，可能会首先怀疑操作系统的稳定性。

WHEA 建立了一种统一的机制来处理和记录硬件错误，这有利于真正发现每个错误的根源，并提高硬件的质量和整个系统的稳定性，最终有利于改善用户的使用体验。

通过本章的介绍，我们知道要完全发挥 WHEA 的效果需要得到系统固件和硬件的支持，也就是系统开发商和固件开发商的支持。支持 WHEA 的计算机系统称为 WHEA-Enabled Platform。为了让更多的系统都支持 WHEA，目前 Windows 系统的徽标测试（WHQL）定义了专门针对 WHEA 的要求，目的是强制系统，特别是服务器系统，要实现 WHEA 所需的支持，其细节可以参阅参考资料[8]。

参考资料

[1] John Strange. Windows Hardware Error Architecture. WinHec2005.

[2] Windows Hardware Error Architecture (whea_overview.doc). Microsoft Corporation, 2006.

[3] John Strange. Developing For The Windows Hardware Error Architecture. WinHec2006.

[4] PCI Express Base Specification.

[5] Ravi Budruk, Don Anderson, Tom Shanley. PCI Express System Architecture. Mindshare INC., 2004.

[6] John Strange. WHEA System Design and Implementation. WinHec2007.

[7] John Strange. WHEA Platform Implementation. WinHec2007.

[8] Windows Server code named “Longhorn” Logo Program for Systems Version 3.09. Microsoft Corporation.

第 18 章　内核调试引擎

简单来说，内核调试就是分析和调试位于内核空间中的代码与数据。运行在内核空间的模块主要有操作系统的内核、执行体和各种驱动程序。从操作系统的角度来看，可以把驱动程序看作对操作系统内核的扩展和补充。因此可以把内核调试简单地理解为调试操作系统的广义内核。

使用调试器调试的一个重要特征就是可以把调试目标中断到调试器。换言之，当我们在调试器中分析调试目标时，调试目标是处于冻结状态的。当我们进行用户态调试时，操作系统在报告调试事件时会自动将被调试进程挂起，让其停止运行。内核调试的调试目标就是操作系统的内核，所以对于内核调试而言，将调试目标中断到调试器就意味着将操作系统的内核中断，让其停止运行以接受调试器的分析和检查。但我们知道，内核负责整个系统的调度和执行，一旦它停止，那么系统中的所有进程和线程也都停止运行了。或者说，内核一旦停止，那么整个系统也就停止了。如果调试器运行在系统中，那么它也无法运行了。如果让调试器运行在另一个系统中，那么调试器又如何与这个静止的内核通信和联系呢？

目前，主要有 3 种方法来解决以上问题。第一种是使用硬件调试器，它通过特定的接口（如 JTAG）与 CPU 建立连接并读取它的状态，比如我们在卷 1 第 7 章介绍的 ITP 调试器。第二种是在内核中插入专门用于调试的中断处理函数和驱动程序，当操作系统内核被中断时，这些中断处理函数和驱动程序会接管系统的硬件，营造一个可以供调试器运行的简单环境，这个环境使用自己的驱动程序来接收用户输入，显示输出（窗口）。SoftICE 和 Syser 调试器使用的就是这种方法。第三种方法是在系统内核中加入调试支持，当需要中断到调试器时，只让这部分支持调试的代码还在运行，内核的其他部分都停止，包括负责任务调度、用户输入和显示输出的部分。因为正常的内核服务都已经停止，所以调试器程序是不可能运行在同一个系统中的。因此这种方法需要调试器运行在另一个系统中，二者通过通信电缆交流信息。

Windows 操作系统推荐的内核调试方式是第三种方法。内建在操作系统内核中负责调试的那个部分通常称为内核调试引擎（Kernel Debug Engine）。

本章的前半部分将介绍内核调试引擎的概况（18.1 节），内核调试所使用的通信连接（18.2 节），如何启用内核调试（18.3 节），以及内核调试引擎的初始化（18.4 节）。后半部分将介绍内核调试协议（18.5 节），调试引擎如何与内核进行交互（18.6 节），建立和维持调试连接（18.7 节），最后介绍本地内核调试（18.8 节）。

18.1　概览

从 NT 系列 Windows 操作系统的第一个版本（NT 3.1）开始，内核调试引擎就是系统的一个固有部分，而且它是这个系统最先开始工作的部件之一，很多其他部件是在它的帮助下开发出来的。根据不同的用途，Windows 操作系统分为很多个发行版本，如家庭版本、专业版本、服务器版本等，根据构建选项的不同，每个版本又分为 Free 版本和 Checked 版本。但无论哪种版本，内核调试引擎都包含在其中。

18.1.1 KD

Windows 操作系统的每个系统部件都有一个简短的名字，通常为两个字符，比如 MM 代表内存管理器，OB 代表对象管理器，PS 代表进程和线程管理，等等。同样，内核调试引擎也有这样一个双字母的名字，叫 KD（Kernel Debug）。内核模块中用来支持内核调试的函数和变量大多是以这两个字母开头的。

18.1.2 角色

图 18-1（a）与图 18-1（b）展示了内核调试引擎在内核调试中的角色。从调试会话的角度来看，内核调试引擎是内核调试器和被调试内核之间的桥梁（图 18-1（a）），内核调试器通过内核调试引擎来访问和控制被调试内核，被调试内核通过调试引擎向调试器报告调试事件。对于内核的其他部分，调试引擎代表着调试器。对于调试器而言，调试引擎是它访问调试目标的媒介。

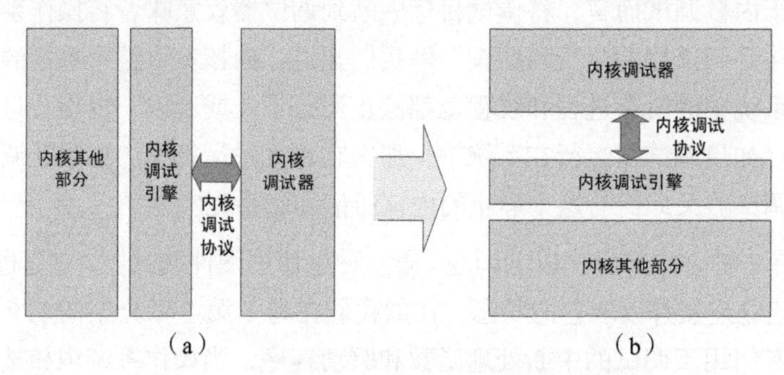

图 18-1 内核调试引擎在内核调试中的角色

内核调试引擎和调试器之间通过内核调试协议进行通信。通过这个协议，调试器可以请求调试引擎帮助它访问和控制目标系统，调试引擎也会主动地将目标系统的状态报告给调试器。

从访问内核的角度来看，内核调试引擎为内核调试器提供了一套特殊的 API，我们将其称为内核调试 API，简称 KdAPI。使用 KdAPI，调试器可以以一种类似远程调用的方式访问内核，这与应用程序通过 Win32 API 访问内核（服务）很类似。图 18-1（b）更好地显示了内核调试器、调试引擎、内核其他部分三者间的这种关系。

18.1.3 组成

可以把内核调试引擎分为如下几个部分。

（1）**与系统内核的接口函数**：内核调试引擎向内核其他部件公开的一系列函数，供内核的其他部分调用，以便让内核调试引擎得到执行机会，包括初始化的机会、处理异常的机会和检查中断命令的机会等。比如，Windows 系统启动过程中会调用 KdInitSystem 函数让内核调试引擎初始化；当系统分发异常时，会调用 KiDebugRoutine 变量所指向的函数（KdpTrap 或 KdpStub）；另外，系统的时间更新函数 KeUpdateRunTime 会调用 KdCheckForDebugBreak 来检查调试器是否发出了中断命令。

（2）**与调试器的通信函数**：这一部分负责与位于另一个系统（通常位于另一台机器，称为主机）中的调试器进行通信，包括建立和维护通信端口、收发数据包等。

（3）**断点管理**：负责记录所有断点，如插入、移除断点等。内核调试引擎使用一个数组来记录断点，其名称为 KdpBreakpointTable。

（4）**内核调试 API**：这是内核调试引擎与调试器之间的逻辑接口，通过这个接口向调试器提供各种观察和分析服务，包括读写内存、读写 I/O 空间、读取和设置上下文、设置和恢复断点等。因为调试器与调试引擎并不在同一台机器上，所以不可以直接调用这些 API。实际的做法是调试器通过数据包将要调用的 API 号码和参数传递给调试引擎，调试引擎收到这些信息后调用对应的函数，然后再将函数的执行结果以数据包的形式发回给调试器。例如，读虚拟内存的 API 号码是 0x3130。

（5）**系统内核控制函数**：包括负责将系统内核中断到调试器的 KdEnterDebugger 函数和恢复系统运行的 KdExitDebugger 函数，我们将在 18.6 节详细讨论。

（6）**管理函数**：包括启用和禁止内核调试引擎的 KdEnableDebugger 与 KdDisableDebugger，以及修改选项的 KdChangeOption 函数。WinDBG 工具包中的 kdbgctrl 工具就是使用这些函数来工作的。

（7）**ETW 支持函数**（从 Windows 2000 开始）：与 ETW 机制配合将追踪数据通过内核调试通信输出到调试器所在的主机上。负责这一功能的主要函数是 KdReportTraceData，其内部又调用另一个函数 nt!KdpSendTraceData 进行真正的数据操作。

（8）**驱动程序更新服务**（从 Windows XP 开始）：从主机上读取驱动程序文件来更新被调试系统中的驱动程序。WinDBG 的.kdfiles 命令就是依赖这一服务而工作的。当系统内存管理器的 MiCreateSectionForDriver 为一个驱动程序分配内存节（section）时，如果检测到系统当前处于内核调试状态，就会调用调试引擎的 KdPullRemoteFile 函数，后者再使用 KdpCreateRemoteFile、KdpReadRemoteFile 等函数完成文件更新工作（18.6.9 节）。

（9）**本地内核调试支持**（XP 开始）：包括 NtSystemDebugControl 和 KdSystemDebugControl（从 Windows Server 2003 开始），我们将在 18.8 节详细讨论。

图 18-2 画出了以上各部分和系统内核其他部分与调试器之间的关系。

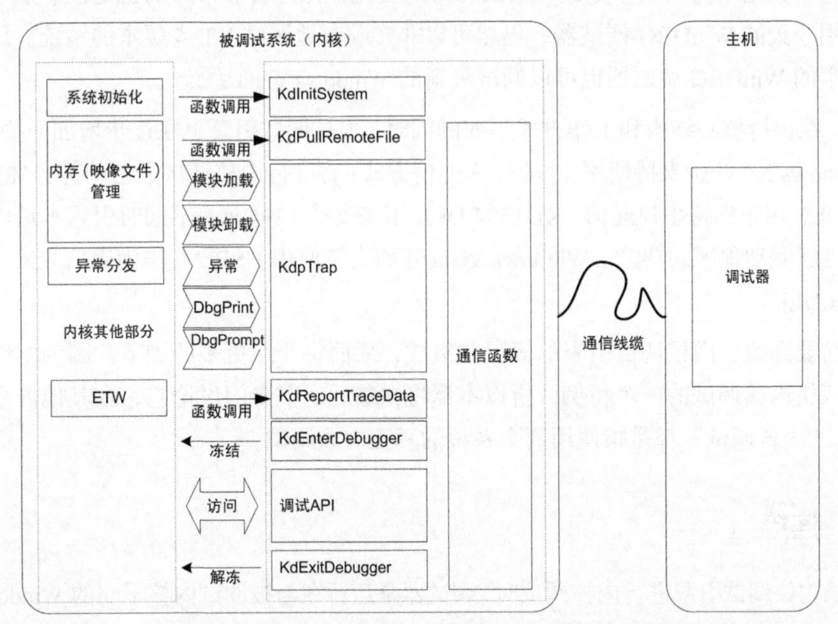

图 18-2　内核调试引擎中各部分和系统内核其他部分与调试器之间的关系

18.1.4 模块文件

在 Windows XP 之前，内核调试引擎的所有函数都是位于 NT 内核文件（即 NTOSKRNL.EXE）中的。从 Windows XP 开始，内核调试引擎中的通信部分被拆分到一个单独的 DLL 模块中，名为 KDCOM.DLL。

KDCOM.DLL 是一个典型的动态链接库（DLL），它输出了一系列函数供内核调试引擎调用。另外，KDCOM.DLL 也会调用 NTOSKRNL 输出的符号和函数。因此二者之间是相互依赖的。使用 depends 工具可以清楚地看到这一点（图 18-3）。

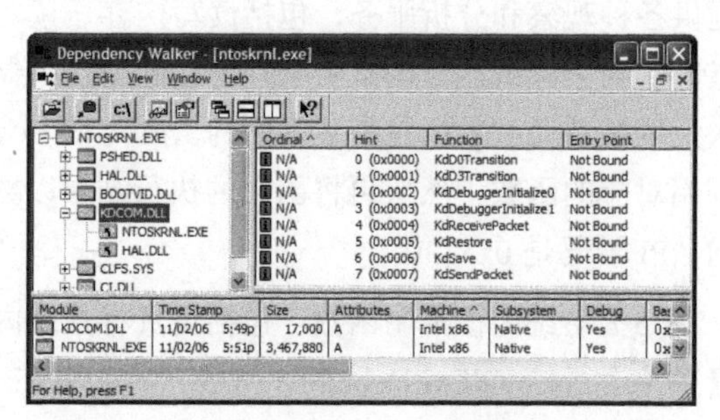

图 18-3 KDCOM.DLL 与 NTOSKRNL.EXE 之间的相互依赖关系

因为NTOSKRNL.EXE直接依赖KDCOM.DLL，所以KDCOM.DLL是作为NTOSKRNL.EXE的依赖模块由 NTLDR（对于 Windows Vista 是 WinLoad）加载到内存中的。

图 18-3 中的右侧窗格显示了 NTOSKRNL.EXE 使用的 KDCOM 函数，其中最重要的就是 KdSendPacket 和 KdReceivePacket，分别用来发送和接收数据包。KdD0Transition 和 KdD3Transition 用来“接收”电源状态的变化。当系统进入休眠状态时，内核中的 KdPowerTransition 函数会调用 KdD3Transition 通知 KDCOM。当系统被唤醒时，KdD0Transition 会被调用。KdDebuggerInitialize0、KdDebuggerInitialize1 是 KDCOM 输出的初始化函数，供 Windows 系统启动过程调用。KdSave 和 KdRestore 用来保存与恢复状态，目前没有使用。

18.1.5 版本差异

内核调试引擎存在于所有版本的 NT 系列的 Windows 操作系统中。在这些版本中，内核调试引擎的基本数据结构和工作方式一直没有大的变化，保持着非常好的稳定性和兼容性。举例来说，使用今天的 WinDBG 调试器，仍然可以非常顺利地调试 NT 4 版本的系统。反过来，使用较老版本的 WinDBG 调试器也可以调试最新的 Windows Vista 系统。

不过，在保持核心结构和工作方式不变的同时，内核调试引擎也在逐步增加一些新的功能。例如，Windows XP 开始支持使用 1394 作为通信方式，将支持内核调试通信的部分独立成 DLL，KDCOM.DLL 用来支持串口通信，KD1394.DLL 用来支持 1394 通信，同时引入本地内核调试支持，以及更新驱动程序的功能。Windows Vista 开始支持使用 USB 2.0 作为通信方式，通信模块为 KDUSB.DLL。

本节简要介绍了内核调试引擎的概况和组成，后面将介绍更多的细节。因为本地内核调试可以看作双机内核调试的一个特例，所以本章将在最后一节专门讨论它，在其他内容中，除非特别指出，“内核调试”都是指使用两个系统的真正内核调试。

18.2 连接

当使用内核调试引擎进行内核调试时，调试器是运行在与被调试内核不同的 Windows 系统中的，因此二者之间需要通过通信电缆进行通信。迄今为止，共有 5 种连接方式——串行口、1394、

USB 2.0、以太网和 USB 3.0。串口是最初的方式，1394 方式是 Windows XP 引入的，USB 2.0 是 Windows Vista 引入的，最后两种是 Windows 8 引入的。

18.2.1 串行端口

串行通信（serial communication）是 Windows 内核调试的本位（native）通信方式，所有版本的内核引擎都支持这种通信方式，它也是 Windows XP 之前所支持的唯一方式。因为内核调试一开始就是针对串行通信的特征而设计的，所以直至今天，串行通信仍然是进行 Windows 内核调试的最稳定方式。这其中的一个主要原因就是内核调试通信协议是面向字节而不是数据包定义的，而串行通信是最适合按字节来读写数据和同步的（18.5 节），其他通信方式都是以数据包（packet 或 message）的形式来组织数据的。

使用串行通信进行内核调试需要一根与收发信号对接的串行通信电缆，通常称为空调制解调器电缆（null-modem cable）。同时要求目标系统和主机都至少有一个可用的串行端口（COM port）。串行端口有 9 引脚和 25 引脚两种，大多数个人计算机上使用的是 9 引脚串行端口。表 18-1 列出了串行端口的信号名称和使用空调制解调器电缆进行通信时的连接方式。

表 18-1　串行端口的信号名称和空调制解调器电缆进行通信时的连接方式

一端			连接	另一端		
信号名称	引脚号			引脚号		信号名称
	25 引脚串行端口	9 引脚串行端口		9 引脚串行端口	25 引脚串行端口	
FG（Frame Ground）	1	—	X	—	1	FG
TD（Transmit Data）	2	3	—	2	3	RD
RD（Receive Data）	3	2	—	3	2	TD
RTS（Request To Send）	4	7	—	8	5	CTS
CTS（Clear To Send）	5	8	—	7	4	RTS
SG（Signal Ground）	7	5	—	5	7	SG
DSR（Data Set Ready）	6	6	—	4	20	DTR
CD（Carrier Detect）	8	1	—	4	20	DTR
DTR（Data Terminal Ready）	20	4	—	1	8	CD
DTR（Data Terminal Ready）	20	4	—	6	6	DSR

从表 18-1 可以看到，空调制解调器电缆是把一端的发送信号连接到另一端的接收信号，也就是把一端的数据发送（TD）引脚连接到另一端的数据接收（RD）引脚。

串行通信的速度可以为 110bit/s（位每秒）到 115200bit/s 的一系列值。但内核调试只支持 19200、38400、57600 和 115200。串行通信的速度通常设置为 115200bit/s。内核调试使用的其他串行通信参数是 8 个数据位（不带奇偶校验位），以及一个停止位（即典型的 8n1 模式）。

因为串行通信的最大速度为 115200bit/s，所以当使用串行通信进行内核调试时，如果要进行频繁的单步跟踪或传递较大的文件（比如.kdfiles 和.dump 命令），那么会感觉到速度有些慢。但是大多数时候我们不会感觉到明显的等待。或者可以利用等待的时间来思考，通常经过深思熟虑有的放矢要比盲目地试来试去高效得多。

串行通信电缆的长度通常为 1～2m，最长一般不能超过 10m。

随着 USB 等通信方式的流行，串行通信的应用慢慢变少，以至于今天的很多计算机系统已经不再配备串行端口。但是为了支持调试，笔者建议至少在开发版本的系统中应该配备串行端口。

18.2.2 1394

1394 又称火线，是一种高性能的串行总线通信标准。其研究工作始于 1986 年，1995 年正式成为 IEEE 标准，全称为 IEEE 1394—1995。1394 的第一个产品化应用是 1995 年的索尼数字摄像机（DV Camcorder），之后被逐步推广。2000 年和 2002 年 IEEE 分别发布了 1394a 与 1394b，它们对最初的 1394 标准做了更新。1394b 主要提高了数据传输速度，将原来的最大通信速度 400Mbit/s 提高到 3.2Gbit/s。[1]

1394 使用 64 位地址，其中高 10 位代表总线号，随后的 6 位表示节点号，之后的 48 位称为节点内偏移量，用来寻址设备节点内的空间。因此，一个 1394 网络最多可以有 1023 条总线，总线号为 0～1023；一条总线上最多可以有 63 个节点（node），号码为 0～63。其中，总线号 1023 代表本地总线，节点号 63 用于广播。[2]

1394 协议栈（protocol stack）定义了以下 3 个层（layer）——事务层（transaction layer）、链路层（link layer）和物理层（physical layer）。事务层负责从系统总线（通常为 PCI）接收读写请求，然后向链路层发出请求。链路层把请求封装为数据包，然后发给物理层。物理层负责总线初始化和仲裁（arbitration），保证同一时间只有一个节点发送数据。[3]

1394 支持异步数据传输（asynchronous data transport）和同步数据传输（isochronous data transport）两种数据传输方式。所有的同步传输数据包是通过通道号（channel number）来标识的。通道号为 0～63 的整数，是设备节点请求同步通信带宽时分配的。

1394 标准电缆的最大长度是 4.5m，其内部包含 3 对双绞线，两对用来传递数据，一对用来为外设供电。

Windows 操作系统从 XP 版本开始支持 1394 总线和设备。配备的驱动程序有 1394bus.sys、ohci1394.sys、arp1394.sys、enum1394.sys 和 nic1394.sys。前两个分别代表总线驱动和端口驱动，是 1394 驱动程序栈的核心。后 3 个主要用于通过 1394 来建立网络连接。其中 OHCI 是 Open Host Controller Interface 的缩写，是 1394 总线链路层协议的一种实现方式。[4]

WinDBG 工具包共设计了 3 个用于 1394 调试的驱动程序——1394dbg1.sys、1394dbg2.sys 和 1394udbg.sys。其中，最后一个用于通过 1394 来进行远程用户态调试，前两个都用于内核态调试，1394dbg1 用于最初的 Windows XP（Build 2600），1394dbg2 用于 XP SP1 及之后的 Windows 系统。当第一次使用 WinDBG 来通过 1394 调试目标系统时，WinDBG 会自动安装驱动程序（在主机上，而不是被调试的目标机上）。在设备管理器中可以看到这些驱动程序（图 18-4）。其中，名为 1394 Windows Debug Driver（Kernel Mode）的设备使用的驱动程序是 1394dbg2.sys。

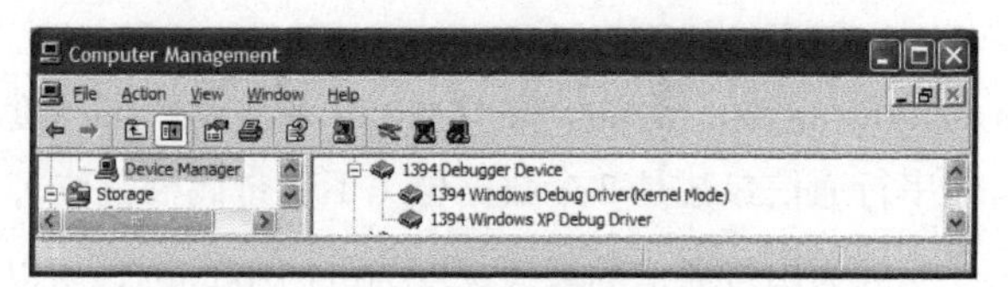

图 18-4 WinDBG 安装的用于通过 1394 进行内核调试的驱动程序（主机端）

在目标系统一侧，内核调试引擎使用KD1394.DLL来进行通信。这个模块实现了以下基本功能。

（1）初始化1394控制器。

（2）在1394的配置空间（config ROM）中公开调试支持，以便让调试器发现所在的调试目标。

（3）启用1394对系统内存的物理访问。

（4）将内核调试用的数据包映射到物理内存，让调试器读取和处理。

KD1394.DLL是Windows系统的一个系统文件（从Windows XP开始），位于system32目录下，它的全称是Kernel Debugger IEEE 1394 HW Extension DLL，即内核调试器的IEEE1394硬件扩展DLL。它的角色与KDCOM.DLL是一样的，而且它输出的函数名称和顺序与KDCOM.DLL也是完全一致的。这种一致性使得KD可以基于一套代码来使用不同DLL提供的通信服务，而不必关心通信模块内部的细节。

图18-5画出了使用1394进行内核调试时目标系统和主机间的通信示意图。左侧为目标系统，内核调试（KD）引擎通过它的通信模块KD1394.DLL来发送和接收数据。右侧是主机端，调试器将与要求发送给自己的1394驱动程序（1394DBG1.SYS或1394DBG2.SYS）通信，再使用系统的1394驱动程序栈来执行真正的数据传输工作。因为主机端需要使用系统的1394驱动程序栈，所以当使用1394来进行内核调试时，目标系统和主机端的系统版本都必须至少是Windows XP。

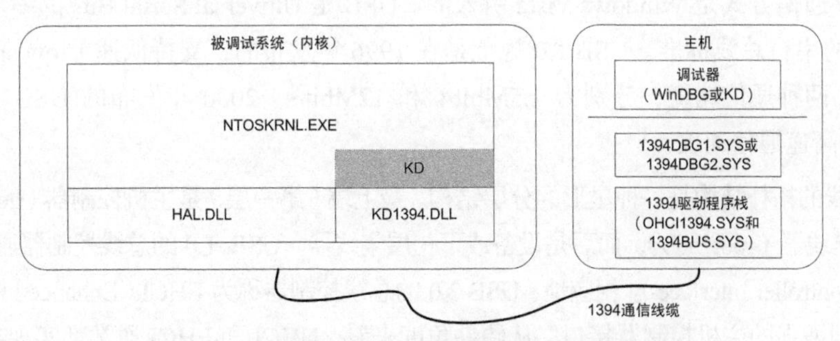

图18-5 使用1394进行内核调试时的通信示意图

与串行端口相比，使用1394作为内核调试这种通信方式还比较新。这种方式还存在稳定性问题，有些时候目标系统和主机的调试器无法建立连接。在关于内核调试的讨论组中，经常可以看到有人因为使用1394调试失败而困惑不解，即使经验丰富的调试高手偶尔也会遇到这样的问题。一个老生常谈的救命稻草就是禁止系统中使用1394的其他部件。

（1）对于目标系统，禁止系统中的1394 Host Controller，以防止Windows系统中常规的1394栈驱动程序（1394bus.sys等）与KD1394.DLL争抢资源，发生冲突，Windows XP SP2和Server 2003 SP1加入了支持，会自动完成这一动作（见下文）。

（2）对于主机系统，禁止使用1394网络适配器（1394 Net Adapter，在网络适配器栏目下），防止它与1394调试驱动程序冲突。

此外，可以尝试的方法还有如下几种。

（1）检查目标系统的注册表中是否存在键值HKEY_LOCAL_MACHINE\SYSTEM\CurrentControlSet\ Services\PCI\Debug，如果这个键值不存在，那么说明1394控制器初始化失败。

（2）更换1394适配卡的插槽位置，或者如果1394适配卡有多个插口，那么更换插口。

（3）尽可能让目标系统和主机使用相同的 1394 适配卡或控制芯片。

但以上方法并不总能解决问题，因此，更好的措施是改进内核调试引擎中关于 1394 调试的设计和实现，使其变得和串行方式一样稳定。事实上，Windows 系统的设计者们一直在做这样的努力，Windows XP 引入 1394 调试后，之后的几乎每次版本升级都包含了对这部分的改进，以下是简要的归纳。

（1）Windows XP（Build 2600），支持 1394 调试的第一个版本，使用 1394 的同步数据传输方式。最多支持调试 4 个目标系统。

（2）Windows XP SP1，使用 1394 的异步数据传输方式，最多支持 62 个目标系统。

（3）Windows Server 2003，使用更好的方法来初始化 1394 Host Controller。

（4）Windows XP SP2，自动完成前面提到过的禁止 1394 Host Controller。

因为 Windows XP SP2 及之后的 Windows（Server 2003 SP1、Vista）版本发现启用 1394 调试后会自动禁止 1394 Host Controller，所以如果目标系统是这些版本，就不应该再手动禁止 1394 Host Controller，否则可能适得其反。

18.2.3 USB 2.0

USB 2.0 通信方式是 Windows Vista 引入的。USB 是 Universal Serial Bus 的缩写，是一种低成本高性能的串行总线标准。USB 1.0 规范是在 1996 年发布的，支持低速（low speed）和全速（full speed）两种通信速度，分别为 1.5Mbit/s 和 12Mbit/s。2000 年发布的 USB 2.0 规范支持 480Mbit/s 的高速通信速度。[5]

USB 总线的拓扑结构是一种星形的分层结构。最上端（第一层）是主机控制器（host controller），第二层是根集线器（root hub），而后是设备或下一层集线器。USB 1.0 的总线控制器通常称为 UHCI（USB Host Controller Interface）。相应地，USB 2.0 的总线控制器称为 EHCI（Enhanced Host Controller Interface），即增强的主机控制器接口。从硬件角度来看，UHCI 和 EHCI 通常都实现在系统芯片组的南桥芯片（ICH）中。尽管信号的传输速度有较大差异，但是 USB 2.0 和 USB 1.0 的连接端口（port）是一样的。支持 USB 2.0 设备的端口完全可以插入 USB 1.0 设备，反之亦然。一个新插入的设备总是先工作在 USB 1.0 的通信模式，由 UHCI 与之通信，UHCI 会检测它是否为 USB 2.0 设备，如果是，那么会将它移交给 EHCI 来管理。这意味着同一个 USB 端口同时被映射到 UCHI 和 EHCI（图 18-6），它可能成为 USB 2.0 端口，也可能成为 USB 1.0 端口，取决于插入的设备类型。[6]

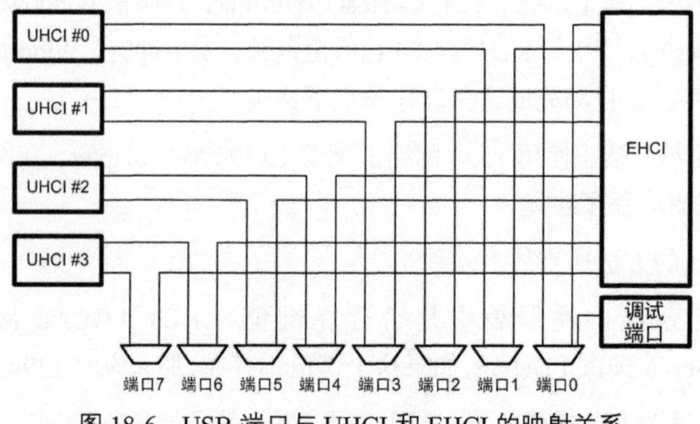

图 18-6 USB 端口与 UHCI 和 EHCI 的映射关系

因为USB总线的节点连接具有方向性，所以USB端口分为用于连接设备的上游（upstream）端口和用来连接主机的下游（downstream）端口。而一般个人计算机系统上的USB端口都是所谓的上游端口。因为两个上游端口是无法简单连接而进行通信的，所以使用USB 2.0方式进行内核调试时，首先需要有一根从USB 2.0主机到主机（Host to Host）的特殊电缆。

另外，因为USB通信协议是比较复杂的，所以需要编写较复杂的驱动程序才能使其工作，这显然不适合内核调试。为了支持调试，USB 2.0专门定义了支持调试的调试端口（debug port）。并不是所有USB端口都是调试端口，通常只有0号端口（Port 0）是调试端口。可以使用DDK中附带的USBView工具来观察哪个端口是0号端口。

Windows Vista增加了KDUSB.DLL（Kernel Debugger USB 2.0 HW Extension DLL）模块，用于支持使用USB 2.0的调试端口进行内核调试。在主机端需要Windows 2000或更高版本，因为Windows NT4不支持USB 2.0。对于调试器而言，WinDBG的6.5.3.8版本开始支持USB 2.0方式，配备的驱动程序名为usb2dbg.sys，6.6.3.5版本开始在界面上增加USB 2.0连接页。图18-9展示了使用USB 2.0进行内核调试时目标系统和主机间的通信。

图18-7画出了使用USB 2.0进行内核调试的通信示意图。其中USB线缆的目标机一侧一定不能有集线器，主机一侧可以有集线器，并且可以通过这个集线器与几个调试目标系统相连，以实现同时调试多个目标系统。

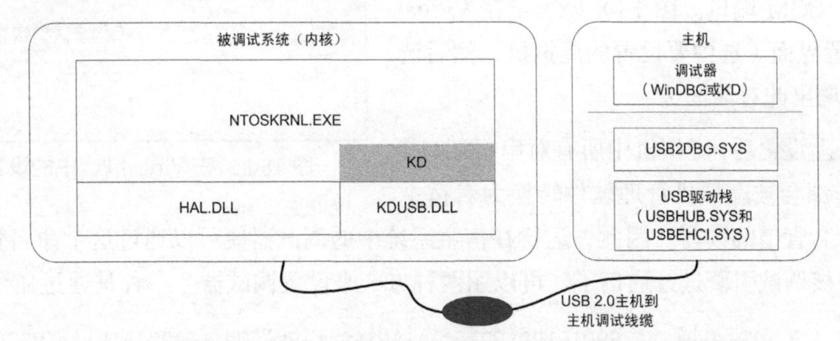

图18-7 使用USB 2.0进行内核调试时目标系统和主机间的通信

因为只有0号端口支持内核调试，所以建议系统硬件设计师们尽可能地将这个端口引到外部，以用于调试，而不要用这个端口来连接内部USB设备，或者不输出这个端口。举例来说，在笔者使用的笔记本电脑中，ICH包含了4个UHCI，1个EHCI。每个UHCI下的根集线器有两个端口，EHCI下的根集线器有8个端口，对应于UHCI下的所有端口。在这8个端口中，0号端口是调试端口，但是在笔记本电脑外部可见的两个USB端口是3号和4号端口。这意味着要通过USB方式调试这台笔记本电脑需要拆卸系统才能找到调试端口。

老雷评点

如此糟糕之设计，不知出自何人之手。

18.2.4 管道

虚拟机（virtual machine）技术可用于在一台物理系统中构建出多个虚拟机，每个虚拟机可以安装和运行一个操作系统。这样，一个物理系统中就可以运行多个软件（操作）系统。通常把提供和管理虚拟机环境的软件称为虚拟机管理软件。常用的虚拟机管理软件有 Virtual PC 和 VMWare 等。虚拟机管理软件通常不能直接管理硬件，也需要运行在一个操作系统中。为了便于区别，运行在虚拟机中的操作系统一般称为寄宿（guest）系统，虚拟机管理软件所运行的操作系统称为宿主（host）系统。

虚拟机技术的流行使人们很自然地想到利用它来进行内核调试。因为通过虚拟机技术就可以用一台物理计算机来模拟两台计算机，一台作为运行调试器的主机，另一台作为运行被调试系统的目标机。因为宿主 OS 一旦被中断，那么虚拟机也将无法继续运行，所以调试器应该运行在宿主系统上，被调试内核运行在虚拟机中。

接下来要考虑的是如何建立两个系统间的通信连接。有两种方法，一种是使用支持回环（loop back）的真正物理端口，比如串行端口，将系统的一个串行端口通过虚拟机管理软件映射给虚拟机，另一个给调试器使用，然后使用空调制解调器电缆将这两个端口连接起来。

因为两个系统是在同一个物理系统中，所以再使用物理连接方法有些不必要。因此，另一种方法就是使用软件的通信方式来模拟硬件通信端口，比如使用命名管道（named pipe）模拟串行端口。其做法是在虚拟机管理软件中使用命名管道虚拟出一个 COM 端口。图 18-8 显示了在 Virtual PC 中的设置界面（选中要设置的虚拟机，然后选择 Settings 调出此对话框）。

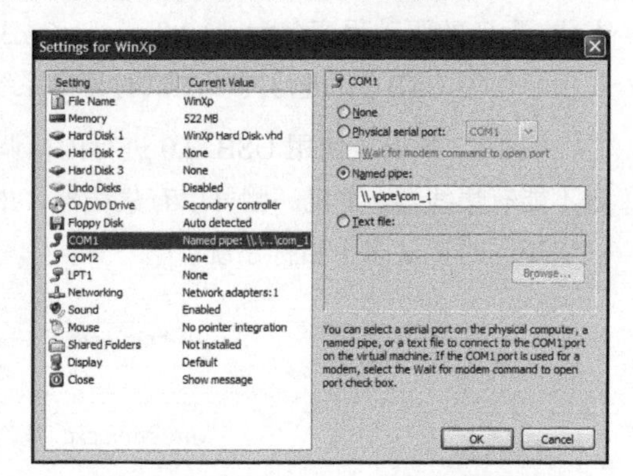

图 18-8 在 Virtual PC 中的设置界面

经过以上设置后，虚拟机中所有对串行端口 1 的读写操作都会被虚拟机管理软件转换为对宿主系统中的命名管道的读写。因此，运行在宿主系统中的调试器便可以通过这个命名管道来与虚拟机中的内核调试引擎进行通信了。可以用两种方式来设置调试器。一种是通过命令行参数。

```
windbg [-y SymPath] -k com:pipe,port=\\.\pipe\PipeName[,resets=0][,reconnect]
```

其中 PipeName 应该替换为虚拟机管理软件中设置的名称，即“com_1，resets=0”告诉调试器可以无限制地向管道发送复位（reset）命令。调试器使用复位命令来与调试引擎建立连接（握手），在启动内核调试后，调试器会不停地发送复位命令，直到与目标系统建立起连接。真正的物理端口会自动抛弃过剩的数据，Virtual PC 也会自动丢弃发到虚拟串行端口中的过量数据，因此可以将 resets 设置为 0，但对于 VMWare 等不会自动丢弃过量数据的虚拟机系统，不应该指定这个参数。如果指定 reconnect 参数，并且读写管道失败，那么调试器会自动断开连接，然后再重新连接。因为每次虚拟机重新启动时，虚拟机管理软件会重新构建用来虚拟串行端口的管道，所以如果不选中指定的 Reconnect 复选框，并且虚拟机重新启动，就需要重新开启调试器，否则在虚拟机下次启动后将无法建立连接。

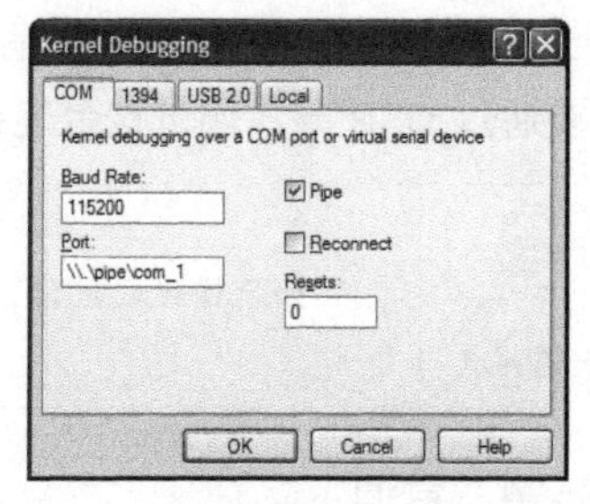

图 18-9 通过图形界面来指定使用管道作为内核调试的连接方式

另一种是通过图形界面，也就是使用图 18-9 所示的 Kernel Debugging（内核调试）对话框。选中 Pipe 复选框，然后在 Port 文本框中指定命名管道的全路径，即\\.\pipe\com_1，再选中 Reconnect 复选框。

使用虚拟机进行内核调试的优点是简单方便，但也有如下缺点：一是难以调试硬件相关的驱动程序；二是当对某些涉及底层操作（中断、异常或者 I/O）的函数或指令设置断点时，可能导致虚拟机意外重新启动；三是当将目标系统中断到调试器时，目前的虚拟机管理软件会具有非常高的 CPU 占有用率，超过 90%。

18.2.5 选择连接方式

上面我们介绍了内核调试的几种连接方式，可以说每一种方式都有它的优缺点。因此，我们需要针对具体的调试环境和调试任务来选择合适的通信连接方式。如果目标机为虚拟机，串行端口最方便而且稳定。如果目标机是真实机器，那么优先考虑使用 USB 3.0 方式。

选择好连接方式后，还需要设置目标系统和调试器，让它们使用选定的连接方式。我们将在下一节介绍如何设置目标系统。本节先介绍如何设置调试器。有以下 3 种方法。

（1）通过环境变量设置连接方式和参数。

（2）通过命令行参数，使用-k 开关后面跟一个连接串来指定连接方式和参数。

（3）通过图形界面，即图 18-9 所示的对话框。

以下是使用命令行方式的命令格式。

```
windbg ... -k com:port=ComPort,baud=BaudRate ...
windbg ... -k 1394:channel=1394Channel[,symlink=1394Protocol] ...
windbg ... -k usb2:targetname=String ...
windbg ... -k com:pipe,port=\\VMHost\pipe\PipeName[,resets=0][,reconnect]
```

从上至下，各行依次为串行端口方式、1394 方式、USB 2.0 方式和管道方式。如果进行本地内核调试，那么使用-kl 开关。

18.2.6 解决连接问题

内核调试中一个很令人郁闷的问题就是无法建立通信连接，在解决真正的问题之前，人们往往不得不花时间解决连接问题。

这时，首先应该认真检查实际连接方式与软件设置是否一致，包括目标系统的设置和调试器中的设置。

然后检查选定的连接方式是否可以真正在目标系统与主机之间传递数据。如果使用串行端口方式，那么可以使用 Windows 系统中的附属工具超级终端（hyper terminal）来进行测试。

如果还没有解决问题，第三步就要根据选择的连接方式，利用我们前面讲解的知识来核对或调整物理电缆的连接端口和参数设置。

在进行以上尝试的过程中，可以通过 Ctrl+Alt+D 快捷键（对于 WinDBG）或 Ctrl+D 快捷键（对于 KD）让调试器输出内部的通信信息。

以使用 1394 方式为例，选择以 1394 方式启动 WinDBG 调试器后，它将显示如下信息。

```
Using 1394 for debugging
Opened \\.\DBG1394_CHANNEL22
Waiting to reconnect...
```

以上信息表明调试器在等待与内核调试引擎建立连接。但如果连接不成功，它通常没有任何信息提示。此时按 Ctrl+Alt+D 快捷键，WinDBG 便会显示通信记录。

```
READ: Data ByteCount error (short read) 0, 10.
READ: Wait for type 7 packet
READ: Data ByteCount error (short read) 0, 10.
READ: Wait for type 7 packet
…
```

以上信息表明 WinDBG 在等待类型 7（状态变化）数据包。

因为建立通信连接是内核调试的关键一步，所以本节比较详细地介绍了各种连接方式的原理和特点，但仍无法覆盖每种通信方式的细节，感兴趣的读者可以阅读本章末尾中列出的参考资料。本章后面的各节会介绍调试器与调试引擎的通信协议和各种对话过程，这将有助于大家更好地理解通信连接和解决有关问题。

18.3 启用

尽管内核调试引擎已经包含在每个 Windows 系统中，但出于安全和性能的考虑，它默认处于禁止状态，因此在进行内核调试前需要先启用内核调试引擎。这需要修改系统的启动配置文件，对于 Vista 之前的 Windows 版本，需要修改 BOOT.INI 文件；对于 Vista 版本，需要修改启动配置数据（Boot Configuration Data）。

18.3.1 BOOT.INI

BOOT.INI 是传统 INI 格式的文本文件，位于 Windows 系统所在盘（通常为 C:\）的根目录下。因为 BOOT.INI 默认具有系统、隐藏和只读属性，所以在编辑该文件前应该去掉这些属性，编辑后再恢复这些属性。如果在 DOS 命令行下编辑 BOOT.INI，那么执行的典型步骤如下。

（1）切换到 Windows 启动盘的根目录，如使用 cd \。

（2）执行 attrib -s -h -r Boot.ini 去除保护属性。

（3）使用编辑器进行编辑，如使用 edit boot.ini。

（4）执行 attrib +s +h +r Boot.ini，恢复文件属性。

以下是一个典型的 BOOT.INI 文件的内容。

```
[boot loader]
timeout=30
default=multi(0)disk(0)rdisk(0)partition(1)\WINDOWS
[operating systems]
multi(0)disk(0)rdisk(0)partition(1)\WINDOWS="Microsoft Windows XP Professional"
/noexecute=optin /fastdetect
```

[operating systems]节下面的每一行对应一个启动入口（boot entry），目前只有一行（由于行宽所限显示为两行）。等号左侧是使用 ARC（Advanced RISC Computing）规范描述的 Windows 系统目录的完整路径。等号右侧是启动选项，其中/noexecute 用来配置 DEP（Data Execution Prevention）功能，即当执行数据属性的内存页时是否产生异常，optin 表示只对操作系统部件（内核和驱动程序）启用 DEP。/fastdetect 用来告诉 NTDETECT 程序（启动前 NTLDR 用来检测硬件的简单程序）不必枚举串行和并行端口上的设备。因为 Windows NT4 需要 NTDETECT 来枚举串行和并行设备，所以在 Windows NT4 系统的启动配置中，不应该有这个开关。

要启用内核调试，通常将已有的启动入口复制一份，粘贴到下面，然后在新添加的启动入口中增加调试选项。例如，以下是使用串行端口 1 作为内核调试通信端口的典型写法。

```
multi(0)disk(0)rdisk(0)partition(1)\WINDOWS="Debug with Serial Port" /fastdetect
/debug /debugport=COM1 /baudrate=115200
```

其中双引号内的字符串会出现在启动菜单中，/debugport 用来指定通信端口，COM1 代表串行端口 1，/baudrate 用来指定串行通信的通信速率（单位为 bit/s）。值得说明的是，主机与被调试机使用的 COM 端口号可以不同，只要各自与串行电缆所插入的实际端口一致即可。

如果使用 1394 通信，那么可以配置为以下内容。

```
multi(0)disk(0)rdisk(0)partition(1)\WINDOWS="Debug with 1394" /fastdetect /debug
/debugport=1394 /channel=22
```

其中，/channel 用来指定 1394 通信的通道号，需要与主机上的一致。

以上配置中的/debug 可以省略，因为/debugport 就已经起到了启用内核调试引擎的作用。如果只有/debug 而没有指定/debugport，那么 Windows 会使用默认的通信端口和通信参数。对于 x86 系统，通常为 COM2（可以枚举到的号码最大的 COM 端口）；对于 RISC 系统为 COM1，通信速率为 19200bit/s。

除了以上启动选项，还有如下选项与内核调试有关。

（1）/NODEBUG：禁止内核调试，它比/DEBUG 和/DEBUGPORT 的优先级都高。

（2）/CRASHDEBUG：加载内核调试引擎，但是只有当系统发生崩溃时才会被激活，否则一直处于不活动状态。这一选项也导致内核调试引擎不会占用通信端口，使其可以被系统所使用。如果启用了内核调试引擎但没有指定这个选项，那么系统中是看不到/debugport 中所指定的端口的，因为内核调试引擎在使用它。

对于 Windows XP 和 Server 2003，Windows 系统的 system32 目录中自带了一个名为 bootcfg 的命令行工具，用来帮助修改启动文件。对于这两个系统，也可以通过计算机的“系统属性”对话框来启动 notepad，编辑 BOOT.INI 文件，其操作步骤为右击“我的电脑”，选择“属性”，在弹出的“系统属性”对话框中，选择“高级”选项卡，单击“启动和故障恢复”选项组中的“设置”按钮，编辑文件。

最后说明一点，从 Windows XP 开始才支持使用 1394 进行内核调试，Windows 2000 和它以前的 Windows 只支持串行端口方式。

18.3.2 BCD

Windows Vista 不再使用 BOOT.INI 文件，改为使用 Boot Configuration Data（BCD）。发生改动的一个原因是 BOOT.INI 文件容易被恶意软件修改。

首先使用命令行工具 bcdedit 来编辑 BCD。它需要启动一个管理员权限（Run As Administrator）的命令行窗口。然后执行如下命令将当前的启动入口复制一份。

```
bcdedit /copy {current} /d "Vista Debug with Serial"
```

其中，双引号中的字符串为新启动入口的名称。如果执行成功，会显示如下的信息。

```
The entry was successfully copied to {49916baf-0e08-11db-9af4-000bdbd316a0}.
```

其中，大括号中的内容是新启动入口的GUID，用来唯一标识这个启动入口。

接下来执行如下命令对这个启动入口启用内核调试。

```
bcdedit /debug {49916baf-0e08-11db-9af4-000bdbd316a0} on
```

BCD中总有一套全局的调试设置，使用bcdedit/dbgsettings可以观察和修改这套设置。

```
bcdedit/dbgsettings[[connect type][connect para]/start startpolicy/noemux]
```

其中，connect type和connect para用来定义内核调试的连接方式与参数，定义的方式可以为以下3种之一。

（1）serial：串行通信，使用“DEBUGPORT:port”来指定串行口号，使用“BAUDRATE:baud”来指定传输速度。

（2）1394：1394（相线）通信，使用“CHANNEL:channel”来指定通道号。

（3）USB：USB 2.0或者3.0通信，使用“TARGETNAME:name”来指定调试目标的名称。

例如，以下命令将内核调试的全局设置定义为串行端口1，波特率为115200bit/s。

```
bcdedit /dbgsettings serial DEBUGPORT:1 BAUDRATE:115200
```

以下命令使用USB 2.0，目标名称为RTM。

```
bcdedit /dbgsettings usb targetname:RTM
```

使用/start开关可以指定内核调试引擎的startpolicy（启动策略），startpolicy可以为以下选项之一。

（1）ACTIVE：使内核调试引擎（始终）处于活动状态，这是默认的选项。

（2）AUTOENABLE：当发生异常或蓝屏崩溃时，自动启用内核调试引擎，在这类事件发生前内核调试引擎处于非活动状态。

（3）DISABLE：通过kdbgctrl命令来启用。

开关/noumex告诉内核调试引擎忽略用户态异常。如果不指定这个开关，当某个进程的用户态代码触发了断点或单步异常而且这个进程又不在调试状态时，那么内核调试引擎会中断到内核调试器。

如果希望为某个启动项设置单独的调试选项，那么可以使用bcdedit/set命令，例如：

```
bcdedit /set {18b123cd-2bf6-11db-bfae-00e018e2b8db} debugtype serial
bcdedit /set {18b123cd-2bf6-11db-bfae-00e018e2b8db} debugport 1
bcdedit /set {18b123cd-2bf6-11db-bfae-00e018e2b8db} baudrate 115200
```

使用WinDBG工具包中的KDbgCtrl工具（KDbgCtrl.exe）可以观察或调整以上部分配置，比如调试引擎的启动策略和对用户态异常的中断策略。使用时可以参考这个工具的帮助信息（通过/?）。

18.3.3 高级启动选项

如果被调试系统已无法正常启动，不能登录并修改BOOT.INI或使用BCDEdit，那么可以通过“Windows高级启动选项”（Windows Advanced Options）中的“调试模式”（Debugging Mode）选项来启用内核调试。

调出“Windows高级选项”的方法是当系统固件将控制权交给Windows的加载器（NTLDR或BootMgr/WinLoad）时，按F8快捷键。

通过这种方法启用内核调试引擎时，内核调试引擎会从默认的调试设置中读取通信连接方式。对于 Windows Vista 之前的版本，系统会使用可以枚举到的最大序号 COM 端口和 19200 波特率。

18.4 初始化

本节将介绍内核调试引擎初始化的过程。因为这一过程是穿插在 Windows 系统的启动过程中的，所以我们先来简要介绍 Windows 系统的启动过程。

18.4.1 Windows 系统启动过程概述

计算机开机后，先执行的是系统的固件（firmware），即基本输入/输出系统（Basic Input/Output System，BIOS）或可扩展固件接口（Entensible Firmware Interface，EFI）。BIOS 或 EFI 在完成基本的硬件检测和平台初始化工作后，将控制权移交给磁盘上的引导程序。磁盘引导程序再执行操作系统加载程序（OS Loader），即 NTLDR（Windows Vista 之前）或 WinLoad.exe（Windows Vista 中）。

首先系统加载程序会对 CPU 做必要的初始化工作，包括从 16 位实模式切换到 32 位保护模式，启用分页机制等，然后通过启动配置信息（Boot.INI 或 BCD）得到 Windows 系统的系统目录并加载系统的内核文件，即 NTOSKRNL.EXE。当加载这个文件时，会检查它的 PE 文件头导入节中所依赖的其他文件，并加载这些依赖文件，其中包括用于内核调试通信的硬件扩展 DLL（KDCOM.DLL、KD1394.DLL 或 KDUSB.DLL）。加载程序会根据启动设置加载这些 DLL 中的一个，并将其模块名统一称为 KDCOM。

而后系统加载程序会读取注册表的 System Hive，加载其中定义的启动（boot）类型（SERVICE_BOOT_START (0)）的驱动程序，包括磁盘驱动程序。

在完成以上工作后，系统加载程序会从内核文件的 PE 文件头找到它的入口函数，即 KiSystemStartup 函数，然后调用这个函数。调用时将启动选项以一个名为 LOADER_PARAMETER_BLOCK 的数据结构传递给 KiSystemStartup 函数。于是，NT 内核文件得到控制权并开始执行。

可以把接下来的启动过程分为图 18-10 所示的 3 个部分。左侧是发生在初始启动进程中的过程，这个初始的进程就是启动后的空闲进程。中间是发生在系统（System）进程中的所谓的执行体的阶段 1 初始化过程。右侧是发生在会话管理器（SMSS）进程中的过程。

首先我们来看 KiSystemStartup 函数的执行过程，它所做的主要工作如下。

（1）调用 HalInitializeProcessor 初始化 CPU。

（2）调用 KdInitSystem 初始化内核调试引擎，我们稍后将详细介绍这个函数。

（3）调用 KiInitializeKernel 开始内核初始化，这个函数会调用 KiInitSystem 来初始化系统的全局数据结构，调用 KeInitializeProcess 创建并初始化空闲进程，调用 KeInitializeThread 初始化空闲线程，调用 ExpInitializeExecutive 进行所谓的执行体的阶段 0 初始化。ExpInitializeExecutive 会依次调用执行体各个机构的阶段 0 初始化函数，包括调用 MmInitSystem 构建页表和内存管理器的基本数据结构，调用 ObInitSystem 建立名称空间，调用 SeInitSystem 初始化 token 对象，调用 PsInitSystem 对进程管理器进行阶段 0 初始化（稍后详细说明），调用 PpInitSystem 让即插即用管理器初始化设备链表。

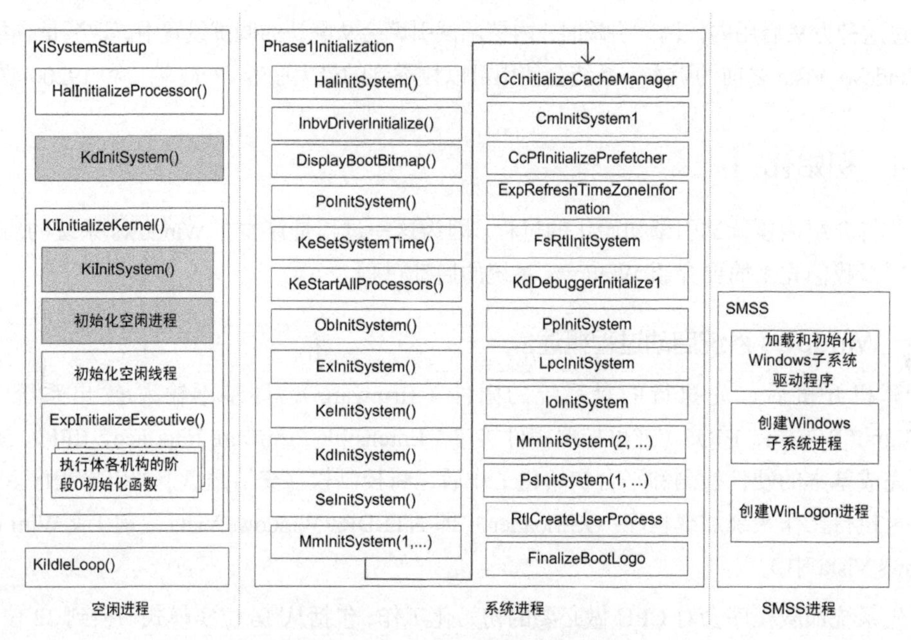

图 18-10 Windows 启动过程概览

在 KiInitializeKernel 函数返回后，KiSystemStartup 函数将当前 CPU 的中断请求级别（IRQL）降低到 DISPATCH_LEVEL，然后跳转到 KiIdleLoop，退化为空闲进程中的第一个空闲线程。

对于多 CPU 的系统，每个 CPU 都会执行 KiInitializeKernel 函数，但只有第一个 CPU 才执行其中的所有初始化工作，包括全局性的初始化，其他 CPU 只执行 CPU 相关的部分。比如只有 0 号 CPU 才调用和执行 KiInitSystem，初始化空闲进程的工作也只由 0 号 CPU 执行，因为只需要一个空闲进程。但是，由于每个 CPU 都需要一个空闲线程，因此每个 CPU 都会执行初始化空闲线程的代码。KiInitializeKernel 函数使用参数来了解当前的 CPU 号。全局变量 KeNumberProcessors 标志着系统中的 CPU 个数，其初始值为 0，因此，当 0 号 CPU 执行 KiSystemStartup 函数时，KeNumberProcessors 的值刚好是当前的 CPU 号。当第二个 CPU 开始运行时，这个全局变量会递增 1，因此 KiSystemStartup 函数仍然可以从这个全局变量了解到 CPU 号，以此类推，直到所有 CPU 都开始运行。ExpInitializeExecutive 函数的第一个参数也是 CPU 号，在这个函数中有很多代码是根据 CPU 号来决定是否执行的。

下面我们仔细看看进程管理器的阶段 0 初始化，它所做的主要动作如下。

（1）定义进程和线程对象类型。

（2）建立记录系统中所有进程的链表结构，并使用 PsActiveProcessHead 全局变量指向这个链表。此后 WinDBG 的!process 命令才能工作。

（3）为初始的进程创建一个进程对象（PsIdleProcess），并命名为 Idle。

（4）创建系统进程和线程，并将 Phase1Initialization 函数作为线程的起始地址。

注意上面的最后一步，因为它衔接着系统启动的下一个阶段，即执行体的阶段 1 初始化。但是这里并没有直接调用阶段 1 的初始化函数，而是将它作为新创建系统线程的入口函数。此时因为当前的 IRQL 很高，所以这个线程还得不到执行，只有当 KiInitializeKernel 返回，KiSystemStartup 将 IRQL 降低后，内核下次调度线程时，这个线程才会开始执行。

阶段 1 初始化占据了系统启动的大多数时间，其主要任务就是调用执行体各机构的阶段 1 初始化函数。有些执行体部件使用同一个函数作为阶段 0 和阶段 1 初始化函数，用参数来区分。图 18-10 列出了这一阶段所调用的主要函数，下面简要说明其中几个。

（1）调用 KeStartAllProcessors 初始化所有 CPU。这个函数会先构建并初始化好一个处理器状态结构，然后调用硬件抽象层的 HalStartNextProcessor 函数将这个结构赋给一个新的 CPU。新的 CPU 仍然从 KiSystemStartup 开始执行。

（2）再次调用 KdInitSystem 函数，并且调用 KdDebuggerInitialize1 来初始化内核调试通信扩展 DLL（KDCOM.DLL 等）。

（3）在这一阶段结束前，它会创建第一个使用映像文件创建的进程，即会话管理器（SMSS）进程。

会话管理器进程会初始化 Windows 子系统，创建 Windows 子系统进程和登录进程（WinLogon.EXE），后者会创建本地安全认证子系统服务（Local Security Authority Subsystem Service，LSASS）进程和系统服务（Services.EXE）进程并显示登录画面，至此启动过程基本完成。

18.4.2 第一次调用 KdInitSystem

从图 18-10 可以看到，系统在启动过程中会两次调用内核调试引擎的初始化函数 KdInitSystem。第一次是在系统内核开始执行后由入口函数 KiSystemStartup 调用。

调用时，KdInitSystem 会执行以下动作。

（1）初始化调试器数据链表，使用变量 KdpDebuggerDataListHead 指向这个链表。

（2）初始化 KdDebuggerDataBlock 数据结构，该结构包含了内核基地址、模块链表指针、调试器数据链表指针等重要数据，调试器需要读取这些信息以了解目标系统。

（3）根据参数指针指向的 LOADER_PARAMETER_BLOCK 结构寻找调试有关的选项，然后保存到变量中（见下文）。

（4）对于 Windows XP 之后的系统，调用 KdDebuggerInitialize0 来对通信扩展模块进行阶段 0 初始化。对于 Windows XP 之前的版本，调用 KdPortInitialize 来初始化 COM 端口。如果使用的是串行通信方式，那么 KDCOM 中的 KdDebuggerInitialize0 函数会调用模块内的 KdCompInitialize 函数来初始化串行端口。不论是 KdPortInitialize 还是 KdCompInitialize 函数，成功初始化 COM 端口后，都会设置 HAL 模块中所定义的 KdComPortInUse 全局变量，记录下已被内核调试使用的 COM 端口。此后的串行口驱动程序（serial.sys）会检查这个变量，并跳过用于调试用途的串行端口，因此，在目标系统的设备管理器中我们看不到用于内核调试的串行端口。

此外，KdInitSystem 会初始化以下全局变量。

（1）KdPitchDebugger：布尔类型，用来标识是否显式抑制内核调试。当启动选项中包含 /NODEBUG 选项时，这个变量会设置为真。

（2）KdDebuggerEnabled：布尔类型，用来标识内核调试是否启用。当启动选项中包含 /DEBUG 或/DEBUGPORT 而且不包含/NODEBUG 时，这个变量会设置为真。

（3）KiDebugRoutine：函数指针类型，用来记录内核调试引擎的异常处理回调函数。当内核调试引擎活动时，它指向 KdpTrap 函数；否则，指向 KdpStub 函数。

（4）KdpBreakpointTable：结构数组类型，用来记录代码断点，每个元素为一个 BREAKPOINT_ENTRY 结构，用来描述一个断点，包括断点地址。

对于 Windows XP 之前的版本，还会初始化如下变量。

（1）KdpNextPacketIdToSend：整数类型，用来标识下一个要发送的数据包 ID，KdInitSystem 将这个变量初始化为 0x80800000|0x800，即 INITIAL_PACKET_ID（初始包）或 SYNC_PACKET_ID（同步包）。

（2）KdpPacketIdExpected：整数类型，用来标识期待收到的下一个数据包 ID ，初始化为 0x80800000，即 INITIAL_PACKET_ID。

对于 Windows XP 和之后的系统，当使用串行通信方式时，在 KDCOM.DLL 中定义了两个同样用途的变量 KdCompNextPacketIdToSend 和 KdCompPacketIdExpected。

对于 Windows Vista，会初始化如下变量。

（1）KdAutoEnableOnEvent：布尔类型，如果调试设置中的启动策略为 AUTOENABLE，则设置为真。

（2）KdIgnoreUmExceptions：布尔类型，代表了处理用户态异常的方式，如果调试设置中的启动策略包含/noumex，则设为真，含义是忽略用户态异常。

关于 KdInitSystem 第一次被调用，还有如下两点值得说明。第一，只有当 0 号 CPU 执行 KiSystemStartup 函数时才会调用 KdInitSystem，所以它不会被 KiSystemStartup 多次调用。第二，不管系统是否启用内核调试，调用都会发生。

18.4.3 第二次调用 KdInitSystem

在执行体的阶段 1 初始化过程中，系统会第二次调用 KdInitSystem，让调试子系统做进一步的初始化工作。以下栈回溯显示这次调用的过程。

```
kd> kn
 # ChildEBP RetAddr
00 f8958840 8068b0ee nt!KdInitSystem                      // 内核调试引擎初始化
01 f8958dac 8057c73a nt!Phase1Initialization+0x410        // 执行体的阶段 1 初始化
02 f8958ddc 805124c1 nt!PspSystemThreadStartup+0x34       // 系统线程的启动函数
03 00000000 00000000 nt!KiThreadStartup+0x16              // 内核模式的线程启动函数
```

从 Windows XP 开始，KdInitSystem 函数的第一个参数为阶段号，0 代表阶段 0，即第一次调用，1 代表阶段 1，即第二次调用；第二个参数为指向 LOADER_PARAMETER_ BLOCK 结构的指针。在 Windows XP 之前，KdInitSystem 的第一个参数是 LOADER_PARAMETER_ BLOCK 结构指针。

在目前的实现中，KdInitSystem 的阶段 1 初始化（第二次被调用）只是简单地调用 KeQueryPerformanceCounter 来初始化变量 KdPerformanceCounterRate（性能计数器的频率），然后返回。

18.4.4 通信扩展模块的阶段 1 初始化

在阶段 1 初始化中，系统会调用通信扩展模块的 KdDebuggerInitialize1 函数来让通信扩展模块得到阶段 1 初始化的机会。

```
kd> kn
```

```
 # ChildEBP RetAddr
00 f8958844 8068b313 kdcom!KdDebuggerInitialize1     // 内核调试通信扩展模块
01 f8958dac 8057c73a nt!Phase1Initialization+0x69a  // 执行体的阶段 1 初始化
02 f8958ddc 805124c1 nt!PspSystemThreadStartup+0x34 // 系统线程的启动函数
03 00000000 00000000 nt!KiThreadStartup+0x16         // 内核模式的线程启动函数
```

目前的 KDCOM 实现会调用 KdCompInitialize1，但是只执行很少的操作就返回了。

18.5 内核调试协议

当使用内核调试引擎进行调试时，位于被调试系统中的内核调试引擎与位于主机中的调试器相互协作，共同完成各种调试任务。为了实现这种合作，双方需要按照一定的规则进行通信和交互，这些规则称为 NT 内核调试协议（NT Kernel Debugging Protocol）。

尽管没有详细的文档，但是从 NT 3.51 到 Windows 2000 的 DDK 中都包含了一个名为 Windbgkd.h 的头文件，其中包含了内核调试协议所使用的所有数据结构、常量和简单说明。通过这个头文件和 WinDBG 所输出的通信记录（按 Ctrl+Alt+D 组合键，见 18.2 节），可以归纳出内核调试协议的基本规则和原理。

18.5.1 数据包

内核调试引擎和调试器是以数据包的形式来通信的。根据内容，可以把数据包分成如下三大类。

（1）中断数据包（breakin packet）。供调试器通知内核调试引擎中断到调试器。

（2）信息数据包（information packet）。用来传递调试信息或调试命令。

（3）控制数据包（control packet）。用来建立通信连接或控制通信流程，例如确认收到数据，要求重新发送数据，或者请求重新建立连接。

中断数据包的格式最简单，只有一种，而且内容固定为 1～4 字节的 0x62，即字符 b。

信息数据包用来在内核调试引擎和调试器之间传递状态信息或调试命令，其长度是不固定的，但都是以一个 KD_PACKET 结构开始，然后跟随不定长度的数据，最后以字符 0xAA 结束。

```
typedef struct _KD_PACKET {
    ULONG PacketLeader;     // 数据包的导引
    USHORT PacketType;      // 数据包的类型
    USHORT ByteCount;       // 跟随在本结构后数据的长度
    ULONG PacketId;         // 数据包的 ID
    ULONG Checksum;         // 数据的校验和
} KD_PACKET, *PKD_PACKET;
```

我们把上面的结构称为信息数据包的头结构，其中，PacketLeader 是整个数据包的导引，长度为 4 字节。对于所有信息数据包，PacketLeader 都等于 0x30303030。PacketType 用来标识信息的子类型，可以为如下值之一。

（1）PACKET_TYPE_KD_STATE_CHANGE（1）。供内核调试引擎向调试器报告状态变化，包头后是一个 DBGKD_WAIT_STATE_CHANGE 结构。调试器收到后应该发送确认控制数据包。

（2）PACKET_TYPE_KD_STATE_MANIPULATE（2）。供调试器调用内核调试引擎的各种调试服务（称为 KdAPI）。内核调试引擎收到后，先发送确认控制数据包，然后再通过这种类型的信息数据包回复给调试器，调试器收到后再发送确认信息。

（3）PACKET_TYPE_DEBUG_IO（3）。供内核调试引擎向调试器输出字符串或通过调试器征询（prompt）用户输入。

（4）PACKET_TYPE_KD_STATE_CHANGE64（7）。与 PACKET_TYPE_KD_STATE_CHANGE 类似，但是头结构后跟随的是一个 DBGKD_WAIT_STATE_CHANGE64 结构。这个子类型是为了支持 64 位而增加的。

（5）PACKET_TYPE_KD_POLL_BREAKIN（8）。在 Windows XP 以前，内核在更新系统时间时，直接调用通信函数（KdPortPollByte）查询通信队列中是否有中断字节（0x62）。Windows XP 将通信函数独立到扩展模块后，改为调用通信函数的 KdReceivePacket 来轮询（poll）是否有中断数据包。为了与接收正常数据包相区别，引入了这个数据包类型（8）作为参数，其他 4 个参数都为 0。

（6）PACKET_TYPE_KD_TRACE_IO（9）。用于将 ETW 信息输出到调试器。

（7）PACKET_TYPE_KD_CONTROL_REQUEST（10）。用法不详。

（8）PACKET_TYPE_KD_FILE_IO（11）。用来从调试器读取和更新内核文件（驱动程序），WinDBG 的.kdfiles 命令就是依靠这种机制实现的。

以上类型中，第（8）～（11）个值是 Windows XP 引入的。

ByteCount 为 KD_PACKET 结构后所跟随的数据长度（字节数）。PacketId 用来标识数据包，对于内核调试引擎所发送的信息包，其编排方式与通信连接方式有关，使用 1394 连接时，它从 0 开始，不断递增。使用串行端口连接时，ID 为 8080XXXX，一轮对话后会复位。对于调试器所发送的数据包，其 ID 与调试器的实现有关。Checksum 是数据包中所有字节的代数和，供接收方来验证数据。

控制包就是一个 KD_PACKET 结构，因此其长度固定为 16 字节。包中的 PacketLeader 固定等于 0x69696969，因为没有额外的数据，所以 ByteCount 总是等于 0，PacketType 用来标识想发送的控制命令，可以为以下 3 个值之一。

（1）PACKET_TYPE_KD_ACKNOWLEDGE（4）。确认收到对方的信息数据包，PacketId 为收到数据包的 ID。

（2）PACKET_TYPE_KD_RESEND（5）。要求对方重新发送正在发送的信息数据包或尚未得到确认的上一个信息数据包。PacketId 似乎总为 0x12062F。

（3）PACKET_TYPE_KD_RESET（6）。请求重新建立连接，用于同步。当调试器在等待与内核调试引擎建立连接时，通常会反复发送这样的控制数据包。在恢复调试目标运行后，WinDBG 也会定期地发送这样的控制数据包。

以上简要介绍了数据包的结构和 3 种数据包的概况，下面我们将以典型的操作为例来说明这些数据包的应用。

18.5.2 报告状态变化

内核调试引擎使用 PacketType 等于 PACKET_TYPE_KD_STATE_CHANGE（1）或 PACKET_TYPE_KD_STATE_CHANGE64（7）的信息数据包向调试器报告状态变化。KD_PACKET 结构后跟随的是一个 DBGKD_WAIT_STATE_CHANGE32 结构或 DBGKD_WAIT_STATE_CHANGE64 结构。

因为内核调试引擎和 WinDBG 调试器关于支持 64 位目标系统的一个重要设计思想，就是用同一个调试器既可以调试 32 位系统，又可以调试 64 位目标系统，所以从 Windows 2000 开始的内核调试引擎（不论是 32 位还是 64 位）都使用的 64 位的数据结构。对于调试器来说，WinDBG 既有 32 位版本，又有 64 位版本，32 位版本的会把 64 位格式的数据结构转换为 32 位格式。考虑到 32 位的数据结构与 64 位的数据结构之间主要是字段长度的变化，因此我们仍以 32 位的数据结构为例来说明。

```
typedef struct _DBGKD_WAIT_STATE_CHANGE32 {
    ULONG NewState;             // 状态代号
    USHORT ProcessorLevel;      // 处理器级别
    USHORT Processor;           // CPU 号
    ULONG NumberProcessors;     // 活动的处理器个数
    ULONG Thread;               // ETHREAD 结构地址
    ULONG ProgramCounter;       // 程序指针
    union {                     // 枚举类型，见下文
        DBGKM_EXCEPTION32 Exception;         // 异常信息
        DBGKD_LOAD_SYMBOLS32 LoadSymbols;    // 映像文件信息
    } u;                        //
    DBGKD_CONTROL_REPORT ControlReport;      // 附属报告
    CONTEXT Context;            // 上下文状态
} DBGKD_WAIT_STATE_CHANGE32, *PDBGKD_WAIT_STATE_CHANGE32;
```

NewState 等于 DbgKdExceptionStateChange（0x00003030L）或 DbgKdLoadSymbolsStateChange（0x00003031L），分别代表异常类状态变化和加载符号类状态变化。ProcessorLevel 为与 CPU 架构相关的处理器级别（并非是 IRQL），通常为 0。Processor 为与此状态相关的 CPU 号。NumberProcessors 为当时系统中的 CPU 个数，值得注意的是，即使对于多 CPU 的系统，此数字也可能为 1，比如在启动过程中，其他 CPU 是在执行体的阶段 1 初始化时才被唤醒的。Thread 为发生状态变化的线程的 ETHREAD 结构地址。ProgramCounter 为触发状态变化的程序指令地址。联合体 u 的内容根据 NewState 决定，如果 NewState 等于 DbgKdExceptionStateChange，那么 u 中便是一个 DBGKM_EXCEPTION32 结构；否则，便是一个 DBGKD_LOAD_SYMBOLS32 结构。接下来的 ControlReport 和 Context 都是与 CPU 架构相关的，对于 x86 架构，它们的定义如下。

```
#define DBGKD_MAXSTREAM 16
typedef struct _DBGKD_CONTROL_REPORT {
    ULONG   Dr6;                // 调试状态寄存器
    ULONG   Dr7;                // 调试控制寄存器
    USHORT  InstructionCount;   // 附带指令数
    USHORT  ReportFlags;        // 标志
    UCHAR   InstructionStream[DBGKD_MAXSTREAM]; // 指令
    USHORT  SegCs;              // CS 寄存器的值
    USHORT  SegDs;              // DS 寄存器的值
    USHORT  SegEs;              // ES 寄存器的值
    USHORT  SegFs;              // FS 寄存器的值
    ULONG   EFlags;             // 标志寄存器的值
} DBGKD_CONTROL_REPORT, *PDBGKD_CONTROL_REPORT;
```

以上两个结构的设计思想是把调试器可能需要的常用数据也顺带发送过去，以减少数据通信的次数。举例来说，调试器可以通过 DBGKD_CONTROL_REPORT 结构中的指令数据（InstructionStream）来了解触发状态变化的指令，通过 Dr6、Dr7 和 EFlags（标志寄存器）来判断硬件断点，通过 CONTEXT 结构来显示寄存器值。

在发送状态变化信息数据包前，内核调试引擎（KdpTrap）已经调用KdEnterDebugger函数将内核的其他部分冻结。发送状态变化信息数据包后，内核调试引擎（KdpSendWaitContinue函数）一直等待来自调试器的回复。调试器收到状态信息变化数据包后，首先应该发送确认控制数据包，然后根据调试器的 Event Filters 选项来判断是应该中断给用户开始交互式调试，还是立刻发送恢复执行（Continue）命令。在发送恢复执行命令前，调试器可以发送各种分析和诊断命令，来访问目标系统的数据和对象。

18.5.3 访问目标系统

调试器通过发送 PacketType 等于 PACKET_TYPE_KD_STATE_MANIPULATE（2）的信息数据包，请求内核调试引擎的服务以访问目标系统。在 KD_PACKET 结构后跟随的是一个DBGKD_MANIPULATE_STATE32 结构或 DBGKD_MANIPULATE_STATE64 结构。当调试引擎回复时使用的也是这样的结构。

```
typedef struct _DBGKD_MANIPULATE_STATE32 {
    ULONG ApiNumber;              // API 代号，见表 18-2
    USHORT ProcessorLevel;        // 处理器级别
    USHORT Processor;             // 处理器编号
    NTSTATUS ReturnStatus;        // 供内核调试引擎使用，用来指示访问结构，返回结果为成功或失败
    union {                       // 枚举结构，与 API 代号相关
        DBGKD_READ_MEMORY32 ReadMemory;                      // 读内存，32 位
        DBGKD_WRITE_MEMORY32 WriteMemory;                    // 写内存，32 位
        DBGKD_READ_MEMORY64 ReadMemory64;                    // 读内存，64 位
        DBGKD_WRITE_MEMORY64 WriteMemory64;                  // 写内存，64 位
        DBGKD_GET_CONTEXT GetContext;                        // 读取上下文
        DBGKD_SET_CONTEXT SetContext;                        // 设置上下文
        DBGKD_WRITE_BREAKPOINT32 WriteBreakPoint;            // 设置断点
        DBGKD_RESTORE_BREAKPOINT RestoreBreakPoint;          // 恢复断点
        DBGKD_CONTINUE Continue;                             // 恢复执行
        DBGKD_CONTINUE2 Continue2;                           // 恢复执行
        DBGKD_READ_WRITE_IO32 ReadWriteIo;                   // I/O 读写，32 位
        DBGKD_READ_WRITE_IO_EXTENDED32 ReadWriteIoExtended;  // I/O 读写
        DBGKD_QUERY_SPECIAL_CALLS QuerySpecialCalls;         // 查询特殊调用
        DBGKD_SET_SPECIAL_CALL32 SetSpecialCall;             // 设置特殊调用
        DBGKD_SET_INTERNAL_BREAKPOINT32 SetInternalBreakpoint;     // 设置内部断点
        DBGKD_GET_INTERNAL_BREAKPOINT32 GetInternalBreakpoint;     // 读取内部断点
        DBGKD_GET_VERSION32 GetVersion32;                    // 读取版本结构
        DBGKD_BREAKPOINTEX BreakPointEx;                     // 增强的断点操作
        DBGKD_READ_WRITE_MSR ReadWriteMsr;                   // 读写 MSR
        DBGKD_SEARCH_MEMORY SearchMemory;                    // 搜索内存
    } u;
} DBGKD_MANIPULATE_STATE32, *PDBGKD_MANIPULATE_STATE32;
```

从服务和被服务的角度来看，调试器通过内核调试引擎来访问目标系统，是服务的使用者，内核调试引擎是服务的提供者。如果使用函数调用来作比喻，那么内核调试引擎提供了一系列可供调用的 API，调试器便是这些 API 的调用者。因此，内核调试引擎所提供的服务有时也称为内核调试 API，简称 KdAPI。只不过，内核调试 API 是通过编号来调用的。在上面的结构中，第一个字段 ApiNumber 就是指内核调试 API 的编号。表 18-2 列出了 Windows 2000 的内核调试引擎所定义的所有内核调试 API。

表 18-2 内核调试 API（KdAPI）

代　　号	取　值	功　　能
DbgKdReadVirtualMemoryApi	0x00003130L	读虚拟内存
DbgKdWriteVirtualMemoryApi	0x00003131L	写虚拟内存
DbgKdGetContextApi	0x00003132L	取上下文（CONTEXT）结构
DbgKdSetContextApi	0x00003133L	设置上下文结构
DbgKdWriteBreakPointApi	0x00003134L	向指定地址写中断指令
DbgKdRestoreBreakPointApi	0x00003135L	恢复指定地址的中断指令
DbgKdContinueApi	0x00003136L	恢复目标系统继续运行
DbgKdReadControlSpaceApi	0x00003137L	读控制空间
DbgKdWriteControlSpaceApi	0x00003138L	写控制空间
DbgKdReadIoSpaceApi	0x00003139L	读 I/O 空间
DbgKdWriteIoSpaceApi	0x0000313AL	写 I/O 空间
DbgKdRebootApi	0x0000313BL	重新启动目标系统
DbgKdContinueApi2	0x0000313CL	设置并恢复目标系统继续运行
DbgKdReadPhysicalMemoryApi	0x0000313DL	读物理内存
DbgKdWritePhysicalMemoryApi	0x0000313EL	写物理内存
DbgKdQuerySpecialCallsApi	0x0000313FL	查询需要特殊对待的函数调用
DbgKdSetSpecialCallApi	0x00003140L	设置需要特殊对待的函数调用
DbgKdClearSpecialCallsApi	0x00003141L	清除所有需要特殊对待的函数调用列表
DbgKdSetInternalBreakPointApi	0x00003142L	设置内部断点
DbgKdGetInternalBreakPointApi	0x00003143L	读取内部断点
DbgKdReadIoSpaceExtendedApi	0x00003144L	读 ALPHA 系统的 I/O 空间
DbgKdWriteIoSpaceExtendedApi	0x00003145L	写 ALPHA 系统的 I/O 空间
DbgKdGetVersionApi	0x00003146L	读取版本信息
DbgKdWriteBreakPointExApi	0x00003147L	写多个断点
DbgKdRestoreBreakPointExApi	0x00003148L	恢复多个断点
DbgKdCauseBugCheckApi	0x00003149L	触发错误检查（蓝屏崩溃）
DbgKdSwitchProcessor	0x00003150L	切换当前处理器
DbgKdPageInApi	0x00003151L	过时不用
DbgKdReadMachineSpecificRegister	0x00003152L	读 CPU 的 MSR
DbgKdWriteMachineSpecificRegister	0x00003153L	写 CPU 的 MSR
OldVlm1	0x00003154L	功能不详
OldVlm2	0x00003155L	功能不详
DbgKdSearchMemoryApi	0x00003156L	搜索内存
DbgKdGetBusDataApi	0x00003157L	读总线数据（如 PCI 设备的配置空间）
DbgKdSetBusDataApi	0x00003158L	写总线数据（如 PCI 设备的配置空间）
DbgKdCheckLowMemoryApi	0x00003159L	用来实现扩展命令!chklowmem

在表 18-2 中，DbgKdReadMachineSpecificRegister 到 DbgKdCheckLowMemoryApi（包括这两个）是 Windows 2000 引入的。

当内核调试引擎接收到调试器发送的服务请求（操纵状态 API）时，会先发送确认数据包，然后再以同样子类型（PacketType 等于 PACKET_TYPE_KD_STATE_MANIPULATE）的数据包回复给调试器，头结构后依然是一个 DBGKD_MANIPULATE_STATE 结构，并且 ApiNumber 等于调试器请求的号码。调试器收到后，也是先发送确认数据包，然后要么发送下一个服务请求，要么发送继续运行 API（DbgKdContinueApi），让目标系统恢复运行。

18.5.4 恢复目标系统执行

当完成了访问目标系统的各种操作时，或者当用户在调试器中发出了恢复目标系统继续执行的命令（比如 g）时，调试器会通过 DbgKdContinueApi 或 DbgKdContinueApi2 来让目标系统恢复运行，也就是发送 ApiNumber 等于这两个 API 代号的操纵状态包。DBGKD_MANIPULATE_STATE 结构的 u 联合体中应该是一个 DBGKD_CONTINUE 结构或 DBGKD_CONTINUE2 结构。

```
typedef struct _DBGKD_CONTINUE {
    NTSTATUS ContinueStatus;
} DBGKD_CONTINUE, *PDBGKD_CONTINUE;
```

其中 ContinueStatus 可以为以下几个值之一。

（1）DBG_CONTINUE（0x00010002L）：恢复执行。

（2）DBG_EXCEPTION_HANDLED（0x00010001L）：恢复执行，并告知系统调试器已经处理异常状态，让异常分发函数结束异常分发。

（3）DBG_EXCEPTION_NOT_HANDLED（0x80010001L）：恢复执行，并告知系统调试器没有处理异常。

```
typedef struct _DBGKD_CONTINUE2 {
    NTSTATUS ContinueStatus;
    DBGKD_CONTROL_SET ControlSet;
} DBGKD_CONTINUE2, *PDBGKD_CONTINUE2;
```

ContinueStatus 的含义与上面一样，不过使用这个结构还可以同时向内核调试引擎传递一个 DBGKD_CONTROL_SET 结构，让它先设置好结构中指定的信息后再恢复执行。

```
typedef struct _DBGKD_CONTROL_SET {
    ULONG   TraceFlag;              // 追踪标志，用于单步跟踪
    ULONG   Dr7;                    // 调试控制寄存器，用于硬件断点
    ULONG   CurrentSymbolStart;     // 希望调试引擎进行本地跟踪的起始地址
    ULONG   CurrentSymbolEnd;       // 希望调试引擎进行本地跟踪的结束地址
} DBGKD_CONTROL_SET, *PDBGKD_CONTROL_SET;
```

因为 DBGKD_CONTROL_SET 结构中的内容是调试器每次恢复执行前都需要设置的内容，如果要使用 DbgKdContinueApi，就需要发送数据包做这些设置，然后再发送 DbgKdContinueApi。而使用 DbgKdContinueApi2 时，就可以在一个数据包中同时做这两件事，这也就是加入后者的好处。

18.5.5 版本

随着 Windows 内核的发展，调试引擎也在逐渐发展和改进，相应的内核调试协议也需要随之发展。当建立内核调试对话时，调试器会通过 DbgKdGetVersionApi 来查询对方的版本号，以

确定目标系统中调试引擎和调试协议的版本号。

Windows 2000 内核调试引擎使用的调试协议版本号是 5，Windows XP 和 Vista 使用的都是版本 6。Windows NT 4 及以前的 NT 系统使用的版本号为 1～4。

从版本 5 开始，不管目标系统是 32 位的还是 64 位的，所有信息包中的数据结构都使用 64 位版本。调试器可以通过 DbgKdGetVersionApi 来读取版本信息。尽管这个 API 的数据结构也有 32 位和 64 位两种定义，但是因为这两种定义的前 3 个字段都一样，所以调试器可以得到确切的协议版本号，并据其判断出这个结构到底是 32 位的还是 64 位的。

```
typedef struct _DBGKD_GET_VERSION64 {
    USHORT  MajorVersion;           // 内核的主版本号
    USHORT  MinorVersion;           // 内核的子版本号
    USHORT  ProtocolVersion;        // 内核调试协议的版本号
…
typedef struct _DBGKD_GET_VERSION32 {
    USHORT  MajorVersion;           // 内核的主版本号
    USHORT  MinorVersion;           // 内核的子版本号
    USHORT  ProtocolVersion;        // 内核调试协议的版本号
…
```

18.7 节会详细介绍建立内核调试连接的过程和这个数据结构的全部字段。

18.5.6 典型对话过程

深入理解内核调试协议的一种有效办法，就是使用串行端口通信监视工具记录下调试器与内核调试引擎之间的所有通信记录，然后分析它们之间的对话过程。表 18-3 列出了通过串行端口调试一个 Windows XP SP2 系统时 WinDBG 调试器与内核调试引擎之间的对话过程。

表 18-3 WinDBG 调试器与内核调试引擎的典型对话过程

步骤编号	WinDBG 调试器（主机）	内核调试引擎（目标机）
1	启动，选择 File → Kernel Debug，选 COM 方式，单击 OK 按钮	（配置好 BOOT.INI，但尚未启动）
2	打开 COM 端口，设置通信参数	—
3	发送复位控制数据包（PACKET_TYPE_KD_RESET，6）	—
4	读取 COM 端口	—
5	每隔 10s 重复以上两步一次	以调试选项启动
	（仍在）循环第 3、4 步	内核调试引擎初始化
6	（仍在）循环第 3、4 步	接收到复位数据包后，将全局变量 KdDebuggerNotPresent 设置为 0
7	（仍在）循环第 3、4 步	冻结内核，发送类型 7（KD_STATE_CHANGE64）信息数据包，NewState=0x3031，报告加载 NTOSKRNL.EXE 的符号
8	—	收到复位数据包后，重新发送类型 7 信息数据包
9	收到类型 7 信息数据包后，发送确认控制数据包，显示已经与内核调试引擎建立连接	—
10	发送操纵类信息数据包，“调用” DbgKdGetVersionApi，取目标版本	收到 DbgKdGetVersionApi 请求后，发送确认控制数据包

续表

步骤编号	WinDBG 调试器（主机）	内核调试引擎（目标机）
11	—	通过操纵类信息数据包返回版本信息结构
12	收到版本信息结构后，先发送确认控制数据包，然后根据版本信息初始化调试器引擎	—
13	请求 KdReadVirtualMemoryApi	确认
14	—	回复 KdReadVirtualMemoryApi①
15	多次请求 KdReadVirtualMemoryApi	确认和回复 KdReadVirtualMemoryApi
16	请求 DbgKdRestoreBreakPointApi	确认和回复 DbgKdRestoreBreakPointApi
17	重复第 15 步，共执行 32 次，对应 32 个断点位置	确认和回复 DbgKdRestoreBreakPointApi
18	请求 DbgKdClearAllInternalBreakpointsApi，清除所有内部断点	确认，不需要额外回复
19	请求 KdReadVirtualMemoryApi	确认和回复 KdReadVirtualMemoryApi
20	请求 DbgKdGetContextApi	确认和回复 DbgKdGetContextApi
21	请求 DbgKdReadControlSpaceApi	确认和回复 DbgKdReadControlSpaceApi
22	请求 KdReadVirtualMemoryApi	确认和回复 KdReadVirtualMemoryApi
23	请求 DbgKdSetContextApi	发送重发控制数据包
24	重新发送 DbgKdSetContextApi 请求	确认和回复 DbgKdSetContextApi
25	请求 DbgKdWriteControlSpaceApi	确认和回复 DbgKdWriteControlSpaceApi
26	请求 DbgKdGetContextApi	确认和回复 DbgKdGetContextApi
27	请求 DbgKdReadControlSpaceApi	确认和回复 DbgKdReadControlSpaceApi
28	请求 DbgKdContinueApi2	确认，然后恢复内核执行
29	—	发送类型 7 信息数据包，通知加载符号[2627]
30	确认类型 7 信息数据包	—
31	3 次调用 DbgKdReadVirtualMemoryApi	确认和回复 DbgKdReadVirtualMemoryApi
32	请求 DbgKdContinueApi	确认，不需要回复，恢复内核执行
33	第 29~32 步重复十几次，对应 NTLDR 所加载的第一批内核模块中的每一个	
34		发送类型 11 信息数据包（内核文件 IO）[10768]
35	确认和回复类型 11 信息包	接到类型 11 回复数据包后，确认并恢复内核运行
36	内核加载第 34 步所对应的驱动程序，发送类型 7 信息数据包通知调试器加载符号，即重复第 31 步和第 32 步的操作	
37	对于每个非启动类型的驱动程序重复第 34~36 步[10768～22606]	
38	发送中断数据包，一字节的 0x62[22661]	
39	—	发送状态变化信息包，NewState=DbgKdExceptionStateChange
40	请求 DbgKdReadVirtualMemoryApi	确认和回复 DbgKdReadVirtualMemoryApi
41	请求 DbgKdGetContextApi	确认和回复 DbgKdGetContextApi
42	多次请求 DbgKdReadVirtualMemoryApi	确认和回复 DbgKdGetContextApi
43	省略多次恢复断点和读取控制空间的操作	
44	调试器进入命令模式，允许用户输入各种调试命令，进行交互式调试。 试验中设置断点	

续表

步骤编号	WinDBG 调试器（主机）	内核调试引擎（目标机）
45	多次请求 DbgKdWriteBreakPointApi	确认和回复 DbgKdWriteBreakPointApi
46	请求 DbgKdContinueApi2	—
47	—	（断点命中）发送类型 7 信息数据包
48	多次请求 DbgKdRestoreBreakPointApi	确认和回复 DbgKdRestoreBreakPointApi
49	调试器进入命令模式，过程与第 43~46 步类似[25260～26106]	
50	反复读取 COM 口，超时[26119～26177]	内核恢复运行，继续启动
51	—	发送类型 3 信息数据包（PACKET_TYPE_KD_DEBUG_IO）输出调试信息
52	确认收到类型 3 信息包	—

① 对于内核调试引擎的每个回复，调试器正确接收后都会发送确认控制数据包，为节约篇幅，下面各行省略了这一步。

表 18-3 包含了以下几个重要动作。

（1）建立连接，即第 4～9 步。

（2）调试器读取目标系统信息，初始化调试引擎，即第 10～28 步。其中第 23～24 步包含了一次调试引擎要求重新发送的操作。

（3）内核调试引擎通过状态变化信息数据包通知调试器加载初始模块的调试符号，即第 29～37 步。

（4）调试器端发送中断数据包，将目标系统中断到调试器，交互调试后又恢复执行，即第 38～46 步。

（5）因为断点命中，所以目标系统中断到调试器，即第 47～49 步。

（6）内核中的模块输出调试字符串（DbgPrint）到调试器，即第 51～52 步。

表 18-3 中的内容来自于使用 PortMon 工具产生的通信记录。为了便于处理，我们把这些信息放入 Excel 文件中，表 18-3 中方括号中的数字是对应 Excel 行号的。

18.5.7 KdTalker

在理解了内核调试协议后，就可以编写一个简单的程序与内核调试引擎进行对话。KdTalker 便是这样一个小程序。单击 KdTalker 界面上的 Start 按钮，KdTalker 便启动一个工作线程，按照我们前面介绍的内核调试协议，试图与内核调试引擎建立连接。一旦成功接收到调试引擎的数据包并建立连接，它会以最简单的方式应付对方，让目标内核继续运行。KdTalker 支持发送中断数据包，将运行着的目标系统中断，但是中断后，KdTalker 并不支持很有用的调试命令，只支持恢复目标继续执行。因此，KdTalker 可以帮助我们学习和理解内核调试协议与内核调试的对话过程。

本节比较详细地介绍了内核调试协议，讨论了内核调试引擎如何与调试器对话，特别是对话的流程及使用的数据结构和常量。下一节将介绍调试引擎如何与操作系统内核进行交互，以实现各种调试功能。

18.6 与内核交互

我们在 18.1 节中介绍内核调试引擎的角色时曾说，对于另一台系统中的调试器来说，内核调试引擎是它派驻在目标系统中的代理，调试引擎代表调试器来访问和控制目标系统。本节将介绍内核调试引擎与系统内核其他部分之间进行交互的一些重要过程。

为了使语言更简洁，在本节中，我们将内核调试引擎简称为调试引擎，将内核的其他部分简称为内核。

18.6.1 中断到调试器

在调试引擎向调试器报告状态变化信息数据包之前，它会调用 KdEnterDebugger 函数来冻结内核，直到收到调试器的恢复继续执行命令（如 dbgKdContinueApi 和 DbgKd ContinueApi2）后，再调用 KdExitDebugger 恢复内核运行。

KdEnterDebugger 执行的动作主要有以下几个。

（1）调用内核的调试支持函数 KeFreezeExecution()。KeFreezeExecution 会调用 KeDisableInterrupts 禁止中断，对于多处理器的系统，它会将当前 CPU 的 IRQL 升高到 HIGH_LEVEL，并且冻结所有其他的 CPU。

（2）锁定调试通信端口，即获取全局变量 KdpDebuggerLock 所代表的锁对象。

（3）调用 KdSave（在 Windows 2000 及以前为 KdPortSave）让通信扩展模块保存通信状态。

（4）将全局变量 KdEnteredDebugger 设置为真。

在 KdEnterDebugger 被执行后，整个系统进入一种简单的单任务状态，当前的 CPU 只执行当前的线程，其他 CPU 处于冻结状态。

当前 CPU 接下来要做的是执行状态变化报告函数，如果要报告的是异常类状态变化，那么会执行 KdpReportExceptionStateChange 函数；如果要报告的是符号加载类状态变化，那么会执行 KdpReportLoadSymbolsStateChange 函数。

这两个状态变化报告函数在准备好状态变化信息数据包的内容（即 DBGKD_WAIT_STATE_CHANGE64 或 DBGKD_WAIT_STATE_CHANGE32 数据结构）后，会调用 KdpSendWaitContinue 函数来发送信息数据包，并与调试器进行对话，直到收到恢复执行命令。

18.6.2 KdpSendWaitContinue

KdpSendWaitContinue 函数是调试引擎中与调试器进行交互式对话的主要函数。它先将状态变化信息数据包发送给调试器，然后开始一个循环，反复等待和处理来自调试器的操纵状态信息数据包（PACKET_TYPE_KD_STATE_MANIPULATE）。其伪代码如清单 18-1 所示。

清单 18-1 KdpSendWaitContinue 函数的伪代码

```
1     KdpSendWaitContinue()
2     {
3               ULONG Length;
4               STRING DataBody;
5               STRING MoreData;
6               DBGKD_MANIPULATE_STATE ManipulateState;
7               DataBody.MaximumLength=sizeof(ManipulateState);
8               DataBody.Buffer=(PUCHAR)&ManipulateState;
9               MoreData.MaximumLength=0x1000;
10              MoreData.Buffer=(PUCHAR)KdpMessageBuffer;
11
```

```
12        KdSendPacket();
13
14        do
15        {
16          KdReceivePacket(
17                        PACKET_TYPE_KD_STATE_MANIPULATE,
18                        &DataBody,
19                        &MoreData,
20                        &Length);
21          switch(ManipulateState.ApiNumber)
22          {
23          case DbgKdReadVirtualMemoryApi:
24              KdpReadVirtualMemory();
25              break;
26          case DbgKdWriteVirtualMemoryApi:
27              KdpWriteVirtualMemory();
28              break;
29          // 代表其他内核调试 API 的 DbgKdXXXApi 常量 ...
30          //
31          case DbgKdContinueApi:
32          case DbgKdContinueApi2:
33              return;
34          default:
35              DataBody.Length=0;
36              ManipulateState.ReturnStatus=STATUS_UNSUCCESSFUL;
37              KdSendPacket(PACKET_TYPE_KD_STATE_MANIPULATE,
38                           &DataBody, &MoreData);
39              break;
40          }
41        }while(TRUE);
42  }
```

一个完整的操纵状态信息数据包分为 4 个部分，最前面是 KD_PACKET 结构，而后是 PACKET_TYPE_KD_STATE_MANIPULATE32 或 PACKET_TYPE_KD_STATE_MANIPULATE64 结构（我们使用 PACKET_TYPE_KD_STATE_MANIPULATE 泛指它们中的一个），其次是与 ApiNumber 有关的额外数据，最后一个代表整个数据包的末尾字节 OxAA。因为开头和最后的末尾字节主要是用来控制通信过程的，所以像 KdpSendWaitContinue 这样的函数只关心中间两个部分。当它们调用 KdReceivePacket 函数时向其传递两个指针来接收这两部分的信息（第 16～20 行）。

第 21～40 行是一个庞大的 switch...case 结构，用来分发来自调试器的 KdAPI 请求。对于大多数 API，switch...case 结构将其转发给调试引擎的内部函数 KdpXXX，这些内部函数会真正提供 API 所要求的服务，并将处理结果通过 KdSendPacket 发送给调试器。对于未知的 API 代号，这个函数会直接回复，在返回的 ManipulateState 结构中指定 STATUS_UNSUCCESSFUL。在收到 DbgKdContinueApi 或 DbgKdContinueApi2 后，这个函数会返回调用它的函数，后者再调用 KdExitDebugger 退出调试器，结束本次交互式对话。

18.6.3 退出调试器

在调试引擎收到调试器的恢复继续执行命令（如 DbgKdContinueApi 和 DbgKdContinueApi2）后，会调用 KdExitDebugger 恢复内核运行。

KdExitDebugger 所执行的动作主要有以下几个。

（1）调用 KdRestore（在 Windows 2000 及以前为 KdPortRestore）让通信扩展模块恢复通信状态。

（2）对锁定的调试通信端口解锁，即释放全局变量 KdpDebuggerLock 所代表的锁对象。

（3）调用 KeThawExecution 来恢复系统进入正常的运行状态，包括恢复中断，降低当前 CPU 的 IRQL，对于多 CPU 系统，恢复其他 CPU。

系统执行 KdExitDebugger 函数后，又恢复到正常运行的状态。这时，如果想让系统再中断到调试器，调试器可以发送中断数据包。那么，调试引擎是如何检测到调试器发送的中断数据包的呢？

18.6.4 轮询中断包

为了支持内核调试，系统的 KeUpdateSystemTime 函数在每次更新系统时间时会检查全局变量 KdDebuggerEnabled 来判断内核调试引擎是否启用。如果这个变量为真，便调用 KdPollBreakIn 函数来查看调试器是否发送了中断命令。如果发送了中断命令，便调用 DbgBreakPointWithStatus 触发断点异常，以中断到调试器。其伪代码如下。

```
KeUpdateSystemTime()
{
   // ...
   if(KdDebuggerEnabled
      && KdPollBreakIn())
   {
      DbgBreakPointWithStatus(DBG_STATUS_CONTROL_C/*(1)*/);
   }
   // ...
}
```

当系统定时器（System Timer）中断（一般为 0 号中断）发生时，中断处理函数（通常为 hal!HalpClockInterrupt）会跳转到 KeUpdateSystemTime 函数。定时器中断是频繁发生的硬件中断。当系统正常运行时，这个中断会一直按一定的时间间隔触发。也可以说，它是推动系统运动的脉搏。系统在每次响应这个中断时检查是否需要中断到调试器，从而达到非常高的可靠性和灵敏性。

当我们在调试器端按 Ctrl+C 快捷键（对于 KD）或 Ctrl+Break 快捷键（对于 WinDBG）使目标系统中断到调试器后，观察栈回溯序列，可以看到 KeUpdateSystemTime 函数。

```
kd> kn
# ChildEBP RetAddr
00 80541ebc 805120f8 nt!RtlpBreakWithStatusInstruction
01 80541ebc 806ccefa nt!KeUpdateSystemTime+0x142
02 80541f40 804eed89 hal!HalProcessorIdle+0x2
03 80541f50 804f1d65 nt!PopIdle0+0x47
04 80541f54 00000000 nt!KiIdleLoop+0x10
```

以上栈序列的#02～#04 帧说明，当定时器中断发生时，当前 CPU 正在空闲线程中执行 hal!HalProcessorIdle 函数。

有的读者可能会想到为什么没有使用一个系统线程来检查是否有中断数据包。这主要有两个原因。第一，如果使用固定的线程，那么每次中断的上下文都是那个固定的系统线程，而使用现有的方法，中断会在当时 CPU 正在执行的线程发生，这显然更符合调试的需要。第二，定时器中断具有较高的优先级，即使系统中发生了比较严重的故障，只要定时器中断的响应和处理还正常，就可以把系统中断到调试器，以观察系统中的情况。但是，如果使用一个专门的系统线程，那么这个线程此时可能已经得不到执行的机会。

18.6.5 接收和报告异常事件

异常与调试有着密不可分的关系，首先很多软件问题与代码中的异常有关，其次，包括断点、单步跟踪等很多调试机制也是依靠异常机制来实现的。在第 9 章我们介绍了用户态调试器是如何接收发生在目标程序中的异常事件的，概括来说，是系统的异常分发函数（KiDispatch Exception）通过用户态调试子系统（DbgSS）转发给用户态调试器的。

那么，内核调试器是如何接收到目标系统中的异常事件的呢？与用户模式的情况有些类似，简单来说，就是系统的异常分发函数通过内核调试引擎（KD Engine）转发给内核调试器。

我们在第 11 章介绍 KiDispatchException 分发异常的过程时提到过，对于发生在内核模式的异常，KiDispatchException 函数会调用全局变量 KiDebugRoutine 所指向的函数。当调试引擎被启用时，这个变量的值是函数 KdpTrap 的地址。这意味着，当内核态异常发生时，系统会调用 KdpTrap 函数。调试引擎就是通过这个函数从系统内核接收异常事件的。

```
BOOLEAN KdpTrap (
    IN PKTRAP_FRAME TrapFrame,
    IN PKEXCEPTION_FRAME ExceptionFrame,
    IN PEXCEPTION_RECORD ExceptionRecord,
    IN PCONTEXT ContextRecord,
    IN KPROCESSOR_MODE PreviousMode,
    IN BOOLEAN SecondChance)
```

从 KdpTrap 函数的原型可以看出，它与 KiDispatchException 函数的原型很类似，或者说，后者把与异常有关的所有信息通过参数传递给了 KdpTrap 函数。

KdpTrap 函数根据 ExceptionRecord 判断所发生的异常，特别是标志异常类型的 ExceptionRecord->ExceptionCode 字段。对于断点指令异常、调试异常（STATUS_ SINGLE_STEP）和所有第二轮异常（SecondChance 为 TRUE），KdpTrap 会调用 KdpReport 向调试器报告异常，也就是执行以下动作。

（1）调用 KdEnterDebugger 冻结内核的其他部分。

（2）调用 KiSaveProcessorControlState 保存处理器的控制状态。

（3）调用 KdpReportExceptionStateChange 向调试器报告异常状态变化，在这个函数发送状态变化信息数据包后，会接收和处理调试器的各种调试命令（操纵状态 API），直到收到恢复执行命令。

（4）调用 KiRestoreProcessorControlState 恢复 CPU 状态。

（5）调用 KdExitDebugger 恢复内核运行。

KdpTrap 函数的返回值代表内核调试器是否处理了该异常。如果返回值为真，那么表示已处理；否则，表示没有处理。KdpTrap 函数根据调试器的恢复执行信息包（DbgKdContinueApi）中的 ContinueStatus 来决定返回真或假。

18.6.6 调试服务

上面介绍的通过异常分发函数和 KdpTrap/KdpReport 函数向内核调试器发送信息的方法，也被复用来实现以下调试功能。

（1）打印调试信息，例如，内核态代码通过调用 DbgPrint 函数所打印的字符串。

（2）提示（prompt）用户输入。

（3）报告模块加载事件。

（4）报告模块卸载事件。

当需要执行以上任务时，系统会触发一个软件异常，编号为 0x2D。通常把这个异常称为调试服务（debug service）异常。观察 IDT，可以看到这个异常的处理函数是 KiDebugService。

```
lkd> !idt 2d
Dumping IDT:
2d: 8053db50 nt!KiDebugService
```

KiDebugService 做了一些预处理工作后，便跳转到 KiTrap03。我们知道，KiTrap03 是断点异常的处理函数。因此，从 KiDebugService 跳转到 KiTrap03 后，要传递的调试信息会被当作断点异常的参数信息而传递给异常分发函数，再传递给 KdpTrap 函数，最后传递给调试器。

ExceptionRecord 结构的 ExceptionInformation[0]字段标识了这个异常结构记录的是一个真正的断点异常还是调试服务请求，它可以为以下几个值之一。

（1）BREAKPOINT_BREAK（0）。真正的断点异常。

（2）BREAKPOINT_PRINT（1）。打印调试信息，ExceptionInformation[1]为要打印的字符串（STRING 指针）。

（3）BREAKPOINT_PROMPT（2）。提示并请求用户输入，ExceptionInformation[1]指向提示字符串，ExceptionInformation[2]指向的是用来存放用户输入的缓冲区。

（4）BREAKPOINT_LOAD_SYMBOLS（3）。加载符号文件，ExceptionInformation[1]指向模块文件的名称，ExceptionInformation[2]是模块的基地址。

（5）BREAKPOINT_UNLOAD_SYMBOLS（4）。卸载符号文件，ExceptionInformation[1]指向模块文件的名称，ExceptionInformation[2]是模块的基地址。

根据上面的信息，尽管断点指令（INT 3）和调试服务所发起异常的异常代码都是 STATUS_BREAKPOINT（0x80000003），但是系统可以根据 ExceptionInformation 数组来区分它们。KdpTrap 函数正是如此做的：对于 BREAKPOINT_PRINT，KdpTrap 会调用 KdpPrint 函数，稍后我们再介绍其细节；对于 BREAKPOINT_PROMPT，KdpTrap 会调用 KdpPrompt 函数，后者先调用 KdEnterDebugger 冻结内核，再调用 KdpPromptString，待返回后调用 KdExitDebugger 恢复内核运行。KdpPromptString 内部会使用 KdSendPacket 把提示信息发送给调试器，然后使用 KdReceivePacket 接收用户输入。对于 BREAKPOINT_LOAD_SYMBOLS 和 BREAKPOINT_UNLOAD_SYMBOLS，KdpTrap 会调用 KdpSymbol 函数，稍后我们介绍其细节。

为了更方便地调用调试服务（INT 2D），内核中设计了两个简单的函数 DebugService 和 DebugService2。这两个函数的实现是先把参数传递给寄存器，然后执行 INT 2D 指令。例如 DebugService2 函数的反汇编代码如下。

```
nt!DebugService2:
8052da3c      8bff          mov      edi,edi
8052da3e      55            push     ebp
8052da3f      8bec          mov      ebp,esp
8052da41      8b4510        mov      eax,dword ptr [ebp+10h]
8052da44      8b4d08        mov      ecx,dword ptr [ebp+8]
8052da47      8b550c        mov      edx,dword ptr [ebp+0Ch]
8052da4a      cd2d          int      2Dh
8052da4c      cc            int      3
```

```
8052da4d      5d            pop     ebp
8052da4e      c20c00        ret     0Ch
```

因为调试服务是当作断点异常来统一处理的，而处理断点异常时，系统会自动跳过断点指令，所以倒数第 3 行是必需的。

DebugService2 有 3 个参数，第 3 个是服务类型，其值就是上面介绍的 BREAKPOINT_PRINT 等常量，它放在 EAX 寄存器中。第一个和第二个是与服务类型有关的附件信息，分别放在 ECX 和 EDX 中。

DbgLoadImageSymbols、DbgUnLoadImageSymbols、DebugPrint 和 DebugPrompt 函数是内核中使用调试服务的几个主要函数，观察它们的实现可以看到，这些函数都非常简单，整理好参数后便调用 DebugService/DebugService2 函数。Windows Vista 中的 DebugService/DebugService2 函数在编译时被内联（inline）了，所以看到的是以上函数直接执行 INT 2D 指令。

18.6.7 打印调试信息

与用户模式的 OutputDebugString API 类似，DDK 中公开了 3 个函数供内核代码打印调试信息，一个是 DbgPrint，另两个是 Windows XP 引入的 DbgPrintEx 和 vDbgPrintEx。它们的原型如下。

（1）ULONG DbgPrint (PCHAR Format,…)。

（2）ULONG DbgPrintEx (ULONG ComponentId, ULONG Level, PCHAR Format,…)。

（3）ULONG vDbgPrintEx(IN ULONG ComponentId, IN ULONG Level, IN PCCH Format, IN va_list arglist)。

ComponentId 用来指定组件 ID，头文件 Dpfilter.h 中定义了 Windows 的各个系统组件所使用的 ID，其他程序可以使用 DDK 中规定的 ID（DPFLTR_IHVDRIVER_ID 等）。Level 用来指定信息的严重程度，0 通常代表最严重。

从上面的原型可以看出，DbgPrintEx 和 vDbgPrintEx 只是表达可变数量参数的方式不同。

事实上，这 3 个函数的内部实现是非常类似的，都是经过简单的处理就调用 vDbgPrintExWithPrefix 函数。DbgPrint 会使用默认的组件 ID（DPFLTR_DEFAULT_ID）和严重级别（DPFLTR_INFO_LEVEL）。

vDbgPrintExWithPrefix 内部会先检查是否应该输出这个信息。检查时既会考虑全局设置，又会考虑组件 ID。在从 Windows XP 开始的系统中，定义了很多名为 KD_XXX_MASK 的 ULONG 类型全局变量，用来标识 XXX 部件的调试信息输出过滤掩码（Debug Print Filter Mask）。这些变量的地址以一个数组的形式存放在一起。全局变量 KdComponentTable 记录了这个数组的地址，KdComponentTableSize 记录了数组的元素个数。系统可以根据组件 ID，找到它在 KdComponentTable 中的掩码变量地址，然后根据 Level 值和掩码值决定是否应该输出这个信息。

对于使用默认组件 ID 的信息输出，Windows XP 会将其送给调试器。但是 Windows Vista 不会，如果希望改变这一状况，可以修改全局变量 Kd_DEFAULT_MASK，将它的值设置为 0xF。

在确认应该输出调试信息后，vDbgPrintExWithPrefix 会调用 DebugPrint 请求调试服务。后者执行 INT 2D 触发异常，根据前面的介绍，异常分发函数会调用 KdpTrap，KdpTrap 会调用 KdpPrint 函数。

KdpPrint 内部先调用 KdLogDbgPrint 将要打印的字符串记录到环形缓冲区中，然后根据系统的设置判断是否需要发送给内核调试器（再检查一次 KdComponentTable）。如果需要，则先调用 KdEnterDebugger 冻结内核，然后调用 KdpPrintString 发送 PACKET_TYPE_KD_DEBUG_IO 类型的信息数据包给调试器，最后再调用 KdExitDebugger 恢复内核运行。冻结内核的目的是，调试器也可以在接收到这类信息包时进入交互式调试。但因为每次打印信息时要执行冻结和解冻操作，所以频繁的信息打印会严重影响系统的运行速度。

18.6.8 加载调试符号

系统的模块加载函数 MmLoadSystemImage 在成功加载一个模块后会调用 MiDriverLoadSucceeded 函数，后者会调用 DbgLoadImageSymbols 函数，而 DbgLoadImageSymbols 函数内部调用 DebugService2 触发 0x2D 号异常，请求调试服务。

如果启用了调试引擎，那么系统的异常分发函数会将调试服务异常转交给 KdpTrap 函数来处理。KdpTrap 函数根据异常的附加信息检测到加载符号请求后调用 KdpSymbol 函数。后者先调用 KdEnterDebugger 冻结内核，然后调用 KdpReportLoadSymbolsStateChange 报告调试器，最后调用 KdExitDebugger。

KdpReportLoadSymbolsStateChange 会通过状态变化（类型 2）信息数据包向调试器报告需要加载的符号文件。这个信息数据包的头部依然是一个 KD_PACKET 结构，而后是一个 DBGKD_WAIT_STATE_CHANGE64 或 DBGKD_WAIT_STATE_CHANGE32 结构。其中的 NewState 等于 0x00003031，即 DbgKdLoadSymbolsStateChange。联合体 u 中存放的是一个 DBGKD_LOAD_SYMBOLS64 或 DBGKD_LOAD_SYMBOLS32 结构。

```
typedef struct _DBGKD_LOAD_SYMBOLS32 {
    ULONG PathNameLength;
    ULONG BaseOfDll;
    ULONG ProcessId;
    ULONG CheckSum;
    ULONG SizeOfImage;
    BOOLEAN UnloadSymbols;
} DBGKD_LOAD_SYMBOLS32, *PDBGKD_LOAD_SYMBOLS32;
```

其中，PathNameLength 代表的是在 DBGKD_WAIT_STATE_CHANGE 结构后所跟随的模块文件名称的长度，即这个信息数据包的第三部分的长度。在整个数据包的末尾是数据包结束字节，即 0xAA。

调试器收到以上信息包后，会根据其中的信息更新自己的模块列表，并根据选项 Event Filters 决定是立刻发送继续命令，还是需要进入命令模式让用户开始交互式调试。

18.6.9 更新系统文件

当进行内核调试时，特别是调试驱动程序时，经常需要使用主机上的文件来替换被调试系统中的文件。Windows XP 所引入的利用内核调试连接来更新系统文件的机制，正是为了满足这种需求而设计的。

当 I/O 管理器加载一个驱动程序文件时，内存管理器的映像加载函数 MmLoadSystemImage 会判断内核调试引擎是否被激活（KdDebuggerEnabled = TRUE），以及是否有内核调试器已经连接（KdDebuggerNotPresent = FALSE）。如果这两个条件都成立，便调用内核调试引擎的 KdPullRemoteFile 函数，典型调用序列如下。

```
kd> kn
 # ChildEBP RetAddr
f898c690 805d9f35 nt!KdPullRemoteFile+0x52
f898c838 80558b1e nt!MmLoadSystemImage+0x1fc
f898c904 80555417 nt!IopLoadDriver+0x311
…
```

其中，KdPullRemoteFile 的第一个参数就是准备加载的驱动程序文件名称。

```
kd> dS f898c8f8
e1aeaa30  "\SystemRoot\system32\drivers\wdm"
e1aeaa70  "aud.sys"
```

KdPullRemoteFile 被调用后，调试引擎会通过 PACKET_TYPE_KD_FILE_IO（11）信息数据包（以下简称类型 11 信息数据包）将要加载的文件名报告给调试器。调试器端通常会维护一个映射表，这个映射表记录了需要更新的驱动文件在远程的全路径及在本地的全路径。在 WinDBG 调试器中，可以使用.kdfiles 命令向这个映射表中增加或减少映射。具体方法是运行记事本程序并输入以下命令。

```
map
\??\c:\windows\system32\drivers\realbug.sys
c:\DbgLabs\realbug\objchk_wxp_x86\i386\realbug.sys
```

第 2 行是要更新文件在目标系统中的全路径，第 3 行是新文件的全路径。将以上内容保存到一个文本文件中，例如 c:\windbg\maps\realbug.sys，然后在 WinDBG 调试器中执行.kdfiles 命令。

```
kd> .kdfiles c:\windbg\maps\realbug.txt
KD file assocations loaded from 'c:\windbg\maps\realbug.txt'
```

调试器收到调试引擎的类型 11 信息包后，会检查这个文件是否在自己的文件映射表中，如果在，那么会通过回复数据包告诉调试引擎需要从远程读取这个文件。调试引擎收到回复后，会开始与调试器继续对话，读取这个文件。整个文件读取结束后，KdPullRemoteFile 函数返回，此时磁盘上的文件已经是更新后的新文件，系统继续运行，开始加载更新后的文件。例如，以下便是被调试系统加载 RealBug.SYS 文件时，WinDBG 调试器所显示的信息。

```
KD: Accessing 'c:\DbgLabs\realbug\objchk_wxp_x86\i386\realbug.sys' (\??\C:\WINDOWS\
system32\drivers\RealBug.SYS)
  File size 4K.
MmLoadSystemImage: Pulled \??\C:\WINDOWS\system32\drivers\RealBug.SYS from kd
```

需要说明的是，映射文件中的文件路径和名称是不区分大小写的，但必须严格匹配，可以按 Ctrl+Alt+D 组合键让 WinDBG 显示通信细节以了解需要匹配的文件路径。例如，当我们使用.kdfiles –c 清除映射关联后再加载 RealBug 驱动程序时，WinDBG 会输出以下内容。

```
KdFile request for '\??\C:\WINDOWS\system32\drivers\RealBug.SYS' returns C000000F
```

返回值 C000000F 代表没有匹配的更新文件，如果有，则返回 0。

当启用调试引擎时，内存管理器在加载每个系统文件时，都会重复以上步骤。因此使用这种方法可以更新大多数工作在内核模式的程序模块。但是这种方法不能更新启动（BOOT）类型的驱动程序，或者说由操作系统加载器（OS Loader，如 NTLDR）加载的驱动程序，因为那时调试引擎还没有开始工作。

18.7 建立和维持连接

通过前面几节的介绍，大家应该对内核调试引擎和内核调试协议有了比较深入的了解。为了巩固这些内容，本节将介绍建立和维护内核调试连接的细节。

尽管本节的内容基本适用于 NT 系列的所有 Windows 操作系统，但是某些细节仍然与 Windows 内核的版本有关，特别是 Windows XP 之前和之后的差异更大。因此本节将以 Windows Vista RTM 6000 版本为例，讨论的目标系统具有一个双核的 CPU。

18.7.1 最早的调试机会

与 ITP 这样的硬件调试工具相比，使用内核调试引擎进行调试的一个不足就是无法调试引擎初始化之前所出现的问题。比如，无法调试操作系统加载程序（NTLDR 或 WinLoad 程序）加载内核的过程，也无法调试内核开始工作的最初过程。那么，到底从内核初始化的哪一阶段开始调试呢？或者说，可以把内核中断到调试器的最早时机是什么时候呢？

简单来说，是在内核的入口函数 KiSystemStartup 调用 HalInitializeProcessor 初始化启动 CPU 后，在调用 KiInitializeKernel 之前，也就是 KdInitSystem 函数第一次被调用的时候。

在 KdInitSystem 第一次被调用并完成基本的初始化工作后，会特意调用 DbgLoadImageSymbols 函数向调试器报告内核模块和 HAL 模块的加载事件。DbgLoadImageSymbols 内部调用通过 INT 2D 请求调试服务，这个异常的处理例程做一些处理后会跳转到断点异常的处理例程，然后系统的异常分发函数调用 KdpTrap，KdpTrap 又调用 DbgKdLoadSymbolsStateChange 向调试器发送类型 7 信息包，即我们在 18.6 节所描述的过程。

因此，在启动过程中，调试引擎向调试器发送的最早数据包就是类型 7 信息数据包。这时调试器通常还在发送复位控制数据包。在调试器收到这个信息包后，会先发送确认数据包，然后通过类型 2（操纵状态）信息数据包请求 DbgKdGetVersionApi 服务，以读取调试引擎和目标系统的版本。

调试引擎会使用一个 DBGKD_GET_VERSION64 结构来响应调试器的请求，WinDBG 工具包在 SDK 目录的 wdbgexts.h 中包含了这个结构的定义。在调试器中也可以使用 dt 命令来显示这个结构。

```
kd> dt nt!_DBGKD_GET_VERSION64
   +0x000   MajorVersion        : Uint2B      // 0xf
   +0x002   MinorVersion        : Uint2B      // 0x1770 即 6000
   +0x004   ProtocolVersion     : Uint2B      // 6
   +0x006   Flags               : Uint2B      // 3
   +0x008   MachineType         : Uint2B      // 0x14c
   +0x00a   MaxPacketType       : UChar       // 12
   +0x00b   MaxStateChange      : UChar       // 3
   +0x00c   MaxManipulate       : UChar       // 0x2e
   +0x00d   Simulation          : UChar
   +0x00e   Unused              : [1] Uint2B
   +0x010   KernBase            : Uint8B      // 0x81800000
   +0x018   PsLoadedModuleList  : Uint8B      // 0x81908ab0
   +0x020   DebuggerDataList    : Uint8B      // 0x81afbfec
```

每个字段右侧的注释是我们试验中得到的值。其中 ProtocolVersion 代表内核调试协议的版本，版本 6 代表所有信息数据包中使用的数据结构都是 64 位版本的。其中 Flags 字段可以为如下几个标志的组合。

```
DBGKD_VERS_FLAG_MP        0x0001        // 内核是多处理器（MP）版本
DBGKD_VERS_FLAG_DATA      0x0002        // DebuggerDataList 字段有效
DBGKD_VERS_FLAG_PTR64     0x0004        // 本地指针（native pointers）是 64 位
DBGKD_VERS_FLAG_NOMM      0x0008        // 未启用页机制，不要使用 PTE 解码
```

```
DBGKD_VERS_FLAG_HSS         0x0010          // 硬件步进支持
```

因为我们试验中的系统是 32 位的 Windows Vista 系统，具有双核 CPU，安装程序选用的是适用于多处理器的内核文件，所以上面的 Flags 字段的取值为 3。

在得到版本信息后，WinDBG 的内核调试目标类 LiveKernelTargetInfo 会执行初始化方法 InitFromKdVersion，并在窗口中显示建立连接信息。

```
Connected to Windows Vista 6000 x86 compatible target, ptr64 FALSE
Kernel Debugger connection established.
Symbol search path is:
  SRV*d:\symbols*http://msdl.microsoft.com/download/symbols
Executable search path is:
```

这意味着调试器与内核调试引擎已经成功建立了连接。接下来，调试器会使用 DbgKdReadVirtualMemoryApi 读取目标系统的其他信息，并显示类似如下的信息。

```
Windows Vista Kernel Version 6000 MP (1 procs) Free x86 compatible
Built by: 6000.16386.x86fre.vista_rtm.061101-2205
Kernel base = 0x81800000 PsLoadedModuleList = 0x81908ab0
System Uptime: not available
```

括号中的 1 procs 表示目前系统中有一个处理器在工作，因为尽管是双核的系统，但是另一个 CPU 还没有被唤醒。在做好以上工作后，WinDBG 已经收集到了目标系统的大量信息，明确知道它的系统类型是 x86 架构，于是会准备加载用于调试 x86 系统的工作空间（workspace）（30.1 节）。在切换到新的工作空间之前，WinDBG 通常会弹出图 18-11 所示的对话框询问是否保存目前使用的 base（基础）工作空间。

特别要提一下这个对话框，在关闭这个对话框前，目标系统是不会继续运行的，因为当调试引擎在发送类型 7 信息包时，它就已经把内核冻结起来了。只有在它收到调试器的恢复执行命令后，才会恢复内核执行。而这个对话框不关闭，WinDBG 就不会发送继续执行信息数据包，因此内核就会一直被冻结在那里。

当单击 Yes 或 No 按钮时，默认情况下，WinDBG 就会发送继续执行信息包，于是目标系统继续其启动过程。如果希望 WinDBG 进入命令模式，以便可以设置断点或继续分析目标系统，那么需要事先启用 WinDBG 的初始中断（initial break）功能。这可以通过选择 Debug → Kernel Connection → Cycle Initial Break 来实现，也可以按 Ctrl+Alt+K 组合键，每发出一次命令，WinDBG 就会在以下 3 种初始中断方式中切换一次。

（1）请求初始断点，即在与调试引擎建立通信后就自动发送一个中断控制包（0x62）。切换到这种模式时，WinDBG 会提示“Will request initial breakpoint at next boot”。

（2）当得到第一个加载符号报告时中断，即上面讨论的情况。当切换到这种模式时，WinDBG 会提示“Will breakin on first symbol load at next boot”。

（3）不中断，WinDBG 提示“Will NOT breakin at next boot”。

因为第二种方式对应于调试引擎初始化后第一次向调试器发送信息，所以以这种方式产生的中断要比第一种更早，这也就是我们上面讨论的情况。当选择这种模式时，图 18-11 所示的对

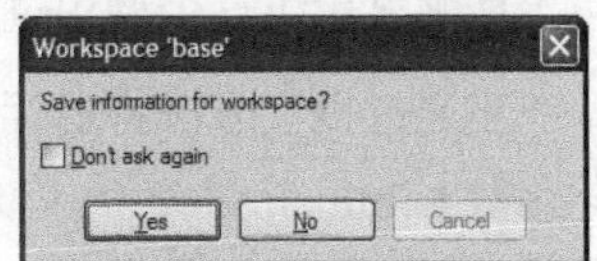

图 18-11 WinDBG 询问是否保存当前的工作空间

话框关闭后，WinDBG 便会进入命令模式，显示以下内容。

```
nt!DbgLoadImageSymbols+0x47:
8180c533 cc              int     3
```

输入 kv 命令，其结果如下。

```
ChildEBP RetAddr  Args to Child
00120dc4 81aa93f8 00120df0 00120db4 ffffffff nt!DbgLoadImageSymbols+0x47
00120f00 818df2be 00000000 80806b10 818efac0 nt!KdInitSystem+0x37a
00120f30 00000000 80806b10 00251544 80806b10 nt!KiSystemStartup+0x2be
```

显而易见，以上栈回溯印证了我们前面的介绍，内核的入口函数 KiSystemStartup 调用 KdInitSystem 来初始化调试引擎，第一个参数 0 代表这是阶段 0 初始化，也就是第一次调用这个函数。观察 DbgLoadImageSymbols 函数的第一个参数。

```
kd> ds 00120df0
00120df8  "\SystemRoot\system32\ntoskrnl.ex"
00120e18  "e"
```

因此可见这个参数正是内核文件的完整名称，也就是说，KdInitSystem 在调用 DbgLoadImageSymbols 函数通知调试器加载内核文件的符号。而 DbgLoadImageSymbols 会通过异常来请求调试服务。请求调试服务不是执行 INT 2D 吗？那么上面为什么显示 INT 3 呢？这是因为调试器显示的是 INT 2D 后的那条 INT 3 指令，INT 2D 已经执行过了。

上面的栈回溯还有一点值得注意，那就是栈帧基地址，可以看到它们都是小于 0x80000000 的，也就是此时的栈还在使用 OS Loader 程序创建的小于 2GB 的内存空间。

如果目标系统为 Windows XP，那么此时的栈回溯如下。

```
kd> kv
ChildEBP RetAddr  Args to Child
0005ff80 804d88e7 000600c4 0005ff94 00000003 nt!DebugService2+0xe (FPO: [3,0,0])
0005ffa4 80656c46 000600c4 804d4000 ffffffff nt!DbgLoadImageSymbols+0x40
000600cc 80691ac8 00000000 80087000 80542268 nt!KdInitSystem+0x23e ([Non-Fpo])
00060100 00420e53 80087000 00467904 00438ab7 nt!KiSystemStartup+0x264
WARNING: Frame IP not in any known module. Following frames may be wrong.
00060e3c 0041ec40 00000007 00060e5c 00000000 0x420e53
00060ecc 004014fe 004678e0 0047164f 00051d68 0x41ec40
00061ff0 10101010 00000002 00000000 04e4000d 0x4014fe
00061ff4 00000000 00000000 04e4000d 003f0001 0x10101010
```

首先，DebugService2 是用来请求调试服务的，Windows Vista 系统中，这个简单的函数被内联了，所以前面的栈回溯中没有这一行。另外，注意以上信息中的警告，这句话的意思是下一个栈帧（frame）的程序指针（IP）不属于任何模块，因此接下来的栈帧信息可能是错误的。事实上，下面的栈帧是发生在 NTLDR 中的。我们知道，系统加载程序负责加载内核和启动类型的驱动程序，也就是系统的第一批文件，然后调用内核文件的入口函数，即 KiSystemStartup。以上栈帧显示了这个调用过程。这也是在内核调试器中能看到的关于 NTLDR 的较少痕迹之一。

当通过以上方法将目标系统中断到调试器时，目标系统处于初始化的起步阶段（内核初始化函数 KiInitializeKernel 尚未被调用），只有启动 CPU 才运行，而且它是以单任务方式工作的。也就是说，此时系统中还只有这一个初始的“线程”。此时屏幕还处于简单的黑白界面，所有执行体尚未初始化，内核对象和进程列表尚未建立，因此包括进程枚举（!process 0 0）在内的一些命令都会返回错误。

18.7.2 初始断点

如果不使用上面介绍的“收到符号加载事件时中断”，那么将目标系统中断到调试器的最早机会就是初始断点（initial break point）。其做法是在目标系统启动前启动 WinDBG 的内核调试，并按 Ctrl+Alt+K 组合键切换到初始中断模式。

启用这种模式后，当 WinDBG 收到调试引擎的信息后，就发送一个中断控制数据包，即 0x62。清单 18-2 所包含的 WinDBG 输出反映了这一过程。

清单 18-2 WinDBG 发送中断控制数据包的过程

```
SYNCTARGET: Timeout.
Throttle 0x10 write to 0x1
Throttle 0x10 write to 0x1
SYNCTARGET: Received KD_RESET ACK packet.
SYNCTARGET: Target synchronized successfully...
 Done.
READ: Wait for type 7 packet
Attempting to get initial breakpoint.
Send Break in ...
```

前 3 行反映了 WinDBG 启动后反复发送复位控制数据包，企图与调试引擎同步。第 4～6 行表示收到了调试引擎的确认数据包，同步成功。第 7 行表示等待类型 7 信息包。第 8、9 行表示 WinDBG 为了获得初始中断而发送中断数据包。

在收到类型 7 信息数据包后，WinDBG 会显示略微不同的建立的连接信息，表示已经发出中断请求。

```
Kernel Debugger connection established.  (Initial Breakpoint requested)
```

尽管从以上过程来看这个中断数据包的发送时机与第一次收到符号事件差不多，但是调试引擎并不会立刻响应这个中断数据包。

我们知道每次定时器中断时，中断的处理函数会调用 KdPollBreakIn 函数检查是否有中断数据包。但是在启动的早期（阶段 0）中断是被禁止的，所以时钟更新函数在此阶段还不会被调用。为了检测这一阶段的中断命令，KdInitSystem 在使用 DbgLoadImageSymbols 函数报告好内核文件和 HAL 文件的符号加载事件之后，会调用 KdPollBreakIn 来读取是否有中断数据包，并且把结果保存在变量 KdBreakAfterSymbolLoad 中。

```
call _KdPollBreakIn@0
mov  _KdBreakAfterSymbolLoad, al
```

而后 KdInitSystem 函数返回，启动过程继续，KiSystemStartup 调用 KiInitializeKernel 开始内核初始化。KiInitializeKernel 在执行 KiInitSystem 和初始化空闲进程与线程后，调用 ExpInitializeExecutive 准备初始化执行体。除了调用系统中各个执行体的阶段 0 初始化函数之外，ExpInitializeExecutive 的另一个任务就是扫描模块列表，加载调试符号。这里加载调试符号的含义就是调用 DbgLoadImageSymbols 通知调试器加载符号（对于内核而言，很多时候就简称为加载符号文件）。此时模块列表中存放的是 OS Loader 程序所加载的第一批模块文件的基本信息。因为在 KdInitSystem 中已经对内核和 HAL 文件调用过 DbgLoadImageSymbols，所以在这一阶段会跳过这两个文件。

在处理好链表中的所有文件后，系统会判断 KdBreakAfterSymbolLoad 变量，如果它为真，就会调用 DbgBreakPointWithStatus 函数（参数为 1）执行断点指令，中断到调试器。清单 18-3 显示了 Windows Vista 系统中的函数调用情况。

清单 18-3 Windows Vista 系统中的函数调用情况

```
# ChildEBP RetAddr
00 81966b44 81f74454 nt!RtlpBreakWithStatusInstruction // 触发断点异常
01 81966cdc 81f00019 nt!InitBootProcessor+0x3d8        // 启动 CPU 要执行的初始化工作
02 81966ce8 81f01d07 nt!ExpInitializeExecutive+0x13   // 执行体的阶段 0 初始化
03 81966d3c 81959321 nt!KiInitializeKernel+0x5cf      // 初始化内核
04 00000000 00000000 nt!KiSystemStartup+0x319         // 内核文件的入口函数
```

其中 InitBootProcessor 是 Vista 新增的内核函数，将只需要启动 CPU 才执行的阶段 0 初始化工作放在这个函数中，包括扫描模块列表和加载符号文件。在此之前，ExpInitializeExecutive 函数直接做这个工作。清单 18-4 显示了 Windows XP 系统中的函数调用情况。

清单 18-4 Windows XP 系统中的函数调用情况

```
# ChildEBP RetAddr
00 80541d68 8069208b nt!RtlpBreakWithStatusInstruction    // 触发断点异常
01 80541ee8 8068624c nt!ExpInitializeExecutive+0x302      // 执行体的阶段 0 初始化
02 80541f3c 80691b23 nt!KiInitializeKernel+0x29e          // 初始化内核
03 00000000 00000000 nt!KiSystemStartup+0x2bf             // 内核文件的入口函数
```

通过初始断点将目标系统中断到调试器的时机比收到符号加载事件就中断要晚，二者之间的差异主要有 KiInitSystem、空闲进程和线程的初始化及某些执行体的阶段 0 初始化。但是当发起初始断点发生时，目标系统仍处于执行体的阶段 0 初始化过程中，进程管理器仍没有初始化，仍然只有一个 CPU 在执行，耗时最长的 IO 管理器也还没有开始初始化，所有启动类型之外的驱动程序还没有加载，因此，这个时机对于大多数调试任务是来得及的。

如果目标系统是 Windows 2000，那么初始断点的中断时间会更晚一些。Windows 2000 没有定义 KdBreakAfterSymbolLoad 变量和上面所说的检查机制，因此要等执行体的阶段 1 初始化开始，中断被启用后，再有定时器中断发生时 KeUpdateSystemTime 得到执行，它调用 KdPollBreakIn 时才能发现中断数据包并发起中断。Windows 2000 中的函数调用情况如清单 18-5 所示。

清单 18-5 Windows 2000 中的函数调用情况

```
# ChildEBP RetAddr
00 f241b99c 804654be nt!RtlpBreakWithStatusInstruction   // 触发断点异常
01 f241b99c 8006f19c nt!KeUpdateSystemTime+0x13e        // 定时器中断发生后更新系统时间
02 f241ba28 8006ff15 hal!HalpEnableInterruptHandler+0x34 // 启用中断
03 f241ba54 8054acfa hal!HalInitSystem+0x25f            // HAL 的阶段 1 初始化
04 f241bda8 804524f6 nt!Phase1Initialization+0x54       // 执行体的阶段 1 初始化
05 f241bddc 80465b62 nt!PspSystemThreadStartup+0x69 // 系统线程启动函数
06 00000000 00000000 nt!KiThreadStartup+0x16            // 线程起始函数
```

18.6.4 节介绍了 KeUpdateSystemTime 调用 KdPollBreakIn 的细节。可以在启动选项中指定 /BREAK 选项，让系统在初始化硬件抽象层时中断到内核调试器。清单 18-6 显示了以这种方式中断后的栈回溯。

清单 18-6 栈回溯

```
kd> kn
 # ChildEBP RetAddr
00 80541d48 806d77b4 nt!DbgBreakPoint
01 80541d50 806d78d8 hal!HalpGetParameters+0x3e
02 80541d64 8067f728 hal!HalInitSystem+0x30
03 80541ee8 8068624c nt!ExpInitializeExecutive+0x13c
04 80541f3c 80691b23 nt!KiInitializeKernel+0x29e
05 00000000 00000000 nt!KiSystemStartup+0x2bf
```

与清单 18-4 和清单 18-5 相比较，可以发现使用/BREAK 选项中断的时间与初始断点基本相同。

18.7.3 断开和重新建立连接

以下几种情况下可能需要断开内核调试连接。

（1）运行调试器的主机出于某种原因（比如掉电或崩溃）突然重新启动。

（2）调试器僵死或一个命令很久没有返回，按 Ctrl+Break 组合键也无法中断，而且我们没有耐心继续等待。

（3）运行调试器的主机是一台笔记本电脑，因为参加会议或下班必须将其关机带走。

无论哪种情况，大多数时候不需要重新启动目标系统就可以再建立内核调试连接。通常只要启动调试器，使用同样的设置就可以恢复调试会话。根据断开时目标系统的状态，我们分两种情况来讨论。

第一种情况是断开时目标系统处于被中断到调试器的状态。这种情况下，目标系统中只有调试引擎在运行，内核的其他部分被冻结着。根据我们前面的介绍，此时 CPU 通常在执行调试引擎的 KdpSendWaitContinue 函数，也就是在与调试器的对话循环中，因此调试引擎在等待调试器的信息。另外，调试器开始内核调试后就会不停地发送复位控制数据包。因此这种情况下，只要接好通信电缆，并使用上次同样的参数，在开启调试器后，调试引擎会马上收到复位数据包，并回复确认数据包，于是连接建立，而后 WinDBG 会读取对方的版本信息，像第一次建立连接那样初始化。之后显示的信息与第一次建立连接时类似，而且会显示出系统已经运行的时间（System Uptime）和上次调试会话的结束时间。

```
Debug session time: Sat Aug 18 10:27:39.386 2007 (GMT+8)
System Uptime: 0 days 0:03:52.964
```

第二种情况是断开时目标系统处于运行状态。这种情况下，调试引擎处于被动状态，只有当有内核调试事件发生或定时器中断发生时它的函数才可能被调用。因此如果开启调试器后没有自动建立连接，那么需要发出一个中断命令，也就是按 Ctrl+Break 组合键或选择菜单栏中的 Debug → Break。

全局变量 nt!KdDebuggerNotPresent（布尔类型，一字节长）用来标识是否存在内核调试器。它的初始值为 0，也就是假定调试器存在，在数据通信函数等待调试器的回复多次失败后会将这个变量设置为 1。在通信函数收到调试器的通信数据包后会将其设置为 0。当我们在调试器中观察时，它总为 0。

```
kd> db nt!KdDebuggerNotPresent l1
80544740  00
```

当 KdDebuggerNotPresent 为1时，内核调试引擎便不再主动向调试器发送数据。但是时钟更新函数还是会调用 KdCheckForDebugBreak 来检查是否用中断命令。因此，当我们把调试器重新连接到一个曾经调试过（未重启过）的系统时，需要将被调试系统中断一次才开始收到对方的信息。

18.8 本地内核调试

因为使用内核调试引擎进行内核调试需要两个系统，并且需要较多的步骤，所以如果只希望执行一些观察变量或检查符号之类的简单任务，那么可以使用本节介绍的本地内核调试方法。

18.8.1 LiveKD

LiveKD 是 Mark Russinovich 编写的一个小工具，最初包含在 *Inside Windows 2000* 一书的配套光盘上，目前可以从微软的网站上免费下载。

运行 LiveKD.exe 后，它会先从自身的资源中提取一个名为 LiveKdD.SYS 的驱动程序，然后安装这个驱动程序，并使用它在保持系统工作的情况下产生一个故障转储（dump）文件，名为 LiveKD.DMP，再启动 WinDBG 或 KD 来“调试”这个转储文件。

因为要让调试器调试一个动态的转储文件，所以当使用 LiveKD 进行本地内核调试时，WinDBG 会显示如下信息。

```
Loading Dump File [C:\WINDOWS\system32\livekd.dmp]
Kernel Complete Dump File: Full address space is available
Comment: 'LiveKD live system view'
```

此后，可以使用调试内核转储文件时的各种命令来观察和分析系统。

18.8.2 Windows 系统自己的本地内核调试支持

从 Windows XP 开始，Windows 系统内建了本地内核调试支持。使用 WinDBG 就可以进行本地内核调试（选择 File → Kernel Debug → Local）。

简单来说，Windows 系统的本地内核调试主要是通过未公开的内核服务 ZwSystemDebugControl（内核函数为 NtSystemDebugControl）来提供的。

ZwSystemDebugControl 是 Windows 操作系统的一个内核服务，在 Windows NT 的最初版本中就存在，其作用是让用户模式的程序可以通过这个服务在本地调用系统的调试 API，即内核调试函数。其函数原型如下。

```
NTSTATUS NTAPI ZwSystemDebugControl( DEBUG_CONTROL_CODE ControlCode,
    PVOID InputBuffer, ULONG InputBufferLength,
    PVOID OutputBuffer, ULONG OutputBufferLength, PULONG ReturnLength);
```

其中，第一个参数称为控制代码，或者命令代码，用来指定要调用的内核调试服务；后面几个参数用来指定输入和输出缓冲区与返回值长度（ReturnLength）。

在 Windows XP 之前，这个内核服务支持的命令非常有限。Windows XP 为了支持本地内核调试，对这个函数的功能做了大量扩充，支持的操作由原来的不到 10 个增加到多达 21 个，覆盖了本地调试所需的几乎一切功能。Windows Server 2003 进一步增强了这个函数。下面的枚举类型定义了用来代表操作类型的所有控制代码。从中我们可以看到，它涵盖了内核调试的各个方面，包括内存、I/O、MSR、进程列表、模块列表等。

```
typedef enum _SYSDBG_COMMAND
{
SysDbgQueryModuleInformation = 0, SysDbgQueryTraceInformation = 1, SysDbgSetTracepoint =
2, SysDbgSetSpecialCall = 3, SysDbgClearSpecialCalls = 4, SysDbgQuerySpecialCalls =
5, SysDbgBreakPoint = 6, SysDbgQueryVersion = 7, SysDbgReadVirtual = 8, SysDbgWrite
Virtual = 9, SysDbgReadPhysical = 10, SysDbgWritePhysical = 11, SysDbgReadControl
Space = 12, SysDbgWriteControlSpace = 13, SysDbgReadIoSpace = 14, SysDbgWriteIo
Space = 15, SysDbgReadMsr = 16, SysDbgWriteMsr = 17, SysDbgReadBusData = 18, SysDbg
WriteBusData = 19, SysDbgCheckLowMemory = 20, SysDbgEnableKernelDebugger = 21, SysD
bgDisableKernelDebugger = 22, SysDbgGetAutoKdEnable = 23, SysDbgSetAutoKdEnable = 24,
SysDbgGetPrintBufferSize = 25, SysDbgSetPrintBufferSize = 26, SysDbgGetKdUmException
Enable = 27, SysDbgSetKdUmExceptionEnable = 28,
} SYSDBG_COMMAND;
```

WinDBG 的本地内核调试功能就是基于以上系统服务而实现的。ZwSystemDebugControl 为 WinDBG 提供了一种在本地访问内核调试 API 的功能。例如，清单 18-7 描述了在本地内核调试会话中执行!pci 扩展命令时，WinDBG 通过本地内核服务访问 I/O 空间的过程。

清单 18-7 WinDBG 通过本地内核服务访问 I/O 空间的过程

```
0:001> kn
 # ChildEBP RetAddr
00 00f1d714 0222395f ntdll!NtSystemDebugControl        // 调用内核服务
01 00f1d754 020d87d6 dbgeng!LocalLiveKernelTargetInfo::DebugControl+0xaf
02 00f1d7a0 0213f885 dbgeng!LocalLiveKernelTargetInfo::WriteIo+0x66
03 00f1e0a0 01618c30 dbgeng!ExtIoctl+0x3f5             // 调试引擎的 IOCTL 函数
04 00f1e0c4 01619dfc kext!WriteIoSpace64+0x30          // 包含!pci 命令的扩展模块
05 00f1e110 0161c391 kext!ReadPci+0x18c                // 读 PCI 配置空间
06 00f1e1e8 0161d09a kext!pcidump+0x101                // 显示 PCI 配置空间
07 00f1e248 02144ffa kext!pci+0x15a                    // !pci 命令的入口函数
08 00f1e2d4 02145239 dbgeng!ExtensionInfo::CallA+0x2da          // 调用扩展命令
09 00f1e464 02145302 dbgeng!ExtensionInfo::Call+0x129
0a 00f1e480 02143bf1 dbgeng!ExtensionInfo::CallAny+0x72
0b 00f1e8f8 021875bc dbgeng!ParseBangCmd+0x661                  // 解析扩展命令
0c 00f1e9d8 021889a9 dbgeng!ProcessCommands+0x4ec               // 分发命令
0d 00f1ea1c 020cbec9 dbgeng!ProcessCommandsAndCatch+0x49
0e 00f1eeb4 020cc12a dbgeng!Execute+0x2b9              // 调试引擎的命令入口函数
0f 00f1eee4 01028553 dbgeng!DebugClient::ExecuteWide+0x6a
10 00f1ef8c 01028a43 windbg!ProcessCommand+0x143       // WinDBG 的命令处理函数
11 00f1ffa0 0102ad06 windbg!ProcessEngineCommands+0xa3 // WinDBG 的调试命令处理函数
12 00f1ffb4 7c80b6a3 windbg!EngineLoop+0x366           // WinDBG 调试循环
13 00f1ffec 00000000 kernel32!BaseThreadStart+0x37     // WinDBG 调试工作线程的起点
```

其中栈帧#00 的前 3 个参数为 0000000f、00f1d778、00000020。第一个是控制码，0xf 对应于枚举常量 SysDbgWriteIoSpace，即写 I/O 空间。第二个参数指向一个数据结构。第三个参数 0x20 是输入缓冲区的长度，即参数 2 结构的长度。清单中的 LocalLiveKernelTargetInfo 是 WinDBG 调试器引擎模块中负责本地内核调试目标类的，我们将在 29.5 节详细介绍。

18.8.3 安全问题

尽管调用 ZwSystemDebugControl 服务需要所在进程具有调试特权（'SeDebug- Privilege'），但是恶意软件也很容易得到这个特权，所以在 Windows XP 推出后不久，这个扩充后的内核服务便成为恶意程序攻击系统的一个捷径。

为了解决这个问题，从 Windows Vista 起，本地内核调试只有在启用了内核调试选项后才能使用。

本地内核调试尽管使用比较方便，但是它只支持有限的调试命令，不支持设置断点、单步执行和将系统中断到调试器这样的高级调试功能。因此，通常只使用这种方法来观察系统的模块、函数、内存、进程和内核对象等。

『18.9 本章总结』

内核调试是软件调试中比较复杂的部分，比用户态调试的难度要大很多。但是，当开发内核态的模块或解决系统一级的软件问题时，内核调试通常又是最有效的方法。本章比较系统地介绍了 Windows 的内核调试引擎，目的是为大家理解内核调试打下一个坚实的基础。在介绍调试器时，我们还会介绍与内核调试有关的内容，特别是调试器端的更多细节。

参考资料

[1] CMU 1394 Digital Camera Driver.

[2] Roger Jennings. Fire on the Wire: The IEEE 1934 High Performance Serial Bus.

[3] Microsoft Corporation. 1394 Open Host Controller Interface Specification.

[4] Tom Green. 1394 Kernel Debugging Tips And Tricks.

[5] Intel Corporation. Enhanced Host Controller Interface Specification for Universal Serial Bus (Appendix C. Debug Port).

[6] John Keys. USB2 Debug Device A Functional Device Specification. Intel Corporation.

第 19 章　验证机制

因为软件中的错误是不可避免的，所以如何尽早地发现和修正错误就成了软件开发中最关键的目标之一。软件调试的主要任务是寻找软件瑕疵（defect）的根源，其前提通常是已经知道了有瑕疵。

发现软件瑕疵最普遍的方法就是测试。常见的测试手段有以下几种。

（1）黑盒测试（black box testing），是指测试人员根据软件需求规约和测试文档对软件的运行情况进行检查。其基本思想是将被测试软件当作一个不透明的黑盒子，给其一个输入，看其输出是否符合要求，只要输出结果正确，便认为测试通过，不检查盒子内部的变化过程。

（2）白盒测试（white box testing），是指根据程序的结构和代码逻辑来编写测试用例并进行测试，比黑盒测试更有针对性，但是对测试人员的要求更高。

（3）内建自检，又称为 BIST（Built-In Self-Test），是指在软件代码内部构建一些测试功能，这些功能（函数）可以在某些情况下执行，或者被自动测试工具调用以发现问题。

（4）压力测试（stress testing），用于测试目标程序在高负载（如频繁的访问和大量要处理的任务）与低资源（如低可用内存和低硬件配置）情况下的工作情况。

虽然以上每种测试都有它的优势和侧重点，但即便使用了以上所有测试手段，也不能保证会发现所有问题。原因之一是测试时的运行环境和条件不足以将错误触发并暴露出来。举例来说，如果某个程序有轻微的内存泄漏，通常是较难发现的。又如，如果一个程序调用系统的 API 时参数使用不当，而且它没有检查系统返回的错误值，那么这个错误就被掩盖了。对于这样的问题，当测试时，我们通常希望系统做严格的检查，发现问题就立刻报告，并且最好能模拟极端的和苛刻的运行环境，以便让错误更容易暴露出来。Windows 操作系统的验证机制就是为了满足这个需求而设计的。[1]

老雷评点

此亦 Windows NT 之优秀基因，对开发和调试驱动程序、保证系统软件之质量效果卓著。

本章将先介绍 Windows 验证机制的概况（19.1 节），而后介绍驱动程序验证器的工作原理（19.2 节）和用法（19.3 节），最后介绍应用程序验证器的工作原理（19.4 节）和用法（19.5 节）。

19.1　简介

我们知道，从编译和构建（build）的角度来看，Windows 系统的映像文件有 Checked 版本和 Free 版本之分。二者的主要差别就是 Checked 版本中包含断言，而 Free 版本中不包含。尽管断言也是用于检查软件错误的，但其主要的检查目标是软件自身。这与本章介绍的验证机制是不同的。验证机制的主要目标是检查被测试软件，或者说是为被测试软件提供一个验证器（verifier）。

19.1.1 驱动程序验证器

Windows 2000 最先引入了驱动程序验证器（driver verifier），用于验证各种设备驱动程序和内核模块。为了行文简洁，我们将驱动程序验证器简称为驱动验证器。

驱动验证器的主体是实现在内核文件（NTOSKRNL.EXE）中的一系列内核函数和全局变量，其名字中大多包含 Verifier 字样，或者是以 Vi 和 Vf 开头的。例如用于验证内存池的 nt!VerifierFreePool，用于验证降低 IRQL 操作的 nt!VerifierKeLowerIrql。

为了配合驱动验证器工作，Windows 2000 还自带了一个名为 Driver Verifier Manager 的管理程序，即 Verifier.exe，位于 Windows 系统目录的 system32 子目录中。我们将这个程序简称为驱动验证管理程序。

Windows XP 和 Windows Vista 都对驱动验证器做了增强。驱动验证器包含在 Windows 2000 开始的所有 NT 系列操作系统中，不论是 Checked 版本还是 Free 版本，而且内建在系统中，不需要额外安装。我们将在 19.2 节详细介绍驱动验证器。

19.1.2 应用程序验证器

与驱动验证器类似，为了支持应用程序验证，Windows XP 引入了验证应用程序的机制。其实现分为两个部分：一部分是实现在 NTDLL.DLL 中的一系列函数，这些函数都是以 AVrf 开头的，所以我们将它们简称为 AVrf 函数；另一部分是一个名为微软应用程序验证器（microsoft application verifier）的工具包，包含在 Windows XP 安装光盘的 support\tools 目录下，也可以从微软网站免费下载。

应用程序验证器最初是为了测试应用程序与 Windows XP 操作系统的兼容性而设计的，其设计思想是通过监视应用程序与操作系统之间的交互来发现应用程序中隐藏的设计问题，比如内存分配、内核对象使用和 API 调用等。我们将在 19.4 节详细介绍应用程序验证器。

19.1.3 WHQL 测试

通过 WHQL（Windows Hardware Quality Labs）测试是驱动程序取得 Windows 徽标和得到数字签名的必要条件，而通过驱动验证器的各种验证是驱动程序 WHQL 测试的必不可少的内容。因此，一个驱动程序如果想取得 Windows 徽标和签名，则一定要通过驱动验证器的验证。这种强制性有利于提高内核模块的质量和整个系统的稳定性。

使用验证器有利于更快地发现软件错误。因此，在软件开发和测试过程中，我们应该积极使用它，以便尽早发现程序中的错误和设计缺欠。

19.2 驱动验证器的工作原理

本节将比较深入地介绍 Windows 驱动验证器的原理。

19.2.1 设计原理

驱动验证器的基本设计思想是在驱动程序调用设备驱动接口（DDI）函数时，对驱动程序执行各种检查，看其是否符合系统定义的设计要求，特别是 DDK 文档所定义的调用条件和规范。

那么，如何来监视驱动程序对 DDI 的调用呢？一种很容易想到的方法是在每个内核函数的入口加一段代码，如果驱动验证器被启用，就调用这个函数对应的验证函数；否则，就直接继续执行这个函数。以 KeLowerIrql 为例，如果它的验证函数是 VerifierKeLowerIrql，那么应用这种方法后的 KeLowerIrql 函数便是下面的样子。

```
VOID KeLowerIrql( IN KIRQL  NewIrql )
{
    if(/*VerifierEnabled*/)
    {
        VerifierKeLowerIrql(NewIrql);
        return;
    }
    // ...
}
```

但是 Windows 系统并没有采用这种方法，原因是需要对大量内核函数的实现进行修改，而且由于加入了判断和分支，不但会影响这些函数的简洁性，而且会始终影响这些函数的执行速度。这种修改方式的另一个缺点是它的全局性，不能针对某个被测试驱动程序决定是否执行验证函数。

考虑以上因素，Windows 系统实际上采用的是通过修改被验证驱动程序的导入地址表（Import Address Table，IAT）来挂接（hook）驱动程序的 DDI 调用，即通常所说的 IAT Hook 方法。简单来说，系统会将被验证驱动程序 IAT 中的 DDI 函数地址替换为验证函数的地址，这样，当这个驱动程序调用 DDI 函数时，便会调用对应的验证函数。验证函数与原来的函数具有完全一致的原型，所以不会影响被验证程序的执行。

在验证函数得到调用后，它执行的典型操作如下。

（1）更新计数器，或者全局变量。

（2）检测调用参数，或者做其他检查，如果检测到异常情况，那么调用 KeBugCheckEx (DRIVER_VERIFIER_DETECTED_VIOLATION, ...)函数，即通过蓝屏机制来报告验证失败。

（3）如果没有发现问题，那么验证函数会调用原来的函数，并返回原函数的返回值（如果有）。

下面我们分几个部分来详细介绍驱动验证器的工作过程。

19.2.2 初始化

在 Windows 系统启动的早期，确切地说是在执行体进行阶段 0 初始化期间，内存管理器的初始化函数（MmInitSystem）会调用驱动验证器的初始化函数，来初始化驱动验证器。其中一个重要的工作就是创建并初始化一个用来存放被验证驱动程序信息的链表，Windows 系统使用全局变量 MiSuspectDriverList 来记录这个链表，我们把这个链表简称为可疑驱动链表。

以下栈回溯显示了内存管理器的 MmInitSystem 函数调用初始化可疑驱动链表的 MiInitializeDriverVerifierList 函数的过程。

```
# ChildEBP RetAddr
00 80541d0c 80683000 nt!MiInitializeDriverVerifierList   // 初始化可疑驱动链表
01 80541d64 8067f84e nt!MmInitSystem+0x8e6               // 内存管理器阶段 0 初始化
02 80541ee8 8068624c nt!ExpInitializeExecutive+0x272     // 执行体阶段 0 初始化
03 80541f3c 80691b23 nt!KiInitializeKernel+0x29e         // 内核初始化
04 00000000 00000000 nt!KiSystemStartup+0x2bf            // 系统的入口函数
```

可疑驱动链表的每个节点是一个 MI_VERIFIER_DRIVER_ENTRY 结构，用来记录一个被验证的驱动程序。以下是这个结构的定义和关于被验证驱动程序 dbgmsg.sys 的取值。

```
kd> dt nt!_MI_VERIFIER_DRIVER_ENTRY 82374c78
   +0x000 Links            : _LIST_ENTRY [ 0x8054c128 - 0x82374cf8 ]
   +0x008 Loads            : 1          // 加载计数
   +0x00c Unloads          : 0          // 卸载计数
   +0x010 BaseName         : _UNICODE_STRING "dbgmsg.sys" // 名称
   +0x018 StartAddress     : 0xf53fd000 // 起始内存地址
   +0x01c EndAddress       : 0xf5401000 // 结束内存地址
   +0x020 Flags            : 1          // 标记，1 代表直接方式
   +0x024 Signature        : 0x98761940 // 这个结构的签名，始终为这个值
   +0x028 Reserved         : 0          // 保留
   +0x02c VerifierPoolLock : 0          // 用于同步，ExAcquireSpinLock
   +0x030 PoolHash         : 0x821898c0 _VI_POOL_ENTRY // 记录内存池的使用情况
   +0x034 PoolHashSize     : 0x10       //
   +0x038 PoolHashFree     : 0xe        //
   +0x03c PoolHashReserved : 0          //
   +0x040 CurrentPagedPoolAllocations      : 5 // 在分页内存池中的分配数
   +0x044 CurrentNonPagedPoolAllocations   : 9 // 在非分页内存池中的分配数
   +0x048 PeakPagedPoolAllocations         : 6 // 分页内存分配数的峰值
   +0x04c PeakNonPagedPoolAllocations      : 9 // 非分页内存分配数的峰值
   +0x050 PagedBytes       : 0x100      // 分配的分页内存数量（字节数）
   +0x054 NonPagedBytes    : 0x412c     // 分配的非分页内存数量
   +0x058 PeakPagedBytes   : 0x17c      // 分配的分页内存峰值
   +0x05c PeakNonPagedBytes: 0x412c     // 分配的非分页内存峰值
```

Windows Vista（RTM 6000）对以上结构做了少量修改，新的结构如下。

```
kd> dt nt!_MI_VERIFIER_DRIVER_ENTRY 83dc95f0
   +0x000 Links            : _LIST_ENTRY [ 0x81b7d610 - 0x81b7d610 ]
   +0x008 Loads            : 1          // 加载计数
   +0x00c Unloads          : 0          // 卸载计数
   +0x010 BaseName         : _UNICODE_STRING "mrxvpc.sys"
   +0x018 StartAddress     : 0xa161b000 // 起始内存地址
   +0x01c EndAddress       : 0xa163a000 // 结束内存地址
   +0x020 Flags            : 1          // 标志
   +0x024 Signature        : 0x98761940 // 结构签名
   +0x028 PoolPageHeaders  : _SLIST_HEADER      // 记录使用内存池情况的链表头
   +0x030 PoolTrackers     : _SLIST_HEADER
   +0x038 CurrentPagedPoolAllocations    : 0x20   // 目前在分页内存池中的分配数
   +0x03c CurrentNonPagedPoolAllocations : 0x1f   // 目前在分页内存池中的分配数
   +0x040 PeakPagedPoolAllocations       : 0x22   // 分页内存分配数的峰值
   +0x044 PeakNonPagedPoolAllocations    : 0x21   // 非分页内存分配数的峰值
   +0x048 PagedBytes       : 0x278b4    // 分配的分页内存数量（字节数）
   +0x04c NonPagedBytes    : 0x5454     // 分配的非分页内存数量
   +0x050 PeakPagedBytes   : 0x284f4    // 分配的分页内存峰值
   +0x054 PeakNonPagedBytes: 0x5ae4     // 分配的非分页内存峰值
```

函数 ViInsertVerifierEntry 用于向可疑驱动链表中插入表项。其参数就是一个指向 MI_VERIFIER_DRIVER_ENTRY 结构的指针。

当插入表项时，MI_VERIFIER_DRIVER_ENTRY 结构的某些字段已经填充了内容，但是某些还没有。

在可疑链表初始化后，可以在调试器中通过!list 命令来显示这个链表的内容。

```
kd> !list "-t _MI_VERIFIER_DRIVER_ENTRY.Links.Flink -e -x \"dd @$extret l4; dt
_MI_VERIFIER_DRIVER_ENTRY @$extret -y BaseName\" poi(nt!MiSuspectDriverList)"
dd @$extret l4; dt _MI_VERIFIER_DRIVER_ENTRY @$extret -y BaseName
82374c78  8054c128 82374cf8 00000001 00000000
```

```
nt!_MI_VERIFIER_DRIVER_ENTRY
   +0x010 BaseName : _UNICODE_STRING "dbgmsg.sys"
…
```

关于!list 命令的详细用法，我们将在 30.16 节讲述。

系统启动完成后，也可以在命令行执行 verifier/query 命令来显示被验证驱动的信息，其主要内容就来自以上链表。

19.2.3 挂接验证函数

前面介绍了用来记录所有被验证驱动的可疑驱动程序列表，接下来我们将介绍系统是如何将验证函数挂接到被验证驱动程序的 IAT 中的。简单来说，当系统加载一个内核模块时，它会调用 MiApplyDriverVerifier 函数，这个函数的任务就是查询要加载的模块是否在可疑驱动程序列表中，如果在，则表示这是一个被验证的驱动程序，并调用 MiEnableVerifier 函数，对它的 IAT 进行修改。

对于 OS Loader（NTLDR）加载的模块，当驱动验证器初始化时，也就是在内存管理器的阶段 0 初始化期间，驱动验证器的 MiInitializeVerifyingComponents 函数会遍历所有已经加载的模块，并依次对其调用 MiApplyDriverVerifier。清单 19-1 中的栈回溯显示了这个函数被调用的过程。

清单 19-1 栈回溯

```
# ChildEBP RetAddr
00 80541cb8 805d8a84 nt!MiEnableVerifier                      // 挂接验证函数
01 80541cd0 80694746 nt!MiApplyDriverVerifier+0x128  // 应用驱动程序验证逻辑
02 80541d0c 80683101 nt!MiInitializeVerifyingComponents+0x239 // 初始化验证器
03 80541d64 8067f84e nt!MmInitSystem+0xad0                 // 内存管理器阶段 0 初始化
04 80541ee8 8068624c nt!ExpInitializeExecutive+0x272 // 执行体阶段 0 初始化
05 80541f3c 80691b23 nt!KiInitializeKernel+0x29e        // 初始化内核
06 00000000 00000000 nt!KiSystemStartup+0x2bf            // 系统的入口函数
```

对于以后加载的驱动程序，内存管理器的工作函数（MiLoadSystemImage）会调用 MiApplyDriverVerifier 以给驱动验证器检查机会。例如，清单 19-2 显示了阶段 1 初始化期间，I/O 管理器调用 MiApplyDriverVerifier 和 MiEnableVerifier 的过程。

清单 19-2 I/O 管理器调用 MiApplyDriverVerifier 和 MiEnableVerifier 的过程

```
ChildEBP RetAddr
ec41b250 804f02b0 nt!MiEnableVerifier                // 挂接验证函数
ec41b268 804a5fe4 nt!MiApplyDriverVerifier+0x128// 应用驱动程序验证逻辑
ec41b4dc 8048fcd9 nt!MiLoadSystemImage+0x722      // 加载系统映像文件
ec41b500 804a4218 nt!MmLoadSystemImage+0x1c        // 加载系统映像文件
ec41b5d8 80426f6d nt!IopLoadDriver+0x3a3            // 加载驱动程序
…                                                      // 省略多个栈帧
ec41ba58 8054b35a nt!IoInitSystem+0x644              // I/O 子系统初始化
ec41bda8 804524f6 nt!Phase1Initialization+0x71b  // 阶段 1 初始化
ec41bddc 80465b62 nt!PspSystemThreadStartup+0x69// 系统线程启动函数
00000000 00000000 nt!KiThreadStartup+0x16          // 线程起始函数
```

那么，MiEnableVerifier 函数是如何修改驱动 IAT 的呢？

简单来说，系统定义了几个包含被验证函数和验证函数的数组，记录在 MixxxThunks 这样的全局变量中，称为 Thunk 数组。下面我们以 MiVerifierThunks 为例。

```
kd> dd nt!MiVerifierThunks
80636708  804ebf17 80647ed0 805128bc 8064815f
…
```

使用 dds 命令显示每个数组元素的对应符号。

```
kd> dds nt!MiVerifierThunks
80636708  804ebf17 nt!KeSetEvent
8063670c  80647ed0 nt!VerifierSetEvent
80636710  805128bc nt!ExAcquireFastMutexUnsafe
80636714  8064815f nt!VerifierExAcquireFastMutexUnsafe
…
```

可以看到，数组中双号元素的内容就是验证函数的地址，单号元素的内容就是被验证函数的地址。理解了这个数组后，就可以想象得到，MiEnableVerifier 函数先根据参数中指定的 _LDR_DATA_TABLE_ENTRY 结构指针，得到 IAT 的地址，然后依次遍历 IAT 的每个项，看其函数地址是否存在于上面的 Thunk 数组中（单号元素），如果存在，就使用相邻的双号元素的地址将原来的地址替换掉。

19.2.4 验证函数的执行过程

成功挂接验证函数后，当被验证驱动程序再调用被挂接的内核函数时，对应的验证函数就会被调用。例如，VerifierAllocatePoolWithTag 是 ExAllocatePoolWithTag 函数的验证函数，当驱动程序调用 ExAllocatePoolWithTag 时，VerifierAllocatePoolWithTag 便会被调用。下面以 VerifierAllocatePoolWithTag 为例介绍验证函数的执行过程。

VerifierAllocatePoolWithTag 在建立好自己的栈帧（mov ebp,esp）后，便调用 RtlGetCallersAddress 从栈上读取本函数的返回地址，这个地址也就是被验证驱动程序发起调用验证函数的地址（CALL 指令的下一条指令）。接下来，VerifierAllocatePoolWithTag 将得到的父函数地址作为参数调用 ViLocateVerifierEntry 函数，后者会在可疑驱动程序链表中根据每个驱动程序的起始地址（StartAddress）和结束地址（EndAddress）查找被验证驱动程序所对应的 MI_VERIFIER_DRIVER_ENTRY 结构。如果找到，则返回结构的地址；否则，返回 NULL。

若 ViLocateVerifierEntry 返回 NULL，则表明情况异常，VerifierAllocatePoolWithTag 会中止验证，调用原来的被验证函数 ExAllocatePoolWithTag；否则，会调用 VeAllocatePoolWithTagPriority，执行如下验证动作。

（1）对调用 ExAllocatePoolSanityChecks 进行检查。

（2）调用 ViInjectResourceFailure 函数判断是否模拟分配失败，如果模拟，则模拟资源不足，返回 NULL 表示分配失败。如果允许内存池的选项设置中指定分配失败时抛出异常，那么在返回 NULL 前会调用 ExRaiseStatus(STATUS_ INSUFFICIENT_ RESOURCES)发起异常。

（3）调用 ExAllocatePoolWithTagPriority 实际分配内存。

（4）调用 ViPostPoolAllocation 对分配情况进行记录，如利用 ViInsertPoolAllocation 将本次分配记录到 MI_VERIFIER_DRIVER_ENTRY 结构的 PoolHash 字段指向的散列表中。

最后返回 ExAllocatePoolWithTagPriority 函数。以上所描述的函数名和具体过程是以 Windows XP SP1 为例的。

19.2.5 报告验证失败

在驱动验证器的验证函数检测到错误情况后，它会通过蓝屏机制进行报告，它通常调用 KeBugCheckEx 函数，并使用以下停止码（stop code）作为标识。

（1）DRIVER_VERIFIER_IOMANAGER_VIOLATION（0xC9），关于 I/O 的验证错误。

（2）DRIVER_VERIFIER_DMA_VIOLATION（0xE6），DMA，关于 DMA 的验证错误，Windows XP 引入。

（3）SCSI_VERIFIER_DETECTED_VIOLATION（0xF1），关于 SCSI 的验证错误，Windows XP 引入。

（4）DRIVER_VERIFIER_DETECTED_VIOLATION（0xC4），其他验证错误。

停止码后的第一个参数表示该类错误中的子错误类型，其他参数用来进一步说明错误的详细情况。例如，图 19-1 显示的是一个驱动验证器报告的蓝屏错误，停止码为 0xC4。停止码后的第一个参数是子错误代码，0 表示被验证程序试图分配 0 字节的内存。第二个参数是当时的 IRQL。第三个参数是要分配的内存池类型（Pool Type），0 代表 NonPagedPool。第四个参数未用，为 0。

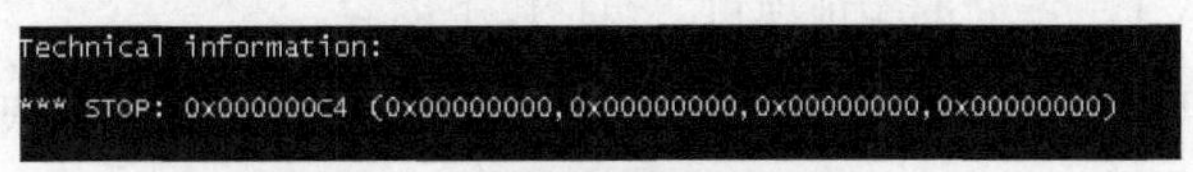

图 19-1 通过蓝屏报告验证失败

清单 19-3 中的栈回溯描述了被验证的驱动程序 verifiee.sys 调用内存分配函数和验证器检测到错误后发起蓝屏的过程。

清单 19-3 栈回溯

```
# ChildEBP RetAddr
00 f890a124 805258ca nt!RtlpBreakWithStatusInstruction   // 触发中断异常
01 f890a170 805266aa nt!KiBugCheckDebugBreak+0x19         // 向内核调试器汇报
02 f890a534 805266db nt!KeBugCheck2+0x9b7                 // 蓝屏处理函数
03 f890a554 80650e5a nt!KeBugCheckEx+0x19                 // 发起 Bug Check
04 f890a574 806489c5 nt!ExAllocatePoolSanityChecks+0x5a   // 分配检查
05 f890a594 80649354 nt!VeAllocatePoolWithTagPriority+0x14// 验证逻辑的入口函数
06 f890a5b8 f8903e4b nt!VerifierAllocatePoolWithTag+0x44 // 验证函数
07 f890a600 8067dcb2 verifiee+0xe4b                      // 被验证的驱动程序
…                                                         // 以下省略
```

栈帧#0 和#1 表明蓝屏处理函数在绘制蓝屏后尝试中断到内核调试器。

WinDBG 的帮助文件中列出了关于 0x000000C4 停止码的说明及其他验证失败时蓝屏参数的含义。

19.3 使用驱动验证器

19.2 节介绍了驱动验证器的工作原理，本节将简要介绍它的用法，特别是如何使用它来辅助测试和调试。

19.3.1 验证项目

驱动验证器将要验证的功能分成若干个项目。Windows 2000 引入的驱动验证器包含了一些基本的验证项目，包括以下内容。

（1）**自动检查**。这是唯一不可以单独禁止和取消的项目。一旦一个驱动程序加入被验证列表中，那么系统便会对它自动进行本项目所定义的各种检查。其中包括是否在合适的 IRQL 使用内存，是否有不恰当的切换栈，是否释放包含活动计时器（timer）的内存池，是否在合适的 IRQL 获取和释放自旋锁（spin lock）。此外，当驱动程序卸载时，系统也会检测它是否已经释放了所有资源。

（2）**特殊内存池**。从特殊的内存池来为驱动程序分配内存。系统对这个内存池具有增强的监视功能，可以发现上溢（overrun）、下溢（underrun）和释放后又访问等错误情况。

（3）**强制的 IRQL 检查**。强制让驱动程序使用的分页内存失效，并监视驱动程序是否在错误的 IRQL 访问分页内存或持有自旋锁。

（4）**低资源模拟**。对于驱动程序的内存分配请求或其他资源请求，随机地返回失败。

（5）**内存池追踪**（pool tracking）。记录驱动程序分配的内存，释放时看其是否全部释放。

（6）**I/O 验证**。从特殊内存池分配 IRP（I/O Request Packet），并监视驱动程序 I/O 的处理。

Windows XP 引入了一些新的验证项目，包括以下内容。

（1）**死锁探测**。监视驱动程序对各种同步资源（自旋锁、互斥量和快速互斥量等）的使用情况，如果发现可能导致死锁的情况，则报告验证失败。

（2）**增强的 I/O 验证**。监视驱动程序对 I/O 例程的调用，并对 PnP、电源和 WMI 有关的 IRP 进行压力测试。

（3）**SCSI 验证**。监视 SCSI 小端口驱动程序（SCSI miniport driver），如果发现它不恰当地使用 SCSI 端口例程，过分地延迟，或者处理 SCSI 请求不当，则报告验证失败。

Windows Server 2003 引入了 **IRP 记录**（IRP logging）。用于监视并记录驱动程序使用 IRP 的情况。

Windows Vista 引入了以下内容。

（1）**驱动滞留探测**（driver hang detection）。监视驱动程序的 I/O 完成例程（completion routine）和取消例程（cancellation routine）的执行时间，如果超出限制，则报告验证失败。

（2）**安全检查**。寻找可能威胁安全的一般错误，比如内核模式的函数引用用户态地址等。

（3）**强制 I/O 请求等待解决**（pending I/O request）。对驱动程序的 IoCallDriver 调用随机返回 STATUS_PENDING，看其是否能正确处理这种需要等待的情况。

（4）**零散检查**（miscellaneous check）。检查可能导致驱动程序崩溃的典型诱因，比如错误地处理已经释放的内存等。

19.3.2 启用驱动验证器

尽管驱动验证器是内建在 Windows 系统中的，但是默认它是处于禁用状态的。因此，在使用前需要首先使用驱动验证管理器程序（verifier.exe）来启用它。

驱动验证管理器有图形界面和命令行两种工作方式。在“运行”对话框中输入 Verifier 并单击 OK 按钮就可以启动它的图形界面。在 Windows 2000 中，其界面是包含多个选项卡（tab）

的对话框，Windows XP 版本改为向导方式。无论是哪种界面，其实质无非是选择要验证的驱动程序和验证时要做的项目。图 19-2 所示的是 Windows XP 版本的 Driver Verifier Manager 界面。右侧显示了目前已经选择的被验证驱动程序，左侧是要执行的验证测试，Yes 表示启用了这项测试，No 表示没有启用。

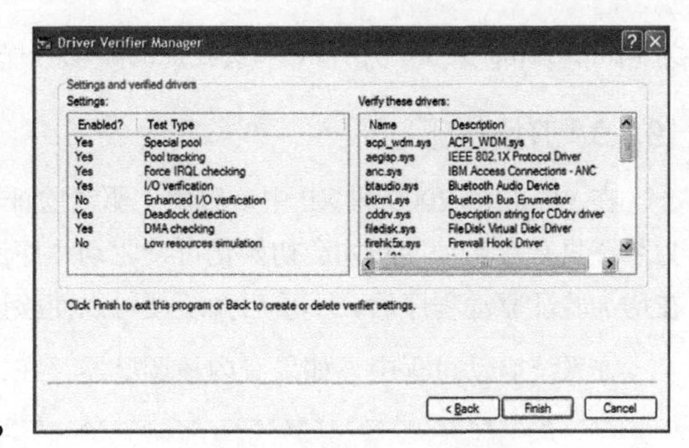

图 19-2 Windows XP 版本的 Driver Verifier Manager 界面

启动一个命令行窗口，然后输入 verifier /? 可以看到一个关于如何通过命令行方式使用驱动验证管理器的简单帮助。例如可以通过以下方式来增加被验证驱动程序。

```
verifier [ /flags FLAGS ] /driver NAME [NAME ...]
```

其中，Name 是被验证驱动程序的名称；FLAGS 是一个整数，每一位代表一个要验证的项目，其位定义如下。

（1）第 0 位：special pool checking，即特殊的内存池检查。

（2）第 1 位：force irql checking，即强制 IRQL 检查。

（3）第 2 位：low resources simulation，即低资源模拟。

（4）第 3 位：pool tracking，即内存池记录。

（5）第 4 位：I/O verification，即 I/O 验证。

（6）第 5 位：deadlock detection，即死锁探测。

（7）第 6 位：enhanced I/O verification，即增强的 I/O 验证。

（8）第 7 位：DMA verification，即 DMA 验证。

（9）第 8 位：security checks，即安全检查。

（10）第 9 位：force pending I/O request，即强制的 I/O 请求等待。

（11）第 10 位：IRP logging，IRP 记录。

（12）第 11 位：miscellaneous checks，零散检查。

其中，第 8～11 位在 Windows Vista 或更高版本的 Windows 中才支持。

无论是图形界面还是命令行方式，驱动验证管理器都将要验证的驱动程序和验证项目记录在如下注册表表键中（图 19-3）。

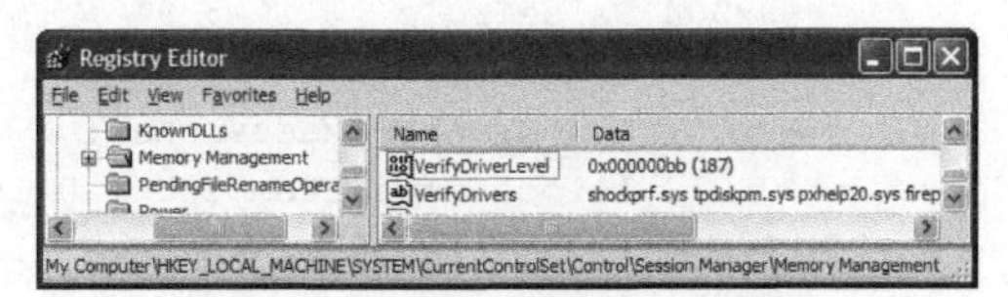

图 19-3 用来记录要验证驱动程序和验证项目的注册表表键

```
HLM\SYSTEM\CurrentControlSet\Control\Session Manager\Memory Management
```

VerifyDirverLevel 为 DWORD 类型，用来记录验证项目，目前的值 0xBB 翻译为二进制是 0b10111011，即第 0、1、3、4、5 和 7 位为 1，也就是启用了内存池检查、IRQL 检查、内存池记录、I/O 验证、死锁探测和 DMA 验证，与上面图形界面中显示的结果是一致的。VerifyDrivers

为 Multi-String 类型，用来记录要验证的驱动程序名。

19.3.3 开始验证

在 Windows 2000 和 XP 中，启用了驱动验证器后，需要重新启动系统，设置才会生效，因为系统只有在启动期间才会初始化可疑驱动程序链表。Windows Vista 对驱动验证器做了增强，在增加验证驱动程序后，不重启系统便可以使验证生效。

在系统启动过程中，如果有内核调试器存在，那么可以看到驱动验证器所输出的信息。

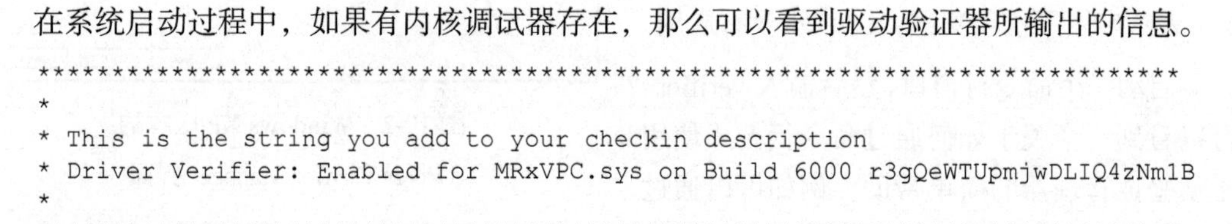

```
****************************************************************************
*
* This is the string you add to your checkin description
* Driver Verifier: Enabled for MRxVPC.sys on Build 6000 r3gQeWTUpmjwDLIQ4zNm1B
*
****************************************************************************
```

无论是哪一种方法，验证过程都是被动的，或者说在被验证驱动程序调用系统的函数时，验证逻辑才会真正执行。所以在验证一个驱动程序时应该使用它，并且让其中尽可能多的执行路径都得到执行。

正如 19.2 节所介绍的，在验证器检测到错误情况后，它会通过蓝屏进行报告。反之，如果没有出现蓝屏，那么说明还没有检测到错误情况。在蓝屏发生前，我们可以通过下面介绍的方法来了解验证情况。

19.3.4 观察验证情况

驱动验证器运行过程中会将很多信息记录下来，比如关于每个驱动程序的信息会被记录到可疑驱动程序链表中这个驱动程序对应的 MI_VERIFIER_DRIVER_ENTRY 结构中。此外，全局信息会被记录到全局变量 MmVerifierData 中。

MmVerifierData 的类型为 MM_DRIVER_VERIFIER_DATA，在 WinDBG 中可以看到这个结构的定义。清单 19-4 显示了 Windows XP 中该结构的定义和在某一时刻的取值。

清单 19-4 MM_DRIVER_VERIFIER_DATA 结构的定义和取值

```
kd> x nt!MmVerifierData
8054c140 nt!MmVerifierData = <no type information>
kd> dt nt!_MM_DRIVER_VERIFIER_DATA 8054c140
   +0x000 Level              : 0xbb      // 验证项目
   +0x004 RaiseIrqls         : 2         // 对 KeRaiseIrql 的调用次数
   +0x008 AcquireSpinLocks : 7           // 获取自旋锁的次数
   +0x00c SynchronizeExecutions : 0      // 同步的总次数
   +0x010 AllocationsAttempted : 0x18   // 请求内存分配的次数
   +0x014 AllocationsSucceeded : 0x18   // 内存分配成功的次数
   +0x018 AllocationsSucceededSpecialPool : 0x18// 从特殊内存池分配成功的次数
   +0x01c AllocationsWithNoTag : 0 // 不带标记的分配次数
   +0x020 TrimRequests       : 9       // 请求修剪（trim）系统内存的次数
   +0x024 Trims              : 6       // 实际修剪系统内存（即 Unmap）的次数
   +0x028 AllocationsFailed : 0        // 分配失败计数
   +0x02c AllocationsFailedDeliberately : 0 // 故意的分配失败计数
   +0x030 Loads              : 5       // 加载次数
   +0x034 Unloads            : 0       // 卸载次数
   +0x038 UnTrackedPool      : 0       // 没有追踪的内存次数
   +0x03c UserTrims          : 0       // 整理用户态内存的次数
```

```
+0x040 CurrentPagedPoolAllocations : 5       // 目前在分页内存池中的分配数
+0x044 CurrentNonPagedPoolAllocations : 0xc  // 目前在非分页内存池中的分配数
+0x048 PeakPagedPoolAllocations : 6          // 分配分页内存的累计次数
+0x04c PeakNonPagedPoolAllocations : 0xc     // 分配非分页内存的累计次数
+0x050 PagedBytes          : 0x100      // 分配的分页内存字节数
+0x054 NonPagedBytes       : 0x7168     // 分配的非分页内存字节数
+0x058 PeakPagedBytes      : 0x17c      // 累计分配的分页内存字节数
+0x05c PeakNonPagedBytes : 0x7168       // 累计分配的非分页内存字节数
+0x060 BurstAllocationsFailedDeliberately : 0 // 故意失败的突发性内存分配次数
+0x064 SessionTrims        : 0          // 会话修剪次数
+0x068 Reserved            : [2] 0      // 保留
```

需要说明的是，以上计数都是对于所有被验证驱动程序的累计值。

除了使用 WinDBG 来观察验证状态之外，也可以使用 verifier.exe 来查询验证情况。例如以下是在被调试的 Windows XP 系统中通过 verifier.exe 得到的结果。

```
C:\>verifier /query           // 以命令行方式查询验证情况
9/16/2007, 11:24:15 AM
Level: 000000BB               // 验证项目
RaiseIrqls: 2                 // 对 KeRaiseIrql 的调用次数
…                             // 省略多行
Verified drivers:             // 以下是关于每个被验证驱动程序的信息
Name: verifiee.sys, loads: 1, unloads: 0  // 驱动程序文件名以及加载和卸载次数
CurrentPagedPoolAllocations: 5            // 在分页内存池中的分配次数
…                                         // 省略多行
PeakNonPagedPoolUsageInBytes: 16684
…                                         // 省略关于其他驱动程序的内容
```

容易看出，信息的前半部分就是 MmVerifierData 的值，后半部分是可疑驱动程序列表中关于每个驱动程序的信息。事实上，验证管理器调用 NtQuerySystemInformation 系统服务，后者又调用 MmGetVerifierInformation 将 MmVerifierData 结构复制给参数指定的缓冲区。

19.3.5 WinDBG 的扩展命令

为了更方便地在调试器中观察驱动验证信息，了解驱动验证器收集到的驱动程序状态，WinDBG 工具包中设计了专门的扩展命令，名称是!verifier。有 3 个扩展 DLL 提供了这个命令，分别是 kdexts.dll、kdextx86.dll 和 gdikdx.dll。可以使用![DLL 名称] verifier 的方式执行其中的某一个，比如，!gdikdx.verifier 是执行 gdikdx.dll 的 verifier 命令，它专门用于显示类驱动程序。另两个用于其他驱动程序。清单 19-5 给出了!verifier 命令的典型执行结果（目标系统是 Windows Vista）。[2]

清单 19-5 !verifier 命令的典型执行结果

```
kd> !verifier  1
Verify Level 9bb ... enabled options are:   [启用的验证项目]
Special pool [...省略其他项]
Summary of All Verifier Statistics [以下是统计数据]
RaiseIrqls                                  0x0
AcquireSpinLocks                            0x8
[...省略多行]
Peak nonpaged pool allocations              0x4 for 0000448C bytes
Driver Verification List                    [以下是被验证的驱动程序列表]
Entry    State          NonPagedPool  PagedPool   Module
83dc95f0 Loaded         00004144      00012000    mrxvpc.sys
```

改变命令的参数，可以得到更多其他信息，但由于篇幅所限，我们不再一一介绍，读者使用时可以在 WinDBG 中输入!verifier/?获得帮助，或者查看 WinDBG 关于这个命令的帮助信息。

19.4 应用程序验证器的工作原理

前面两节介绍了用于验证 Windows 系统中驱动程序（内核模块）的驱动验证器，本节和 19.5 节将介绍用于验证 Windows 应用程序的应用程序验证器（Application Verifier，App Verifier），我们将其简称为应用验证器。

19.4.1 原理和组成

与驱动验证器类似，应用验证器的设计原理也是通过挂接应用程序模块的 IAT 来截取应用程序对 API 的调用，然后验证它是否符合 Windows SDK 所定义的设计规范。

概括来说，应用验证器由以下 3 个部分组成。

（1）**位于 NTDLL.DLL 中的支持例程**。这些函数大多以 AVrf 开头，位于系统的 NTDLL.DLL 模块中，我们将它们统称为 AVrf 函数。我们知道，NTDLL.DLL 是 Windows 系统中具有特殊意义的一个 DLL 模块，它是所有 Windows 程序执行时都依赖的一个模块，它会被映射到所有 Windows 进程之中。因此，AVrf 系统函数是应用验证器进入被验证程序的登录器和事件探测器，位于 NTDLL.DLL 中的进程初始化函数和模块加载函数在进程初始化期间会调用 AVrf 系统函数，让应用验证器得到执行机会。AVrf 函数会检测当前程序是否启用了验证选项，如果启用了，则加载其他验证模块并进行初始化（稍后讨论）。当应用程序加载其他模块时，NTDLL.DLL 中的系统函数也会调用 AVrf 函数，使其获得通知。

（2）**验证提供器模块**。这一部分是安装应用程序验证工具时复制到 system32 目录下的多个 DLL 文件，每个文件为一个动态链接库（DLL），用于完成某一方面的验证任务。每个提供器都包含若干个验证函数和 Thunk 表，前者用来替代系统 API，后者用来描述要挂接的函数信息。目前版本（3.4）的应用验证工具包包含如下几个提供器模块——verifier.dll（基础模块）、vrfcore.dll（基础模块）、vfbasics.dll（基本验证项目）、vfcompat.dll（兼容性验证项目）、vfLuaPriv.dll（用户账号）、vfprint.dll（打印 API）、vfprintpthelper.dll（打印驱动程序）、vfsvc.dll（系统服务）。

（3）**应用验证管理器**。这一部分是用于管理（添加、删除）被验证的应用程序和选择验证项目的工具程序，也是应用程序验证工具包时需安装的，位于 system32 目录下，文件名为 appverif.exe，可以以图形界面工作，也可以以命令行方式工作。我们将在下一节介绍它的用法。

下面我们将分几节介绍应用验证器的工作过程，以进一步理解应用验证器的工作原理。在以下分析中，我们以验证一个 MFC 小程序 verifiee.exe 为例。

19.4.2 初始化

当系统执行一个 Windows 程序时，系统完成内核模式的进程创建工作后，会在新进程环境下开始加载程序所依赖的动态链接库模块。负责加载工作的部分通常称为加载器（loader），实际上就是位于 NTDLL.DLL 中的一系列以 Ldr 开头的函数，如 LdrLoadDll、LdrpMapDll 和 LdrInitializeThunk 等。当加载器开始工作时，进程内已经有两个模块，一个是可执行（EXE）程序，另一个是 NTDLL.DLL。

```
0:000> lm
start      end        module name
00400000   0041b000   verifiee (deferred)
7c900000   7c9b0000   ntdll    (pdb symbols)
d:\symbols\ntdll.pdb\...\ntdll.pdb
```

当加载器初始化时，它会从以下注册表表键下寻找当前程序的执行选项。

```
HKLM\SOFTWARE\Microsoft\Windows NT\CurrentVersion\Image File Execution
  Options\<程序名>
```

关于一个程序的应用验证选项也是保存在这个注册表表键下的。图 19-4 所示的是注册表中 verifiee.exe 的执行选项。其中 VerifierDlls 和 VerifierFlags 便是应用验证器的设置。事实上，当我们使用应用验证管理器对 verifiee.exe 启用验证时，这个工具执行的主要动作就是将我们选择的验证设置保存到注册表中。

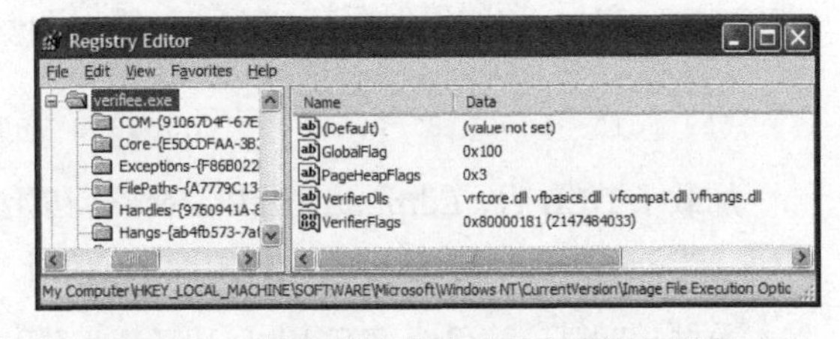

图 19-4 保存在注册表中的应用验证设置

当加载器初始化执行选项时，它会判断程序的全局标志（图 19-4 中的 GlobalFlag），如果它的第 8 位（0x100）为 1，那么表示这个程序启用了应用验证，于是加载器就会调用验证器的初始化函数 LdrpInitializeApplicationVerifierPackage，后者又会调用 AVrf 函数 AVrfInitializeVerifier。清单 19-6 显示了实际的调用过程。

清单 19-6 实际的调用过程

```
0:000> kn
 # ChildEBP RetAddr
00 0012fc20 7c951779 ntdll!AVrfInitializeVerifier     //初始化应用验证器
01 0012fc3c 7c93df07 ntdll!LdrpInitializeApplicationVerifierPackage+0x35
02 0012fca0 7c922d2d ntdll!LdrpInitializeExecutionOptions+0xfe //初始化执行选项
03 0012fd1c 7c90eac7 ntdll!_LdrpInitialize+0x60       //加载器初始化
04 00000000 00000000 ntdll!KiUserApcDispatcher+0x7    //用户态 APC 分发函数
```

AVrfInitializeVerifier 被调用后，会做一些基本的初始化工作，包括调用 AvrfpEnableVerifierOptions 判断用户所启用的验证项目等。

接下来，加载器会开始针对当前进程的初始化工作，也就是调用 LdrpInitializeProcess 函数。LdrpInitializeProcess 函数是个比较复杂的函数，它执行的任务包括建立当前进程的加载器数据表（Ldr Data Table）、加载当前 EXE 静态链接（依赖）的 DLL、创建堆等。我们熟悉的初始断点也是在这个函数接近退出前发起的（调用 DbgBreakPoint）。

在建立了加载器数据表之后，在加载静态依赖的 DLL 之前，LdrpInitializeProcess 会调用 AVrfInitializeVerifier 函数，调用过程如清单 19-7 所示。

清单 19-7 调用过程

```
0:000> kn
 # ChildEBP RetAddr
00 0012fb10 7c93eb7b ntdll!AVrfInitializeVerifier          //应用验证器初始化函数
01 0012fc94 7c921639 ntdll!LdrpInitializeProcess+0xc73     //加载器的进程初始化函数
02 0012fd1c 7c90eac7 ntdll!_LdrpInitialize+0x183           //加载器初始化函数
03 00000000 00000000 ntdll!KiUserApcDispatcher+0x7         //用户态 APC 分发函数
```

这一次，AVrfInitializeVerifier 会输出如下信息。

```
AVRF: verifiee.exe: pid 0x16D0: flags 0x80000181: application verifier enabled
```

接下来，AVrfInitializeVerifier 会加载 verifier.dll，这个 DLL 加载后，AVrfInitializeVerifier 会根据注册表中 VerifierDlls 项的内容依次加载和初始化其中的每个验证提供器 DLL。此时，VerifierDlls 项的内容已经被放入到一个名为 AVrfpVerifierDllsString 的全局变量中。

```
0:000> dU ntdll!AVrfpVerifierDllsString
7c97f760  "vrfcore.dll vfbasics.dll  vfcomp"
7c97f7a0  "at.dll vfhangs.dll"
```

VerifierFlags 项的值保存在 AVrfpVerifierFlags 变量中。

```
0:000> dd ntdll!AVrfpVerifierFlags
7c97fc18  80000181 00000000 00000000 00000000
```

加载了 DLL 后，LdrpInitializeProcess 会初始化每个 DLL，也就是执行 DllMain 中的初始化代码。当 verifier.dll 初始化时，会输出以下信息。

```
AVRF: verifier.dll provider initialized for verifiee.exe with flags 0x80000181
```

AVrf 函数会将初始化好的验证提供器信息保存到一个链表中，并使用全局变量 AVrfpVerifierProvidersList 指向这个链表。

19.4.3 挂接 API

在加载了所有静态链接的 DLL 之后，加载器要做的下一件事就是遍历进程中每个模块（包括 EXE 模块）的 IAT，将其中的“输入函数地址”字段修改为目标函数的实际地址，即完成所谓的动态链接（绑定）。

举例来说，在 Verifiee 程序中，BugDoubleFree 函数调用了 VirtualFree API。对应的汇编代码如下。

```
call    dword ptr [verifiee!_imp__VirtualFree (00417404)]
```

也就是读取 00417404 地址处的内容并作为函数地址来调用它。在完成了前面介绍的加载工作后，这个地址处的值为 000178b0。

```
0:000> dd 00417404
00417404  000178b0 000178be 000178ce 000178de
```

其中 178b0 是输入函数中 IMAGE_IMPORT_BY_NAME 结构的偏移量（RVA）。

```
0:000> dt IMAGE_IMPORT_BY_NAME
vrfcore!IMAGE_IMPORT_BY_NAME
   +0x000 Hint             : Uint2B
   +0x002 Name             : [1] UChar
```

使用 db 命令观察：

```
0:000> db 400000+178b0
004178b0  f1 02 56 69 72 74 75 61-6c 46 72 65 65 00 ee 02  ..VirtualFree...
```

其中 0x02F1 为 Hint 值，后面的 11 字节便是这个导入函数的名称，即 VirtualFree。最后的两字节是下一个函数的 Hint 值。

加载器使用 LdrpWalkImportDescriptor 函数来遍历每个模块的输入表，清单 19-8 显示了这个函数的工作过程。

清单 19-8 加载器处理 IAT 的过程

```
# ChildEBP RetAddr
00 0012f9d0 7c91d690 ntdll!LdrpSnapThunk+0xe3
01 0012fa54 7c91d9cb ntdll!LdrpSnapIAT+0x20e
02 0012fa80 7c91d944 ntdll!LdrpHandleOneOldFormatImportDescriptor+0xcc
03 0012fa98 7c91c8a6 ntdll!LdrpHandleOldFormatImportDescriptors+0x1f
04 0012fb14 7c922370 ntdll!LdrpWalkImportDescriptor+0x19e
05 0012fc94 7c921639 ntdll!LdrpInitializeProcess+0xe02
06 0012fd1c 7c90eac7 ntdll!_LdrpInitialize+0x183
07 00000000 00000000 ntdll!KiUserApcDispatcher+0x7
```

LdrpWalkImportDescriptor 的第一个参数是 DLL 加载路径，第二个参数是一个 LDR_DATA_TABLE_ENTRY 结构。它处理的第一个模块便是 EXE 模块，使用 dt 命令观察第二个参数，结果如清单 19-9 所示。

清单 19-9 观察 LDR_DATA_TABLE_ENTRY 的结构

```
0:000> dt ntdll!_LDR_DATA_TABLE_ENTRY 01428fb0
   +0x000 InLoadOrderLinks : _LIST_ENTRY [ 0x142afb0 - 0x1426fe4 ]
   +0x008 InMemoryOrderLinks : _LIST_ENTRY [ 0x142afb8 - 0x1426fec ]
   +0x010 InInitializationOrderLinks : _LIST_ENTRY [ 0x0 - 0x0 ]
   +0x018 DllBase          : 0x00400000
   +0x01c EntryPoint       : 0x004024a0
   +0x020 SizeOfImage      : 0x1b000
   +0x024 FullDllName      : _UNICODE_STRING "C:\... bin\Debug\verifiee.exe"
   +0x02c BaseDllName      : _UNICODE_STRING "verifiee.exe"
   +0x034 Flags            : 0x4000
   +0x038 LoadCount        : 0xffff
   +0x03a TlsIndex         : 0
   +0x03c HashLinks        : _LIST_ENTRY [ 0x1430fec - 0x7c97c268 ]
   +0x03c SectionPointer   : 0x01430fec
   +0x040 CheckSum         : 0x7c97c268
   +0x044 TimeDateStamp    : 0x46eccd2f
   +0x044 LoadedImports    : 0x46eccd2f
   +0x048 EntryPointActivationContext : (null)
   +0x04c PatchInformation : (null)
```

经过 LdrpSnapThunk 处理后，00417404 处的值变为 7c809b04。

```
0:000> dd 00417404
00417404  7c809b04 000178be 000178ce 000178de
```

使用 ln 命令可以看到这正是位于 KERNEL32 模块中的 VirtualFree 函数的实际地址。

```
0:000> ln 7c809b04
(7c809b04)   KERNEL32!VirtualFree   |  (7c809b22)   KERNEL32!VirtualFreeEx
Exact matches:
    KERNEL32!VirtualFree = <no type information>
```

以上便是动态链接库在运行期的动态绑定过程。为了支持应用程序验证，LdrpWalkImportDescriptor 在完成正常的处理工作后，会调用 AVrfDllLoadNotification，给应用验证器以处理机会。应用验证器正是利用这个机会来修改 IAT 而实现 API 挂接的，具体完成这项任务的函数是 AVrfpSnapDllImports（清单 19-10）。

清单 19-10 挂接 API 的函数

```
ChildEBP RetAddr
0012fa8c 7c95672a ntdll!AVrfpSnapDllImports+0x11e
0012faa4 7c93ab9f ntdll!AVrfDllLoadNotification+0x3f
```

```
0012fb14 7c922370 ntdll!LdrpWalkImportDescriptor+0x1f0
0012fc94 7c921639 ntdll!LdrpInitializeProcess+0xe02
0012fd1c 7c90eac7 ntdll!_LdrpInitialize+0x183
00000000 00000000 ntdll!KiUserApcDispatcher+0x7
```

经过 AVrfpSnapDllImports 处理后，00417404 处的值变为 00398af0。

```
0:000> dd 00417404
00417404  00398af0 7c809a71 7c812d76 7c80b6c1
```

使用 ln 命令，可以看到新的值是 AVrfpVirtualFree 函数的地址，位于验证提供器模块 vfbasics 中。

```
0:000> ln 00398af0
Exact matches:  vfbasics!AVrfpVirtualFree (void *, unsigned long, unsigned long)
```

那么，AVrfpSnapDllImports 是怎么知道要把 00417404 处的值替换为 AvrfpVirtualFree 函数的地址的呢？前面我们提到，每个验证提供器除了包含一系列验证函数（代码）之外，还包含一个或多个 Thunk 描述表，这些描述表的作用就是描述系统 API 和验证函数的对应关系，比如通过 x 命令可以看到 vfbasics 模块中包含的 Thunk 描述表（数组）。

```
0:000> x vfbasics!*thunks*
003a7920 vfbasics!AVrfpOleaut32Thunks = struct
  _RTL_VERIFIER_THUNK_DESCRIPTOR [6]
003a75b8 vfbasics!AVrfpKernel32Thunks = struct
  _RTL_VERIFIER_THUNK_DESCRIPTOR [41]
…
```

可见，每个描述表是一个数组，每个数组元素是一个_RTL_VERIFIER_THUNK_ DESCRIPTOR 结构。下面是使用 dt 命令显示 AVrfpKernel32Thunks 数组的部分结果。

```
dt -a41 vfbasics!_RTL_VERIFIER_THUNK_DESCRIPTOR 003a75b8
…
[31] @ 003a772c
---------------------------------------------
   +0x000 ThunkName           : 0x00391668  "VirtualFree"
   +0x004 ThunkOldAddress  : 0x7c809b04
   +0x008 ThunkNewAddress  : 0x00398af0
…
```

上面显示的正是关于 VirtualFree API 的转发（Thunk）信息，0x7c809b04 是原来的函数地址，0x00398af0 是验证函数的地址。

至此，我们可以想象出，AVrfpSnapDllImports 函数是通过每个验证提供器的 Thunk 表中的描述来挂接 API 的。它遍历 IAT 中的导入函数地址，对于每个地址，在 Thunk 表中寻找与 ThunkOldAddress 匹配的元素，若找到便将其替换为 ThunkNewAddress 字段的值。

19.4.4 验证函数的执行过程

应用验证器成功初始化和挂接 API 后，当被验证的程序再调用这些 API 时，便会执行验证函数。比如，当 Verifiee 的 BugDoubleFree 函数执行到本来调用 VirtualFree API 的位置时，它便会进入 AVrfpVirtualFree 函数中，也就是在本来调用被验证函数的地方实际会调用验证函数，因为 IAT 被偷梁换柱了，清单 19-11 所示的栈回溯显示了实际的调用过程。

清单 19-11 栈回溯

```
# ChildEBP RetAddr
00 0012f478 0040129a vfbasics!AVrfpVirtualFree+0x54 [e:\...sics\vspace.c @ 1442]
01 0012f504 0040149f verifiee!BugDoubleFree+0x8a [C:\... erifiee\Bugs.cpp @ 45]
02 0012f560 00402169 verifiee!CBugs::FireBug+0x2f [C:\... \Bugs.cpp @ 83]
```

```
03 0012f5bc 5f43749c verifiee!CVerifieeDlg::OnBang+0x59 [C:\...eeDlg.cpp @ 182]
04 0012f5f4 5f437bcb MFC42D!_AfxDispatchCmdMsg+0xa2
[省略多个栈帧]
```

与 19.3 节介绍的内核态验证函数类似，AVrfpVirtualFree 函数执行的主要动作如下。

（1）调用 vfbasics!AVrfVirtualFreeSanityChecks，执行健全性检查。

（2）调用 vfbasics!VerifierGetAppCallerAddress 函数得到父函数的调用地址，这个地址属于被验证模块中的调用函数，本例中即 BugDoubleFree。

（3）调用 vfbasics!AVrfpGetThunkDescriptor 函数得到 Thunk 描述表中的关于本函数的 _RTL_VERIFIER_THUNK_DESCRIPTOR 结构，然后调用结构中的 ThunkOldAddress 内容，即原来的 API。

执行以上动作后，AVrfpVirtualFree 返回。

19.4.5　报告验证失败

在 BugDoubleFree 函数中，我们故意设计了一个错误，即对同一个内存地址，调用两次 VritualFree API。因此，当第二次调用 VritualFree API 时，验证函数会检测到这个错误情况，打印出清单 19-12 所示的验证失败信息。

清单 19-12　应用验证器报告的验证失败信息

```
===========================================
VERIFIER STOP 60B:pid 0xA94:Trying to free virtual memory block that is already free.
    03970000 : Memory block address.
    00000000 : Not used.
    00000000 : Not used.
    00000000 : Not used.
===========================================
This verifier stop is continuable.
After debugging it use `go' to continue.
===========================================
```

观察栈回溯信息，其执行过程如清单 19-13 所示。

清单 19-13　执行过程

```
0:000> knL
 # ChildEBP RetAddr
00 0012f134 00363933 ntdll!DbgBreakPoint
01 0012f338 003a3087 vrfcore!VerifierStopMessageEx+0x4bd
02 0012f35c 00398182 vfbasics!VfBasicsStopMessage+0x157
03 0012f3c4 00397dc5 vfbasics!AVrfpFreeVirtualMemNotify+0xa2
04 0012f3f0 7c809b4f vfbasics!AVrfpNtFreeVirtualMemory+0xf5
05 0012f410 7c809b19 KERNEL32!VirtualFreeEx+0x37
06 0012f428 00398bc2 KERNEL32!VirtualFree+0x15
07 0012f478 004012b4 vfbasics!AVrfpVirtualFree+0xd2
08 0012f504 0040149f verifiee!BugDoubleFree+0xa4
09 0012f560 00402169 verifiee!CBugs::FireBug+0x2f
0a 0012f5bc 5f43749c verifiee!CVerifieeDlg::OnBang+0x59
…
```

其中，AVrfpNtFreeVirtualMemory 是 ZwFreeVirtualMemory 的验证函数。VirtualFreeEx 中原本调用 ZwFreeVirtualMemory 来通过系统服务释放虚拟内存，但因为验证器挂接了这个函数，所以它实际调用的是 AVrfpNtFreeVirtualMemory。AVrfpNtFreeVirtualMemory 被调用后，会执行

AVrfpHandleSanityChecks 函数进行检查，将要释放的地址（句柄）与记录的内存分配和释放记录进行核对，如果发现问题，就调用 VfBasicsStopMessage 报告错误信息。

19.4.6 验证停顿

应用验证器把因为验证失败而中断到调试器称为验证停顿（verifier stop）。为了便于分析和报告，系统为不同的验证失败情况定义了一个代码，称为验证停顿代码，其作用与蓝屏错误中的错误检查停止代码（Bug Check Stop Code）类似。每次验证停顿时，验证器通常还会报告 4 个参数，用来进一步描述验证失败的具体情况。对于清单 19-12 所示的验证停顿，其代码为 0x60B，它的第一个参数是多次释放的内存块地址，另外 3 个参数没有使用。

某些验证停顿是可以继续的，也就是说，在调试器中结束分析后，可以使用恢复执行命令让程序继续执行，比如上面的 0x60B 停顿。但某些验证停顿是不可以继续的，分析后继续执行，程序便会终止。

19.5 使用应用程序验证器

我们在 19.4 节介绍了应用程序验证器的工作原理，本节将从应用的角度对其做进一步介绍。

19.5.1 应用验证管理器

应用验证管理器（简称 AppVerifier）包含在应用验证工具包中，可以从 Windows XP 的安装光盘或者微软网站得到这个工具包。安装后，安装程序会将应用验证器的文件复制到 system32 目录中，并在“开始”菜单中建立一个程序组。启动其中的 appverif.exe，便可以看到图 19-5 所示的应用验证管理器主界面。

选择 File 菜单的 Add Application 命令或按 Ctrl+A 组合键后，便可以利用 File browsing（文件浏览）对话框寻找要验证的应用程序文件（EXE），选择后便会出现在主界面的左侧列表中。如果要验证多个程序，重复这个过程就可以加入多个程序。我们在图 19-5 显示的界面中加入了一个程序，即 verifiee.exe。

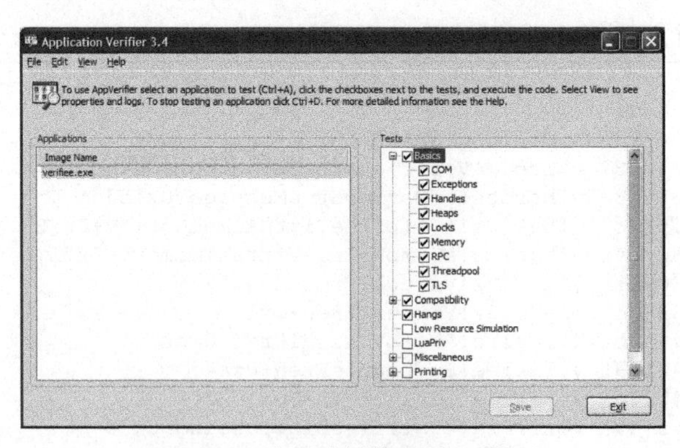

图 19-5 应用验证管理器主界面

选中左侧的程序文件，在右侧可以配置对其要做的验证项目（稍后讨论）。与驱动验证中所有驱动程序共享一套验证项目不同，验证应用程序时，每个应用程序可以有自己的验证项目。

选择好验证项目后，可以单击 Save 按钮保存设置。此时，可能弹出图 19-6 所示的对话框，提示我们需要在调试器下运行被验证程序。这是因为验证函数需要调试器报告验证信息和验证停顿。

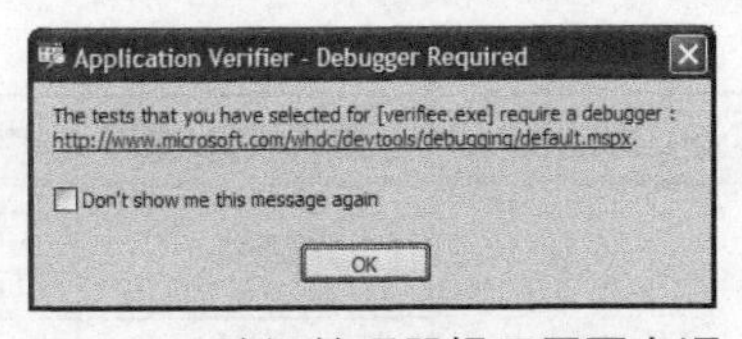

图 19-6 验证管理器提示需要在调试器下运行被验证程序

除了图形界面，AppVerif 程序也支持以命令行方式工作。先启动一个控制台窗口，然后输入 appverif /?便可以看到一个简单的帮助。表 19-1 列出了 appverif 所支持的命令行开关和每一种开关所需要的参数。

表 19-1 appverif 支持的命令行开关和每一种开关所需要的参数

开 关	参 数 格 式	描 述
-enable	TEST ... -for TARGET ... [-with [TEST.]PROPERTY=VALUE ...]	启用验证项目
-disable	TEST ... -for TARGET ...	禁止验证项目
-query	TEST ... -for TARGET ...	查询验证信息
-configure	STOP ... -for TARGET ... -with PROPERTY=VALUE...	配置验证停顿
-verify	TARGET [-faults [PROBABILITY [TIMEOUT [DLL ...]]]]	添加被验证程序
-export	log -for TARGET -with To=XML_FILE [Symbols=SYMBOL_PATH] [StampFrom=LOG_STAMP] [StampTo=LOG_STAMP][Log=RELATIVE_TO_LAST_INDEX]	将验证信息输出到文件
-delete	[logs|settings] -for TARGET ...	删除日志记录
-stamp	log -for TARGET -with Stamp=LOG_STAMP [Log=RELATIVE_TO_LAST_INDEX]	向日志信息中增加戳标记
-logtoxml	LOGFILE XMLFILE	将日志文件转为 XML 格式
-installprovider	PROVIDERBINARY	安装验证提供模块

在使用时，参数中的大写部分应该替换为实际需要的内容，例如 TARGET 应该为要验证应用程序的可执行文件名（如 verifiee.exe）或进程 ID；TEST 应该为验证项目的名字，即表 19-1 中第二列的名称；STOP 是验证停顿代码，可以为十进制形式或以 0x 开始的十六进制形式；PROPERTY 为验证项目的属性名称（详见下文）；VALUE 为属性的值。

19.5.2 验证项目

目前版本的验证器设计了 22 个验证项目，分为 8 个类别。表 19-2 列出了这些项目。

表 19-2 应用验证项目

类 别	验 证 项 目	验 证 内 容	停 顿 代 码
Basics（基本）	COM	正确使用组件对象模型（COM）	0x400～0x410
	Exceptions	检测非法访问异常（access violation）	0x650
	Handles	正确使用句柄	0x300～0x305
	Heaps	正确使用堆	0x1～0x14
	Locks	正确使用同步对象	0x200～0x215
	Memory	合理使用虚拟内存	0x600～0x61E
	RPC	正确使用远程过程调用（RPC）	0x500
	Threadpool	正确使用线程池	0x700～0x709
	TLS	正确使用线程局部存储 API	0x350～0x352

续表

类 别	验 证 项 目	验 证 内 容	停 顿 代 码
Compatibility（兼容性）	FilesPaths	正确读取公共目录和使用有关 API，如 SHGetFolderPath	0x2400～0x240A
	HighVersionLie	读取版本信息的方式	0x2200～0x2204
	Interactive-Services	验证交互式系统服务	0x2800～0x2807
	KernelMode-DriverInstall	正确安装内核态驱动程序	0x2305～0x230D
Hangs	Hangs	检测可能导致程序僵死的情况	0x2000～0x2002
低资源模拟	LowRes	模拟低资源情况，对分配资源请求返回失败，又称为错误注入（Fault Injection）	无
LuaPriv	LuaPriv	验证账号和安全有关的设计要求①	0x3300～0x3339
杂项	DangerousAPIs	检查使用危险 API 的情况	0x100～0x104
	DirtyStacks	探测使用未初始化局部变量的情况	无
	TimeRollOver	强制 GetTickCount API 快速重新计数，以考验应用程序是否处理此情况	无
打印	PrintAPI	正确使用打印 API	0xA0000～0xA01E
	PrintDriver	验证打印驱动程序	0xD0000～0xD027
服务	Service	验证系统服务	0x4000～0x4007

① LUA 是 Limited User Account 的缩写，这个验证的目的是判断在管理员权限可以运行的程序是否也可以在受限用户账号下正常运行。

对于表 19-2 中没有验证停顿代码的验证项目，它们的主要目的是监视应用程序在某一方面的函数调用，然后输出信息。

19.5.3 配置验证属性

可以通过指定属性值来定制某些验证项目的行为。其操作方法是选中一个验证项目，然后选择 Edit 菜单中的 Properties，而后通过弹出的对话框来输入属性的值。也可以选择 View 菜单中的 Property Window 使主窗口中出现属性栏（默认隐藏）。或者，可以通过命令行方式的-enable 子命令来定制属性。

19.5.4 配置验证停顿

对于可能产生验证停顿的验证项目，可以配置每个验证停顿的属性。其操作方法是选中一个验证项目，然后选择 Edit 菜单中的 Verifier Stop Options。接下来可以在图 19-7 所示的对话框中配置 Verifier Stop（验证停顿）选项。

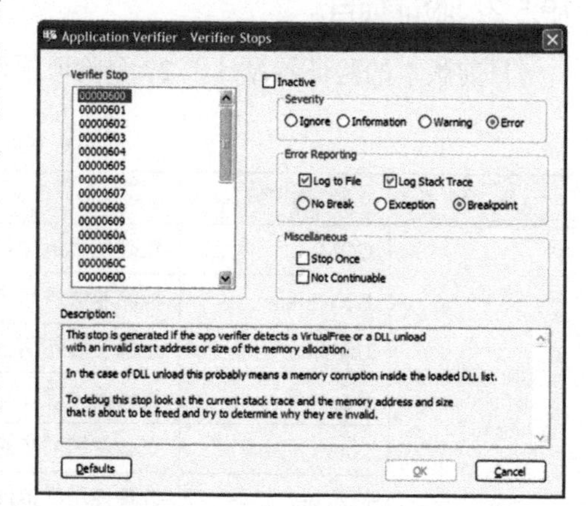

图 19-7 配置 Verifier Stop 选项

也可以使用命令方式的-configure 命令来配置 Verifier Stop 选项。

19.5.5 编程调用

为了方便地与其他测试工具集成，应用验证器提供了 COM 组件和一组接口。通过这组接口，用户可以很方便地以编程方式启用验证器和配置验证选项。应用验证器的安装程序安装了编程所需的文件，包括头文件 vrfauto.h、接口定义文件 vrfauto.idl 和 COM 组件的实现模块 vrfauto.dll。这些文件安装在目录 c:\Program Files\Application Verifier 中。

19.5.6 调试扩展

为了支持应用程序验证，WinDBG 专门配备了一个扩展命令!avrf。使用这个命令可以控制应用验证选项并查询和显示验证信息。例如，!avrf – ex 可以显示已经发生的所有异常的信息；!avrf – threads 可以显示所有线程的信息；不带任何开关可以显示已经发生的验证停顿的详细信息，等等。执行!avrf –?可以得到一个简单的帮助。WinDBG 的帮助文件包含了关于!avrf 扩展命令的详细用法。

本节简要介绍了应用验证器的使用方法，更详细的介绍请参阅应用验证器的帮助文件（appverif.chm）。

19.6 本章总结

本章介绍了 Windows 操作系统所提供的验证机制，19.1 节为概括性的介绍，19.2 节、19.3 节介绍了用于验证内核态模块的驱动验证器，19.4 节和 19.5 节介绍了用于验证用户态程序的应用验证器。介绍这些内容的目的主要有如下两个。

第一，验证机制是内建在 Windows 操作系统中的一个固定部分，被包含在从 Windows XP 开始的所有 NT 系列 Windows 系统中。因为验证机制通过调试信息来报告验证信息、使用异常来报告验证停顿，所以验证机制与软件调试有着密切的关系，很多时候，我们在调试中就会遇到验证器的函数或看到验证器输出的信息。或者，我们调试的问题是通过验证器而发现的。

第二，验证机制是 Windows 操作系统提供的用来提高测试效率和帮助提高软件质量的一种重要手段。自从 Windows 2000 和 XP 分别引入驱动程序验证与应用程序验证机制后，它便得到了广泛的认可，逐步成为测试 Windows 系统中系统软件和应用软件的一种标准方法，驱动程序验证是 WHQL 测试的必不可少的内容。从这个角度来看，验证机制也是 Windows 系统中用来支持软件开发并提高软件开发、测试和调试效率的众多设施中的一个部分。

很多人喜欢使用验证器来帮助测试和开发，因为这样可以更快地发现问题，把问题消灭在萌芽状态。但是也有人不相信使用验证器发现的问题，认为验证器触发的问题在现实中不会发生，或者怀疑是验证器本身的问题。笔者认为应该重视验证器的验证结果，在怀疑验证器之前，应该认真分析自己的代码。

本章介绍的验证机制有时也称为运行期验证。它是运行期检查的一种方法。所谓运行期检查就是指在软件运行的过程中，监视、分析和探测软件中存在的问题。与运行期检查相对应的是编译期检查，即在软件编译期间，分析和检查软件中存在的错误。二者的最大区别是，编译器检查是静态的检查，通常只能发现静态问题。而运行期检查可以发现运行过程中才体现出来的动态问题。

第 20 章介绍编译期检查。第 21 章介绍编译器提供的运行期检查功能，包括自动插入的检查和程序员利用断言等机制手工插入的检查。第 23 章介绍有关堆的检查和辅助调试设施。

参考资料

[1] Driver Verifier in Windows Vista. Microsoft Corporation, 2006.

[2] Patrick Garvan. Debugging with NTSD and Application Verifier. Dr. Dobb's Portal, 2007.